2025 개정 10판

책 구입 시 드리는 혜택
1. 전 과목 핵심 이론 동영상 강의 평생 제공
2. 우수회원 인증 후 2017년 ~ 2019년 3개년 추가 기출문제 (해설 포함) 제공
3. 최근 CBT 복원 기출문제 수록

평생무료

평생 무료 동영상과 함께하는 Daum

토목기사 필기
최근 기출문제

평생 무료

손영선 저

전 과목 핵심 이론 동영상 강의 평생 제공
최근 기출문제 수록 및 완벽 해설
문제 해설을 이해하기 쉽도록 자세히 설명 / 저자 1대1 질의응답 카페 운영

무료 동영상 강의
Daum 손영선의 토목기사 https://cafe.daum.net/ecivil

www.sejinbooks.kr

머리말

토목기사 및 토목산업기사는 도로, 철도, 교량, 터널, 공항, 항만, 댐, 하천, 해안, 플랜트 등의 구조물을 건설하거나 종합적인 국토개발과 국토건설사업의 조사, 계획, 설계 및 시공 등의 업무를 수행하는데 필요한 전문적인 지식과 기술을 겸비한 인력을 양성하기 위하여 제정한 자격제도로서 1차 필기시험과 2차 실기시험으로 나누어 출제됩니다.

1차 필기시험의 연간 응시인원을 100%로 볼 때 1차 필기시험의 합격생 비율은 토목기사의 경우 30%, 토목산업기사의 경우는 15% 정도이며, 2차 실기시험을 통과한 최종합격자도 필기시험 합격자와 동일한 비율을 보입니다. 즉, 자격증의 취득 여부는 2차 실기시험보다는 1차 필기시험에서 좌우된다고 할 수 있겠습니다.

1차 필기시험의 출제 과목은 응용역학, 측량학, 수리학 및 수문학, 철근콘크리트 및 강구조, 토질 및 기초, 상하수도공학 등 6과목으로 타 자격시험과 비교하여 볼 때 상대적으로 쉬운 과목이 하나도 없을 정도입니다.

하지만 수험생은 누구나 할 것 없이 빨리 합격하고 싶어 합니다. 그것도 **적게 공부하고, 적은 시간과 적은 돈을 들여 쉽게 빨리** 따고 싶어 합니다. 과연 가능할까요...?

결론은 **가능합니다.** 제가 감히 **방법을** 제시해 드리고자 합니다.

★ 빨리 합격하는 시스템 ★

1. 빨리 쉽게 합격하기 위해서는 **핵심을 중점으로 하는 적은 내용을 반복적으로 공부**하여야 합니다.
    ☞ 이에 본 교재와 함께 핵심이론 동영상강좌를 무료로 제공하여 핵심 내용이 무엇인지 쉽게 파악할 수 있도록 구성하였습니다. 아울러 핵심이론 강좌는 총 16시간 20분 40초로 구성되어 반복 청강하는데 큰 부담이 없으므로 동영상강좌를 최소 3회 정도 반복 청강하시길 권합니다.
    ※ 핵심이론 동영상은 http://www.edugongjja.co.kr에서 공짜로 청강

2. **적게 공부하고 꾸준히 공부**하여야 합니다.
    ☞ 휴일을 제외한 평일 하루 24시간 중 십분의 일인 2시간 24분은 반드시 공부하셔야 합니다.

3. 이론과 문제풀이 등 **동일패턴으로 자연스럽게 반복**되어지는 공부를 하여야 합니다.
    ☞ 교재의 이론과 문제풀이 및 동영상 강좌는 동일 패턴으로 구성되어 있어 자연스럽게 반복되어지도록 하여 학습 효율을 극대화 하였습니다.
    ※ 기출문제 풀이 동영상은 http://www.educivil.co.kr에서 청강(유료)

끝으로 이 책이 나오기까지 수고해주신 세진북스 관계자 여러분께 깊은 감사를 드리며, 본 교재는 수험생 여러분의 노력과 땀에 보답하고 여러분께 가장 사랑받는 교재가 되고자 저의 수십년간의 강의 경험을 정성껏 담았습니다. 계속해서 꾸준히 보완하고 다듬어서 대한민국의 NO.1 교재의 자리를 굳히기 위해 최선을 다하겠습니다.

저자 손영선

출제기준

1. 필기

| 직무분야 | 건설 | 중직무분야 | 토목 | 자격종목 | 토목기사 | 적용기간 | 2022. 1. 1. ~ 2025. 12. 31 |

• 직무내용 : 도로, 공항, 철도, 하천, 교량, 댐, 터널, 상하수도, 사면, 항만 및 해양시설물 등 다양한 건설사업을 계획, 설계, 시공, 관리 등을 수행하는 직무이다.

| 필기검정방법 | 객관식 | 문제수 | 120 | 시험시간 | 3시간 |

필기과목명	출제문제수	주요항목	세부항목	세세항목
응용역학	20	1. 역학적인 개념 및 건설 구조물의 해석	1. 힘과 모멘트	1. 힘 2. 모멘트
			2. 단면의 성질	1. 단면 1차 모멘트와 도심 2. 단면 2차 모멘트 3. 단면 상승 모멘트 4. 회전반경 5. 단면계수
			3. 재료의 역학적 성질	1. 응력과 변형률 2. 탄성계수
			4. 정정보	1. 보의 반력 2. 보의 전단력 3. 보의 휨모멘트 4. 보의 영향선 5. 정정보의 종류
			5. 보의 응력	1. 휨응력 2. 전단응력
			6. 보의 처짐	1. 보의 처짐 2. 보의 처짐각 3. 기타 처짐 해법
			7. 기둥	1. 단주 2. 장주
			8. 정정트러스, 라멘, 아치, 케이블	1. 트러스(Truss) 2. 라멘(Rahmen) 3. 아치(Arch) 4. 케이블(Cable)
			9. 구조물의 탄성변형	1. 탄성변형
			10. 부정정 구조물	1. 부정정구조물의 개요 2. 부정정구조물의 판별 3. 부정정구조물의 해법
측량학	20	1. 측량학일반	1. 측량기준 및 오차	1. 측지학개요 2. 좌표계와 측량원점 3. 측량의 오차와 정밀도
			2. 국가기준점	1. 국가기준점 개요 2. 국가기준점 현황
		2. 평면기준점측량	1. 위성측위시스템(GNSS)	1. 위성측위시스템(GNSS) 개요 2. 위성측위시스템(GNSS) 활용
			2. 삼각측량	1. 삼각측량의 개요 2. 삼각측량의 방법 3. 수평각 측정 및 조정 4. 변장계산 및 좌표계산 5. 삼각수준측량 6. 삼변측량
			3. 다각측량	1. 다각측량 개요 2. 다각측량 외업 3. 다각측량 내업 4. 측점전개 및 도면작성
		3. 수준점측량	1. 수준측량	1. 정의, 분류, 용어 2. 야장기입법 3. 종 · 횡단측량 4. 수준망 조정 5. 교호수준측량
		4. 응용측량	1. 지형측량	1. 지형도 표시법 2. 등고선의 일반개요 3. 등고선의 측정 및 작성 4. 공간정보의 활용
			2. 면적 및 체적 측량	1. 면적계산 2. 체적계산
			3. 노선측량	1. 중심선 및 종횡단 측량 2. 단곡선 설치와 계산 및 이용방법 3. 완화곡선의 종류별 설치와 계산 및 이용방법 4. 종곡선 설치와 계산 및 이용방법
			4. 하천측량	1. 하천측량의 개요 2. 하천의 종횡단측량

필기과목명	출제문제수	주요항목	세부항목	세세항목
수리학 및 수문학	20	1. 수리학	1. 물의성질	1. 점성계수 2. 압축성 3. 표면장력 4. 증기압
			2. 정수역학	1. 압력의 정의 2. 정수압 분포 3. 정수력 4. 부력
			3. 동수역학	1. 오일러방정식과 베르누이식 2. 흐름의 구분 3. 연속방정식 4. 운동량방정식 5. 에너지 방정식
			4. 관수로	1. 마찰손실 2. 기타손실 3. 관망 해석
			5. 개수로	1. 전수두 및 에너지 방정식 2. 효율적 흐름 단면 3. 비에너지 4. 도수 5. 점변 부등류 6. 오리피스 7. 위어
			6. 지하수	1. Darcy의 법칙 2. 지하수 흐름 방정식
			7. 해안 수리	1. 파랑 2. 항만구조물
		2. 수문학	1. 수문학의 기초	1. 수문 순환 및 기상학 2. 유역 3. 강수 4. 증발산 5. 침투
			2. 주요 이론	1. 지표수 및 지하수 유출 2. 단위 유량도 3. 홍수추적 4. 수문통계 및 빈도 5. 도시 수문학
			3. 응용 및 설계	1. 수문모형 2. 수문조사 및 설계
철근콘크리트 및 강구조	20	1. 철근콘크리트 및 강구조	1. 철근콘크리트	1. 설계일반 2. 설계하중 및 하중조합 3. 휨과 압축 4. 전단과 비틀림 5. 철근의 정착과 이음 6. 슬래브, 벽체, 기초, 옹벽, 라멘, 아치 등의 구조물 설계
			2. 프리스트레스트 콘크리트	1. 기본개념 및 재료 2. 도입과 손실 3. 휨부재 설계 4. 전단 설계 5. 슬래브 설계
			3. 강구조	1. 기본개념 2. 인장 및 압축부재 3. 휨부재 4. 접합 및 연결
토질 및 기초	20	1. 토질역학	1. 흙의 물리적 성질과 분류	1. 흙의 기본성질 2. 흙의 구성 3. 흙의 입도분포 4. 흙의 소성특성 5. 흙의 분류
			2. 흙속에서의 물의 흐름	1. 투수계수 2. 물의 2차원 흐름 3. 침투와 파이핑
			3. 지반내의 응력분포	1. 지중응력 2. 유효응력과 간극수압 3. 모관현상 4. 외력에 의한 지중응력 5. 흙의 동상 및 융해
			4. 압밀	1. 압밀이론 2. 압밀시험 3. 압밀도 4. 압밀시간 5. 압밀침하량 산정
			5. 흙의 전단강도	1. 흙의 파괴이론과 전단강도 2. 흙의 전단특성 3. 전단시험 4. 간극수압계수 5. 응력경로
			6. 토압	1. 토압의 종류 2. 토압 이론 3. 구조물에 작용하는 토압 4. 옹벽 및 보강토옹벽의 안정

출제기준

필기과목명	출제문제수	주요항목	세부항목	세세항목
			7. 흙의 다짐	1. 흙의 다짐특성 2. 흙의 다짐시험 3. 현장다짐 및 품질관리
			8. 사면의 안정	1. 사면의 파괴거동 2. 사면의 안정해석 3. 사면안정 대책공법
			9. 지반조사 및 시험	1. 시추 및 시료 채취 2. 원위치 시험 및 물리탐사 3. 토질시험
		2. 기초공학	1. 기초일반	1. 기초일반 2. 기초의 형식
			2. 얕은기초	1. 지지력 2. 침하
			3. 깊은기초	1. 말뚝기초 지지력 2. 말뚝기초 침하 3. 케이슨기초
			4. 연약지반개량	1. 사질토 지반개량공법 2. 점성토 지반개량공법 3. 기타 지반개량공법
상하수도 공학	20	1. 상수도계획	1. 상수도 시설 계획	1. 상수도의 구성 및 계통 2. 계획급수량의 산정 3. 수원 4. 수질기준
			2. 상수관로 시설	1. 도수, 송수계획 2. 배수, 급수계획 3. 펌프장 계획
			3. 정수장 시설	1. 정수방법 2. 정수시설 3. 배출수 처리시설
		2. 하수도계획	1. 하수도 시설계획	1. 하수도의 구성 및 계통 2. 하수의 배제방식 3. 계획하수량의 산정 4. 하수의 수질
			2. 하수관로 시설	1. 하수관로 계획 2. 펌프장 계획 3. 우수조정지 계획
			3. 하수처리장 시설	1. 하수처리 방법 2. 하수처리 시설 3. 오니(Sludge)처리 시설

2. 실기

직무분야	건설	중직무분야	토목	자격종목	토목기사	적용기간	2022. 1. 1. ~ 2025. 12. 31

- **직무내용** : 도로, 공항, 철도, 하천, 교량, 댐, 터널, 상하수도, 사면, 항만 및 해양시설물 등 다양한 건설사업을 계획, 설계, 시공, 관리 등을 수행하는 직무이다.
- **수행준거** : 1. 토목시설물에 대한 타당성 조사, 기본설계, 실시설계 등의 각 설계단계에 따른 설계를 할 수 있다.
  2. 설계도면 이해에 대한 지식을 가지고 시공 및 건설사업관리 직무를 수행할 수 있다.

실기검정방법	필답형	시험시간	3시간

실기과목명	주요항목	세부항목	세세항목
토목설계 및 시공실무	1. 토목설계 및 시공에 관한 사항	1. 토공 및 건설기계 이해하기	1. 토공계획에 대해 알고 있어야 한다. 2. 토공시공에 대해 알고 있어야 한다. 3. 건설기계 및 장비에 대해 알고 있어야 한다.
		2. 기초 및 연약지반 개량 이해하기	1. 지반조사 및 시험방법을 알고 있어야 한다. 2. 연약지반 개요에 대해 알고 있어야 한다. 3. 연약지반 개량공법에 대해 알고 있어야 한다. 4. 연약지반 측방유동에 대해 알고 있어야 한다.

실기과목명	주요항목	세부항목	세세항목
			5. 연약지반 계측에 대해 알고 있어야 한다. 6. 얕은기초에 대해 알고 있어야 한다. 7. 깊은기초에 대해 알고 있어야 한다.
		3. 콘크리트 이해하기	1. 특성에 대해 알고 있어야 한다. 2. 재료에 대해 알고 있어야 한다. 3. 배합 설계 및 시공에 대해 알고 있어야 한다. 4. 특수 콘크리트에 대해 알고 있어야 한다. 5. 콘크리트 구조물의 보수, 보강 공법에 대해 알고 있어야 한다.
		4. 교량 이해하기	1. 구성 및 분류를 알고 있어야 한다. 2. 가설공법에 대해 알고 있어야 한다. 3. 내하력 평가방법 및 보수, 보강 공법에 대해 알고 있어야 한다.
		5. 터널 이해하기	1. 조사 및 암반 분류에 대해 알고 있어야 한다. 2. 터널공법에 대해 알고 있어야 한다. 3. 발파개념에 대해 알고 있어야 한다. 4. 지보 및 보강 공법에 대해 알고 있어야 한다. 5. 콘크리트 라이닝 및 배수에 대해 알고 있어야 한다. 6. 터널계측 및 부대시설에 대해 알고 있어야 한다.
		6. 배수구조물 이해하기	1. 배수구조물의 종류 및 특성에 대해 알고 있어야 한다. 2. 시공방법에 대해 알고 있어야 한다.
		7. 도로 및 포장 이해하기	1. 도로의 계획 및 개념에 대해 알고 있어야 한다. 2. 포장의 종류 및 특성에 대해 알고 있어야 한다. 3. 아스팔트 포장에 대해 알고 있어야 한다. 4. 콘크리트 포장에 대해 알고 있어야 한다. 5. 포장 유지 보수에 대해 알고 있어야 한다.
		8. 옹벽, 사면, 흙막이 이해하기	1. 옹벽의 개념에 대해 알고 있어야 한다. 2. 옹벽설계 및 시공에 대해 알고 있어야 한다. 3. 보강토 옹벽에 대해 알고 있어야 한다. 4. 흙막이 공법의 종류 및 특성에 대해 알고 있어야 한다. 5. 흙막이 공법의 설계에 대해 알고 있어야 한다. 6. 사면 안정에 대해 알고 있어야 한다.
		9. 하천, 댐 및 항만 이해하기	1. 하천공사의 종류 및 특성에 대해 알고 있어야 한다. 2. 댐공사의 종류 및 특성에 대해 알고 있어야 한다. 3. 항만공사의 종류 및 특성에 대해 알고 있어야 한다. 4. 준설 및 매립에 대해 알고 있어야 한다.
	2. 토목시공에 따른 공사·공정 및 품질관리	1. 공사 및 공정관리하기	1. 공사 관리에 대해 알고 있어야 한다. 2. 공정관리 개요에 대해 알고 있어야 한다. 3. 공정계획을 할 수 있어야 한다. 4. 최적공기를 산출할 수 있어야 한다.
		2. 품질관리하기	1. 품질관리의 개념에 대해 알고 있어야 한다. 2. 품질관리 절차 및 방법에 대해 알고 있어야 한다.
	3. 도면 검토 및 물량산출	1. 도면기본 검토하기	1. 도면에서 지시하는 내용을 파악할 수 있다. 2. 도면에 오류, 누락 등을 확인할 수 있다.
		2. 옹벽, 슬래브, 암거, 기초, 교각, 교대 및 도로 부대시설물 물량산출 하기	1. 토공량을 산출할 수 있어야 한다. 2. 거푸집량을 산출할 수 있어야 한다. 3. 콘크리트량을 산출할 수 있어야 한다. 4. 철근량을 산출할 수 있어야 한다.

차례 Contents

최근 기출문제

2020년도
2020년 6월 6일 시행	13
2020년 8월 22일 시행	58
2020년 9월 27일 시행	105

2021년도
2021년 3월 7일 시행	153
2021년 5월 15일 시행	201
2021년 8월 14일 시행	249

2022년도
2022년 3월 5일 시행	297
2022년 4월 24일 시행	344
2022년 8월 CBT 시행	392

2023년도
2023년 3월 CBT 시행	443
2023년 5월 CBT 시행	487
2023년 9월 CBT 시행	532

2024년도
2024년 2월 CBT 시행	579
2024년 5월 CBT 시행	626
2024년 7월 CBT 시행	673

무료 동영상과 함께하는 **토목기사 필기**

2020

출제기준에 의거하여 불필요한 문제는 삭제함

2020년 6월 6일 시행
2020년 8월 22일 시행
2020년 9월 27일 시행

무료 동영상과 함께하는
토목기사 필기

2020년 6월 6일 시행

제1과목 응용역학

001 다음 그림과 같은 보에서 B 지점의 반력이 $2P$가 되기 위한 $\dfrac{b}{a}$는?

① 0.75
② 1.00
③ 1.25
④ 1.50

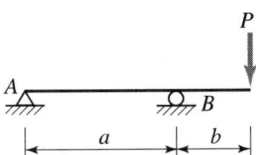

해설
① $\Sigma V = 0$
$V_A + V_B - P = 0$
$V_A + 2P - P = 0$ 에서
$V_A = -P(\uparrow) = P(\downarrow)$
② $\Sigma M_B = 0$
$P \cdot a = P \cdot b$ 에서 $\dfrac{b}{a} = \dfrac{P}{P} = 1$

해답 ②

002 탄성계수(E)가 2.1×10^5 MPa, 푸아송 비(ν)가 0.25일 때 전단탄성계수(G)의 값은?

① 8.4×10^4 MPa
② 9.8×10^4 MPa
③ 1.7×10^6 MPa
④ 2.1×10^6 MPa

해설 전단탄성계수
$G = \dfrac{E}{2(1+\nu)} = \dfrac{2.1 \times 10^5}{2(1+0.25)} = 8.4 \times 10^4 \text{ MPa}$

해답 ①

003

그림의 트러스에서 수직 부재 V의 부재력은?

① 100kN(인장)
② 100kN(압축)
③ 50kN(인장)
④ 50kN(압축)

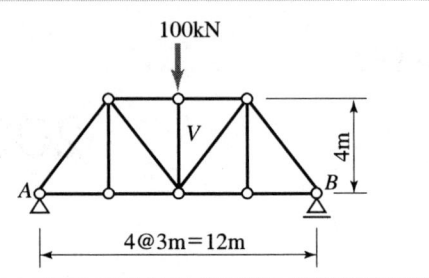

해설 $\Sigma V = 0$
$-100 - V = 0$에서
$V = -100 = 100\text{kN}$(압축)

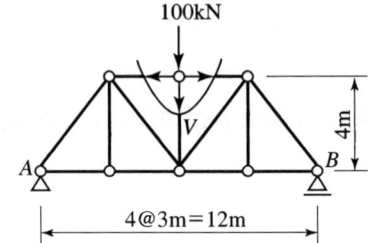

해답 ②

004

그림과 같은 구조물에 하중 W가 작용할 때 P의 크기는? (단, $0° < \alpha < 180°$이다.)

① $P = \dfrac{W}{2\cos\dfrac{\alpha}{2}}$ ② $P = \dfrac{W}{2\cos\alpha}$

③ $P = \dfrac{W}{\cos\dfrac{\alpha}{2}}$ ④ $P = \dfrac{2W}{\cos\dfrac{\alpha}{2}}$

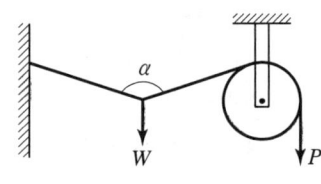

해설 로프를 모두 자른 후 평형조건식을 이용해서 α, P, W의 관계를 구할 수 있다.
(자유물체도 1)에서
$\Sigma F_y = 0 (\uparrow \oplus)$

$2 \cdot P \cdot \cos\dfrac{\alpha}{2} - W = 0$

$P = \dfrac{W}{2\cos\dfrac{\alpha}{2}} = \dfrac{W}{2} \cdot \sec\dfrac{\alpha}{2}$

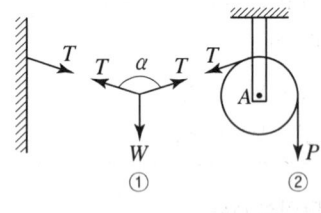

[참고] (자유물체도 2)에서
$\Sigma M_A = 0 (\curvearrowright \oplus)$
$T = P$

해답 ①

005

그림과 같은 단순보의 단면에서 최대 전단응력은?

① 2.47MPa
② 2.96MPa
③ 3.64MPa
④ 4.95MPa

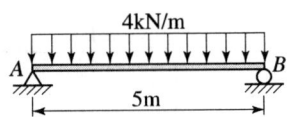
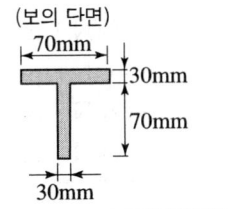

해설

① 상연으로부터 도심거리
$$\bar{y} = \frac{G_x}{A} = \frac{70 \times 30 \times 15 + 30 \times 70 \times 65}{70 \times 30 + 30 \times 70}$$
$$= 40mm$$

② 도심축에 대한 단면2차모멘트
$$I_x = \left[\frac{70 \times 30^3}{12} + 70 \times 30 \times 25^2\right] + \left[\frac{30 \times 70^3}{12} + 30 \times 70 \times 25^2\right]$$
$$= 3,640,000 mm^4$$

③ 잘린 부분(도심축)의 폭
$$b = 30mm$$

④ 잘린 단면에 대한 도심축으로부터의 단면 1차모멘트
$$G = 30 \times 60 \times 30 = 54,000 mm^3$$

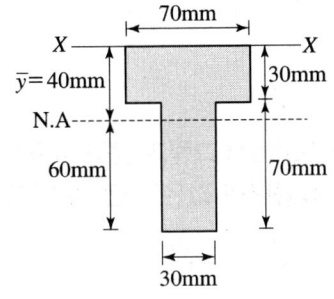

⑤ 최대전단력
지점에서 발생하므로
$$V_{max} = V_A = V_B = \frac{4 \times 5}{2}$$
$$= 10kN = 10,000N$$

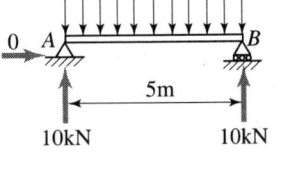

⑥ 최대 전단응력
$$\tau_{max} = \frac{V \cdot G}{I \cdot b} = \frac{10,000 \times 54,000}{3,640,000 \times 30} = 4.95MPa$$

해답 ④

006

길이 5m의 철근을 200MPa의 인장응력으로 인장하였더니 그 길이가 5mm만큼 늘어났다고 한다. 이 철근의 탄성계수는? (단, 철근의 지름은 20mm이다.)

① 2×10^4MPa
② 2×10^5MPa
③ 6.37×10^4MPa
④ 6.37×10^5MPa

해설 탄성계수

$$\sigma = \frac{P}{A} = E \cdot \epsilon = E \cdot \frac{\Delta l}{l} \text{ 에서 } E = \frac{\sigma \cdot l}{\Delta l} = \frac{200 \times 5,000}{5} = 2 \times 10^5 MPa$$

해답 ②

007
그림과 같은 부정정보에 집중하중 50kN이 작용할 때 A점의 휨모멘트(M_A)는?

① $-26 \text{kN} \cdot \text{m}$
② $-36 \text{kN} \cdot \text{m}$
③ $-42 \text{kN} \cdot \text{m}$
④ $-57 \text{kN} \cdot \text{m}$

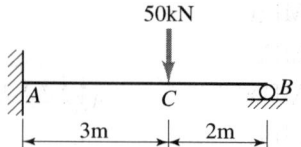

해설 A지점의 재단모멘트

$$M_A = \frac{Pab^2}{L^2} + \frac{1}{2}\frac{Pa^2b}{L^2} = \frac{50 \times 3 \times 2^2}{5^2} + \frac{1}{2} \times \frac{50 \times 3^2 \times 2}{5^2} = 42\text{kN} \cdot \text{m} (반시계방향)$$

해답 ③

008
단순보에서 그림과 같이 하중 P가 작용할 때 보의 중앙점의 단면 하단에 생기는 수직응력의 값은? (단, 보의 단면에서 높이는 h, 폭은 b이다.)

① $\dfrac{P}{bh^2}\left(1 + \dfrac{6a}{h}\right)$
② $\dfrac{P}{bh}\left(1 - \dfrac{6a}{h}\right)$
③ $\dfrac{P}{b^2h^2}\left(1 - \dfrac{6a}{h}\right)$
④ $\dfrac{P}{b^2h}\left(1 - \dfrac{a}{h}\right)$

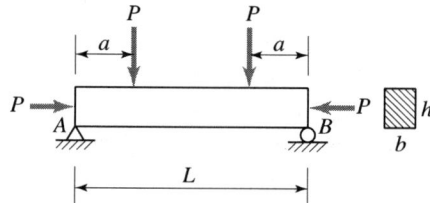

해설 압축을 (+)로 보고 계산하면

$$\sigma_{(하단)} = \frac{P}{A} - \frac{M}{Z} = \frac{P}{bh} - \frac{6P \cdot a}{bh^2} = \frac{P}{bh}\left(1 - \frac{6a}{h}\right)$$

해답 ②

009
아래 그림과 같은 게르버 보에서 E점의 휨모멘트 값은?

① $190\text{kN} \cdot \text{m}$
② $240\text{kN} \cdot \text{m}$
③ $310\text{kN} \cdot \text{m}$
④ $710\text{kN} \cdot \text{m}$

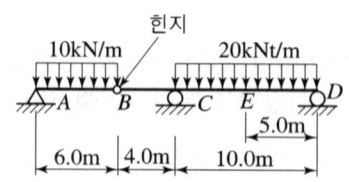

해설 ① B지점의 반력
단순보 구간에서 대칭이므로
$$V_B = \frac{10 \times 6}{2} = 30\text{kN}$$

② D지점의 반력
내민보 구간에서
$\sum M_C = 0$
$-V_B \times 4 + 20 \times 10 \times 5 - V_D \times 10 = 0$
$-30 \times 4 + 20 \times 10 \times 5 - V_D \times 10 = 0$에서
$V_D = 88\text{kN}(\uparrow)$

③ E점의 휨모멘트
$M_E = V_D \times 5 - 20 \times 5 \times 2.5$
$= 88 \times 5 - 20 \times 5 \times 2.5 = 190\text{kN} \cdot \text{m}$

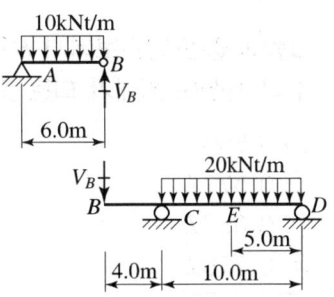

해답 ①

010

양단고정의 장주에 중심축하중이 작용할 때 이 기둥의 좌굴응력은? (단, $E = 2.1 \times 10^5 \text{MPa}$이고, 기둥은 지름이 4cm인 원형기둥이다.)

① 3.35MPa
② 6.72MPa
③ 12.95MPa
④ 25.91MPa

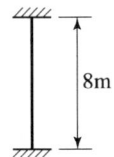

해설
① 최소회전반경 $r_{min} = \dfrac{d}{4} = \dfrac{4}{4}$

② 세장비 $\lambda = \dfrac{l}{r_{min}} = \dfrac{8,000}{40/4} = 800$

③ 좌굴응력 $\sigma_b = \dfrac{n\pi^2 E}{\lambda^2} = \dfrac{4 \times \pi^2 \times 2.1 \times 10^5}{800^2} = 12.95\text{MPa}$

해답 ③

011

휨모멘트를 받는 보의 탄성 에너지를 나타내는 식으로 옳은 것은?

① $U = \int_O^L \dfrac{M^2}{2EI} dx$

② $U = \int_O^L \dfrac{2EI}{M^2} dx$

③ $U = \int_O^L \dfrac{EI}{2M^2} dx$

④ $U = \int_O^L \dfrac{M^2}{EI} dx$

해설 탄성변형일(elastic strain energy ; 내력일(internal work))
$W_i =$ 축응력이 하는 일 + 휨응력이 하는 일 + 전단응력이 하는 일
  + 비틀림응력이 하는 일

$W_i = \int_0^l \dfrac{N^2}{2EA} dx + \int_0^l \dfrac{M^2}{2EI} dx + \int_0^l \dfrac{kS^2}{2GA} dx + \int_0^l \dfrac{T^2}{2GJ} dx$

해답 ①

012

그림과 같은 단순보에서 B단에 모멘트 하중 M이 작용할 때 경간 AB 중에서 수직 처짐이 최대가 되는 곳의 거리 X는? (단, EI는 일정하다.)

① $0.500L$
② $0.577L$
③ $0.667L$
④ $0.750L$

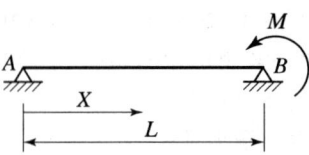

해설 수직처짐이 최대가 되는 곳의 거리

$$x = \frac{l}{\sqrt{3}} = 0.577L$$

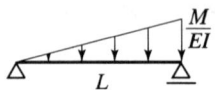

해답 ②

013

아래 그림의 캔틸레버 보에서 C점, B점의 처짐비($\delta_C : \delta_B$)는? (단, EI는 일정하다.)

① 3 : 8
② 3 : 7
③ 2 : 5
④ 1 : 2

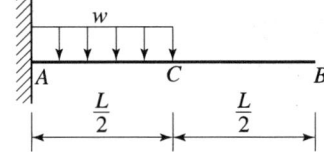

해설
① $\delta_C = \dfrac{3wl^4}{384EI}$ ② $\delta_B = \dfrac{7wl^4}{384EI}$

③ $\delta_C : \delta_C = \dfrac{3wl^4}{384EI} : \dfrac{7wl^4}{384EI} = 3 : 7$

해답 ②

014

그림과 같은 단면을 갖는 부재(A)와 부재(B)가 있다. 동일조건의 보에 사용하고 재료의 강도도 같다면, 휨에 대한 강성을 비교한 설명으로 옳은 것은?

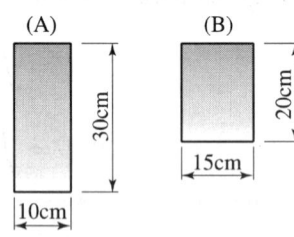

① 보(A)는 보(B) 보다 휨에 대한 강성이 2.0배 크다.
② 보(B)는 보(A) 보다 휨에 대한 강성이 2.0배 크다.
③ 보(A)는 보(B) 보다 휨에 대한 강성이 1.5배 크다.
④ 보(B)는 보(A) 보다 휨에 대한 강성이 1.5배 크다.

해설 단면 2차 모멘트에 탄성 계수를 곱하면 변형에 저항하는 성질인 휨강성(휨강도)이 된다.

직사각형 단면의 단면계수 값인 $\dfrac{bh^2}{6}$ 을 이용하여 구한다.

① $Z_A = \dfrac{10 \times 30^2}{6} = 1,500 \text{cm}^3$

② $Z_B = \dfrac{15 \times 20^2}{6} = 1,000 \text{cm}^3$

③ $\dfrac{Z_A}{Z_B} = 1.5$ 이므로 보(A)는 보(B)보다 휨에 대한 강성이 1.5배 크다.

해답 ①

015

그림과 같은 3힌지 아치에서 A 지점의 반력은?

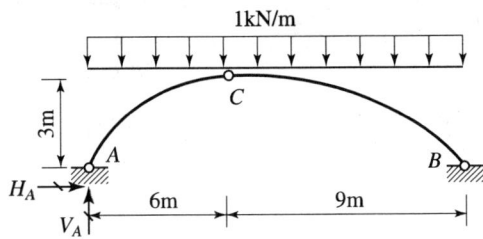

① $V_A = 0.6 \text{kN}(\uparrow), H_A = 0.9 \text{kN}(\rightarrow)$
② $V_A = 0.6 \text{kN}(\uparrow), H_A = 12.0 \text{kN}(\rightarrow)$
③ $V_A = 7.5 \text{kN}(\uparrow), H_A = 0.9 \text{kN}(\rightarrow)$
④ $V_A = 7.5 \text{kN}(\uparrow), H_A = 12.0 \text{kN}(\rightarrow)$

해설 평형조건식을 이용해서 A 지점의 수직반력을 먼저 구한 후 힌지점 C 점에서의 모멘트 값이 '0'인 점을 이용하여 A 지점의 수평반력을 구한다.

① A 지점의 수직반력
  $\Sigma M_B = 0$
  $V_A \times 15 - 1 \times 15 \times 7.5 = 0$ 에서 $V_A = 0.75 \text{kN} (\uparrow)$

② A 지점의 수평반력
  $M_C = V_A \times 6 - 1 \times 6 \times 3 - H_A \times 3 = 0$ 에서 $H_A = 0.9 \text{kN} (\rightarrow)$

해답 ③

016

길이가 L인 양단 고정보 AB의 왼쪽 지점이 그림과 같이 작은 각 θ만큼 회전할 때 생기는 반력(R_A, M_A)은? (단, EI는 일정하다.)

① $R_A = \dfrac{6EI}{L^2}\theta$, $M_A = \dfrac{4EI}{L}\theta$

② $R_A = \dfrac{12EI}{L^3}\theta$, $M_A = \dfrac{6EI}{L^2}\theta$

③ $R_A = \dfrac{2EI}{L}\theta$, $M_A = \dfrac{4EI}{L^2}\theta$

④ $R_A = \dfrac{4EI}{L}\theta$, $M_A = \dfrac{6EI}{L^2}\theta$

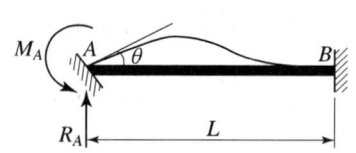

해설 하중항 $=0$, $\theta_A = -\theta$, $\theta_B = 0$

$M_{AB} = -\dfrac{4EI\theta}{l}$, $M_{BA} = -\dfrac{2EI\theta}{L}$

$\sum M_B = 0$

$(R_A)(L) - \dfrac{4EI\theta}{L} - \dfrac{2EI\theta}{L} = 0$ ∴ $R_A = \dfrac{6EI}{L^2}\theta$

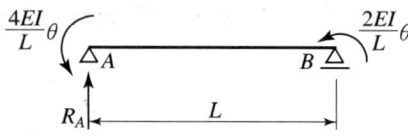

해답 ①

017

다음 중 정(+)의 값뿐만 아니라 부(−)의 값도 갖는 것은?

① 단면계수
② 단면 2차 반지름
③ 단면 2차 모멘트
④ 단면 상승 모멘트

해설 단면모멘트에 대한 기본적인 사항을 정리하면 다음과 같다.

단면 모멘트	공식 포인트	부호	단위	기타
단면 1차 모멘트	$G_X = 0$ $G_Y = 0$	+ − 0	cm^3 m^3	
단면 2차 모멘트	I_X, I_X = 최소	+	cm^4 m^4	단면2차반경과 단면계수는 정(+)의 값을 갖는다.
단면 상승 모멘트	I_{XY}가 대칭축 이면 '0'	+ − 0	cm^4 m^4	
단면 2차 극모멘트	축회전에 관계없이 I_p 값은 일정	+	cm^4 m^4	

해답 ④

018 반지름이 30cm인 원형단면을 가지는 단주에서 핵의 면적은 약 얼마인가?

① 44.2cm^2
② 132.5cm^2
③ 176.7cm^2
④ 228.2cm^2

해설 ① 원형의 핵거리(핵 반지름)$=\dfrac{d}{8}=\dfrac{r}{4}=\dfrac{30}{4}=7.5\text{cm}$

② 핵 면적 $A=\pi\cdot R^2=\pi\times 7.5^2=176.7\text{cm}^2$

해답 ③

019 그림과 같은 삼각형 물체에 작용하는 힘 P_1, P_2를 AC면에 수직한 방향의 성분으로 변환할 경우 힘 P의 크기는?

① 1000kN
② 1200kN
③ 1400kN
④ 1600kN

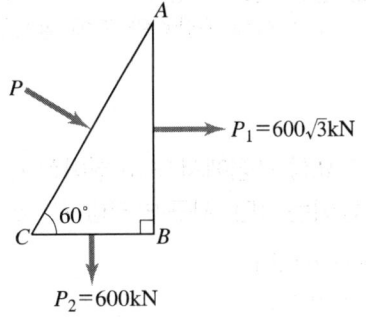

해설 $P=P_1\cdot\cos 30°+P_2\cdot\cos 60°$
$=600\sqrt{3}\times\cos 30°+600\times\cos 60°$
$=1,200\text{kN}$

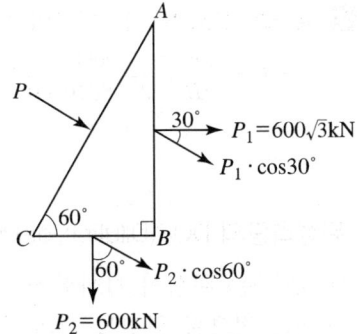

해답 ②

020 지간 10m인 단순보 위를 1개의 집중하중 $P=200\text{kN}$이 통과할 때 이 보에 생기는 최대 전단력(S)과 최대휨모멘트(M)는?

① $S=100\text{kN}$, $M=500\text{kN}\cdot\text{m}$
② $S=100\text{kN}$, $M=1000\text{kN}\cdot\text{m}$
③ $S=200\text{kN}$, $M=500\text{kN}\cdot\text{m}$
④ $S=200\text{kN}$, $M=1000\text{kN}\cdot\text{m}$

해설 ① $S_{\max}=R_A=200\text{kN}(\uparrow)$(집중하중이 지점 위에 작용할 때)

② $M_{\max}=\dfrac{P\cdot l}{4}=\dfrac{200\times 10}{4}=500\text{kN}$(집중하중이 보의 중앙에 작용할 때)

해답 ③

제2과목 측 량 학

021 종단측량과 횡단측량에 관한 설명으로 틀린 것은?
① 종단도를 보면 노선의 형태를 알 수 있으나 횡단도를 보면 알 수 없다.
② 종단측량은 횡단측량보다 높은 정확도가 요구된다.
③ 종단도의 횡축척과 종축척은 서로 다르게 잡는 것이 일반적이다.
④ 횡단측량은 노선의 종단측량에 앞서 실시한다.

해설 **횡단측량**은 노선 위의 각 측점에서 각 노선을 직각방향으로 고저차를 측정하는 것으로 노선의 종단측량 후에 실시한다.

해답 ④

022 지표상 P점에서 9km 떨어진 Q점을 관측할 때 Q점에 세워야 할 측표의 최소 높이는? (단, 지구 반지름 $R=6370$km이고, P, Q점은 수평면상에 존재한다.)
① 10.2m ② 6.4m
③ 2.5m   ④ 0.6m

해설 표척의 최소 높이는 지구의 곡률에 의한 오차(구차)와 같으므로
$$h = E_c = \frac{D^2}{2R} = \frac{9000^2}{2 \times 6370000} = 6.36\text{m}$$

해답 ②

023 위성측량의 DOP(Dilution of Precision)에 관한 설명으로 옳지 않은 것은?
① DOP는 위성의 기하학적 분포에 따른 오차이다.
② 일반적으로 위성들 간의 공간이 더 크면 위치정밀도가 낮아진다.
③ DOP를 이용하여 실제 측량 전에 위성측량의 정확도를 예측할 수 있다.
④ DOP 값이 클수록 정확도가 좋지 않은 상태이다.

해설 2개의 위성이 근접해 있으면 GDOP(기하학적 정밀도 저하율)의 값이 높아져서 위치 정확도는 낮게 된다.

해답 ②

024

캔트(cant)의 계산에서 속도 및 반지름을 2배로 하면 캔트는 몇 배가 되는가?

① 2배
② 4배
③ 8배
④ 16배

해설 캔트 공식 $C = \dfrac{SV^2}{Rg}$에서 V와 R을 2배로 하면

$C \propto \dfrac{V^2}{R} = \dfrac{2^2}{2} = 2$배로 된다.

해답 ①

025

한 측선의 자오선(종축)과 이루는 각이 60°00′이고 계산된 측선의 위거가 −60m, 경거가 −103.92m일 때 이 측선의 방위와 거리는?

① 방위=S60°00′E, 거리=130m
② 방위=N60°00′E, 거리=130m
③ 방위=N60°00′W, 거리=120m
④ 방위=S60°00′W, 거리=120m

해설 ① 경거의 부호(−), 위거의 부호(−)이므로 방위는 3상한(S, W)에 존재한다.
  고로 방위는 S60°00′W
② 위거 = 거리 $\cos\theta$
  $60 = l \times \cos 60°$에서 $l = 120$m

해답 ④

026

종단점법에 의한 등고선 관측방법을 사용하는 가장 적당한 경우는?

① 정확한 토량을 산출할 때
② 지형이 복잡할 때
③ 비교적 소축척으로 산지 등의 지형측량을 행할 때
④ 정밀한 등고선을 구하려 할 때

해설 종단점법은 소축척의 산지 등의 측량에 이용한다.

해답 ③

027

삼각측량을 위한 삼각망 중에서 유심다각망에 대한 설명으로 틀린 것은?

① 농지측량에 많이 사용된다.
② 방대한 지역의 측량에 적합하다.
③ 삼각망 중에서 정확도가 가장 높다.
④ 동일측점 수에 비하여 포함면적이 가장 넓다.

해설 삼각망 중 정확도가 가장 높은 것은 조건식의 수가 가장 많은 사변형삼각망이다.

해답 ③

028

그림과 같은 토지의 BC변에 평행한 $\overline{XY}$로 $m : n = 1 : 2.5$의 비율로 면적을 분할하고자 한다. $l_{AB}=35m$일 때 l_{AX}는?

① 17.7m
② 18.1m
③ 18.7m
④ 19.1m

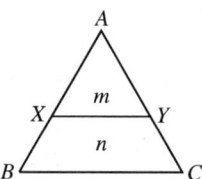

해설 AX의 거리

$\dfrac{\triangle AXY}{\triangle ABC} = \dfrac{m}{m+n} = \left(\dfrac{AX}{AB}\right)^2$ 에서

$AX = AB\sqrt{\dfrac{m}{m+n}} = 35 \times \sqrt{\dfrac{1}{1+2.5}} = 18.7m$

해답 ③

029

종중복도 60%, 횡중복도 20%일 때 촬영종기선의 길이와 촬영횡기선 길이의 비는?(단, 정사각형 사진이다.)

① 1 : 2
② 1 : 3
③ 2 : 3
④ 3 : 1

해설
① 촬영 종기선 길이$(B) = m \cdot a\left(1 - \dfrac{p}{100}\right)$

② 촬영 횡기선 길이$(C) = m \cdot a\left(1 - \dfrac{q}{100}\right)$

⑤ $m \cdot a\left(1 - \dfrac{p}{100}\right) : m \cdot a\left(1 - \dfrac{q}{100}\right) = m \cdot a\left(1 - \dfrac{60}{100}\right) : m \cdot a\left(1 - \dfrac{20}{100}\right)$

$= 0.4 : 0.8 = 4 : 8 = 1 : 2$

해답 ①

030

트래버스 측량에서 거리 관측의 오차가 관측거리 100m에 대하여 ±1.0mm인 경우 이에 상응하는 각관측 오차는?

① ±1.1″
② ±2.1″
③ ±3.1″
④ ±4.1″

해설 $\dfrac{\Delta l}{l} = \dfrac{\Delta \theta}{\rho}$, $\dfrac{1}{100,000} = \dfrac{\Delta \theta}{\rho}$ 에서

$\Delta \theta'' = \dfrac{\pm 1}{100,000} \cdot \rho'' = \dfrac{\pm 1}{100,000} \times 206,265'' = \pm 2.1''$

해답 ②

031

지형도의 이용법에 해당되지 않는 것은?

① 저수량 및 토공량 산정　② 유역면적의 도상 측정
③ 직접적인 지적도 작성　　④ 등경사선 관측

해설 해설없음　　　　　　　　　　　　　　　　　　**해답** ③

032

노선측량에서 단곡선의 설치방법에 대한 설명으로 옳지 않은 것은?

① 중앙종거를 이용한 설치방법은 터널 속이나 삼림지대에서 벌목량이 많을 때 사용하면 편리하다.
② 편각설치법은 비교적 높은 정확도로 인해 고속도로나 철도에 사용할 수 있다.
③ 접선편거와 현편거에 의하여 설치하는 방법은 줄자만을 사용하여 원곡선을 설치할 수 있다.
④ 장현에 대한 종거와 횡거에 의하는 방법은 곡률반지름이 짧은 곡선일 때 편리하다.

해설 중앙종거법(1/4법)은 기 설치된 곡선의 검사 또는 조정에 편리하나, 말뚝이나 중심 간격을 20m마다 설치할 수 없는 결점이 있다.　**해답** ①

033

그림과 같이 수준측량을 실시하였다. A점의 표고는 300m이고, B와 C구간은 교호 수준 측량을 실시하였다면, D점의 표고는? (표고차 : $A \to B = +1.233m$, $B \to C = +0.726m$, $C \to B = -0.720m$, $C \to D = -0.926m$)

① 300.310m
② 301.030m
③ 302.153m
④ 302.882m

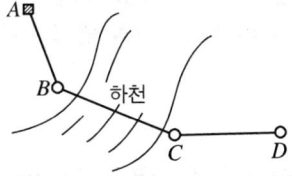

해설 ① B점의 표고
　　$H_B = H_A + \Delta h_{AB} = 300 + 1.233 = 301.233m$
② B점과 C점의 표고차 평균값
　　$\Delta h_{BC} = \dfrac{0.726 + 0.720}{2} = 0.723$
③ C점의 표고

$H_C = H_B + \Delta h_{BC} = 301.233 + 0.723 = 301.956$m

④ D점의 표고
$H_D = H_C + \Delta h_{CD} = 301.956 - 0.926 = 301.030$m

해답 ②

034
삼변측량에서 △ABC에서 세변의 길이가 $a = 1200.00$m, $b = 1600.00$m, $c = 1442.22$m라면 변 c의 대각인 ∠C는?

① 45°
② 60°
③ 75°
④ 90°

해설 코사인 제2법칙에 의해
$$\cos C = \frac{a^2 + b^2 - c^2}{2ab}$$ 에서
$$C = \cos^{-1}\left(\frac{a^2 + b^2 - c^2}{2ab}\right) = \cos^{-1}\left(\frac{1200^2 + 1600^2 - 1442.22^2}{2 \times 1200 \times 1600}\right) = 60°$$

해답 ②

035
중력이상에 대한 설명으로 옳지 않은 것은?

① 중력이상에 의해 지표면 밑의 상태를 추정할 수 있다.
② 중력이상에 대한 취급은 물리학적 측지학에 속한다.
③ 중력이상이 양(+)이면 그 지점 부근에 무거운 물질이 있는 것으로 추정할 수 있다.
④ 중력식에 의한 계산값에서 실측값을 뺀 것이 중력이상이다.

해설 중력이상이란 지하 물질의 밀도가 고르게 분포되어 있지 않기 때문에 발생하며, 중력이상에 의하여 지표 밑의 상태를 추정할 수 있으며 중력이상은 실측 중력값에서 계산에 의한 중력값을 뺀 것이다.

해답 ④

036
출제기준에 의거하여 이 문제는 삭제됨

037

아래 종단수준측량의 야장에서 ㉠, ㉡, ㉢에 들어갈 값으로 옳은 것은?

(단위 : m)

측점	후시	기계고	전시		지반고
			전환점	이기점	
Bm	0.175	㉠			37.133
No. 1				0.154	
No. 2				1.569	
No. 3				1.143	
No. 4	1.098	㉡	1.237		㉢
No. 5				0.948	
No. 6				1.175	

① ㉠ : 37.308, ㉡ : 37.169 ㉢ : 36.071
② ㉠ : 37.308, ㉡ : 36.071 ㉢ : 37.169
③ ㉠ : 36.958, ㉡ : 35.860 ㉢ : 37.097
④ ㉠ : 36.958, ㉡ : 37.097 ㉢ : 35.860

해설
① 측점1~4를 측량하기 위해 세운 기계의 기계고
 ㉠ 기계고 = 37.133 + 0.175 = 37.308m
② 측점4의 지반고
 ㉢ H_4 = 37.308 − 1.237 = 36.071m
③ 측점5~6을 측량하기 위해 옮긴 기계의 기계고
 ㉡ 기계고 = 36.071 + 1.098 = 37.169m

해답 ①

038

종단곡선에 대한 설명으로 옳지 않은 것은?

① 철도에서는 원곡선을 도로에서는 2차포물선을 주로 사용한다.
② 종단경사는 환경적, 경제적 측면에서 허용할 수 있는 범위 내에서 최대한 완만하게 한다.
③ 설계속도와 지형 조건에 따라 종단경사의 기준 값이 제시되어 있다.
④ 지형의 상황, 주변 지장물 등의 한계가 있는 경우 10%정도 증감이 가능하다.

해설 종단경사는 도로의 구분, 지형상황과 설계속도에 따라 일정 비율 이하의 기준 값이 제시되어 있으며, 지형상황, 주변 지장물 및 경제성을 고려하여 필요하다고 인정되는 경우에는 그 비율 값에 1%를 더한 값 이하로 할 수 있다.

해답 ④

039 트래버스 측량에서 선점시 주의하여야 할 사항이 아닌 것은?

① 트래버스의 노선은 가능한 폐합 또는 결합이 되게 한다.
② 결합 트래버스의 출발점과 결합점간의 거리는 가능한 단거리로 한다.
③ 거리측량과 각측량의 정확도가 균형을 이루게 한다.
④ 측점간 거리는 다양하게 선점하여 부정오차를 소거한다.

해설 측점간 거리는 가능한 한 단순화 한다.

해답 ④

040 토량 계산공식 중 양단면의 면적차가 클 때 산출된 토량의 일반적인 대소 관계로 옳은 것은? (단, 중앙단면법 : A, 양단면평균법 : B, 각주공식 : C)

① A=C<B
② A<C=B
③ A<C<B
④ A>C>B

해설 단면법의 체적 산정 크기 순(산출 토량의 대소 관계)은 양단면평균법 > 각주공식 > 중앙단면법이므로 A<C<B이다.

해답 ③

제3과목 수리학 및 수문학

041 시간을 t, 유속을 v, 두 단면간의 거리를 l이라 할 때, 다음 조건 중 부등류인 경우는?

① $\dfrac{v}{t}=0$
② $\dfrac{v}{t}\neq 0$
③ $\dfrac{v}{t}=0,\ \dfrac{v}{l}=0$
④ $\dfrac{v}{t}=0,\ \dfrac{v}{l}\neq 0$

해설 ① 부등류는 정류 중에서 수류의 단면에 따라 유속과 수심이 변하는 흐름이다.
$\dfrac{\partial v}{\partial l}\neq 0$

② 정류(정상류)는 시간에 따라 유동특성(유량, 속도, 압력, 밀도, 유적 등)이 변하지 않는 흐름이다.
$\dfrac{\partial Q}{\partial t}=0,\ \dfrac{\partial v}{\partial t}=0,\ \dfrac{\partial \rho}{\partial t}=0$

해답 ④

042 밑변 2m, 높이 3m인 삼각형 형상의 판이 밑변을 수면과 맞대고 연직으로 수중에 있다. 이 삼각형 판의 작용점 위치는? (단, 수면을 기준으로 한다.)
① 1m
② 1.33m
③ 1.5m
④ 2m

해설 삼각형 형상의 판이 밑변을 수면과 맞대고 있으므로 삼각형 판의 작용점 위치는 높이의 절반인 1.5m이다.

해답 ③

043 강우로 인한 유수가 그 유역 내의 가장 먼 지점으로부터 유역출구까지 도달하는 데 소요되는 시간을 의미하는 것은?
① 기저시간
② 도달시간
③ 지체시간
④ 강우지속시간

해설 유달시간(T)은 강우로 인한 유수가 그 유역 내의 가장 먼 지점으로부터 유역출구까지 도달하는데 소요되는 시간(min)으로 도달시간이라고도 함

해답 ②

044 지하의 사질 여과층에서 수두차가 0.5m이며 투과거리가 2.5m일 때 이곳을 통과하는 지하수의 유속은? (단, 투수계수는 0.3cm/s이다.)
① 0.03cm/s
② 0.04cm/s
③ 0.05cm/s
④ 0.06cm/s

해설 $v = ki = k\dfrac{\Delta h}{L} = 0.3 \times \dfrac{0.5}{2.5} = 0.06 \text{cm/s}$

해답 ④

045 관망계산에 대한 설명으로 틀린 것은?
① 관망은 Hardy-Cross 방법으로 근사계산할 수 있다.
② 관망계산 시 각 관에서의 유량을 임의로 가정해도 결과는 같아진다.
③ 관망계산에서 반시계방향과 시계방향으로 흐를 때의 마찰 손실수두의 합은 0이라고 가정한다.
④ 관망계산 시 극히 작은 손실의 무시로도 결과에 큰 차를 가져올 수 있으므로 무시하여서는 안 된다.

해설 Hardy-Cross법(반복근사해법, 시산법(Try and error method))으로 관망계산 시 마찰 이외의 손실은 무시한다.

해답 ④

046
다음 중 밀도를 나타내는 차원은?

① $[FL^{-4}T^2]$
② $[FL^4T^{-2}]$
③ $[FL^{-2}T^4]$
④ $[FL^{-2}T^{-4}]$

해설 밀도(비질량)의 단위는 g/cm³(공학단위로 kg·sec²/m⁴)이다.
LFT계= $FL^{-4}T^2$

해답 ①

047
지하수 흐름에서 Darcy 법칙에 관한 설명으로 옳은 것은?

① 정상 상태이면 난류영역에서도 적용된다.
② 투수계수(수리전도계수)는 지하수의 특성과 관계가 있다.
③ 대수층의 모세관 작용은 이 공식에 간접적으로 반영되었다.
④ Darcy 공식에 의한 유속은 공극 내 실제유속의 평균치를 나타낸다.

해설 Darcy의 법칙은 지하수의 유속(V)은 동수경사($i = \dfrac{\Delta h}{\Delta l}$)에 비례한다는 법칙으로 지하수에 적용시킬 때는 유속과 손실수두가 비례하는 층류 흐름에서 가장 잘 일치한다.

해답 ②

048
일반적인 수로단면에서 단면계수 Z_c와 수심 h의 상관식은 $Z_c^2 = Ch^M$으로 표시할 수 있는데 이 식에서 M은?

① 단면지수
② 수리지수
③ 윤변지수
④ 흐름지수

해설 $Z_c^2 = Ch^M$ (여기서, Z_c : 단면계수, h : 수심, M : 수리지수)

해답 ②

049
오리피스(orifice)로부터의 유량을 측정한 경우 수두 H를 추정함에 1%의 오차가 있었다면 유량 Q에는 몇 %의 오차가 생기는가?

① 1%
② 0.5%
③ 1.5%
④ 2%

해설 오리피스 수심측정 오류
$\dfrac{dQ}{Q} = \dfrac{1}{2}\dfrac{dh}{h} = \dfrac{1}{2} \times 1\% = 0.5\%$

해답 ②

050

강우 강도 $I = \dfrac{5,000}{t+40}$ [mm/hr]로 표시되는 어느 도시에 있어서 20분간의 강우량 R_{20}은? (단, t의 단위는 분이다.)

① 17.8mm
② 27.8mm
③ 37.8mm
④ 47.8mm

해설
① 강우 강도 $I = \dfrac{5,000}{t+40} = \dfrac{5,000}{20+40} = 83.333 \text{mm/hr}$
② 20분간의 강우량 $R_{20} = 83.333\text{mm} \times \dfrac{20}{60} = 27.8 \text{mm/hr}$

해답 ②

051

광정 위어(weir)의 유량공식 $Q = 1.704 C_b H^{\frac{3}{2}}$ 에 사용되는 수두(H)는?

① h_1
② h_2
③ h_3
④ h^4

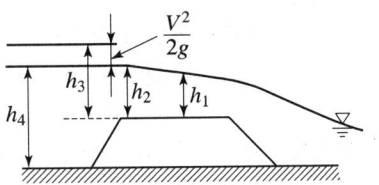

해설
H = 위치수두 + 속도수두 = $h_2 + \alpha \dfrac{v^2}{2g} = h_3$

해답 ③

052

유체의 흐름에 대한 설명으로 옳지 않은 것은?

① 이상유체에서 점성은 무시된다.
② 유관(stream tube)은 유선으로 구성된 가상적인 관이다.
③ 점성이 있는 유체가 계속해서 흐르기 위해서는 가속도가 필요하다.
④ 정상류의 흐름 상태는 위치변화에 따라 변화하지 않는 흐름을 의미한다.

해설 시간에 따른 분류
① **정류**(정상류) : 시간에 따라 유동특성(유량, 속도, 압력, 밀도, 유적 등)이 변하지 않는 흐름
$\dfrac{\partial Q}{\partial t} = 0, \ \dfrac{\partial v}{\partial t} = 0, \ \dfrac{\partial \rho}{\partial t} = 0$

② **부정류** : 시간에 따라 유동특성(유량, 속도, 압력, 밀도, 유적 등)이 변하는 흐름
$\dfrac{\partial Q}{\partial t} \neq 0, \ \dfrac{\partial v}{\partial t} \neq 0, \ \dfrac{\partial \rho}{\partial t} \neq 0$

해답 ④

053
주어진 유량에 대한 비에너지(specific energy)가 3m일 때, 한계수심은?

① 1m
② 1.5m
③ 2m
④ 2.5m

해설 한계수심 $h_c = \dfrac{2}{3}H_e = \dfrac{2}{3} \times 3\text{m} = 2\text{m}$

해답 ③

054
강우강도 공식에 관한 설명으로 틀린 것은?

① 자기우량계의 우량자료로부터 결정되며, 지역에 무관하게 적용 가능하다.
② 도시지역의 우수관로, 고속도로 암거 등의 설계 시 기본 자료로서 널리 이용된다.
③ 강우강도가 커질수록 강우가 계속되는 시간은 일반적으로 작아지는 반비례 관계이다.
④ 강우강도(I)와 강우지속시간(D)과의 관계로서 Talbot, Sherman, Japanese형의 경험공식에 의해 표현될 수 있다.

해설 **강우강도 공식**(경험식)은 지역에 따라 다르게 적용된다.
① Talbot형 : 광주지역에 적합
② Sherman형 : 서울, 목포, 부산지역에 적합
③ Japanese형 : 대구, 인천, 여수, 강릉지역에 적합

해답 ①

055
그림과 같이 지름 3m, 길이 8m인 수로의 드럼 게이트에 작용하는 전수압이 수문 $\overline{ABC}$에 작용하는 지점의 수심은?

① 2.00m
② 2.25m
③ 2.43m
④ 2.68m

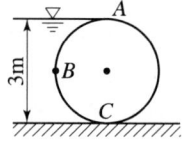

해설 ① **수평분력**

$P_H = wh_G A = 1 \times \dfrac{3}{2} \times (8 \times 3)$
$= 36\text{t/m}$

② **수직방향분력**
수직방향 분력 P_V는 중복된 부분을 제외한 물기둥의 무게와 같으므로 본 문제에서는 반원의 무게가 된다.

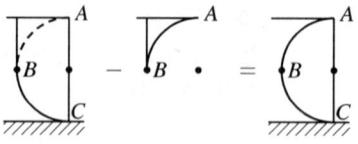

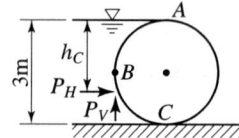

$$P_V = wV = 1 \times \left(\frac{1}{2} \times \frac{\pi \times 3^2}{4} \times 8\right) = 28.27 \text{t/m}$$

③ $\sum M_o = 0$

$-P_H \times y + P_v \times x = 0$

$-36 \times (15\sin\theta) + 28.27 \times (1.5\cos\theta) = 0$ 에서

$\dfrac{\sin\theta}{\cos\theta} = \dfrac{28.27 \times 1.5}{36 \times 1.5} = 0.79 = \tan\theta$

$\theta = \tan^{-1} 0.79 = 38.31°$

④ $y = 1.5 \times \sin38.31°$

⑤ $h_c = 1.5 + y = 1.5 + 1.5 \times \sin38.31° = 2.43 \text{m}$

[참고] 수문 평면 $\overline{ABC}$에 작용하는 지점의 수심=수면으로부터 수평분력의 작용점까지의 수심(h_C)

$h_C = h_G + \dfrac{I_X}{h_G A} = \dfrac{2}{3}h = \dfrac{2}{3} \times 3 = 2\text{m}$ 또는

$h_C = h_G + \dfrac{I_X}{h_G A} = \dfrac{3}{2} + \dfrac{\frac{8 \times 3^3}{12}}{\frac{3}{2} \times (3 \times 8)} = 2.00\text{m}$

해답 ③

056

그림과 같이 A에서 분기했다가 B에서 다시 합류하는 관수로에 물이 흐를 때 관 Ⅰ과 Ⅱ의 손실수두에 대한 설명으로 옳은 것은? (단, 관 Ⅰ의 지름<관 Ⅱ의 지름이며, 관의 성질은 같다.)

① 관 Ⅰ의 손실수두가 크다.
② 관 Ⅱ의 손실수두가 크다.
③ 관 Ⅰ과 관 Ⅱ의 손실수두는 같다.
④ 관 Ⅰ과 관 Ⅱ의 손실수두의 합은 0 이다.

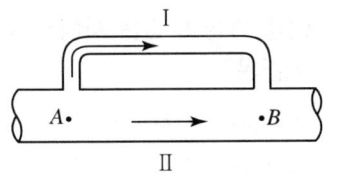

해설 병렬 관수로의 손실수두는 각 관로마다 손실의 크기가 동일하므로 관 Ⅰ과 관 Ⅱ의 손실수두는 같다.

해답 ③

057

토리첼리(Torricelli) 정리는 다음 중 어느 것을 이용하여 유도할 수 있는가?

① 파스칼 원리
② 아르키메데스 원리
③ 레이놀즈 원리
④ 베르누이 정리

해설 토리첼리(Torricelli)의 정리는 베르누이의 정리에서 유도해 낼 수 있다.

[참고] 토리첼리의 정리

$$\frac{V_1^2}{2g} + \frac{P_1}{w} + Z_1 = \frac{V_2^2}{2g} + \frac{P_2}{w} + Z_2$$

$$0 + 0 + h = \frac{V_2^2}{2g} + 0 + 0$$

$$V_2 = \sqrt{2gh}$$

해답 ④

058

유역면적 $20km^2$ 지역에서 수공구조물의 축조를 위해 다음 아래의 수문곡선을 얻었을 때, 총 유출량은?

① $108m^3$
② $108 \times 10^4 m^3$
③ $300m^3$
④ $300 \times 10^4 m^3$

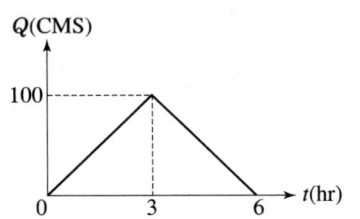

해설 수문곡선에서 총 유출량은 수문곡선의 면적과 같다.

총유출량 $= \frac{1}{2} \times 100 m^3/sec \times (6 \times 3{,}600)sec = 1{,}080{,}000 m^3$

해답 ②

059

다음 그림과 같은 사다리꼴 수로에서 수리상 유리한 단면으로 설계된 경우의 조건은?

① $OB = OD = OF$
② $OA = OD = OG$
③ $OC = OG + OA = OE$
④ $OA = OC = OE = OG$

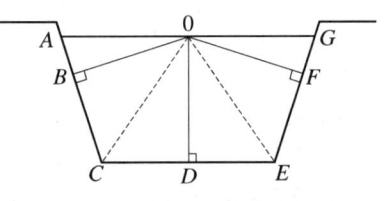

해설 가장 경제적인 제형 단면은 $\theta = 60°$로 정육각형의 절반일 때이다.

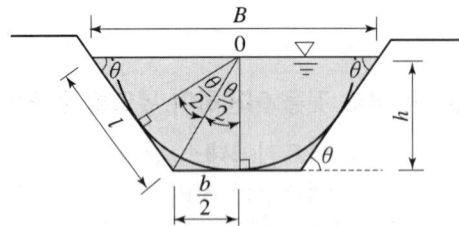

해답 ①

060
평면상 x, y방향의 속도성분이 각각 $u = ky$, $v = kx$인 유선의 형태는?

① 원 ② 타원
③ 쌍곡선 ④ 포물선

해설 2차원 흐름의 유선 방정식

$dt = \dfrac{dx}{u} = \dfrac{dy}{v}$ 의 식에 $u = ky$, $v = kx$를 대입하여 정리하면

$dt = \dfrac{dx}{ky} = \dfrac{dy}{kx} = \dfrac{dx}{y} = \dfrac{dy}{x}$ 에서

$x\,dx - y\,dy = 0$

위 식을 적분하면 $\dfrac{1}{2}x^2 - \dfrac{1}{2}y^2 = c$

양변에 2를 곱하면 우변 $2c$는 상수에 2를 곱한 상수이므로 $2c = c$
$x^2 - y^2 = c$ 이므로 유선은 쌍곡선이 된다.

해답 ③

제4과목 철근콘크리트 및 강구조

061
콘크리트의 설계기준압축강도(f_{ck})가 50MPa인 경우 콘크리트 탄성계수 및 크리프 계산에 적용되는 콘크리트의 평균 압축강도(f_{cu})는?

① 54MPa ② 55MPa
③ 56MPa ④ 57MPa

해설 ① Δf
Δf 는 f_{ck}가 40MPa 이하이면 4MPa, 60MPa 이상이면 6MPa 그 사이는 직선 보간으로 구한다. 따라서 $f_{ck} = 50$MPa인 경우 $\Delta f = 5$MPa
② $f_{cu} = f_{ck} + \Delta f = 50 + 5 = 55$MPa

해답 ②

062
프리스트레스트 콘크리트의 경우 흙에 접하여 콘크리트를 친 후 영구히 흙에 묻혀 있는 콘크리트의 최소 피복두께는?

① 40mm ② 60mm
③ 80mm ④ 100mm

해설 흙에 접하여 콘크리트를 친 후 영구히 흙에 묻혀 있는 콘크리트의 최소 피복두께는 80mm이다.

해답 ③

063
2방향 슬래브의 직접설계법을 적용하기 위한 제한사항으로 틀린 것은?

① 각 방향으로 3경간 이상이 연속되어야 한다.
② 슬래브 판들은 단변 경간에 대한 장변 경간의 비가 2 이하인 직사각형이어야 한다.
③ 모든 하중은 슬래브 판 전체에 걸쳐 등분포된 연직하중이어야 한다.
④ 연속한 기둥 중심선을 기준으로 기둥의 어긋남은 그 방향 경간의 최대 20%까지 허용할 수 있다.

해설 연속한 기둥 중심선으로부터 기둥의 어긋남은 그 방향 경간의 최대 10% 이하이어야 한다.

해답 ④

064
경간이 8m인 PSC보에 계수등분포하중(w)이 20kN/m 작용할 때 중앙 단면 콘크리트 하연에서의 응력이 0이되려면 강재에 줄 프리스트레스 힘(P)은? (단, PS강재는 콘크리트 도심에 배치되어 있다.)

① $P = 2000$kN
② $P = 2200$kN
③ $P = 2400$kN
④ $P = 2600$kN

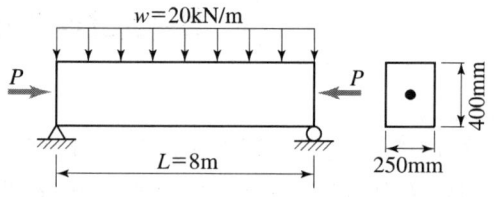

해설
$$f_{하연응력(인장측)} = \frac{P}{A} - \frac{M}{I}y = \frac{P}{0.25 \times 0.4} - \frac{\frac{20 \times 8^2}{8}}{\frac{0.25 \times 0.4^3}{12}} \times 0.2 = 0 \text{에서}$$
$P = 2,400$kN

해답 ③

065
단철근 직사각형 보에서 설계기준압축강도 $f_{ck} = 58$MPa일 때 계수 β_1은? (단, 등가 직사각응력블록의 깊이 $a = \beta_1 c$이다.)

① 0.78
② 0.72
③ 0.76
④ 0.64

해설 $f_{ck} = 58$MPa로 60MPa 이하이므로 $\beta_1 = 0.76$

해답 ③

066
철근콘크리트 구조물에서 연속 휨부재의 모멘트 재분배를 하는 방법에 대한 설명으로 틀린 것은?

① 근사해법에 의하여 휨모멘트를 계산한 경우에는 연속 휨부재의 모멘트 재분배를 할 수 없다.
② 어떠한 가정의 하중을 적용하여 탄성이론에 의하여 산정한 연속 휨부재 받침부의 부모멘트는 10% 이내에서 $800\epsilon_t\%$ 만큼 증가 또는 감소시킬 수 있다.
③ 경간 내의 단면에 대한 휨모멘트의 계산은 수정된 부모멘트를 사용하여야 한다.
④ 휨모멘트를 감소시킬 단면에서 최외단 인장철근의 순인장변형률 ε t가 0.0075 이상인 경우에만 가능하다.

해설 근사해법에 의해 휨모멘트를 계산한 경우를 제외하고, 어떠한 가정의 하중을 적용하여 탄성이론에 의하여 산정한 연속 휨부재 받침부의 부모멘트는 20% 이내에서 $1,000\epsilon_t\%$ 만큼 증가 또는 감소시킬 수 있다.

해답 ②

067
복전단 고장력 볼트(bolt)의 마찰이음에서 강판에 $P=350\text{kN}$이 작용할 때 볼트의 수는 최소 몇 개가 필요한가? (단, 볼트의 지름(d)은 20mm이고, 허용전단응력(τ_a)은 120MPa이다.)

① 3개　　　② 5개
③ 8개　　　④ 10개

해설 ① 복전단 고장력 볼트 전단력
$$P_s = \tau_a \times 2A = \tau_a \times 2\frac{\pi d^2}{4} = 120 \times 2 \times \frac{\pi \times 20^2}{4} = 75,398\text{N}$$
② 볼트 수
$$n = \frac{350,000}{75,398} = 4.64 = 5개$$

해답 ②

068
부재의 순단면적을 계산할 경우 지름 22mm의 리벳을 사용하였을 때 리벳 구멍의 지름은 얼마인가? (단, 강구조 연결 설계기준(허용응력설계법)을 적용한다.)

① 21.5mm　　　② 22.5mm
③ 23.5mm　　　④ 24.5mm

해설 $d = 22\text{mm} > 20\text{mm}$ 이므로
리벳 구멍 지름 = 리벳 지름 + 1.5 = 22 + 1.5 = 23.5mm

[참고] ① 리벳 지름 $d < 20\text{mm}$ 인 경우, 리벳 구멍 지름 = $d + 1\text{mm}$
② 리벳 지름 $d \geq 20\text{mm}$ 인 경우, 리벳 구멍 지름 = $d + 1.5\text{mm}$

해답 ③

069 인장철근의 겹침이음에 대한 설명으로 틀린 것은?

① 다발철근의 겹침이음은 다발 내의 개개철근에 대한 겹침이음길이를 기본으로 결정되어야 한다.
② 어떤 경우이든 300mm 이상 겹침이음 한다.
③ 겹침이음에는 A급, B급 이음이 있다.
④ 겹침이음된 철근량이 전체 철근량의 1/2 이하인 경우는 B급이음이다.

해설 인장 겹침이음에 대한 요구조건

배근 A_s / 소요 A_s	소요겹침이음 길이 내의 이음된 철근 A_s의 최대(%)	
	50 이하	50 초과
2 이상	A급	B급
2 미만	B급	B급

해답 ④

070 아래 그림과 같은 보의 단면에서 표피철근의 간격 s는 약 얼마인가? (단, 습윤환경에 노출되는 경우로서, 표피철근의 표면에서 부재 측면까지 최단거리(C_c)는 50mm, $f_{ck}=28\text{MPa}$, $f_y=400\text{MPa}$이다.)

① 170mm
② 200mm
③ 230mm
④ 260mm

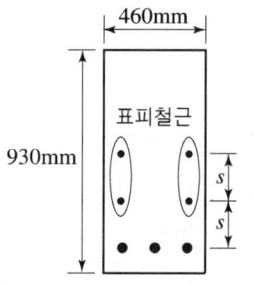

해설
1. 사용하중 상태에서 인장연단에서 가장 가까이에 위치한 철근의 응력
$$f_s = \frac{2}{3}f_y = \frac{2}{3} \times 400 = \frac{800}{3}\text{MPa}$$

2. 철근 간격을 통한 균열 검증에서 철근의 노출 조건을 고려한 계수 건조한 경우가 아니므로 $K_{cr} = 210$

3. 표피철근의 간격
① $s = 375\left(\dfrac{K_{cr}}{f_s}\right) - 2.5C_c = 375\left(\dfrac{210}{800/3}\right) - 2.5 \times 50 = 170.3\text{mm}$

② $s = 300\left(\dfrac{K_{cr}}{f_s}\right) = 300\left(\dfrac{210}{800/3}\right) = 236.25\,\text{mm}$

③ 표피철근의 간격은 둘 중 작은 값인 170mm로 한다.

[참고] ① 건조한 경우 : $K_{cr} = 280$
② 그 외의 경우 : $K_{cr} = 210$

해답 ①

071

강판을 그림과 같이 용접 이음할 때 용접부의 응력은?

① 110MPa
② 125MPa
③ 250MPa
④ 722MPa

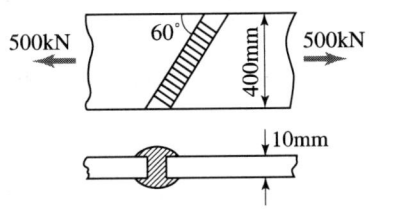

해설 $f = \dfrac{P}{\sum al} = \dfrac{500{,}000}{10 \times 400} = 125\,\text{MPa}$

해답 ②

072

아래에서 설명하는 부재 형태의 최대 허용처짐은? (단, l은 부재 길이이다.)

과도한 처짐에 의해 손상되기 쉬운 비구조 요소를 지지 또는 부착한 지붕 또는 바닥구조

① $l/180$
② $l/240$
③ $l/360$
④ $l/480$

해설 최대 허용 처짐

부재의 형태	고려해야 할 처짐	처짐 한계
과도한 처짐에 의해 손상되기 쉬운 비구조 요소를 지지 또는 부착하지 않은 평지붕구조	활하중 L에 의한 순간처짐	$\dfrac{l}{180}$
과도한 처짐에 의해 손상되기 쉬운 비구조 요소를 지지 또는 부착하지 않은 바닥구조	활하중 L에 의한 순간처짐	$\dfrac{l}{360}$
과도한 처짐에 의해 손상되기 쉬운 비구조 요소를 지지 또는 부착한 지붕 또는 바닥구조	전체 처짐 중에서 비구조 요소가 부착된 후에 발생하는 처짐부분(모든 지속하중에 의한 장기처짐과 추가적인 활하중에 의한 순간처짐의 합	$\dfrac{l}{480}$
과도한 처짐에 의해 손상될 염려가 없는 비구조 요소를 지지 또는 부착한 지붕 또는 바닥구조		$\dfrac{l}{240}$

해답 ④

073

아래 그림과 같은 직사각형 보를 강도설계이론으로 해석할 때 콘크리트의 등가 사각형 깊이 a는?
(단, f_{ck}=21MPa, f_y=300MPa이다.)

① 109.9mm
② 121.6mm
③ 129.9mm
④ 190.5mm

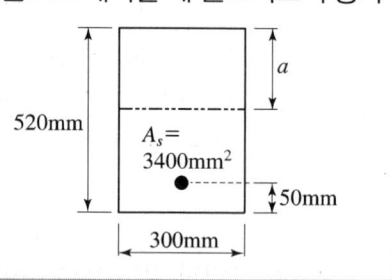

해설 $a = \dfrac{A_s f_y}{0.85 f_{ck} b} = \dfrac{3,400 \times 300}{0.85 \times 21 \times 300} = 190.5\text{mm}$

해답 ④

074

유효깊이(d)가 910mm인 아래 그림과 같은 단철근 T형보의 설계휨강도(ϕM_n)를 구하면? (단, 인장철근량(A_s)은 7,652mm², f_{ck}=21MPa, f_y=350MPa, 인장지배단면으로 ϕ=0.85, 경간은 3,040mm이다.)

① 1,845kN·m
② 1,863kN·m
③ 1,883kN·m
④ 1,901kN·m

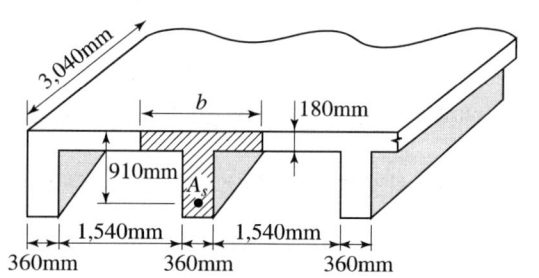

해설 1. 플랜지의 유효폭
  ① $16t + b_w = 16 \times 180 + 360 = 3,240\text{mm}$
  ② 양쪽 슬래브의 중심간 거리 $= \dfrac{1,540}{2} + 360 + \dfrac{1,540}{2} = 1,900\text{mm}$
  ③ 보경간의 $\dfrac{1}{4} = \dfrac{3,040}{4} = 760\text{mm}$
  ④ 셋 중 가장 작은 값인 760mm를 유효폭으로 결정

2. 플랜지의 내민 부분 콘크리트 압축력(C_f)과 비기는 철근 단면적

$$A_{sf} = \dfrac{0.85 f_{ck} t (b - b_w)}{f_y} = \dfrac{0.85 \times 21 \times 180 \times (760 - 360)}{350} = 3,672\text{mm}^2$$

3. 복부 콘크리트 압축력(C_w)과 비길 수 있는 철근과 비교한 등가직사각형 응력깊이

$$a = \dfrac{(A_s - A_{sf}) f_y}{0.85 f_{ck} b_w} = \dfrac{(7,652 - 3,672) \times 350}{0.85 \times 21 \times 360} = 216.7756\text{mm} > t = 180\text{mm}$$ 이므로

$a = 216.7756\text{mm}$

4. 단철근 T형보의 설계휨강도

$$M_d = \phi M_n = 0.85\left[A_{sf}f_u\left(d-\frac{t}{2}\right)+(A_s-A_{sf})f_y\left(d-\frac{a}{2}\right)\right]$$

$$= 0.85\left[3{,}672\times 350\times\left(910-\frac{180}{2}\right)+(7{,}652-3{,}672)\times 350\times\left(910-\frac{216.7756}{2}\right)\right]$$

$$= 0.85\times[1{,}053{,}864{,}000+1{,}116{,}645{,}794.6]$$

$$= 1{,}844{,}933{,}325.4\,\text{Ncdptmm} = 1{,}845\,\text{kN}\cdot\text{m}$$

해답 ①

075

옹벽의 안정조건 중 전도에 대한 저항휨모멘트는 횡토압에 의한 전도모멘트의 최소 몇 배 이상이어야 하는가?

① 1.5배　　② 2.0배
③ 2.5배　　④ 3.0배

해설 **전도에 대한 안정 조건**
① 반드시 옹벽에 작용하는 모든 외력의 합력이 저판의 중앙 1/3안에 들어와야 한다.
② 합력이 중앙 1/3 이내에 들어오지 않을 경우 전도에 대해 불안정하게 된다.

$$\text{안전율 } F_s = \frac{M_r}{M_o} = \frac{\sum Wx}{Hy} \geq 2.0$$

여기서, $\sum W$: 수직력의 총화(옹벽의 자중+저판상부 흙 무게)
　　　　H : 수평력

해답 ②

076

콘크리트 구조물에서 비틀림에 대한 설계를 하려고 할 때, 계수비틀림모멘트(T_u)를 계산하는 방법에 대한 설명으로 틀린 것은?

① 균열에 의하여 내력의 재분배가 발생하여 비틀림 모멘트가 감소할 수 있는 부정정 구조물의 경우, 최대 계수비틀림모멘트를 감소시킬 수 있다.
② 철근콘크리트 부재에서, 받침부에서 d 이내에 위치한 단면은 d에서 계산된 T_u보다 작지 않은 비틀림모멘트에 대하여 설계하여야 한다.
③ 프리스트레스콘크리트 부재에서, 받침부에서 d 이내에 위치한 단면을 설할 때 d에서 계산된 T_u보다 작지 않은 비틀림모멘트에 대하여 설계하여야 한다.
④ 정밀한 해석을 수행하지 않은 경우, 슬래브에 의해 전달되는 비틀림 하중은 전체 부재에 걸쳐 균등하게 분포하는 것으로 가정할 수 있다.

해설 프리스트레싱되지 않은 부재에서, 받침부로부터 d 이내에 위치한 단면은 d에서 계산된 T_u보다 작지 않은 비틀림모멘트에 대해서 설계하여야 한다. 만약 d 이내에서 집중된 비틀림모멘트가 작용하면 위험단면은 받침부의 내부면으로 하여야 한다.

해답 ③

077
그림과 같은 띠철근 기둥에서 띠철근의 최대 수직간격으로 적당한 것은?
(단, D10의 공칭직경은 9.5mm,
D32의 공칭직경은 31.8mm이다.)

① 456mm
② 472mm
③ 500mm
④ 509mm

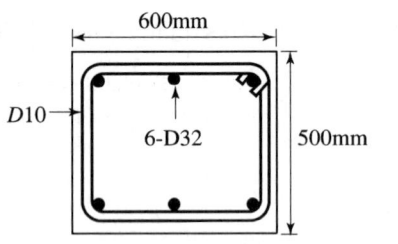

해설 띠철근의 수직 간격
① 단면 최소 치수 이하 = 500mm 이하
② 축방향 철근 지름의 16배 이하 = 31.8 × 16 = 508.8mm 이하
③ 띠철근 지름의 48배 이하 = 9.5 × 48 = 456mm 이하
④ 띠철근의 수직간격은 셋 중 작은 값인 456mm 이하로 한다.

해답 ①

078
$b_w = 350\text{mm}$, $d = 600\text{mm}$인 단철근 직사각형 보에서 보통중량콘크리트가 부담할 수 있는 공칭전단강도(V_c)를 정밀식으로 구하면 약 얼마인가? (단, 전단력과 휨모멘트를 받는 부재이며, $V_u = 100\text{kN}$, $M_u = 300\text{kN} \cdot \text{m}$, $\rho_w = 0.016$, $f_{ck} = 24\text{MPa}$이다.)

① 164.2kN   ② 171.5kN
③ 176.4kN   ④ 182.7kN

해설 정밀식

$$V_c = \left(0.16\lambda\sqrt{f_{ck}} + 17.6\frac{\rho_w V_u d}{M_u}\right)b_w d \leq 0.29\lambda\sqrt{f_{ck}}\,b_w d\,(\text{N})$$

① $V_c = \left(0.16\lambda\sqrt{f_{ck}} + 17.6\dfrac{\rho_w V_u d}{M_u}\right)b_w d$

$= \left(0.16 \times 1 \times \sqrt{24} + 17.6 \times \dfrac{0.016 \times 100{,}000 \times 600}{300{,}000{,}000}\right) \times 350 \times 600$

$= 176{,}432.9\text{N} = 176.4\text{kN}$

② $0.29\lambda\sqrt{f_{ck}}\,b_w d\,(\text{N}) = 0.29 \times 1 \times \sqrt{24} \times 350 \times 600 = 298{,}347.85\text{N} = 298.35\text{kN}$

③ 보통중량콘크리트가 부담할 수 있는 공칭전단강도는 둘 중 작은 값인 176.4kN이다.

해답 ③

079

$A_s = 3,600mm^2$, $A_s' = 1,200mm^2$로 배근된 그림과 같은 복철근 보의 탄성처짐이 12mm라 할 때 5년 후 지속하중에 의해 유발되는 추가 장기처짐은 얼마인가?

① 6mm
② 12mm
③ 18mm
④ 36mm

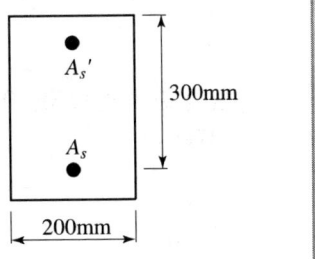

해설 ① 지속 하중 재하 기간에 따른 계수
$\xi = 2.0$

구분	3개월	6개월	12개월	5년 이상
ξ	1.0	1.2	1.4	2.0

② 압축 철근비(단순보와 연속보는 중앙부, 캔틸레버보는 받침부의 압축 철근비를 사용)

$$\rho' = \frac{A_s'}{b_w d} = \frac{1,200}{200 \times 300} = 0.02$$

③ 실험에 근거된 계수, 장기 처짐 계수

$$\lambda_\Delta = \frac{\xi}{1+50\rho'} = \frac{2.0}{1+50\times 0.02} = 1$$

④ 장기 처짐 = 즉시 처짐 × λ_Δ = 12 × 1 = 12mm

해답 ②

080

그림과 같은 2경간 연속보의 양단에서 PS강재를 긴장 할 때 단 A에서 중간 B까지의 근사법으로 구한 마찰에 의한 프리스트레스의 감소율은? (단, 각은 radian이며, 곡률마찰계수(μ)는 0.4, 파상마찰계수(k)는 0.0027이다.)

① 12.6%
② 18.2%
③ 10.4%
④ 15.8%

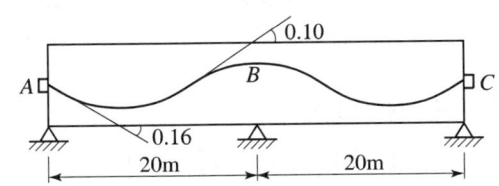

해설 감소율 = $kl_x + \mu\alpha = 0.0027 \times 20 + 0.4 \times (0.16 + 0.10) = 0.158 = 15.8\%$

[참고] 근사식 $P_x = \dfrac{P_o}{1+kl_x+\mu\alpha}$ 에서

$$\frac{P_x}{P_o} = \frac{1}{(1+kl_x+\mu\alpha)} = \frac{1}{1+0.0027\times 20+0.4\times(0.16+0.10)} = \frac{1}{1.158}$$

$P_o = 1.158$ 대비 $P_x = 1$로 15.8%(0.158) 감소하였다.

해답 ④

제5과목 토질 및 기초

081 그림과 같은 점토지반에서 안전수(m)가 0.1인 경우 높이 5m의 사면에 있어서 안전율은?

① 1.0
② 1.25
③ 1.50
④ 2.0

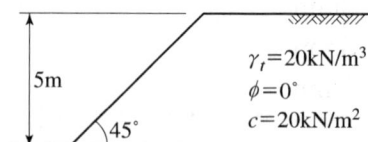

$\gamma_t = 20\text{kN/m}^3$
$\phi = 0°$
$c = 20\text{kN/m}^2$

해설 안정수(안전수)를 이용한 단순사면의 안정 해석

① 안정계수 $N_s = \dfrac{1}{\text{안정수}} = \dfrac{1}{0.1} = 10$

② 한계고 $H_c = \dfrac{N_s \cdot c}{\gamma_t} = \dfrac{10 \times 20}{20} = 10\text{m}$

③ 안전율 $F_s = \dfrac{H_c}{H} = \dfrac{10}{5} = 2$

해답 ④

---

082 얕은 기초에 대한 Terzaghi의 수정지지력 공식은 아래의 표와 같다. 4m×5m의 직사각형 기초를 사용할 경우 형상계수 α와 β의 값으로 옳은 것은?

$$q_u = \alpha c N_c + \beta \gamma_1 B N_\gamma + \gamma_2 D_f N_q$$

① $\alpha = 1.18$, $\beta = 0.32$
② $\alpha = 1.24$, $\beta = 0.42$
③ $\alpha = 1.28$, $\beta = 0.42$
④ $\alpha = 1.32$, $\beta = 0.38$

해설 직사각형 기초이므로

① $\alpha = 1 + 0.3 \dfrac{B}{L} = 1 + 0.3 \dfrac{4}{5} = 1.24$

② $\beta = 0.5 - 0.1 \dfrac{B}{L} = 0.5 - 0.1 \dfrac{4}{5} = 0.42$

[참고]

구분	연속	정사각형	직사각형	원형
α	1.0	1.3	$1 + 0.3 \dfrac{B}{L}$	1.3
β	0.5	0.4	$0.5 - 0.1 \dfrac{B}{L}$	0.3

해답 ②

083 어떤 흙의 입경가적곡선에서 $D_{10}=0.05$mm, $D_{30}=0.09$mm, $D_{60}=0.15$mm 이었다. 균등계수(C_u)와 곡률계수(C_g)의 값은?

① 균등계수=1.7, 곡률계수=2.45 ② 균등계수=2.4, 곡률계수=1.82
③ 균등계수=3.0, 곡률계수=1.08 ④ 균등계수=3.5, 곡률계수=2.08

해설 ① 균등계수
입도분포가 좋고 나쁜 정도를 나타내는 계수
$$C_u = \frac{D_{60}}{D_{10}} = \frac{0.15}{0.05} = 3.0$$
② 곡률계수
$$C_g = \frac{D_{30}^2}{D_{10} \cdot D_{60}} = \frac{0.09^2}{0.05 \times 0.15} = 1.08$$

해답 ③

084 지표면에 설치된 2m×2m의 정사각형 기초에 100kN/m²의 등분포 하중이 작용하고 있을 때 5m 깊이에 있어서의 연직응력 증가량을 2 : 1 분포법으로 계산한 값은?

① 0.83kN/m² ② 8.16kN/m²
③ 19.75kN/m² ④ 28.57kN/m²

해설
$$\Delta\sigma_z = \frac{Q}{(B+z)\cdot(L+z)} = \frac{q_s \cdot B \cdot L}{(B+z)\cdot(L+z)} = \frac{100 \times 2 \times 2}{(2+5)\times(2+5)} = 8.16\text{kN/m}^2$$

해답 ②

085 어느 모래층의 간극률이 35%, 비중이 2.66이다. 이 모래의 분사현상(Quick Sand)에 대한 한계동수경사는 얼마인가?

① 0.99 ② 1.08
③ 1.16 ④ 1.32

해설 ① 간극비 $e = \dfrac{V_v}{V_s} = \dfrac{n}{100-n} = \dfrac{35}{100-35} = 0.5385$

② 한계동수경사 $i_c = \dfrac{\gamma_{sub}}{\gamma_w} = \dfrac{G_s-1}{1+e} = \dfrac{2.66-1}{1+0.5385} = 1.08$

해답 ②

086
100% 포화된 흐트러지지 않은 시료의 부피가 20cm³이고 질량이 36g이었다. 이 시료를 건조로에서 건조시킨 후의 질량이 24g일 때 간극비는 얼마인가?
① 1.36
② 1.50
③ 1.62
④ 1.70

해설
① $W_w = W - W_s = 36 - 24 = 12\,g$
② $V_w = \dfrac{W_w}{\gamma_w} = \dfrac{12}{1} = 12\,cm^3$
③ $V_v = \dfrac{V_w}{S} = \dfrac{12}{100/100} = 12\,cm^3$
④ $e = \dfrac{V_v}{V_s} = \dfrac{V_v}{V - V_v} = \dfrac{12}{20 - 12} = 1.5$

해답 ②

087
성토나 기초지반에 있어 특히 점성토의 압밀완료 후 추가 성토 시 단기 안정문제를 검토하고자 하는 경우 적용되는 시험법은?
① 비압밀 비배수시험
② 압밀 비배수시험
③ 압밀 배수시험
④ 일축압축시험

해설 압밀 비배수시험의 적용 예
① 성토 하중으로 어느 정도 압밀된 후 급속한 파괴가 예상되는 경우
② 기존의 제방, 흙 댐에서 수위가 급강하할 때의 안정해석하는 경우
③ 사전압밀(Pre-loading) 후 급격한 재하시의 안정해석하는 경우

해답 ②

088
평판 재하 실험에서 재하판의 크기에 의한 영향(scale effect)에 관한 설명으로 틀린 것은?
① 사질토 지반의 지지력은 재하판의 폭에 비례한다.
② 점토지반의 지지력은 재하판의 폭에 무관하다.
③ 사질토 지반의 침하량은 재하판의 폭이 커지면 약간 커지기는 하지만 비례하는 정도는 아니다.
④ 점토지반의 침하량은 재하판의 폭에 무관하다.

해설 침하량은 점토지반일 때 재하판 폭에 비례한다.
$S_{(기초)} = S_{(재하판)} \cdot \dfrac{B_{(기초)}}{B_{(재하판)}}$

해답 ④

089

압밀시험결과 시간-침하량 곡선에서 구할 수 없는 값은?

① 초기 압축비
② 압밀계수
③ 1차 압밀비
④ 선행압밀 압력

해설 선행압밀압력은 하중-간극비 곡선에서 구할 수 있다.

[참고] 압밀곡선으로부터 구할 수 있는 요소

구분 \ 곡선	시간-침하량 곡선	하중-간극비 곡선
공통	① 압축계수 ② 체적변화계수	① 압축계수 ② 체적변화계수
차이점	① 압밀계수 ② 투수계수 ③ 1차 압밀비 ④ 압밀시간 산정 ⑤ 각 하중 단계마다 작성	① 압축지수 ② 선행압밀하중 ③ 압밀 침하량 산정 ④ 전 하중 단계에서 작성

해답 ④

090

Paper drain 설계 시 Drain paper의 폭이 10cm, 두께가 0.3cm일 때 Drain paper의 등치환산원의 직경이 약 얼마이면 Sand drain과 동등한 값으로 볼 수 있는가? (단, 형상계수(α)는 0.75이다.)

① 5cm
② 8cm
③ 10cm
④ 15cm

해설 등치환산원은 Paper Drain의 설계시 Sand drain의 직경으로 환산한 효과를 기준으로 설계하는데 사용한다.

$$D = \alpha \frac{2A+2B}{\pi} = 0.75 \times \frac{2 \times 10 + 2 \times 0.3}{\pi} = 4.92 \text{cm} \fallingdotseq 5\text{cm}$$

여기서, D : drain paper의 등치환산원의 지름
α : 형상계수(0.75)
A, B : drain 폭과 두께(cm)

해답 ①

091

사운딩(Sounding)의 종류에서 사질토에 가장 적합하고 점성토에서도 쓰이는 시험법은?

① 표준 관입 시험
② 베인 전단 시험
③ 더치 콘 관입 시험
④ 이스키미터(Iskymeter)

해설 표준관입시험에서 구한 N값은 원지반 시료 채취가 불가능한 사질토 지반에 대해 많이 이용되며, 점성토 지반에 대해서는 그 신뢰성이 다소 결여된다고 알려져 있다.

해답 ①

092

아래 그림과 같은 지반의 A점에서 전응력(σ), 간극수압(u), 유효응력(σ')을 구하면? (단, 물의 단위중량은 9.81kN/m³이다.)

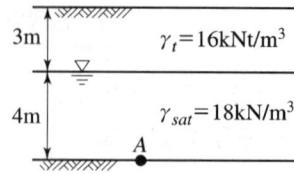

① $\sigma = 100\text{kN/m}^2$, $u = 9.8\text{kN/m}^2$, $\sigma' = 90.2\text{kN/m}^2$
② $\sigma = 100\text{kN/m}^2$, $u = 29.4\text{kN/m}^2$, $\sigma' = 70.6\text{kN/m}^2$
③ $\sigma = 120\text{kN/m}^2$, $u = 19.6\text{kN/m}^2$, $\sigma' = 100.4\text{kN/m}^2$
④ $\sigma = 120\text{kN/m}^2$, $u = 39.2\text{kN/m}^2$, $\sigma' = 80.8\text{kN/m}^2$

해설
① 전응력 $\sigma = \gamma_t \cdot h_1 + \gamma_{sat} \cdot h_2 = 16 \times 3 + 18 \times 4 = 120\text{kN/m}^2$
② 간극수압 $u = \gamma_w \cdot h_2 = 9.81 \times 4 = 39.24\text{t/m}^2$
③ 유효응력 $\sigma' = \sigma - u = 120 - 39.24 = 80.76\text{t/m}^2$

해답 ④

093

말뚝 지지력에 관한 여러 가지 공식 중 정역학적 지지력 공식이 아닌 것은?

① Dör의 공식
② Terzaghi의 공식
③ Meyerhof의 공식
④ Engineering news 공식

해설 말뚝기초의 지지력 공식
1. 정역학적 지지력 공식
   ① Terzaghi의 공식   ② Meyerhof의 공식
   ③ Dörr의 공식   ④ Dunham 공식
2. 동역학적 지지력 공식
   ① Hiley 공식   ② Engineering News 공식
   ③ Sander 공식   ④ Weisbach 공식

해답 ④

094

흙의 다짐에 대한 설명으로 틀린 것은?

① 최적함수비로 다질 때 흙의 건조밀도는 최대가 된다.
② 최대건조밀도는 점성토에 비해 사질토일수록 크다.
③ 최적함수비는 점성토일수록 작다.
④ 점성토일수록 다짐곡선은 완만하다.

해설 최적함수비(OMC) 흙이 가장 잘 다져지는 함수비로 점성토일수록 다짐곡선이 평탄하고 최적함수비가 높아서 함수비의 변화에 따른 다짐효과가 작다.

해답 ③

095 흙의 투수성에서 사용되는 Darcy의 법칙에 대한 설명으로 틀린 것은?

$$Q = k\frac{\Delta h}{L} \cdot A$$

① Δh는 수두차이다.
② 투수계수(k)의 차원은 속도의 차원(cm/s)과 같다.
③ A는 실제로 물이 통하는 공극부분의 단면적이다.
④ 물의 흐름이 난류인 경우에는 Darcy의 법칙이 성립하지 않는다.

해설 A는 시료의 전단면적을 사용한다.

해답 ③

096 그림에서 A점 흙의 강도정수가 $c' = 30\text{kN/m}^2$, $\phi' = 30°$일 때, A점에서의 전단강도는? (단, 물의 단위중량은 9.81kN/m^3이다.)

① 69.31kN/m^2
② 74.32kN/m^2
③ 96.97kN/m^2
④ 103.92kN/m^2

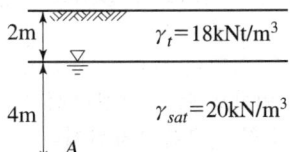

해설 ① 유효응력
$\sigma' = \gamma_t \cdot h_1 + \gamma_{sub} \cdot h_2 = 18 \times 2 + (20 - 9.81) \times 4 = 76.76\text{kN/m}^2$
② A점의 전단강도
$\tau_f = c + \sigma' \tan\phi = 30 + 76.76 \times \tan30° = 74.32\text{kN/m}^2$

해답 ②

097 점착력이 8kN/m^2, 내부 마찰각이 $30°$, 단위중량 16kN/m^3인 흙이 있다. 이 흙에 인장균열은 약 몇 m 깊이까지 발생할 것인가?

① 6.92m
② 3.73m
③ 1.73m
④ 1.00m

해설 $Z_c = \frac{2c}{\gamma} \frac{1}{\tan\left(45° - \frac{\phi}{2}\right)} = \frac{2c}{\gamma} \tan\left(45° + \frac{\phi}{2}\right) = 2 \times \frac{8}{16} \tan\left(45° + \frac{30°}{2}\right) = 1.73\text{m}$

해답 ③

098 다음 중 일시적인 지반 개량 공법에 속하는 것은?

① 동결공법
② 프리로딩 공법
③ 약액주입 공법
④ 모래다짐말뚝 공법

해설 일시적 지반 개량 공법
① 웰포인트(Well point) 공법
② deep well 공법(깊은우물 공법)
③ 대기압공법(진공압밀공법)
④ 동결공법

해답 ①

099 Terzaghi의 1차원 압밀이론에 대한 가정으로 틀린 것은?

① 흙은 균질하다.
② 흙은 완전 포화되어 있다.
③ 압축과 흐름은 1차원적이다.
④ 압밀이 진행되면 투수계수는 감소한다.

해설 Terzaghi의 1차원 압밀이론 가정
① 흙은 균질하다.
② 흙은 완전히 포화되어 있다.
③ 흙 입자와 물은 비압축성이다.
④ 투수와 압축은 1차원이다. 즉, 연직으로만 발생한다.
⑤ 물의 흐름은 Darcy의 법칙에 따른다.
⑥ 흙의 성질은 압력의 크기에 관계없이 일정하다.

해답 ④

100 외경이 50.8mm, 내경이 34.9mm인 스플릿 스푼 샘플러의 면적비는?

① 112%
② 106%
③ 53%
④ 46%

해설 $A_r = \dfrac{D_0^2 - D_e^2}{D_e^2} \times 100 = \dfrac{50.8^2 - 34.9^2}{34.9^2} \times 100 = 111.9\% \fallingdotseq 112\%$

해답 ①

제6과목 상하수도공학

101 하수도 계획의 기본적 사항에 관한 설명으로 옳지 않은 것은?

① 계획구역은 계획목표년도까지 시가화 예상구역을 포함하여 광역적으로 정하는 것이 좋다.
② 하수도 계획의 목표년도는 시설의 내용년수, 건설 기간등을 고려하여 50년을 원칙으로 한다.
③ 신시가지 하수도 계획의 수립시에는 기존시가지를 포함하여 종합적으로 고려해야 한다.
④ 공공수역의 수질보전 및 자연환경보전을 위하여 하수도정비를 필요로 하는 지역을 계획구역으로 한다.

해설 하수도계획의 목표년도는 시설의 내용년수 및 건설기간이 길고 특히 하수관로는 하수량의 증가에 따라 단계적으로 단면을 증가시키기 어려우므로 장기적인 관로계획을 수립할 필요가 있으며, 하수도계획의 목표년도는 원칙적으로 20년으로 한다. 해답 ②

102 배수 및 급수시설에 관한 설명으로 틀린 것은?

① 배수본관은 시설의 신뢰성을 높이기 위해 2개열 이상으로 한다.
② 배수지의 건설에는 토압, 벽체의 균열, 지하수의 부상, 환기 등을 고려한다.
③ 급수관 분기지점에서 배수관 내의 최대정수압은 1000kPa 이상으로 한다.
④ 관로공사가 끝나면 시공의 적합 여부를 확인하기 위하여 수압 시험 후 통수한다.

해설 배수관에서 급수관으로 분기 지점에서 배수관의
최소동수압은 150kPa(1.53kgf/cm^2) 이상이어야 하며
최대정수압은 740kPa(7.55kgf/cm^2) 이하여야 한다. 해답 ③

103 송수에 필요한 유량 $Q=0.7\text{m}^3/\text{s}$, 길이 $l=100\text{m}$, 지름 $d=40\text{cm}$, 마찰손실계수 $f=0.03$인 관을 통하여 높이 30m에 양수할 경우 필요한 동력(HP)은? (단, 펌프의 합성효율은 80%이며, 마찰 이외의 손실은 무시한다.)

① 122HP
② 244HP
③ 489HP
④ 978HP

해설
① 유속 $v = \dfrac{Q}{A} = \dfrac{0.7}{\dfrac{\pi \times 0.4^2}{4}} = 5.57 \text{m/s}$

② 손실수두 $h_L = f \dfrac{l}{D} \dfrac{v^2}{2g} = 0.03 \times \dfrac{100}{0.4} \times \dfrac{5.57^2}{2 \times 9.8} = 11.872 \text{m}$

③ 동력 $P_S = \dfrac{1,000 Q (H_p + \Sigma h_L)}{75 \eta} = \dfrac{1,000 \times 0.7 \times (30 + 11.872)}{75 \times 0.8} = 488.5 \text{HP}$

해답 ③

104 하수관로의 매설방법에 대한 설명으로 틀린 것은?

① 실드공법은 연약한 지반에 터널을 시공할 목적으로 개발 되었다.
② 추진공법은 실드공법에 비해 공사기간이 짧고 공사비용도 저렴하다.
③ 하수도 공사에 이용되는 터널공법에는 개착공법, 추진공법, 실드공법 등이 있다.
④ 추진공법은 중요한 지하매설물의 횡단공사 등으로 개착공법으로 시공하기 곤란할 때 가끔 채용된다.

해설 하수도 공사는 일반적으로 굴착공법(개착공법)과 터널공법(추진공법, 실드공법 등)으로 나누어 지며, 굴착공법은 도시지역에서 혼잡을 야기하며, 터널공법은 비교적 심도가 깊거나 대형 관거에서만 경제성을 갖는다.

해답 ③

105 먹는 물에 대장균이 검출될 경우 오염수로 판정되는 이유로 옳은 것은?

① 대장균은 병원균이기 때문이다.
② 대장균은 반드시 병원균과 공존하기 때문이다.
③ 대장균은 번식 시 독소를 분비하여 인체에 해를 끼치기 때문이다.
④ 사람이나 동물의 체내에 서식하므로 병원성 세균의 존재 추정이 가능하기 때문이다.

해설 대장균은 인체에 해로운 균은 아니지만 소화기 계통의 전염병균이 대장균군과 같이 존재하기 때문에 대장균의 유무로써 다른 세균의 유무를 추정할 수 있고, 수인성 전염균 등의 병원균을 추정하는 간접 지표가 된다.

해답 ④

106 저수시설의 유효저수량 결정방법이 아닌 것은?

① 합리식
② 물수지계산
③ 유량도표에 의한 방법
④ 유량누가곡선 도표에 의한 방법

해설 저수시설의 유효저수량
1. 물수지 계산
2. 간편법에 의한 유효저수량 산정
   ① 유량도표에 의한 방법
   ② 유량누가곡선도표에 의한 방법(Ripple법)

해답 ①

107
정수장 침전지의 침전효율에 영향을 주는 인자에 대한 설명으로 옳지 않은 것은?

① 수온이 낮을수록 좋다.
② 체류시간이 길수록 좋다.
③ 입자의 직경이 클수록 좋다.
④ 침전지의 수표면적이 클수록 좋다.

해설 수온은 높을수록 침전효율이 좋다.

[참고] 침전효율에 영향을 주는 인자
① 침전지의 수표면적 : 클수록 효율은 양호해 진다.
② 유체의 흐름 : 등류로서 층류이어야 한다.
③ 수온 : 높을수록 좋다.
④ 체류시간 : 길수록 좋다.
⑤ 입자의 직경 및 응결성 : 클수록 좋다.
⑥ 플록의 침강속도 V_s를 크게 하면 좋다
⑦ 유량 Q를 작게 하면 좋다.
⑧ 표면부하율을 작게 하면 좋다.

해답 ①

108
1/1000의 경사로 묻힌 지름 2,400mm의 콘크리트 관내에 20°C의 물이 만관상태로 흐를 때의 유량은? (단, Manning 공식을 적용하며, 조도계수 $n=0.015$)

① $6.78\text{m}^3/\text{s}$
② $8.53\text{m}^3/\text{s}$
③ $12.71\text{m}^3/\text{s}$
④ $20.57\text{m}^3/\text{s}$

$$Q = Av = A\frac{1}{n}R^{2/3}I^{1/2} = \frac{\pi D^2}{4}\frac{1}{n}\left(\frac{D}{4}\right)^{2/3}I^{1/2}$$
$$= \frac{\pi \times 2.4^2}{4} \times \frac{1}{0.015} \times \left(\frac{2.4}{4}\right)^{2/3} \times \left(\frac{1}{1000}\right)^{1/2}$$
$$= 6.78\text{m}^3/\text{s}$$

해답 ①

109
다음 생물학적 처리 방법 중 생물막 공법은?

① 산화구법 ② 살수여상법
③ 접촉안정법 ④ 계단식 폭기법

해설 ① 생물막법은 대기, 하수 및 생물막의 상호 접촉양식에 따라 살수여상법, 회전원판법, 접촉산화법 및 침적여과형의 호기성여상법으로 분류된다.
② 살수여상법은 보통 도시하수의 2차 처리를 위하여 사용되며, 최초 침전지의 유출수를 미생물 점막으로 덮인 여재(濾材) 위에 뿌려서 미생물막과 폐수 중의 유기물을 접촉시켜 처리하는 방법이다.

해답 ②

110
함수율 95%인 슬러지를 농축시켰더니 최초부피의 1/30이 되었다. 농축된 슬러지의 함수율은? (단, 농축 전후의 슬러지 비중은 1로 가정)

① 65% ② 70%
③ 85% ④ 90%

해설 함수율과 슬러지 부피의 관계

$$\frac{V_1}{V_2} = \frac{100 - W_2}{100 - W_1}$$

$$\frac{1}{1/3} = \frac{100 - W_2}{100 - 95}$$

$W_2 = 100 - 3(100 - 95) = 85\%$

여기서, V_1, V_2 : 슬러지의 부피, W_1, W_2 : 슬러지의 함수율(%)

해답 ③

111
원형침전지의 처리유량이 10,200m³/day, 위어의 월류부하가 169.2m³/m·day 라면 원형침전지의 지름은?

① 18.2m ② 18.5m
③ 19.2m ④ 20.5m

해설 ① 원형침전지 둘레 길이

월류부하$[m^3/m/day] = \frac{Q}{L} = \frac{10,200}{L} = 169.2$에서 $L = 60.28m$

② 원형침전지 지름

$L = 60.28m = \pi D$에서 $D = \frac{60.28}{\pi} = 19.2m$

해답 ③

112
금속이온 및 염소이온(염화나트륨 제거율 93% 이상)을 제거할 수 있는 막여과 공법은?

① 역삼투법
② 나노여과법
③ 정밀여과법
④ 한외여과법

해설 역삼투법은 압력에너지를 이용한 막여과공법으로 물은 통과시키지만 이온성 물질은 거의 투과시키지 않는 역삼투막에 해수를 가압하여 염소이온을 제거함으로서 담수만을 분리해내는 공법이다.

해답 ①

113
정수 처리에서 염소소독을 실시할 경우 물이 산성일수록 살균력이 커지는 이유는?

① 수중의 OCl 감소
② 수중의 OCl 증가
③ 수중의 HOCl 감소
④ 수중의 HOCl 증가

해설 염소Cl_2 + 물H_2O → 차아염소산이온 HOCl + 가수분해된 이온($H^+ + Cl^-$)이므로 상수도의 물을 염소로 소독할 경우 수중의 HOCl 증가함에 따라 살균력이 커진다. 또한 산성이거나 수온이 낮을 경우에도 살균력이 커진다.

해답 ④

114
하수도시설에 관한 설명으로 옳지 않은 것은?

① 하수 배제방식은 합류식과 분류식으로 대별할 수 있다.
② 하수도시설은 관로시설, 펌프장시설 및 처리장시설로 크게 구별할 수 있다.
③ 하수배제는 자연유하를 원칙으로 하고 있으며 펌프시설도 사용할 수 있다.
④ 하수처리장시설은 물리적 처리시설을 제외한 생물학적, 화학적 처리시설을 의미한다.

해설 하수처리장시설은 물리적 처리시설뿐만 아니라 화학적 처리시설과 생물학적 처리시설이 있으며, 이중 생물학적 처리시설이 가장 많이 이용된다.

해답 ④

115
상수도 취수시설 중 침사지에 관한 시설기준으로 틀린 것은?

① 길이는 폭의 3~8배를 표준으로 한다.
② 침사지의 체류시간은 계획취수량의 10~20분을 표준으로 한다.
③ 침사지의 유효수심은 3~4m를 표준으로 한다.
④ 침사지 내의 평균유속은 20~30cm/s를 표준으로 한다.

해설 ① 침사지의 길이는 폭의 3~8배를 표준으로 한다.
② 침사지의 체류시간은 계획취수량의 10~20분을 표준으로 한다.
③ 침사지의 유효수심은 3~4m를 표준으로 하고, 퇴사심도를 0.5~1m로 한다.
④ 침사지 내의 평균유속은 2~7cm/s를 표준으로 한다.

해답 ④

116

대기압이 10.33m, 포화수증기압이 0.238m, 흡입관내의 전 손실수두가 1.2m, 토출관의 전 손실수두가 5.6m, 펌프의 공동현상계수(σ)가 0.80이라 할 때, 공동현상을 방지하기 위하여 펌프가 흡입수면으로부터 얼마의 높이까지 위치할 수 있겠는가?

① 약 0.8m까지
② 약 2.4m까지
③ 약 3.4m까지
④ 약 4.5m까지

해설 (대기압-토출관의 전 손실수두-포화증기압)×공동현상계수-흡입관내 전 손실수두
= $(10.33 - 5.6 - 0.238) \times 0.8 - 1.2 = 2.3936\text{m} ≒ 2.4\text{m}$

해답 ②

117

우수가 하수관로로 유입하는 시간이 4분, 하수관로에서의 유하시간이 15분, 이 유역의 유역면적이 4km², 유출계수는 0.6, 강우강도식 $I = \dfrac{6500}{t+40}$일 때 첨두유량은? (단, t의 단위 : [분])

① 73.4m³/s
② 78.8m³/s
③ 85.0m³/s
④ 98.5m³/s

해설 ① 유달시간(t) : 강우로 인한 유수가 그 유역 내의 가장 먼 지점으로부터 유역출구까지 도달하는데 소요되는 시간(min)
$t = 4 + 15 = 19$분
② $Q = 0.2778\,CIA = \dfrac{1}{3.6}CIA = \dfrac{1}{3.6} \times 0.6 \times \dfrac{6500}{19+40} \times 4 = 73.4\text{m}^3/\text{s}$

해답 ①

118

계획급수량을 산정하는 식으로 옳지 않은 것은?

① 계획1인1일평균급수량=계획1인1일평균사용수량/계획첨두율
② 계획1일최대급수량=계획1일평균급수량×계획첨두율
③ 계획1일평균급수량=계획1인1일평균급수량×계획급수인구
④ 계획1일최대급수량=계획1인1일최대급수량×계획급수인구

해설 ① 계획 1일 최대급수량 = 계획 1인 1일 최대급수량 × 계획 급수인구
  = 계획 1일 평균급수량/계획부하율
  = 계획 1일 평균급수량 × 계획첨두율

② 계획 1일 평균급수량 = $\dfrac{1년간 총급수량}{365}$
  = 계획 1인 1일 평균급수량 × 급수인구 × 보급률

해답 ①

119
정수장의 약품침전을 위한 응집제로서 사용되지 않는 것은?
① PACl
② 황산철
③ 활성탄
④ 황산알루미늄

해설 응집제 : 황산반토(황산알루미늄), 고분자 응집제(PAC), 명반, 황산제일철, 황산제이철 등

해답 ③

120
계획오수량에 대한 설명으로 옳지 않은 것은?
① 오수관로의 설계에는 계획시간최대오수량을 기준으로 한다.
② 계획오수량의 산정에서는 일반적으로 지하수의 유입량은 무시할 수 있다.
③ 계획1일평균오수량은 계획1일 최대오수량의 70~80%를 표준으로 한다.
④ 계획시간최대오수량은 계획1일최대오수량의 1시간당 수량의 1.3~1.8배를 표준으로 한다.

해설 계획오수량
 = 생활오수량 + 공장폐수량 + 지하수량 + 기타배수량(농경지 하수 포함 안됨)

해답 ②

토목기사

2020년 8월 22일 시행

제1과목 응용역학

001 지름 $d=120$cm, 벽두께 $t=0.6$cm 인 긴 강관이 $q=2$MPa의 내압을 받고 있다. 이 관벽 속에 발생하는 원환응력(σ)의 크기는?

① 50MPa
② 100MPa
③ 150MPa
④ 200MPa

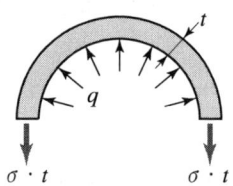

해설 $\sigma = \dfrac{Pd}{2t} = \dfrac{2 \times 1200}{2 \times 6} = 200$MPa

해답 ④

002 다음은 전단중심(shear center)에 대한 설명이다. 이 중 틀린 것은?

① 1축이 대칭인 단면의 전단중심은 도심과 일치한다.
② 1축이 대칭인 단면의 전단중심은 그 대칭축 선상에 있다.
③ 하중이 전단중심 점을 통과하지 않으면 보는 비틀린다.
④ 전단중심이란 단면이 받아내는 전단력의 합력점의 위치를 말한다.

해설 1축이 대칭인 단면의 전단중심은 대칭축선상에 위치하며, 2축이 대칭인 단면의 전단중심은 도심과 일치한다.

해답 ①

003 그림과 같은 연속보에서 B점의 지점 반력은?

① 240kN
② 280kN
③ 300kN
④ 320kN

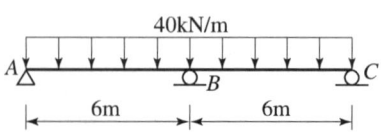

해설 $R_B = \dfrac{5wl}{4} = \dfrac{5 \times 40 \times 6}{4} = 300\text{kN}(\uparrow)$

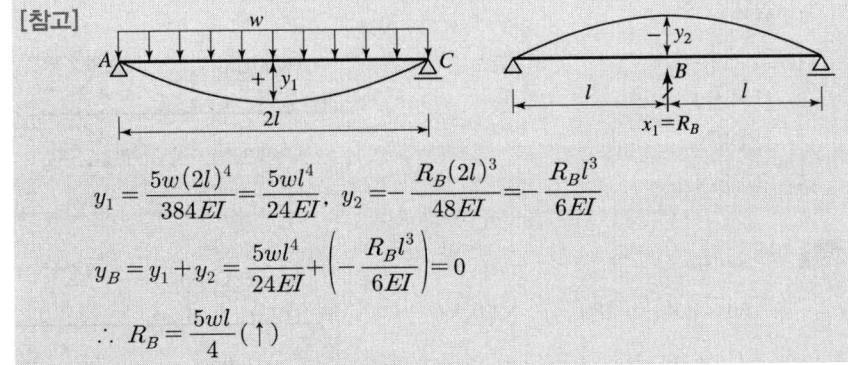

[참고]

$$y_1 = \dfrac{5w(2l)^4}{384EI} = \dfrac{5wl^4}{24EI}, \quad y_2 = -\dfrac{R_B(2l)^3}{48EI} = -\dfrac{R_B l^3}{6EI}$$

$$y_B = y_1 + y_2 = \dfrac{5wl^4}{24EI} + \left(-\dfrac{R_B l^3}{6EI}\right) = 0$$

$$\therefore R_B = \dfrac{5wl}{4}(\uparrow)$$

해답 ③

004

아래 그림과 같은 보에서 A점의 수직반력은?

① $\dfrac{M}{L}(\uparrow)$ ② $\dfrac{M}{L}(\downarrow)$

③ $\dfrac{3M}{2L}(\uparrow)$ ④ $\dfrac{3M}{2L}(\downarrow)$

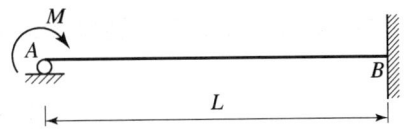

해설 $\delta_A = \delta_{A1} + \delta_{A2} = -\dfrac{Ml^2}{2EI} + \dfrac{R_B l^3}{3EI} = 0$

$\therefore R_B = \dfrac{3}{2}\dfrac{M}{l}(\downarrow)$

해답 ④

005

그림과 같은 1/4 원 중에서 음영부분의 도심까지 위치 y_o?

① 4.94cm
② 5.20cm
③ 5.84cm
④ 7.81cm

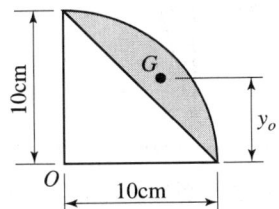

해설 $G_x = G_x(1/4원) - G_x(삼각형)$

$$\left(\dfrac{\pi r^2}{4} - \dfrac{r^2}{2}\right) y_0 = \left(\dfrac{\pi r^2}{4}\right)\left(\dfrac{4r}{3\pi}\right) - \left(\dfrac{r^2}{2}\right)\left(\dfrac{r}{3}\right)$$

$$y_0 = \dfrac{r}{3\left(\dfrac{\pi}{2} - 1\right)} = \dfrac{10}{3\left(\dfrac{\pi}{2} - 1\right)} = 5.84\text{cm}$$

해답 ③

006

그림과 같이 단순보의 A점에 휨모멘트가 작용하고 있을 경우 A점에서 전단력의 절댓값은?

① 72kN
② 108kN
③ 126kN
④ 252kN

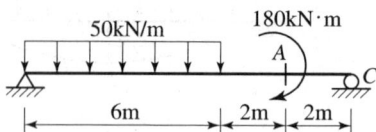

해설 ① $\sum M_B = 0 \curvearrowright +$

$50 \times 6 \times \dfrac{6}{2} + 180 - V_C \times 10 = 0$

$V_C = 108\text{kN}(\uparrow)$

② $S_A = V_C = -108\text{kN}$

A점의 전단력 절댓값은 108kN이다.

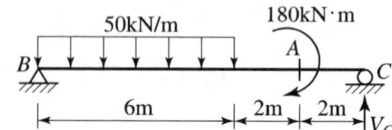

해답 ②

007

그림과 같은 3힌지 라멘의 휨모멘트도(BMD)로 옳은 것은?

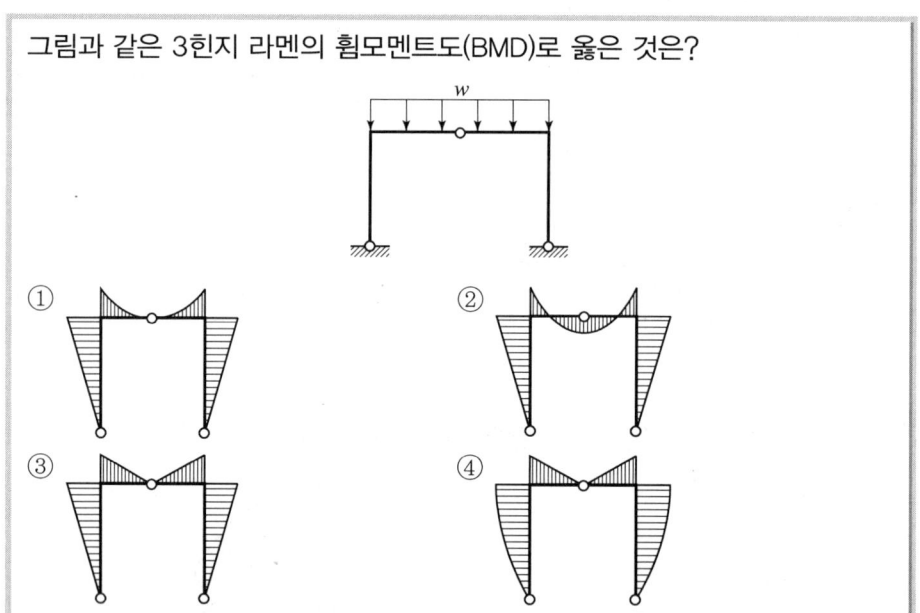

해설 ① 양 지점의 휨모멘트 값은 '0'이다.
  ($M_A = M_B = 0$)
② 슬래브 힌지점의 휨모멘트 값은 집중하중의 경우 힌지점의 휨모멘트값은 부호가 변하면서 '0'이 된다 ($M_m = 0$, $+ \Rightarrow -$, $- \Rightarrow +$). 단 슬래브의 힌지점이 대칭구조의 등분포하중의 경우 양 지점의 수평반력으로 인한 휨모멘트와 상쇄되어 부호가 바뀌지 않으면서 힘지점의 휨모멘트 값이 '0'이 된다.

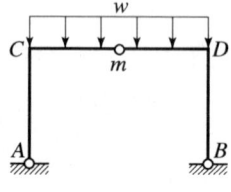

해답 ①

008

그림과 같은 도형에서 빗금 친 부분에 대한 x, y축의 단면 상승 모멘트(I_{xy})는?

① 2cm^4
② 4cm^4
③ 8cm^4
④ 16cm^4

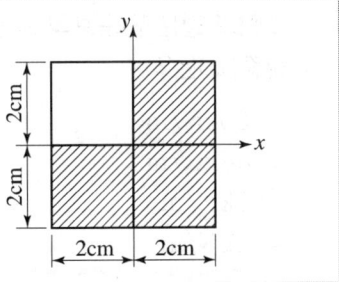

해설
$I_{xy} = I_{xy1} + I_{xy2} + I_{xy3}$
$= A_1 \cdot x_1 \cdot y_1 + A_2 \cdot x_2 \cdot y_2 + A_3 \cdot x_3 \cdot y_3$
$= (2 \times 2) \times 1 \times 1 + (2 \times 2) \times 1 \times (-1) + (2 \times 2) \times (-1) \times (-1)$
$= 4\text{cm}^4$

해답 ②

009

등분포 하중을 받고 있는 단순보의 중앙점의 처짐을 구하는 공식으로 옳은 것은? (단, 등분포 하중은 W, 보의 길이는 L, 보의 휨강성은 EI이다.)

① $\dfrac{WL^3}{24EI}$
② $\dfrac{WL^3}{48EI}$
③ $\dfrac{WL^4}{8EI}$
④ $\dfrac{5WL^4}{384EI}$

해설 $M_{중앙} = \dfrac{5WL^4}{384EI}$

해답 ④

010

그림과 같은 3힌지 아치에서 B점의 수평반력(H_B)은?

① 20kN
② 30kN
③ 40kN
④ 60 kN

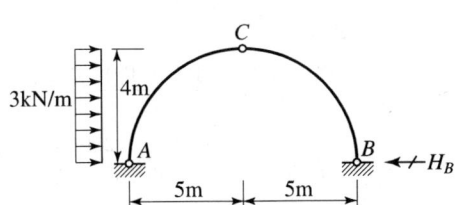

해설
① $\sum M_A = 0 \curvearrowright +$
$30 \times 4 \times \dfrac{4}{2} - V_B \times 10 = 0$
$V_B = 24\text{kN}(\uparrow)$
② $M_C = V_B \times 5 - H_B \times 4 = 24 \times 5 - H_B \times 4 = 0$
$H_B = 30\text{kN}(\leftarrow)$

해답 ②

011

그림과 같은 단순보의 허용 휨응력이 80MPa일 때 보에 작용할 수 있는 등분포하중(w)은?

① 50kN/m
② 40kN/m
③ 5kN/m
④ 4kN/m

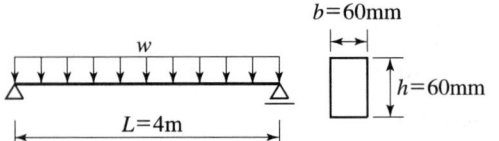

해설

① $M = \dfrac{w \cdot l^2}{8} = \dfrac{w \times 4000^2}{8} = 2{,}000{,}000\,w$

② $\sigma_a = \dfrac{M}{I}y = \dfrac{M}{Z} = \dfrac{6 \times 2{,}000{,}000\,w}{b \cdot h^2}$ 에서

$w = \dfrac{\sigma_a \cdot b \cdot h^2}{120{,}000} = \dfrac{80 \times 60 \times 100^2}{6 \times 2{,}000{,}000} = 4\text{kN/m}$

해답 ④

012

아래 그림과 같이 속이 빈 단면에 전단력 $V = 150$kN이 작용하고 있다. 단면에 발생하는 최대 전단응력은?

① 9.9MPa
② 19.8MPa
③ 99MPa
④ 198MPa

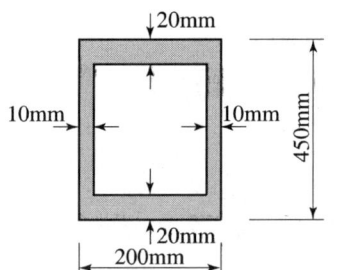

해설

① $G_{x도심} = 200 \times 225 \times \dfrac{225}{2} - 180 \times 205 \times \dfrac{205}{2} = 1{,}280{,}250\,\text{mm}^4$

② $b_{도심} = 20\text{mm}$

③ $I_{도심} = \dfrac{200 \times 450^3}{12} - \dfrac{180 \times 410^3}{12} = 484{,}935{,}000\,\text{mm}^4$

④ $\tau_{\max} = \dfrac{S \cdot G_x}{I \cdot b} = \dfrac{150{,}000 \times 1{,}280{,}250}{484{,}935{,}000 \times 20} = 19.8\text{MPa}$

해답 ②

013

그림은 정사각형 단면을 갖는 단주에서 단면의 핵을 나타낸 것이다. x의 거리는?

① 3cm
② 4.5cm
③ 6cm
④ 9cm

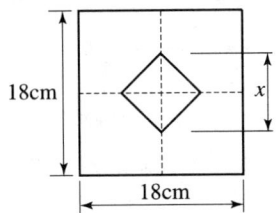

해설 핵폭 $x = \dfrac{h}{3} = \dfrac{18}{3} = 6\text{cm}$

해답 ③

014

그림과 같은 캔틸레버보에서 자유단에 집중하중 $2P$를 받고 있을 때 휨모멘트에 의한 탄성변형에너지는? (단, EI는 일정하고, 보의 자중은 무시한다.)

① $\dfrac{3P^2L^3}{2EI}$
② $\dfrac{2P^2L^3}{3EI}$
③ $\dfrac{P^2L^3}{3EI}$
④ $\dfrac{P^2L^3}{6EI}$

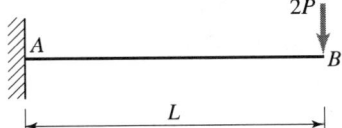

해설 기본식 $U = \dfrac{P^2 l^3}{6EI}$ 이므로 $U = \dfrac{(2P)^2 L^3}{6EI} = \dfrac{4P^2 L^3}{6EI} = \dfrac{2P^2 L^3}{3EI}$

해답 ②

015

지름 50mm, 길이 2m의 봉을 길이방향으로 당겼더니 길이가 2mm 늘어났다면, 이 때 봉의 지름은 얼마나 줄어드는가? (단, 이 봉의 푸아송 비는 0.3이다.)

① 0.015mm
② 0.030mm
③ 0.045mm
④ 0.060mm

해설 $\nu = \dfrac{1}{m} = \dfrac{\beta}{\epsilon} = \dfrac{l\Delta d}{d\Delta l}$ 에서 $\Delta d = \dfrac{\nu d \Delta l}{l} = \dfrac{0.3 \times 50 \times 2}{2{,}000} = 0.015\text{mm}$

해답 ①

016

그림과 같은 크레인의 D_1부재의 부재력은?

① 43kN
② 50kN
③ 75kN
④ 100kN

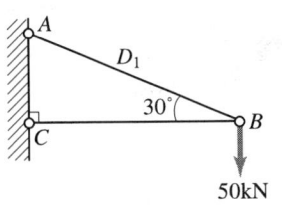

해설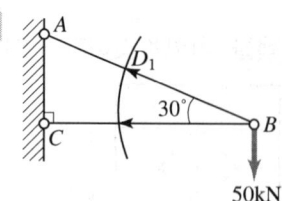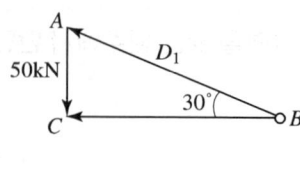

$$\frac{D_1}{\sin 90°} = \frac{50}{\sin 30°} \text{에서 } D_1 = \frac{50 \times \sin 90°}{\sin 30°} = 100\text{kN}$$

해답 ④

017

그림과 같은 직사각형 단면의 보가 최대휨모멘트 $M_{\max} = 20\text{kN} \cdot \text{m}$를 받을 때 $a-a$단면의 휨응력은?

① 2.25 MPa
② 3.75 MPa
③ 4.25 MPa
④ 4.65 MPa

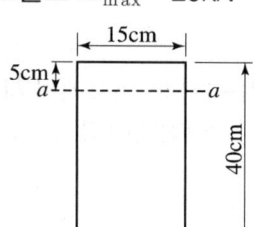

해설
$$\sigma_{aa} = \frac{M}{I}y = \frac{20 \times 10^6}{\frac{150 \times 400^3}{12}} \times 150 = 3.75\text{MPa}$$

해답 ②

018

그림과 같은 켄틸레버보에서 최대 처짐각(θ_B)은? (단, EI는 일정하다.)

① $\dfrac{3wl^3}{48EI}$
② $\dfrac{5wl^3}{48EI}$
③ $\dfrac{7wl^3}{48EI}$
④ $\dfrac{9wl^3}{48EI}$

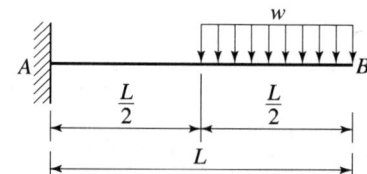

해설 $\theta_B = \dfrac{7wl^3}{48EI}$

해답 ③

019 그림에서 합력 R과 P_1 사이의 각을 α라고 할 때 $\tan\alpha$를 나타낸 식으로 옳은 것은?

① $\tan\alpha = \dfrac{P_2\sin\theta}{P_1 + P_2\cos\theta}$

② $\tan\alpha = \dfrac{P_1\sin\theta}{P_1 + P_2\cos\theta}$

③ $\tan\alpha = \dfrac{P_2\cos\theta}{P_1 + P_2\sin\theta}$

④ $\tan\alpha = \dfrac{P_1\cos\theta}{P_1 + P_2\sin\theta}$

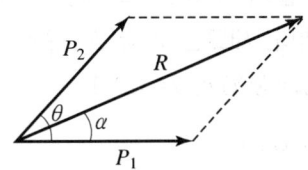

해설

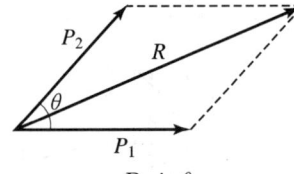

$$\tan\alpha = \dfrac{P_2\sin\theta}{P_1 + P_2\cos\theta}$$

해답 ①

020 길이가 3m이고 가로 200mm, 세로 300mm인 직사각형 단면의 기둥이 있다. 지지상태가 양단힌지인 경우 좌굴응력을 구하기 위한 이 기둥의 세장비는?

① 34.6
② 43.3
③ 52.0
④ 60.7

해설

① 최소 회전반경 $r_{\min} = \sqrt{\dfrac{I_{\min}}{A}} = \sqrt{\dfrac{\dfrac{300 \times 200^3}{12}}{300 \times 200}} = 57.735\text{mm}$

② 세장비 $\lambda = \dfrac{kl}{r} = \dfrac{3000}{57.735} = 52.0$

해답 ③

제2과목 측량학

021 그림과 같이 $A_O B_O$의 노선을 $e=10\text{m}$만큼 연장하여 내측으로 노선을 설치하고자 한다. 새로운 반경 R_N은?
(단, $R_O=200\text{m}$, $I=60°$)

① 217.64 m
② 238.26 m
③ 250.50 m
④ 264.64 m

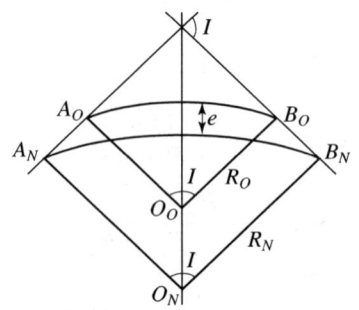

해설
① $E_O = R_O\left(\sec\dfrac{I}{2}-1\right) = 200\left(\sec\dfrac{60°}{2}-1\right)$
  $= 30.94\text{m}$
② $E_N = E_O + 10 = 40.94\text{m}$
  $= R_N(\sec 30° - 1)$ 에서
  $R_N = \dfrac{40.94}{\sec 30° - 1} = 264.64\text{m}$

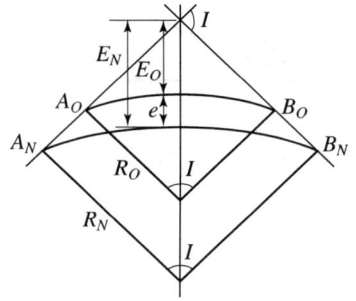

해답 ④

022 하천측량에 대한 설명으로 옳지 않은 것은?

① 수위관측소 위치는 지천의 합류점 및 분류점으로서 수위의 변화가 일어나기 쉬운 곳이 적당하다.
② 하천측량에서 수준측량을 할 때의 거리표는 하천의 중심에 직각 방향으로 설치한다.
③ 심천측량은 하천의 수심 및 유수부분의 하저 상황을 조사하고 횡단면도를 제작하는 측량을 말한다.
④ 하천측량 시 처음에 할 일은 도상 조사로서 유로 상황, 지역면적, 지형, 토지이용 상황 등을 조사하여야 한다.

해설 **수위관측소는** 불규칙한 수위변화가 없는 장소이어야 한다.
[참고] 수위관측을 위한 양수표(수위관측소) 설치 장소
  ① 세굴이나 퇴적이 생기지 않는 장소
  ② 상·하류 약 100m 정도의 직선인 장소

③ 수위가 교각이나 기타 구조물에 의한 영향을 받지 않는 장소
④ 홍수시 유실이나 이동 또는 파손되지 않는 장소
⑤ 평상시는 물론 홍수시에도 용이하게 양수량을 관측할 수 있는 장소
⑥ 지천의 합류점에서는 불규칙한 수위변화가 없는 장소
⑦ 어떤 갈수시에도 양수표가 노출되지 않는 장소
⑧ 잔류 및 역류가 없는 장소

해답 ①

023

그림과 같이 곡선반지름 $R=500\text{m}$인 단곡선을 설치할 때 교점에 장애물이 있어 $\angle ACD=150°$, $\angle CDB=90°$, $CD=100\text{m}$를 관측하였다. 이때 C점으로부터 곡선의 시점까지의 거리는?

① 530.27m
② 657.04m
③ 750.56m
④ 796.09m

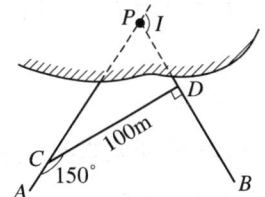

해설 ① △CPD에서 sin 법칙을 적용하면

$$\frac{100}{\sin 60°}=\frac{CP}{\sin 90°} \text{에서 } CP=\frac{100 \cdot \sin 90°}{\sin 60°}=115.47\text{m}$$

② $T.L = R\tan\frac{I}{2}=500\times\tan\frac{120°}{2}=866.03\text{m}$

③ $\overline{CA}=T.L-C.P=866.03-115.47=750.56\text{m}$

해답 ③

024

그림의 다각망에서 C점의 좌표는? (단, $l_{AB}=l_{BC}=100\text{m}$이다.)

① $X_c=-5.31\text{m}$, $Y_c=160.45\text{m}$
② $X_c=-1.62\text{m}$, $Y_c=171.17\text{m}$
③ $X_c=-10.27\text{m}$, $Y_c=89.25\text{m}$
④ $X_c=50.90\text{m}$, $Y_c=86.07\text{m}$

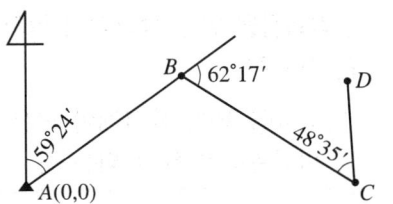

해설 1. **방위각**
① AB측선의 방위각
$\alpha_{AB}=59°24'$
② BC측선의 방위각
$\alpha_{BC}=\alpha_{AB}+\angle B=59°24'+62°17'=121°41'$
③ CD측선의 방위각
$\alpha_{CD}=\alpha_{BC}+180°+\angle C=121°41'+180°+48°35'=350°16'$

2. 위거 및 경거
(1) $\overline{AB}$ 위거 및 경거
① $\overline{AB}$ 의 위거 : $L_{AB} = l_{AB} \times \cos\alpha_{AB} = 100 \times \cos 59°24' = 50.904\text{m}$
② $\overline{AB}$ 의 경거 : $D_{AB} = l_{AB} \times \sin\alpha_{AB} = 100 \times \sin 59°24' = 86.074\text{m}$
(2) $\overline{BC}$ 위거 및 경거
① $\overline{BC}$ 의 위거 : $L_{BC} = l_{BC} \times \cos\alpha_{BC} = 100 \times \cos 121°41' = -52.522\text{m}$
② $\overline{BC}$ 의 경거 : $D_{BC} = l_{BC} \times \sin\alpha_{BC} = 100 \times \sin 121°41' = 85.096\text{m}$

3. C점의 좌표(합위거, 합경거)
① C점의 X좌표(합위거)
$X_C = X_B + L_{BC} = X_A + L_{AB} + L_{BC} = 0 + 50.904 - 52.522 = -1.618\text{m}$
② C점의 Y좌표(합경거)
$Y_C = Y_B + D_{BC} = Y_A + D_{AB} + D_{BC} = 0 + 86.074 + 85.096 = 171.170\text{m}$

해답 ②

---

025 각관측 방법 중 배각법에 관한 설명으로 옳지 않은 것은?

① 방향각법에 비하여 읽기 오차의 영향을 적게 받는다.
② 수평각 관측법 중 가장 정확한 방법으로 정밀한 삼각측량에 주로 이용된다.
③ 시준할 때의 오차를 줄일 수 있고 최소 눈금 미만의 정밀한 관측값을 얻을 수 있다.
④ 1개의 각을 2회 이상 반복 관측하여 관측한 각도의 평균을 구하는 방법이다.

해설 각관측법(조합각관측법)은 수평각 관측법 중 가장 정확한 방법으로 1등 삼각측량에 이용한다.

해답 ②

---

026 삼각측량을 위한 삼각점의 위치선정에 있어서 피해야 할 장소와 가장 거리가 먼 것은?

① 측표를 높게 설치해야 되는 곳
② 나무의 벌목면적이 큰 곳
③ 편심관측을 해야 되는 곳
④ 습지 또는 하상인 곳

해설 삼각점 위치 선정 시 피해야 할 장소
① 편심관측을 하여야 하는 곳은 가급적 피하는 것이 좋으며, 피치 못할 경우에만 한하여야 한다.
② 나무를 벌목하여야 하는 곳은 피해야 한다.
③ 습지와 같은 연약지반인 곳은 피해야 한다.
④ 측표의 높이를 높게 설치하여야 되는 곳은 피해야 한다.

해답 ③

027

수준측량에서 시준거리를 같게 함으로써 소거할 수 있는 오차에 대한 설명으로 틀린 것은?

① 기포관축과 시준선이 평행하지 않을 때 생기는 시준선 오차를 소거할 수 있다.
② 지구곡률오차를 소거할 수 있다.
③ 표척 시준시 초점나사를 조정할 필요가 없으므로 이로 인한 오차인 시준오차를 줄일 수 있다.
④ 표척의 눈금 부정확으로 인한 오차를 소거할 수 있다.

해설 전시와 후시의 거리를 같게 하는 이유
 (1) 시준축오차(가장 큰 영향을 주는 오차) 소거
 (2) 자연적 오차 소거 – ① 구차 : 지구의 곡률에 의한 오차이다.
　　　　　　　　　　　② 기차 : 광선의 굴절에 의한 오차이다.
　　　　　　　　　　　③ 양차 : 구차와 기차의 합을 말한다.
 (3) 조준나사 작동에 의한 오차 소거

해답 ④

028

폐합다각측량을 실시하여 위거 오차 30cm, 경거 오차 40cm를 얻었다. 다각측량의 전체 길이가 500m라면 다각형의 폐합비는?

① 1/100
② 1/125
③ 1/1000
④ 1/1250

해설
① 폐합오차 : $E = \sqrt{\Delta L^2 + \Delta D^2} = \sqrt{0.3^2 + 0.4^2} = 0.5\text{m}$
② 폐합비(정도) : $R = \dfrac{E}{\sum l} = \dfrac{0.5}{500} = \dfrac{1}{1,000}$

해답 ③

029

직접고저측량을 실시한 결과가 그림과 같을 때, A점의 표고가 10m라면 C점의 표고는? (단, 그림은 개략도로 실제 치수와 다를 수 있음)

① 9.57m
② 9.66m
③ 10.57m
④ 10.66m

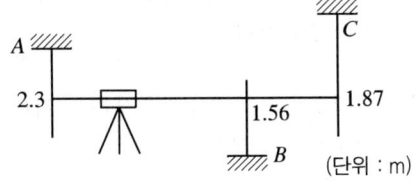

해설 C점의 표고
$H_C = H_A - 2.3 + 1.87 = 10 - 2.3 + 1.87 = 9.57\text{m}$

해답 ①

030

하천측량에서 유속관측에 대한 설명으로 옳지 않은 것은?

① 유속계에 의한 평균유속 계산식은 1점법, 2점법, 3점법 등이 있다.
② 하천기울기(I)를 이용하여 유속을 구하는 식에는 Chezy식과 Manning식 등이 있다.
③ 유속관측을 위해 이용되는 부자는 표면부자, 2중부자, 봉부자 등이 있다.
④ 위어(weir)는 유량관측을 위해 직접적으로 유속을 관측하는 장비이다.

해설 위어는 하천을 가로막는 둑을 만들어 그 위로 물을 흐르게 하는 구조물로, 물의 흐름을 측정하거나 조절하기 위해 설치하며, 설치 목적은 다음과 같다.
① 개수로의 유량 측정
② 취수를 위한 수위 조절(증가)
③ 유량배분(분수, 分水)
④ 하상의 보호 및 하천 유지

해답 ④

031

직사각형의 두변의 길이를 1/100 정밀도로 관측하여 면적을 산출할 경우 산출된 면적의 정밀도는?

① 1/50
② 1/100
③ 1/200
④ 1/300

해설 면적 정밀도는 일반적으로 거리 정밀도의 2배로 보므로
$$\frac{dA}{A} = 2\frac{dl}{l} = 2 \times \frac{1}{100} = \frac{1}{50}$$

해답 ①

032

전자파거리측량기로 거리를 측량할 때 발생되는 관측 오차에 대한 설명으로 옳은 것은?

① 모든 관측 오차는 거리에 비례한다.
② 모든 관측 오차는 거리에 비례하지 않는다.
③ 거리에 비례하는 오차와 비례하지 않는 오차가 있다.
④ 거리가 어떤 길이 이상으로 커지면 관측오차가 상쇄되어 길이에 대한 영향이 없어진다.

해설 전자파거리측량기 관측오차는 거리에 비례하는 정오차와 거리에 비례하지 않는 부정오차가 발생한다.

해답 ③

033
토적곡선(mass curve)을 작성하는 목적으로 가장 거리가 먼 것은?

① 토량의 배분
② 교통량 산정
③ 토공기계의 선정
④ 토량의 운반거리 산출

해설 토적곡선 작성 목적(토적곡선으로 구할 수 있는 사항)
① **토량분배**
② **운반토량**을 산출
③ **평균운반거리** 산출
④ 운반거리에 의한 **토공기계** 선정
⑤ **시공방법**의 산출
⑥ **토취장, 토사장의 위치** 결정

해답 ②

034
지반의 높이를 비교할 때 사용하는 기준면은?

① 표고(elevation)
② 수준면(level surface)
③ 수평면(horizontal plane)
④ 평균해수면(mean sea level)

해설 높이의 기준면은 가정하여 사용하나 지구상의 점의 표고를 표시하기에는 불편하다. 따라서 부동의 점을 기준면으로 만들어 측량의 기준으로 삼아 기준면과의 고저차 관계를 명확하게 하며 이 부동의 점의 기준면이 평균해수면이다.

해답 ④

035
축척 1 : 50000 지형도 상에서 주곡선 간의 도상 길이가 1cm 이었다면 이 지형의 경사는?

① 4%
② 5%
③ 6%
④ 10%

해설
① 1/50,000 지형도의 주곡선 간격은 20m($h = 20$m)
② 1/50,000 실제길이는 $D = l \times m = 0.01 \times 50,000 = 500$m
③ 경사도 $= \dfrac{h}{D} = \dfrac{20}{500} = 0.04 = 4\%$

해답 ①

036
노선설치에서 곡선반지름 R, 교각 I인 단곡선을 설치할 때 곡선의 중앙종거(M)를 구하는 식으로 옳은 것은?

① $M = R\left(\sec\dfrac{I}{2} - 1\right)$
② $M = R\tan\dfrac{I}{2}$
③ $M = 2R\sin\dfrac{I}{2}$
④ $M = R\left(1 - \cos\dfrac{I}{2}\right)$

해설 중앙종거(M)

$$M = R - x = R - R \cdot \cos\frac{I}{2} = R\left(1 - \cos\frac{I}{2}\right)$$

해답 ④

037 다음 우리나라에서 사용되고 있는 좌표계에 대한 설명 중 옳지 않은 것은?

우리나라의 평면직각좌표는 ㉠4개의 평면직각좌표계(서부, 중부, 동부, 동해)를 사용하고 있다. 각 좌표계의 ㉡원점은 위도 38°선과 경도 125°, 127°, 129°, 131°선의 교점에 위치하며, ㉢투영법은 TM(Transverse Mercator)을 사용한다. 좌표의 음수 표기를 방지하기 위해 ㉣횡좌표에 200,000m, 종좌표에 500,000m를 가산한 가좌표를 사용한다.

① ㉠
② ㉡
③ ㉢
④ ㉣

해설 준 좌표계로는 경위도 좌표계, UTM 좌표계, UPS 좌표계, 평면직각 좌표계 등이 있다. 이중 UTM좌표는 대상점을 종좌표와 횡좌표에서 미터로 표시하며, 좌표가 음수로 표시되는 것을 방지하기 위해 횡좌표에는 500,000m를 더하여 표시하며, 남반구의 종좌표에는 10,000,000m를 더하여 표시한다.

해답 ④

038 그림과 같은 편심측량에서 ∠ABC는?

(단, $\overline{AB}$=2km, $\overline{BC}$=1.5km, e=0.5m, t=54°30′, ρ=300°30′)

① 54°28′45″
② 54°30′19″
③ 54°31′58″
④ 54°33′14″

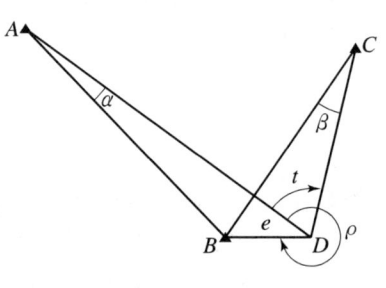

해설 ① α 계산

$$\frac{e}{\sin\alpha} = \frac{AB}{\sin(360° - \rho)} \text{에서}$$

$$\alpha = \sin^{-1}\frac{e}{AB}\sin(360° - \rho) = \sin^{-1}\frac{0.5}{2000}\sin(360° - 300°30′) = 44.43″$$

② β 계산

$$\frac{e}{\sin\beta} = \frac{BC}{\sin(360° - \rho + t)} \text{에서}$$

$$\beta = \sin^{-1}\frac{e}{BC}\sin(360 - \rho + t) = \sin^{-1}\frac{0.5}{1500}\sin(360 - 300°30′ + 54°30′)$$
$$= 1′2.81″$$

③ ∠ABC를 T라 하면
T+α=t+β 에서
T=t+β-α=54°30′+1′2.81″-44.43″=54°30′18.38″

해답 ②

039
지형의 표시방법 중 하천, 항만, 해안측량 등에서 심천측량을 할 때 측점에 숫자로 기입하여 고저를 표시하는 방법은?
① 점고법　　　　　　② 음영법
③ 연선법　　　　　　④ 등고선법

해설 점고법
① 임의 점의 표고를 도상에 숫자로 표시한다.
② 하천, 항만, 해양 등의 심천을 나타내는 경우에 사용한다.
③ 택지조성공사, 대단위 신도시 등 넓은 지형 정지공사의 토량 산정에 적합하다.

해답 ①

040
다각측량에서 거리관측 및 각관측의 정밀도는 균형을 고려해야 한다. 거리관측의 허용오차가 ±1/10000 이라고 할 때, 각관측의 허용오차는?
① ±20″　　　　　　② ±10″
③ ±5″　　　　　　　④ ±1′

해설 $\dfrac{\Delta l}{l} = \dfrac{\Delta \theta}{\rho}$, $\dfrac{1}{10,000} = \dfrac{\Delta \theta}{206,265″}$ 에서 $\Delta \theta = 20.63″$

해답 ①

제3과목　수리학 및 수문학

041
그림과 같이 1m×1m×1m 인 정육면체의 나무가 물에 떠 있을 때 부체(浮體)로서 상태로 옳은 것은? (단, 나무의 비중은 0.8 이다.)
① 안정하다.
② 불안정하다.
③ 중립상태다.
④ 판단할 수 없다.

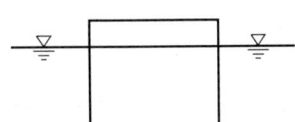

해설 부체의 안정은 부체가 기울었을 때 되돌아오면 안정이고 되돌아오지 못하고 뒤집어지면 불안정이 되며, 부체가 멈춰 있으면 중립 상태인데 문제의 부체는 기울어지지 않고 안정적인 상태에 있다.

해답 ①

042
관의 마찰 및 기타 손실수두를 양정고의 10%로 가정할 경우 펌프의 동력을 마력으로 구하면? (단, 유량은 $Q=0.07\text{m}^3/\text{s}$이며, 효율은 100%로 가정한다.)

① 57.2HP
② 48.0HP
③ 51.3HP
④ 56.5HP

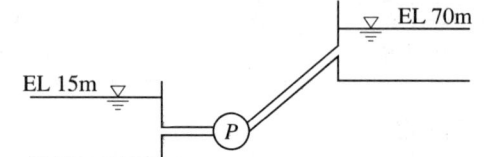

해설 $P = \dfrac{1,000}{75} \dfrac{Q(H+\sum h_L)}{\eta} = \dfrac{\dfrac{1,000}{75} \times 0.07 \times ((70-15)+(70-15)\times 0.1)}{1} = 56.5\text{HP}$

해답 ④

043
비피압대수층 내 지름 $D=2\text{m}$, 영향권의 반지름 $R=1000\text{m}$, 원지하수의 수위 $H=9\text{m}$, 집수정의 수위 $h_o=5\text{m}$인 심정호의 양수량은? (단, 투수계수 $k=0.0038\text{m/s}$)

① $0.0415\text{m}^3/\text{s}$
② $0.0461\text{m}^3/\text{s}$
③ $0.0968\text{m}^3/\text{s}$
④ $1.8232\text{m}^3/\text{s}$

해설 $Q = \dfrac{\pi k(H^2 - h_o^2)}{2.3\log\dfrac{R}{r_o}} = \dfrac{\pi \times 0.0038 \times (9^2-5^2)}{2.3\log\dfrac{1,000}{1}} = 0.0968885\text{m}^3/\text{s}$

해답 ③

044
지름 25cm, 길이 1m의 원주가 연직으로 물에 떠 있을 때, 물 속에 가라앉은 부분의 길이가 90cm 라면 원주의 무게는? (단, 무게 1kgf=9.8N)

① 253N
② 344N
③ 433N
④ 503N

해설 $W = B$ 조건을 만족하여야 한다.
$W = wV' = \left[1,000\text{kg/m}^3 \times \dfrac{\pi \times 0.25^2}{4} \times 0.9\right] \times 9.8\text{N/kg} = 432.95\text{N}$

해답 ③

045

폭이 50m인 직사각형 수로의 도수 전 수위 $h_1=3$m, 유량 $Q=2000$m³/s 일 때 대응수심은?

① 1.6m
② 6.1m
③ 9.0m
④ 도수가 발생하지 않는다.

해설 ① 도수 전 프루드수

$$F_{r1}=\frac{V_1}{\sqrt{gh_1}}=\frac{\frac{2,000}{50\times 3}}{\sqrt{9.8\times 3}}=2.459$$

② $\frac{h_2}{h_1}=\frac{1}{2}\left(-1+\sqrt{1+8F_{r1}^2}\right)$ 에서

$$h_2=\frac{h_1}{2}\left(-1+\sqrt{1+8F_{r1}^2}\right)=\frac{3}{2}\times\left(-1+\sqrt{1+8\times 2.459^2}\right)=9.04\text{m}$$

해답 ③

046

배수면적이 500ha, 유출계수가 0.70인 어느 유역에 연평균강우량이 1300mm 내렸다. 이때 유역 내에서 발생한 최대유출량은?

① 0.1443m³/s
② 12.64m³/s
③ 14.43m³/s
④ 1264m³/s

해설 유역 내 최대유출량

$$Q=\frac{1}{360}CIA=\frac{1}{360}\times 0.70\times\frac{1,300}{365\times 24}\times 500=0.144\text{m}^3/\text{sec}$$

해답 ①

047

그림과 같은 개수로에서 수로경사 $S_o=0.001$, Manning의 조도계수 $n=0.002$ 일 때 유량은?

① 약 150m³/s
② 약 320m³/s
③ 약 480m³/s
④ 약 540m³/s

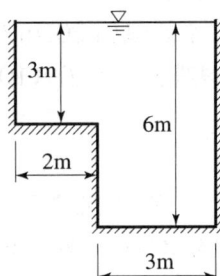

해설 ① 경심

$$R=\frac{A}{P}=\frac{2\times 3+3\times 6}{3+2+3+3+6}=1.412$$

여기서, A : 통수단면적, P : 윤변

② 평균유속
Manning의 평균유속공식
$$V = \frac{1}{n} R^{\frac{2}{3}} I^{\frac{1}{2}} = \frac{1}{0.002} \times 1.412^{\frac{2}{3}} (0.001)^{\frac{1}{2}} = 19.9 \text{m/sec}$$
③ 유량
$$Q = AV = (2 \times 3 + 3 \times 6) \times 19.9 = 477.6 \text{m}^3/\text{sec}$$

해답 ③

048 20℃에서 지름 0.3mm인 물방울이 공기와 접하고 있다. 물방울 내부의 압력이 대기압보다 10gf/cm²만큼 크다고 할 때 표면장력의 크기를 dyne/cm로 나타내면?

① 0.075　　② 0.75
③ 73.50　　④ 75.0

해설　$T = \dfrac{Pd}{4} = \dfrac{10 \times 0.03}{4} = 0.075 \text{g/cm} \times 980 = 73.5 \text{dyne/cm}$

해답 ③

049 수조에서 수면으로부터 2m의 깊이에 있는 오리피스의 이론 유속은?

① 5.26m/s　　② 6.26m/s
③ 7.26m/s　　④ 8.26m/s

해설　$V_r = \sqrt{2gh} = \sqrt{2 \times 9.8 \times 2} = 6.26 \text{m/s}$

해답 ②

050 수심이 10cm, 수로 폭이 20cm인 직사각형 개수로에서 유량 $Q = 80 \text{cm}^3/\text{s}$가 흐를 때 동점성계수 $v = 1.0 \times 10^{-2} \text{cm}^2/\text{s}$이면 흐름은?

① 난류, 사류　　② 층류, 사류
③ 난류, 상류　　④ 층류, 상류

해설　① 유수단면적 $A = 10 \times 20 = 200 \text{cm}^2$
② 유속 $V = \dfrac{Q}{A} = \dfrac{80}{200} = 0.4 \text{cm/s}$
③ 프루드수
$Fr = \dfrac{V}{\sqrt{gh}} = \dfrac{0.4}{\sqrt{980 \times 10}} = 0.004 < 1$이므로 상류
④ 윤변 $P = (10 \times 2) + 20 = 40$

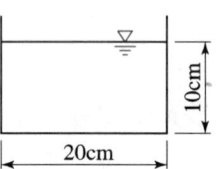

⑤ 경심 $R = \dfrac{A}{P} = \dfrac{200}{40} = 5$

⑥ 레이놀즈수 $Re = \dfrac{VR}{v} = \dfrac{0.4 \times 5}{1.0 \times 10^{-2}} = 200 < 500$ 이므로 층류

해답 ④

051
방파제 건설을 위한 해안지역의 수심이 5.0m, 입사파랑의 주기가 14.5초인 장파(long wave)의 파장(wave length)은? (단, 중력가속도 $g = 9.8\text{m/s}^2$)

① 49.5m　　② 70.5m
③ 101.5m　　④ 190.5m

해설 ① 파속 : $C = \sqrt{gh} = \sqrt{9.8 \times 5} = 7\text{m/sec}$
② 지진해일이 동해안에 도달하는 시간 : $L = tC = 14.5 \times 7 = 101.5\text{m}$

해답 ③

052
수중 오리피스(orifice)의 유속에 관한 설명으로 옳은 것은?

① H_1이 클수록 유속이 빠르다.
② H_2가 클수록 유속이 빠르다.
③ H_3이 클수록 유속이 빠르다.
④ H_4가 클수록 유속이 빠르다.

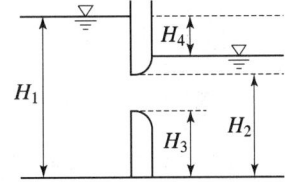

해설 수두차 H_4가 클수록 유속이 빠르다. 하지만 H_1이 커지는 경우도 수두차 H_4가 같이 커지게 되므로 H_1이 클수록 유속이 빠르다고 할 수도 있다.

해답 ①④

053
누가우량곡선(rainfall mas curve)의 특성으로 옳은 것은?

① 누가우량곡선의 경사가 클수록 강우강도가 크다.
② 누가우량곡선의 경사가 지역에 관계 없이 일정하다.
③ 누가우량곡선으로부터 일정기간 내의 강우량을 산출하는 것을 불가능하다.
④ 누가우량곡선은 자기우량기록에 의하여 작성하는 것보다 보통우량계의 기록에 의하여 작성하는 것이 더 정확하다.

해설 **누가우량 곡선**(누가우량의 시간적 변화 상태를 나타낸 곡선)
① 완경사 곡선 : 강우강도가 적다.
② 급경사 곡선 : 강우강도가 크다.
③ 수평 곡선 : 무강우이다.

해답 ①

054

그림과 같은 유역(12km×8km)의 평균강우량을 Thiessen 방법으로 구한 값은? (단, 작은 사각형은 2km×2km의 정사각형으로서 모두 크기가 동일하다.)

관측점	1	2	3	4
강우량(mm)	140	130	110	100

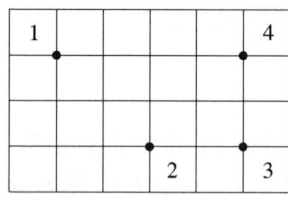

① 120mm ② 123mm
③ 125mm ④ 130mm

해설 Thiessen 가중법(티센 다각형법)

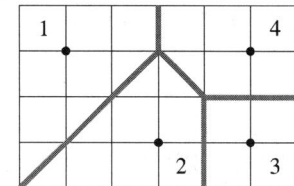

$$P_m = \frac{\sum_{i=1}^{N} A_i \cdot P_i}{\sum_{i=1}^{N} A_i}$$

$$= \frac{7.5 \times (2 \times 2) \times 140 + 7 \times (2 \times 2) \times 130 + 4 \times (2 \times 2) \times 110 + 5.5 \times (2 \times 2) \times 100}{7.5 \times (2 \times 2) + 7 \times (2 \times 2) + 4 \times (2 \times 2) + 5.5 \times (2 \times 2)}$$

$$= 122.9\text{mm} \fallingdotseq 123\text{mm}$$

해답 ②

055

Hardy-Cross의 관망계산 시 가정조건에 대한 설명으로 옳은 것은?

① 합류점에 유입하는 유량은 그 점에서만 1/2만 유출된다.
② 각 분기점에 유입하는 유량은 그 점에서 정지하지 않고 전부 유출한다.
③ 폐합관에서 시계방향 또는 반시계 방향으로 흐르는 관로의 손실수두의 합은 0이 될 수 없다.
④ Hardy-Cross 방법은 관경에 관계없이 관수로의 분할 개수에 의해 유량 분배를 하면 된다.

해설 Hardy Cross 계산법의 기본 조건
① 각 분기점 또는 합류점에 유입하는 유량은 그 점에서 정지하지 않고 전부 유출한다.
  ($\sum Q = 0$인 연속방정식을 만족)
② 흐름의 방향과는 관계없이 각 폐합관에서 손실수두의 합은 '0'으로 본다.

($\Sigma h = 0$ 조건 만족)
③ 손실은 마찰손실만 고려하고, 관의 각 부분에서 발생되는 미소손실은 무시한다. **해답 ②**

056

정상적인 흐름에서 1개 유선 상의 유체입자에 대하여 그 속도수두를 $\frac{V^2}{2g}$, 위치수두를 Z, 압력수두를 $\frac{P}{r_o}$라 할 때 동수경사는?

① $\frac{P}{r_o} + Z$를 연결한 값이다.
② $\frac{V^2}{2g} + Z$를 연결한 값이다.
③ $\frac{V^2}{2g} + \frac{P}{r_o}$를 연결한 값이다.
④ $\frac{V^2}{2g} + \frac{P}{r_o} + Z$를 연결한 값이다.

해설 동수 경사선(수두 경사선 ; hydraulic grade line)은 기준 수평면에서 $\left(Z + \frac{P}{r_o}\right)$의 점들을 연결한 선이다.

해답 ①

057

아래 그림과 같이 지름 10cm인 원 관이 지름 20cm로 급확대되었다. 관의 확대 전 유속이 4.9m/s 라면 단면 급확대에 의한 손실수두는?

① 0.69m
② 0.96m
③ 1.14m
④ 2.45m

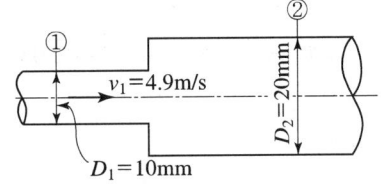

해설 단면 급확대 손실수두

$$h_s = f_f \frac{V^2}{2g} = \left(1 - \frac{A_1}{A_2}\right)^2 \frac{V_1^2}{2g} = \left(1 - \frac{\frac{\pi \times 0.1^2}{4}}{\frac{\pi \times 0.2^2}{4}}\right)^2 \frac{4.9^2}{2 \times 9.8} = 0.689\text{m}$$

여기서, h_s : 단면 A_1에서 A_2로 급확대시 손실수두
A_1 : 입구 부분의 단면적
V_1 : 입구 부분의 속도
A_2 : 확대 부분의 단면적

해답 ①

058
왜곡모형에서 Froude 상사법칙을 이용하여 물리량을 표시한 것으로 틀린 것은? (단, X_r은 수평축척비, Y_r은 연직축척비이다.)

① 시간비 $T_r = \dfrac{X_r}{Y_r^{1/2}}$ ② 경사비 $S_r = \dfrac{Y_r}{X_r}$

③ 유속비 $V_r = \sqrt{Y_r}$ ④ 유량비 $Q_r = X_r Y_r^{5/2}$

해설 왜곡축척(수평축척과 연직축척이 다른 축척)의 경우 흐름은 수평면 내에서 이루어져야 하며, 만곡부에서는 적용할 수 없다.

① 유속비 $V_r = Y_r^{1/2}$ ② 시간비 $T_r = \dfrac{X_r}{V_r} = \dfrac{X_r}{Y_r^{1/2}}$

③ 경사비 $S_r = \dfrac{Y_r}{X_r}$ ④ 유량비 $Q_r = V_r X_r Y_r = X_r Y_r^{3/2}$

해답 ④

059
관의 지름이 각각 3m, 1.5m인 서로 다른 관이 연결되어 있을 때, 지름 3m 관내에 흐르는 유속이 0.03m/s 이라면 지름 1.5m 관내에 흐르는 유량은?

① $0.157 \text{m}^3/\text{s}$ ② $0.212 \text{m}^3/\text{s}$
③ $0.378 \text{m}^3/\text{s}$ ④ $0.540 \text{m}^3/\text{s}$

해설 $Q = Q_1 = Q_2 = A_1 V_1 = A_2 V_2$ 이므로

$Q_2 = A_1 V_1 = \dfrac{\pi d_1^2}{4} V_1 = \dfrac{\pi \times 3^2}{4} \times 0.03 = 0.212 \text{m}^3/\text{s}$

해답 ②

060
홍수유출에서 유역면적이 작으면 단시간의 강우에, 면적이 크면 장시간의 강우에 문제가 발생한다. 이와 같은 수문학적 인자 사이의 관계를 조사하는 DAD 해석에 필요 없는 인자는?

① 강우량 ② 유역면적
③ 증발산량 ④ 강우지속시간

해설 예상되는 지속시간별 최대우량을 지역별로 결정해 두어 제반 수문학적 문제를 해결하기 위해 유역별로 최대평균우량 깊이-유역면적-지속기간 관계를 수립하는 작업을 DAD 해석이라 한다.

해답 ③

제4과목 철근콘크리트 및 강구조

061 보의 경간이 10m이고, 양쪽 슬래브의 중심간 거리가 2.0m 인 대칭형 T형보에 있어서 플랜지 유효폭은? (단, 부재의 복부폭(b_w)은 500mm, 플랜지의 두께(t_f)는 100mm이다.)

① 2000mm
② 2100mm
③ 2500mm
④ 3000mm

해설 대칭 T형보의 유효폭

① $8t_1 + 8t_2 + b_w = 8 \times 100 + 8 \times 100 + 500 = 2,100\text{mm}$

② 보경간의 $\dfrac{1}{4} = \dfrac{10,000}{4} = 2,500\text{mm}$

③ 양슬래브 중심간 거리 = 2,000mm

셋 중 가장 작은 값인 2,000mm을 유효폭으로 결정한다.

해답 ①

062 옹벽의 구조해석에 대한 설명으로 틀린 것은?

① 뒷부벽은 직사각형보로 설계하여야 하며, 앞부벽은 T형보로 설계하여야 한다.
② 저판의 뒷굽판은 정확한 방법이 사용되지 않는 한, 뒷굽판 상부에 재하되는 모든 하중을 지지하도록 설계하여야 한다.
③ 캔틸레버식 옹벽의 저판은 전면벽과의 접합부를 고정단으로 간주한 캔틸레버로 가정하여 단면을 설계할 수 있다.
④ 부벽식 옹벽의 전면벽은 3변 지지된 2방향 슬래브로 설계할 수 있다.

해설 부벽식 옹벽

① 앞부벽 : 직사각형보로 설계
② 뒷부벽 : T형보의 복부로 설계
③ 앞부벽식옹벽과 뒷부벽식 옹벽의 전면벽과 저판
　㉠ 전면벽(추가철근) : 3변 지지된 2방향 슬래브로 설계할 수 있다.
　㉡ 저판 : 정확한 방법이 사용되지 않는 한 뒷부벽 또는 앞부벽 간의 거리를 경간으로 가정하여 고정보 또는 연속보로 설계할 수 있다.

해답 ①

063

깊은보의 전단 설계에 대한 구조세목의 설명으로 틀린 것은?

① 휨인장철근과 직각인 수직전단철근의 단면적 A_v를 $0.0025b_w s$ 이상으로 하여야 한다.
② 휨인장철근과 직각인 수직전단철근의 간격 s를 $d/5$ 이하, 또한 300mm 이하로 하여야 한다.
③ 휨인장철근과 평행한 수평전단철근의 단면적 A_{vh}를 $0.0015b_w s_h$ 이상으로 하여야 한다.
④ 휨인장철근과 평행한 수평전단철근의 간격 s_h를 $d/4$ 이하, 또한 350mm 이하로 하여야 한다.

해설
1. 휨인장 철근과 직각인 수직전단철근
   ① 단면적(A_v) : $A_v \geq 0.0025b_w s$
   ② 간격(s) : s는 $d/5$ 이하 또한 300mm 이하
2. 휨인장 철근과 평행한 수평전단철
   ① 단면적(A_{vh}) : $A_{vh} \geq 0.0015b_w s_h$
   ② 간격(s_h) : s_h는 $d/5$ 이하 또한 300mm 이하

해답 ④

064

그림과 같은 단면의 균열모멘트 M_{cr}은? (단, f_{ck}=24MPa, f_y=400MPa, 보통 중량 콘크리트이다.)

① 22.46kN·m
② 28.24kN·m
③ 30.81kN·m
④ 38.58kN·m

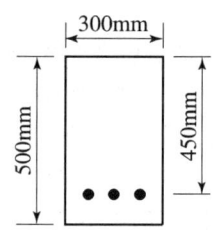

해설
$$f = \frac{M_{cr}}{I_g} y_t = 0.63\lambda \sqrt{f_{ck}} \text{ 에서}$$

$$M_{cr} = \frac{0.63\lambda \sqrt{f_{ck}} I_g}{y_t} = \frac{0.63 \times 1 \times \sqrt{24} \times \frac{300 \times 500^3}{12}}{250}$$
$$= 38,579,463 \text{N·mm} = 38.58 \text{kN·m}$$

해답 ④

065

철근의 겹침이음에서 A급 이음의 조건에 대한 설명으로 옳은 것은?

① 배근된 철근량이 이음부 전체구간에서 해석결과 요구되는 소요철근량의 2배 이상이고 소요 겹침이음길이 내 겹침이음된 철근량이 전체 철근량의 1/2 이하인 경우
② 배근된 철근량이 이음부 전체구간에서 해석결과 요구되는 소요철근량의 1.5배 이상이고 소요 겹침이음길이 내 겹침이음된 철근량이 전체 철근량이 1/2 이상인 경우
③ 배근된 철근량이 이음부 전체구간에서 해석결과 요구되는 소요철근량의 2배 이상이고 소요 겹침이음길이 내 겹침이음된 철근량이 전체 철근량이 1/3 이하인 경우
④ 배근된 철근량이 이음부 전체구간에서 해석결과 요구되는 소요철근량의 1.5배 이상이고 소요 겹침이음길이 내 겹침이음된 철근량이 전체 철근량이 1/3 이상인 경우

해설 인장 겹침이음에 대한 요구조건

배근 A_s / 소요 A_s	소요겹침이음 길이 내의 이음된 철근 A_s의 최대(%)	
	50 이하	50 초과
2 이상	A급	B급
2 미만	B급	B급

해답 ①

066

그림의 보에서 계수전단력 $V_u = 262.5\text{kN}$에 대한 가장 적당한 스터럽 간격은? (단, 사용된 스터럽은 D13철근이다. 철근D13의 단면적은 127mm², $f_{ck} = 24\text{MPa}$, $f_{yt} = 350\text{ MPa}$이다.)

① 125mm
② 195mm
③ 210mm
④ 250mm

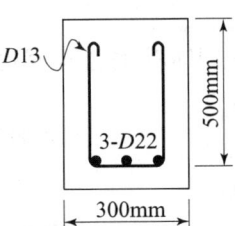

해설 ① 콘크리트가 부담하는 전단강도(V_c)

$$V_c = \frac{1}{6}\lambda\sqrt{f_{ck}}b_w d = \frac{1}{6} \times 1 \times \sqrt{24} \times 300 \times 500 = 122,474.487\text{N} = 122.5\text{kN}$$

② 전단철근이 부담하는 전단강도(V_s)

$V_d = \phi V_n = \phi(V_c + V_s) \geq V_u$에서

$$V_s = \frac{V_u}{\phi} - V_c = \frac{262.5}{0.75} - 122.5 = 227.5\text{kN}$$

③ $\dfrac{1}{3}\lambda\sqrt{f_{ck}}\,b_w d = \dfrac{1}{3}\times 1\times\sqrt{24}\times 300\times 500 = 244,948.974\text{N} = 245\text{kN}$

④ $V_s = 227.5\text{kN} < \dfrac{1}{3}\lambda\sqrt{f_{ck}}\,b_w d = 245\text{kN}$ 이므로

　전단철근의 간격은 $\dfrac{d}{2}\left(\dfrac{500}{2}=250\text{mm}\right)$ 이하, 600mm 이하이어야 한다.

⑤ 전단철근의 간격
$s = \dfrac{A_w f_y d}{V_s} = \dfrac{(2\times 127)\times 350\times 500}{227,500} = 195\text{mm}$

해답 ②

067
균형철근량 보다 적고 최소철근량 보다 많은 인장철근을 가진 과소철근 보가 휨에 의해 파괴될 때의 설명으로 옳은 것은?

① 인장측 철근이 먼저 항복한다.
② 압축측 콘크리트가 먼저 파괴된다.
③ 압축측 콘크리트와 인장측 철근이 동시에 항복한다.
④ 중립축이 인장측으로 내려오면서 철근이 먼저 파괴된다.

해설 **연성파괴**(인장파괴)
　① 저보강보
　② 과소철근보
　③ 인장지배단면
　④ 인장측 철근이 먼저 파괴되는 가장 바람직한 파괴 형태
　⑤ 사전 붕괴 징후를 보이며 점진적으로 콘크리트가 파괴되는 형태

해답 ①

068
그림과 같은 맞대기 용접의 용접부에 발생하는 인장 응력은?

① 100 MPa
② 150 MPa
③ 200 MPa
④ 220 MPa

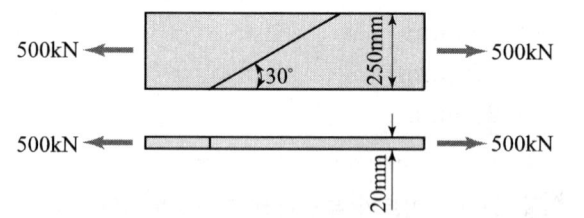

해설 ① 유효길이 $l = l_1 \sin\alpha = 250\text{mm}$

② 용접부에 발생하는 인장 응력 $f = \dfrac{P}{\sum al} = \dfrac{500,000}{20\times 250} = 100\text{MPa}$

해답 ①

069

$A_s' = 1500mm^2$, $A_s = 1800mm^2$로 배근된 그림과 같은 복철근 보의 순간처짐이 10mm일 때, 5년 후 지속하중에 의해 유발되는 장기처짐은?

① 14.1mm
② 13.3mm
③ 12.7mm
④ 11.5mm

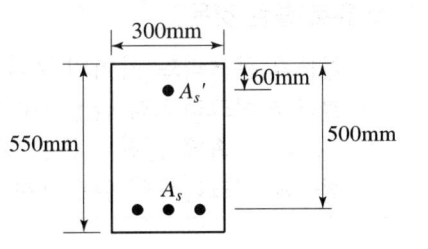

해설

① $\rho' = \dfrac{A_s'}{b_w d} = \dfrac{1,500}{300 \times 500} = 0.01$

② 장기 처짐 = 즉시 처짐 × λ = 즉시 처짐 × $\dfrac{2}{1 + 50 \times 0.01}$

$= 10 \times \dfrac{2}{1 + 50 \times 0.01} = 13.3mm$

해답 ②

070

아래 그림과 같은 단면을 가지는 직사각형 단철근 보의 설계휨강도를 구할 때 사용되는 강도감소계수(ϕ) 값은 약 얼마인가?
(단, $A_s = 3,176mm^2$, $f_{ck} = 38$ MPa, $f_y = 400$MPa)

① 0.731
② 0.764
③ 0.850
④ 0.834

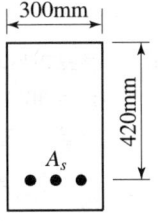

해설

① 등가직사각형응력 깊이

$a = \dfrac{A_s f_y}{0.85 f_{ck} b} = \dfrac{3,176 \times 400}{0.85 \times 38 \times 300} = 131.104mm$

② 콘크리트의 등가압축응력깊이의 비
$f_{ck} = 38MPa$로 40MPa 이하이므로 $\beta_1 = 0.80$

③ 중립축 깊이

$c = \dfrac{a}{\beta_1} = \dfrac{131.104}{0.80} = 163.88mm$

④ 최 외단 인장철근 순인장변형률
$0.0033 : \epsilon_t = c : d-c$에서

$\epsilon_t = 0.0033 \dfrac{d-c}{c} = 0.0033 \times \dfrac{420 - 163.88}{163.88} = 0.0051574$

⑤ 지배단면
$\epsilon_t = 0.0051574 > 0.005$이므로 인장지배단면

⑥ 강도감소계수 $\phi = 0.85$

해답 ③

071
콘크리트 속에 묻혀 있는 철근이 콘크리트와 일체가 되어 외력에 저항할 수 있는 이유로 틀린 것은?

① 철근과 콘크리트 사이의 부착강도가 크다.
② 철근과 콘크리트의 탄성계수가 거의 같다.
③ 콘크리트 속에 묻힌 철근은 부식하지 않는다.
④ 철근과 콘크리트의 열팽창계수가 거의 같다.

해설 철근 콘크리트가 일체식 구조체로 성립하는 이유
① 콘크리트와 철근의 부착강도가 크다.(부착력이 크다.)
② 콘크리트 속에 묻힌 철근은 부식하지 않는다.(방청효과)
③ 콘크리트와 철근(강재)은 열에 대한 팽창계수과 거의 같다.

해답 ②

072
강도설계법에서 $f_{ck}=30$MPa, $f_y=350$MPa 일 때 단철근 직사각형 보의 균형철근비(ρ_b)는?

① 0.0351
② 0.0369
③ 0.0381
④ 0.0391

해설 ① 콘크리트의 등가압축응력깊이의 비
$f_{ck}=30$MPa로 40MPa 이하이므로 $\beta_1=0.80$
② 단철근 직사각형보의 균형철근비(ρ_b)
$$\rho_b = 0.85\frac{f_{ck}}{f_y}\beta_1\frac{\epsilon_{cu}}{\epsilon_{cu}+\frac{f_y}{200,000}} = 0.85 \times \frac{30}{350} \times 0.80 \times \frac{0.0033}{0.0033+\frac{350}{200,000}}$$
$= 0.0381$

해답 ③

073
2방향 슬래브 직접설계법의 제한상으로 틀린 것은?

① 각 방향으로 3경간 이상 연속되어야 한다.
② 슬래브 판들은 단변 경간에 대한 장변 경간의 비가 2 이하인 직사각형이어야 한다.
③ 각 방향으로 연속한 받침부 중심간 경간 차이는 긴 경간의 1/3 이하이어야 한다.
④ 연속한 기둥 중심선을 기준으로 기둥의 어긋남은 그 방향 경간의 20% 이하이어야 한다.

해설 연속한 기둥 중심선으로부터 기둥의 어긋남은 그 방향 경간의 최대 10% 이하이어야 한다.

해답 ④

074

프리스트레스트 콘크리트의 원리를 설명하는 개념 중 아래의 표에서 설명하는 개념은?

> PSC보를 RC보처럼 생각하여, 콘크리트는 압축력을 받고 긴장재는 인장력을 받게 하여 두 힘의 우력 모멘트로 외력에 의한 휨모멘트에 저항시킨다는 개념

① 균등질 보의 개념
② 하중평형의 개념
③ 내력 모멘트의 개념
④ 허용응력의 개념

해설 PSC의 기본개념
① **균등질 보의 개념**(응력개념법, 기본개념법) : 콘크리트에 프리스트레스트를 도입하면 콘크리트가 탄성 재료로 전환된다고 생각으로 전단면 유효 응력으로 설계하는 개념이다.
② **하중평형의 개념**(Load Balancing Concept, 등가하중개념) : 포물선 또는 직선 절곡으로 배치된 PS강재에 의해 생긴 상향력이 보에 상향으로 작용하는 하중과 같다고 간주하는 개념이다.
③ **강도개념**(내력모멘트개념, C-선 개념) : PSC보를 RC보처럼 생각하여 콘크리트는 압축력을 받고 긴장재는 인장력을 받게 하여 두 힘의 우력모멘트로 외력에 의한 휨모멘트에 저항시킨다는 개념이다.

해답 ③

075

다음 중 용접부의 결함이 아닌 것은?

① 오버랩(Overlap)
② 언더컷(Undercut)
③ 스터드(Stud)
④ 균열(Crack)

해설 ① 스터드는 전단연결재이다.
② 용접부 결함에는 변형과 균열, 오우버랩(Over Lap), 언더커트(Under Cut), 용착금속부 형상의 불량, 슬래그의 잠입, 용접두께 부족, 다리길이의 부족, 비드(Bead), 블로 홀(blow hole, gas pocket)이 있다.

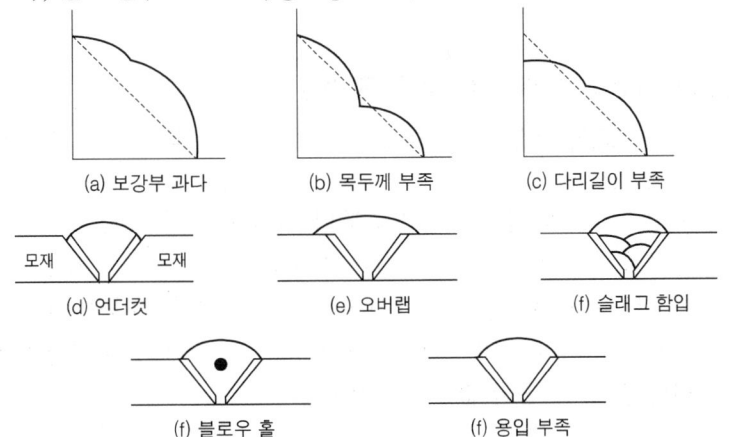

(a) 보강부 과다 (b) 목두께 부족 (c) 다리길이 부족
(d) 언더컷 (e) 오버랩 (f) 슬래그 함입
(f) 블로우 홀 (f) 용입 부족

해답 ③

076

아래 그림과 같은 독립확대기초에서 1방향 전단에 대해 고려할 경우 위험단면의 계수전단력(V_u)은? (단, 계수하중 P_u=1500kN이다.)

① 255kN
② 387kN
③ 897kN
④ 1210kN

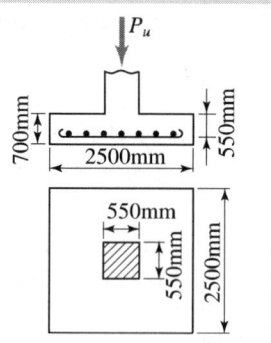

해설 1방향 개념의 경우

$$V_u = q_u\left[\frac{L-t}{2}-d\right]S = \frac{1,500}{2.5\times 2.5}\times\left[\frac{2.5-0.55}{2}-0.55\right]\times 2.5 = 255\text{kN}$$

해답 ①

077

부분적 프리스트레싱(Partial Prestressing)에 대한 설명으로 옳은 것은?

① 구조물에 부분적으로 PSC부재를 사용하는 것
② 부재단면의 일부에만 프리스트레스를 도입하는 것
③ 설계하중의 일부만 프리스트레스에 부담시키고 나머지는 긴장재에 부담시키는 것
④ 설계하중이 작용할 때 PSC부재 단면의 일부에 인장응력이 생기는 것

해설 프리스트레싱 정도에 따른 분류
① **완전 프리스트레싱**(full prestressting) : 설계하중하에서 부재 단면에 인장응력이 발생하지 않도록 설계하는 방법이다.
② **부분 프리스트레싱**(partial prestressting) : 설계하중하에서 부재 단면에 약간의 인장응력이 발생하도록 설계하는 방법이다.

해답 ④

078

강도설계법의 설계가정으로 틀린 것은?

① 콘크리트의 인장강도는 철근콘크리트 부재 단면의 휨강도 계산에서 무시할 수 있다.
② 콘크리트의 변형률은 중립축부터 거리에 비례한다.
③ 콘크리트의 압축응력의 크기는 $0.80f_{ck}$로 균등하고, 이 응력은 최대 압축변형률이 발생하는 단면에서 $a=\beta_1\cdot c$까지의 부분에 등분포 한다.
④ 사용 철근의 응력이 설계기준항복강도 f_y 이하일 때 철근의 응력은 그 변형률에 E_s를 곱한 값으로 취한다.

해설 콘크리트의 압축응력을 직사각형으로 가정할 경우 구조설계기준에서는 $0.85f_{ck}$로 균등하게 압축연단으로부터 $a = \beta_1 c$까지 등분포된 형태로 가정해서 설계하고 있다.

해답 ③

079

PS강재를 포물선으로 배치한 PSC보에서 등분포상향력(u)의 크기는 얼마인가? (단, $P = 2,600$kN, 단면의 폭(b)은 50cm, 높이(h)는 80cm, 지간 중앙에서 PS강재의 편심(s)은 20cm이다.)

① 8.50kN/m
② 16.25kN/m
③ 19.65kN/m
④ 35.60kN/m

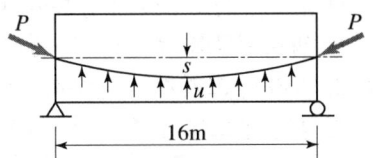

해설 프리스트레스에 의한 등분포 상향력

$$u = \frac{8Ps}{l^2} = \frac{8 \times 2,600 \times 0.2}{16^2} = 16.25 \text{kN/m}$$

해답 ②

080

순단면이 볼트의 구멍 하나를 제외한 단면(즉, $A - B - C$ 단면)과 같다고 할 때, 피치(s)를 결정하면? (단, 구멍의 지름은 22mm이다.)

① 114.9 mm
② 90.6 mm
③ 66.3 mm
④ 50 mm

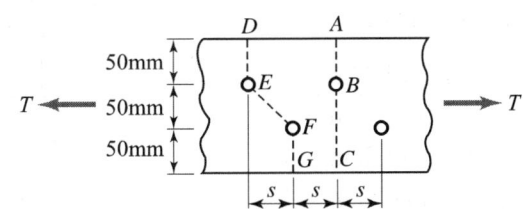

해설
① $DEFG$ 단면 : $b_n = b_g - d' - 2w$
② ABC 단면 : $b_n = b_g - d'$
③ '$DEFG$ 단면 $\leq ABC$ 단면'인 경우이므로 $w = 0$일 때이다.

$$d' - \frac{p^2}{4g} = 22 - \frac{s^2}{4 \times 50} = 0$$

$s = 66.33$mm

해답 ③

제5과목 토질 및 기초

081 흙의 활성도에 대한 설명으로 틀린 것은?

① 점토의 활성도가 클수록 물을 많이 흡수하여 팽창이 많이 일어난다.
② 활성도는 $2\mu m$ 이하의 점토함유율에 대한 액성지수의 비로 정의된다.
③ 활성도는 점토광물의 종류에 따라 다르므로 활성도로부터 점토를 구성하는 점토광물을 추정할 수 있다.
④ 흙 입자의 크기가 작을수록 비표면적이 커져 물을 많이 흡수하므로, 흙의 활성은 점토에서 뚜렷이 나타난다.

해설 활성도(A) : 점토 함유율에 대한 소성지수로 활성도가 클수록 불안정해지며 소성지수가 커진다.

$$A = \frac{\text{소성지수}(I_p)}{2\mu\text{보다 작은 입자의 중량백분율}(\%)}$$

해답 ②

082 그림과 같은 지반에서 유효응력에 대한 점착력 및 마찰각이 각각 $c' = 10\text{kN/m}^2$, $\phi' = 20°$ 일 때, A점에서의 전단강도는? (단, 물의 단위중량은 9.81 kN/m^3이다.)

① 34.25kN/m^2
② 44.94kN/m^2
③ 54.25kN/m^2
④ 66.17kN/m^2

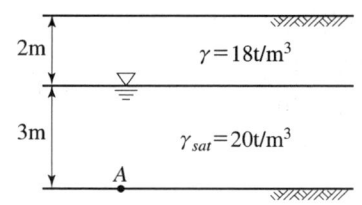

해설 ① A점에서의 유효응력
$\sigma_A' = 18 \times 2 + (20 - 9.81) \times 3 = 66.6\text{kN/m}^2$
② $\tau_f = c + \sigma' \tan\phi = 10 + 66.6 \times \tan20° = 34.24\text{kN/m}^2$

해답 ①

083 흙의 다짐에 대한 설명 중 틀린 것은?

① 일반적으로 흙의 건조밀도는 가하는 다짐에너지가 클수록 크다.
② 모래질 흙은 진동 또는 진동을 동반하는 다짐 방법이 유효하다.
③ 건조밀도-함수비 곡선에서 최적 함수비와 최대건조밀도를 구할 수 있다.
④ 모래질을 많이 포함한 흙의 건조밀도-함수비 곡선의 경사는 완만하다.

해설 모래질을 많이 포함한 흙의 건조밀도-함수비 곡선의 경사는 급해진다.

[참고] 흙의 종류에 따른 다짐곡선의 성질

	① 방향 일수록	조립토 양입도 다짐에너지가 커진다. 다짐곡선의 기울기가 급해진다. 최대건조단위중량이 증가한다. 최적함수비가 감소한다.
	② 방향 일수록	세립토 빈입도 다짐에너지가 작아진다. 다짐곡선의 기울기가 완만해진다. 최대건조단위중량이 감소한다. 최적함수비가 증가한다.

해답 ④

084
표준관입시험(SPT)을 할 때 처음 150mm 관입에 요하는 N값은 제외하고, 그 후 300mm 관입에 요하는 타격수로 N값을 구한다. 그 이유로 옳은 것은?

① 흙은 보통 150mm 밑부터 그 흙의 성질을 가장 잘 나타낸다.
② 관입봉의 길이가 정확히 450mm이므로 이에 맞도록 관입시키기 위함이다.
③ 정확히 300mm를 관입시키기가 어려워서 150mm 관입에 요하는 N값을 제외한다.
④ 보링구멍 밑면 흙이 보링에 의하여 흐트러져 150mm 관입 후부터 N값을 측정한다.

해설 지름 5.1cm, 길이 81cm의 중공의 split spoon sampler를 드릴로드(drill rod)에 연결시켜 시추공 속에 넣고 처음 15cm는 교란되지 않은 원지반에 도달하도록 관입시킨 후 (63.5±0.5)kg의 해머를 (760±10)mm의 높이에서 자유낙하시켜 지반에 sampler를 300mm 관입시키는데 필요한 타격횟수 N치를 구한다.

해답 ④

085
연약지반 개량공법에 대한 설명 중 틀린 것은?

① 샌드드레인 공법은 2차 압밀비가 높은 점토 및 이탄 같은 유기질 흙에 큰 효과가 있다.
② 화학적 변화에 의한 흙의 강화공법으로는 소결 공법, 전기화학적 공법 등이 있다.
③ 동압밀공법 적용 시 과잉간극 수압의 소산에 의한 강도증가가 발생한다.
④ 장기간에 걸친 배수공법은 샌드드레인이 페이퍼 드레인보다 유리하다.

해설 Sand drain 공법은 Terzaghi의 압밀이론을 기본으로 하며, 소성이 높거나 2차 압밀량이 큰 점토나 이탄 등에는 적합하지 않다.

해답 ①

086

흐트러지지 않은 시료를 이용하여 액성한계 40%, 소성한계 22.3%를 얻었다. 정규압밀점토의 압축지수(C_c)값을 Terzaghi 와 Peck의 경험식에 의해 구하면?

① 0.25
② 0.27
③ 0.30
④ 0.35

해설 Terzaghi & Peck의 경험식

불교란 시료의 경우 $C_c = 0.009(W_L - 10) = 0.009 \times (40 - 10) = 0.27$

[참고] 교란된 시료 $C_c = 0.007(W_L - 10)$

해답 ②

087

다음 중 흙댐(Dam)의 사면안정 검토 시 가장 위험한 상태는?

① 상류사면의 경우 시공 중과 만수위일 때
② 상류사면의 경우 시공 직후와 수위 급강하일 때
③ 하류사면의 경우 시공 직후와 수위 급강하일 때
④ 하류사면의 경우 시공 중과 만수위일 때

해설 흙댐의 안정
1. 상류측 사면이 가장 위험할 때 : ① 시공 직후
   ② 수위 급강하시
2. 하류측 사면이 가장 위험할 때 : ① 시공 직후
   ② 정상 침투시

해답 ②

088

모래지층 사이에 두께 6m의 점토층이 있다. 이 점토의 토질시험 결과가 아래 표와 같을 때, 이 점토층의 90% 압밀을 요하는 시간은 약 얼마인가? (단, 1년은 365일로 하고, 물의 단위중량(r_w)은 9.81kN/m³이다.)

- 간극비(e) = 1.5
- 압축계수(a_v) = 4×10^{-3} m²/kN
- 투수계수(k) = 3×10^{-7} cm/s

① 50.7년
② 12.7년
③ 5.07년
④ 1.27년

해설 ① 체적변화계수

$$m_v = \frac{a_v}{1+e} = \frac{4 \times 10^{-3}}{1+1.5} = 1.6 \times 10^{-3} \text{m}^2/\text{kN}$$

② 압밀계수

$$C_v = \frac{k}{m_v \cdot \gamma_w} = \frac{3 \times 10^{-7} \times 10^{-2}}{1.6 \times 10^{-3} \times 9.81} = 1.9 \times 10^{-7} \text{m}^2/\text{sec}$$

③ 90% 압밀을 요하는 시간

$\sqrt{t}$ 법에 의하여 $C_v = \dfrac{T_{90} \cdot d^2}{t_{90}} = \dfrac{0.848 d^2}{t_{90}}$ 에서

$$t_{90} = \frac{0.848 d^2}{C_v} = \frac{0.848 \times \left(\frac{6}{2}\right)^2}{1.9 \times 10^{-7}} = 40{,}168{,}421.05 \text{sec} \times \frac{1}{60 \times 60 \times 24 \times 365}$$
$$= 1.27년$$

해답 ④

089

5m×10m의 장방형 기초위에 $q=60\text{kN/m}^2$의 등분포하중이 작용할 때, 지표면 아래 10m에서의 연직응력증가량($\Delta\sigma_v$)은? (단, 2 : 1 응력분포법을 사용한다.)

① 10kN/m^2
② 20kN/m^2
③ 30kN/m^2
④ 40kN/m^2

해설 2 : 1분포법(약산법)

$$\Delta\sigma_z = \frac{Q}{(B+z)\cdot(L+z)} = \frac{q_s \cdot B \cdot L}{(B+z)\cdot(L+z)} = \frac{60 \times 5 \times 10}{(5+10)\times(10+10)} = 10\text{kN/m}^2$$

해답 ①

090

도로의 평판 재하 시험방법(KS F 2310)에서 시험을 끝낼 수 있는 조건이 아닌 것은?

① 재하 응력이 현장에서 예상할 수 있는 가장 큰 접지 압력의 크기를 넘으면 시험을 멈춘다.
② 재하 응력이 그 지반의 항복점을 넘을 때 시험을 멈춘다.
③ 침하가 더 이상 일어나지 않을 때 시험을 멈춘다.
④ 침하량이 15mm 에 달할 때 시험을 멈춘다.

해설 평판재하시험 종료 조건
① 침하량이 15mm에 달한 경우
② 하중강도가 그 지반의 항복점을 넘는 경우
③ 하중강도가 현장에서 예상되는 최대접지 압력을 초과하는 경우

해답 ③

091

그림에서 흙의 단면적이 40cm²이고 투수계수가 0.1cm/s일 때 흙 속을 통과하는 유량은?

① $1m^3/h$
② $1cm^3/s$
③ $100m^3/h$
④ $100cm^3/s$

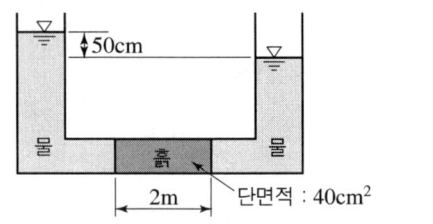

해설 $Q = kiA = k\dfrac{h}{L}A = 0.1 \times \dfrac{50}{200} \times 40 = 1cm^3/s$

해답 ②

092

Terzaghi 의 얕은 기초에 대한 수정지지력 공식에서 형상계수에 대한 설명 중 틀린 것은? (단, B는 단변의 길이, L은 장변의 길이이다.)

① 연속기초에서 $\alpha = 1.0$, $\beta = 0.5$이다.
② 원형기초에서 $\alpha = 1.3$, $\beta = 0.6$이다.
③ 정사각형기초에서 $\alpha = 1.3$, $\beta = 0.4$이다.
④ 직사각형기초에서 $\alpha = 1 + 0.3\dfrac{B}{L}$, $\beta = 0.5 - 0.1\dfrac{B}{L}$이다.

해설 기초 모양에 따른 형상계수(shape factor)

구분	연속	정사각형	직사각형	원형
α	1.0	1.3	$1 + 0.3\dfrac{B}{L}$	1.3
β	0.5	0.4	$0.5 - 0.1\dfrac{B}{L}$	0.3

여기서, B : 구형의 단변길이, L : 구형의 장변길이

해답 ②

093

포화된 점토에 대하여 비압밀비배수(UU) 삼축압축시험을 하였을 때의 결과에 대한 설명으로 옳은 것은? (단, ϕ는 마찰각이고 c는 점착력이다.)

① ϕ와 c가 나타나지 않는다.
② ϕ와 c가 모두 "0"이 아니다.
③ ϕ는 "0"이고, c는 "0"이 아니다.
④ ϕ는 "0"이 아니지만, c는 "0"이다.

해설 포화된 점토의 경우 내부마찰각 ϕ는 "0"이고, 점착력 c는 "0"이 아니다.

해답 ③

094 흙의 동상에 영향을 미치는 요소가 아닌 것은?

① 모관 상승고
② 흙의 투수계수
③ 흙의 전단강도
④ 동결온도의 계속시간

해설 동상을 일으키기 위한 조건
① 물의 공급이 충분해야 한다.(모관상승고가 커야한다.)
② 0℃ 이하의 온도가 오래 지속되어야 한다.
③ 동상을 받기 쉬운 흙(실트)이 존재해야 한다.(투수계수가 적어야 한다.)

해답 ③

095 아래 그림에서 각 층의 손실수두 Δh_1, Δh_2, Δh_3를 각각 구한 값으로 옳은 것은? (단, k는 cm/s, H와 Δh는 m 단위이다.)

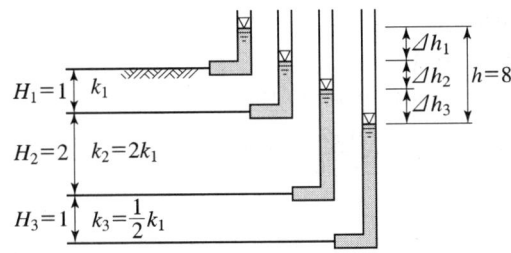

① $\Delta h_1 = 2$, $\Delta h_2 = 2$, $\Delta h_3 = 4$
② $\Delta h_1 = 2$, $\Delta h_2 = 3$, $\Delta h_3 = 3$
③ $\Delta h_1 = 2$, $\Delta h_2 = 4$, $\Delta h_3 = 2$
④ $\Delta h_1 = 2$, $\Delta h_2 = 5$, $\Delta h_3 = 1$

해설 각 층의 손실수두가 다른 수직방향의 투수계수 관련이며, 수직방향 투수계수는 각 층의 유출속도가 같다.

① $k_1\left(\dfrac{\Delta h_1}{H_1}\right) = k_2\left(\dfrac{\Delta h_2}{H_2}\right) = k_3\left(\dfrac{\Delta h_3}{H_3}\right)$, $k_1\left(\dfrac{\Delta h_1}{1}\right) = 2k_1\left(\dfrac{\Delta h_2}{2}\right) = \dfrac{1}{2}k_1\left(\dfrac{\Delta h_3}{1}\right)$

$k_1 \cdot \Delta h_1 = k_1 \cdot \Delta h_2 = k_1 \cdot \dfrac{\Delta h_3}{2}$ ∴ $\Delta h_1 = \Delta h_2 = \dfrac{\Delta h_3}{2}$

② $h = \Delta h_1 + \Delta h_2 + \Delta h_3 = 8$
$\Delta h_1 + \Delta h_1 + 2\Delta h_1 = 8$
$4\Delta h_1 = 8$, $\Delta h_1 = 2$, $\Delta h_2 = \Delta h_1 = 2$
$\Delta h_3 = 2\Delta h_1 = 4$

해답 ①

096

다짐 되지 않은 두께 2m, 상대밀도 40%의 느슨한 사질토 지반이 있다. 실내시험결과 최대 및 최소 간극비가 0.80, 0.40으로 각각 산출되었다. 이 사질토를 상대밀도 70%까지 다짐할 때 두께는 얼마나 감소되겠는가?

① 12.41cm
② 14.63cm
③ 22.71cm
④ 25.83cm

해설
① 초기간극비(e_o)
$$D_r = \frac{e_{max} - e}{e_{max} - e_{min}} \times 100 = 40(\%) \text{에서 } 40 = \frac{0.80 - e}{0.80 - 0.40} \times 100$$
∴ $e = 0.64$

② $D_r = 70\%$로 다졌을 때의 간극비(e_1)
$$D_r = \frac{e_{max} - e}{e_{max} - e_{min}} \times 100 = \frac{0.80 - e_1}{0.80 - 0.40} \times 100 = 70(\%)$$
∴ $e_1 = 0.52$

③ 간극비의 변화(Δe)
$\Delta e = e_o - e_1 = 0.64 - 0.52 = 0.12$

④ $\Delta H = \dfrac{\Delta e}{1 + e_o} \cdot H = \dfrac{0.12}{1 + 0.64} \times 200 = 14.63\text{cm}$

해답 ②

097

모래나 점토 같은 입상재료를 전단할 때 발생하는 다일러턴시(dilatancy) 현상과 간극수압의 변화에 대한 설명으로 틀린 것은?

① 정규압밀 점토에서는 (−) 다일러턴시에 (+)의 간극수압이 발생한다.
② 정규압밀 점토에서는 (+) 다일러턴시에 (−)의 간극수압이 발생한다.
③ 조밀한 모래에서는 (+) 다일러턴시가 일어난다.
④ 느슨한 모래에서는 (+) 다일러턴시가 일어난다.

해설
① 조밀한 모래는 체적이 증가(팽창)하므로 (+) 다일러턴시와 (−) 간극수압이 발생한다.
② 느슨한 모래는 체적이 감소(수축)하므로 (−) 다일러턴시와 (+) 간극수압이 발생한다.

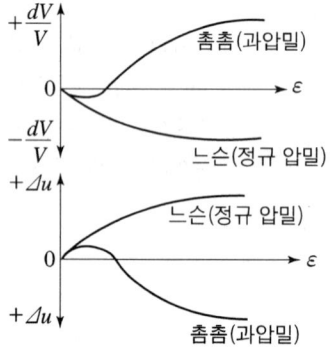

[체적변화 및 간극수압의 변화]

해답 ④

098

그림과 같이 수평지표면 위에 등분포하중 q가 작용할 때 연직옹벽에 작용하는 주동토압의 공식으로 옳은 것은? (단, 뒤채움 흙은 사질토이며, 이 사질토의 단위중량을 r, 내부마찰각을 ϕ라 한다.)

① $P_A = \left(\dfrac{1}{2}\gamma H^2 + q_s H\right)\tan^2\left(45° - \dfrac{\phi}{2}\right)$

② $P_A = \left(\dfrac{1}{2}\gamma H^2 + q_s H\right)\tan^2\left(45° + \dfrac{\phi}{2}\right)$

③ $P_A = \left(\dfrac{1}{2}\gamma H^2 + q_s H\right)\tan^2\phi$

④ $P_A = \left(\dfrac{1}{2}\gamma H^2 + q_s\right)\tan^2\phi$

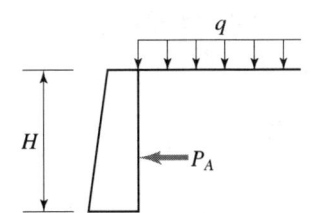

[해설]

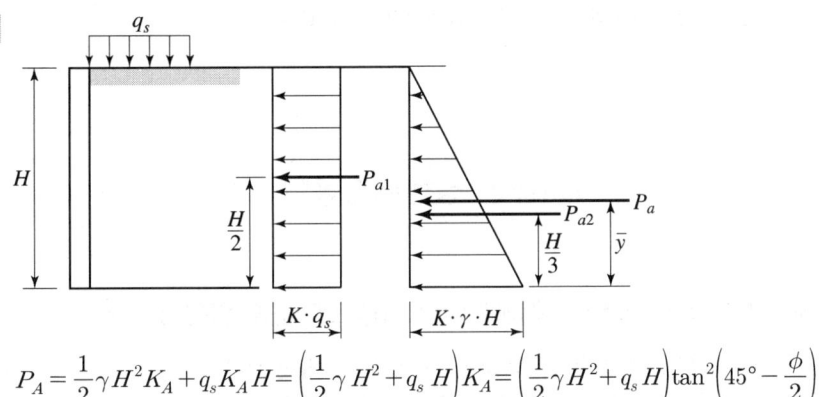

$$P_A = \dfrac{1}{2}\gamma H^2 K_A + q_s K_A H = \left(\dfrac{1}{2}\gamma H^2 + q_s H\right)K_A = \left(\dfrac{1}{2}\gamma H^2 + q_s H\right)\tan^2\left(45° - \dfrac{\phi}{2}\right)$$

해답 ①

099

기초의 구비조건에 대한 설명 중 틀린 것은?

① 상부하중을 안전하게 지지해야 한다.
② 기초 깊이는 동결 깊이 이하이여야 한다.
③ 기초는 전체침하나 부등침하가 전혀 없어야 한다.
④ 기초는 기술적, 경제적으로 시공 가능하여야 한다.

[해설] 기초의 필요조건

① 최소한의 근입깊이(D_f)를 확보하여 동해에 안정하도록 하여야한다.
② 침하량이 허용치 이내에 들어야 한다.
③ 지지력에 대해 안정해야 한다.
④ 경제적, 기술적으로 시공이 가능하여야 한다.(사용성, 경제성이 좋아야 한다.)

해답 ③

100 중심 간격이 2m, 지름 40cm인 말뚝을 가로 4개, 세로 5개씩 전체 20개의 말뚝을 박았다. 말뚝 한 개의 허용지지력이 150kN이라면 이 군항의 허용지지력은 약 얼마인가? (단, 군말뚝의 효율은 Converse-Labarre 공식을 사용한다.)

① 4,500kN ② 3,000kN
③ 2,415kN ④ 1,215kN

해설 ① $\phi = \tan^{-1}\dfrac{D}{S} = \tan^{-1}\dfrac{0.4}{2} = 11.31°$

② $E = 1 - \dfrac{\phi}{90}\left[\dfrac{m\cdot(n-1)+n\cdot(m-1)}{m\cdot n}\right]$

$= 1 - \dfrac{11.31}{90} \times \left[\dfrac{4\times(5-1)+5\times(4-1)}{4\times 5}\right] = 0.805$

③ $R_{ag} = E\cdot N\cdot R_a = 0.805 \times 20 \times 150 = 2,415\,kN$

해답 ③

제6과목 상하수도공학

101 배수지의 적정 배치와 용량에 대한 설명으로 옳지 않은 것은?

① 배수 상 유리한 높은 장소를 선정하여 배치한다.
② 용량은 계획1일최대급수량의 18시간분 이상을 표준으로 한다.
③ 시설물의 배치에는 가능한 한 안정되고 견고한 지반의 장소를 선정한다.
④ 가능한 한 비상시에도 단수없이 급수할 수 있도록 배수지 용량을 설정한다.

해설 배수지의 유효용량은 1일 최대급수량의 12시간분 이상을 표준으로 하며 지역의 특성과 급수의 안정성을 높이기 위해 가능한 한 크게 잡는 것이 바람직하다.

해답 ②

102 구형수로가 수리학상 유리한 단면을 얻으려 할 경우 폭이 28m라면 경심(R)은?

① 3m ② 5m
③ 7m ④ 9m

해설 직사각형 단면 수로의 수리학상 유리한 단면은 최대유량이 흐르는 조건으로 경심이 최대이며 윤변이 최소이어야 한다.

① $h = \dfrac{B}{2} = \dfrac{28}{2} = 14\,m$ ② $R_{max} = \dfrac{h}{2} = \dfrac{14}{2} = 7\,m$

해답 ③

103 활성탄흡착 공정에 대한 설명으로 옳지 않은 것은?
① 활성탄흡착을 통해 소수성의 유기물질을 제거할 수 있다.
② 분말활성탄의 흡착능력이 떨어지면 재생공정을 통해 재활용한다.
③ 활성탄은 비표면적이 높은 다공성의 탄소질 입자로, 형상에 따라 입상 활성탄과 분말 활성탄으로 구분된다.
④ 모래여과 공정 전단에 활성탄흡착 공정을 두게 되면, 탁도 부하가 높아져서 활성탄 흡착효율이 떨어지거나 역세척을 자주 해야 할 필요가 있다.

해설 분말활성탄은 재생되지 않으므로 사용하고 버려야 하며, 입상활성탄의 경우는 재생사용할 수 있다.

해답 ②

104 상수도의 수원으로서 요구되는 조건이 아닌 것은?
① 수질이 좋을 것
② 수량이 풍부할 것
③ 상수 소비자에서 가까울 것
④ 수원이 도시 가운데 위치할 것

해설 수원이 도시 가운데에 위치할 필요는 없다.

[참고] 수원의 구비요건(수원 선정시 고려 사항)
① 수질 양호
② 수량 풍부
③ 가능하면 주위에 오염원이 없어야 한다.
④ 소비지로부터 가까운 곳에 위치
⑤ 계절적 수량·수질의 변동이 적은 곳
⑥ 가능하면 자연유하식을 이용할 수 있는 곳(가능한 한 높은 곳에 위치해야 한다.)
⑦ 연간 수량 변동이 적은 곳
⑧ 취수 및 관리가 용이할 것

해답 ④

105 조류(algae)가 많이 유입되면 여과지글 폐쇄시키거나 물에 맛과 냄새를 유발시키기 때문에 이를 제거해야 하는데, 조류제거에 흔히 쓰이는 대표적인 약품은?
① $CaCO_3$
② $CuSO_4$
③ $KMnO_4$
④ $K_2Cr_2O_7$

해설 부영양화를 방지하는 화학적 처리방법의 일종으로 황산동($CuSO_4$)을 살포하여 조류를 제거하는 방법이 있다.

해답 ②

106 다음 중 오존처리법을 통해 제거할 수 있는 물질이 아닌 것은?

① 철
② 망간
③ 맛·냄새물질
④ 트리할로메탄(THM)

해설 ① 염소의 사용으로 발암물질인 트리할로메탄(THM)의 생성은 불가피하여 트리할로메탄을 총량으로 규제하고 있다.
② 오존을 사용할 경우 THMs가 생성되지 않으며, 트리할로메탄은 오존 처리 대상이 아니다.

해답 ④

107 상수도 계통의 도수시설에 관한 설명으로 옳은 것은?

① 수원에서 취한 물을 정수장까지 운반하는 시설을 말한다.
② 정수 처리된 물을 수용가에서 공급하는 시설을 말한다.
③ 적당한 수질의 물을 수원지에서 모아서 취하는 시설을 말한다.
④ 정수장에서 정수 처리된 물을 배수지까지 보내는 시설을 말한다.

해설 도수시설은 수원에서 취수한 원수를 정수하기 위해 정수장의 착수정 전까지 운반하는 시설을 말한다.

해답 ①

108 하수 고도처리 중 하나인 생물학적 질소 제거 방법에서 질소의 제거 직전 최종형태(질소제거의 최종산물)는?

① 질소가스(N_2)
② 질산염(NO_3^-)
③ 아질산염(NO_2^-)
④ 암모니아상 질소(NH_4^+)

해설 생물학적 질소 제거 방법에서 질소의 제거 직전 최종형태는 질소가스(N_2)이다.

해답 ①

109 하수처리에 관한 설명으로 틀린 것은?

① 하수처리 방법은 크게 물리적, 화학적, 생물학적 처리공정으로 분류된다.
② 화학적 처리공정은 소독, 중화, 산화 및 환원, 이온교환 등이 있다.
③ 물리적 처리공정은 여과, 침사, 활성탄 흡착, 응집침전 등이 있다.
④ 생물학적 처리공정은 호기성 분해와 혐기성 분해로 크게 분류된다.

해설 물리적 처리는 고액분리의 목적으로 수중의 부유 물질과 콜로이드 물질의 제거를 위한 처리로 침전, 여과, 흡착 등이 이용된다.
① 스크린 ② 침사 ③ 침전지 ④ 부상 ⑤ 여과
⑥ 건조 ⑦ 증발 ⑧ 동결 ⑨ 원심분리

해답 ③

110
장기 포기법에 관한 설명으로 옳은 것은?

① F/M비가 크다.
② 슬러지 발생량이 적다.
③ 부지가 적게 소요된다.
④ 대규모 하수처리장에 많이 이용된다.

해설 장기 포기법은 활성슬러지가 자산화되기 때문에 잉여슬러지의 발생량은 표준활성 슬러지법에 비해 적다.

해답 ②

111
아래와 같이 구성된 지역의 총괄유출계수는?

- 주거지역 - 면적 : 4ha   유출계수 : 0.6
- 상업지역 - 면적 : 2ha   유출계수 : 0.8
- 녹지   - 면적 : 1ha   유출계수 : 0.2

① 0.42
② 0.53
③ 0.60
④ 0.70

해설 $C = \dfrac{\sum C_i A_i}{\sum A_i} = \dfrac{C_1 A_1 + C_2 A_2 + C_3 A_3}{A_1 + A_2 + A_3} = \dfrac{0.6 \times 4 + 0.8 \times 2 + 0.2 \times 1}{4 + 2 + 1} = 0.6$

해답 ③

112
다음 상수도관의 관종 중 내식성이 크고 중량이 가벼우며 손실수두가 적으나 저온에서 강도가 낮고 열이나 유기용제에 약한 것은?

① 흄관
② 강관
③ PVC관
④ 석면 시멘트관

해설 PVC관은 내식성이 커 부식이 되지 않으나, 충격에 약하다.

해답 ③

113
급수량에 관한 설명으로 옳은 것은?

① 시간최대급수량은 일최대급수량보다 작게 나타난다.
② 계획1일평균급수량은 시간최대급수량에 부하율을 곱해 산정한다.
③ 소화용수는 일최대급수량에 포함되므로 별도로 산정하지 않는다.
④ 계획1일최대급수량은 계획1일평균급수량에 계획첨두율을 곱해 산정한다.

해설 ① 시간최대급수량 구하는 식은 아래와 같으며 일최대급수량보다 크게 나타난다.

계획시간 최대급수량 = $\dfrac{\text{계획1일 최대급수량}}{24}$ × [1.3(대도시, 공업도시)
1.5(중소도시)
2.0(농촌, 주택단지)]

② 계획1일평균급수량은 일최대급수량에 부하율을 곱해 산정한다.
계획 1일 평균급수량 = 계획 1일 최대급수량 × [0.7(중소도시)
0.8(대도시, 공업도시)]
= 계획 1일 최대급수량 × 계획부하율

③ 계획송수량은 계획1일최대급수량을 기준으로 하고 계획배수량은 계획시간최대배수량으로 한다. 다만, 사업규모에 따라 소화용수량이 고려되어야 한다.

④ **계획 1일 최대급수량** = 계획 1인 1일 최대급수량 × 계획 급수인구
= 계획 1일 평균급수량 × [1.3(대도시, 공업도시)
1.5(중소도시)]
= 계획 1일 평균급수량/계획부하율
= 계획 1일평균급수량 × 계획첨두율

해답 ④

114. 하수처리계획 및 재이용계획의 계획오수량에 대한 설명 중 옳지 않은 것은?

① 계획1일최대오수량은 1인1일최대오수량에 계획인구를 곱한 후, 공장폐수량, 지하수량 및 기타 배수량을 더한 것으로 한다.
② 계획오수량은 생활오수량, 공장폐수량 및 지하수량으로 구분한다.
③ 지하수량은 1인1일최대오수량의 20% 이하로 한다.
④ 계획시간최대오수량은 계획1일평균오수량의 1시간당 수량의 2~3배를 표준으로 한다.

해설 ① **계획1일 최대 오수량** = 계획1인1일 최대 오수량 × 계획인구 + 공장폐수량
+ 지하수량 + 기타

② **계획오수량** = 생활오수량 + 공장폐수량 + 지하수량
+ 기타배수량(농경지 하수 포함 안됨)

③ **지하수량** = 1인1일 최대오수량의 10~20%

④ **계획시간 최대 오수량** = $\dfrac{\text{계획1인1일 최대오수량} \times \text{계획인구}}{24}$
× 증가배수(1.3~1.8)

해답 ④

115 알칼리도가 30mg/L의 물에 황산알루미늄을 첨가했더니 20mg/L의 알칼리도가 소비되었다. 여기에 Ca(OH)$_2$를 주입하여 알칼리도를 15mg/L로 유지하기 위해 필요한 Ca(OH)$_2$는? (단, Ca(OH)$_2$ 분자량 74, CaCO$_3$ 분자량 100)

① 1.2mg/L ② 3.7mg/L
③ 6.2mg/L ④ 7.4mg/L

해설 ① 알칼리도 주입량 = 15 − (30 − 20) = 5mg/L
② 알칼리도를 15mg/L로 유지하기 위해 필요한 Ca(OH)$_2$
알칼리도 주입량 : Ca(OH)$_2$ 필요량 = CaCO$_3$ 분자량 : Ca(OH)$_2$ 분자량
5(mg/L) : Ca(OH)$_2$ = 100 : 74
$$Ca(OH)_2 = 5(mg/L) \times \frac{74}{100} = 3.7mg/L$$

해답 ②

116 하수관로의 유속 및 경사에 대한 설명으로 옳은 것은?

① 유속은 하류로 갈수록 점차 작아지도록 설계한다.
② 관로의 경사는 하류로 갈수록 점차 커지도록 설계한다.
③ 오수관로는 계획1일최대우수량에 대하여 유속을 최소 1.2 m/s로 한다.
④ 우수관로 및 합류식관로는 계획우수량에 대하여 유속을 최대 3.0 m/s로 한다.

해설 ① 유속은 하류를 상류보다 크게 하고, 관로의 경사는 하류로 갈수록 점차 작아지도록 한다.
② 오수관로는 계획시간최대오수량에 대하여 유속을 최소 0.6m/s, 최대 3.0m/s로 한다.
③ 오수관로는 계획1일최대우수량에 대하여 유속을 최소 1.2 m/s로 한다.
④ 우수관로 및 합류식관로는 계획우수량에 대하여 유속을 최소 0.8m/s, 최대 3.0m/s로 한다.

해답 ④

117 하수처리수 재이용 기본계획에 대한 설명으로 틀린 것은?

① 하수처리 재이용수는 용도별 요구되는 수질기준을 만족하여야 한다.
② 하수처리수 재이용지역은 가급적 해당지역 내의 소규모 지역 범위로 한정하여 계획한다.
③ 하수처리 재이용수의 용도는 생활용수, 공업용수, 농업용수, 유지용수를 기본으로 계획한다.
④ 하수처리수 재이용량은 해당지역 물 재이용 관리계획과에서 제시된 재이용량을 참고하여 계획하여야 한다.

해설 ① 하수처리 재이용수의 용도는 생활용수, 공업용수, 농업용수, 유지용수를 기본으로 계획하며, 용도별 요구되는 수질기준을 만족하여야 한다.
② 하수처리수 재이용량은 해당지역 물 재이용 관리계획과에서 제시된 재이용량을 참고하여 계획하여야 한다.
③ 하수처리수 재이용지역은 해당지역 뿐만 아니라 인근지역을 포함하는 광역적 범위로 검토·계획한다.

해답 ②

118. 다음 펌프 중 가장 큰 비교회전도(N_s)를 나타내는 것은?

① 사류펌프 ② 원심펌프
③ 축류펌프 ④ 터빈펌프

해설 축류펌프의 비교회전도(N_s)가 1,100~2,000 정도이다.

해답 ③

119. 다음 중 계획 1일 최대급수량을 기준으로 하지 않는 시설은?

① 배수시설 ② 송수시설
③ 정수시설 ④ 취수시설

해설 계획급수량과 수도시설의 규모계획

계획급수량 종류	연평균 1일 사용 수량에 대한 비율(%)	수도구조물의 명칭
1일 평균급수량	100	수원지, 저수지, 유역면적의 결정
1일 최대급수량	150	취수, 도·송수, 정수(여과지 면적), 배수시설 중 송수관구경이나 배수지의 결정
시간 최대급수량	225	배수본관의 구경결정(배수시설의 기준)

해답 ①

120. 오수 및 우수의 배제방식인 분류식과 합류식에 대한 설명으로 틀린 것은?

① 합류식은 관의 단면적이 크기 때문에 패쇄의 염려가 적다.
② 합류식은 일정량 이상이 되면 우천 시 오수가 월류할 수 있다.
③ 분류식은 별도의 시설 없이 오염도가 높은 초기우수를 처리장으로 유입시켜 처리한다.
④ 분류식은 2계통을 건설하는 경우, 합류식에 비하여 일반적으로 관거의 부설비가 많이 든다.

해설 분류식은 우수 초기에 오염도가 비교적 큰 노면배수가 우수관거를 통해 공공수역으로 직접 방류되어 하천을 오염시키는 단점이 있고, 반면 합류식은 강우 초기에 우수에 의하여 오염된 노면배수를 하수처리장까지 운반하여 처리할 수 있다.

해답 ③

토목기사

2020년 9월 27일 시행

제1과목 응용역학

001 그림과 같은 구조물에서 단부 A, B는 고정, C지점은 힌지일 때 OA, OB, OC 부재의 분배율로 옳은 것은?

① $DF_{OA} = 4/10$, $DF_{OB} = 3/10$, $DF_{OC} = 4/10$
② $DF_{OA} = 4/10$, $DF_{OB} = 3/10$, $DF_{OC} = 3/10$
③ $DF_{OA} = 4/11$, $DF_{OB} = 3/11$, $DF_{OC} = 4/11$
④ $DF_{OA} = 4/11$, $DF_{OB} = 3/11$, $DF_{OC} = 3/11$

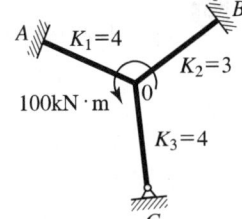

해설

① $DF_{OA} = \dfrac{K_1}{K_1 + K_2 + \dfrac{3}{4}K_3} = \dfrac{4}{4+3+\dfrac{3}{4}\times 4} = \dfrac{4}{10}$

② $DF_{OB} = \dfrac{K_2}{K_1 + K_2 + \dfrac{3}{4}K_3} = \dfrac{3}{4+3+\dfrac{3}{4}\times 4} = \dfrac{3}{10}$

③ $DF_{OC} = \dfrac{\dfrac{3}{4}K_3}{K_1 + K_2 + \dfrac{3}{4}K_3} = \dfrac{\dfrac{3}{4}\times 4}{4+3+\dfrac{3}{4}\times 4} = \dfrac{3}{10}$

해답 ②

002 동일 평면상에 한 점에 여러 개의 힘이 작용하고 있을 때, 여러 개의 힘의 어떤 점에 대한 모멘트의 합은 그 합력의 동일 점에 대한 모멘트와 같다는 것은 다음 중 어떤 정리인가?

① Mohr의 정리 ② Lami의 정리
③ Varignon의 정리 ④ Castigliano의 정리

해설 바리뇽의 정리의 정의는 '여러 개의 평면력들의 1점에 대한 모멘트의 합은 이들 평면력의 합력이 동일점에 대한 모멘트와 같다'이다.

해답 ③

003

그림과 같은 캔틸레버 보에서 집중하중(P)이 작용할 경우 최대 처짐(δ_{max})은? (단, EI는 일정하다.)

① $\delta_{max} = \dfrac{Pa^2}{3EI}(3L+a)$

② $\delta_{max} = \dfrac{P^2 a}{3EI}(3L-a)$

③ $\delta_{max} = \dfrac{P^2 a}{6EI}(3L+a)$

④ $\delta_{max} = \dfrac{Pa^2}{6EI}(3L-a)$

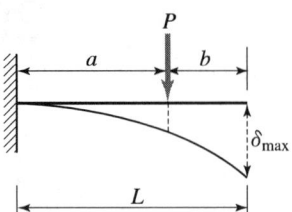

해설 자유단에서의 처짐이 최대이므로 $\delta_{max} = \dfrac{Pa^2}{6EI}(3L-a)$

해답 ④

004

그림과 같은 단순보에서 중앙에 모멘트 M이 작용할 때 모멘트도로 옳은 것은?

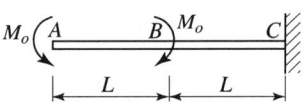

① A ▰▰▰B――――C
② A――B▰▰▰▰C
③ A▰▰▰▰▰▰C (B 위치 단차)
④ A――――――C

해설 단순보 중앙에 모멘트 하중이 있으므로 중앙에서 휨모멘트도는 수직으로 변화한다. 또한 양 지점에서의 휨모멘트 값은 '0'이다.

해답 ④

005

탄성계수(E), 전단 탄성계수(G), 푸아송 수(m) 간의 관계를 옳게 표시한 것은?

① $G = \dfrac{mE}{2(m+1)}$

② $G = \dfrac{m}{2(m+1)}$

③ $G = \dfrac{E}{2(m+1)}$

④ $G = \dfrac{m}{2(m-1)}$

해설 $G = \dfrac{E}{2(1+\nu)} = \dfrac{E}{2\left(1+\dfrac{1}{m}\right)} = \dfrac{mE}{2(m+1)}$

해답 ①

006

그림과 같은 연속보에서 B점의 반력(R_B)은?

① $\frac{3}{10}wL$
② $\frac{3}{8}wL$
③ $\frac{5}{8}wL$
④ $\frac{5}{4}wL$

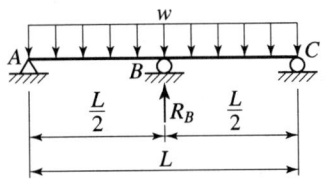

해설 B점의 지점 반력

B지점의 수직처짐은 '0'이므로 $y_B = 0$

$y_{B1} = y_{B2}$

$\frac{5wL^4}{384EI} = \frac{R_B L^3}{48EI}$ 에서 $R_B = \frac{5wL}{8}$

해답 ③

007

탄성변형에너지는 외력을 받는 구조물에서 변형에 의해 구조물에 축적되는 에너지를 말한다. 탄성체이며 선형거동을 하는 길이가 L인 캔틸레버보에 집중하중 P가 작용할 때 굽힘모멘트에 의한 탄성변형에너지는? (단, EI는 일정하다.)

① $\frac{P^2 L^2}{2EI}$
② $\frac{P^2 L^3}{2EI}$
③ $\frac{P^2 L^2}{6EI}$
④ $\frac{P^2 L^3}{6EI}$

해설 $U = \frac{1}{2}P\delta = \frac{1}{2} \times P \times \frac{Pl^3}{3EI} = \frac{P^2 L^3}{6EI}$

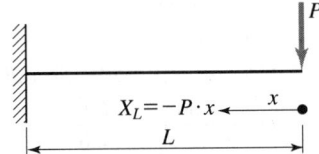

[참고] ① $M_x = -P \cdot x$

② $U = \int \frac{M_x^2}{2EI}dx = \frac{1}{2EI}\int_0^L (-P \cdot x)^2 dx = \frac{P^2}{2EI}\left[\frac{x^3}{3}\right]_0^L = \frac{1}{6} \cdot \frac{P^2 L^3}{EI}$

해답 ④

008 지름 D인 원형 단면 보에 휨모멘트 M이 작용할 때 최대 휨응력은?

① $\dfrac{64M}{\pi D^3}$ ② $\dfrac{32M}{\pi D^3}$

③ $\dfrac{16M}{\pi D^3}$ ④ $\dfrac{8M}{\pi D^3}$

해설 최대 휨응력

$$\sigma_{\max} = \frac{M}{Z} = \frac{M}{\dfrac{\pi D^3}{32}} = \frac{32M}{\pi D^3}$$

해답 ②

009 그림과 같은 트러스의 사재 D의 부재력은?

① 50kN(인장)
② 50kN(압축)
③ 37.5kN(인장)
④ 37.5kN(압축)

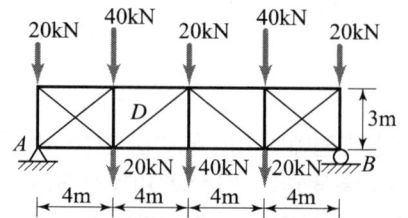

해설 ① 반력
대칭하중이므로
$$R_A = \frac{20+40+20+40+20+20+40+20}{2}$$
$$= 110\,\text{kN}(\uparrow)$$

② D의 부재력
$\sum V = 0$
$110 - 20 - 40 - 20 + D\sin\theta = 0$에서
$$D = -\frac{30}{\sin\theta} = -\frac{30}{3/5}$$
$$= -50\,\text{kN} = 50\,\text{kN}(압축)$$

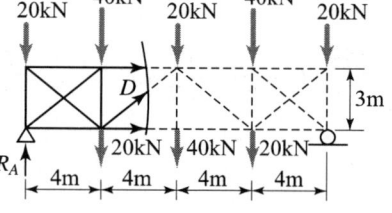

해답 ②

010 다음 중 정(+)의 값뿐만 아니라 부(-)의 값도 갖는 것은?

① 단면계수
② 단면 2차 반지름
③ 단면 상승 모멘트
④ 단면 2차 모멘트

해설 단면모멘트에 대한 기본적인 사항을 정리하면 다음과 같다.

단면 모멘트	공식 포인트	부호	단위	기타
단면 1차 모멘트	$G_X = 0$ $G_Y = 0$	+ − 0	cm^3 m^3	단면2차반경과 단면계수는 정(+)의 값을 갖는다.
단면 2차 모멘트	I_X, I_X = 최소	+	cm^4 m^4	
단면 상승 모멘트	I_{XY}가 대칭축 이면 '0'	+ − 0	cm^4 m^4	
단면 2차 극모멘트	축회전에 관계없이 I_p 값은 일정	+	cm^4 m^4	

해답 ③

011

다음 그림과 같은 단면의 $A-A$축에 대한 단면 2차 모멘트는?

① $558b^4$
② $623b^4$
③ $685b^4$
④ $729b^4$

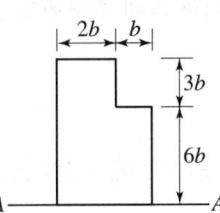

해설 문제의 도형을 기본 도형인 직사각형 두 개로 나누어 $A-A$축에 대한 단면 2차모멘트를 구한다.

$$I_{A-A} = \frac{(2b)(9b)^3}{3} + \frac{(b)(6b)^3}{3}$$
$$= \frac{1458b^4}{3} + \frac{216b^4}{3} = 558b^4$$

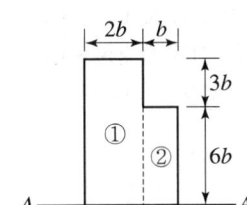

해답 ①

012

그림과 같은 단순보에 일어나는 최대 전단력은?

① 27kN
② 45kN
③ 54kN
④ 63kN

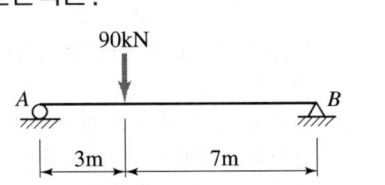

해설 집중하중에 A지점 쪽에 치우쳐 있으므로 A지점의 전단력이 최대 전단력이다.
① A지점의 반력
 $\Sigma M_B = 0 \curvearrowright$
 $V_A \times 10 - 90 \times 7 = 0$에서 $V_A = 63kN(\uparrow)$
② 최대 전단력
 $S_A = S_{max} = V_A = 63kN$에서 $x = 8m$

해답 ④

013

다음 그림과 같이 단순보 위에 삼각형 분포하중이 작용하고 있다. 이 단순보에 작용하는 최대 휨모멘트는?

① $0.03214wl^2$
② $0.04816wl^2$
③ $0.05217wl^2$
④ $0.06415wl^2$

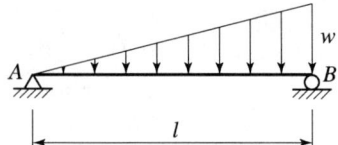

해설 삼각등변분포하중이 만재되어 있는 단순보의 경우 최대 휨모멘트가 발생하는 점은 삼각등변분포하중의 꼭지점 쪽(문제에서는 A)로부터 $x = \dfrac{l}{\sqrt{3}} = 0.577l$ 떨어진 곳에서 발생하며 최대 휨모멘트 값은 $M_{\max} = \dfrac{wl^2}{9\sqrt{3}} = 0.06415wl^2$ 이다.

해답 ④

014

그림과 같이 단순보에 이동하중이 작용하는 경우 절대최대휨모멘트는?

① $176.4\ kN \cdot m$
② $167.2\ kN \cdot m$
③ $162.0\ kN \cdot m$
④ $125.1\ kN \cdot m$

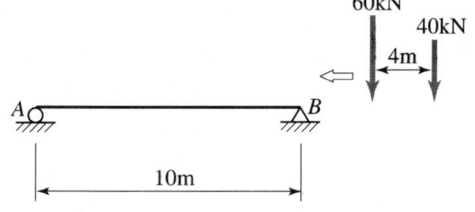

해설
① 합력 : $R = 60 + 40 = 100 kN$
② 합력의 작용점 : $x = \dfrac{40 \times 4}{100} = 1.6m$
③ 이등분점 : $\bar{x} = \dfrac{x}{2} = \dfrac{1.6}{2} = 0.8m$
④ 이등분점과 보의 중앙점이 일치하도록 하중을 재하시킨다.
⑤ 합력과 가장 가까운 하중 60kN이 선택하중이며 이 선택하중의 작용점에서 절대 최대 휨모멘트가 생긴다.
$\sum M_B = 0$
$V_A \times 10 - 60 \times 5.8 - 40 \times (5 - 3.2) = 0$ 에서
$V_A = 42kN(\uparrow)$
⑥ 절대 최대 휨모멘트
$M_{abs \cdot \max} = M_{3t} = 42 \times 4.2 = 176.4 kN \cdot m$

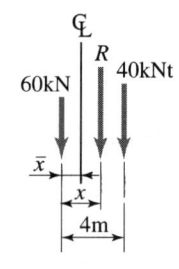

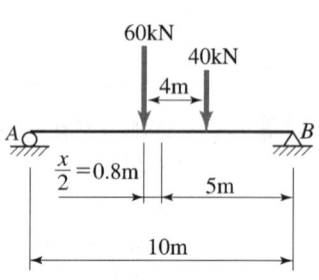

해답 ④

015

그림과 같은 단순보에 등분포 하중(q)이 작용할 때 보의 최대 처짐은? (단, EI는 일정하다.)

① $\dfrac{qL^4}{128EI}$ ② $\dfrac{qL^4}{64EI}$

③ $\dfrac{qL^4}{38EI}$ ④ $\dfrac{5qL^4}{384EI}$

해설

$y_{\max} = y_{중앙} = \dfrac{5qL^4}{384EI}$

해답 ④

016

15cm×30cm의 직사각형 단면을 가진 길이가 5m인 양단 힌지 기둥이 있다. 이 기둥의 세장비(λ)는?

① 57.7 ② 74.5
③ 115.5 ④ 149.0

해설 최대세장비

$\lambda = \dfrac{l}{r_{\min}} = \dfrac{\sqrt{12}\, l}{h} = \dfrac{\sqrt{12} \times 500}{15} = 115.5$

해답 ③

017

반지름이 25cm인 원형 단면을 가지는 단주에서 핵의 면적은 약 얼마인가?

① 122.7cm² ② 168.4cm²
③ 254.4cm² ④ 336.8cm²

해설
① 원형의 핵거리(핵 반지름) = $\dfrac{d}{8} = \dfrac{r}{4} = \dfrac{25}{4} = 6.25$cm

② 핵 면적 $A = \pi \cdot R^2 = \pi \times 6.25^2 = 122.7$cm²

해답 ①

018

림과 같이 이축응력(二軸應力)을 받고 있는 요소의 체적변형률은? (단, 탄성계수 $E = 2.0 \times 10^5$MPa, 푸아송비 $\nu = 0.3$)

① 3.6×10^{-4}
② 4.4×10^{-4}
③ 5.2×10^{-4}
④ 6.4×10^{-4}

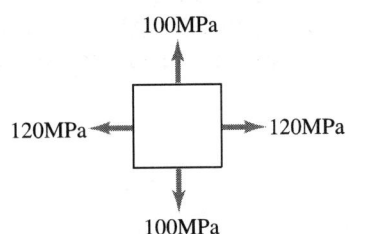

해설

$$\epsilon_v = \frac{\Delta V}{V} = \epsilon_x + \epsilon_y + \epsilon_z$$

$$= \frac{\sigma_x - \nu\sigma_y - \nu\sigma_z + \sigma_y - \nu\sigma_x - \nu\sigma_z + \sigma_z - \nu\sigma_x - \nu\sigma_y}{E} = \frac{(\sigma_x + \sigma_y + \sigma_z)(1-2\nu)}{E}$$

$$= \frac{(120+100+0)(1-2\times 0.3)}{2\times 10^5}$$

$$= 4.4\times 10^{-4}$$

해답 ②

019

그림과 같은 3힌지 아치에서 C점의 휨모멘트는?

① 32.5kN · m
② 35.0kN · m
③ 37.5kN · m
④ 40.0kN · m

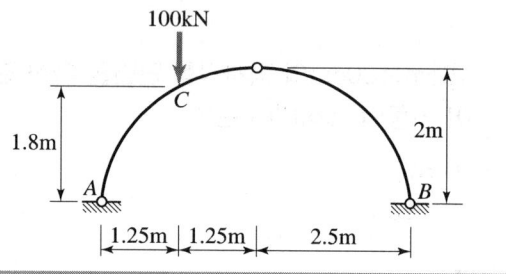

해설 평형조건식을 이용해서 A지점의 수직반력을 먼저 구한 후 힌지점인 C점에서의 모멘트 값이 '0'인 점을 이용하여 A지점의 수평반력을 구한 다음 C점의 휨모멘트 값을 구한다.

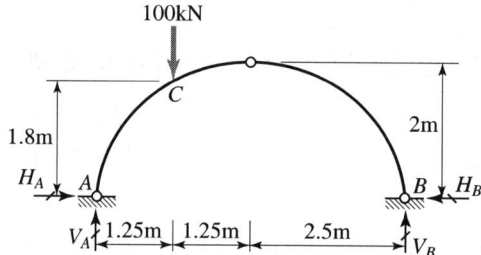

① 지점 A의 수직반력
  $\Sigma M_B = 0$에서
  $V_A \times 5 - 100 \times 3.75 = 0$에서 $V_A = 75\text{kN}(\uparrow)$

② 지점 A의 수평반력
  $M_{\text{힌지}} = V_A \times 2.5 - 100\times 1.25 - H_A \times 2 = 0$에서 $H_A = 31.25\text{kN}(\rightarrow)$

③ C점의 휨모멘트
  $M_C = V_A \times 1.25 - H_A \times 1.8 = 75\times 1.25 - 31.25\times 1.8 = 37.5\text{kN}\cdot\text{m}$

해답 ③

020 그림에 표시된 힘들의 x방향의 합력으로 옳은 것은?

① 0.4kN(←)
② 0.7kN(→)
③ 1.0kN(→)
④ 1.3kN(←)

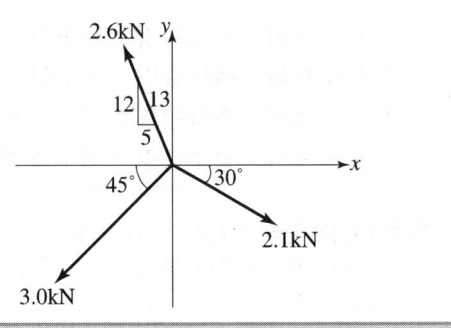

해설 각 힘들의 x방향 분력을 모두 더하면 x방향의 합력이 구해진다.
$P_x = 2.1 \times \cos 30° - 2.6 \times \dfrac{5}{13} - 3.0 \times \cos 45° = -1.3\text{kN} = 1.3\text{kN}(←)$

해답 ④

제2과목 측량학

021 노선 측량의 일반적인 작업 순서로 옳은 것은?

A : 종·횡단측량   B : 중심선 측량   C : 공사측량   D : 답사

① A → B → D → C
② A → C → D → B
③ D → B → A → C
④ D → C → A → B

해설 **노선측량을 위한 각종 측량 순서**
지형측량 → 중심선측량 → 종횡단측량 → 용지측량 → 시공측량(공사측량)

해답 ③

022 2000m의 거리를 50m씩 끊어서 40회 관측하였다. 관측 결과 오차가 ±0.14m 이었고, 40회 관측의 정밀도가 동일하다면, 50m 거리 관측의 오차는?

① ±0.022m
② ±0.019m
③ ±0.016m
④ ±0.013m

해설 부정오차는 측정횟수(n)의 제곱근에 비례하므로
$E = \pm e \cdot \sqrt{n}$ 에서 $e = \dfrac{E}{\sqrt{n}} = \dfrac{\pm 0.14}{\sqrt{40}} = \pm 0.022\text{m}$

해답 ①

023
지형측량의 순서로 옳은 것은?

① 측량계획 – 골조측량 – 측량원도작성 – 세부측량
② 측량계획 – 세부측량 – 측량원도작성 – 골조측량
③ 측량계획 – 측량원도작성 – 골조측량 – 세부측량
④ 측량계획 – 골조측량 – 세부측량 – 측량원도작성

해설 **지형측량의 순서**는 다음과 같다.
측량계획 → 답사 및 선점 → 골조(기준점) 측량 → 세부측량 → 측량원도작성 → 지도편집

해답 ④

024
교호수준측량을 한 결과로 $a_1=0.472m$, $a_2=2.656m$, $b_1=2.106m$, $b_2=3.895m$를 얻었다. A점의 표고가 66.204m일 때 B점의 표고는?

① 64.130m
② 64.768m
③ 65.238m
④ 67.641m

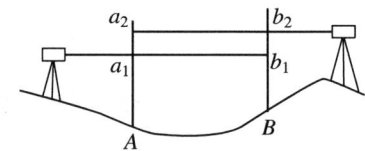

해설 ① A점과 B점의 표고차
$$H = \frac{1}{2}[(a_1-b_1)+(a_2-b_2)]$$
$$= \frac{1}{2}[(0.472-2.106)+(2.656-3.895)]$$
$$= -1.4365m$$
② B점의 표고(지반고)
$H_B = H_A + H = 66.204 - 1.4365 = 64.768m$

해답 ②

025
출제기준에 의거하여 이 문제는 삭제됨

026

도로의 노선측량에서 반지름(R)200m인 원곡선을 설치할 때, 도로의 기점으로부터 교점($I.P$)까지의 추가거리가 423.26m, 교각(I)가 42°20′일 때 시단현의 편각은? (단, 중심말뚝간격은 20m이다.)

① 0°50′00″
② 2°01′52″
③ 2°03′11″
④ 2°51′47″

해설

① **접선길이**
$$TL = R \cdot \tan\frac{I}{2} = 200 \times \tan\frac{42°20′}{2} = 77.44\text{m}$$

② **곡선시점**
$$B.C. = I.P - T.L = 423.26 - 77.44 = 345.82\text{m}$$

③ **시단현**(l_1)은 BC로부터 BC 다음 말뚝까지의 거리이므로
$$l_1 = 360 - 345.82 = 14.18\text{m}$$

④ **시단편각**
$$\delta_1 = \frac{l_1}{R} \times \frac{90°}{\pi} = \frac{14.18}{200} \times \frac{90°}{\pi} = 2°01′52″$$

해답 ②

027

구면 삼각형의 성질에 대한 설명으로 틀린 것은?

① 구면 삼각형의 내각의 합은 180°보다 크다.
② 2점간 거리가 구면상에서는 대원의 호길이가 된다.
③ 구면 삼각형의 한 변은 다른 두변의 합보다는 작고 차이보다는 크다.
④ 구과량은 구의 반지름 제곱에 비례하고 구면 삼각형의 면적에 반비례한다.

해설 구과량 공식 $\dfrac{\epsilon″}{\rho″} = \dfrac{F}{r^2}$ 에서 $\epsilon″ = \dfrac{F}{r^2} \cdot \rho″$ 이므로

구과량($\epsilon″$)은 구의 반지름(r)의 제곱에 반비례하고 구면 삼각형의 면적(F)에 비례한다.

해답 ④

028

수평각 관측을 할 때 망원경의 정위, 반위로 관측하여 평균하여도 소거되지 않는 오차는?

① 수평축 오차
② 시준축 오차
③ 연직축 오차
④ 편심 오차

해설 연직축 오차는 소거가 불가능하다.

해답 ③

029

그림과 같은 횡단면의 면적은?

① 196m²
② 204m²
③ 216m²
④ 256m²

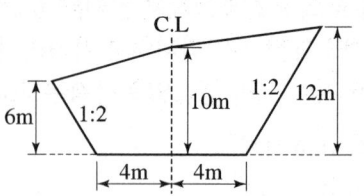

해설
$$A = \frac{6+10}{2} \times (4+2\times 6) + \frac{10+12}{2} \times (4+2\times 12) - \frac{1}{2} \times 6 \times (2\times 6)$$
$$- \frac{1}{2} \times 12 \times (2\times 12)$$
$$= 256\text{m}^2$$

해답 ④

030

삼변측량을 실시하여 길이가 각각 $a=1{,}200$m, $b=1{,}300$m, $c=1500$m이었다면 $\angle ACB$는?

① 73°31′02″
② 73°33′02″
③ 73°35′02″
④ 73°37′02″

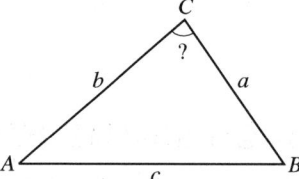

해설 코사인 제2법칙에 의해

$\cos C = \dfrac{a^2+b^2-c^2}{2ab}$ 에서

$C = \cos^{-1}\left(\dfrac{a^2+b^2-c^2}{2ab}\right) = \cos^{-1}\left(\dfrac{1{,}200^2+1{,}300^2-1{,}500^2}{2\times 1{,}200 \times 1{,}300}\right) = 73°37′02″$

해답 ④

031

30m에 대하여 3mm 늘어나 있는 줄자로써 정사각형의 지역을 측정한 결과 80000m²이었다면 실제의 면적은?

① 80016m²
② 80008m²
③ 79984m²
④ 79992m²

해설
① 한 변의 길이   정사각형 지역이므로 $L = \sqrt{80000} = 282.843$m
② 실제 길이   표준척 보정(자의 특성값 보정, 정수 보정)에 의해

$$L_0 = L \pm C_0 = L\left(1 \pm \frac{\Delta l}{l}\right) = 282.843 \times \left(1 + \frac{0.003}{30}\right) = 282.871\text{m}$$

③ 실제 면적 $A_0 = L_0^2 = 282.871^2 = 80016\text{m}^2$

해답 ①

032 GNSS 데이터의 교환 등에 필요한 공통적인 형식으로 원시데이터에서 측량에 필요한 데이터를 추출하여 보기 쉽게 표현한 것은?

① Bernese
② RINEX
③ Ambiguity
④ Binary

해설 라이넥스(RINEX(Receiver Independent Exchange Format))는 GNSS 관측데이터의 저장과 교환에 사용되는 세계 표준의 GNSS 데이터 자료형식이다.

해답 ②

033 수준망의 관측 결과가 표와 같을 때, 정확도가 가장 높은 것은?

구분	총거리[km]	폐합오차[mm]
I	25	±20
II	16	±18
III	12	±15
IV	8	±13

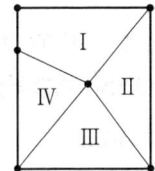

① I
② II
③ III
④ IV

해설 단일환의 수준망의 폐합오차는 출발 기준점으로부터의 거리에 비례한다.

① $I = \dfrac{\Delta l}{l} = \dfrac{20}{25,000,000} = \dfrac{1}{1,250,000}$

② $II = \dfrac{\Delta l}{l} = \dfrac{18}{16,000,000} = \dfrac{1}{888,889}$

③ $III = \dfrac{\Delta l}{l} = \dfrac{15}{12,000,000} = \dfrac{1}{800,000}$

④ $IV = \dfrac{\Delta l}{l} = \dfrac{13}{8,000,000} = \dfrac{1}{615,385}$

고로 정확도가 가장 높은 것은 I이다.

해답 ①

034 GPS 위성측량에 대한 설명으로 옳은 것은?

① GPS를 이용하여 취득한 높이는 지반고이다.
② GPS에서 사용하고 있는 기준타원체는 GRS80 타원체이다.
③ 대기 내 수증기는 GPS 위성신호를 지연시킨다.
④ GPS 측량은 별도의 후처리 없이 관측값을 직접 사용할 수 있다.

해설 전리층과 대류권에 의해 전파가 지연됨에 따라 의사거리에 영향을 준다.

해답 ③

035
완화곡선에 대한 설명으로 옳지 않은 것은?
① 완화곡선의 접선은 시점에서 원호에, 종점에서 직선에 접한다.
② 완화곡선에 연한 곡선반지름의 감소율은 캔트(cant)의 증가율과 같다.
③ 완화곡선의 반지름은 그 시점에서 무한대, 종점에서는 원곡선의 반지름과 같다.
④ 모든 클로소이드(clothoid)는 닮음 꼴이며, 클로소이드 요소에는 길이의 단위를 가진 것과 단위가 없는 것이 있다.

해설 완화곡선의 접선은 시점에서 직선에, 종점에서 원호에 접한다.

해답 ①

036
축척 1:1500 지도상의 면적을 축척 1:1000으로 잘못 관측한 결과가 10000m²이었다면 실제 면적은?
① 4444m²
② 6667m²
③ 15000m²
④ 22500m²

해설 $m_1^2 : A_1 = m_2^2 : A_2$ 에서
$A_1 = \left(\dfrac{m_1}{m_2}\right)^2 \cdot A_2 = \left(\dfrac{1,500}{1,000}\right)^2 \times 10,000 = 22,500 \text{m}^2$

해답 ④

037
수준측량에서 전시와 후시의 거리를 같게 하여 소거할 수 있는 오차가 아닌 것은?
① 지구의 곡률에 의해 생기는 오차
② 기포관축과 시준축이 평행되지 않기 때문에 생기는 오차
③ 시준선상에 생기는 빛의 굴절에 의한 오차
④ 표척의 조정 불완전으로 인해 생기는 오차

해설 전시와 후시 거리를 같게 함으로써 제거되는 오차는 다음과 같다.
① 시준축 오차 소거 : 기포관축≠시준선(레벨 조정의 불안정으로 생기는 오차 소거) 전시와 후시거리를 같게 취하는 가장 중요한 이유이다.
② 자연적 오차 소거
　㉠ 구차 : 지구의 곡률에 의한 오차
　㉡ 기차 : 광선의 굴절에 의한 오차
　㉢ 양차 : 구차와 기차의 합
③ 조준나사 작동에 의한 오차 소거

해답 ④

038 출제기준에 의거하여 이 문제는 삭제됨

039 폐합트래버스 $ABCD$에서 각 측선의 경거, 위거가 표와 같을 때, $\overline{AD}$측선의 방위각은?

① 133°
② 135°
③ 137°
④ 145°

측선	위거 +	위거 −	경거 +	경거 −
AB	50		50	
BC		30	60	
CD		70		60
DA				

해설
① 위거의 합(E_L)이 '0'이 되어야 하므로 DA 측선의 위거 $=(70+30)-50=50$
② 경거의 합(E_D)이 '0'이 되어야 하므로 DA 측선의 경거 $=(50+60)-60=-50$
③ AD 측선의 방위의 각

$$\overline{AD}\text{의 방위의 각}=\tan^{-1}\left(\frac{E_D}{E_L}\right)=\tan^{-1}\left(\frac{-50}{50}\right)=-45°$$

③ 위거−, 경거+이므로 측선은 2상한에 있다.
$\overline{AD}$의 방위각 $=180°-45°=135°$

해답 ②

040 트래버스 측량에 관한 일반적인 사항에 대한 설명으로 옳지 않은 것은?

① 트래버스 종류 중 결합 트래버스는 가장 높은 정확도를 얻을 수 있다.
② 각관측 방법 중 방위각법은 한번 오차가 발생하면 그 영향은 끝까지 미친다.
③ 폐합오차 조정방법 중 컴퍼스 법칙은 각관측의 정밀도가 거리관측의 정밀도보다 높을 때 실시한다.
④ 폐합 트래버스에서 편각의 총합은 반드시 360°가 되어야 한다.

해설 폐합오차의 조정
1. 컴퍼스 법칙
   ① 각관측과 거리관측의 정밀도가 비슷할 때 조정하는 방법이다.
   ② 각 측선길이에 비례하여 폐합 오차를 배분한다.
2. 트랜싯 법칙
   ① 각관측의 정밀도가 거리관측의 정밀도보다 높을 때 조정하는 방법이다.
   ② 위거, 경거의 크기에 비례하여 폐합 오차를 배분한다.

해답 ③

제3과목 수리학 및 수문학

041 수면 아래 30m 지점의 수압을 kN/m²으로 표시하면? (단, 물의 단위중량은 9.81kN/m³이다.)

① 2.94kN/m² ② 29.43kN/m²
③ 294.3kN/m² ④ 2943kN/m²

해설 수압
$P = wh = 9.81 \times 30 = 294.3 \text{kN/m}^2$

해답 ③

042 유출(流出)에 대한 설명으로 옳지 않은 것은?

① 총유출은 통상 직접 유출(direct run off)과 기저 유출(base flow)로 분류된다.
② 하천에 도달하기 전에 지표면 위로 흐르는 유수를 지표 유하수(overland flow)라 한다.
③ 하천에 도달한 후 다른 성분의 유출수와 합친 유수량을 총 유출수(total flow)라 한다.
④ 지하수유출은 토양을 침투한 물이 침투하여 지하수를 형성하나 총 유출량에는 고려하지 않는다.

해설 지하수유출은 기저 유출의 일종으로 총 유출량에 고려한다.

해답 ④

043 개수로 내의 흐름에서 비에너지(specific energy, H_e)가 일정할 때, 최대 유량이 생기는 수심 h로 옳은 것은? (단, 개수로의 단면은 직사각형이고 $\alpha = 1$이다.)

① $h = H_e$ ② $h = \dfrac{1}{2} H_e$
③ $h = \dfrac{2}{3} H_e$ ④ $h = \dfrac{3}{4} H_e$

해설 한계수심
$h = \dfrac{2}{3} H_e$

해답 ③

044 도수(hydraulic jump) 전후의 수심 h_1, h_2의 관계를 도수 전의 Froude수 Fr_1의 함수로 표시한 것으로 옳은 것은?

① $\dfrac{h_2}{h_1} = \dfrac{1}{2}(\sqrt{8Fr_1^2 + 1} - 1)$ ② $\dfrac{h_1}{h_2} = \dfrac{1}{2}(\sqrt{8Fr_1^2 + 1} + 1)$

③ $\dfrac{h_2}{h_1} = \dfrac{1}{2}(\sqrt{8Fr_1^2 + 1} + 1)$ ④ $\dfrac{h_1}{h_2} = \dfrac{1}{2}(\sqrt{8Fr_1^2 + 1} - 1)$

해설 도수 전 수심과 도수 후 수심 관계식
$$\dfrac{h_2}{h_1} = \dfrac{1}{2}\left(-1 + \sqrt{1 + 8F_{r1}^2}\right)$$
여기서, h_1 : 도수 전의 사류의 수심 h_2 : 도수 후의 상류의 수심
V_1, V_2 : 도수 전후의 평균유속 F_{r1} : 도수 전 프루두수

해답 ①

045 오리피스(orifice)의 압력수두가 2m이고 단면적이 4cm², 접근유속은 1m/s일 때 유출량은? (단, 유량계수 C=0.63이다.)

① 1558cm³/s   ② 1578cm³/s
③ 1598cm³/s   ④ 1618cm³/s

해설 ① 접근유속수두
$$h_a = \alpha \dfrac{V_a^2}{2g} = 1 \times \dfrac{1^2}{2 \times 9.8} = 0.051\text{m} = 5.1\text{cm}$$
② 유출량
$$Q = Ca\sqrt{2g(h + h_a)} = 0.63 \times 4 \times \sqrt{2 \times 980 \times (200 + 5.1)} = 1598\text{cm}^3/\text{s}$$

해답 ③

046 위어(weir)에 물이 월류할 경우에 위어 정상을 기준하여 상류측 전수두를 H, 하류수위를 h라 할 때, 수중위어(submerged weir)로 해석될 수 있는 조건은?

① $h < \dfrac{2}{3}H$ ② $h < \dfrac{1}{2}H$
③ $h > \dfrac{2}{3}H$ ④ $h > \dfrac{1}{3}H$

해설 수중 위어란 위어 하류의 수면이 위어 월류수심의 약 2/3 보다 높은(위어 하류측 수면이 마루부보다 높은 경우) 위어를 말하며, 위어 하류의 수면변동이 상류의 수위에 영향을 미친다.
① $h < \dfrac{2}{3}H$: 완전월류   ② $h \fallingdotseq \dfrac{2}{3}H$: 불완전월류   ③ $h > \dfrac{2}{3}H$: 수중위어

해답 ③

047 부체의 안정에 관한 설명으로 옳지 않은 것은?

① 경심(M)이 무게중심(G)보다 낮을 경우 안정하다.
② 무게중심(G)이 부심(B)보다 아래쪽에 있으면 안정하다.
③ 경심(M)이 무게중심(G)보다 높을 경우 복원 모멘트가 작용한다.
④ 부심(B)과 무게중심(G)이 동일 연직선 상에 위치할 때 안정을 유지한다.

해설 안정 상태의 순서는 위에서부터 아래로 M(경심) → G(무게중심) → C(부심)순이다.

해답 ①

048 다음 중 베르누이의 정리를 응용한 것이 아닌 것은?

① 오리피스
② 레이놀즈수
③ 벤츄리미터
④ 토리첼리의 정리

해설 베르누이 방정식 응용
① 토리첼리의 정리(Torricelli's theorem) : 이론유속
② 피토관(Pitot tube) : 유속
③ 벤투리미터(venturimeter)
④ 오리피스

해답 ②

049 DAD 해석에 관한 내용으로 옳지 않은 것은?

① DAD의 값은 유역에 따라 다르다.
② DAD 해석에서 누가우량곡선이 필요하다.
③ DAD 곡선은 대부분 반대수지로 표시된다.
④ DAD 관계에서 최대평균우량은 지속시간 및 유역면적에 비례하여 증가한다.

해설 예상되는 지속시간별 최대우량을 지역별로 결정해 두어 제반 수문학적 문제를 해결하기 위해 유역별로 최대평균우량 깊이 – 유역면적 – 지속기간 관계를 수립하는 작업을 DAD 해석이라 한다.
① 유역별로 작성해 두면 암거설계 등의 각종 수문학적 문제 해결에 유용하게 이용할 수 있다.
② 반대수지상에서 대수축은 유역면적, 산술축은 최대평균 우량, 지속 시간은 제3의 변수로 표시하여 작성된다.
③ 최대평균우량은 유역면적에 반비례하여 증가한다.
④ 최대평균우량은 지속시간에 비례하여 증가한다.

해답 ④

050

합성단위 유량도(synthetic unit hydrograph)작성방법이 아닌 것은?

① Snyder 방법　　　② Nakayasu 방법
③ 순간 단위유량도법　④ SCS의 무차원 단위유량도 이용법

해설 **합성단위유량도**(synthetic unit hydrograph)
① Snyder 방법
② SCS 방법(SCS의 무차원 단위유량도 이용법)
③ Clark 방법
④ 시간-면적법
⑤ Nakayasu 방법(일본의 中安방법)

해답 ③

051

수리학적으로 유리한 단면에 관한 내용으로 옳지 않은 것은?

① 동수반경을 최대로 하는 단면이다.
② 구형에서는 수심의 폭의 반과 같다.
③ 사다리꼴에서는 동수반경이 수심의 반과 같다.
④ 수리학적으로 가장 유리한 단면의 형태는 이등변직각삼각형이다.

해설 일정한 단면적에 대하여 최대 유량이 흐르는 수로의 단면이 수리상 유리한 단면이므로, 원형이 가장 유리하다.

해답 ④

052

마찰손실계수(f)와 Reynolds 수(Re) 및 상대조도(ϵ/d)의 관계를 나타낸 Moody 도표에 대한 설명으로 옳지 않은 것은?

① 층류영역에서는 관의 조도에 관계없이 단일 직선이 적용된다.
② 완전 난류의 완전히 거친 영역에서 f는 Re^n과 반비례하는 관계를 보인다.
③ 층류와 난류의 물리적 상이점은 $f - Re$ 관계가 한계 Reynolds 수 부근에서 갑자기 변한다.
④ 난류영역에서는 $f - Re$ 곡선은 상대조도에 따라 변하며 Reynolds 수 보다는 관의 조도가 더 중요한 변수가 된다.

해설 난류는 유속이 빠르기 때문에, 조도나 관벽의 울퉁불퉁한 부분 때문에 발생하는 와류로 인한 손실로 마찰손실은 점성뿐만 아니라 조도에 의해서도 발생한다.

$$f = \phi'' \left(\frac{1}{Re}, \frac{e}{D} \right)$$

여기서, $\frac{e}{D}$: 상대조도(relative roughness ; 관 직경과 관벽 요철의 상대적 크기

로 절대조도를 관지름으로 나눈 것)
D : 관의 지름
e : 조도(관벽의 요철의 높이차를 말한다.)

조도계수(coefficient of roughness, rou-ghness coefficient)란 유수에 접하는 수로의 벽면의 거친 정도를 표시하는 계수로 단위는 $m^{-1/3}sec$이다.

해답 ②

053
관수로에서의 마찰손실수두에 대한 설명으로 옳은 것은?
① Froude 수에 반비례한다.
② 관수로의 길이에 비례한다.
③ 관의 조도계수에 반비례한다.
④ 관내 유속의 1/4제곱에 비례한다.

해설 마찰손실수두 공식 $h_L = f \dfrac{l}{D} \dfrac{V^2}{2g}$ 에서 $h_L \propto l$

해답 ②

054
수심이 50m로 일정하고 무한히 넓은 해역에서 주태양반일주조(S_2)의 파장은?
(단, 주태양반일주조의 주기는 12시간, 중력가속도 $g = 9.81 m/s^2$이다.)
① 9.56km
② 95.6km
③ 956km
④ 9560km

해설 파장
$L = tC = t\sqrt{gh} = (12 \times 3600) \times \sqrt{9.81 \times 50} = 956{,}760.5m = 956.76km$

해답 ③

055
지름 0.3m, 수심 6m인 굴착정이 있다. 피압대수층의 두께가 3.0m라 할 때 5L/s의 물을 양수하면 우물의 수위는? (단, 영향원의 반지름은 500m, 투수계수는 4m/h이다.)
① 3.848m
② 4.063m
③ 5.920m
④ 5.999m

해설 양수량
$Q = \dfrac{2\pi c k (H - h_0)}{2.3 \log \dfrac{R}{r_o}} = \dfrac{2\pi \times 3m \times 4m/hr \times \dfrac{1}{3600}\dfrac{hr}{sec} \times (6 - h_0)}{2.3 \times \log \dfrac{500}{0.15}}$
$= 5 \times 10^{-3} m^3/s$에서 $h_0 = 4.066m$

해답 ②

056 흐르는 유체 속에 물체가 있을 때, 물체가 유체로부터 받는 힘은?

① 장력(張力) ② 충력(衝力)
③ 항력(抗力) ④ 소류력(掃流力)

해설 항력이란 물체가 유체 내에서 운동하거나 흐르는 유체내에 물체가 정지해 있을 때 유체에 의해서 운동에 방해가 되는 힘으로 유체저항이라고도 한다.

해답 ③

057 유역면적이 2km²인 어느 유역에 다음과 같은 강우가 있었다. 직접유출용적이 140000m³일 때, 이 유역에서의 ϕ-index는?

시간(30 min)	1	2	3	4
강우강도(mm/hr)	102	51	152	127

① 36.5mm/hr ② 51.0mm/hr
③ 73.0mm/hr ④ 80.3mm/hr

해설
① 시간당 지표유출량 = $\frac{140,000}{2 \times 10^6}$ = 0.07m
   = 70mm
② 0.5hr 간격으로 볼 때 80.3mm에서 계산하면
   유출량 = (102 − 80.3) + (152 − 80.3) + (127 − 80.3)
   = 140.1mm
   1hr간격으로 보면, 약 70mm가 되므로
   ϕ-지표는 80.3mm/hr이다.

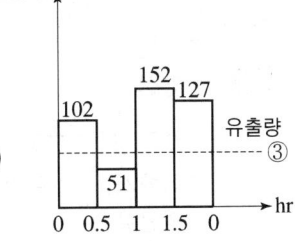

해답 ④

058 양정이 5m일 때 4.9kW의 펌프로 0.03m³/s를 양수했다면 이 펌프의 효율은?

① 약 0.3 ② 약 0.4
③ 약 0.5 ④ 약 0.6

해설 $P_S = \frac{1,000 QH_p}{102\eta} = \frac{9.8 QH_P}{\eta} = \frac{9.8 \times 0.03 \times 5}{\eta} = 4.9$kW에서 $\eta = 0.3$

여기서, P_S : 펌프의 축동력[kW]
Q : 양수량[m³/sec]
H_p : 펌프의 전양정[m]
η_p : 펌프의 효율[%]

해답 ①

059 두 개의 수평한 판이 5mm 간격으로 놓여있고 점성계수 0.01N·s/cm²인 유체로 채워져 있다. 하나의 판을 고정시키고 다른 하나의 판을 2m/s로 움직일 때 유체 내에서 발생되는 전단응력은?

① 1N/cm^2
② 2N/cm^2
③ 3N/cm^2
④ 4N/cm^2

해설 유체 내에서 발생되는 전단응력

$$\tau = \mu \frac{dv}{dy} = 0.01 \times \frac{200}{0.5} = 4\text{N/cm}^2$$

여기서, μ : 점성계수, $\frac{dv}{dy}$: 속도의 변화율(속도계수)

해답 ④

060 폭 4m, 수심 2m인 직사각형 단면 개수로에서 Manning 공식의 조도계수 $n = 0.017\text{m}^{-1/3}\cdot\text{s}$, 유량 $Q = 15\text{m}^3/\text{s}$일 때 수로의 경사($I$)는?

① 1.016×10^{-3}
② 4.548×10^{-3}
③ 15.365×10^{-3}
④ 31.875×10^{-3}

해설 ① 경심

$$R = \frac{A}{P} = \frac{2 \times 4}{2+4+2} = 1$$

여기서, A : 통수단면적, P : 윤변

② 평균유속
Manning의 평균유속공식

$$V = \frac{1}{n} R^{\frac{2}{3}} I^{\frac{1}{2}} = \frac{1}{0.017} \times 1^{\frac{2}{3}} (I)^{\frac{1}{2}}$$

③ 수로의 경사

유량 $Q = AV = (2 \times 4) \times \frac{1}{0.017} \times 1^{\frac{2}{3}} (I)^{\frac{1}{2}} = 15\text{m}^3/\text{sec}$에서

$I = 1.016 \times 10^{-3}$

해답 ①

제4과목 철근콘크리트 및 강구조

061 복철근 콘크리트 단면에 인장철근비는 0.02, 압축철근비는 0.01이 배근된 경우 순간처짐이 20mm일 때 6개월이 지난 후 총 처짐량은? (단, 작용하는 하중은 지속하중이다.)

① 26mm
② 36mm
③ 48mm
④ 68mm

해설 ① 압축철근비
$\rho' = 0.01$

② 지속 하중 재하 기간에 따른 계수
$\xi = 1.2$

구분	3개월	6개월	12개월	5년 이상
ξ	1.0	1.2	1.4	2.0

③ 처짐계수
$\lambda = \dfrac{\xi}{1+50\rho'} = \dfrac{1.2}{1+50 \times 0.01} = 0.8$

④ 장기처짐 = $\lambda \times$ 탄성처짐 = $0.8 \times 20 = 16\text{mm}$
⑤ 전체 처짐 = 장기처짐 + 탄성처짐 = $16 + 20 = 36\text{mm}$

해답 ②

062 PSC보를 RC보처럼 생각하여, 콘크리트는 압축력을 받고 긴장재는 인장력을 받게 하여 두 힘의 우력 모멘트로 외력에 의한 휨모멘트에 저항시킨다는 개념은?

① 응력개념
② 강도개념
③ 하중평형개념
④ 균등질 보의 개념

해설 ① **균등질보 개념**(응력개념법, 기존개념법)은 콘크리트에 프리스트레스트를 도입하면 콘크리트가 탄성 재료로 전환된다고 생각으로 전단면 유효 응력으로 설계하는 개념이다.
② **강도개념**(내력모멘트개념, C-선 개념)은 PSC를 RC와 유사한 성질로 취급하여 압축력은 콘크리트가 받고 인장력은 PS강재가 받아 두 힘의 우력이 외력에 의한 모멘트에 저항하는데 서로 결합된다고 봄으로써 극한 강도 이론에 의한 설계가 가능하다는 개념이다.
③ **하중평형개념**(등가하중개념)은 프리스트레싱의 작용과 부재에 작용하는 하중을 비기게 하자는데 목적을 둔 개념이다.

해답 ②

063

다음 그림은 단순 지지된 2방향 슬래브이다. 여기에 등분포 하중 w가 작용할 때 ab방향에 분배되는 하중은 얼마인가?

① $0.059w$
② $0.111w$
③ $0.889w$
④ $0.941w$

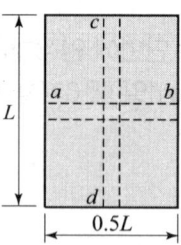

해설
$$w_{ab} = w_s = \frac{wL^4}{L^4 + S^4} = \frac{wL^4}{L^4 + (0.5L)^4} = 0.941w$$

해답 ④

064

그림과 같은 직사각형 단면을 가진 프리텐션 단순보에 편심 배치한 긴장재를 820kN으로 긴장하였을 때 콘크리트 탄성 변형으로 인한 프리스트레스의 감소량은? (단, 탄성계수비 $n=6$이고, 자중에 의한 영향은 무시한다.)

① 44.5MPa
② 46.5MPa
③ 48.5MPa
④ 50.5MPa

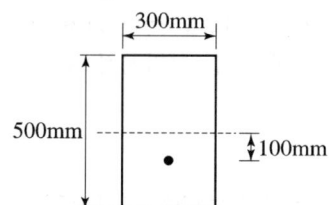

해설 콘크리트의 탄성변형에 의한 PS강재의 프리스트레스 감소량
$$\Delta f_P = nf_{ci} = n\left(\frac{P_i}{A_c} + \frac{P_i \cdot e_p}{I} e_p\right) = 6 \times \left(\frac{820,000}{300 \times 500} + \frac{820,000 \times 100}{\frac{300 \times 500^3}{12}} \times 100\right)$$
$$= 48.5 \text{MPa}$$

해답 ③

065

다음 중 전단철근으로 사용할 수 없는 것은?

① 스터럽과 굽힘철근의 조합
② 부재축에 직각으로 배치한 용접철망
③ 나선철근, 원형 띠철근 또는 후프철근
④ 주인장 철근에 30°의 각도로 설치되는 스터럽

해설 전단철근의 종류
1. 스터럽
   ① 수직스터럽 : 주철근에 직각 방향으로 배치한 스터럽
   ② 경사스터럽 : 주철근에 45° 이상의 경사로 배치한 스터럽
2. 굽힘철근(절곡철근) : 주철근을 30° 이상의 경사로 구부린 철근
3. 전단철근의 병용 : 전단응력이 크게 작용되는 지점 부근에서 사용된다.
   ① 수직스터럽과 굽힘철근의 병용
   ② 경사스터럽과 굽힘철근의 병용
   ③ 수직스터럽과 경사스터럽을 굽힘철근과 병용
4. 용접철망 : 부재의 축에 직각으로 배치
5. 나선철근
6. 원형 띠철근
7. 후프철근

해답 ④

066

그림과 같은 용접 이음에서 이음부의 응력은?

① 140MPa
② 152MPa
③ 168MPa
④ 180MPa

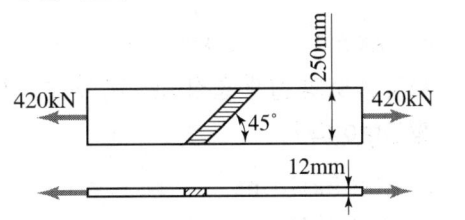

해설 $f = \dfrac{P}{\sum al} = \dfrac{420{,}000N}{12 \times 250} = 140\text{MPa}$

해답 ①

067

슬래브의 구조 상세에 대한 설명으로 틀린 것은?

① 1방향 슬래브의 두께는 최소 100mm 이상으로 하여야 한다.
② 1방향 슬래브의 정모멘트 철근 및 부모멘트 철근의 중심 간격은 위험단면에서는 슬래브두께의 2배 이하이어야 하고, 또한 300mm 이하로 하여야 한다.
③ 1방향 슬래브의 수축·온도철근의 간격은 슬래브 두께의 3배 이하, 또한 400mm 이하로 하여야 한다.
④ 2방향 슬래브의 위험단면에서 철근 간격은 슬래브 두께의 2배 이하, 또한 300mm 이하로 하여야 한다.

해설 1방향 슬래브에서 수축·온도 철근의 간격 슬래브 두께의 5배 이하, 또한 450mm 이하로 하여야 한다.

해답 ③

068 강도설계법에서 보의 휨 파괴에 대한 설명으로 틀린 것은?

① 보는 취성파괴 보다는 연성파괴가 일어나도록 설계되어야 한다.
② 과소철근 보는 인장철근이 항복하기 전에 압축연단 콘크리트의 변형률이 극한 변형률에 먼저 도달하는 보이다.
③ 균형철근 보는 인장철근이 설계기준 항복강도에 도달함과 동시에 압축연단 콘크리트의 변형률이 극한 변형률에 도달하는 보이다.
④ 과다철근 보는 인장철근량이 많아서 갑작스런 압축파괴가 발생하는 보이다.

해설 인장부 철근이 먼저 항복점(파괴)에 도달하고 그 이후 상당한 변형을 수반하면서 사전 붕괴 징후를 보이며 점진적으로 콘크리트가 파괴되는 형태인 연성파괴(인장파괴)는 과소철근보에서 일어난다. 반면, 콘크리트가 먼저 갑작스럽게 파괴되고, 사전 징후 없이 갑자기 파괴되는 형태인 취성파괴(압축파괴)는 과다철근보에서 일어난다. **해답 ②**

069 $b=300\text{mm}$, $d=500\text{mm}$, $A_s=3\text{-D25}=1{,}520\text{mm}^2$가 1열로 배치된 단철근 직사각형 보의 설계 휨강도(ϕM_n)는? (단, $f_{ck}=28\text{MPa}$, $f_y=400\text{MPa}$이고, 과소철근보이다.)

① 132.5kN·m ② 183.3kN·m
③ 236.4kN·m ④ 307.7kN·m

해설
① $a = \dfrac{A_s f_y}{0.85 f_{ck} b} = \dfrac{1{,}520 \times 400}{0.85 \times 28 \times 300} = 85.2\text{mm}$

② $\phi M_n = \phi A_s f_y \left(d - \dfrac{a}{2}\right) = 0.85 \times 1{,}520 \times 400 \times \left(500 - \dfrac{85.2}{2}\right)$
$= 236.4 \times 10^6 \text{N·mm} = 236.4 \text{kN·m}$ **해답 ③**

070 다음 중 반 T형보의 유효폭을 구할 때 고려하여야 할 사항이 아닌 것은? (단, b_w는 플랜지가 있는 부재의 복부폭이다.)

① 양쪽 슬래브의 중심 간 거리
② (한쪽으로 내민 플랜지 두께의 6배)+b_w
③ (보의 경간의 $\dfrac{1}{12}$)+b_w
④ (인접 보와의 내측 거리의 $\dfrac{1}{2}$)+b_w

해설

1. 비대칭 T형보의 플랜지 폭
   ① $6t_f + b_w$
   ② 보 경간의 $\dfrac{1}{12} + b_w$
   ③ 인접보 내측거리의 $\dfrac{1}{2} + b_w$
   셋 중 가장 작은 값을 유효폭으로 결정한다.

2. 대칭 T형보의 플랜지 폭
   ① $8t_1 + 8t_2 + b_w$
   ② 보 경간의 $\dfrac{1}{4}$
   ③ 양 슬래브 중심간 거리
   셋 중 가장 작은 값을 유효폭으로 결정한다.

해답 ①

071

압축 이형철근의 정착에 대한 설명으로 틀린 것은?

① 정착길이는 항상 200mm 이상이어야 한다.
② 정착길이는 기본정착길이에 적용 가능한 모든 보정계수를 곱하여 구하여야 한다.
③ 해석결과 요구되는 철근량을 초과하여 배치한 경우의 보정계수는 $\left(\dfrac{\text{소요}A_s}{\text{배근}A_s}\right)$이다.
④ 지름이 6mm 이상이고 나선 간격이 100mm 이하인 나선철근으로 둘러싸인 압축 이형철근의 보정계수는 0.8이다.

해설 지름이 6mm 이상이고 나선간격이 100mm 이하인 나선철근 또는 중심간격 100mm 이하로 소정의 요구조건에 따라 배근된 D13 띠철근으로 둘러싸인 압축 이형철근의 보정계수는 0.75이다.

해답 ④

072

처짐을 계산하지 않는 경우 단순 지지된 보의 최소 두께(h)는? (단, 보통중량콘크리트(m_c = 2,300kg/m³) 및 f_y = 300MPa인 철근을 사용한 부재이며, 길이가 10m인 보이다.)

① 429mm
② 500mm
③ 537mm
④ 625mm

해설 보통콘크리트(w_c = 2,300kg/m³)와 설계기준항복강도 400MPa 철근을 사용한 부재가 아닌 경우 수정값을 사용하여야 한다.

$f_y = 300\text{MPa} < 400\text{MPa}$이므로 처짐을 계산하지 않는 경우 단순 지지된 보의 최소 두께는 $h = \dfrac{l}{16}\left(0.43 + \dfrac{f_y}{700}\right) = \dfrac{10,000}{16} \times \left(0.43 + \dfrac{300}{700}\right) = 537\text{mm}$

해답 ③

073 표피철근의 정의로서 옳은 것은?

① 전체 깊이가 900mm을 초과하는 휨 부재 복부의 양 측면에 부재 축방향으로 배치하는 철근
② 전체 깊이가 1200mm을 초과하는 휨 부재 복부의 양측면에 부재 축방향으로 배치하는 철근
③ 유효 깊이가 900mm을 초과하는 휨 부재 복부의 양측면에 부재 축방향으로 배치하는 철근
④ 유효 깊이가 1200mm을 초과하는 휨 부재 복부의 양측면에 부재 축방향으로 배치하는 철근

해설 표피철근은 전체 깊이가 900mm을 초과하는 휨 부재 복부의 양 측면에 부재 축방향으로 배치하는 철근이다.

해답 ①

074 그림과 같은 두께 13mm의 플레이트에 4개의 볼트구멍이 배치 되어있을 때 부재의 순단면적은? (단, 구멍의 지름은 24mm이다.)

① 4056mm^2
② 3916mm^2
③ 3775mm^2
④ 3524mm^2

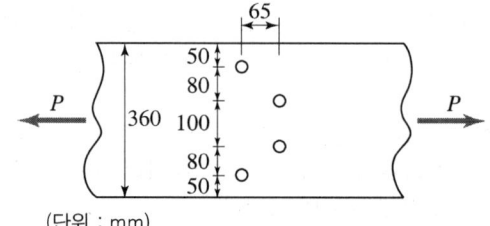

(단위 : mm)

해설 1. 순폭
① 볼트구멍 지름 $d' = 24\text{mm}$
② 전개 총폭 $b_g = 50 + 80 + 100 + 80 + 50 = 360\text{mm}$
③ $w_1 = d' - \dfrac{p^2}{4g_1} = 24 - \dfrac{65^2}{4 \times 80} = 10.796875\text{mm} \risingdotseq 10.8\text{mm}$

$w_2 = d' - \dfrac{p^2}{4g_2} = 24 - \dfrac{65^2}{4 \times 100} = 13.4375\text{mm}$

④ $b_n = b_g - d' - w_1 - d' - w_1 = 360 - 24 \times 2 - 10.8 \times 2 = 290.4\text{mm}$

2. 순단면적
$A_n = b_n t = 290.4 \times 13 = 3,775.2\text{mm}^2$

해답 ③

075 옹벽설계에서 안정조건에 대한 설명으로 틀린 것은?

① 전도에 대한 저항휨모멘트는 횡토압에 의한 전도모멘트의 1.5배 이상이어야 한다.
② 옹벽의 활동에 대한 저항력은 옹벽에 작용하는 수평력의 1.5배 이상이어야 한다.
③ 지반에 유발되는 최대 지반반력은 지반의 허용지지력을 초과하지 않아야 한다.
④ 전도 및 지반지지력에 대한 안정조건은 만족하지만, 활동에 대한 안정조건만을 만족하지 못할 경우 활동방지벽 혹은 횡방향 앵커 등을 설치하여 활동저항력을 증대시킬 수 있다.

해설 전도에 대한 저항모멘트는 횡토압에 의한 전도모멘트의 2.0배 이상이어야 한다. **해답 ①**

---

076 강도설계법에서 그림과 같은 단철근 T형보의 공칭휨강도(M_n)는? (단, A_s=5000mm², f_{ck}=21MPa, f_y=300MPa, 그림의 단위는 mm이다.)

① 711.3kN·m
② 836.8kN·m
③ 947.5kN·m
④ 1084.6kN·m

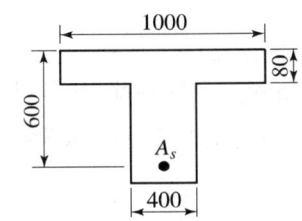

해설 ① T형보의 판정

$$a = \frac{A_s f_y}{0.85 f_{ck} b} = \frac{5,000 \times 300}{0.85 \times 21 \times 1,000} = 84\text{mm} > t_f = 80\text{mm}$$

이므로 단철근 T형보로 설계

② $A_{sf} = \frac{0.85 f_{ck}(b-b_w)t_f}{f_y} = \frac{0.85 \times 21 \times (1000-400) \times 80}{300} = 2,856\text{mm}^2$

③ $a = \frac{(A_s - A_{sf})f_y}{0.85 f_{ck} b_w} = \frac{(5,000-2,856) \times 300}{0.85 \times 21 \times 400} = 90.084\text{mm}$

④ 공칭 휨 강도

$$M_n = A_{sf} f_y \left(d - \frac{t_f}{2}\right) + (A_s - A_{sf}) f_y \left(d - \frac{a}{2}\right)$$

$$= 2,856 \times 300 \times \left(600 - \frac{80}{2}\right) + (5,000 - 2,856) \times 300 \times \left(600 - \frac{90.084}{2}\right)$$

$$= 836,756,985.6\text{N·mm} = 836.8\text{kN·m}$$

해답 ②

077
프리스트레스의 손실 원인은 그 시기에 따라 즉시 손실과 도입 후에 시간적인 경과 후에 일어나는 손실로 나눌 수 있다. 다음 중 손실 원인의 시기가 나머지의 다른 하나는?

① 콘크리트의 크리프
② 콘크리트의 건조수축
③ 긴장재 응력의 릴랙세이션
④ 포스트텐션 긴장재와 덕트 사이의 마찰

해설 프리스트레스 손실 원인
1. 프리스트레스 도입시 : 즉시 손실
   ① 콘크리트의 탄성변형(수축)
   ② PS강재와 덕트(시스) 사이의 마찰(포스트텐션 방식에만 해당)
   ③ 정착단의 활동
2. 프리스트레스 도입후 : 시간적 손실
   ① 콘크리트의 건조수축
   ② 콘크리트의 크리프
   ③ PS강재의 리랙세이션(Relaxation)

해답 ④

078
$b_w = 250\text{mm}$, $d = 500\text{mm}$인 직사각형 보에서 콘크리트가 부담하는 설계전단강도(ϕV_c)는? (단, $f_{ck} = 21\text{MPa}$, $f_y = 400\text{MPa}$, 보통중량콘크리트이다.)

① 91.5kN ② 82.2kN
③ 76.4kN ④ 71.6kN

해설 콘크리트가 부담하는 설계전단강도

$$\phi V_c = \phi \frac{1}{6}\lambda\sqrt{f_{ck}}b_w d(\text{N}) = 0.75 \times \frac{1}{6} \times 1 \times \sqrt{21} \times 250 \times 500 = 71{,}602\text{N} = 71.6\text{kN}$$

해답 ④

079
강도설계법에서 그림과 같은 띠철근 기둥의 최대 설계축강도($\phi P_{n(\max)}$)는? (단, 축방향 철근의 단면적 $A_{st} = 1865\text{mm}^2$, $f_{ck} = 28\text{MPa}$, $f_y = 300\text{MPa}$이고, 기둥은 중심축하중을 받는 단주이다.)

① 1998kN
② 2490kN
③ 2774kN
④ 3075kN

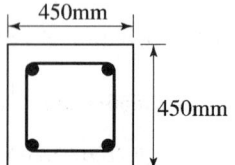

해설 띠철근 단주의 최대 설계축강도
$$\phi P_{n(\max)} = 0.8 \cdot \phi \{0.85 f_{ck}(A_g - A_{st}) + f_y \cdot A_{st}\}$$
$$= 0.8 \times 0.65 \times \{0.85 \times 28 \times (450 \times 450 - 1{,}865) + 300 \times 1{,}865\}$$
$$= 2{,}773{,}998.76\text{N} = 2{,}774\text{kN}$$

해답 ③

080

그림과 같은 강재의 이음에서 P=600kN이 작용할 때 필요한 리벳의 수는? (단, 리벳의 지름은 19mm, 허용전단응력은 110MPa, 허용지압응력은 240MPa이다.)

① 6개
② 8개
③ 10개
④ 12개

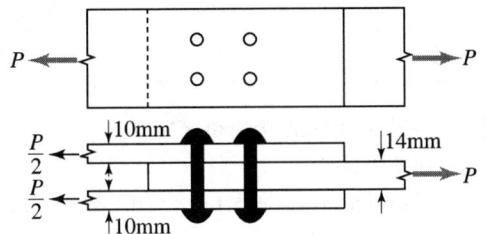

해설

1. **허용전단강도**(P_s)

   2면 전단이므로 $P_s = v_{sa} \times 2A = v_{sa} \times 2\dfrac{\pi d^2}{4} = 110 \times 2 \times \dfrac{\pi \times 19^2}{4}$
   $= 62{,}376\text{N} = 62.376\text{kN}$

2. **허용지압강도**(P_b)

   ① 두께는 $10+10=20\text{mm}$와 14mm 중 작은 값인 $t=14\text{mm}$이다.
   ② $P_b = f_{ba} \times A_b = f_b \times d \times t = 240 \times 19 \times 14 = 63{,}840\text{N} = 63.84\text{kN}$

3. **리벳 값**(리벳강도 ; P_n)

   허용전단강도(P_s)와 허용지압강도(P_b) 중 작은 값인 62.376kN이다.

4. **리벳 수**

   $n = \dfrac{P}{P_n} = \dfrac{600}{62.376} = 9.6 = 10$개

해답 ③

제5과목 토질 및 기초

081 사질토에 대한 직접 전단시험을 실시하여 다음과 같은 결과를 얻었다. 내부마찰각은 약 얼마인가?

수직응력(kN/m^2)	30	60	90
최대전단응력 (kN/m^2)	17.3	34.6	51.9

① 25° ② 30°
③ 35° ④ 40°

해설 ① 사질토 이므로 점착력 $C=0$
② 내부마찰각
전단강도 $\tau_f = c + \sigma' \tan\phi = 0 + 30 \times \tan\phi = 17.3 t/m^2$에서
$\phi = \tan^{-1} \dfrac{17.3}{30} = 29.97° \fallingdotseq 30°$

해답 ②

082 습윤단위중량이 19kN/m³, 함수비 25%, 비중이 2.7인 경우 건조단위중량과 포화도는? (단, 물의 단위중량은 9.81kN/m²이다.)

① 17.3kN/m³, 97.8% ② 17.3kN/m³, 90.9%
③ 15.2kN/m³, 97.8% ④ 15.2kN/m³, 90.9%

해설 ① 현장의 건조단위중량
$\gamma_d = \dfrac{\gamma_t}{1+\dfrac{w}{100}} = \dfrac{19}{1+\dfrac{25}{100}} = 15.2 kN/m^3$

② 공극비
$\gamma_t = \dfrac{G_s + S \cdot e}{1+e} \cdot \gamma_w = \dfrac{G_s + w \cdot G_s}{1+e} \cdot \gamma_w$
$19 = \dfrac{2.7 + 0.25 \times 2.7}{1+e} \times 9.81$에서 $e = 0.742526789$

③ 포화도
$S = \dfrac{G_s \cdot w}{e} = \dfrac{2.7 \times 25}{0.742526789} = 90.9 \%$

해답 ④

083 유선망의 특징에 대한 설명으로 틀린 것은?

① 각 유로의 침투유량은 같다.
② 유선과 등수두선은 서로 직교한다.
③ 인접한 유선 사이의 수두 감소량(head loss)은 동일하다.
④ 침투속도 및 동수경사는 유선망의 폭에 반비례한다.

해설 인접한 2개의 등수두선 사이의 수두 손실은 동일하다.

해답 ③

084 사질토 지반에 축조되는 강성기초의 접지압 분포에 대한 설명으로 옳은 것은?

① 기초 모서리 부분에서 최대 응력이 발생한다.
② 기초에 작용하는 접지압 분포는 토질에 관계없이 일정하다.
③ 기초의 중앙 부분에서 최대 응력이 발생한다.
④ 기초 밑면의 응력은 어느 부분이나 동일하다.

해설 사질토지반에 축조된 강성기초의 접지압은 중앙부에서 최대이다.

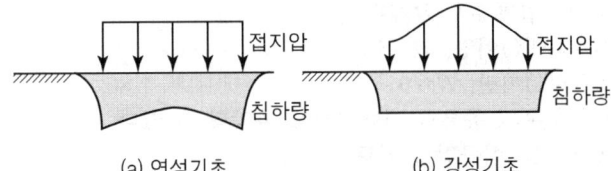

(a) 연성기초   (b) 강성기초
[모래지반의 접지압과 침하량 분포]

해답 ③

085 $\gamma_t = 194\text{kN/m}^3$, $\phi = 30°$인 뒤채움 모래를 이용하여 8m 높이의 보강토 옹벽을 설치하고자 한다. 폭 75mm, 두께 3.69mm의 보강띠를 연직 방향 설치간격 $S_v = 0.5\text{m}$, 수평방향 설치간격 $S_h = 1.0\text{m}$로 시공하고자 할 때, 보강띠에 작용하는 최대 힘($T_{\max}$)의 크기는?

① 15.33 kN ② 25.33 kN
③ 35.33 kN ④ 45.33 kN

해설 보강띠에 작용하는 최대 힘은 보강토 옹벽하단에서 작용되므로
① 주동토압계수
$$K_a = \tan^2\left(45° - \frac{\phi}{2}\right) = \tan^2\left(45° - \frac{30°}{2}\right) = \frac{1}{3}$$

② 옹벽 하단에 작용하는 주동토압강도(수평응력)
$\sigma_{a\max} = \gamma H K_A P_a = 19 \times 8 \times \frac{1}{3} = 50.667 \text{kN/m}^2$

③ 보강띠에 작용하는 최대 힘
$T_{\max} = \sigma_{a\max} S_v S_h = 50.667 \times 0.5 \times 1.0 = 25.33 \text{kN}$

해답 ②

086
아래의 공식은 흙 시료에 삼축압력이 작용할 때 흙 시료 내부에 발생하는 간극수압을 구하는 공식이다. 이 식에 대한 설명으로 틀린 것은?

$$\Delta u = B[\Delta \sigma_3 + A(\Delta \sigma_1 - \Delta \sigma_3)]$$

① 포화된 흙의 경우 $B=1$이다.
② 간극수압계수 A값은 언제나 (+)의 값을 갖는다.
③ 간극수압계수 A값은 삼축압축시험에서 구할 수 있다.
④ 포화된 점토에서 구속응력을 일정하게 두고 간극수압을 측정했다면, 축차응력과 간극수압으로부터 A값을 계산할 수 있다.

해설 1. 등방압축 시 공극수압계수후(B계수)
　① 완전포화($S=100\%$)이면, $B=1$
　② 완전건조($S=0\%$)이면, $B=0$
2. A계수를 이용하여 흙의 종류를 개략적으로 파악할 수 있다.
　① A계수 값 0.5~1 : 정규압밀 점토
　② A계수 값 -0.5~0 : 과압밀 점토

해답 ②

087
Terzaghi의 극한지지력 공식에 대한 설명으로 틀린 것은?

① 기초의 형상에 따라 형상계수를 고려하고 있다.
② 지지력계수 N_c, N_q, N_r는 내부마찰각에 의해 결정된다.
③ 점성토에서의 극한지지력은 기초의 근입깊이가 깊어지면 증가된다.
④ 사질토에서의 극한지지력은 기초의 폭에 관계없이 기초 하부의 흙에 의해 결정된다.

해설 Terzaghi의 수정지지력 공식 $q_{ult} = \alpha c N_c + \beta \gamma_1 B N_\gamma + \gamma_2 D_f N_q$을 보면 극한지지력은 근입깊이 D_f가 깊어질수록 또 기초의 폭 B가 커질수록 증가하는 것을 알 수 있다.

해답 ④

088
전체 시추코어 길이가 150cm이고 이 중 회수된 코어 길이의 합이 80cm이었으며, 10cm 이상인 코어 길이의 합이 70cm이었을 때 코어의 회수율(TCR)은?

① 56.67%　　② 53.33%
③ 46.67%　　④ 43.33%

해설 회수율(TCR) : 코어채취율

$$TCR = \frac{\text{회수된 암석조각들의 길이 합}}{\text{코어의 이론상 길이}} \times 100(\%) = \frac{80}{150} \times 100 = 53.33\%$$

해답 ②

089
다음 지반 개량공법 중 연약한 점토지반에 적당하지 않은 것은?

① 프리로딩 공법　　② 샌드 드레인 공법
③ 생석회 말뚝 공법　　④ 바이브로 플로테이션 공법

해설 바이브로플로테이션(Vibro floatation)공법은 사질토지반의 개량공법의 일종이다.

해답 ④

090
두께 H인 점토층에 압밀하중을 가하여 요구되는 압밀도에 달할 때까지 소요되는 기간이 단면배수일 경우 400일이었다면 양면배수일 때는 며칠이 걸리겠는가?

① 800일　　② 400일
③ 200일　　④ 100일

해설 압밀시간은 배수거리의 제곱에 비례($t \propto H^2$)하므로

$$t_1 : t_2 = H^2 : \left(\frac{H}{2}\right)^2$$

$$400 : t_2 = H^2 : \left(\frac{H}{2}\right)^2 \text{에서 } t_1 = 100일$$

해답 ④

091
현장 흙의 밀도 시험 중 모래치환법에서 모래는 무엇을 구하기 위하여 사용하는가?

① 시험구멍에서 파낸 흙의 중량　　② 시험구멍의 체적
③ 지반의 지지력　　④ 흙의 함수비

해설 모래를 사용하는 이유는 시험구멍의 체적을 측정하기 위한 것이다.

해답 ②

092

단위중량(r_t)=19kN/m³, 내부마찰각(ϕ)=30°, 정지토압계수(K_o)=0.5인 균질한 사질토 지반이 있다. 이 지반의 지표면 아래 2m 지점에 지하수위면이 있고 지하수위면 아래의 포화 단위중량(r_{sat})=20kN/m³이다. 이때 지표면 아래 4m 지점에서 지반 내 응력에 대한 설명으로 틀린 것은? (단, 물의 단위중량은 9.81 kN/m³이다.)

① 연직응력(σ_v)은 80kN/m³이다.
② 간극수압(u)은 19.62kN/m³이다.
③ 유효연직응력(σ_v')은 58.38kN/m³이다.
④ 유효수평응력(σ_h')은 29.19kN/m³이다.

해설 ① 연직응력 $\sigma_v = r_t h_1 + r_{sat} h_2 = 19 \times 2 + 20 \times 2 = 78 \text{kN/m}^3$이다.
② 간극수압 $u = r_w h_2 = 9.81 \times 2 = 19.62 \text{kN/m}^3$이다.
③ 유효연직응력 $\sigma_v' = r_t h_1 + r_{sub} h_2 = \sigma_v - u = 78 - 19.62 = 58.38 \text{kN/m}^3$이다.
④ 유효수평응력 $\sigma_h' = r_t h_1 K_0 + r_{sub} h_2 K_0 = r_t h_1 K_0 + (r_{sat} - r_w) h_2 K_0$
$= 19 \times 2 \times 0.5 + (20 - 9.81) \times 2 \times 0.5 = 29.19 \text{kN/m}^3$이다.

해답 ①

093

어떤 시료를 입도분석 한 결과, 0.075mm체 통과율이 65%이었고, 애터버그한계 시험결과 액성한계가 40%이었으며 소성도표(Plasticity chart)에서 A선 위의 구역에 위치한다면 이 시료의 통일분류법(USCS)상 기호로써 옳은 것은? (단, 시료는 무기질이다.)

① CL ② ML
③ CH ④ MH

해설 ① 조립토와 세립토 분류
No.200체(0.075mm) 통과율=65%>50%이므로 세립토
② 세립토 제1문자 결정
A선 위에 있으므로 점토(C)
③ 세립토 제2문자 결정
액성한계=40%<50%이므로 저압축성(L)
④ 통일분류법상 CL이다.

해답 ①

094

그림과 같은 모래시료의 분사현상에 대한 안전율을 3.0 이상이 되도록 하려면 수두차 h를 최대 얼마 이하로 하여야 하는가?

① 12.75cm
② 9.75cm
③ 4.25cm
④ 3.25cm

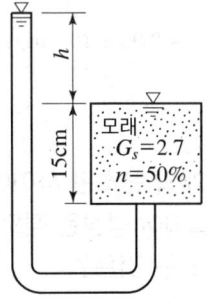

해설
① $e = \dfrac{n}{100-n} = \dfrac{50}{100-50} = 1$

② $F_s = \dfrac{i_c}{i} = \dfrac{\dfrac{G_s - 1}{1+e}}{\dfrac{h}{L}} = \dfrac{\dfrac{(2.7-1)}{1+1}}{\dfrac{h}{15}} = \dfrac{12.75}{h} \geq 3.0$ 에서 $\Delta h \leq 4.25\text{cm}$

해답 ③

095

말뚝기초의 지반거동에 대한 설명으로 틀린 것은?

① 연약지반상에 타입되어 지반이 먼저 변형되고 그 결과 말뚝이 저항하는 말뚝을 주동말뚝이라 한다.
② 말뚝에 작용한 하중은 말뚝주변의 마찰력과 말뚝선단의 지지력에 의하여 주변 지반에 전달된다.
③ 기성말뚝을 타입하면 전단파괴를 일으키며 말뚝 주위의 지반은 교란된다.
④ 말뚝 타입 후 지지력의 증가 또는 감소 현상을 시간효과(time effect)라 한다.

해설
① 주동말뚝은 말뚝이 지표면에서 수평력을 받는 경우 말뚝이 변형함에 따라 지반이 저항하게 된다.
② 수동말뚝은 어떤 원인에 의해 지반이 먼저 변형하고 그 결과 말뚝에 측방토압이 작용하게 된다.

해답 ①

096

어떤 점토의 압밀계수는 $1.92 \times 10^{-7} \text{m}^2/\text{s}$, 압축계수는 $2.86 \times 10^{-1} \text{m}^2/\text{kN}$이었다. 이 점토의 투수계수는? (단, 이 점토의 초기간극비는 0.80이고, 물의 단위중량은 9.81kN/m^3이다.)

① $0.99 \times 10^{-5} \text{cm/s}$
② $1.99 \times 10^{-5} \text{cm/s}$
③ $2.99 \times 10^{-5} \text{cm/s}$
④ $3.99 \times 10^{-5} \text{cm/s}$

해설
$$K = C_v \cdot m_v \cdot \gamma_w = C_v \cdot \frac{a_v}{1+e_1} \cdot \gamma_w = 1.92 \times 10^{-7} \times \frac{2.86 \times 10^{-1}}{1+0.8} \times 9.81$$
$$= 2.99 \times 10^{-7} \text{m/s} = 2.99 \times 10^{-5} \text{cm/s}$$

해답 ③

097
두 개의 규소판 사이에 한 개의 알루미늄판이 결합된 3층 구조가 무수히 많이 연결되어 형성된 점토광물로서 각 3층 구조 사이에는 칼륨이온(K^+)으로 결합되어 있는 것은?

① 일라이트(illite)   ② 카올리나이트(kaolinite)
③ 할로이사이트(halloysite)   ④ 몬모릴로나이트(montmorillonite)

해설 일라이트(illite)
① 두 개의 규소판 사이에 한 개의 알루미늄판이 결합된 3층 구조가 무수히 많이 연결되어 형성된 점토광물이다.
② 각 3층 구조 사이에는 칼륨이온(K^+)으로 결합되어 있다.
③ 중간 정도의 결합력을 가진다.

해답 ①

098
그림과 같이 $c=0$인 모래로 이루어진 무한사면이 안정을 유지(안전율≥1)하기 위한 경사각(β)의 크기로 옳은 것은? (단, 물의 단위중량은 9.81kN/m³이다.)

① $\beta \leq 7.94°$
② $\beta \leq 15.87°$
③ $\beta \leq 23.79°$
④ $\beta \leq 31.76°$

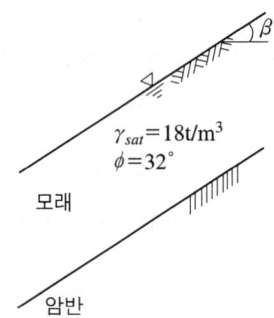

해설 모래 $c=0$, 침투류가 지표면과 일치되므로
$$F_s = \frac{\gamma_{sub}}{\gamma_{sat}} \cdot \frac{\tan\phi}{\tan\beta} = \frac{\gamma_{sat} - \gamma_w}{\gamma_{sat}} \cdot \frac{\tan\phi}{\tan\beta} = \frac{18-9.81}{18} \times \frac{\tan 32°}{\tan\beta} \geq 1 \text{에서}$$
$$\beta \leq \tan^{-1}\left(\frac{(18-9.81) \times \tan 32°}{18 \times 1}\right) = 15.87°$$

해답 ②

099 사운딩에 대한 설명으로 틀린 것은?

① 로드 선단에 지중저항체를 설치하고 지반내 관입, 압입, 또는 회전하거나 인발하여 그 저항치로부터 지반의 특성을 파악하는 지반조사방법이다.
② 정적사운딩과 동적사운딩이 있다.
③ 압입식 사운딩의 대표적인 방법은 Standard Penetration Test(SPT)이다.
④ 특수사운딩 중 측압사운딩의 공내횡방향 재하시험은 보링공을 기계적으로 수평으로 확장시키면서 측압과 수평변위를 측정한다.

해설 표준관입시험(Standard Penetration Test(SPT)은 동적 사운딩의 일종이며 사질토에 가장 적합하나 점성토에서도 쓰인다.

해답 ③

100 동상 방지대책에 대한 설명으로 틀린 것은?

① 배수구 등을 설치하여 지하수위를 저하시킨다.
② 지표의 흙을 화학약품으로 처리하여 동결온도를 내린다.
③ 동결 깊이보다 깊은 흙을 동결하지 않는 흙으로 치환한다.
④ 모관수의 상승을 차단하기 위해 조립의 차단층을 지하수위보다 높은 위치에 설치한다.

해설 동결깊이 내에 있는 흙을 동결하기 어려운 재료로 치환한다. 동결하기 어려운 재료는 자갈, 쇄석, 석탄재 등이 있다.

제6과목 상하수도공학

101 고속응집침전지를 선택할 때 고려하여야 할 사항으로 옳은 것은?

① 처리수량의 변동이 적어야 한다.
② 탁도와 수온의 변동이 적어야 한다.
③ 원수 탁도는 10NTU 이상이어야 한다.
④ 최고 탁도는 10000NTU 이하인 것이 바람직하다.

해설 고속응집침전지 선택 시 고려사항은 최고 탁도는 1,000도(NTU) 이하인 것이 바람직하다.

102 경도가 높은 물을 보일러 용수로 사용할 때 발생되는 주요 문제점은?

① Cavitation
② Scale 생성
③ Priming 생성
④ Foaming 생성

해설 경도가 높은 물을 보일러 용수로 사용하면 배관에 Ca 및 Mg 침전물 등이 발생하게 됨으로서 Scale(관석)이나 Slime(관니)이 생성된다.

해답 ②

103 지표수를 수원으로 하는 일반적인 상수도의 계통도로 옳은 것은?

① 취수탑 → 침사지 → 급속여과 → 보통침전지 → 소독 → 배수지 → 급수
② 침사지 → 취수탑 → 급속여과 → 응집침전지 → 소독 → 배수지 → 급수
③ 취수탑 → 침사지 → 보통침전지 → 급속여과 → 배수지 → 소독 → 급수
④ 취수탑 → 침사지 → 응집침전지 → 급속여과 → 소독 → 배수지 → 급수

해설 ① **상수도 시설 계통** : 수원(집수) → 취수 → 도수 → 정수 → 송수 → 배수 → 급수
② **급속여과 시 정수** : 착수정 → 혼화지 → 응집지 → 약품침전 → 급속여과 → 소독 → 정수지
③ **지표수 수원 상수도 계통도** : 취수탑 → 침사지 → 응집침전지 → 급속여과 → 소독 → 배수지 → 급수

해답 ④

104 침전지의 침전효율을 크게하기 위한 조건과 거리가 먼 것은?

① 유량을 작게 한다.
② 체류시간을 작게 한다.
③ 침전지 표면적을 크게 한다.
④ 플록의 침강속도를 크게 한다.

해설 **침전효율에 영향을 주는 인자**
① 침전지의 수표면적 : 클수록 효율은 양호해 진다.
② 유체의 흐름 : 등류로서 층류이어야 한다.
③ 수온 : 높을수록 좋다.
④ 체류시간 : 길수록 좋다.
⑤ 입자의 직경 및 응결성 : 클수록 좋다.
⑥ 플록의 침강속도 V_s를 크게하면 좋다
⑦ 유량 Q를 작게하면 좋다.
⑧ 표면부하율을 작게 하면 좋다.

해답 ②

105 유출계수 0.6, 강우강도 2mm/min, 유역면적 2km²인 지역의 우수량을 합리식으로 구하면?

① 0.007m³/s   ② 0.4m³/s
③ 0.667m³/s   ④ 40m³/s

해설 $Q = \dfrac{1}{3.6} C \cdot I \cdot A = \dfrac{1}{3.6} \times 0.6 \times (2 \times 60\text{min/hr}) \times 2 = 40\text{m}^3/\text{s}$

여기서, Q : 최대 계획우수유출량[m³/sec]
C : 유출계수[무차원]
I : 유달시간(T) 내의 평균 강우강도[mm/hr]
A : 배수면적[km²]

해답 ④

106 양수량이 500m³/h, 전양정이 10m, 회전수가 1100rpm일 때 비교회전도(N_s)는?

① 362   ② 565
③ 614   ④ 809

해설 $N_S = N \dfrac{Q^{1/2}}{H^{3/4}} = 1{,}100 \times \dfrac{\left(500 \times \dfrac{1}{60}\text{hr/min}\right)^{1/2}}{10^{3/4}} = 564.9 \fallingdotseq 565\text{rpm}$

여기서, N_S : 비교회전도[rpm]
N : 펌프의 회전수[rpm]
Q : 최고 효율점의 양수량[m3/min](양흡입의 경우에는 1/2로 한다.)
H : 최고 효율점의 전양정[m](다단 펌프의 경우는 1단에 해당하는 양정)

해답 ②

107 여과면적이 1지당 120m²인 정수장에서 역세척과 표면세척을 6분/회씩 수행할 경우 1지당 배출되는 세척수량은? (단, 역세척 속도는 5m/분, 표면세척 속도는 4m/분이다.)

① 1080m³/회   ② 2640m³/회
③ 4920m³/회   ④ 6480m³/회

해설 $Q = AV = 120\text{m}^3 \times (5+4)\text{m/분} \times 6\text{분/회} = 6{,}480\text{m}^3/\text{회}$

해답 ④

108 혐기성 소화공정을 적절하게 운전 및 관리하기 위하여 확인해야 할 사항으로 옳지 않은 것은?

① COD 농도 측정
② 가스발생량 측정
③ 상징수의 pH 측정
④ 소화슬러지의 성상 파악

해설 혐기성 소화공정을 적절하게 운전 및 관리하기 위하여 다음을 고려하여야 한다.
① 운전상태 및 소화의 진행상태 파악을 위해 유입슬러지량, 소화슬러지량, 상징수량 및 가스발생량을 측정한다.
② 유입슬러지, 소화슬러지, 소화조내의 슬러지 성상을 파악하기 위해 온도, TS, VS, pH, 휘발산 및 알칼리도를 측정한다.
③ 상징수의 TS, VS, pH 등을 측정하고 하수처리계통에 미치는 영향을 파악하기 위해 BOD, 질소, 인 농도를 측정한다.
④ 위의 사항을 정기적으로 측정하여 소화조에 이상이 발생했을 경우 정상시 기록과 비교하여 그 원인을 파악하고 신속히 적절한 조치를 취한다.

해답 ①

109 도수관로에 관한 설명으로 틀린 것은?

① 도수거 동수경사의 통상적인 범위는 1/1000~1/3000이다.
② 도수관의 평균유속은 자연유하식인 경우에 허용최소한도를 0.3m/s로 한다.
③ 도수관의 평균유속은 자연유하식인 경우에 최대한도를 3.0m/s로 한다.
④ 관경의 산정에 있어서 시점의 고수위, 종점의 저수위를 기준으로 동수경사를 구한다.

해설 도수관의 관경은 시점의 저수위와 종점의 고수위를 기준으로 하여 동수경사를 산정한다.

해답 ④

110 잉여슬러지 양을 크게 감소시키기 위한 방법으로 BOD-SS부하를 아주 작게, 포기시간을 길게 하여 내생호흡상으로 유지되도록 하는 활성슬러지 변법은?

① 계단식 포기법(Step Aeration)
② 점감식 포기법(Tapered Aeration)
③ 장시간 포기법(Extended Aeration)
④ 완전혼합 포기법(Complete Aeration)

해설 장시간 폭기법(장기폭기법, 전산화법)은 BOD-SS부하를 아주 작게, 포기시간을 길게 하여 내생호흡상으로 유지되도록 하는 활성슬러지 변법으로, 슬러지 생산량이 매우 적어 잉여 슬러지 배출량을 최대한 줄일 수 있다.

해답 ③

111

하수고도처리 방법으로 질소, 인 동시제거 가능한 공법은?

① 정석탈인법　　② 혐기 호기 활성슬러지법
③ 혐기 무산소 호기 조합법　　④ 연속 회분식 활성슬러지법

해설 혐기무산소호기조합법은 질소와 인을 동시에 제거하기 위해 이용되는 고도처리 시스템이다.

해답 ③

112

수질오염 지표항목 중 COD에 대한 설명으로 옳지 않은 것은?

① $NaNO_2$, SO_2^-는 COD값에 영향을 미친다.
② 생물분해 가능한 유기물도 COD로 측정할 수 있다.
③ COD는 해양오염이나 공장폐수의 오염지표로 사용된다.
④ 유기물 농도값은 일반적으로 COD > TOD > TOC > BOD이다.

해설 유기물 농도값의 크기 순서는 일반적으로 TOD > COD > TOC > BOD이다.

해답 ④

113

원형 하수관에서 유량이 최대가 되는 때는?

① 수심비가 72~78% 차서 흐를 때　② 수심비가 80~85% 차서 흐를 때
③ 수심비가 92~94% 차서 흐를 때　④ 가득차서 흐를 때

해설 원형 하수관에서 유량이 최대가 되는 조건은 수심비가 90~95% 차서 흐를 때 발생한다.
수심비(H/D) = 90~95%

해답 ③

114

하수관로의 배제방식에 대한 설명으로 틀린 것은?

① 합류식은 청천 시 관내 오물이 침전하기 쉽다.
② 분류식은 합류식에 비해 부설비용이 많이 든다.
③ 분류식은 우천 시 오수가 월류하도록 설계한다.
④ 합류식 관로는 단면이 커서 환기가 잘되고 검사에 편리하다.

해설 분류식 하수도는 우천시나 청천시 월류의 우려가 없다.

해답 ③

115 펌프대수 결정을 위한 일반적인 고려사항에 대한 설명으로 옳지 않은 것은?

① 펌프는 용량이 작을수록 효율이 높으므로 가능한 소용량의 것으로 한다.
② 펌프는 가능한 최고효율점 부근에서 운전하도록 대수 및 용량을 정한다.
③ 건설비를 절약하기 위해 예비는 가능한 대수를 적게 하고 소용량으로 한다.
④ 펌프의 설치대수는 유지관리상 가능한 적게하고 동일용량의 것으로 한다.

해설 펌프 용량이 클수록 효율이 높다.

해답 ①

116 취수보의 취수구에서의 표준 유입속도는?

① 0.3~0.6m/s
② 0.4~0.8m/s
③ 0.5~1.0m/s
④ 0.6~1.2m/s

해설 취수보에서 취수구의 유입속도는 0.4~0.8m/s를 표준으로 한다.

해답 ②

117 오수 및 오수관로의 설계에 대한 설명으로 옳지 않은 것은?

① 우수관경의 결정을 위해서는 합리식을 적용한다.
② 오수관로의 최소관경은 200mm를 표준으로 한다.
③ 우수관로 내의 유속은 가능한 사류상태가 되도록 한다.
④ 오수관로의 계획하수량은 계획시간최대오수량으로 한다.

해설 오수 및 우수관로 설계시 관로 내의 유속은 가능한 상류상태가 되도록 한다.

해답 ③

118 하천 및 저수지의 수질해석을 위한 수학적 모형을 구성하고자 할 때 가장 기본이 되는 수학적 방식은?

① 질량보존의 식
② 에너지보존의 식
③ 운동량보존의 식
④ 난류의 운동방정식

해설 하천 및 저수지의 수질해석을 위한 수학적 모형을 구성하고자 할 때 적용되는 방정식은 연속방정식이며, 이 연속방정식을 유도해 내는 가장 기본이 되는 수학정 방식이 질량보존의 식이다.

해답 ①

119 어떤 지역의 강우지속시간(t)과 강우강도 역수($1/I$)와의 관계를 구해보니 그림과 같이 기울기가 1/3000, 절편이 1/150이 되었다. 이 지역의 강우강도(I)를 Talbot형($I = \dfrac{a}{t+b}$)으로 표시한 것으로 옳은 것은?

① $\dfrac{3000}{t+20}$ ② $\dfrac{10}{t+1500}$
③ $\dfrac{1500}{t+10}$ ④ $\dfrac{20}{t+3000}$

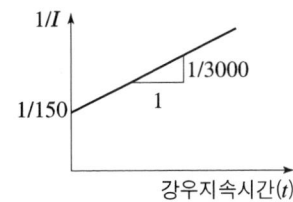

해설 ① $I = \dfrac{a}{t+b}$ 에서 강우강도 역수 $\dfrac{1}{I} = \dfrac{t+b}{a} = \dfrac{1}{a}(t+b)$

기울기 $\dfrac{1}{a} = \dfrac{1}{3000}$ 이므로 $a = 3000$

② 절편 $\dfrac{b}{a} = \dfrac{1}{150}$ 에서 $b = \dfrac{a}{150} = \dfrac{3000}{150} = 20$

③ $I = \dfrac{a}{t+b} = \dfrac{3000}{t+20}$

해답 ①

120 도수관에서 유량을 Hazen-Williams 공식으로 다음과 같이 나타내었을 때 a, b의 값은? (단, C : 유속계수, D : 관의 지름, I : 동수경사)

$$Q = 0.84935 \cdot C \cdot D^a \cdot I^b$$

① $a = 0.63$, $b = 0.54$ ② $a = 0.63$, $b = 2.54$
③ $a = 2.63$, $b = 2.54$ ④ $a = 2.63$, $b = 0.54$

해설 ① 유속 $V = 0.35464 CD^{0.63} I^{0.54} = 0.84935 CR^{0.63} I^{0.54}$

② 유량 $Q = AV = \dfrac{\pi D^2}{4} \times 0.84935 C \left(\dfrac{D}{4}\right)^{0.63} I^{0.54} = 0.27853 CD^{2.63} I^{0.54}$ 이므로

$a = 2.63$, $b = 0.54$

해답 ④

무료 동영상과 함께하는 **토목기사 필기**

2021

출제기준에 의거하여 불필요한 문제는 삭제함

2021년 3월 7일 시행
2021년 5월 15일 시행
2021년 8월 14일 시행

무료 동영상과 함께하는
토목기사 필기

2021년 3월 7일 시행

제1과목 응용역학

001 그림과 같은 직사각형 단면의 단주에서 편심하중이 작용할 경우 발생하는 최대 압축응력은? (단, 편심거리(e)는 100mm이다.)

① 30MPa
② 35MPa
③ 40MPa
④ 60MPa

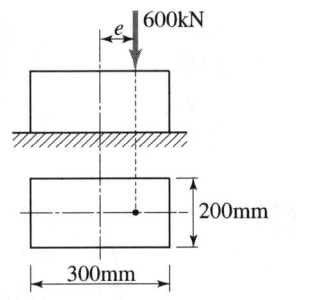

해설 최대압축응력은 하중 작용쪽 변에서 발생하므로

$$\sigma_{\max} = -\frac{P}{A} - \frac{P \cdot e_y}{Z_x} - \frac{P \cdot e_x}{Z_y} = -\frac{600,000}{300 \times 200} - 0 - \frac{600,000 \times 100}{\frac{200 \times 300^3}{12}} \times 150$$

$= -30\text{MPa}(압축)$

해답 ①

002 단면과 길이가 같으나 지지조건이 다른 그림과 같은 2개의 장주가 있다. 장주 (a)가 30kN의 하중을 받을 수 있다면, 장주 (b)가 받을 수 있는 하중은?

① 120kN
② 240kN
③ 360kN
④ 480kN

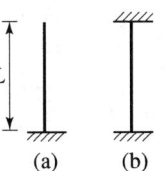

해설 좌굴하중 $P_b = \dfrac{\pi^2 EI}{l_k^2} = \dfrac{n\pi^2 EI}{l^2}$에서 재질과 단면적과 길이가 같으므로 $P_b \propto n$이다.

① 일단고정 타단자유 : $\dfrac{1}{K^2} = \dfrac{1}{2.0^2} = \dfrac{1}{4}$

② 양단고정 : $\dfrac{1}{K^2} = \dfrac{1}{0.5^2} = 4$

③ 좌굴하중의 비율은 강성도의 비율과 비례하므로
$P_{(a)b} : P_{(b)b} = n_{(a)} : n_{(b)}$
$30\text{kN} : P_{(b)b} = \dfrac{1}{4} : 4$
$P_{(b)b} = \dfrac{30\text{kN} \times 4}{\dfrac{1}{4}} = 480\text{kN}$

해답 ④

003

그림과 같은 단순보에서 A점의 처짐각(θ_A)은? (단, EI는 일정하다.)

① $\dfrac{ML}{2EI}$ ② $\dfrac{5ML}{6EI}$

③ $\dfrac{5ML}{2EI}$ ④ $\dfrac{5ML}{24EI}$

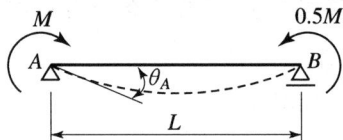

해설
① $\theta_{A1} = \dfrac{M_A l}{3EI} = \dfrac{Ml}{3EI}$

② $\theta_{A2} = \dfrac{M_B l}{6EI} = \dfrac{0.5Ml}{6EI}$

③ $\theta_A = \theta_{A1} + \theta_{A2} = \dfrac{Ml}{3EI} + \dfrac{0.5Ml}{6EI} = \dfrac{2.5Ml}{6EI} = \dfrac{5Ml}{12EI}$

[참고] $\theta_A = \dfrac{l}{6EI}(2M_A + M_B) = \dfrac{l}{6EI}(2M + 0.5M) = \dfrac{5Ml}{12EI}$

해답 ③

004

그림과 같은 평면도형의 $x-x'$축에 대한 단면 2차 반경(r_x)과 단면 2차 모멘트 (I_x)는?

① $r_x = \dfrac{\sqrt{35}}{6}a,\ I_x = \dfrac{35}{32}a^4$

② $r_x = \dfrac{\sqrt{139}}{12}a,\ I_x = \dfrac{139}{128}a^4$

③ $r_x = \dfrac{\sqrt{129}}{12}a,\ I_x = \dfrac{129}{128}a^4$

④ $r_x = \dfrac{\sqrt{11}}{12}a,\ I_x = \dfrac{11}{128}a^4$

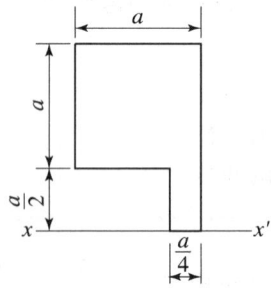

해설 ① $x-x'$축에 대한 단면 2차 모멘트

$$I_x = I_{x①} - I_{x②} = \frac{a \times \left(\frac{3a}{2}\right)^3}{3} - \frac{\frac{3a}{4} \times \left(\frac{a}{2}\right)^3}{3}$$

$$= \frac{\frac{27a^4}{8} - \frac{3a^4}{32}}{3} = \frac{\frac{108a^4 - 3a^4}{32}}{3}$$

$$= \frac{105a^4}{96} = \frac{35a^4}{32}$$

② $x-x'$축에 대한 단면 2차 반지름

$$r_x = \sqrt{\frac{I_x}{A}} = \sqrt{\frac{\frac{35a^4}{32}}{a \times \frac{3a}{2} - \frac{3a}{4} \times \frac{a}{2}}} = \sqrt{\frac{\frac{35a^4}{32}}{\frac{9a^2}{8}}} = \sqrt{\frac{35a^4}{36a^2}} = \frac{\sqrt{35}\,a}{6}$$

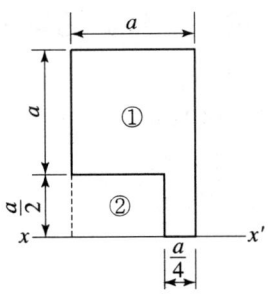

해답 ①

005

그림과 같은 보에서 지점 B의 휨모멘트 절댓값은? (단, EI는 일정하다.)

① 67.5kN · m
② 97.5kN · m
③ 120kN · m
④ 165kN · m

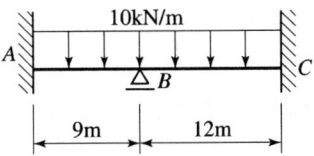

해설 ① 강비

$$k_{BA} = \frac{I}{9} \quad k_{BC} = \frac{I}{12} \quad \therefore k_{BA} : k_{BC} = 4 : 3$$

② 분배율

$$DF_{BA} = \frac{k_{BA}}{(k_{BA} + k_{BC})} = \frac{4}{(4+3)} = \frac{4}{7} \qquad DF_{BC} = \frac{k_{BC}}{(k_{BA} + k_{BC})} = \frac{3}{(4+3)} = \frac{3}{7}$$

③ 고정단 모멘트

$$C_{BA} = \frac{10 \times 9^2}{12} = 67.5 (시계) \qquad C_{BA} = \frac{10 \times 12^2}{12} = 120 (반시계)$$

④ 중앙 모멘트

$$\Sigma M_B = C_{BA} + C_{BC} = 67.5 - 120 = -52.5 \text{kN} \cdot \text{m}$$

⑤ 분배모멘트

$$M_{분배 BA} = DF_{BA} \cdot \Sigma M_{B중앙} = \frac{4}{7} \times 52.5 (반시계) = 30 \text{kN} \cdot \text{m} (시계)$$

$$M_{분배 BC} = DF_{BC} \cdot \Sigma M_{B중앙} = \frac{3}{7} \times 52.5 (반시계) = 22.5 \text{kN} \cdot \text{m} (시계)$$

⑥ 지점 B의 휨모멘트

$$M_{BA} = M_{분배 BA} + C_{BA} = 30 + 67.5 = 97.5 \text{kN} \cdot \text{m}$$

$$M_{BC} = M_{분배 BC} + C_{BC} = 22.5 + (-120) = -97.5 \text{kN} \cdot \text{m}$$

해답 ②

006

그림에서 직사각형의 도심축에 대한 단면 상승 모멘트(I_{xy})의 크기는?

① 0cm^4
② 142cm^4
③ 256cm^4
④ 576cm^4

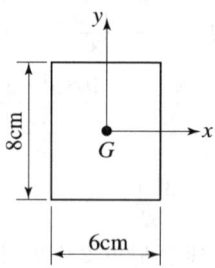

해설 단면 상승 모멘트 I_{xy} 는 대칭축일 경우 '0'이므로 $I_{XY} = 0$

해답 ①

007

폭 100mm, 높이 150mm인 직사각형 단면의 보가 $S = 7\text{kN}$의 전단력을 받을 때 최대전단 응력과 평균전단응력의 차이는?

① 0.13MPa
② 0.23MPa
③ 0.33MPa
④ 0.43MPa

해설
① 최대전단응력 $\tau_{\max} = 1.5 \times \dfrac{S}{A} = 1.5 \times \dfrac{7000}{100 \times 150} = 0.7 \text{MPa}$

② 평균전단응력 $\tau_{\text{aver}} = \dfrac{S}{A} = \dfrac{7,000}{100 \times 150} = 0.47 \text{MPa}$

③ 최대전단 응력과 평균전단응력의 차이
$\tau_{\max} - \tau_{\text{aver}} = 0.7 - 0.47 = 0.23 \text{MPa}$

해답 ②

008

그림과 같은 단순보에 등분포하중 w가 작용하고 있을 때 이 보에서 휨모멘트에 의한 탄성변형에너지는? (단, 보의 EI는 일정하다.)

① $\dfrac{w^2 L^5}{384 EI}$
② $\dfrac{w^2 L^5}{240 EI}$
③ $\dfrac{7 w^2 L^5}{384 EI}$
④ $\dfrac{w^2 L^5}{48 EI}$

해설 휨모멘트에 의한 변형에너지
$$U_M = \dfrac{w^2 L^5}{240 EI}$$

[참고] 전단력에 의한 변형에너지
$$U_S = \dfrac{\alpha_s w^2 L^3}{2GA}$$

해답 ②

009 그림과 같이 하중을 받는 단순보에 발생하는 최대전단응력은?

① 1.48MPa
② 2.48MPa
③ 3.48MPa
④ 4.48MPa

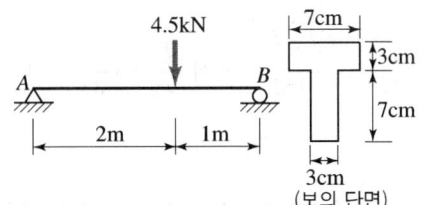

해설

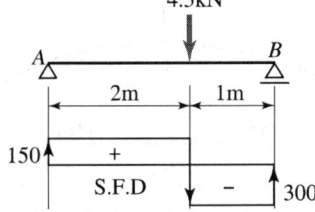 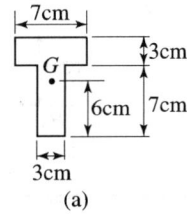 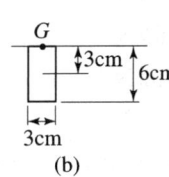

① A지점 반력

$$\sum M_B = 0 \quad R_A \times 3 - 4.5 \times 1 = 0 에서 \quad R_A = \frac{4.5}{3} = 1.5\text{kN}$$

② 최대전단력 : S.F.D에서 $S_{max} = 3.0$kN

③ 도심까지의 거리

$$y = \frac{G}{A} = \frac{70 \times 30 \times 85 + 30 \times 70 \times 35}{70 \times 30 + 30 \times 70} = 60\text{mm}$$

④ 잘린(도심축) 단면의 도심으로부터의 단면1차모멘트

$$G_G = 30 \times 60 \times 30 = 54{,}000\text{mm}^3$$

⑤ 도심축에 대한 단면2차모멘트

$$I = \left(\frac{70 \times 40^3 - 40 \times 10^3}{3}\right) + \frac{30 \times 60^3}{3} = 3{,}640{,}000\text{mm}^4$$

⑥ 최대 전단응력

$$\tau_{max} = \frac{S_{max} G_G}{Ib} = \frac{3{,}000 \times 54{,}000}{3{,}640{,}000 \times 30} = 1.48\text{MPa}$$

해답 ①

010 재질과 단면이 동일한 캔틸레버 보 A와 B에서 자유단의 처짐을 같게 하는 P_2/P_1의 값은?

① 0.129
② 0.216
③ 4.63
④ 7.72

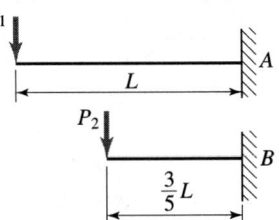

해설 집중하중에 의한 자유단의 처짐은 $\dfrac{PL^3}{3EI}$ 이다.

$$\dfrac{P_1 L^3}{3EI} = \dfrac{P_2 \left(\dfrac{3}{5}L\right)^3}{3EI} \text{에서} \quad \dfrac{P_2}{P_1} = \left(\dfrac{5}{3}\right)^3 = 4.63$$

해답 ③

011

그림과 같은 3힌지 아치의 C점에 연직하중(P) 400kN이 작용한다면 A점에 작용하는 수평반력(H_A)은?

① 100kN
② 150kN
③ 200kN
④ 300kN

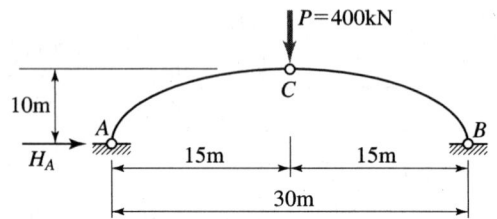

해설 ① $\sum M_A = 0$

대칭하중이므로 $V_A = V_B = \dfrac{400}{2} = 200\text{kN}(\uparrow)$

② $M_C = V_A \times 15 - H_A \times 10 = 200 \times 15 - H_B \times 10 = 0$
$H_B = 300\text{kN}(\rightarrow)$

해답 ④

012

그림과 같이 X, Y축에 대칭인 빗금 친 단면에 비틀림우력 50kN·m가 작용할 때 최대전단응력은?

① 15.63MPa
② 17.81MPa
③ 31.25MPa
④ 35.61MPa

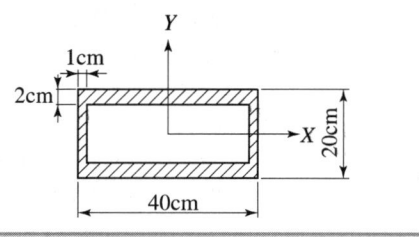

해설 $V = \tau t = \dfrac{T}{2A_m}$ 에서 $\tau = \dfrac{T}{2A_m t_{\min}} = \dfrac{50,000,000}{2 \times (390 \times 180) \times 10} = 35.61\text{MPa}$

[참고] 비틀림 모멘트가 작용하는 경우의 전단류

$V = \tau t = \dfrac{T}{2A_m}$

여기서, T : 비틀림 모멘트
A_m : 중심선에 대한 단면적, 단면의 평균 중심선으로 둘러싸인 면적
τ : 전단응력
t : 관 두께

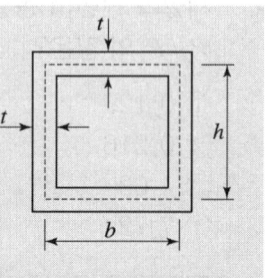

해답 ④

013 그림과 같이 균일 단면 봉이 축인장력(P)을 받을 때 단면 $a-b$에 생기는 전단응력(τ)은? (단, 여기서 $m-n$은 수직단면이고, $a-b$는 수직단면과 $\phi=45°$의 각을 이루고, A는 봉의 단면적이다.)

① $\tau = 0.5\dfrac{P}{A}$ ② $\tau = 0.75\dfrac{P}{A}$
③ $\tau = 1.0\dfrac{P}{A}$ ④ $\tau = 1.5\dfrac{P}{A}$

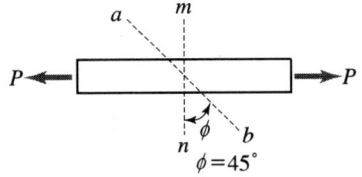

해설 경사 단면의 접선응력(전단응력) ; τ_θ

$$\tau_\theta = \frac{S}{A'} = \frac{P}{A}\frac{1}{2}\sin 2\theta = \frac{P}{A}\frac{1}{2}\sin(2 \times 45°) = 0.5\frac{P}{A}$$

해답 ①

014 그림과 같은 구조물에서 지점 A에서의 수직반력은?

① 0kN
② 10kN
③ 20kN
④ 30kN

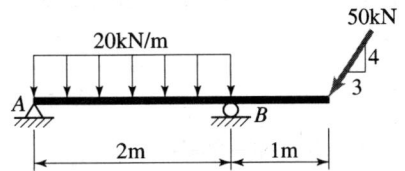

해설 $\sum M_B = 0 \curvearrowright$

$V_A \times 2 - 20 \times 2 \times \dfrac{2}{2} + \left(50 \times \dfrac{4}{5}\right) \times 1 = 0$에서 $V_A = 0$

해답 ①

015 그림과 같은 라멘의 부정정 차수는?

① 3차
② 5차
③ 6차
④ 7차

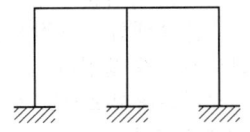

해설 반력=9, 부재절단력=0×3=0, 평형방정식수=3, 내부힌지방정식수=0
$N = (9+0) - (3+0) = 6$차 부정정

[참고1] $N = r + m + P_o - 2P$
$= 9 + 5 + 4 - 2 \times 6 = 6$차 부정정
[참고2] $N = m_1 + 2m_2 + 3m_3 + r - (2P_2 + 3P_3)$
$= 0 + 2 \times 0 + 3 \times 5 + 9 - (2 \times 0 + 3 \times 6)$
$= 6$차 부정정

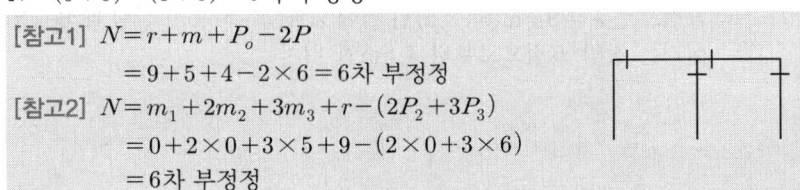

해답 ③

016

그림과 같이 단순보에 이동하중이 작용할 때 절대최대휨모멘트가 생기는 위치는?

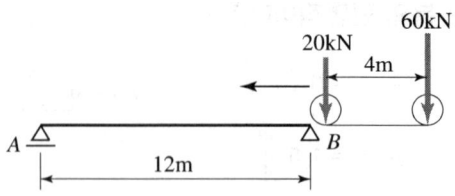

① A점으로부터 6m인 점에 20kN의 하중이 실릴 때 60kN의 하중이 실리는 점
② A점으로부터 7.5m인 점에 60kN의 하중이 실릴 때 20kN의 하중이 실리는 점
③ B점으로부터 5.5m인 점에 20kN의 하중이 실릴 때 60kN의 하중이 실리는 점
④ B점으로부터 9.5m인 점에 20kN의 하중이 실릴 때 60kN의 하중이 실리는 점

해설 ① 합력
$R = 20 + 60 = 80\text{kN}$
② 합력의 작용점
$x = \dfrac{20 \times 4}{80} = 1\text{m}$
③ 이등분점
$\bar{x} = \dfrac{x}{2} = \dfrac{1}{2} = 0.5\text{m}$
④ 이등분점과 보의 중앙점이 일치하도록 하중을 재하시킨다.
⑤ 합력과 가장 가까운 하중 60kN이 선택하중이며 이 선택하중의 작용점에서 절대 최대 휨모멘트가 생긴다.
고로 절대최대휨모멘트가 생기는 위치는
 ㉠ A점으로부터 2.5m(6−3.5)인 점에 20kN의 하중이 실릴 때 60kN의 하중이 실리는 점인 A점으로부터 6.5m인 위치
 ㉡ B점으로부터 9.5m(6+3.5)인 점에 20kN의 하중이 실릴 때 60kN의 하중이 실리는 점인 B점으로부터 4.5m인 위치

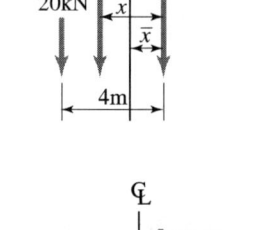

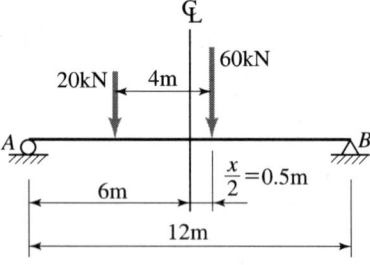

해답 ④

017 그림과 같이 밀도가 균일하고 무게가 W인 구(球)가 마찰이 없는 두 벽면 사이에 놓여있을 때 반력 R_B의 크기는?

① 0.500 W
② 0.577 W
③ 0.866 W
④ 1.155 W

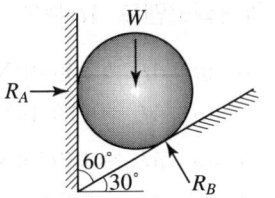

해설 $\dfrac{R_B}{\sin 90°} = \dfrac{W}{\sin 120°}$ 에서 $R_B = 1.155\,W$

해답 ④

018 그림에서 두 힘 P_1, P_2에 대한 합력(R)의 크기는?

① 60kN
② 70kN
③ 80kN
④ 90kN

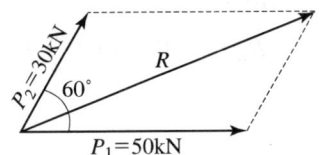

해설 동일점에 작용하는 두 힘이 일정 각을 이루고 있을 때
$R = \sqrt{P_1^2 + P_2^2 + 2P_1 \cdot P_2 \cos\alpha}$ 을 사용한다.
$R = \sqrt{P_1^2 + P_2^2 + 2P_1 \cdot P_2 \cos\alpha}$
$= \sqrt{50^2 + 30^2 + 2 \times 50 \times 30 \times \cos 60°} = 70\text{kN}$

해답 ②

019 그림과 같은 라멘 구조물에서 A점의 수직반력(R_A)은?

① 30kN
② 45kN
③ 60kN
④ 90kN

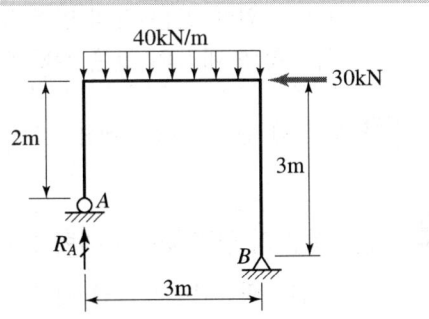

해설 B지점에서 휨모멘트의 합은 '0'이라는 평형조건식을 이용하여 A점의 수직반력(R_A)을 구한다.
$\Sigma M_B = 0$ 우
$R_A \times 3 - 40 \times 3 \times 1.5 - 30 \times 3 = 0$에서 $R_A = 90\text{kN}(\uparrow)$

해답 ④

020 그림과 같은 단순보에서 최대휨모멘트가 발생하는 위치 x(A점으로부터의 거리)와 최대휨모멘트 M_x는?

① $x = 5.2\text{m}$, $M_x = 230.4\text{kN}\cdot\text{m}$
② $x = 5.8\text{m}$, $M_x = 176.4\text{kN}\cdot\text{m}$
③ $x = 4.0\text{m}$, $M_x = 180.2\text{kN}\cdot\text{m}$
④ $x = 4.8\text{m}$, $M_x = 96\text{kN}\cdot\text{m}$

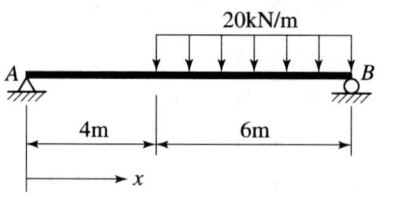

해설 ① $\Sigma M_A = 0$
$(20 \times 6) \times (4+3) - R_B \times 10 = 0$에서 $R_B = 84\text{kN}(\uparrow)$
② 최대휨모멘트가 발생하는 위치는 전단력 값이 '0'이 되는 곳이므로
$S_x = R_B - 20 \times x = 84 - 20 \times x = 0$에서 $x = 4.2\text{m}(B$점으로부터$)$
$x' = 10 - 4.2 = 5.8\text{m}(A$점으로부터$)$
③ 최대휨모멘트
$M_x = R_B \times x - (2 \times x) \times \dfrac{x}{2} = 84 \times 4.2 - (20 \times 4.2) \times \dfrac{4.2}{2} = 176.4\text{kN}\cdot\text{m}$

해답 ②

제2과목 측량학

021 삼각망 조정에 관한 설명으로 옳지 않은 것은?

① 임의의 한 변의 길이는 계산경로에 따라 달라질 수 있다.
② 검기선은 측정한 길이와 계산된 길이가 동일하다.
③ 1점 주위에 있는 각의 합은 360°이다.
④ 삼각형의 내각의 합은 180°이다.

해설 임의 한 변의 길이가 계산 경로에 따라 달라져서는 안 된다.

해답 ①

022 삼각측량과 삼변측량에 대한 설명으로 틀린 것은?

① 삼변측량은 변 길이를 관측하여 삼각점의 위치를 구하는 측량이다.
② 삼각측량의 삼각망 중 가장 정확도가 높은 망은 사변형삼각망이다.
③ 삼각점의 선점 시 기계나 측표가 동요할 수 있는 습지나 하상은 피한다.
④ 삼각점의 등급을 정하는 주된 목적은 표석설치를 편리하게 하기 위함이다.

해설 삼각망의 등급을 정하는 이유는 측량 정도의 높은 순서를 정하기 위한 것이다.

해답 ④

023
그림과 같은 유토곡선(mass curve)에서 하향구간이 의미하는 것은?

① 성토구간
② 절토구간
③ 운반토량
④ 운반거리

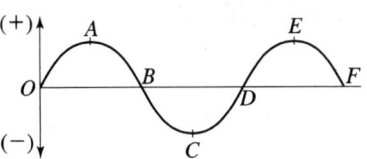

해설 유토곡선에서 하향구간은 성토구간, 상향구간은 절토구간을 의미한다.

해답 ①

024
조정계산이 완료된 조정각 및 기선으로부터 처음 신설하는 삼각점의 위치를 구하는 계산순서로 가장 적합한 것은?

① 편심조정 계산 → 삼각형계산(변, 방향각) → 경위도 결정 → 좌표조정 계산 → 표고 계산
② 편심조정 계산 → 삼각형계산(변, 방향각) → 좌표조정 계산 → 표고 계산 → 경위도 결정
③ 삼각형계산(변, 방향각) → 편심조정 계산 → 표고 계산 → 경위도 결정 → 좌표조정 계산
④ 삼각형계산(변, 방향각) → 편심조정 계산 → 표고 계산 → 좌표조정 계산 → 경위도 결정

해설 처음 신설하는 삼각점 위치 계산 순서는 다음과 같다.
편심조정 계산 → 삼각형 변, 방향각 계산 → 좌표조정 계산 → 표고 계산 → 경위도 계산

해답 ②

025
기지점의 지반고가 100m이고, 기지점에 대한 후시는 2.75m, 미지점에 대한 전시가 1.40m일 때 미지점의 지반고는?

① 98.65m
② 101.35m
③ 102.75m
④ 104.15m

해설 미지점의 지반고
$H_{미지점} = H_{기지점} + 후시 - 전시 = 100 + 2.75 - 1.40 = 101.35\text{m}$

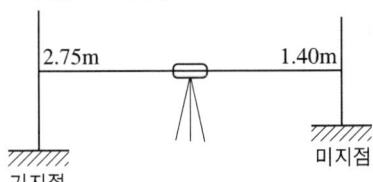

해답 ②

026
어느 두 지점의 사이의 거리를 A, B, C, D 4명의 사람이 각각 10회 관측한 결과가 다음과 같다면 가장 신뢰성이 낮은 관측자는?

| A : 165.864±0.002m | B : 165.867±0.006m |
| C : 165.862±0.007m | D : 165.864±0.004m |

① A
② B
③ C
④ D

해설 ① 경중률(P : 무게)

경중률은 오차의 제곱에 반비례 $\left(P \propto \dfrac{1}{m(오차)^2}\right)$ 하므로

$P_A = \dfrac{1}{0.002^2} = \dfrac{1}{4 \times 10^{-6}}$

$P_B = \dfrac{1}{0.006^2} = \dfrac{1}{3.6 \times 10^{-5}}$

$P_C = \dfrac{1}{0.007^2} = \dfrac{1}{4.9 \times 10^{-5}}$

$P_D = \dfrac{1}{0.004^2} = \dfrac{1}{1.6 \times 10^{-5}}$

② 경중률이 가장 낮은 C가 신뢰성이 가장 낮다.

해답 ③

027
레벨의 불완전 조정에 의하여 발생한 오차를 최소화하는 가장 좋은 방법은?

① 왕복 2회 측정하여 그 평균을 취한다.
② 기포를 항상 중앙에 오게 한다.
③ 시준선의거리를 짧게 한다.
④ 전시, 후시의 표척거리를 같게 한다.

해설 전시와 후시 거리를 같게 함으로써 제거되는 오차는 다음과 같다.
① 시준축 오차 소거 : 기포관축≠시준선(레벨 조정의 불안정으로 생기는 오차 소거)
전시와 후시거리를 같게 취하는 가장 중요한 이유이다.
② 자연적 오차 소거
 ㉠ 구차 : 지구의 곡률에 의한 오차
 ㉡ 기차 : 광선의 굴절에 의한 오차
 ㉢ 양차 : 구차와 기차의 합
③ 조준나사 작동에 의한 오차 소거

해답 ④

028
원곡선에 대한 설명으로 틀린 것은?

① 원곡선을 설치하기 위한 기본요소는 반지름(R)과 교각(I)이다.
② 접선길이는 곡선반지름에 비례한다.
③ 원곡선은 평면곡선과 수직곡선으로 모두 사용할 수 있다.
④ 고속도로와 같이 고속의 원활한 주행을 위해서는 복심곡선 또는 반향곡선을 주로 사용한다.

해설 고속도로와 같이 고속의 원활한 주행을 위해서는 단곡선을 사용하여야 한다.

해답 ④

029
트래버스 측량에서 1회 각 관측의 오차가 ±10"라면 30개의 측점에서 1회씩 각 관측하였을 때의 총 각 관측 오차는?

① ±15"
② ±17"
③ ±55"
④ ±70"

해설 $M = \pm 10'' \sqrt{30} = \pm 55''$

해답 ③

030
노선측량에서 단곡선 설치시 필요한 교각이 95°30', 곡선반지름이 200m일 때 장현(L)의 길이는?

① 296.087m
② 302.619m
③ 417.131m
④ 597.238m

해설 장현
$$C = 2R\sin\frac{I}{2} = 2 \times 200 \times \sin\frac{95°30'}{2} = 296.087\text{m}$$

해답 ①

031
등고선에 관한 설명으로 옳지 않은 것은?

① 다른 등고선은 절대 교차하지 않는다.
② 등고선간의 최단거리 방향은 최대경사 방향을 나타낸다.
③ 지도의 도면 내에서 폐합되는 경우에 등고선의 내부에는 산꼭대기 또는 분지가 있다.
④ 동일한 경사의 지표에서 등고선 간의 간격은 같다.

해설 높이가 다른 두 등고선은 동굴이나 절벽의 지형이 아닌 곳에서는 교차하지 않으며, 동굴이나 절벽은 두 점에서 교차한다.

해답 ①

032 설계속도 80km/h의 고속도로에서 클로소이드 곡선의 곡선반지름이 360m, 완화곡선길이가 40m일 때 클로소이드 매개변수 A는?

① 100m ② 120m
③ 140m ④ 150m

해설 매개변수 $A^2 = RL$에서 $A = \sqrt{RL} = \sqrt{360 \times 40} = 120$

해답 ②

033 교호수준측량의 결과가 아래와 같고, A점의 표고가 10m일 때 B점의 표고는?

| 레벨 P에서 $A \rightarrow B$ | 관측 표고차 : -1.256m |
| 레벨 Q에서 $B \rightarrow A$ | 관측 표고차 : $+1.238$m |

① 8.753m ② 9.753m
③ 11.238m ④ 11.247m

해설 ① A점과 B점의 표고차
$$H = \frac{1}{2}[(a_1 - b_1) + (a_2 - b_2)] = \frac{1}{2}[1.256 + 1.238] = 1.247\text{m}$$
② B점의 표고(지반고)
표고차를 볼 때 A가 B보다 높은 경우이므로
$H_B = H_A - H = 10 + 1.247 = 8.753$m

해답 ①

034 직사각형 토지의 면적을 산출하기 위해 두 변 a, b의 거리를 관측한 결과가 $a = 48.25 \pm 0.04$m, $b = 23.42 \pm 0.02$m이었다면 면적의 정밀도($\Delta A/A$)는?

① 1/420 ② 1/630
③ 1/840 ④ 1/1080

해설 ① 직사각형 면적 $= 48.25 \times 23.42 = 1,130.015\text{m}^2$
② 면적 오차 $= \pm \sqrt{(y \cdot m_1)^2 + (x \cdot m_2)^2}$
$= \pm \sqrt{(23.42 \times 0.04)^2 + (48.25 \times 0.02)^2} = \pm 1.344923507\text{m}^2$
③ 면적의 정밀도
$$\frac{dA}{A} = \frac{1.344923507}{1,130.015} = \frac{1}{840.2}$$

해답 ③

035 각관측 장비의 수평축이 연직축과 직교하지 않기 때문에 발생하는 측각오차를 최소화하는 방법으로 옳은 것은?

① 직교에 대한 편차를 구하여 더한다.
② 배각법을 사용한다.
③ 방향각법을 사용한다.
④ 망원경의 정·반위로 측정하여 평균한다.

해설 수평축이 연직축과 직교하지 않기 때문에 발생하는 측각오차(수평축 오차)는 망원경 정·반위로 측정 값을 평균하여 처리가능하다.

[참고] 각 관측 오차 및 소거 방법

오차의 종류		오차의 원인	처리(소거) 방법
조정 불완전 오차	시준축 오차	시준축과 수평축이 직교하지 않을 때	망원경 정·반의 읽음값 평균
	수평축 오차	수평축이 연직축과 직교하지 않을 때	망원경 정·반의 읽음값 평균
	연직축 오차	평반 기포관이 연직축과 직교하지 않을 때 또는 연직축이 연직선과 일치하지 않을 경우	소거 불가능 연직각 5° 이하이면 큰 오차가 생기지 않는다.
기계 구조상 결점에 의한 오차	외심오차 (시준선의 편심오차)	망원경의 중심과 회전축이 일치하지 않을 때	망원경 정·반의 읽음값 평균
	내심오차 (회전축의 편심오차, 분도반의 편심오차)	수평회전축과 수평분도원의 중심이 일치하지 않을 때	A, B 버니어의 읽음값을 평균
	분도원의 눈금오차	분도원 눈금의 부정확	분도원의 위치를 변화시켜 가면서 대회관측

해답 ④

036 측지학에 관한 설명 중 옳지 않은 것은?

① 측지학이란 지구내부의 특성, 지구의 형상, 지구표면의 상호위치관계를 결정하는 학문이다.
② 물리학적 측지학은 중력측정, 지자기측정 등을 포함한다.
③ 기하학적 측지학에는 천문측량, 위성측량, 높이의 결정 등이 있다.
④ 측지측량이란 지구의 곡률을 고려하지 않는 측량으로 11km 이내를 평면으로 취급한다.

해설 측지측량이란 지구의 곡률을 고려하는 측량으로서 거리허용오차를 $1/10^6$로 했을 경우 반지름 11km 이내를 평면으로 취급한다.

해답 ④

037

원격탐사(remote sensing)의 정의로 옳은 것은?

① 지상에서 대상 물체에 전파를 발생시켜 그 반사파를 이용하여 측정하는 방법
② 이용하여 지표의 대상물에서 반사 또는 방사된 전자 스펙트럼을 측정하고 이들의 자료를 이용하여 대상물이나 현상에 관한 정보를 얻는 기법
③ 우주에 산재해 있는 물체의 고유스펙트럼을 이용하여 각각의 구성 성분을 지상의 레이더망으로 수집하여 처리하는 방법
④ 우주선에서 찍은 중복된 사진을 이용하여 지상에서 항공사진의 처리와 같은 방법으로 판독하는 작업

해설 **원격탐사**란 지상이나 항공기 및 인공위성 등의 탑재기(platform)에 설치된 탐측기(sensor)를 이용하여 지표, 지상, 지하, 대기권 및 우주 공간의 대상들에서 반사 혹은 방사되는 전자기파를 탐지하고 이들 자료로부터 토지, 환경, 도시 및 자원에 대한 필요한 정보를 얻어 이를 해석하는 기법으로 직접적인 접근 없이 관찰 대상에 대한 정보를 보다 신속하고 광역적으로 획득할 수 있다.

해답 ②

038

출제기준에 의거하여 이 문제는 삭제됨

039

그림과 같이 한 점 O에서 A, B, C방향의 각관측을 실시한 결과가 다음과 같을 때 $\angle BOC$의 최확값은?

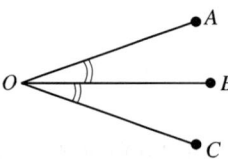

$\angle AOB$	2회	관측결과	40°30′25″
	3회	관측결과	40°30′20″
$\angle AOC$	6회	관측결과	85°30′20″
	4회	관측결과	85°30′25″

① 45°00′05″ ② 45°00′02″
③ 45°00′03″ ④ 45°00′00″

해설
1. $\angle AOB$의 최확값
   ① 경중률은 측정횟수에 비례하므로
   $P_{B1} : P_{B2} = N_{B1} : N_{B2} = 2 : 3$
   ② $\angle AOB$의 최확값 $= 40°30′ + \dfrac{2 \times 25″ + 3 \times 20″}{2+3} = 40°30′22″$

2. $\angle AOC$의 최확값
   ① 경중률은 측정횟수에 비례하므로
   $P_{C1} : P_{C2} = N_{C1} : N_{C2} = 6 : 4$

② ∠AOC의 최확값 = $85°30' + \dfrac{6 \times 20'' + 4 \times 25''}{6+4} = 85°30'22''$

3. ∠BOC의 최확값
   ∠BOC = ∠AOC − ∠AOB = $85°30'22'' = 40°30'22'' = 45°00'00''$

해답 ④

040

해도와 같은 지도에 이용되며, 주로 하천이나 항만 등의 심전측량을 한 결과를 표시하는 방법으로 가장 적당한 것은?

① 채색법 ② 영선법
③ 점고법 ④ 음영법

해설 점고법은 임의 점의 표고를 도상에 숫자로 표시하며, 하천, 항만, 해양 등의 심천을 나타내는 경우에 사용한다.

해답 ③

제3과목 수리학 및 수문학

041

유속 3m/s로 매초 100L의 물이 흐르게 하는데 필요한 관의 지름은?

① 153mm ② 206mm
③ 265mm ④ 312mm

해설 $Q = Av = \dfrac{\pi \times d^2}{4} v$ 에서

$d = \sqrt{\dfrac{4Q}{\pi v}} = \sqrt{\dfrac{4 \times (100\text{L} \times 10^{-3}\text{m}^3/\text{L})}{\pi \times 3\text{m/s}}} = 0.206\text{m} = 206\text{mm}$

해답 ②

042

부력의 원리를 이용하여 그림과 같이 바닷물 위에 떠있는 빙산의 전체적을 구한 값은?

① 550m³
② 890m³
③ 1000m³
④ 1100m³

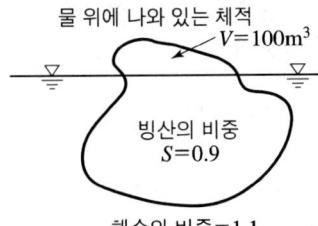

물 위에 나와 있는 체적 $V = 100\text{m}^3$
빙산의 비중 $S = 0.9$
해수의 비중 = 1.1

해설 빙산이 해수면에 떠있을 때이므로 $W=B$ 조건을 만족하여야 한다.
$\omega V = \omega' V'$
$0.9\,V = 1.1 \times (V-100)$
$0.9\,V = 1.1\,V - 1.1 \times 100$
$(1.1-0.9)V = 1.1 \times 100$ 에서 $V = \dfrac{1.1 \times 100}{1.1-0.9} = 550\text{m}^3$

해답 ①

043
축적이 1:50인 하천 수리모형에서 원형 유량 10000m³/s에 대한 모형 유량은?
① 0.401m³/s
② 0.566m³/s
③ 14.142m³/s
④ 28.284m³/s

해설 유량비 $\dfrac{Q_m}{Q_p} = L_r^{\frac{5}{2}}$ 에서

$Q_m = L_r^{\frac{5}{2}} Q_p = \left(\dfrac{1}{50}\right)^{\frac{5}{2}} \times 10,000 = 0.566\text{m}^3/\text{sec}$

해답 ②

044
수로경사 1/10000인 직사각형 단면 수로에 유량 30m³/s를 흐르게 할 때 수리학적으로 유리한 단면은? (단, h : 수심, B : 폭이며, Manning공식을 쓰고, $n=0.025\text{m}^{-1/3} \cdot \text{s}$)
① $h=1.95\text{m}$, $B=3.9\text{m}$
② $h=2.0\text{m}$, $B=4.0\text{m}$
③ $h=3.0\text{m}$, $B=6.0\text{m}$
④ $h=4.63\text{m}$, $B=9.26\text{m}$

해설 ① 직사각형 단면 수로의 수리학상 유리한 단면 조건
$h=\dfrac{B}{2}$ 에서 $B=2h$
$R_{\max} = \dfrac{h}{2} \left(R = \dfrac{A}{P} = \dfrac{2h \times h}{h+2h+h} = \dfrac{h}{2} \right)$

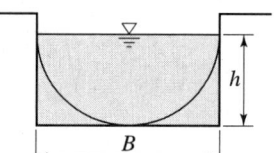

② 면적 $A = Bh = 2h \times h = 2h^2$
③ 유속
$V = \dfrac{1}{n} R^{\frac{2}{3}} I^{\frac{1}{2}} = \dfrac{1}{0.025} \times \left(\dfrac{h}{2}\right)^{\frac{2}{3}} \times \left(\dfrac{1}{10,000}\right)^{\frac{1}{2}} [\text{m/sec}]$

④ 유량공식
$Q = AV = 2h^2 \times \dfrac{1}{0.025} \times \left(\dfrac{h}{2}\right)^{\frac{2}{3}} \times \left(\dfrac{1}{10,000}\right)^{\frac{1}{2}}$
$= 0.504 h^{\frac{8}{3}} = 30$ 에서 $h^{\frac{8}{3}} = 59.5238$ $h = 4.63\text{m}$

⑤ 폭
$B = 2h = 2 \times 4.63 = 9.26\text{m}$

해답 ④

045

그림과 같은 노즐에서 유량을 구하기 위한 식으로 옳은 것은? (단, 유량계수는 1.0으로 가정한다.)

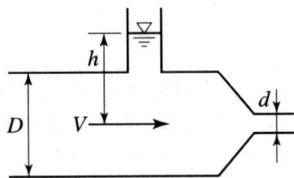

① $\dfrac{\pi d^2}{4}\sqrt{2gh}$

② $\dfrac{\pi d^2}{4}\sqrt{\dfrac{2gh}{1-\left(\dfrac{d}{D}\right)^4}}$

③ $\dfrac{\pi d^2}{4}\sqrt{\dfrac{2gh}{1-\left(\dfrac{d}{D}\right)^2}}$

④ $\dfrac{\pi d^2}{4}\sqrt{\dfrac{2gh}{1+\left(\dfrac{d}{D}\right)^2}}$

해설

$$Q = Ca\sqrt{\dfrac{2gh}{1-\left(\dfrac{Ca}{A}\right)^2}} = 1 \times \dfrac{\pi d^2}{4}\sqrt{\dfrac{2gh}{1-\left(\dfrac{1\times\dfrac{\pi d^2}{4}}{\dfrac{\pi D^2}{4}}\right)^2}}$$

$$= \dfrac{\pi d^2}{4}\sqrt{\dfrac{2gh}{1-\left(\dfrac{d^2}{D^2}\right)^2}} = \dfrac{\pi d^2}{4}\sqrt{\dfrac{2gh}{1-\left(\dfrac{d}{D}\right)^4}}$$

해답 ②

046

수로 바닥에서의 마찰력 τ_o, 물의 밀도 ρ, 중력 가속도 g, 수리평균수심 R, 수면 경사 I, 에너지선의 경사 I_e 라고 할 때 등류(㉠)와 부등류(㉡)의 경우에 대한 마찰속도(u^*)는?

① ㉠ : ρRI_e, ㉡ : ρRI

② ㉠ : $\dfrac{\rho RI}{\tau_o}$, ㉡ : $\dfrac{\rho RI_e}{\tau_o}$

③ ㉠ : $\sqrt{\rho RI}$, ㉡ : $\sqrt{\rho RI_e}$

④ ㉠ : $\sqrt{\dfrac{\rho RI}{\tau_o}}$, ㉡ : $\sqrt{\dfrac{\rho RI_e}{\tau_o}}$

해설 **마찰속도**(전단속도)

$$u^* = \sqrt{\dfrac{\tau}{\rho}} = V\sqrt{\dfrac{f}{8}} = \sqrt{gRI}$$

① 등류

등류(등속정류)는 정류 중에서 어느 단면에서나 유속과 수심이 변하지 않는 흐름으로, 등류에서는 에너지선과 동수경사선이 항상 평행하게 되는 흐름이다.
수면경사 I와 에너지선의 경사 I_e가 평행하므로
$$u^* = \sqrt{\frac{\tau}{\rho}} = V\sqrt{\frac{f}{8}} = \sqrt{gRI}$$
② 부등류
정류 중에서 수류의 단면에 따라 유속과 수심이 변하는 흐름으로, 부등류에서는 에너지선과 동수경사선이 항상 평행하게 되지는 않는다.
부등류에서는 에너지선의 경사 I_e를 사용하여 구하므로
$$u^* = \sqrt{gRI_e}$$

해답 ③

047

유속을 V, 물의 단위중량을 γ_w, 물의 밀도를 ρ, 중력가속도를 g라 할 때 동수압(動水壓)을 바르게 표시한 것은?

① $\dfrac{V^2}{2g}$
② $\dfrac{\gamma_w V^2}{2g}$
③ $\dfrac{\gamma_w V}{2g}$
④ $\dfrac{\rho V^2}{2g}$

해설 동압력 $= \dfrac{\rho V^2}{2} = \dfrac{\gamma_w V^2}{2g}$

해답 ②

048

관수로의 흐름에서 마찰손실계수를 f, 동수반경을 R, 동수경사를 I, Chezy 계수를 C라 할 때 평균 유속 V는?

① $V = \sqrt{\dfrac{8g}{f} RI}$
② $V = fC\sqrt{RI}$
③ $V = \dfrac{\pi d^2}{4} f \sqrt{RI}$
④ $V = f \cdot \dfrac{l}{4R} \cdot \dfrac{V^2}{2g}$

해설 Chézy의 평균유속
$$V = C\sqrt{RI} = \sqrt{\dfrac{8g}{f}} \cdot \sqrt{RI}$$

해답 ①

049

피압 지하수를 설명한 것으로 옳은 것은?

① 하상 밑의 지하수
② 어떤 수원에서 다른 지역으로 보내지는 지하수
③ 지하수와 공기가 접해있는 지하수면을 가지는 지하수
④ 두 개의 불투수층 사이에 끼어 있어 대기압보다 큰 압력을 받고 있는 대수층의 지하수

해설 피압지하수는 불투수층 사이에 끼어 있어 대기압보다 큰 압력을 받고 있는 대수층의 지하수로서 투수층 내에 포함되어 있는 지하수면을 갖지 않는 지하수이다. 피압지하수는 대수층의 상부가 점토층과 같이 불투수층으로 되어 있고 대수층의 물이 높은 수압을 갖고 있다.

해답 ④

050

물의 순환에 대한 설명으로 옳지 않은 것은?

① 지하수 일부는 지표면으로 용출해서 다시 지표수가 되어 하천으로 유입된다.
② 지표에 강하한 우수는 지표면에 도달 전에 그 일부가 식물의 나무와 가지에 의하여 차단된다.
③ 지표면에 도달한 우수는 토양 중에 수분을 공급하고 나머지가 아래로 침투해서 지하수가 된다.
④ 침투란 토양면을 통해 스며든 물이 중력에 의해 계속 지하로 이동하여 불투수층까지 도달하는 것이다.

해설
① 침투 : 물이 흙 표면을 통해 흙 속으로 스며드는 현상이다.
② 침루 : 침투한 물이 중력 때문에 계속 지하로 이동하여 지하수면까지 도달하는 현상이다.

해답 ④

051

중량이 600N, 비중이 3.0인 물체를 물(담수) 속에 넣었을 때 물 속에서의 중량은?

① 100N　　② 200N
③ 300N　　④ 400N

해설
① 물체의 자중
$W = 3V = 600N$에서 물체의 체적 $V = 200$
② 부력
물의 비중은 1이므로 $B = w'V' = 1 \times V = V$

여기서, B : 부력, w' : 물의 단위중량, V' : 수중 부분의 체적
③ 물체가 물속에 잠겨 있을 때 물속 물체의 무게
$W' = W - B = 3V - V = 2V = 2 \times 200 = 400N$
여기서, W' : 물속 물체의 무게, W : 물체의 무게, B : 부력

해답 ④

052 단위유량도이론에서 사용하고 있는 기본가정이 아닌 것은?

① 비례 가정
② 중첩 가정
③ 푸아송 분포 가정
④ 일정 기저시간 가정

해설 단위도의 가정
① 일정 기저시간 가정
② 비례 가정
③ 중첩 가정

해답 ③

053 10m³/s의 유량이 흐르는 수로에 폭 10m의 단수축이 없는 위어를 설계할 때, 위어의 높이를 1m로 할 경우 예상되는 월류수심은? (단, Francis 공식을 사용하며, 접근유속은 무시한다.)

① 0.67m
② 0.71m
③ 0.75m
④ 0.79m

해설 Francis 공식
$Q = 1.84 b_o h^{\frac{3}{2}} = 1.84(b - 0.1nh)h^{\frac{3}{2}} = 1.84 \times (10 - 0.1 \times 0 \times h) \times h^{\frac{3}{2}} = 10^3 \text{m/s}$ 에서
$18.4 h^{\frac{3}{2}} = 10 \text{m}^3/\text{s}$ $h = \left(\dfrac{10}{18.4}\right)^{\frac{2}{3}} = 0.67\text{m}$

해답 ①

054 액체 속에 잠겨 있는 경사평면에 작용하는 힘에 대한 설명으로 옳은 것은?

① 경사각과 상관없다.
② 경사각에 직접 비례한다.
③ 경사각의 제곱에 비례한다.
④ 무게중심에서의 압력과 면적의 곱과 같다.

해설 전수압은 $P = wh_G A$ 공식에 의해 구할 수 있으므로, 면 중심에서의 압력과 그 면적의 곱과 같다.

해답 ④

055
수로 폭이 10m인 직사각형 수로의 도수 전수심이 0.5m, 유량이 40m³/s이었다면 도수 후의 수심(h_2)은?

① 1.96m ② 2.18m
③ 2.31m ④ 2.85m

해설
① 도수 전 유속 $V = \dfrac{Q}{A} = \dfrac{40}{10 \times 0.5} = 8\text{m/s}$

② 프루드수 $Fr_1 = \dfrac{V}{\sqrt{gh}} = \dfrac{8}{\sqrt{9.8 \times 0.5}} = 3.614$

③ 도수 후의 상류의 수심

$\dfrac{h_2}{h_1} = \dfrac{1}{2}(-1 + \sqrt{1 + 8Fr_1^2})$ 에서

$h_2 = \dfrac{h_1}{2}(-1 + \sqrt{1 + 8Fr_1^2}) = \dfrac{0.5}{2} \times (-1 + \sqrt{1 + 8 \times 3.614^2}) = 2.318\text{m}$

해답 ③

056
유역면적 10km², 강우강도 80mm/h, 유출계수 0.70일 때 합리식에 의한 첨두유량(Q_{max})은?

① 155.6m³/s ② 560m³/s
③ 1.556m³/s ④ 5.6m³/s

해설 첨두유량

$Q_{max} = \dfrac{1}{3.6} CIA = \dfrac{1}{3.6} \times 0.7 \times 80 \times 10 = 155.6\text{m}^3/\text{s}$

해답 ①

057
Darcy의 법칙에 대한 설명으로 옳지 않은 것은?

① 투수계수는 물의 점성계수에 따라서도 변화한다.
② Darcy의 법칙은 지하수의 흐름에 대한 공식이다.
③ Reynold 수가 100 이상이면 안심하고 적용할 수 있다.
④ 평균유속이 동수경사와 비례관계를 가지고 있는 흐름에 적용될 수 있다.

해설 Darcy법칙은 층류로 취급했으며 실험에 의하면 대략적으로 레이놀즈수(Re)<4 에서 주로 성립한다.

해답 ③

058

수두차가 10m인 두 저수지를 지름이 30cm, 길이가 300m, 조도계수가 0.013m$^{-1/3}$ · s인 주철관으로 연결하여 송수할 때, 관을 흐르는 유량(Q)은? (단, 관의 유입손실계수 $f_e=0.5$, 유출손실계수 $f_o=1.0$이다.)

① 0.02m³/s
② 0.08m³/s
③ 0.17m³/s
④ 0.19m³/s

해설 ① Manning 식

$$f = 124.5n^2 D^{-\frac{1}{3}} = 124.5 \times 0.013^2 \times 0.3^{-\frac{1}{3}} = 0.03143$$

② 관 속을 흐르는 유량

유입손실계수 f_e는 0.5, 유출손실계수 f_o는 1.0이다.

$$Q = AV = \frac{\pi D^2}{4}\sqrt{\frac{2gH}{f_e + f\frac{l}{D} + f_o}}$$

$$= \frac{\pi \times 0.3^2}{4} \times \sqrt{\frac{2 \times 9.8 \times 10}{0.5 + 0.03143 \times \frac{300}{0.3} + 1}}$$

$$= 0.17 \text{m}^3/\text{s}$$

해답 ③

059

개수로 내의 흐름에서 평균유속을 구하는 방법 중 2점법의 유속 측정 위치로 옳은 것은?

① 수면과 전수심의 50% 위치
② 수면으로부터 수심의 10%와 90% 위치
③ 수면으로부터 수심의 20%와 80% 위치
④ 수면으로부터 수심의 40%와 60% 위치

해설 2점법은 수면에서 $0.2H$, $0.8H$되는 곳의 유속을 측정하여 평균유속을 구하는 방법이다.

$$V_m = \frac{1}{2}(V_{0.2} + V_{0.8})$$

여기서, V_m : 평균유속
$V_{0.2}$: 수심 $0.2H$ 되는(표면에서 수심의 20%) 곳의 유속
$V_{0.8}$: 수심 $0.8H$ 되는(표면에서 수심의 80%) 곳의 유속

해답 ③

060 어떤 유역에 표와 같이 30분간 집중호우가 발생하였다면 지속시간 15분인 최대 강우 강도는?

시간[분]	0~5	5~10	10~15	15~20	20~25	25~30
우량[mm]	2	4	6	4	8	6

① 50mm/h
② 64mm/h
③ 72mm/h
④ 80mm/h

해설 ① 15분간 지속 최대 강우량
　　㉠ 0~15 : 12mm　㉡ 5~20 : 14mm
　　㉢ 10~25 : 18mm　㉣ 15~30 : 18mm
　15분간 지속되는 최대 강우량은 10분에서 25분 사이 또는 15분에서 30분 사이에 내린 18mm이다.
② 지속기간 15분인 최대 강우강도
$$I = \frac{18\text{mm}}{15\text{min}} \times \frac{60\text{min}}{1\text{hr}} = 72\text{mm/hr}$$

해답 ③

제4과목　철근콘크리트 및 강구조

061 그림과 같은 맞대기 용접의 용접부에 생기는 인장응력은?

① 50MPa
② 70.7MPa
③ 100MPa
④ 141.4MPa

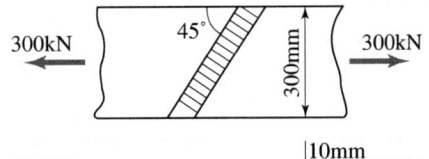
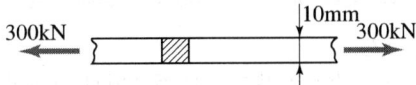

해설 $f = \dfrac{P}{\sum al} = \dfrac{300,000N}{10 \times 300} = 100\text{MPa}$

해답 ③

062

깊은보는 한쪽 면이 하중을 받고 반대쪽 면이 지지되어 하중과 받침부 사이에 압축대가 형성되는 구조요소로서 아래의 (가) 또는 (나)에 해당하는 부재이다. 아래의 ( )안에 들어갈 ㉠, ㉡으로 옳은 것은?

> (가) 순경간 l_n이 부재 깊이의 (㉠)배 이하인 부재
> (나) 받침부 내면에서 부재 깊이의 (㉡)배 이하인 위치에 집중하중이 작용하는 경우는 집중하중과 받침부 사이의 구간

① ㉠ : 4, ㉡ : 2
② ㉠ : 3, ㉡ : 2
③ ㉠ : 2, ㉡ : 4
④ ㉠ : 2, ㉡ : 3

해설 깊은 보(deep beam)는 보의 깊이가 지간에 대하여 비교적 큰 보를 말하며, 한쪽 면이 하중을 받고 반대쪽 면이 지지되어 하중과 받침부 사이에 압축대가 형성되는 구조요소로서 다음 중 하나에 해당하는 부재를 말한다.
① 순경간 l_n이 부재 깊이의 4배 이하인 부재
② 받침부 내면에서(받침부로부터) 부재 깊이의 2배 이하인 위치에 집중하중이 작용하는 경우는 집중하중과 받침부 사이의 구간

해답 ①

063

아래 그림과 같은 인장재의 순단면적은 약 얼마인가? (단, 구멍의 지름은 25mm 이고, 강판두께는 10mm이다.)

① $2323mm^2$
② $2439mm^2$
③ $2500mm^2$
④ $2595mm^2$

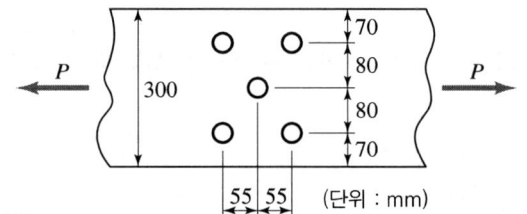

해설 1. 순폭
폭은 수직방향으로 내려오면서 인접한 모든 구멍이 연결(같은 위치에서는 한 개의 구멍만 연결)될 때 가장 작은 값인 순폭이 되므로

$$b_n = b - d - 2w = b - d - 2\left(d - \frac{P^2}{4g}\right) = 300 - 25 - 2 \times \left(25 - \frac{55^2}{4 \times 80}\right) = 243.91 \text{mm}$$

2. 순단면적
$A_n = b_n t = 243.91 \times 10 = 2,439.1 \text{mm}^2$

해답 ②

064

계수하중에 의한 전단력 $V_u = 75\text{kN}$을 받을 수 있는 직사각형 단면을 설계하려고 한다. 기준에 의한 최소 전단철근을 사용할 경우 필요한 보통중량콘크리트의 최소단면적($b_w d$)은? (단, $f_{ck}=28\text{MPa}$, $f_y=300\text{MPa}$이다.)

① 101090mm^2
② 103073mm^2
③ 106303mm^2
④ 113390mm^2

해설 최소전단철근 사용은 $\dfrac{1}{2}\phi V_c < V_u \leq \phi V_c$인 경우 필요하다.

① 콘크리트가 부담하는 전단강도
$$V_c = \dfrac{1}{6}\lambda\sqrt{f_{ck}}\,b_w d = \dfrac{1}{6}\times 1 \times \sqrt{28}\,b_w d = 0.8819171\,b_w d$$

② $\dfrac{1}{2}\phi V_c < V_u \leq \phi V_c$이므로
$75,000 \leq 0.75 \times 0.8819171\,b_w d$에서
$$(b_w d)_{\min} = \dfrac{75,000}{0.75 \times 0.8819171} = 113,389.3\text{mm}^2 \fallingdotseq 113,390\text{mm}^2$$

해답 ④

065

단철근 직사각형 보의 폭이 300mm, 유효깊이가 500mm, 높이가 600mm일 때, 외력에 의해 단면에서 휨균열을 일으키는 휨모멘트(M_{cr})는? (단, $f_{ck}=28\text{MPa}$, 보통중량콘크리트이다.)

① $58\text{kN}\cdot\text{m}$
② $60\text{kN}\cdot\text{m}$
③ $62\text{kN}\cdot\text{m}$
④ $64\text{kN}\cdot\text{m}$

해설
$$f = \dfrac{M_{cr}}{I_g}y_t = 0.63\lambda\sqrt{f_{ck}} = \dfrac{M_{cr}}{I}y = \dfrac{M_{cr}}{\dfrac{300\times 600^3}{12}}\times\dfrac{600}{2} = 0.63\times 1\times\sqrt{28}$$ 에서

$$M_{cr} = \dfrac{0.63\times 1\times\sqrt{28}}{\dfrac{600}{2}}\times\dfrac{300\times 600^3}{12} = 60,005,640\text{N}\cdot\text{mm} = 60\text{kN}\cdot\text{m}$$

해답 ②

066

옹벽의 설계에 대한 일반적인 설명으로 틀린 것은?

① 뒷부벽은 캔틸레버로 설계하여야 하며, 앞부벽은 T형보로 설계하여야 한다.
② 활동에 대한 저항력은 옹벽에 작용하는 수평력의 1.5배 이상이어야 한다.
③ 전도에 대한 저항휨모멘트는 횡토압에 의한 전도모멘트의 2.0배 이상이어야 한다.
④ 저판의 뒷굽판은 정확한 방법이 사용되지 않는 한, 뒷굽판 상부에 재하되는 모든 하중을 지지하도록 설계하여야 한다.

해설 부벽식옹벽의 구조해석
① 앞부벽 : 직사각형보로 설계
② 뒷부벽 : T형보의 복부로 설계
③ 전면벽 : 3변 지지된 2방향 슬래브로 설계할 수 있다.
④ 저판 : 정확한 방법이 사용되지 않는 한 뒷부벽 또는 앞부벽 간의 거리를 경간으로 가정하여 고정보 또는 연속보로 설계할 수 있다.

해답 ①

067

아래 그림과 같은 철근콘크리트 보-슬래브 구조에서 대칭 T형보의 유효폭(b)은?

① 2000mm
② 2300mm
③ 3000mm
④ 3180mm

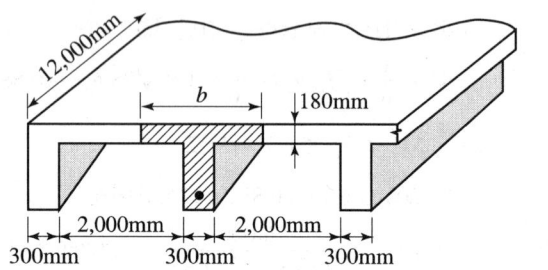

해설 플랜지 폭
대칭 T형보이므로
① $8t_1 + 8t_2 + b_w = 8 \times 180 + 8 \times 180 + 300 = 3,180 \text{mm}$
② 보 경간의 $1/4 = \dfrac{12,000}{4} = 3,000 \text{mm}$
③ 양 슬래브 중심간 거리 $= \dfrac{2,000}{2} + 300 + \dfrac{2,000}{2} = 2,300 \text{mm}$

셋 중 가장 작은 값인 2,300mm를 유효폭으로 결정한다.

해답 ②

068

복철근 콘크리트보 단면에 압축철근비 $\rho' = 0.01$배근되어 있다. 이 보의 순간처짐이 20mm일 때 1년간 지속하중에 의해 유발되는 전체 처짐량은?

① 38.7mm
② 40.3mm
③ 42.4mm
④ 45.6mm

해설 ① 압축철근비 $\rho' = 0.01$
② 지속 하중 재하 기간에 따른 계수 $\xi = 1.4$

구분	3개월	6개월	12개월	5년 이상
ξ	1.0	1.2	1.4	2.0

③ 처짐계수 $\lambda = \dfrac{\xi}{1+50\rho'} = \dfrac{1.4}{1+50 \times 0.01} = 0.933$
④ 장기처짐 $= \lambda \times$ 탄성처짐 $= 0.933 \times 20 = 18.66 \text{mm}$
⑤ 전체 처짐 $=$ 장기처짐 $+$ 탄성처짐 $= 20 + 18.66 = 38.7 \text{mm}$

해답 ①

069 철근콘크리트 부재에서 V_s가 $\frac{1}{3}\lambda\sqrt{f_{ck}}\,b_w d$를 초과하는 경우 부재축에 직각으로 배치된 전단철근의 간격 제한으로 옳은 것은? (단, b_w : 복부의폭, d : 유효깊이, λ : 경량콘크리트 계수, V_s : 전단철근에 의한 단면의 공칭전단강도)

① $d/2$ 이하, 또 어느 경우이든 600mm 이하
② $d/2$ 이하, 또 어느 경우이든 300mm 이하
③ $d/4$ 이하, 또 어느 경우이든 600mm 이하
④ $d/4$ 이하, 또 어느 경우이든 300mm 이하

해설 $V_s \leq \frac{1}{3}\lambda\sqrt{f_{ck}}\,b_w d(N)$인 경우의 규정된 최대 간격을 $\frac{1}{2}$로 감소시켜야 하므로 전단철근의 간격은 $0.25d$ 이하, 300mm 이하($s \leq \frac{d}{4}$, $s \leq 300\text{mm}$)로 한다.

해답 ④

070 아래는 슬래브의 직접설계법에서 모멘트 분배에 대한 내용이다. 아래의 ( )안에 들어갈 ㉠, ㉡으로 옳은 것은?

내부 경간에서는 전체 정적 계수휨모멘트 M_o를 다음과 같은 비율로 분배하여야 한다.
• 부계수휨모멘트 ·· (㉠)
• 정계수휨모멘트 ·· (㉡)

① ㉠ : 0.65, ㉡ : 0.35   ② ㉠ : 0.55, ㉡ : 0.45
③ ㉠ : 0.45, ㉡ : 0.55   ④ ㉠ : 0.35, ㉡ : 0.65

해설 2방향 슬래브의 직접설계법에서 내부 경간 분배율
① 부 계수 휨 모멘트 : $0.65M_o$
② 정 계수 휨 모멘트 : $0.35M_o$

해답 ①

071 아래에서 ( )안에 들어갈 수치로 옳은 것은?

보나 장선의 깊이 h가 ( )mm를 초과하면 종방향 표피철근을 인장연단부터 $h/2$ 지점까지 부재 양쪽 측면 따라 균일하게 배치하여야 한다.

① 700   ② 800
③ 900   ④ 1000

해설 보나 장선의 깊이 h가 900mm를 초과하면, 종방향 표피철근을 인장연단으로부터 $\frac{h}{2}$ 지점까지 부재 양쪽 측면을 따라 균일하게 배치하여야 한다.

해답 ③

072 용접이음에 관한 설명으로 틀린 것은?

① 내부 검사(X-선 검사)가 간단하지 않다.
② 작업의 소음이 적고 경비와 시간이 절약된다.
③ 리벳구멍으로 인한 단면 감소가 없어서 강도 저하가 없다.
④ 리벳이음에 비해 약하므로 응력 집중 현상이 일어나지 않는다.

해설 용접이음은 응력 집중이 일어나기 쉬운 단점이 있다.

해답 ④

073 포스트텐션 긴장재의 마찰손실을 구하기 위해 아래와 같은 근사식을 사용하고자 할 때 근사식을 사용할 수 있는 조건으로 옳은 것은?

$$P_{px} = \frac{P_{pj}}{(1 + Kl_{px} + \mu_p \alpha_{px})}$$

P_{px} : 임의점 x에서 긴장재의 긴장력(N)
P_{pj} : 긴장단에서 긴장재의 긴장력(N)
K : 긴장재의 단위길이 1m당 파상마찰계수
l_{px} : 정착단부터 임의의 지점 x까지 긴장재의 길이 (m)
μ_p : 곡선부의 곡률마찰계수
α_{px} : 긴장단부터 임의점 x까지 긴장재의 전체 회전각 변화량(라디안)

① P_{pj}의 값이 5000kN 이하인 경우
② P_{pj}의 값이 5000kN 초과하는 경우
③ $(Kl_{px} + \mu_p \alpha_{px})$ 값이 0.3 이하인 경우
④ $(Kl_{px} + \mu_p \alpha_{px})$ 값이 0.3 초과인 경우

해설 $(Kl_{px} + \mu_p \alpha_{px}) \leq 0.3$인 경우 다음의 근사식을 사용할 수 있다.

해답 ③

074

단면이 300×400mm이고, 150mm² 의 PS 강선 4개를 단면도심축에 배치한 프리텐션 PS 콘크리트 부재가 있다. 초기 프리스트레스 1000MPa일 때 콘크리트의 탄성수축에 의한 프리스트레스의 손실량은? (단, 탄성계수비(n)는 6.0이다.)

① 30MPa
② 34MPa
③ 42MPa
④ 52MPa

해설 ① $P_i = f_{pi} A_{ps} = 1,000 \times (4 \times 150) = 600,000$ N
② 콘크리트의 탄성변형에 의한 PS강재의 프리스트레스 감소량
$$\Delta f_P = nf_{ci} = n\frac{P_i}{A_c} = 6 \times \frac{600,000}{300 \times 400} = 30\text{MPa}$$

[참고] 유효 프리스트레스
$$f_{pe} = f_{pi} - \Delta f_p = 1,000 - 31.5 = 968.5\text{MPa}$$

해답 ①

075

2방향 슬래브의 설계에서 직접설계법을 적용할 수 있는 제한 사항으로 틀린 것은?

① 각 방향으로 3경간 이상 연속되어야 한다.
② 슬래브 판들은 단변 경간에 대한 장변 경간의 비가 2이하인 직사각형이어야 한다.
③ 각 방향으로 연속한 받침부 중심간 경간 차이는 긴 경간의 1/3 이하이어야 한다.
④ 연속한 기둥 중심선을 기준으로 기둥의 어긋남은 그 방향 경간의 20% 이하이어야 한다.

해설 연속한 기둥 중심선으로부터 기둥의 어긋남은 그 방향 경간의 최대 10% 이하이어야 한다.

해답 ④

076

철근의 정착에 대한 설명으로 틀린 것은?

① 인장 이형철근 및 이형철선의 정착길이(l_d)는 항상 300mm 이상이어야 한다.
② 압축 이형철근의 정착길이(l_d)는 항상 400mm 이상이어야 한다.
③ 갈고리는 압축을 받는 경우 철근정착에 유효하지 않은 것으로 보아야 한다.
④ 단부에 표준갈고리가 있는 인장 이형철근의 정착길이(l_{dh})는 항상 철근의 공칭지름(d_b)의 8배 이상, 또한 150mm 이상이어야 한다.

해설 압축 이형철근의 정착길이는 항상 200mm 이상이어야 한다.

해답 ②

077

그림과 같은 단면의 도심에 PS강재가 배치되어 있다. 초기 프리스트레스 1800kN을 작용시켰다. 30%의 손실을 가정하여 콘크리트의 하연응력이 0이 되기 위한 휨모멘트 값은? (단, 자중은 무시한다.)

① 120kN·m
② 126 kN·m
③ 130kN·m
④ 150kN·m

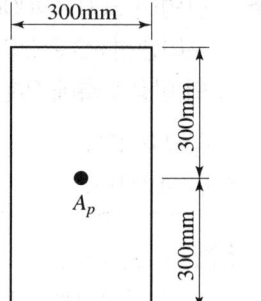

해설 $f_{하연} = \dfrac{P}{A} - \dfrac{M}{Z} = \dfrac{P}{bh} - \dfrac{M}{\dfrac{bh^2}{6}} = 0$ 에서 $M = \dfrac{Ph}{6} = \dfrac{(1800 \times 0.7) \times 0.6}{6} = 126 \text{kN} \cdot \text{m}$

해답 ②

078

콘크리트 설계기준압축강도가 28MPa, 철근의 설계기준항복강도가 350MPa로 설계된 길이가 4m인 캔틸레버 보가 있다. 처짐을 계산하지 않는 경우의 최소 두께는? (단, 보통중량콘크리트(m_c = 2300kg/m³)이다.)

① 340mm
② 465mm
③ 512mm
④ 600mm

해설 보통콘크리트(w_c = 2,300kg/m³)와 설계기준항복강도 400MPa 철근을 사용한 부재가 아닌 경우 수정값을 사용하여야 한다.
f_y = 350MPa < 400MPa이므로 처짐을 계산하지 않는 경우 캔틸레버보의 최소 두께는
$h = \dfrac{l}{8}\left(0.43 + \dfrac{f_y}{700}\right) = \dfrac{4,000}{8} \times \left(0.43 + \dfrac{350}{700}\right) = 465 \text{mm}$

해답 ②

079

나선철근 압축부재 단면의 심부 지름이 300mm, 기둥 단면의 지름이 400mm인 나선철근 기둥의 나선철근비는 최소 얼마 이상이어야 하는가? (단, 나선철근의 설계기준항복강도(f_{yt})는 400MPa, 콘크리트의 설계기준압축강도(f_{ck})는 28MPa이다.)

① 0.0184
② 0.0201
③ 0.0225
④ 0.0245

해설 $\rho_s \geq 0.45\left(\dfrac{A_g}{A_c} - 1\right)\dfrac{f_{ck}}{f_{yt}} = 0.45 \times \left(\dfrac{\dfrac{\pi \times 400^2}{4}}{\dfrac{\pi \times 300^2}{4}} - 1\right) \times \dfrac{28}{400} = 0.0245$

해답 ④

080 강도감소계수(ϕ)를 규정하는 목적으로 옳지 않은 것은?

① 부정확한 설계 방정식에 대비한 여유
② 구조물에서 차지하는 부재의 중요도를 반영
③ 재료 강도와 치수가 변동할 수 있으므로 부재의 강도 저하 확률에 대비한 여유
④ 하중의 공칭 값과 실제 하중 간의 불가피한 차이 및 예기치 않은 초과하중에 대비한 여유

해설 하중의 공칭 값과 실제 하중 간의 불가피한 차이 및 예기치 않은 초과하중에 대비한 여유를 주기 위한 계수는 하중증가계수이다.

해답 ④

제5과목 토질 및 기초

081 흙의 분류법인 AASHTO분류법과 통일분류법을 비교·분석한 내용으로 틀린 것은?

① 통일분류법은 0.075mm체 통과율 35%를 기준으로 조립토와 세립토로 분류하는데 이것은 AASHTO분류법보다 적합하다.
② 통일분류법은 입도분포, 액성한계, 소성지수 등을 주요 분류인자로 한 분류법이다.
③ AASHTO분류법은 입도분포, 군지수 등을 주요 분류인자로 한 분류법이다.
④ 통일분류법은 유기질토 분류방법이 있으나 AASHTO분류법은 없다.

해설
1. 통일 분류법의 조립토와 세립토 구분
   ① No.200체(0.075mm) 통과율 50% 미만 : 조립토
   ② No.200체(0.075mm) 통과율 50% 이상 : 세립토
2. AASHTO 분류의 조립토와 세립토 구분
   ① 조립토의 분류 : No.200 체 통과량 35% 이하(G, S)
   ② 세립토의 분류 : No.200 체 통과량 35% 이상(M, C, O)

해답 ①

082

포화단위중량(γ_{sat})이 19.62kN/m³인 사질토로된 무한사면이 20°로 경사져 있다. 지하수위가 지표면과 일치하는 경우 이 사면의 안전율이 1 이상이 되기 위해서 흙의 내부마찰각이 최소 몇 도 이상이어야 하는가? (단, 물의 단위중량은 9.81kN/m³이다.)

① 18.21°
② 20.52°
③ 36.06°
④ 45.47°

해설 사질토지반의 점착력(c)이 0(zero)이므로

$$F_s = \frac{\gamma_{sub}}{\gamma_{sat}} \cdot \frac{\tan\phi}{\tan\beta} = \frac{19.62-9.81}{19.62} \times \frac{\tan\phi}{\tan 20°} \geq 1$$에서

$$\phi = \tan^{-1}\frac{19.62 \times \tan 20°}{19.62-9.81} = 36.05°$$

해답 ③

083

그림에서 지표면으로부터 길이 6m에서의 연직응력(σ_v)과 수평응력(σ_h)의 크기를 구하면? (단, 토압계수는 0.6이다.)

① $\sigma_v = 87.3\text{kN/m}^2$, $\sigma_h = 52.4\text{kN/m}^2$
② $\sigma_v = 95.2\text{kN/m}^2$, $\sigma_h = 57.1\text{kN/m}^2$
③ $\sigma_v = 112.2\text{kN/m}^2$, $\sigma_h = 67.3\text{kN/m}^2$
④ $\sigma_v = 123.4\text{kN/m}^2$, $\sigma_h = 74.0\text{kN/m}^2$

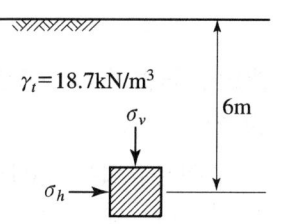

해설 ① 수직응력 : $\sigma_v = \gamma_t Z = 18.7 \times 6 = 112.2\text{kN/m}^2$
② 수평응력 : $\sigma_h = K_o \sigma_v = 0.6 \times 112.2 = 67.32\text{kN/m}^2$

해답 ③

084

흙 시료의 전단시험 중 일어나는 다일러턴시(Dilatancy) 현상에 대한 설명으로 틀린 것은?

① 흙이 전단될 때 전단면 부근의 흙입자가 재배열되면서 부피가 팽창하거나 수축하는 현상을 다일러턴시라 부른다.
② 사질토 시료는 전단 중 다일러턴시가 일어나지 않는 한계의 간극비가 존재한다.
③ 정규압밀 점토의 경우 정(+)의 다일러턴시가 일어난다.
④ 느슨한 모래는 보통 부(-)의 다일러턴시가 일어난다.

해설 전단상자 속의 시료가 조밀한 경우에는 체적이 증가하나 느슨한 경우에는 체적이

감소한다. 이와 같은 전단변형에 따른 용적변화를 Dilatancy라 한다.

흙 종류	체적 변화	다일러턴시	간극수압
촘촘한 모래 (과압밀 점토)	팽창	(+) 다일러턴시	감소(−)
느슨한 모래 (정규 압밀점토)	수축	(−) 다일러턴시	증가(+)

해답 ③

085

도로의 평판재하 시험에서 시험을 멈추는 조건으로 틀린 것은?

① 완전히 침하가 멈출 때
② 침하량이 15mm에 달할 때
③ 재하 응력이 지반의 항복점을 넘을 때
④ 재하 응력이 현장에서 예상할 수 있는 가장 큰 접지 압력의 크기를 넘을 때

해설 평판재하시험 종료 조건
① 침하량이 15mm에 달한 경우
② 하중강도가 그 지반의 항복점을 넘는 경우
③ 하중강도가 현장에서 예상되는 최대접지 압력을 초과하는 경우

해답 ①

086

압밀시험에서 얻은 $e - \log P$ 곡선으로 구할 수 있는 것이 아닌 것은?

① 선행압밀압력　　② 팽창지수
③ 압축지수　　　　④ 압밀계수

해설 1. **압밀계수**(Coefficient of Consolidation) 값은 시료의 시간-침하량 곡선으로부터 구해지며, Taylor(1942)가 제안한 방법과 Casagrande와 Fadum(1940)이 제안한 방법의 두가지가 있으며, 압밀계수는 지반의 압밀침하에 소요되는 시간을 추정하는데 사용된다.

2. 압밀곡선으로부터 구할 수 있는 요소

구분＼곡선	시간-침하량 곡선	하중-간극비 곡선
공통	① 압축계수 ② 체적변화계수	① 압축계수 ② 체적변화계수
차이점	① 압밀계수 ② 투수계수 ③ 1차 압밀비 ④ 압밀시간 산정 ⑤ 각 하중 단계마다 작성	① 압축지수 ② 선행압밀하중 ③ 압밀 침하량 산정 ④ 전 하중 단계에서 작성

해답 ④

087

상·하층이 모래로 되어 있는 두께 2m의 점토층이 어떤 하중을 받고 있다. 이 점토층의 투수계수가 5×10^{-7}cm/s, 체적변화계수(m_v)가 5.0cm²/kN일 때 90% 압밀에 요구되는 시간은? (단, 물의 단위중량은 9.81kN/m³이다.)

① 약 5.6일　　② 약 9.8일
③ 약 15.2일　　④ 약 47.2일

해설

① $C_v = \dfrac{k}{m_v \cdot \gamma_w} = \dfrac{5 \times 10^{-7}}{5 \times (9.81 \times 10^{-6})} = 0.0102 \text{cm}^2/\text{s}$

② $t_{90} = \dfrac{0.848 \cdot d^2}{C_v} = \dfrac{0.848 \times \left(\dfrac{200}{2}\right)^2}{0.0102} = 831,372.55$초

$= \dfrac{831,372.55 \sec}{60 \times 60 \times 24} = 9.62$일

해답 ②

088

어떤 지반에 대한 흙의 입도분석결과 곡률계수(C_g)는 1.5, 균등계수(C_u)는 15이고 입자는 모난 형상이었다. 이때 Dunham의 공식에 의한 흙의 내부마찰각(ϕ)의 추정치는? (단, 표준관입시험 결과 N치는 10이었다.)

① 25°　　② 30°
③ 36°　　④ 40°

해설

① 입도 판정
　㉠ 흙에서 균등계수(C_u) 15로 양입도 조건 10 클 것 만족
　㉡ 흙에서 곡률계수(C_g)는 1.5로 양입도 조건 1~3 만족
　㉢ 균등계수(C_u)와 곡률계수(C_g) 둘 모두 만족하므로 입도 분포가 좋다(양입도)

② 흙의 내부마찰각(ϕ)의 추정치
양입도에 입자는 모난 형상이므로
$\phi = \sqrt{12N} + 25 = \sqrt{12 \times 10} + 25 = 36°$

> [참고] 1. 양입도 조건
> 　① 흙일 때 : $C_u > 10$, 그리고 $C_g = 1~3$
> 　② 모래일 때 : $C_u > 6$, 그리고 $C_g = 1~3$
> 　③ 자갈일 때 : $C_u > 4$, 그리고 $C_g = 1~3$
> 　균등계수(C_u)와 곡률계수(C_g) 둘 중 어느 하나라도 만족하지 못하면 입도 분포가 나쁘다.
> 　2. N, ϕ의 관계(Dunham 공식)
> 　① 토립자가 모나고 입도가 양호 : $\phi = \sqrt{12N} + 25$
> 　② 토립자가 모나고 입도가 불량 : $\phi = \sqrt{12N} + 20$
> 　③ 토립자가 둥글고 입도가 양호 : $\phi = \sqrt{12N} + 20$
> 　④ 토립자가 둥글고 입도가 불량 : $\phi = \sqrt{12N} + 15$

해답 ③

089 흙의 내부마찰각이 20°, 점착력이 50kN/m², 습윤단위중량이 17kN/m³, 지하수위 아래 흙의 포화단중량이 19kN/m³일 때 3m×3m 크기의 정사각형 기초의 극한지지력을 Terzaghi의 공식으로 구하면? (단, 지하수위는 기초바닥 깊이와 같으며 물의 단위중량은 9.81kN/m³이고, 지지력계수 $N_c = 18$, $N_\gamma = 5$, $N_q = 7.50$이다.)

① 1231.24kN/m²
② 1337.31kN/m²
③ 1480.14kN/m²
④ 1540.42kN/m²

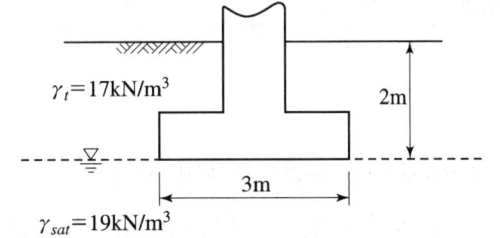

해설 ① 기초 모양에 따른 형상계수
정사각형 기초이므로
㉠ $\alpha = 1.3$
㉡ $\beta = 0.4$
② 지하수위가 $D_1 = D_f$인 경우(기초저면)이므로
$r_1' = r_{sub}$ $q = r_2 D_f$
③ $q_{ult} = \alpha c N_c + \beta \gamma_1 B N_\gamma + \gamma_2 D_f N_q$
$= 1.3 \times 50 \times 18 + 0.4 \times (19-9.81) \times 3 \times 5 + 17 \times 2 \times 7.5$
$= 1480.14 \text{kN/m}^2$

해답 ③

---

090 그림에서 $a-a'$면 바로 아래의 유효응력은? (단, 흙의 간극비(e)는 0.4, 비중(G_s)은 2.65, 물의 단위중량은 9.81kN/m³이다.)

① 68.2kN/m²
② 82.1kN/m²
③ 97.4kN/m²
④ 102.1kN/m²

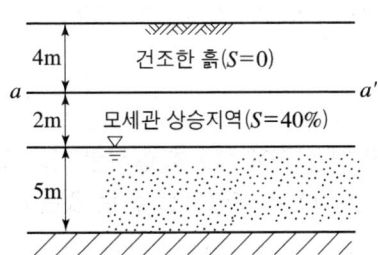

해설 ① 지표면으로부터 4m 아래까지 지반의 건조단위중량
$$\gamma_d = \frac{G_s}{1+e} \cdot \gamma_w = \frac{2.65}{1+0.4} \times 9.81 = 18.57 \text{kN/m}^3$$
② 모관상승 현상이 있는 부분은 (−)공극수압이 생겨 유효응력이 증가하게 된다.
$\sigma' = \sigma - u = \sigma - (-\gamma_w \cdot h) = \sigma + \gamma_w \cdot h$
$18.57 \times 4 - (-9.81 \times 2 \times 0.4) = 82.128 \text{kN/m}^2$

해답 ②

091
시료채취 시 샘플러(sampler)의 외경이 6cm, 내경이 5.5cm일 때 면적비는?

① 8.3% ② 9.0%
③ 16%   ④ 19%

해설
$$A_r = \frac{D_o^2 - D_e^2}{D_e^2} \times 100 = \frac{6^2 - 5.5^2}{5.5^2} \times 100 = 19.0\%$$

해답 ④

092
다짐에 대한 설명으로 틀린 것은?

① 다짐에너지는 래머(sampler)의 중량에 비례한다.
② 입도배합이 양호한 흙에서는 최대건조 단위중량이 높다.
③ 동일한 흙일지라도 다짐기계에 따라 다짐효과는 다르다.
④ 세립토가 많을수록 최적함수비가 감소한다.

해설 세립토가 많을수록 최적함수비는 증가한다.

해답 ④

093
20개의 무리말뚝에 있어서 효율이 0.75이고, 단항으로 계산된 말뚝 한 개의 허용지지력이 150kN일 때 무리말뚝의 허용지지력은?

① 1125kN ② 2250kN
③ 3000kN ④ 4000kN

해설 군항의 허용지지력
$Q_{ag} = E \cdot N \cdot Q_a = 0.75 \times 20 \times 150 = 2,250\text{kN}$

해답 ②

094
연약지반 위에 성토를 실시한 다음, 말뚝을 시공하였다. 시공 후 발생될 수 있는 현상에 대한 설명으로 옳은 것은?

① 성토를 실시하였으므로 말뚝의 지지력은 점차 증가한다.
② 말뚝을 암반층 상단에 위치하도록 시공하였다면 말뚝의 지지력에는 변함이 없다.
③ 압밀이 진행됨에 따라 지반의 전단강도가 증가되므로 말뚝의 지지력은 점차 증가한다.
④ 압밀로 인해 부주면마찰력이 발생되므로 말뚝의 지지력은 감소된다.

해설 연약지반에 말뚝을 타입한 다음, 성토와 같은 하중을 작용시켰을 때 말뚝 주위 지반의 침하량이 말뚝의 침하량보다 상대적으로 클 때 주면 마찰력이 하향으로 발생하여 하중역할을 하게 되어 (−)의 주면 마찰력인 부마찰력이 발생하게 되어 말뚝의 지지력이 감소된다.

해답 ④

095 아래와 같은 상황에서 강도정수 결정에 접촉한 삼축압축시험의 종류는?

> 최근에 매립된 포화 점성토지반 위에 구조물을 시공한 직후의 초기 안정 검토에 필요한 지반 강도정수 결정

① 비압밀 비배수시험(UU) ② 비압밀 배수시험(UD)
③ 압밀 비배수시험(CU) ④ 압밀 배수시험(CD)

해설 **비압밀 비배수시험**(UU−test)은 점토지반이 시공 중 또는 성토한 후 급속한 파괴가 예상되는 경우나 점토지반의 단기적 안정해석하는 경우 사용된다.

[참고] 배수방법에 따른 적용의 예

배수방법	적 용
비압밀 비배수 (UU−test)	① 점토지반이 시공 중 또는 성토한 후 급속한 파괴가 예상되는 경우 ② 압밀이나 함수비의 변화가 없이 급속한 파괴가 예상되는 경우 ③ 재하속도가 과잉공극수압의 소산속도보다 빠른 경우 ④ 즉각적인 함수비의 변화, 체적의 변화가 없는 경우 ⑤ 점토지반의 단기적 안정해석하는 경우
압밀 비배수 (CU−test)	① 성토 하중으로 어느 정도 압밀된 후 급속한 파괴가 예상되는 경우 ② 기존의 제방, 흙 댐에서 수위가 급강하할 때의 안정해석하는 경우 ③ 사전압밀(Pre−loading) 후 급격한 재하시의 안정해석하는 경우
압밀 배수 (CD−test)	① 성토 하중에 의하여 압밀이 서서히 진행되고 파괴도 극히 완만하게 진행될 때 ② 공극수압의 측정이 곤란한 경우 ③ 점토지반의 장기적 안정해석하는 경우 ④ 흙 댐의 정상류에 의한 장기적인 공극수압을 산정하는 경우 ⑤ 과압밀점토의 굴착이나 자연사면의 장기적 안정해석하는 경우 ⑥ 투수계수가 큰 모래지반의 사면 안정해석하는 경우

해답 ①

096 베인전단시험(vane shear test)에 대한 설명으로 틀린 것은?

① 베인전단시험으로부터 흙의 내부마찰각을 측정할 수 있다.
② 현장 원위치 시험의 일종으로 점토의 비배수 전단강도를 구할 수 있다.
③ 연약하거나 중간 정도의 점토성 지반에 적용된다.
④ 십자형의 베인(vane)을 땅 속에 압입한 후, 회전모멘트를 가해서 흙이 원통형으로 전단파괴될 때 저항모멘트를 구함으로써 비배수 전단강도를 측정하게 된다.

해설 베인전단시험(vane shear test)은 10m 미만의 연약한 점토층에서 베인의 회전력에 의해 점토의 비배수 전단강도를 측정하는 시험이다.

해답 ①

097 연약지반 개량공법 중 점성토지반에 이용되는 공법은?
① 전기충격 공법 ② 폭차다짐 공법
③ 생석회말뚝 공법 ④ 바이브로플로테이션 공법

해설 생석회말뚝(chemico pile) 공법은 연약점토지반 개량공법의 일종이다.

[참고] 1. 연약점토지반 개량공법
① 치환공법
② pre-loading 공법(사전압밀공법)
③ Sand drain 공법
④ Paper Drain 공법(card board wicks method)
⑤ Pack Drain Method
⑥ 전기침투공법
⑦ 침투압공법(MAIS 공법)
⑧ 생석회말뚝(chemico pile) 공법
2. 사질토지반 개량공법
① 다짐말뚝공법
② 다짐모래 말뚝공법(sand compaction pile 공법=compozer 공법)
③ 바이브로플로테이션(Vibroflotation) 공법
④ 폭파다짐공법
⑤ 약액주입공법
⑥ 전기충격공법

해답 ③

098 어떤 모래층의 간극비(e)는 0.2, 비중(G_s)은 2.60이었다. 이 모래가 분사현상(Quick Sand)이 일어나는 한계 동수경사(i_c)는?
① 0.56 ② 0.95
③ 1.33 ④ 1.80

해설 $i_c = \dfrac{G_s - 1}{1 + e} = \dfrac{(2.60 - 1)}{1 + 0.2} = 1.33$

해답 ③

099 주동토압을 P_A, 수동토압을 P_P, 정지토압을 P_o라 할 때 토압의 크기를 비교한 것으로 옳은 것은?

① $P_A > P_P > P_o$
② $P_P > P_o > P_A$
③ $P_P > P_A > P_o$
④ $P_o > P_A > P_P$

해설 토압의 크기 비교
수동토압(P_P) > 정지토압(P_o) > 주동토압(P_A)

해답 ②

100 그림과 같은 지반내의 유선망이 주어졌을 때 폭 10m에 대한 침투 유량은? (단, 투수계수(K)는 2.2×10^{-2}cm/s이다.)

① $3.96 \text{cm}^3/\text{s}$
② $39.6 \text{cm}^3/\text{s}$
③ $396 \text{cm}^3/\text{s}$
④ $3960 \text{cm}^3/\text{s}$

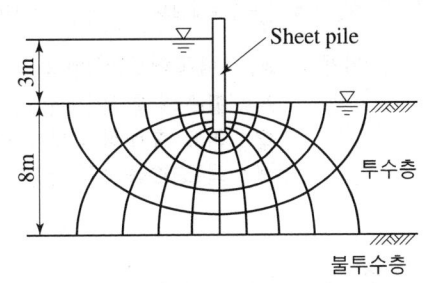

해설 ① 침투유량(q)
$$q = K \cdot H \cdot \frac{N_f}{N_d} = 2.2 \times 10^{-2} \times 300 \times \frac{6}{10} = 3.96 \text{cm}^3/\text{sec/cm}$$
② 10m(1,000cm)에 대한 침투유량(Q)
$Q = q \times 1,000 = 3.96 \times 100 = 3,960 \text{cm}^3/\text{sec}$

해답 ④

제6과목 상하수도공학

101 분류식 하수도의 장점이 아닌 것은?
① 오수관내 유량이 일정하다.
② 방류장소 선정이 자유롭다.
③ 사설 하수관 연결하기가 쉽다.
④ 모든 발생오수를 하수처리장으로 보낼 수 있다.

해설 **분류식 하수도의 단점**
① 오수관과 우수관을 별도로 설치해야 되므로 공사비가 많이 소요된다.
② 도로의 폭이 좁고 여러 가지 지하매설물이 교차되어 있는 기존 시가지에서는 시공상 곤란한 점이 많이 따른다.
③ 우수관 및 오수관 구별이 명확하지 않는 곳에서는 오접의 가능성이 있다.

해답 ③

102
양수량이 8m³/min, 전양정이 4m, 회전수 1160rpm인 펌프의 비교회전도는?
① 316
② 985
③ 1160
④ 1436

해설 $N_S = N \dfrac{Q^{1/2}}{H^{3/4}} = 1{,}160 \times \dfrac{8^{1/2}}{4^{3/4}} = 1{,}160$

여기서, N_S : 비교회전도[rpm]
N : 펌프의 회전수[rpm]
Q : 최고 효율점의 양수량[m³/min](양흡입의 경우에는 1/2로 한다.)
H : 최고 효율점의 전양정[m](다단 펌프의 경우는 1단에 해당하는 양정)

해답 ③

103
활성슬러지의 SVI가 현저하게 증가되어 응집성이 나빠져 최종 침전지에서 처리수의 분리가 곤란하게 되었다. 이것은 활성슬러지의 어떤 이상 현상에 해당되는가?
① 활성슬러지의 부패
② 활성슬러지의 상승
③ 활성슬러지의 팽화
④ 활성슬러지의 해제

 SVI는 슬러지 팽화 발생여부를 확인하는 지표로써 SVI가 50~150일 때 침전성은 양호, 200 이상이면 슬러지 팽화 발생한다고 본다.

해답 ③

104
하수도용 펌프 흡입구의 표준 유속으로 옳은 것은? (단, 흡입구의 유속은 펌프의 회전수 및 흡입실양정 등을 고려한다.)
① 0.3~0.5m/s
② 1.0~1.5m/s
③ 1.5~3.0m/s
④ 5.0~10.0m/s

해설 펌프 흡입구의 유속은 1.5~3m/sec를 표준
① 펌프의 회전수가 클 경우 : 유속을 크게
② 펌프의 회전수가 작을 때 : 유속을 작게

해답 ③

105
혐기성 소화 공정의 영향인자가 아닌 것은?
① 온도
② 메탄함량
③ 알칼리도
④ 체류시간

해설 혐기성 소화 공정 영향인자에는 체류시간, 온도, 영양염류, pH, 독성물질, 알칼리도 등이 있다.

해답 ②

106
도수관을 설계할 때 자연유하식인 경우에 평균유속의 허용한도로 옳은 것은?
① 최소한도 0.3m/s, 최대한도 3.0m/s
② 최소한도 0.1m/s, 최대한도 2.0m/s
③ 최소한도 0.2m/s, 최대한도 1.5m/s
④ 최소한도 0.5m/s, 최대한도 1.0m/s

해설 **관의 평균유속**
① 도수관의 평균유속의 최대 및 최소 한도 : 자연유하식인 경우에는 허용 최대한도를 3.0m/s로 하고, 도수관의 평균 유속 최소 한도는 원수를 수송하므로 모래입자 등의 침전을 방지하기 위하여 0.3m/s 이상으로 한다.
② 펌프가압식인 경우에는 경제적인 관경에 대한 유속으로 한다.
③ 송수관의 유속은 도수관의 유속에 준한다.

해답 ①

107
정수장에서 응집제로 사용하고 있는 폴리염화알루미늄(PACl)의 특성에 관한 설명으로 틀린 것은?
① 탁도제거에 우수하며 특히 홍수 시 효과가 탁월하다.
② 최적 주입율의 폭이 크며, 과잉으로 주입하여도 효과가 떨어지지 않는다.
③ 물에 용해되면 가수분해가 촉진되므로 원액을 그대로 사용하는 것이 바람직하다.
④ 낮은 수온에 대해서도 응집효과가 좋지만 황산알루미늄과 혼합하여 사용해야 한다.

해설 폴리염화알루미늄을 황산알루미늄과 혼합 사용하면 침전물이 발생하여 송액관을 막히게 하므로 혼합하여 사용하지 말아야 한다.

해답 ④

108
완속여과지와 비교할 때, 급속여과지에 대한 설명으로 틀린 것은?

① 대규모처리에 적합하다.
② 세균처리에 있어 확실성이 적다.
③ 유입수가 고탁도인 경우에 적합하다.
④ 유지관리비가 적게 들고 특별한 관리기술이 필요치 않다.

해설 완속여과방식은 유지관리가 간단하고 고도의 기술을 요구하지 않으면서 안정된 양질의 처리수를 얻을 수 있다는 장점이 있으나, 여과속도가 느리기 때문에 넓은 면적이 필요하고 또 오사삭취작업 등을 위한 많은 인력이 필요하다.

해답 ④

109
유량이 100000m³/d이고 BOD가 2mg/L인 하천으로 유량 1000m³/d, BOD 100mg/L인 하수가 유입된다. 하수가 유입된 후 혼합된 BOD의 농도는?

① 1.97mg/L
② 2.97mg/L
③ 3.97mg/L
④ 4.97mg/L

해설 $C_m = \dfrac{Q_1 C_1 + Q_2 C_2}{Q_1 + Q_2} = \dfrac{100,000 \times \times 2 + 1,000 \times 100}{100,000 + 1,000} = 2.97\text{mg/L}$

해답 ②

110
보통 상수도의 기본계획에서 대상이 되는 기간인 계획(목표)년도는 계획수립부터 몇 년간을 표준으로 하는가?

① 3~5년간
② 5~10년간
③ 15~20년간
④ 25~30년간

해설 계획(목표)년도는 기본계획에서 대상이 되는 기간으로 계획수립시부터 15~20년간을 표준으로 한다.

해답 ③

111
배수면적이 2km²인 유역 내 강우의 하수관로 유입시간이 6분, 유출계수가 0.70일 때 하수관로 내 유속이 2m/s인 1km 길이의 하수관에서 유출되는 우수량은? (단, 강우강도 $I = \dfrac{3,500}{t+25}$ [mm/h], t의 단위 : [분])

① 0.3m³/s
② 2.6m³/s
③ 34.6m³/s
④ 43.9m³/s

해설 ① 유달시간(T) = 유입시간(t_1) + 유하시간(t_2)
$$= t_1 + \frac{L}{v} = 6 + \frac{1000}{2 \times 60} = 14.33 \text{min}$$
② $I = \dfrac{3500}{t+25} = \dfrac{3500}{14.33+25} = 88.98 \text{mm/hr}$
③ $Q = \dfrac{1}{3.6} CIA = \dfrac{1}{3.6} \times 0.70 \times 88.98 \times 2 = 34.6 \text{m}^3/\text{sec}$

해답 ③

112

일반활성슬러지 공정에서 다음 조건과 같은 반응조의 수리학적 체류시간(HRT) 및 미생물 체류시간(SRT)을 모두 올바르게 배열한 것은? (단, 처리수 SS를 고려한다.)

- 반응조 용량(V) : 10000m³
- 반응조 유입수량(Q) : 40000m³/d
- 반응조로부터의 잉여슬러지량(Q_W) : 400m³/d
- 반응조 내 SS 농도(X) : 4000mg/L
- 처리수의 SS 농도(X_e) : 200mg/L
- 잉여슬러지농도(X_W) : 10000mg/L

① HRT : 0.25일, SRT : 8.35일
② HRT : 0.25일, SRT : 9.53일
③ HRT : 0.5일, SRT : 10.35일
④ HRT : 0.5일, SRT : 11.53일

해설 ① 수리학적 체류시간(HRT)
$$HRT = \frac{V}{Q} = \frac{10,000}{40,000} = 0.25 \text{day}$$
② 미생물 체류시간(SRT)
$$SRT = \frac{V \cdot X}{Q_W \cdot X_W + (Q - Q_W)X_e} = \frac{10,000 \times 4,000}{400 \times 10,000 + (40,000 - 400) \times 20}$$
$$= 8.35 \text{day}$$

해답 ①

113

펌프의 흡입구경(口徑)을 결정하는 식으로 옳은 것은? (단, Q : 펌프의 토출량(m³/min), V : 흡입구의 유속(m/s))

① $D = 146 \sqrt{\dfrac{Q}{V}}$ (mm)
② $D = 186 \sqrt{\dfrac{Q}{V}}$ (mm)
③ $D = 273 \sqrt{\dfrac{Q}{V}}$ (mm)
④ $D = 357 \sqrt{\dfrac{Q}{V}}$ (mm)

해설 펌프의 흡입구경

$$D = 146\sqrt{\dfrac{Q}{V}}$$

여기서, D : 펌프의 흡입구경[mm]
Q : 펌프의 토출유량[m³/min]
V : 흡입구의 유속[m/sec]

해답 ①

114 펌프의 공동현상(cavitation)에 대한 설명으로 틀린 것은?

① 공동현상이 발생하면 소음이 발생한다.
② 공동현상은 펌프의 성능 저하의 원인이 될 수 있다.
③ 공동현상을 방지하려면 펌프의 회전수를 크게 해야 한다.
④ 펌프의 흡입양정이 너무 작고 임펠러 회전속도가 빠를 때 공동현상이 발생한다.

해설 펌프의 회전속도를 낮게 선정하여 필요유효흡입수두(H_{sv})를 작게 한다.

[참고] 공동현상의 방지법
① 펌프의 설치 위치를 되도록 낮게 하고, 흡입양정을 작게 한다.
② 흡입관은 되도록 짧은 것이 좋으며 부득이할 때는 흡입관을 크게 하여 손실을 감소시킨다.
③ 흡입측에서 펌프의 토출량을 감소시키는 일은 절대로 피한다.
④ 총양정의 규정에 있어서 적합하도록 계획한다.
⑤ 양정 변화가 클 때는 상용의 최저 양정에 대하여도 공동현상이 생기지 않도록 충분히 주의해야 한다.
⑥ 공동현상을 피할 수 없을 때는 임펠러 재질을 cavitation 파손에 강한 것을 사용한다.
⑦ 펌프의 공동현상을 방지하려면 펌프의 회전수를 낮게 해야 한다.
⑧ 가용 유효 흡입수두를 필요 유효 흡입수두 보다 크게 하여 손실수두를 줄인다.

해답 ③

115 하수도 시설에 손상을 주지 않기 위하여 설치되는 전처리(primary treatment)공정을 필요로 하지 않는 폐수는?

① 산성 또는 알카리성이 강한 폐수
② 대형 부유물질만을 함유하는 폐수
③ 침전성 물질을 다량으로 함유하는 폐수
④ 아주 미세한 부유물질만을 함유하는 폐수

해설 ① 폐수에 상당량의 조협잡물(헝겊, 플라스틱, 나무조각 등)과 세협잡물(모래를 포함한 각종 과일 씨앗류) 등과 같은 대형 부유물질이나 침전성 물질을 함유되어 있을 경우 조·세협잡물 등을 완벽하게 제거하지 않을 경우에는 이들이 후속처리계통으로 유입되어 반응조의 유효용적을 감소시키거나 배관 또는 산기관 등을 폐쇄시켜 처리효율에 심각한 장애를 초래하게 되므로, 전처리 공정이 필수적이다.
② 산성 또는 알카리성이 강한 폐수의 경우에도 하수도 시설 손상 방지를 위해 전처리 공정이 필요하다.
③ 아주 미세한 부유물질만을 함유하고 있는 경우에는 하수도 시설 손상이 미비함으로 전처리 공정이 필수적인 것은 아니다.

해답 ④

116
지하의 사질(砂質) 여과층에서 수두차 h가 0.5m이며 투과거리 l이 2.5m 인 경우 이곳을 통과하는 지하수의 유속은? (단, 투수계수는 0.3cm/s)

① 0.06cm/s ② 0.015cm/s
③ 1.5cm/s ④ 0.375cm/s

 $v = ki = k\dfrac{h}{l} = 0.3 \times \dfrac{0.5}{2.5} = 0.06\,\text{cm/s}$

해답 ①

117
정수시설에 관한 사항으로 틀린 것은?
① 착수정의 용량은 체류시간을 5분 이상으로 한다.
② 고속응집침전지의 용량은 계획정수량의 1.5~2.0시간분으로 한다.
③ 정수지의 용량은 첨두수요대처용량과 소독접촉시간용량을 고려하여 최소 2시간분 이상을 표준으로 한다.
④ 플록형성지에서 플록형성시간은 계획정수량에 대하여 20~40분간을 표준으로 한다.

해설 착수정의 용량은 체류시간을 1.5분 이상으로 하고 수심은 3~5m 정도로 한다. 그러나 소규모 정수장에서 체류시간을 1.5분 정도로 하면 표면적이 너무 작아지거나 또는 수심이 깊게 되어 유지관리가 곤란하게 되므로 표면적이 10m² 이상 되도록 체류시간을 연장하는 것이 바람직하다.

해답 ①

118
송수시설의 계획송수량은 원칙적으로 무엇을 기준으로 하는가?
① 연평균급수량 ② 시간최대급수량
③ 계획1일평균급수량 ④ 계획1일최대급수량

해설 계획송수량은 계획 1일 최대급수량을 기준으로 한다. 또한 누수 등의 손실량을 고려하여 10% 여유수량으로 증가시킨다.

해답 ④

119 자연수 중 지하수의 경도(硬度)가 높은 이유는 어떤 물질이 지하수에 많이 함유되어 있기 때문인가?
① O_2
② CO_2
③ NH_3
④ Colloid

해설 **지하수**(천층수, 심층수, 용천수, 복류수 등)는 CO_2가 많이 함유되어 있어 경도가 높은 단점이 있으나 수질이 깨끗하다. **해답** ②

120 일반적인 상수도 계통도를 올바르게 나열한 것은?
① 수원 및 저수시설 → 취수 → 배수 → 송수 → 정수 → 도수 → 급수
② 수원 및 저수시설 → 취수 → 도수 → 정수 → 송수 → 배수 → 급수
③ 수원 및 저수시설 → 취수 → 배수 → 정수 → 송수 → 배수 → 송수
④ 수원 및 저수시설 → 취수 → 도수 → 정수 → 급수 → 배수 → 송수

해설 **상수도 시설 계통** : 수원(집수) → 취수 → 도수 → 정수 → 송수 → 배수 → 급수 **해답** ②

토목기사

2021년 5월 15일 시행

제1과목 응용역학

001 그림과 같이 케이블(cable)에 5kN의 추가 매달려 있다. 이 추의 중심을 수평으로 3m 이동시키기 위해 케이블 길이 5m 지점인 A점에 수평력 P를 가하고자 한다. 이때 힘 P의 크기는?

① 3.75kN
② 4.00kN
③ 4.25kN
④ 4.50kN

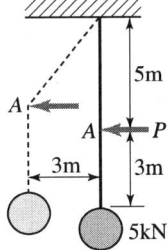

해설 하중과 길이 간의 비례식에 의해 구하면
$\dfrac{P}{3} = \dfrac{5}{4}$ 에서 $P = 3.75\text{kN}$

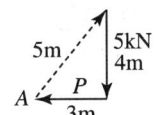

002 지름이 D인 원형단면의 단면 2차 극모멘트(I_P)의 값은?

① $\dfrac{\pi D^4}{64}$
② $\dfrac{\pi D^4}{32}$
③ $\dfrac{\pi D^4}{16}$
④ $\dfrac{\pi D^4}{8}$

해설 단면 2차극모멘트(극관성 모멘트)는 평행축 정리에 의해서 $I_p = I_P + A\rho^2 = I_x + I_y$ 의 식에 따라 단면 2차 극모멘트 I_p의 값을 구한다.
$I_P = I_x + I_y = \dfrac{\pi D^4}{64} + \dfrac{\pi D^4}{64} = \dfrac{\pi D^4}{32}$

003

그림과 같은 3힌지 아치에서 A점의 수평반력(H_A)은?

① $\dfrac{WL^2}{16h}$ ② $\dfrac{WL^2}{8h}$

③ $\dfrac{WL^2}{4h}$ ④ $\dfrac{WL^2}{2h}$

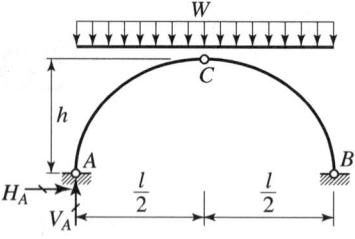

해설 평형조건식을 이용해서 A지점의 수직반력을 먼저 구한 후 힌지점 C점에서의 모멘트 값이 '0'인 점을 이용하여 A지점의 수평반력을 구한다.

① 지점의 수직반력

대칭이므로 $V_A = V_B = \dfrac{wl}{2}$

② A지점 수평반력

$M_C = \dfrac{wl}{2} \times \dfrac{l}{2} - H_A \times h - \dfrac{wl}{2} \times \dfrac{l}{4} = 0$에서 $\dfrac{wl^2}{4} - \dfrac{wl^2}{8} = H_A \cdot h$

$H_A = \dfrac{wl^2}{8h}$

해답 ②

004

단면 2차 모멘트가 I, 길이가 L인 균일한 단면의 직선상(直線狀)의 기둥이 있다. 기둥의 양단이 고정되어 있을 때 오일러(Euler) 좌굴하중은? (단, 이 기둥의 탄성계수는 E이다.)

① $\dfrac{4\pi^2 EI}{L^2}$ ② $\dfrac{\pi^2 EI}{(0.7L)^2}$

③ $\dfrac{\pi^2 EI}{L^2}$ ④ $\dfrac{\pi^2 EI}{4L^2}$

해설 좌굴하중 $P_b = \dfrac{\pi^2 EI}{L_k^2} = \dfrac{n\pi^2 EI}{L^2} = \dfrac{4\pi^2 EI}{L^2}$

해답 ①

005

그림과 같은 집중하중이 작용하는 캔틸레버 보에서 A점의 처짐은? (단, EI는 일정하다.)

① $\dfrac{14PL^3}{3EI}$ ② $\dfrac{2PL^3}{EI}$

③ $\dfrac{8PL^3}{3EI}$ ④ $\dfrac{10PL^3}{3EI}$

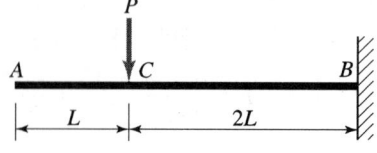

해설 집중하중에 의한 A점(자유단)의 처짐은
$$y_A = \frac{Pb^2}{6EI}(3l-b) = \frac{P \times (2L)^2}{6EI}(3 \times (3L) - 2L) = \frac{28PL^3}{6EI} = \frac{14PL^3}{3EI}$$

해답 ①

006 아래에서 설명하는 것은?

탄성체에 저장된 변형에너지 U를 변위의 함수로 나타내는 경우에, 임의의 변위 Δ_i에 관한 변형에너지 U의 1차 편도함수는 대응되는 하중 P_i와 같다. 즉, $P_i = \dfrac{\partial U}{\partial \Delta_i}$이다.

① Castigliano의 제1정리 ② Castigliano의 제2정리
③ 가상일의 원리 ④ 공액보법

해설 ① **카스틸리아노의 제1정리** : 탄성체에 외력 또는 모멘트가 작용할 때 전체 변형에너지 U_i를 하중 작용점에서 힘의 방향의 처짐(처짐각)으로 1차 편미분한 것은 그 점의 힘(모멘트)과 같다.

$$P_i = \frac{\Delta U_i}{\Delta \delta_i} \qquad M_i = \frac{\Delta U_i}{\Delta \theta_i}$$

여기서, U_i : 전체 변형에너지
P_i, M_i, δ_i, θ_i : i점의 하중, 모멘트, 처짐, 처짐각

② **카스틸리아노의 제2정리** : 구조물의 탄성변형에너지를 임의의 외력으로 편미분한 값은 그 힘의 작용점의 힘의 작용선 방향의 변위와 같다. 즉 한 구조물이 외력을 받아 변형을 일으켰을 때, 구조물 재료가 탄성적이고 온도 변화나 지점 침하가 없는 경우에 구조물은 변형에너지의 어느 특정한 힘(또는 우력) P_n에 관한 1차편도함수가 그 힘의 작용점에서 작용선 방향의 처짐 또는 처짐각과 같다.

$$\theta_n = \frac{\Delta W_i}{\Delta M_n} \qquad \delta_n = \frac{\Delta W_i}{\Delta P_n}$$

여기서, θ_n : 처짐각, δ_n : 처짐, M : 휨모멘트,
W_i : 변형에너지, P : 하중

해답 ①

007 재료의 역학적 성질 중 탄성계수를 E, 전단탄성계수를 G, 푸아송 수를 m이라 할 때 각 성질의 상호관계식으로 옳은 것은?

① $G = \dfrac{E}{2(m-1)}$ ② $G = \dfrac{E}{2(m+1)}$

③ $G = \dfrac{mE}{2(m-1)}$ ④ $G = \dfrac{mE}{2(m+1)}$

203

해설 $G = \dfrac{E}{2(1+\nu)} = \dfrac{E}{2\left(1+\dfrac{1}{m}\right)} = \dfrac{mE}{2(m+1)}$

해답 ④

008 그림과 같은 단순보에서 C점의 휨모멘트는?

① 320kN·m
② 420kN·m
③ 480kN·m
④ 540kN·m

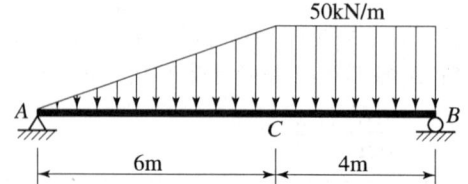

해설 ① A지점 반력
$\Sigma M_B = 0$
$R_A \times 10 - \dfrac{1}{2} \times 6 \times 50 \times \left(\dfrac{6}{3} + 4\right) - 50 \times 4 \times 2 = 0$ 에서 $R_A = 130\text{kN}(\uparrow)$

② C점의 휨모멘트
$M_C = R_A \times 6 - \dfrac{1}{2} \times 6 \times 50 \times \dfrac{6}{3} = 130 \times 6 - \dfrac{1}{2} \times 6 \times 50 \times \dfrac{6}{3} = 480\,\text{kN·m}$

해답 ③

009 그림과 같이 2개의 집중하중이 단순보 위를 통과할 때 절대최대 휨모멘트의 크기($M_{\max}$)와 발생위치(x)는?

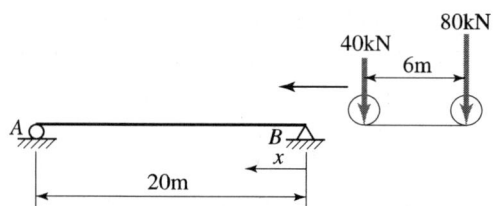

① $M_{\max} = 362\text{kN·m}$, $x = 8\text{m}$
② $M_{\max} = 382\text{kN·m}$, $x = 8\text{m}$
③ $M_{\max} = 486\text{kN·m}$, $x = 9\text{m}$
④ $M_{\max} = 506\text{kN·m}$, $x = 9\text{m}$

해설 ① 합력
$R = 40 + 80 = 120\text{kN}$

② 합력의 작용점
$x' = \dfrac{40 \times 6}{120} = 2\text{m}$

③ 이등분점
$\bar{x} = \dfrac{x'}{2} = \dfrac{2}{2} = 1\text{m}$

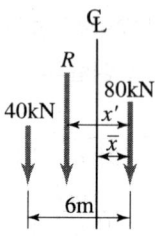

④ 이등분점과 보의 중앙점이 일치하도록 하중을 재하시킨다.
⑤ 합력과 가장 가까운 하중 80kN이 선택하중이며 이 선택하중의 작용점에서 절대최대 휨모멘트가 발생하므로
절대최대 휨모멘트 작용위치 x는
$$x = \frac{L}{2} - \frac{x'}{2} = \frac{20}{2} - \frac{2}{2} = 9\text{m}$$
⑥ 절대최대 휨모멘트
하중을 고정시켰으므로 영향선이 아닌 정정보의 해석 방법에 의해서도 값을 구할 수 있다.
$$R_B = \frac{40 \times 5 + 80 \times 11}{20} = 54\text{kN}(\uparrow)$$
$$M_{abs\,max} = 54 \times 9 = 486\text{kN} \cdot \text{m}$$

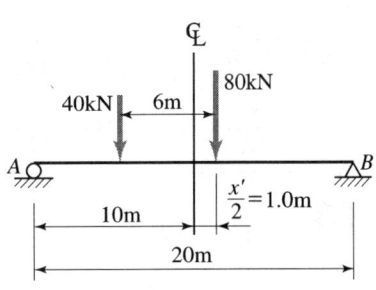

해답 ③

010

그림과 같은 보에서 두 지점의 반력이 같게 되는 하중의 위치(x)는 얼마인가?

① 0.33m
② 1.33m
③ 2.33m
④ 3.33m

해설 ① $R_A = R_B$이므로
$\Sigma V = 0$에서 $R_A + R_B = 1 + 2 = 3\text{kN}$
$2R = 3$
$R_A = R_B = 1.5\text{kN}(\uparrow)$
② $\Sigma M_A = 0$
$1 \times x + 2 \times (4+x) - 1.5 \times 12 = 0$
$x = 3.33\text{m}$

해답 ④

011

폭 20mm, 높이 50mm인 균일한 직사각형 단면의 단순보에 최대전단력이 10kN 작용할 때 최대 전단응력은?

① 6.7MPa
② 10MPa
③ 13.3MPa
④ 15MPa

해설 **최대전단응력**
$$\tau_{max} = 1.5 \times \frac{S}{A} = 1.5 \times \frac{10,000}{20 \times 50} = 15\text{MPa}$$

해답 ④

012

그림과 같은 부정정보에서 A점의 처짐각(θ_A)은? (단, 보의 휨강성은 EI이다.)

① $\dfrac{wL^3}{12EI}$ ② $\dfrac{wL^3}{24EI}$

③ $\dfrac{wL^3}{36EI}$ ④ $\dfrac{wL^3}{48EI}$

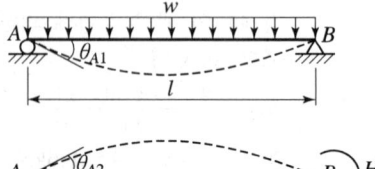

해설

① $H_{BA} = \dfrac{wL^2}{8}$

② $\theta_{A1} = \dfrac{wL^3}{24EI}$

③ $\theta_{A2} = -\dfrac{ML}{6EI} = -\dfrac{\dfrac{wL^2}{8}L}{6EI} = -\dfrac{wL^3}{48EI}$

④ $\theta_A = \theta_{A1} + \theta_{A2} = \dfrac{wL^3}{24EI} - \dfrac{wL^3}{48EI} = \dfrac{wL^3}{48EI}$

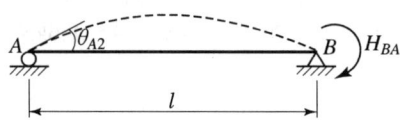

해답 ④

013

길이가 같으나 지지조건이 다른 2개의 장주가 있다. 그림 (a)의 장주가 40kN에 견딜 수 있다면 그림 (b)의 장주가 견딜 수 있는 하중은? (단, 재질 및 단면은 동일하며 EI는 일정하다.)

① 40kN
② 160kN
③ 320kN
④ 640kN

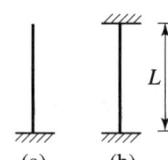

해설

좌굴하중 $P_b = \dfrac{\pi^2 EI}{l_k^2} = \dfrac{n\pi^2 EI}{l^2}$에서 재질과 단면적과 길이가 같으므로 $P_b \propto n$이다.

① 일단고정 타단자유 : $\dfrac{1}{K^2} = \dfrac{1}{2.0^2} = \dfrac{1}{4}$

② 양단고정 : $\dfrac{1}{K^2} = \dfrac{1}{0.5^2} = 4$

③ 좌굴하중의 비율은 강성도의 비율과 비례하므로

$P_{(a)b} : P_{(b)b} = n_{(a)} : n_{(b)}$

$40\text{kN} : P_{(b)b} = \dfrac{1}{4} : 4$

$P_{(b)b} = \dfrac{40\text{kN} \times 4}{\dfrac{1}{4}} = 640\text{kN}$

해답 ④

014

그림에 표시한 것과 같은 단면의 변화가 있는 AB 부재의 강성도(stiffness factor)는?

① $\dfrac{PL_1}{A_1E_1}+\dfrac{PL_2}{A_2E_2}$

② $\dfrac{A_1E_1}{PL_1}+\dfrac{A_2E_2}{PL_2}$

③ $\dfrac{A_1E_1}{L_1}+\dfrac{A_2E_2}{L_2}$

④ $\dfrac{A_1A_2E_1E_2}{L_1(A_2E_2)+L_2(A_1E_1)}$

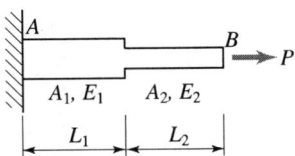

해설 강성도 $=\dfrac{A_1E_1A_2E_2}{L_1(A_2E_2)+L_2(A_1E_1)}$

해답 ④

015

그림과 같이 밀도가 균일하고 무게가 W인 구(球)가 마찰이 없는 두 벽면 사이에 놓여 있을 때 반력 R_A의 크기는?

① $0.500W$
② $0.577W$
③ $0.707W$
④ $0.866W$

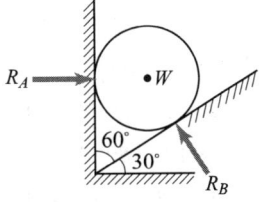

해설 $\dfrac{R_A}{\sin 150°}=\dfrac{W}{\sin 120°}$ 에서
$R_A=0.577W$

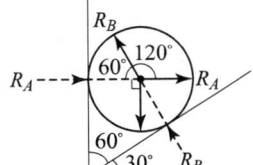

해답 ②

016

그림과 같은 단순보의 최대전단응력($\tau_{\max}$)을 구하면? (단, 보의 단면은 지름이 D인 원이다.)

① $\dfrac{9WL}{4\pi D^2}$ ② $\dfrac{3WL}{2\pi D^2}$

③ $\dfrac{2WL}{\pi D^2}$ ④ $\dfrac{WL}{2\pi D^2}$

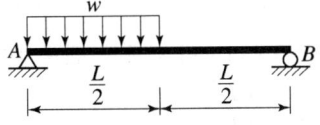

해설 ① A지점의 반력
$\sum M_B = 0$
$R_A \times L - w \times \dfrac{L}{2} \times \left(\dfrac{L}{2} + \dfrac{L}{4}\right) = 0$ 에서 $R_A = \dfrac{3wL}{8}$

② 최대 전단응력
$\tau_{max} = \dfrac{4}{3}\dfrac{S}{A} = \dfrac{4}{3}\dfrac{\frac{3wL}{8}}{\frac{\pi D^2}{4}} = \dfrac{4}{3}\dfrac{12wL}{8\pi D^2} = \dfrac{4}{3} \times \dfrac{3wL}{2\pi D^2} = \dfrac{2wL}{\pi D^2}$

해답 ③

017

아래 그림에서 $A-A$축과 $B-B$축에 대한 음영부분의 단면 2차 모멘트가 각각 $8 \times 10^8 mm^4$, $16 \times 10^8 mm^4$일 때 음영 부분의 면적은?

① $8.00 \times 10^4 mm^2$
② $7.52 \times 10^4 mm^2$
③ $6.06 \times 10^4 mm^2$
④ $5.73 \times 10^4 mm^2$

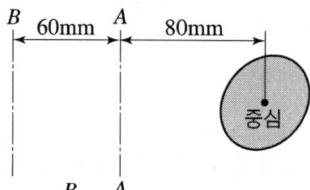

해설 기본식 $I_y = I_Y + Ax_0^2$

① $I_{yA} = I_Y + Ax_A^2 = I_Y + A \times 80^2 = 8 \times 10^8$ 에서
$I_Y = 8 \times 10^8 - 80^2 A$

② $I_{yB} = I_Y + Ax_B^2 = I_Y + A \times 140^2 = 16 \times 10^8$ 에서
I_Y값을 대입하여 정리하면 $8 \times 10^8 - 80^2 A + 140^2 A = 16 \times 10^8$
$A = \dfrac{16 \times 10^8 - 8 \times 10^8}{140^2 - 80^2} = 6.06 \times 10^4 mm^2$

해답 ③

018

그림과 같은 캔틸레버 보에서 B점의 처짐각은? (단, EI는 일정하다.)

① $\dfrac{wL^3}{3EI}$
② $\dfrac{wL^3}{6EI}$
③ $\dfrac{wL^3}{8EI}$
④ $\dfrac{2wL^3}{3EI}$

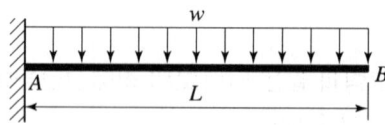

해설 등분포하중이 만재된 캔틸레버보의 자유단에서의 처짐각
$\theta_B = \dfrac{wL^3}{6EI}$

해답 ②

019 그림과 같은 연속보에서 B점의 지점 반력을 구한 값은?

① 100kN
② 150kN
③ 200kN
④ 250kN

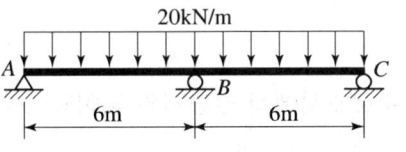

 ① B지점이 없다고 봤을 때 처짐 $\delta_{B1} = \dfrac{5w(2L)^4}{384EI}(\downarrow)$

② 반력 R_B에 의한 상향 처짐 $\delta_{B2} = -\dfrac{R_B(2L)^3}{48EI}(\uparrow)$

③ 두 처짐의 합은 0이므로 $\delta_{B1} + \delta_{B2} = 0$

$\dfrac{80wL^4}{384EI} - \dfrac{8R_B \cdot L^3}{48EI} = 0$에서

$R_B = \dfrac{80w \cdot L^4}{384EI} \times \dfrac{48EI}{8L^3} = \dfrac{10w \cdot L}{8} = \dfrac{10 \times 20 \times 6}{8} = 150\text{kN}$

 해답 ②

020 그림과 같은 트러스에서 $L_1 U_1$ 부재의 부재력은?

① 22kN(인장)
② 25kN(인장)
③ 22kN(압축)
④ 25kN(압축)

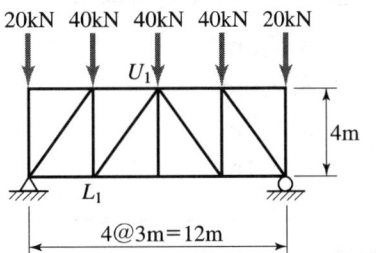

 ① 반력 : 대칭하중이므로 $R_A = \dfrac{20+40+40+40+20}{2} = 80\text{kN}(\uparrow)$

② $\overline{L_1 U_1}$ 부재의 부재력
$\Sigma V = 0 (\uparrow)$
$80 - 20 - 40 + \overline{L_1 U_1} \sin\theta = 0$

$80 - 20 - 40 + \dfrac{4}{5}\overline{L_1 U_1} = 0$에서 $\overline{L_1 U_1} = -25\text{kN} = 25\text{kN}$ (압축)

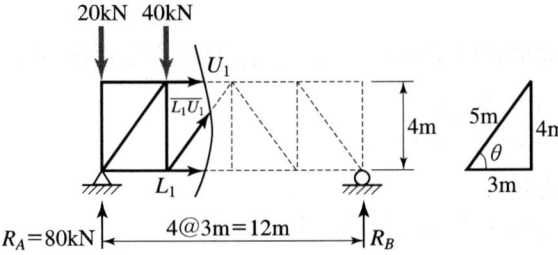

해답 ④

제2과목 측 량 학

021 수로조사에서 간출지의 높이와 수심의 기준이 되는 것은?
① 약최고고저면 ② 평균중등수위면
③ 수애면 ④ 약최저저조면

해설 수심의 기준
① 평균해수면 : 수준측량의 기준이 되는 부동의 점의 기준면이다.
② 약최고고조면 : 가장 높아진 해수면의 높이로 해안선과 항만설계의 기준으로 활용되고 있다.
③ 약최저저조면 : 가장 낮아진 해수면의 높이로 해도에 간출지의 높이와 수심을 표기하는 기준으로 활용되고 있다.

해답 ④

022 그림과 같이 각 격자의 크기가 10m×10m로 동일한 지역의 전체 토량은?
① 877.5m³
② 893.6m³
③ 913.7m³
④ 926.1m³

1.2	1.4	1.8	2.1
1.5	2.1	2.4	1.4
1.2	1.2	1.8	(단위 : m)

해설 사각형 분할 토지의 토공량

$$V_o = \frac{A}{4}(\Sigma h_1 + 2\Sigma h_2 + 3\Sigma h_3 + 4\Sigma h_4)$$

$$= \frac{10 \times 10}{4}[(1.2+2.1+1.4+1.8+1.2)$$
$$+ 2\times(1.4+1.8+1.2+1.5)+3\times 2.4+4\times 2.1]$$
$$= 877.5\text{m}^3$$

해답 ①

023 클로소이드 곡선(clothoid curve)에 대한 설명으로 옳지 않은 것은?
① 고속도로에 널리 이용된다.
② 곡률이 곡선의 길이에 비례한다.
③ 완화곡선의 일종이다.
④ 클로소이드 요소는 모두 단위를 갖지 않는다.

해설 모든 클로소이드(clothoid)는 닮은꼴이며 클로소이드 요소는 길이의 단위를 가진 것이며 단위가 없는 것이 있다.

해답 ④

024

동일 구간에 대해 3개의 관측군으로 나누어 거리관측을 실시한 결과가 표와 같을 때, 이 구간의 최확값은?

관측군	관측값(m)	관측횟수
1	50.362	5
2	50.348	2
3	50.359	3

① 50.354m
② 50.356m
③ 50.358m
④ 50.362m

해설
① 경중률(P : 무게)
경중률은 측정횟수에 비례($P \propto n$)하므로
$P_1 : P_2 : P_3 = n_1 : n_2 : n_3 = 5 : 2 : 3$

② 측선 길이의 최확값
$$L_o = \frac{P_1 L_1 + P_2 L_2 + P_3 L_3}{P_1 + P_2 + P_3} = \frac{5 \times 50.362 + 2 \times 50.348 + 3 \times 50.359}{5+2+3}$$
$= 50.358\text{m}$

해답 ③

025

최근 GNSS 측량의 의사거리 결정에 영향을 주는 오차와 거리가 먼 것은?

① 위성의 궤도 오차
② 위성의 시계 오차
③ 위성의 기하학적 위치에 따른 오차
④ SA(selective availability) 오차

해설
1. 의사거리에 영향을 주는 오차
   ① **위성 시계 오차** : 위성에 장착된 원자시계도 매우 적은 오차를 가지고 있으며, 이러한 작은 오차로 인해 신호를 잘못된 시간에 보내게 된다.
   ② **위성 궤도 오차** : 위성의 항행메세지에 의한 예상궤도와 실제궤도는 같지 않다.
   ③ **전리층과 대류권에 의한 전파지연**
   ④ **선택적 사용**(SA : Selective Availability)
   ⑤ **다중경로**(Multipath) **오차**
2. 고의 잡음(S/A)으로 2000년 5월에 해제되었다.

해답 ④

026

표척이 앞으로 3° 기울어져 있는 표척의 읽음값이 3.645m 이었다면 높이의 보정량은?

① 5mm
② -5mm
③ 10mm
④ -10mm

해설 ① 표척의 바른 읽음값 = $3.645 \times \cos 3° = 3.640$m
② 높이의 보정량 = $3.640 - 3.645 = -0.005$m $= -5$mm
표척의 읽음값에서 -5mm 만큼 줄여야 한다.

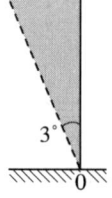

해답 ②

027

평탄한 지역에서 9개 측선으로 구성된 다각측량에서 2'의 각관측 오차가 발생하였다면 오차의 처리 방법으로 옳은 것은? (단, 허용오차는 $\pm 60'' \sqrt{n}$ 로 가정한다.)

① 오차가 크므로 다시 관측한다.
② 측선의 거리에 비례하여 배분한다.
③ 관측각의 크기에 역비례하여 배분한다.
④ 관측각에 같은 크기로 배분한다.

해설 ① 허용오차
$\pm 60'' \sqrt{n} = \pm 60'' \sqrt{9} = \pm 180''$
② 측각오차 2'(120")로 허용오차 ±180" 이내이므로 관측각의 크기에 상관없이 각 각에 균등 배분한다.

해답 ④

028

도로의 단곡선 설치에서 교각이 60°, 반지름이 150m이며, 곡선시점이 No.8+17m(20m×8+17m)일 때 종단현에 대한 편각은?

① 0° 02' 45"
② 2° 41' 21"
③ 2° 57' 54"
④ 3° 15' 23"

해설 ① 곡선장 $C.L. = R \cdot I° \cdot \dfrac{\pi}{180°} = 150 \times 60° \times \dfrac{\pi}{180°} = 157.08$m
② 곡선의 시점 $BC = 20 \times 8 + 17 = 177$m
③ 곡선의 종점 $EC = 177 + 157.08 = 334.08$mm
④ 종단형(l_2)의 길이 $= 334.08 - 320 = 14.08$m
⑤ 종단편각 $\delta_2 = \dfrac{l_2}{2R} \times \dfrac{180°}{\pi} = \dfrac{14.08}{2 \times 150} \times \dfrac{180°}{\pi} = 2°41'20.69''$

해답 ②

029

표고가 300m인 평지에서 삼각망의 기선을 측정한 결과 600m 이었다. 이 기선에 대하여 평균해수면 상의 거리로 보정할 때 보정량은? (단, 지구반지름 $R=$ 6370km)

① +2.83cm
② +2.42cm
③ −2.42cm
④ −2.83cm

해설 평균해수면에 대한 보정(표고보정)

$$C = \frac{LH}{R} = \frac{600 \times 300}{6370000} = 0.02826\text{m} = 2.83\text{cm}$$

평균해수면에 대한 보정은 항상 (−)이므로 −2.83cm이다.
여기서, C : 평균해수면상의 길이로 환산하는 보정량
R : 지구의 평균반지름
H : 기선측정지점의 표고

해답 ④

030

수치지형도(Digital Map)에 대한 설명으로 틀린 것은?

① 우리나라는 축척 1:5000 수치지형도를 국토기본도로 한다.
② 주로 필지정보와 표고자료, 수계정보 등을 얻을 수 있다.
③ 일반적으로 항공사진측량에 의해 구축된다.
④ 축척별 포함 사항이 다르다.

해설 수치지형도는 국가GIS구축사업을 통해 전통적인 지도제작기술과 정보화 기술을 접합하여 새롭게 제작하고 있으며, 사업수행업체는 수정도화와 지리조사, 정위치 편집 등의 과정을 거쳐 수치지형도를 제작한다.

해답 ②

031

등고선의 성질에 대한 설명으로 옳지 않은 것은?

① 등고선은 분수선(능선)과 평행하다.
② 등고선은 도면 내·외에서 폐합하는 폐곡선이다.
③ 지도의 도면 내에서 등고선이 폐합하는 경우에 등고선의 내부에는 산꼭대기 또는 분지가 있다.
④ 절벽에서 등고선은 서로 만날 수 있다.

해설 등고선은 능선 또는 계곡선과 직각으로 만난다.

해답 ①

032 트래버스 측량의 작업순서로 알맞은 것은?

① 선점 – 계획 – 답사 – 조표 – 관측
② 계획 – 답사 – 선점 – 조표 – 관측
③ 답사 – 계획 – 조표 – 선점 – 관측
④ 조표 – 답사 – 계획 – 선점 – 관측

해설 트래버스 측량의 작업순서는 다음과 같다.
계획 → 답사 → 선점 → 조표 → 관측 → 계산 및 조정 → 측점전개

해답 ②

033 지오이드(Geoid)에 대한 설명으로 옳지 않은 것은?

① 평균해수면을 육지까지 연장까지 지구전체를 둘러싼 곡면이다.
② 지오이드면은 등포텐셜면으로 중력방향은 이 면에 수직이다.
③ 지표 위 모든 점의 위치를 결정하기 위해 수학적으로 정의된 타원체이다.
④ 실제로 지오이드면은 굴곡이 심하므로 측지측량의 기준으로 채택하기 어렵다.

해설 지오이드는 중력방향에 수직하며 수학적으로 정의할 수 없다.

해답 ③

034 장애물로 인하여 접근하기 어려운 2점 P, Q를 간접거리 측량한 결과가 그림과 같다. $\overline{AB}$의 거리가 216.90m 일 때 PQ의 거리는?

① 120.96m
② 142.29m
③ 173.39m
④ 194.22m

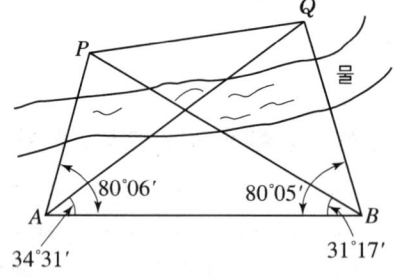

해설 1. AP거리
 ① $\angle BPA = 180° - 80°06' - 31°17' = 68°37'$
 ② △ABP의 비례식에 의해
 $$\frac{AP}{\sin 31°17'} = \frac{AB}{\sin 68°37'}$$ 에서 $AP = \frac{216.90 \times \sin 31°17'}{\sin 68°37'} = 120.956\text{m}$

2. AQ의 거리
 ① $\angle AQB = 180° - 34°31' - 80°05' = 65°24'$

② △ABQ의 비례식에 의해

$$\frac{AQ}{\sin 80°05'} = \frac{AB}{\sin 65°24'}$$ 에서 $AQ = \frac{216.90 \times \sin 80°05'}{\sin 65°24'} = 234.988\text{m}$

3. PQ의 거리
   ① $\angle PAQ = 80°06' - 34°31' = 45°35'$
   ② cos제2법칙에 의해
   $PQ^2 = AP^2 + AQ^2 - 2 \cdot AP \cdot AQ \cdot \cos \angle PAQ$ 에서
   $PQ = \sqrt{AP^2 + AQ^2 - 2 \cdot AP \cdot AQ \cdot \cos \angle PAQ}$
   $= \sqrt{120.956^2 + 234.988^2 - 2 \times 120.956 \times 234.988 \times \cos 45°35'}$
   $= 173.39\text{m}$

해답 ③

035 수준측량야장에서 측점 3의 지반고는?

① 10.59m
② 10.46m
③ 9.92m
④ 9.56m

[단위 : m]

측점	후시	전시 T.P	전시 I.P	지반고
1	0.95			10.00
2			1.03	
3	0.90	0.36		
4			0.96	
5		1.05		

해설 ① 1~3측점간 기계고
$IH_{1-3} = 10.0 + 0.95 = 10.95\text{m}$
② 3측점의 지반고
$GH_3 = 10.95 - 0.36 = 10.59\text{m}$

해답 ①

036 다각측량의 특징에 대한 설명으로 옳지 않은 것은?

① 삼각점으로부터 좁은 지역의 세부측량 기준점을 측설하는 경우에 편리하다.
② 삼각측량에 비해 복잡한 시가지나 지형의 기복이 심한 지역에는 알맞지 않다.
③ 하천이나 도로 또는 수로 등의 좁고 긴 지역의 측량에 편리하다.
④ 다각측량의 종류에는 개방, 폐합, 결합형 등이 있다.

해설 다각 측량은 삼각측량에 비하여 복잡한 시가지나 지형의 기복이 심해 시준이 어려운 지역의 측량에 적합하다.

해답 ②

037

출제기준에 의거하여 이 문제는 삭제됨

038

그림과 같은 수준망에서 높이차의 정확도가 가장 낮은 것으로 추정되는 노선은? (단, 수준환의 거리 Ⅰ=4km, Ⅱ=3km, Ⅲ=2.4km, Ⅳ(㉯㉰㉱)=6km)

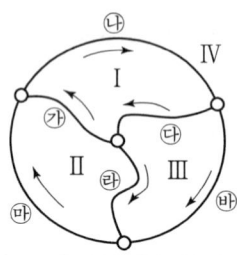

노선	높이차(m)
㉮	+3.600
㉯	+1.385
㉰	−5.023
㉱	+1.105
㉲	+2.523
㉳	−3.912

① ㉮
② ㉯
③ ㉰
④ ㉱

해설

1. 수준망의 폐합오차
   성과의 부호를 반시계방향을 +로 보면,
   ① Ⅰ = −3.600 − 1.385 − (−5.023) = 0.038m = 38mm
   ② Ⅱ = 3.600 − 2.523 − 1.105 = −0.028m = −28mm
   ③ Ⅲ = 1.105 − (−3.912) + (−5.023) = −0.006m = −6mm
   ④ Ⅳ = −1.385 − 2.523 − (−3.912) = 0.004m = 4mm

2. 수준환의 거리
   ① Ⅰ = 4km
   ② Ⅱ = 3km
   ③ Ⅲ = 2.4km
   ④ Ⅳ = 6km

3. 수준환의 허용폐합오차를 2등망으로 보고 $\pm 5\sqrt{L}$ mm로 보면,
   ① Ⅰ = $\pm 5\sqrt{L}$ mm = $\pm 5\sqrt{4}$ = ±10mm
   ② Ⅱ = $\pm 5\sqrt{L}$ mm = $\pm 5\sqrt{3}$ = ±8.66mm
   ③ Ⅲ = $\pm 5\sqrt{L}$ mm = $\pm 5\sqrt{2}$ = ±7.07mm
   ④ Ⅳ = $\pm 5\sqrt{L}$ mm = $\pm 5\sqrt{6}$ = ±12.25mm

4. 오차비교
   ① Ⅰ = 38mm > ±10mm
   ② Ⅱ = −28mm > ±8.66mm
   ③ Ⅲ = −6mm < ±7.07mm
   ④ Ⅳ = 4mm < ±12.25mm

5. Ⅰ과 Ⅱ 수준환이 허용폐합오차를 벗어나 있는 바, Ⅰ과 Ⅱ 수준환에 공통적으로 있는 ㉮노선의 높이차 정확도가 가장 낮을 것으로 추정된다.

해답 ①

039

도로의 곡선부에서 확폭량(slack)을 구하는 식으로 옳은 것은? (단, L : 차량 앞면에서 차량의 뒤축까지의 거리, R = 차선 중심선의 반지름)

① $\dfrac{L}{2R^2}$ ② $\dfrac{L^2}{2R^2}$
③ $\dfrac{L^2}{2R}$ ④ $\dfrac{L}{2R}$

해설 확폭량 구하는 공식

$$\epsilon = \dfrac{L^2}{2R}$$

여기서, ϵ : 확폭량, L : 완화곡선장, R : 곡선반경

해답 ③

040

표준길이에 비하여 2cm 늘어난 50m 줄자로 사각형 토지의 길이를 측정하여 면적을 구하였을 때, 그 면적이 $88m^2$ 이었다면 토지의 실제 면적은?

① $87.30m^2$ ② $87.93m^2$
③ $88.07m^2$ ④ $88.71m^2$

해설
① 한 변의 길이 : 정사각형 지역으로 보면, $L = \sqrt{88} = 9.38083m$
② 실제 길이 : 표준척 보정(자의 특성값 보정, 정수 보정)에 의해
$L_0 = L \pm C_0 = L\left(1 \pm \dfrac{\Delta l}{l}\right) = 9.38083 \times \left(1 + \dfrac{0.02}{50}\right) = 9.38458m$
③ 실제 면적 : $A_0 = L_0^2 = 9.38458^2 = 88.07m^2$

해답 ③

제3과목 수리학 및 수문학

041

지름 1m의 원통 수조에서 지름 2cm의 관으로 물이 유출되고 있다. 관내의 유속이 2.0m/s 일 때, 수조의 수면이 저하되는 속도는?

① 0.3cm/s ② 0.4cm/s
③ 0.06cm/s ④ 0.08cm/s

해설 $Q = A_1 v_1 = A_2 v_2$

$\dfrac{\pi \times 100^2}{4} \times v = \dfrac{\pi \times 2^2}{4} \times 200$에서 $v = 0.08cm/s$

 해답 ④

042 유체의 흐름에 관한 설명으로 옳지 않은 것은?

① 유체의 입자가 흐르는 경로를 유적선이라 한다.
② 부정류(不定流)에서는 유선이 시간에 따라 변화한다.
③ 정상류(定常流)에서는 하나의 유선이 다른 유선과 교차하게 된다.
④ 점성이나 압축성을 완전히 무시하고 밀도가 일정한 이상적은 유체를 완전 유체라 한다.

해설 하나의 유선은 다른 유선과 교차하지 않는다.

해답 ③

043 오리피스의 지름이 2cm, 수축단면(Vena Contracta)의 지름이 1.6cm라면, 유속계수가 0.9 일 때 유량계수는?

① 0.49
② 0.58
③ 0.62
④ 0.72

해설 ① 수축계수

$$C_a = \frac{a}{A} = \frac{d^2}{D^2} = \frac{1.6^2}{2^2} = 0.64$$

여기서, A : orifice의 단면적
a : 수축단면의 단면적

② 유량계수
$C = C_a \cdot C_v = 0.64 \times 0.9 = 0.576$

해답 ②

044 유역면적이 4km² 이고 유출계수가 0.8인 산지하천에서 강우강도가 80mm/h이다. 합리식을 사용한 유역출구에서의 첨두 홍수량은?

① 35.5m³/s
② 71.1m³/s
③ 128m³/s
④ 256m³/s

해설 첨두 홍수량

$$Q_{max} = \frac{1}{3.6}CIA = \frac{1}{3.6} \times 0.8 \times 80 \times 4 = 71.1 \text{m}^3/\text{s}$$

해답 ②

045 유역의 평균 강우량 산정방법이 아닌 것은?
① 등우선법
② 기하평균법
③ 산술평균법
④ Thiessen의 가중법

해설 평균우량 산정법
① 산술평균법 ② Thiessen 가중법(티센 다각형법)
③ 등우선법   ④ 삼각형법

해답 ②

046 강우강도(I), 지속시간(D), 생기빈도(F) 관계를 표현하는 식 $I = \dfrac{kT^x}{t^n}$에 대한 설명으로 틀린 것은?

① k, x, n은 지역에 따라 다른 값을 가지는 상수이다.
② T는 강의 생기빈도를 나타내는 연수(年數)로서 재현기간(년)을 의미한다.
③ t는 강우의 지속시간(min)으로서, 강우지속시간이 길수록 강우강도(I)는 커진다.
④ I는 단위시간에 내리는 강우량(mm/h)인 강우강도이며, 각종 수문학적 해석 및 설계에 필요하다.

해설 ① 강우강도 – 지속기간 – 생기빈도 관계($I-D-F$)

$$I = \dfrac{kT^x}{t^n}$$

여기서, I : 강우강도(mm/h)
t : 지속기간(min)
T : 강우의 생기빈도를 나타내는 연수(재현기간)
k, x, n : 지역에 따라 결정되는 상수
② 강우 지속시간(t)이 커지면 강우강도 I는 줄어든다.

해답 ③

047 단위유량도(unit hydrograph)를 작성함에 있어서 주요 기본가정(또는 원리)으로만 짝지어진 것은?

① 비례가정, 중첩가정, 직접유출의 가정
② 비례가정, 중첩가정, 일정기저시간의 가정
③ 일정기저시간의 가정, 직접유출의 가정, 비례가정
④ 직접유출의 가정, 일정기저시간의 가정, 중첩가정

해설 단위도의 가정
① 일정 기저시간 가정 ② 비례가정 ③ 중첩가정

해답 ②

048

항력(Drag force)에 관한 설명으로 틀린 것은?

① 항력 $D = C_D A \dfrac{\rho V^2}{2}$ 으로 표현되며, 항력계수 C_D는 Froude의 함수이다.
② 형상항력은 물체의 형상에 의한 후류(Wake)로 인해 압력이 저하하여 발생하는 압력저항이다.
③ 마찰항력은 유체가 물체표면을 흐를 때 점성과 난류에 의해 물체표면에 발생하는 마찰저항이다.
④ 조파항력은 물체가 수면에 떠 있거나 물체의 일부분이 수면위에 있을 때에 발생하는 유체저항이다.

해설
1. C_D는 저항계수(항력계수)이다.
2. 항력(흐르는 유체 속 물체가 유체로부터 받는 힘)
$$D = C_D A \dfrac{\rho V^2}{2}$$
여기서, D : 유체의 전저항력, C_D : 저항계수(항력계수)
A : 흐름방향의 물체 투영면적, $\dfrac{\rho V^2}{2}$: 동압력

해답 ①

049

레이놀즈수(Reynolds) 수에 대한 설명으로 옳은 것은?
① 관성력에 대한 중력의 상대적인 크기
② 압력에 대한 탄성력의 상대적인 크기
③ 중력에 대한 점성력의 상대적인 크기
④ 관성력에 대한 점성력의 상대적인 크기

해설 레이놀즈수(Reynolds 수, R_e)는 100여년 전에 레이놀즈라고 하는 영국 학자가 발견한 법칙으로 흐름의 특징을 나타내는 대법칙이다.
$$R_e = \dfrac{\text{관성력}}{\text{점성력}} = \dfrac{\text{대표속도} \times \text{대표길이}}{\text{동점도}} = \dfrac{VD}{\nu}$$
여기서, V : 유속, D : 관경, ν : 동점성계수(동점도)

해답 ④

050

지름 $D = 4\text{cm}$, 조도계수 $n = 0.01\text{m}^{-1/3} \cdot \text{s}$인 원형관의 Chezy의 유속계수 C는?

① 10
② 50
③ 100
④ 150

해설 Chézy 평균유속계수

① 경심

$$R = \frac{A}{P}$$

원형단면이므로 $R = \dfrac{D}{4} = \dfrac{0.04}{4} = 0.01\text{m}$

② $C = \dfrac{1}{n} R^{\frac{1}{6}} = \dfrac{1}{0.01} \times 0.01^{\frac{1}{6}} = 46.4 \fallingdotseq 50$

해답 ②

051

폭이 1m인 직사각형 수로에서 0.5m³/s의 유량이 80cm의 수심으로 흐르는 경우, 이 흐름을 가장 잘 나타낸 것은? (단, 동점성 계수는 0.012cm²/s, 한계수심은 29.5cm이다.)

① 층류이며 상류　　② 층류이며 사류
③ 난류이며 상류　　④ 난류이며 사류

해설 ① 유수단면적 $A = 1 \times 0.8 = 0.8\text{m}^2$

② 유속 $V = \dfrac{Q}{A} = \dfrac{0.5}{0.8} = 0.625\,\text{m/s} = 62.5\,\text{cm/s}$

③ 프루드수 $Fr = \dfrac{V}{\sqrt{gh}} = \dfrac{0.625}{\sqrt{9.8 \times 0.8}} = 0.223 < 1$ 이므로 상류

④ 윤변 $P = (0.8 \times 2) + 1 = 2.6$

⑤ 경심 $R = \dfrac{A}{P} = \dfrac{0.8}{2.6} = 0.3077$

⑥ 레이놀즈수 $R_e = \dfrac{VR}{\nu} = \dfrac{0.625 \times 0.3077}{0.012 \times 10^{-4}} = 160,260 > 500$ 이므로 난류

해답 ③

052

빙산의 비중이 0.92이고 바닷물의 비중은 1.025일 때 빙산이 바닷물 속에 잠겨 있는 부분의 부피는 수면 위에 나와 있는 부분의 약 몇 배인가?

① 0.8배　　② 4.8배
③ 8.8배　　④ 10.8배

해설 물체가 떠있을 때이므로 $W = B$ 조건을 만족하여야 한다.

$wV = w'V'$
$0.92 V = 1.025 V'$
$0.92(V_{위} + V') = 1.025 V'$
$0.92 V_{위} + 0.92 V' = 1.025 V'$

$0.92 V_{위} = (1.025 - 0.92)V'$ 에서 $V' = \dfrac{0.92}{1.025 - 0.92} V_{위} = 8.8 V_{위}$

해답 ③

053 수온에 따른 지하수의 유속에 대한 설명으로 옳은 것은?

① 4℃에서 가장 크다.
② 수온이 높으면 크다.
③ 수온이 낮으면 크다.
④ 수온에는 관계없이 일정하다.

해설 지하수의 유속은 투수계수와 비례하며, 수온이 높을수록 물의 점성계수가 감소하여 투수계수가 증가하므로 지하수의 유속은 수온이 높을수록 크다.

해답 ②

054 유체 속에 잠긴 곡면에 작용하는 수평분력은?

① 곡면에 의해 배재된 액체의 무게와 같다.
② 곡면의 중심에서의 압력과 면적의 곱과 같다.
③ 곡면의 연직상방에 실려 있는 액체의 무게와 같다.
④ 곡면을 연직면상에 투영하였을 때 생기는 투영면적에 작용하는 힘과 같다.

해설 곡면에 작용하는 수평분력은 연직투영면에 작용하는 전수압과 같다.
$P_H = wh_G A$
여기서, P_H : 수평분력, w : 액체의 단위중량
　　　　A : 연직투영면적($A'B' \times b$)
　　　　h_G : 연직투영면적의 도심까지 거리

해답 ④

055 지하수(地下水)에 대한 설명으로 옳지 않은 것은?

① 자유 지하수를 양수(揚水)하는 우물을 굴착정(Artesian well)이라 부른다.
② 불투수층(不透水層) 상부에 있는 지하수를 자유 지하수(自由地下水)라 한다.
③ 불투수층과 불투수층 사이에 있는 지하수를 피압지하수(被壓地下水)라 한다.
④ 흙입자 사이에 충만되어 있으며 중력의 작용으로 운동하는 물을 지하수라 부른다.

해설 ① 굴착정은 집수정을 불투수층 사이에 있는 피압대수층까지 굴착하여 피압대수층의 지하수를 양수하는 우물이다.
② 깊은 우물(심정)이란 집수정 바닥이 불투수층까지 도달한 우물을 말한다.
③ 얕은 우물(천정)은 집수정 바닥이 불투수층까지 도달하지 않은 우물로서 우물바닥이 불투수층에 접하지 않은 우물이므로 자유지하수를 양수한다.
④ 집수암거는 하안 또는 하상의 투수층에 암거나 구멍 뚫린 관을 매설하여 하천에서 침투한 침출수를 취수하는 것이다.

해답 ①

056 월류수심 40cm인 전폭 위어의 유량을 Francis 공식에 의해 구한 결과 0.40m³/s 였다. 이 때 위어 폭의 측정에 2cm의 오차가 발생했다면 유량의 오차는 몇 % 인가?

① 1.16%
② 1.50%
③ 2.00%
④ 2.33%

해설 ① 프란시스(Francis) 공식
단면수축이 없으므로 $b_o = b - 0.1nh = b - 0 = b$ 이다.
$$Q = 1.84 b_o h^{\frac{3}{2}} = 1.84 \times b_o \times 0.4^{\frac{3}{2}} = 0.40\,\mathrm{m^3/s} \text{에서 } b_o = 0.8593146\mathrm{m}$$

② 폭에 발생하는 오차
$$\frac{db}{b_o} = \frac{0.02}{0.8593146} = 0.0233 = 2.33\%$$

③ 유량에 발생하는 오차
$$\frac{dQ}{Q} = 1 \times \frac{db}{b_o} = 1 \times 2.33 = 2.33\%$$

해답 ④

---

057 폭 9m의 직사각형 수로에 16.2m³/s의 유량이 92cm의 수심으로 흐르고 있다. 장파의 전파속도 C와 비에너지 E는? (단, 에너지 보정계수 $\alpha = 1.0$)

① $C = 2.0$m/s, $E = 1.015$m
② $C = 2.0$m/s, $E = 1.115$m
③ $C = 3.0$m/s, $E = 1.015$m
④ $C = 3.0$m/s, $E = 1.115$m

해설 ① 단면적 $A = 9 \times 0.92 = 8.28 \mathrm{m^2}$

② 유속 $V = \dfrac{Q}{A} = \dfrac{16.2}{8.28}$ m/sec

③ 비에너지 $H_e = h + \dfrac{\alpha V^2}{2g} = 0.92 + \dfrac{1 \times \left(\frac{16.2}{8.28}\right)^2}{2 \times 9.8} = 1.1153\mathrm{m}$

④ 장파의 전파속도 $C = \sqrt{gh} = \sqrt{9.8 \times 0.92} = 3.003\mathrm{m/s}$

해답 ④

---

058 Chezy의 평균유속 공식에서 평균유속계수 C를 Manning의 평균유속 공식을 이용하여 표현한 것으로 옳은 것은?

① $\dfrac{R^{1/2}}{n}$
② $\dfrac{R^{1/6}}{n}$
③ $\sqrt{\dfrac{f}{8g}}$
④ $\sqrt{\dfrac{8g}{f}}$

해설 C와 n과의 관계

'Chezy의 평균유속＝Manning의 평균유속' 놓고 C를 구하면 $C = \dfrac{1}{n} R^{\frac{1}{6}}$

해답 ②

059 비압축성 이상유체에 대한 아래 내용 중 ( )안에 들어갈 알맞은 말은?

비압축성 이상유체는 압력 및 온도에 따른 (   )의 변화가 미소하여 이를 무시할 수 있다.

① 밀도
② 비중
③ 속도
④ 점성

해설 **비압축성 이상유체**는 점성이 없고 힘을 가해도 압축되지 않는 가상의 유체로 비점성·비압축성 유체로 압력 및 온도에 따른 밀도의 변화가 미소하여 이를 무시할 수 있다.

해답 ①

060 수로경사 $I = \dfrac{1}{2{,}500}$, 조도계수 $n = 0.013 \mathrm{m}^{-1/3} \cdot \mathrm{s}$인 수로에 아래 그림과 같이 물이 흐르고 있다면 평균유속은? (단, Manning의 공식을 사용한다.)

① 1.65m/s
② 2.16m/s
③ 2.65m/s
④ 3.16m/s

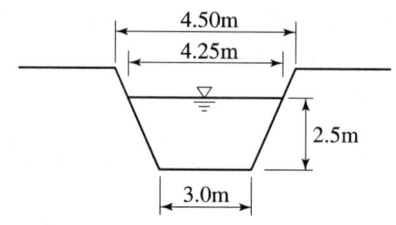

해설 평균 유속

$$V = \dfrac{1}{n} R^{\frac{2}{3}} I^{\frac{1}{2}} = \dfrac{1}{0.013} \times \left(\dfrac{(4.25+3) \times 2.5 \times \dfrac{1}{2}}{3 + 2 \times \sqrt{0.625^2 + 2.5^2}} \right)^{\frac{2}{3}} \times \left(\dfrac{1}{2{,}500} \right)^{\frac{1}{2}}$$

$= 1.65 \mathrm{m/s}$

해답 ①

제4과목 철근콘크리트 및 강구조

061 옹벽의 구조해석에 대한 설명으로 틀린 것은?
① 뒷부벽식 옹벽의 뒷부벽은 직사각형보로 설계하여야 한다.
② 캔딜레버식 옹벽의 전면벽은 저판에 지지된 캔딜레버로 설계할 수 있다.
③ 저판의 뒷굽판은 정확한 방법이 사용되지 않는 한, 뒷굽판 상부에 재하되는 모든 하중을 지지하도록 설계하여야 한다.
④ 부벽식 옹벽 저판은 정밀한 해석이 사용되지 않는 한, 부벽 사이의 거리를 경간으로 가정한 고정보 또는 연속보로 설계할 수 있다.

해설 **부벽식옹벽의 구조해석**
① 앞부벽 : 직사각형보로 설계
② 뒷부벽 : T형보의 복부로 설계
③ 전면벽 : 3변 지지된 2방향 슬래브로 설계할 수 있다.
④ 저판 : 정확한 방법이 사용되지 않는 한 뒷부벽 또는 앞부벽 간의 거리를 경간으로 가정하여 고정보 또는 연속보로 설계할 수 있다.

해답 ①

062 철근콘크리트가 성립되는 조건으로 틀린 것은?
① 철근과 콘크리트 사이의 부착강도가 크다.
② 철근과 콘크리트의 탄성계수가 거의 같다.
③ 철근은 콘크리트 속에서 녹이 슬지 않는다.
④ 철근과 콘크리트의 열팽창계수가 거의 같다.

해설 1. 철근과 콘크리트의 탄성계수는 비슷하지 않으며 철근콘크리트 일체식 구조체로 성립하는 이유에도 해당하지 않는다.
2. **철근 콘크리트가 일체식 구조체로 성립하는 이유**
① 콘크리트와 철근의 부착강도가 크다.(부착력이 크다.)
② 콘크리트 속에 묻힌 철근은 부식하지 않는다.(방청효과)
③ 콘크리트와 철근(강재)은 열에 대한 팽창계수과 거의 같다.
㉠ 콘크리트 열팽창계수 : 0.000010~0.000013/℃
㉡ 철근의 열팽창계수 : 0.000012/℃

해답 ②

063

경간이 12m인 대칭 T형보에서 양쪽의 슬래브 중심간 거리가 2.0m, 플랜지의 두께가 300mm, 복부의 폭이 400mm 일 때 플랜지의 유효폭은?

① 2000mm
② 2500mm
③ 3000mm
④ 5200mm

해설 플랜지 폭
대칭 T형보이므로
① $8t_1 + 8t_2 + b_w = 8 \times 300 + 8 \times 300 + 400 = 5,200\,mm$
② 보 경간의 $1/4 = \dfrac{12,000}{4} = 3,000\,mm$
③ 양 슬래브 중심간 거리 = 2,000mm
셋 중 가장 작은 값인 2,000mm를 유효폭으로 결정한다.

해답 ①

064

콘크리트의 크리프에 대한 설명으로 틀린 것은?

① 고강도 콘크리트는 저강도 콘크리트보다 크리프가 크게 일어난다.
② 콘크리트가 놓이는 주위의 온도가 높을수록 크리프 변형은 크게 일어난다.
③ 물-시멘트비가 큰 콘크리트는 물-시멘트비가 작은 콘크리트보다 크리프가 크게 일어난다.
④ 일정한 응력이 장시간 계속하여 작용하고 있을 때 변형이 계속 진행되는 현상을 말한다.

해설 콘크리트는 초기강도가 클수록 크리프가 작게 일어나므로 고강도 콘크리트가 저강도 콘크리트보다 크리크가 적게 일어난다.

해답 ①

065

그림과 같은 단순지지 보에서 긴장재는 C점에 150mm의 편차에 직선으로 배치되고, 1000kN으로 긴장되었다. 보에는 120kN의 집중하중이 C점에 작용한다. 보의 고정하중은 무시할 때 C점에서의 휨모멘트는 얼마인가? (단, 긴장재의 경사가 수평압축력에 미치는 영향 및 자중은 무시한다.)

① $-150\,kN \cdot m$
② $90\,kN \cdot m$
③ $240\,kN \cdot m$
④ $390\,kN \cdot m$

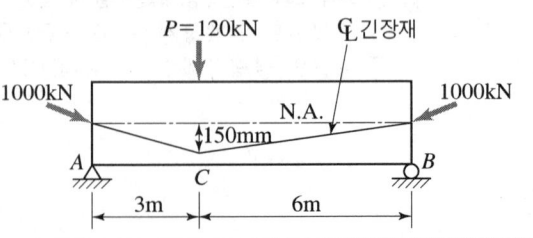

[해설]

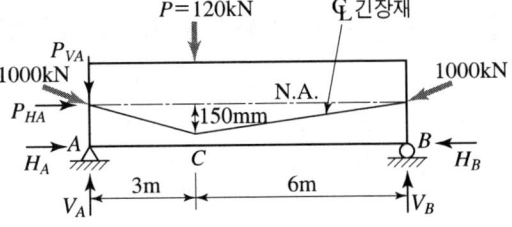

① 긴장재로 인해 작용하는 수직 하중
  ㉠ 긴장재로 인해 A점에 작용하는 수직 하중
  $$P_{VA} = 1{,}000 \times \frac{0.15}{\sqrt{3^2 + 0.15^2}} = 49.94\,\text{kN}$$
  ㉡ 긴장재로 인해 B점에 작용하는 수직 하중
  $$P_{VB} = 1{,}000 \times \frac{0.15}{\sqrt{6^2 + 0.15^2}} = 24.99\,\text{kN}$$
  ㉢ 긴장재로 인해 C점에 작용하는 수직하중
  $$P_{VC} = P_{VA} + P_{VB} = 49.94 + 24.99 = 74.93\,\text{kN}$$

② A점의 수직반력
  $\sum M_B = 0$ (시계방향 +)
  $V_A \times 9 - P_{VA} \times 9 - (120 - P_{VC}) \times 6 + P_{VB} \times 0 = 0$
  $V_A \times 9 - 49.94 \times 9 - (120 - 74.93) \times 6 + 24.99 \times 0 = 0$
  $V_A = 79.987\,\text{kN}$

③ C점의 휨모멘트
  $M_C = V_A \times 3 - P_{VA} \times 3 = 79.987 \times 3 - 49.94 \times 3 = 90.14\,\text{kN}\cdot\text{m}$

해답 ②

---

066 지름 450mm인 원형 단면을 갖는 중심축하중을 받는 나선철근 기둥에서 강도설계법에 의한 축방향 설계축강도(ϕP_n)는 얼마인가? (단, 이 기둥은 단주이고, f_{ck}=27MPa, f_y=350MPa, A_{st}=8-D22=3096mm², 압축지배단면이다.)

① 1166kN ② 1299kN
③ 2425kN ④ 2774kN

[해설] 중심 축하중을 받는 경우
$$P_u \leq P_{d\max} = \phi P_{n\max} = \alpha\phi\left[0.85f_{ck}(A_g - A_{st}) + f_y A_{st}\right]$$
$$= 0.85 \times 0.7 \times \left[0.85 \times 27 \times \left(\frac{\pi \times 450^2}{4} - 3{,}096\right) + 350 \times 3{,}096\right]$$
$$= 2{,}774{,}239\,\text{N} = 2{,}774\,\text{kN}$$

해답 ④

067
옹벽의 활동에 대한 저항력은 옹벽에 작용하는 수평력에 최소 몇 배 이상이어야 하는가?

① 1.5배　　② 2배
③ 2.5배　　④ 3배

해설 활동에 대한 저항력은 옹벽에 작용하는 수평력의 1.5배 이상이어야 한다.

해답 ①

068
폭(b)이 250mm이고, 전체높이(h)가 500mm인 직사각형 철근콘크리트 보의 단면에 균열을 일으키는 비틀림모멘트(T_{cr})는 약 얼마인가? (단, 보통중량콘크리트이며, $f_{ck}=28$ MPa 이다.)

① 9.8kN·m　　② 11.3kN·m
③ 12.5kN·m　　④ 18.4kN·m

해설 균열을 일으키는 비틀림모멘트
$$T_{cr} = \frac{1}{3}\lambda\sqrt{f_{ck}}\frac{A_{cp}^2}{p_{cp}} = \frac{1}{3}\times 1 \times \sqrt{28}\frac{(250\times 500)^2}{2\times(250+500)}$$
$$= 18,373,273 \text{N}\cdot\text{mm} = 18.4 \text{kN}\cdot\text{m}$$

해답 ④

069
프리스트레스트 콘크리트(PSC)의 균등질 보의 개념(homogeneous beam concept)을 설명한 것으로 옳은 것은?

① PSC는 결국 부재에 작용하는 하중의 일부 또는 전부를 미리 가해진 프리스트레스와 평행이 되도록 하는 개념
② PSC보를 RC보처럼 생각하여, 콘크리트는 압축력을 받고 긴장재는 인장력을 받게 하여 두 힘의 우력 모멘트로 외력에 의한 휨모멘트에 저항시킨다는 개념
③ 콘크리트에 프리스트레스가 가해지면 PSC부재는 탄성재료로 전환되고 이의 해석은 탄성이론으로 가능하다는 개념
④ PSC는 강도가 크기 때문에 보의 단면을 강재의 단면으로 가정하여 압축 및 인장을 단면전체가 부담할 수 있다는 개념

해설 프리스트레스트 콘크리트의 기본 개념
① 균등질보 개념(응력개념법, 기존개념법)은 콘크리트에 프리스트레스트를 도입하면 콘크리트가 탄성 재료로 전환된다고 생각으로 전단면 유효 응력으로 설계

하는 개념이다.
② 강도개념(내력모멘트개념, C-선 개념)은 PSC를 RC와 유사한 성질로 취급하여 압축력은 콘크리트가 받고 인장력은 PS강재가 받아 두 힘의 우력이 외력에 의한 모멘트에 저항하는데 서로 결합된다고 봄으로써 극한 강도 이론에 의한 설계가 가능하다는 개념이다.
③ 하중평형개념(등가하중개념)은 프리스트레싱의 작용과 부재에 작용하는 하중을 비기게 하자는데 목적을 둔 개념이다.

해답 ③

070 철근콘크리트 구조물 설계 시 철근 간격에 대한 설명으로 틀린 것은? (단, 굵은 골재의 최대 치수에 관련된 규정은 만족하는 것으로 가정한다.)

① 동일 평면에서 평행한 철근 사이의 수평 순간격은 25mm 이상, 또한 철근의 공칭지름 이상으로 하여야 한다.
② 벽체 또는 슬래브에서 휨 주철근의 간격은 벽체나 슬래브 두께의 3배 이하로 하여야 하고, 또한 450mm 이하로 하여야 한다.
③ 나선철근 또는 띠철근이 배근된 압축부재에서 축방향 철근의 순간격은 40mm 이상, 또한 철근 공칭 지름의 1.5배 이상으로 하여야 한다.
④ 상단과 하단에 2단 이상으로 배치된 경우 상하 철근은 동일 연직면 내에 배치되어야 하고, 이때 상하 철근의 순간격은 40mm 이상으로 하여야 한다.

해설 상단과 하단에 2단 이상으로 배근된 경우 연직순간격
① 상하 철근은 동일 연직면 내에 배근
② 25mm 이상

해답 ④

071 철근콘크리트 휨부재에서 최소철근비를 규정한 이유로 가장 적당한 것은?

① 부재의 시공 편의를 위해서
② 부재의 사용성을 증진시키기 위해서
③ 부재의 경제적인 단면 설계를 위해서
④ 부재의 급작스런 파괴를 방지하기 위해서

해설 인장측 콘크리트의 취성파괴(급작스러운 파괴)를 피하기 위하여 시방서에서는 정철근의 하한치를 제한하고 있다.

해답 ④

072

전단철근이 부담하는 전단력 $V_s = 150\text{kN}$일 때 수직스터럽으로 전단보강을 하는 경우 최대 배치간격은 얼마 이하인가? (단, 전단철근 1개 단면적 = 125mm², 횡방향 철근의 설계기준항복강도(f_{yt}) = 400MPa, f_{ck} = 28MPa, b_w = 300mm, d = 500mm, 보통중량콘크리트이다.)

① 167mm
② 250mm
③ 333mm
④ 600mm

해설

① $\dfrac{1}{3}\lambda\sqrt{f_{ck}}\,b_w d = \dfrac{1}{3} \times 1 \times \sqrt{28} \times 300 \times 500 = 264{,}575\text{N}$

② $V_s = 150\text{kN}$으로, 철근콘크리트부재에서 $V_s \leq \dfrac{1}{3}\lambda\sqrt{f_{ck}}\,b_w d(\text{N})$인 경우에 해당하므로,

수직 스터럽의 최대간격은 $0.5d$ 이하, 600mm 이하($s \leq \dfrac{d}{2}$, $s \leq 600\text{mm}$)이다.

③ $s \leq \dfrac{d}{2} = \dfrac{500}{2} = 250\text{mm}$

④ $s \leq 600\text{mm}$

⑤ 전단철근의 최대 배치 간격은 위 두 값 중 작은 값인 250mm이다.

해답 ②

073

강판형(Plate girder) 복부(web) 두께의 제한이 규정되어 있는 가장 큰 이유는?

① 시공상의 난이
② 좌굴의 방지
③ 공비의 절약
④ 자중의 경감

해설 복부판의 전단 좌굴 방지

① 복부판의 전단 좌굴을 방지하기 위하여 소정의 간격으로 수직보강재를 설치한다.
② 강판형 복부 두께를 제한한다.

해답 ②

074

2방향 슬래브의 설계에서 직접설계법을 적용할 수 있는 제한 조건으로 틀린 것은?

① 각 방향으로 3경간 이상이 연속되어야 한다.
② 슬래브 판들은 단변 경간에 대한 장변 경간의 비가 2이하인 직사각형이어야 한다.
③ 각 방향으로 연속한 받침부 중심간 경간 차이는 긴 경간의 1/3 이하이어야 한다.
④ 모든 하중은 연직하중으로 슬래브 판 전체에 등분포이고, 활하중은 고정하중의 3배 이상이어야 한다.

[해설] 모든 하중은 슬래브판 전체에 등분포 된 연직하중이어야 하며, 활하중은 고정하중의 2배 이하이어야 한다.

해답 ④

075
압축 이형철근의 겹침이음길이에 대한 설명으로 옳은 것은? (단, d_b는 철근의 공칭직경)

① 어느 경우에나 압축 이형철근의 겹침이음길이는 200mm 이상이어야 한다.
② 콘크리트의 설계기준압축강도가 28MPa 미만인 경우는 규정된 겹침이음길이를 1/5 증가시켜야 한다.
③ f_y가 500MPa 이하인 경우는 $0.72f_y d_b$ 이상, f_y가 500MPa을 초과할 경우는 $(1.3f_y - 24)d_b$ 이상이어야 한다.
④ 서로 다른 크기의 철근을 압축부에서 겹침이음하는 경우, 이음길이는 크기가 큰 철근의 정착길이와 크기가 작은 철근의 겹침이음길이 중 큰 값 이상이어야 한다.

[해설] 서로 다른 크기의 철근을 압축부에서 겹침이음하는 경우
① 이음길이는 크기가 큰 철근의 정착길이와 크기가 작은 철근의 겹침이음길이 중 큰 값 이상이어야 한다.
② D41과 D51 철근은 D35 이하 철근과의 겹침이음이 허용된다.
③ 겹침이음은 D35보다 큰 철근에 대해서 일반적으로 금지되지만, 압축측에서만은 D35 이하의 철근과 이보다 큰 철근과 겹침이음하는 것을 허용한다.

[참고] 서로 다른 크기의 철근을 인장 겹침이음 하는 경우, 이음길이는 크기가 큰 철근의 정착길이와 크기가 작은 철근의 겹침이음길이 중 큰 값 이상이어야 한다.

해답 ④

076
아래 그림과 같은 보의 단면에서 표피철근의 간격 s는 최대 얼마 이하로 하여야 하는가? (단, 건조환경에 노출되는 경우로서, 표피철근의 표면에서 부재 측면까지 최단거리(C_c)는 40mm, f_{ck}=24MPa, f_y=350MPa이다.)

① 330mm
② 340mm
③ 350mm
④ 360mm

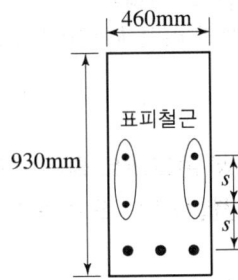

해설 표피철근의 간격

① 사용하중 상태에서 인장연단에서 가장 가까이에 위치한 철근의 응력(f_s)
f_s는 간단한 방법으로 균열을 검증하고자 할 때는 근사값으로 f_y의 2/3를 사용할 수 있다.
$$f_s = 350 \times \frac{2}{3} = 233.33 \text{MPa}$$

② 철근 간격을 통한 균열 검증에서 철근의 노출 조건을 고려한 계수(K_{cr})
건조환경에 노출되는 경우이므로 $K_{cr} = 280$이다.
그 외의 환경에 노출되는 경우에는 210이다.

③ 표피철근의 간격(s)
㉠ $s = 375\left(\frac{K_{cr}}{f_s}\right) - 2.5 C_c = 375 \times \left(\frac{280}{233.33}\right) - 2.5 \times 40 = 350.00 \text{mm}$
㉡ $s = 300\left(\frac{K_{cr}}{f_s}\right) = 300 \times \left(\frac{280}{233.33}\right) = 360.00 \text{mm}$
㉢ 두 식에 의해 계산된 값 중에서 작은 값 이하로 철근의 중심간격 s를 정하므로 350mm이다.

해답 ③

077

프리스트레스 손실 원인 중 프리스트레스 도입 후 시간의 경과에 따라 생기는 것이 아닌 것은?

① 콘크리트의 크리프
② 콘크리트의 건조수축
③ 정착 장치의 활동
④ 긴장재 응력의 릴랙세이션

해설 프리스트레스 손실 원인

1. 프리스트레스 도입 시 : 즉시 손실
   ① 콘크리트의 탄성변형(수축)
   ② PS강재와 덕트(시스) 사이의 마찰(포스트텐션 방식에만 해당)
   ③ 정착단의 활동
2. 프리스트레스 도입 후 : 시간적 손실
   ① 콘크리트의 건조수축
   ② 콘크리트의 크리프
   ③ PS강재의 리랙세이션(Relaxation)

해답 ③

078

강합성 교량에서 콘크리트 슬래브와 강(鋼)주형 상부 플랜지를 구조적으로 일체가 되도록 결합시키는 요소는?

① 볼트
② 접착제
③ 전단연결재
④ 합성철근

해설 **전단연결재**는 강합성 교량에서 콘크리트 슬래브와 강주형 상부 플랜지를 구조적으로 일체가 되도록 결합시키는 역할을 한다.

해답 ③

079

리벳으로 연결된 부재에서 리벳이 상·하 두 부분으로 절단되었다면 그 원인은?

① 리벳의 압축파괴 ② 리벳의 전단파괴
③ 연결부의 인장파괴 ④ 연결부의 지압파괴

해설 리벳의 전단파괴시 리벳이 상·하 두 부분으로 절단된다.

해답 ②

080

강도 설계에 있어서 강도감소계수(ϕ)의 값으로 틀린 것은?

① 전단력 : 0.75 ② 비틀림모멘트 : 0.75
③ 인장지배단면 : 0.85 ④ 포스트텐션 정착구역 : 0.75

해설 포스트텐션 정착구역의 강도감소계수(ϕ)는 0.85이다.

해답 ④

제5과목 토질 및 기초

081

흙의 포화단위중량이 20kN/m³인 포화점토층을 45° 경사로 8m를 굴착하였다. 흙의 강도정수 C_u=65kN/m², ϕ=0°이다. 그림과 같은 파괴면에 대하여 사면의 안전율은? (단, $ABCD$의 면적은 70m²이고 O점에서 $ABCD$의 무게중심까지의 수직거리는 4.5m이다.)

① 4.72
② 4.21
③ 2.67
④ 2.36

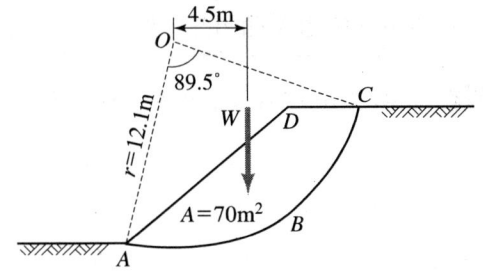

해설
① $M_r = c_u \cdot L_a \cdot r = c_u \cdot (r \cdot \theta) \cdot r$
　　$= 65 \times \left(12.1 \times 89.5° \times \dfrac{\pi}{180°}\right) \times 12.1 = 14,865.67 \text{ kN} \cdot \text{m}$
② $M_d = W \cdot d = \gamma \cdot A \cdot d = (20 \times 70) \times 4.5 = 6,300 \text{ kN} \cdot \text{m}$
③ $F_s = \dfrac{M_r}{M_d} = \dfrac{14,865.67}{6,300} = 2.36$

해답 ④

082
통일분류법에 의한 분류기호와 흙의 성질을 표현한 것으로 틀린 것은?
① SM : 실트 섞인 모래
② GC : 점토 섞인 자갈
③ CL : 소성이 큰 무기질 점토
④ GP : 입도분포가 불량한 자갈

해설 CL은 압축성이 낮은 점토를 표현한 것이다.

[참고] 통일분류법에 사용되는 기호

흙의 종류		제1문자	흙의 특성	제2문자	
조립토	자갈	G	입도분포 양호, 세립분 5% 이하	W	조립토
	모래	S	입도분포 불량, 세립분 5% 이하	P	
세립토	실트	M	세립분 12% 이상, A선 아래에 위치, 소성지수 4 이하	M	
	점토	C	세립분 12% 이상, A선 위에 위치, 소성지수 7 이상	C	
	유기질의 실트 및 점토	O	압축성 낮음, $w_L \leq 50$	L	세립토
유기질토	이탄	Pt	압축성 높음, $w_L \geq 50$	H	

해답 ③

083
다음 중 연약점토지반 개량공법이 아닌 것은?
① 프리로딩(Pre-loading) 공법
② 샌드 드레인(Sand drain) 공법
③ 페이퍼 드레인(Paper drain) 공법
④ 바이브로 플로테이션(Vibro flotation) 공법

해설 Vibro floatation공법은 사질토지반의 개량공법의 일종이다.

해답 ④

084

그림과 같은 지반에 재하순간 수주(水柱)가 지표면으로부터 5m 이었다. 20% 압밀이 일어난 후 지표면으로부터 수주의 높이는?
(단, 물의 단위중량은 9.81kN/m³ 이다.)

① 1m
② 2m
③ 3m
④ 4m

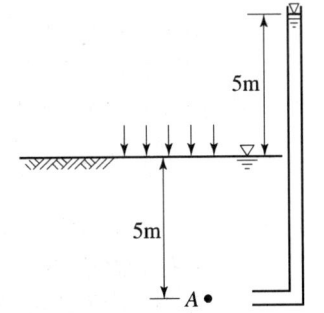

해설 ① 초기간극수압
$$u_i = \gamma_w h = 9.81 \times 5 = 49.05\,\text{kN/m}^2$$

② 과잉간극수압
재하 후 압밀도가 20%가 되었으므로
$$U = \frac{\text{소산된 과잉간극수압}}{\text{초기과잉간극수압}} \times 100 = \frac{u_i - u_e}{u_i} \times 100$$
$$= \frac{49.05 - u_e}{49.05} \times 100 = 20\% \text{에서 } u_e = 49.05 - \frac{20 \times 49.05}{100} = 39.24\,\text{kN/m}^2$$

③ 20% 압밀이 일어난 후 지표면으로부터 수주의 높이
$$u_e = \gamma_w h_e = 9.81 \times h_e = 39.24\,\text{kN/m}^2 \text{에서 } h_e = \frac{39.24}{9.81} = 4\,\text{m}$$

해답 ④

085

내부마찰각이 30°, 단위중량이 18kN/m³인 흙의 인장균열 깊이가 3m일 때 점착력은?

① $15.6\,\text{kN/m}^2$
② $16.7\,\text{kN/m}^2$
③ $17.5\,\text{kN/m}^2$
④ $18.1\,\text{kN/m}^2$

해설 인장균열 깊이공식
$$Z_c = \frac{2c}{\gamma} \frac{1}{\tan\left(45° - \frac{\phi}{2}\right)} = \frac{2c}{\gamma} \tan\left(45° + \frac{\phi}{2}\right) \text{에서}$$
$$c = \frac{Z_c \gamma}{2\tan\left(45° + \frac{\phi}{2}\right)} = \frac{3 \times 18}{2 \times \tan\left(45° + \frac{30°}{2}\right)} = 15.6\,\text{kN/m}^2$$

해답 ①

086 일반적인 기초의 필요조건으로 틀린 것은?

① 침하를 허용해서는 안 된다.
② 지지력에 대해 안정해야 한다.
③ 사용성, 경제성이 좋아야 한다.
④ 동해를 받지 않는 최소한의 근입깊이를 가져야 한다.

해설 침하량이 허용치 이내에 들어야 한다.

[참고] 기초의 필요조건
① 최소한의 근입깊이(D_f)를 확보하여 동해에 안정하도록 하여야한다.
② 침하량이 허용치 이내에 들어야 한다.
③ 지지력에 대해 안정해야 한다.
④ 경제적, 기술적으로 시공이 가능하여야 한다.
   (사용성, 경제성이 좋아야 한다.)

해답 ①

087 흙 속에 있는 한 점의 최대 및 최소 주응력이 각각 200kN/m² 및 100kN/m²일 때 최대 주응력과 30°를 이루는 평면상의 전단응력을 구한 값은?

① 10.5kN/m²
② 21.5kN/m²
③ 32.3kN/m²
④ 43.3kN/m²

해설 $\tau_f = \dfrac{\sigma_1 - \sigma_3}{2}\sin 2\theta = \dfrac{200-100}{2} \times \sin(2 \times 30°) = 43.3\,\text{kN/m}^2$

해답 ④

088 토립자가 둥글고 입도분포가 양호한 모래지반에서 N치를 측정한 결과 $N=19$가 되었을 경우, Dunham의 공식에 의한 이 모래의 내부 마찰각(ϕ)은?

① 20°
② 25°
③ 30°
④ 35°

해설 토립자가 둥글고 입도분포가 양호한 경우이므로
$\phi = \sqrt{12N} + 20 = \sqrt{12 \times 19} + 20 = 35°$

[참고] N, ϕ의 관계(Dunham 공식)
① 토립자가 모나고 입도가 양호 : $\phi = \sqrt{12N} + 25$
② 토립자가 모나고 입도가 불량 : $\phi = \sqrt{12N} + 20$
③ 토립자가 둥글고 입도가 양호 : $\phi = \sqrt{12N} + 20$
④ 토립자가 둥글고 입도가 불량 : $\phi = \sqrt{12N} + 15$

해답 ④

089 그림과 같은 지반에 대해 수직방향 등가투수계수를 구하면?

① 3.89×10^{-4} cm/s
② 7.78×10^{-4} cm/s
③ 1.57×10^{-3} cm/s
④ 3.14×10^{-3} cm/s

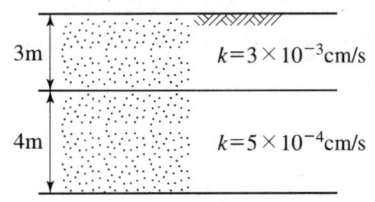

해설 ① $H = H_1 + H_2 = 3 + 4 = 7m$
② 연직방향 투수계수

$$K_z = \frac{H}{\frac{H_1}{K_1} + \frac{H_2}{K_2}} = \frac{700}{\frac{300}{3 \times 10^{-3}} + \frac{400}{5 \times 10^{-4}}} = 7.78 \times 10^{-4} \text{ cm/sec}$$

해답 ②

090 다음 중 동상에 대한 대책으로 틀린 것은?

① 모관수의 상승을 차단한다.
② 지표부근에 단열재료를 매립한다.
③ 배수구를 설치하여 지하수위를 낮춘다.
④ 동결심도 상부의 흙을 실트질 흙으로 치환한다.

해설 동상은 일반적으로 실트, 점토, 모래, 자갈 순으로 일어나기가 쉽기 때문에 실트질 흙으로 치환하면 안 되며, 동결하기 어려운 재료로 치환하여야 한다.

해답 ④

091 흙의 다짐곡선은 흙의 종류나 입도 및 다짐에너지 등의 영향으로 변한다. 흙의 다짐 특성에 대한 설명으로 틀린 것은?

① 세립토가 많을수록 최적함수비는 증가한다.
② 점토질 흙은 최대건조단위중량이 작고 사질토는 크다.
③ 일반적으로 최대건조단위중량이 큰 흙일수록 최적함수비도 커진다.
④ 점성토는 건조측에서 물을 많이 흡수하므로 팽창이 크고 습윤측에서는 팽창이 작다.

해설 일반적으로 최대건조단위중량이 큰 흙일수록 최적함수비는 작아진다.

해답 ③

092

현장에서 채취한 흙 시료에 대하여 아래 조건과 같이 압밀시험을 실시하였다. 이 시료에 320kPa 의 압밀압력을 가했을 때, 0.2cm의 최종 압밀침하가 발생되었다면 압밀이 완료된 후 시료의 간극비는? (단, 물의 단위중량은 9.81kN/m³ 이다.)

- 시료의 단면적(A) : 30cm²
- 시료의 비중(G_s) : 2.5
- 시료의 초기 높이(H) : 2.6cm
- 시료의 건조중량(W_s) : 1.18N

① 0.125
② 0.385
③ 0.500
④ 0.625

해설 ① 흙 입자의 높이(H_s)

$$H_s = \frac{W_s}{A \cdot G_s \cdot \gamma_w} = \frac{1.18 \times 10^{-3}}{(30 \times 10^{-4}) \times 2.5 \times 9.81} = 0.016\text{m} = 1.6\text{cm}$$

② 간극의 초기 높이(H_v)

$$H_v = H - H_s = 2.6 - 1.6 = 1.0\text{cm}$$

③ 초기 간극비(e_o)

$$e_o = \frac{V_v}{V_s} = \frac{H_v \cdot A}{H_s \cdot A} = \frac{H_v}{H_s} = \frac{1.0}{1.6} = 0.625$$

④ 압밀이 완료된 후 시료의 간극비

$$\Delta H = \frac{e_1 - e_2}{1 + e_1} H = \frac{0.625 - e_2}{1 + 0.625} \times 2.6 = 0.2\text{cm}$$ 에서 $e_2 = 0.500$

해답 ③

093

노상토 지지력비(CBR)시험에서 피스톤 2.5mm 관입될 때와 5.0mm 관입될 때를 비교한 결과, 관입량 5.0mm에서 CBR이 더 큰 경우 CBR 값을 결정하는 방법으로 옳은 것은?

① 그대로 관입량 5.00mm 일때의 CBR 값으로 한다.
② 2.5mm 값과 5.0mm 값의 평균을 CBR 값으로 한다.
③ 5.0mm 값을 무시하고 2.5mm 값을 표준으로 하여 CBR 값으로 한다.
④ 새로운 공시체로 재시험을 하며, 재시험 결과도 5.0mm 값이 크게 나오면 관입량 5.0mm 일 때의 CBR 값으로 한다.

해설 CBR값 결정

① $CBR_{2.5} > CBR_{5.0}$ ············· $CBR_{2.5}$
② $CBR_{2.5} < CBR_{5.0}$ 이면 재실험하고 재시험 후
  ㉠ $CBR_{2.5} > CBR_{5.0}$ ············· $CBR_{2.5}$
  ㉡ $CBR_{2.5} < CBR_{5.0}$ ············· $CBR_{5.0}$

해답 ④

094 다음 중 사운딩 시험이 아닌 것은?

① 표준관입시험   ② 평판재하시험
③ 콘 관입시험   ④ 베인 시험

해설
1. 평판재하시험은 지반의 지내력 및 노상, 노반의 지반반력계수, 콘크리트 포장과 같은 강성포장의 두께를 결정하기 위한 시험이다.
2. 사운딩(Sounding) 종류
   ① 정적 사운딩 : 일반적으로 점성토에 유효하다.
      ㉠ 휴대용 원추관입시험
      ㉡ 화란식 원추관입시험
      ㉢ 스웨덴식 관입시험
      ㉣ 이스키미터 시험
      ㉤ 베인(Vane)전단시험
   ② 동적 사운딩 : 일반적으로 조립토에 유효하다.
      ㉠ 동적 원추관입시험
      ㉡ 표준관입시험(SPT)

해답 ②

095 단면적이 100cm², 길이가 30cm인 모래 시료에 대하여 정수위 투수시험을 실시하였다. 이때 수두차가 50cm, 5분 동안 집수된 물이 350cm³ 이었다면 이 시료의 투수계수는?

① 0.001cm/s   ② 0.007cm/s
③ 0.01cm/s   ④ 0.07cm/s

해설 $K = \dfrac{Q \cdot L}{A \cdot h \cdot t} = \dfrac{350 \times 30}{100 \times 50 \times (5 \times 60)} = 0.007 \, \text{cm/s}$

해답 ②

096 아래와 같은 조건에서 AASHTO분류법에 따른 군지수(GI)는?

| - 흙의 액성한계 : 45%   - 흙의 소성한계 : 25%   - 200번체 통과율 : 50% |

① 7   ② 10
③ 13   ④ 16

해설
① $a = \#200$체 통과중량 백분율 $- 35 = 50 - 35 = 15$ (0~40의 정수)
② $b = \#200$체 통과중량 백분율 $- 15 = 50 - 15 = 35$ (0~40의 정수)
③ $c = w_L - 40 = 45 - 40 = 5$ (0~20의 정수)
④ $d = I_p - 10 = (w_L - w_p) - 10 = (45 - 25) - 10 = 10$ (0~20의 정수)

⑤ 군지수
$GI = 0.2a + 0.005ac + 0.01bd$
$= 0.2 \times 15 + 0.005 \times 15 \times 5 + 0.01 \times 35 \times 10$
$= 6.875$
GI값은 가장 가까운 정수로 반올림하므로 7이다.

해답 ①

097
점토층 지반위에 성토를 급속히 하려한다. 성토 직후에 있어서 이 점토의 안정성을 검토하는데 필요한 강도정수를 구하는 합리적인 시험은?

① 비압밀 비배수시험(UU-test)   ② 압밀 비배수시험(CU-test)
③ 압밀 배수시험(CD-test)   ④ 투수시험

해설 비압밀 비배수(UU-test) 적용
① 점토지반이 시공 중 또는 성토한 후 급속한 파괴가 예상되는 경우
② 압밀이나 함수비의 변화가 없이 급속한 파괴가 예상되는 경우
③ 재하속도가 과잉공극수압의 소산속도보다 빠른 경우
④ 즉각적인 함수비의 변화, 체적의 변화가 없는 경우
⑤ 점토지반의 단기적 안정해석하는 경우

해답 ①

098
연속 기초에 대한 Terzaghi의 극한지지력 공식은
$q_u = cN_c + 0.5\gamma_1 BN_\gamma + \gamma_2 D_f N_q$로 나타낼 수 있다. 아래 그림과 같은 경우 극한지지력 공식의 두 번째 항의 단위중량(γ_1)의 값은? (단, 물의 단위중량은 9.81kN/m³ 이다.)

① 14.48kN/m³
② 16.00kN/m³
③ 17.45kN/m³
④ 18.20kN/m³

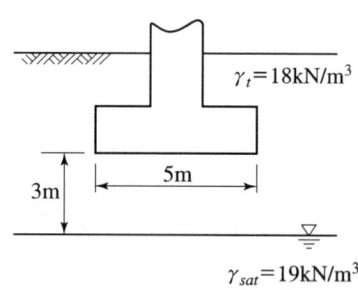

해설 ① 기초 모양에 따른 형상계수는 연속 기초이므로 $\alpha = 1.0$, $\beta = 0.5$이기 때문에 문제에서 주어진 공식과 같아진다.
$q_u = \alpha cN_c + \beta\gamma_1 BN_\gamma + \gamma_2 D_f N_q = cN_c + 0.5\gamma_1 BN_\gamma + \gamma_2 D_f N_q$
② 지하수위가 $0 \leq d \leq B$인 경우(기초저면하단)이므로
$r_1' = r_{sub} + \frac{d}{B}(r_1 - r_{sub})$, $q = r_2 D_f$이다.
$r_1' = r_{sub} + \frac{d}{B}(r_1 - r_{sub}) = (19 - 9.81) + \frac{3}{5} \times \{18 - (19 - 9.81)\} = 14.476 \text{kN/m}^3$

해답 ①

099 점토 지반에 있어서 강성 기초와 접지압 분포에 대한 설명으로 옳은 것은?

① 접지압은 어느 부분이나 동일하다.
② 접지압은 토질에 관계없이 일정하다.
③ 기초의 모서리 부분에서 접지압이 최대가 된다.
④ 기초의 중앙 부분에서 접지압이 최대가 된다.

해설 점토지반의 접지압과 침하량 분포

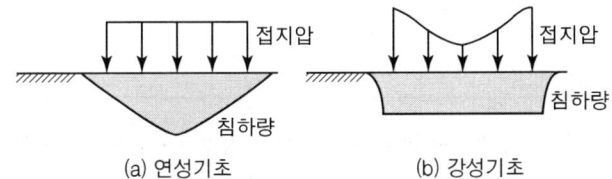

(a) 연성기초   (b) 강성기초

[점토지반의 접지압과 침하량 분포]

점토지반에 있는 강성기초의 경우 접지압은 기초의 중앙 부분에서 최소가 되고 기초의 모서리 부분에서 최대가 된다.

해답 ③

100 토질시험 결과 내부마찰각이 30°, 점착력이 50kN/m², 간극수압이 800kN/m², 파괴면에 작용하는 수직응력이 3000kN/m²일 때 이 흙의 전단응력은?

① 1270kN/m²   ② 1320kN/m²
③ 1580kN/m²   ④ 1950kN/m²

해설 전단응력

$\tau_f = c + \sigma' \tan\phi = 50 + (3{,}000 - 800) \times \tan 30° = 1{,}320 \text{kN/m}^2$

해답 ②

제6과목 상하수도공학

101 수원으로부터 취수된 상수가 소비자까지 전달되는 일반적 상수도의 구성순서로 옳은 것은?

① 도수 → 송수 → 정수 → 배수 → 급수
② 송수 → 정수 → 도수 → 급수 → 배수
③ 도수 → 정수 → 송수 → 배수 → 급수
④ 송수 → 정수 → 도수 → 배수 → 급수

해설 상수도 시설 계통 : 수원(집수) → 취수 → 도수 → 정수 → 송수 → 배수 → 급수   **해답** ③

102 하수관의 접합방법에 관한 설명으로 틀린 것은?

① 관중심접합은 관의 중심을 일치시키는 방법이다.
② 관저접합은 관의 내면하부를 일치시키는 방법이다.
③ 단차접합은 지표의 경사가 급한 경우에 이용되는 방법이다.
④ 관정접합은 토공량을 줄이기 위하여 평탄한 지형에 많이 이용되는 방법이다.

해설 관정접합
① 관거의 내면 상부를 일치시키는 방식
② 유수의 흐름은 원활하게 된다.
③ 매설깊이를 증대시킴으로서 공사비가 증대된다.
④ 펌프배수의 경우 펌프양정이 증대되어 불리하게 된다.   **해답** ④

103 계획오수량을 결정하는 방법에 대한 설명으로 틀린 것은?

① 지하수량은 1일1인최대오수량의 20% 이하로 한다.
② 생활오수량의 1일1인최대오수량은 1일1인최대급수량을 감안하여 결정한다.
③ 계획1일평균오수량은 계획1일최소오수량의 1.3~1.8배를 사용한다.
④ 합류식에서 우천 시 계획오수량은 원칙적으로 계획시간최대오수량의 3배 이상으로 한다.

해설 계획 1일 평균오수량은 계획 1일 최대 오수량의 70~80%를 표준으로 한다.
계획 1일 평균 오수량 = 계획 1일 최대 오수량 × 70~80%   **해답** ③

104

하수 배제방식의 특징에 관한 설명으로 틀린 것은?

① 분류식은 합류식에 비해 우천시 월류의 위험이 크다.
② 합류식은 단면적이 크기 때문에 검사, 수리 등에 유리하다.
③ 합류식은 분류식(2계통 건설)에 비해 건설비가 저렴하고 시공이 용이하다.
④ 분류식은 강우초기에 노면의 오염물질이 포함된 세정수가 직접 하천 등으로 유입된다.

해설
① **분류식**은 우천시나 청천시 월류의 우려가 없다.
② **합류식**은 강우시 계획오수량의 일정배율 이상의 것은 우수토실 또는 펌프장으로부터 하천 등 공공수역에 직접 방류된다.

해답 ①

105

호수의 부영양화에 대한 설명으로 틀린 것은?

① 부영양화는 정체성 수역의 상층에서 발생하기 쉽다.
② 부영양화된 수원의 상수는 냄새로 인하여 음료수로 부적당하다.
③ 부영양화로 식물성 플랑크톤의 번식이 증가되어 투명도가 저하된다.
④ 부영양화로 생물활동이 활발하여 깊은 곳의 용존산소가 풍부하다.

해설 **부영양화**로 인해 과다 번식한 조류나 플랑크톤은 서로 생존경쟁을 하며 이 과정에서 일부는 바닥으로 침전 깊은 곳에서 혐기성 분해를 일으키며, 용존산소농도가 낮다.

해답 ④

106

하수관로시설의 유량을 산출할 때 사용하는 공식으로 옳지 않은 것은?

① Kutter 공식
② Jamssen 공식
③ Manning 공식
④ Hazen-Williams 공식

해설 유량공식
$Q = AV$

① Manning공식
$$V = \frac{1}{n} R^{\frac{2}{3}} I^{\frac{1}{2}}$$

② Ganguillet-Kutter공식 : 하수관거에서 주로 쓰는 공식
$$V = \frac{23 + \frac{1}{n} + \frac{0.00155}{I}}{1 + \left(23 + \frac{0.00155}{I}\right) \frac{n}{\sqrt{R}}} \sqrt{RI}$$

여기서, V : 평균유속[m/sec], R : 경심[m]

I : 수면구배(동수구배), n : 조도계수

③ Hazen-Williams 공식 : 압송의 경우

$$V = 0.84935 \cdot C \cdot R^{0.63} \cdot I^{0.54}$$

여기서, V : 평균유속[m/sec], C : 유속계수

I : 동수경사(h/L), h : 길이 L에 대한 마찰손실수두(m)

해답 ②

107

하수처리장 유입수의 SS농도는 200mg/L 이다. 1차 침전지에서 30% 정도가 제거되고, 2차 침전지에서 85%의 제거효율을 갖고 있다. 하루 처리용량이 3000m³/d 일 때 방류되는 총 SS량은?

① 63kg/d
② 2800g/d
③ 6300kg/d
④ 6300mg/d

해설
① 유입수 SS총량
$200\,\text{mg/L} \times 10^3\,\text{L/m}^3 \times 10^{-6}\,\text{kg/mg} \times 3{,}000\,\text{m}^3/\text{d} = 600\,\text{kg/d}$
② 1차 침전지
㉠ 제거량 = $600\,\text{kg/d} \times 0.3 = 180\,\text{kg/d}$
㉡ 1차 침전지 제거 후 SS량 = $600 - 180 = 420\,\text{kg/d}$
③ 2차 침전지
㉠ 제거량 = $420\,\text{kg/d} \times 0.85 = 357\,\text{kg/d}$
㉡ 2차 침전지 제거 후 SS량 = $420 - 357 = 63\,\text{kg/d}$

해답 ①

108

상수도관의 관종 선정 시 기본으로 하여야 하는 사항으로 틀린 것은?

① 매설조건에 적합해야 한다.
② 매설환경에 적합한 시공성을 지녀야 한다.
③ 내압보다는 외압에 대하여 안전해야 한다.
④ 관 재질에 의하여 물이 오염될 우려가 없어야 한다.

해설 상수도관은 내압 및 외압 모두에 견딜 수 있는 강도를 지닌 것이어야 한다. 내압은 실제로 사용하는 관로의 최대정수압과 수격압을 고려해야 한다. 또한 외압은 토압, 노면하중 및 지진력 등을 감안해야 한다.

[참고] 상수도관의 관종은 다음 각 항을 기본으로 하여 선정한다.
① 관 재질에 의하여 물이 오염될 우려가 없어야 한다.
② 내압과 외압에 대하여 안전해야 한다.
③ 매설조건에 적합해야 한다.
④ 매설환경에 적합한 시공성을 지녀야 한다.

해답 ③

109

하수도 계획에서 계획우수량 산정과 관계가 없는 것은?

① 배수면적
② 설계강우
③ 유출계수
④ 집수관로

해설 계획 우수량 산정시 고려사항
① 유출계수
② 배수면적
③ 확률연수
④ 설계강우

해답 ④

110

먹는 물의 수질기준 항목에서 다음 특성을 갖고 있는 수질기준항목은?

- 수질기준은 10mg/L를 넘지 아니할 것
- 하수, 공장폐수, 분뇨 등과 같은 오염물의 유입에 의한 것으로 물의 오염을 추정하는 지표항목
- 유아에게 청색증 유발

① 불소
② 대장균군
③ 질산성질소
④ 과망간산칼륨 소비량

해설 질산성 질소(NO_3-N)는 건강상 유해 영향 무기물질 중 하나로 10mg/L 이하이어야 한다.

해답 ③

111

관의 길이가 1000m이고, 지름이 20cm인 관을 지름 40cm의 등치관으로 바꿀 때, 등치관의 길이는? (단, Hazen-Williams 공식을 사용한다.)

① 2924.2m
② 5924.2m
③ 19242.6m
④ 29242.6m

해설 등치관법

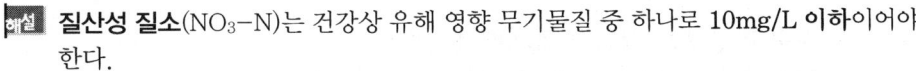

$$L_2 = L_1 \left(\frac{D_2}{D_1}\right)^{4.87} = 1,000 \times \left(\frac{40}{20}\right)^{4.87} = 29,242.6\text{m}$$

해답 ④

112 폭기조의 MLSS농도 2000mg/L, 30분간 정치시킨 후 침전된 슬러지 체적이 300mL/L 일 때 SVI는?

① 100
② 150
③ 200
④ 250

해설 $SVI = \dfrac{30분 침강 후 슬러지 부피[mL/L]}{MLSS농도[mg/L]} \times 1,000 = \dfrac{300}{2,000} \times 1,000 = 150$

해답 ②

113 유출계수가 0.6이고, 유역면적 2km²에 강우강도 200mm/h의 강우가 있었다면 유출량은? (단, 합리식을 사용한다.)

① 24.0m³/s
② 66.7m³/s
③ 240m³/s
④ 667m³/s

해설 합리식에 의한 유출량
$Q = \dfrac{1}{3.6} CIA = \dfrac{1}{3.6} \times 0.6 \times 200 \times 2 = 66.7 \, m^3/s$

해답 ②

114 정수지에 대한 설명으로 틀린 것은?

① 정수지 상부는 반드시 복개해야 한다.
② 정수지의 유효수심은 3~6m를 표준으로 한다.
③ 정수지의 바닥은 저수위보다 1m 이상 낮게 해야 한다.
④ 정수지란 정수를 저류하는 탱크로 정수시설로는 최종단계의 시설이다.

해설 정수지 바닥은 저수위보다 15 cm 이상 낮게 해야 한다.

해답 ③

115 합류식 관로의 단면을 결정하는데 중요한 요소로 옳은 것은?

① 계획우수량
② 계획1일평균오수량
③ 계획시간최대오수량
④ 계획시간평균오수량

해설 계획하수량
1. 분류식
① 오수관로 : 계획시간 최대 오수량
② 우수관로 : 계획 우수량

2. 합류식
① 합류관로 : 계획시간 최대 오수량+계획우수량
② 차집관로 : 우천시 계획오수량(계획시간 최대 오수량의 3배 이상)

해답 ①

116
혐기성 소화법과 비교할 때, 호기성 소화법의 특징으로 옳은 것은?

① 최초시공비 과다
② 유기물 감소율 우수
③ 저온시의 효율 향상
④ 소화슬러지의 탈수 불량

해설 혐기성 소화처리법에 비해 호기성 소화처리법의 특징

장 점	단 점
• 초기 투자비가 적다.	• 에너지 소비가 크다.
• 처리수의 수질이 양호하다.	• 소화 슬러지의 탈수성이 불량하다.
• 소화 슬러지에서 악취가 나지 않는다.	• 저온시 효율이 저하된다.
	• CH_4 등의 가치 있는 부산물이 생성되지는 않는다.
• 운전이 용이하다.	• 고농도의 슬러지 처리에 부적합하다.

해답 ④

117
정수처리 시 염소소독 공정에서 생성될 수 있는 유해물질은?

① 유기물
② 암모니아
③ 환원성 금속이온
④ THM(트리할로메탄)

해설 폐수처리나 정수처리과정에서 가장 많이 사용되는 살균제인 염소는 염소의 사용으로 발암물질인 트리할로메탄(THM)의 생성은 불가피하여 트리할로메탄을 총량으로 규제하고 있다.

해답 ④

118
정수시설 내에서 조류를 제거하는 방법 중 약품으로 조류를 산화시켜 침전처리 등으로 제거하는 방법에 사용되는 것은?

① Zeolite
② 황산구리
③ 과망간산칼륨
④ 수산화나트륨

해설 정수시설 내에서 조류를 제거하는 방법
① 약품으로 조류를 산화시켜 침전처리 등으로 제거하는 방법 : 염소제나 황산구리 등의 살조제로 처리하는 방법이다.
② 여과로 제거하는 방법

해답 ②

119 병원성미생물에 의하여 오염되거나 오염될 우려가 있는 경우, 수도꼭지에서의 유리잔류염소는 몇 mg/L 이상 되도록 하여야 하는가?

① 0.1 mg/L
② 0.4 mg/L
③ 0.6 mg/L
④ 1.8 mg/L

해설 평상시에는 유리잔류염소로 0.1mg/L(결합잔류염소로 0.4mg/L) 이상, 소화기계 수인성전염병 유행시 또는 광범위하게 단수한 다음 급수를 재개할 때 등에는 유리잔류염소로 0.4mg/L(결합잔류염소로 1.8mg/L) 이상으로 유지하여야 한다.

해답 ②

120 배수관의 갱생공법으로 기존 관내의 세척(cleaning)을 수행하는 일반적인 공법으로 옳지 않은 것은?

① 제트(jet) 공법
② 실드(shield) 공법
③ 로터리(rotary) 공법
④ 스크레이퍼(scraper) 공법

해설 관 갱생공법
1. 관내 크리닝
  ① 스크레이퍼(scraper)공법
  ② 로터리(rotary)공법
  ③ 제트(jet)공법
  ④ 폴리픽(polly pig)공법
  ⑤ 에어샌드(air sand)공법
2. 관내 라이닝(lining)

해답 ②

토목기사

2021년 8월 14일 시행

제1과목 응용역학

001 그림과 같은 구조물의 C점에 연직하중이 작용할 때 AC부재가 받는 힘은?

① 2.5kN
② 5.0kN
③ 8.7kN
④ 10.0kN

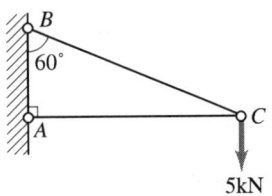

해설 AC부재와 BC부재 모두 자른 후 두 부재 모두 인장력이 작용한다고 가정하고 라미의 정리를 이용해 각 부재가 받는 내력을 구한다.

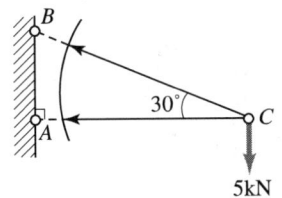 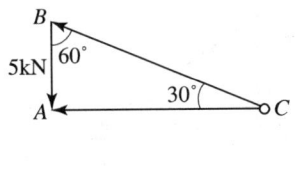

$$\frac{AC}{\sin 60°} = \frac{5\text{kN}}{\sin 30°} = \frac{-BC}{\sin 90°}$$ 에서

AC부재 : $AC = \dfrac{5}{\sin 30°} \times \sin 60° = \dfrac{5}{\frac{1}{2}} \times \dfrac{\sqrt{3}}{2} = 8.66\,\text{kN}$

해답 ③

002 그림과 같은 인장부재의 수직변위를 구하는 식으로 옳은 것은? (단, 탄성계수는 E이다.)

① $\dfrac{PL}{EA}$ ② $\dfrac{3PL}{2EA}$
③ $\dfrac{2PL}{EA}$ ④ $\dfrac{5PL}{2EA}$

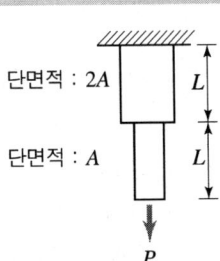

해설 $\dfrac{PL}{2EA} + \dfrac{PL}{EA} = \dfrac{3PL}{2EA}$

해답 ②

003 그림과 같은 트러스에서 AC부재의 부재력은?

① 인장 40kN
② 압축 40kN
③ 인장 80kN
④ 압축 80kN

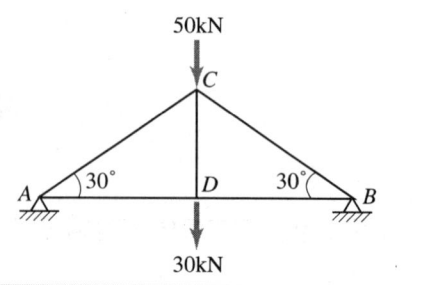

해설 ① 반력

대칭이므로 $V_A = V_B = \dfrac{50+30}{2} = 40\,\text{kN}(\uparrow)$

② AC의 부재력

$\dfrac{40\text{kN}}{\sin 30°} = \dfrac{AC}{\sin 90°}$ 에서 $AC = 80\,\text{kN}$(압축)

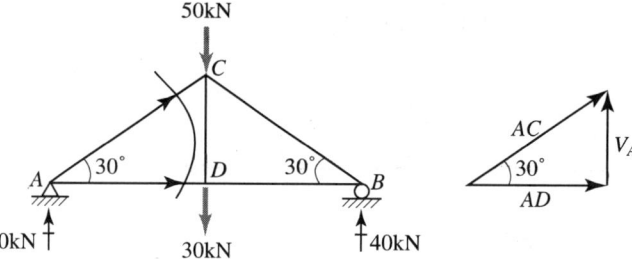

해답 ④

004 그림과 같은 단순보에서 C점에 30kN·m의 모멘트가 작용할 때 A점의 반력은?

① $\dfrac{10}{3}\text{kN}(\downarrow)$
② $\dfrac{10}{3}\text{kN}(\uparrow)$
③ $\dfrac{20}{3}\text{kN}(\downarrow)$
④ $\dfrac{20}{3}\text{kN}(\uparrow)$

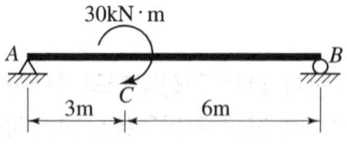

해설 $\sum M_B = 0$ 에서

$V_A \times 9 + 30 = 0$

$V_A = -\dfrac{30}{9} = -\dfrac{10}{3}\text{kN}(\uparrow) = \dfrac{10}{3}\text{kN}(\downarrow)$

해답 ①

005 그림과 같은 기둥에서 좌굴하중의 비 (a) : (b) : (c) : (d)는? (단, EI와 기둥의 길이는 모두 같다.)

① 1 : 2 : 3 : 4
② 1 : 4 : 8 : 12
③ 1 : 4 : 8 : 16
④ 1 : 8 : 16 : 32

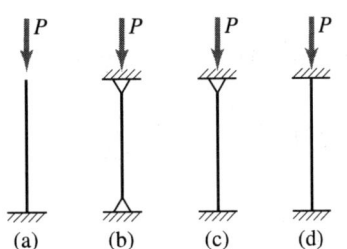

해설 좌굴하중 $P_b = \dfrac{\pi^2 EI}{l_k^2} = \dfrac{n\pi^2 EI}{l^2}$ 에서

$P_b \propto n$ 이므로

$P_{(a)b} : P_{(b)b} : P_{(c)b} : P_{(d)b} = n_{(a)} : n_{(b)} : n_{(c)} : n_{(d)} = \dfrac{1}{4} : 1 : 2 : 4$
$= 1 : 4 : 8 : 16$

해답 ③

006 그림과 같은 2개의 캔틸레버 보에 저장되는 변형에너지를 각각 $U_{(1)}, U_{(2)}$라고 할 때 $U_{(1)} : U_{(2)}$의 비는? (단, EI는 일정하다.)

① 2 : 1
② 4 : 1
③ 8 : 1
④ 16 : 1

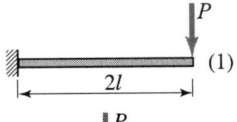

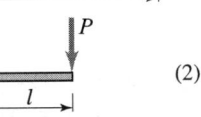

해설 $U = \dfrac{1}{2} P\delta = \dfrac{1}{2} \times P \times \dfrac{Pl^3}{3EI} = \dfrac{P^2 L^3}{6EI}$ 이므로

① $U_{(1)} = \dfrac{P^2(2L)^3}{6EI} = 8\dfrac{P^2 L^3}{6EI}$

② $U_{(2)} = \dfrac{P^2 L^3}{6EI}$

③ $U_{(1)} : U_{(2)} = 8 : 1$

해답 ③

007

그림과 같은 사다리꼴 단면에서 $x-x'$축에 대한 단면 2차 모멘트 값은?

① $\dfrac{h^3}{12}(b+3a)$ ② $\dfrac{h^3}{12}(b+2a)$

③ $\dfrac{h^3}{12}(3b+a)$ ④ $\dfrac{h^3}{12}(2b+a)$

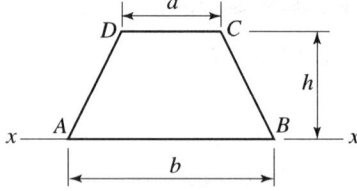

해설
$$I_x = I_{x사각} + I_{x삼각}$$
$$= \frac{ah^3}{3} + \frac{(b-a)h^3}{12}$$
$$= \frac{1}{12}(4ah^3 + bh^3 - ah^3)$$
$$= \frac{h^3}{12}(b+3a)$$

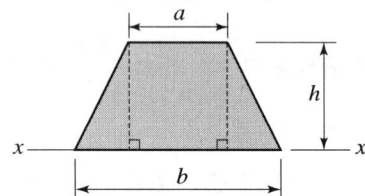

해답 ①

008

그림과 같은 단순보에서 $C \sim D$ 구간의 전단력 값은?

① P
② $2P$
③ $\dfrac{P}{2}$
④ 0

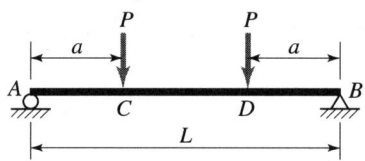

해설 그림과 같이 단순보에 크기가 동일한 두 집중하중이 같은 방향으로 작용하는 경우 두 하중 사이의 전단력은 좌우값이 서로 상쇄되어 '0'이 된다.

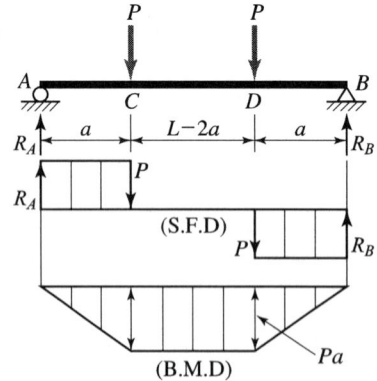

해답 ④

009 그림과 같은 구조물의 부정정 차수는?

① 6차 부정정
② 5차 부정정
③ 4차 부정정
④ 3차 부정정

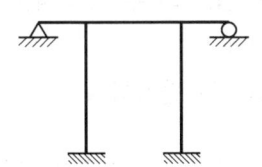

해설 반력=9, 부재절단력=0×3=0, 평형방정식수=3, 내부힌지방정식수=0
$N=(9+0)-(3+0)=6$차 부정정

[참고1] $N=r+m+P_o-2P$
$=9+5+4-2×6=6$차 부정정
[참고2] $N=m_1+2m_2+3m_3+r-(2P_2+3P_3)$
$=0+2×0+3×5+9-(2×0+3×6)$
$=6$차 부정정

해답 ①

010 그림과 같은 하중을 받는 보의 최대전단응력은?

① $\dfrac{2}{3}\dfrac{wl}{bh}$ ② $\dfrac{3}{2}\dfrac{wl}{bh}$

③ $2\dfrac{wl}{bh}$ ④ $\dfrac{wl}{bh}$

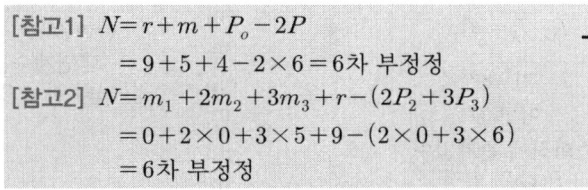

해설 ① 반력 $R_A=\dfrac{(2w)l}{6}=\dfrac{wl}{3}$, $R_B=\dfrac{2wl}{3}$

② 최대 전단응력 $\tau_{\max}=\dfrac{3}{2}\dfrac{S_{\max}}{A}=\dfrac{3}{2}\dfrac{\frac{2wl}{3}}{bh}=\dfrac{wl}{bh}$

해답 ④

011 그림과 같은 캔틸레버 보에서 C점의 처짐은? (단, EI는 일정하다.)

① $\dfrac{PL^3}{24EI}$ ② $\dfrac{5PL^3}{24EI}$

③ $\dfrac{PL^3}{48EI}$ ④ $\dfrac{5PL^3}{48EI}$

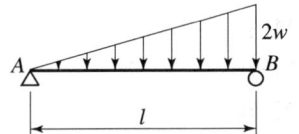
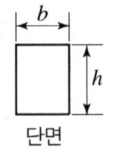

해설 자유단에 작용하고 있는 집중하중에 의한 캔틸레버보 중앙의 중앙점 C의 처짐
$\delta_C=\dfrac{5PL^3}{48EI}$

해답 ④

012 다음 중 정(+)과 부(−)의 값을 모두 갖는 것은?

① 단면계수
② 단면 2차 모멘트
③ 단면 2차 반지름
④ 단면 상승 모멘트

해설 단면모멘트에 대한 기본적인 사항을 정리하면 다음과 같다.

단면 모멘트	공식 포인트	부호	단위	기 타
단면 1차 모멘트	$G_X = 0$ $G_Y = 0$	+ − 0	cm^3 m^3	단면2차반경과 단면계수는 정(+)의 값을 갖는다.
단면 2차 모멘트	I_X, I_X= 최소	+	cm^4 m^4	
단면 상승 모멘트	I_{XY}가 대칭축 이면 '0'	+ − 0	cm^4 m^4	
단면 2차 극모멘트	축회전에 관계없이 I_p 값은 일정	+	cm^4 m^4	

해답 ④

013 그림과 같은 단면에 600kN의 전단력이 작용할 때 최대 전단응력의 크기는?

① 12.71MPa
② 15.98MPa
③ 19.83MPa
④ 21.32MPa

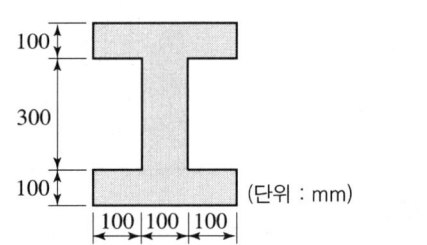

(단위 : mm)

해설

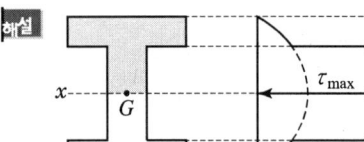

최대전단응력은 도심에서 발생한다.
① 도심에 대한 단면2차모멘트
$$I = \frac{300 \times 500^3 - 200 \times 300^3}{12} = 2,675,000,000 \, mm^4$$
② 잘린 단면의 도심에 대한 단면1차모멘트
$$G = 300 \times 100 \times 200 + 100 \times 150 \times 75 = 7,125,000 \, mm^3$$
③ 잘린부분의 폭 $b = 100mm$
④ 최대 전단응력
$$\tau_{max} = \frac{VG}{Ib} = \frac{600,000 \times 7,125,000}{2,675,000,000 \times 100} = 15.98 \, MPa$$

해답 ②

014 그림과 같은 단순보에서 B점에 모멘트 M_B가 작용할 때 A점에서의 처짐각 (θ_A)은? (단, EI는 일정하다.)

① $\dfrac{M_B L}{2EI}$ ② $\dfrac{M_B L}{3EI}$

③ $\dfrac{M_B L}{6EI}$ ④ $\dfrac{M_B L}{8EI}$

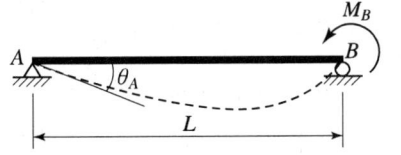

해설 $\theta_A = \dfrac{M_B l}{6EI}$

해답 ③

015 그림과 같은 $r=4$m인 3힌지 원호 아치에서 지점 A에서 2m 떨어진 E점에 발생하는 휨모멘트의 크기는?

① $6.13\text{kN}\cdot\text{m}$
② $7.32\text{kN}\cdot\text{m}$
③ $8.27\text{kN}\cdot\text{m}$
④ $9.16\text{kN}\cdot\text{m}$

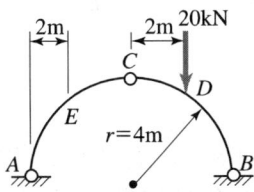

해설 평형조건식을 이용해서 A지점의 수직반력을 먼저 구한 후 힌지점 C점에서의 모멘트 값이 '0'인 점을 이용하여 A지점의 수평반력을 구한다. 그 다음 E점에서 좌측단면(A지점 쪽)을 이용하여 E점의 휨모멘트를 구한다.

① $\Sigma M_B = 0$
  $+ V_A \times 8 - 20 \times 2 = 0$에서
  $V_A = 5\text{kN}(\uparrow)$

② $\Sigma M_{C,좌} = 0$
  $+ V_A \times 4 - H_A \times 4 = 0$에서
  $H_A = +5\text{kN}(\rightarrow)$

③ $M_{E,좌} = \left[+5 \times 2 - 5 \times \sqrt{4^2 - 2^2}\right]$
  $= -7.32\text{kN}\cdot\text{m}$

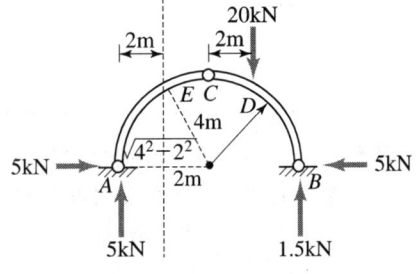

해답 ②

016 그림과 같은 부정정 구조물에서 B지점의 반력의 크기는? (단, 보의 휨강도 EI는 일정하다.)

① $\dfrac{7P}{3}$ ② $\dfrac{7P}{4}$

③ $\dfrac{7P}{5}$ ④ $\dfrac{7P}{6}$

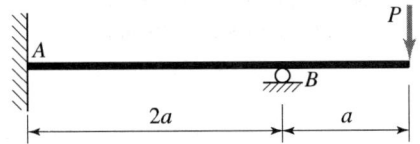

해설 B 지점의 수직 반력

① $R_{B1} = P\ (\uparrow)$

② $R_{B2} = \dfrac{3M_o}{2L} = \dfrac{3Pa}{2\times(2a)} = \dfrac{3P}{4}(\uparrow)$

③ $R_B = R_{B1} - R_{B2} = P + \dfrac{3P}{4} = \dfrac{7P}{4}(\uparrow)$

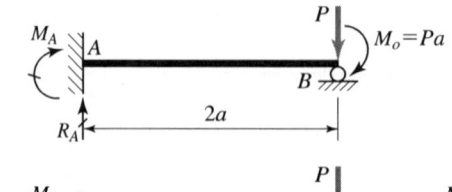

= 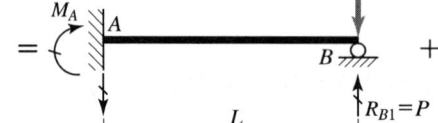 +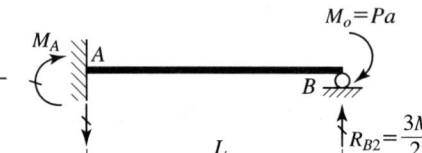

해답 ②

017

그림과 같은 30° 경사진 언덕에 40kN의 물체를 밀어 올릴 때 필요한 힘 P는 최소 얼마 이상이어야 하는가? (단, 마찰계수는 0.25이다.)

① 28.7kN
② 30.2kN
③ 34.7kN
④ 40.0kN

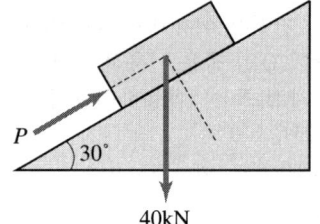

해설 경사진 언덕에서 40kN의 물체를 밀어 올리기 위해서는 밀려 올라가지 않으려는 방향으로 발생되는 마찰력과 물체가 경사면을 따라 내려가려는 힘의 합보다 더 큰 힘으로 밀어 올려야 올라간다.

① 경사면에 수직한 힘
    $N = 40 \times \cos 30° = 34.64\text{kN}$
② 경사면 아래로 내려가려는 힘(경사면에 수평한 힘)
    $F = 40 \times \sin 30° = 20\text{kN}$
③ 마찰력 = 마찰계수 × 수직력 = $0.25 \times 34.64 = 8.66\text{kN}$
④ 물체를 밀어 올리는 힘(P) > 경사면을 내려가려는 힘
    $P \geq 20 + 8.66 = 28.66\text{kN}$

해답 ①

018 단면이 100mm×200mm인 장주의 길이가 3m일 때 이 기둥의 좌굴하중은? (단, 기둥의 $E=2.0\times10^4$MPa, 지지상태는 일단 고정, 타단 자유이다.)

① 45.8kN ② 91.4kN
③ 182.8kN ④ 365.6kN

해설 좌굴하중

$$P_b = \frac{\pi^2 EI}{l_k^2} = \frac{n\pi^2 EI}{l^2} = \frac{\frac{1}{4}\pi^2 EI}{l^2} = \frac{\frac{1}{4}\times\pi^2\times 2.0\times 10^4\times\frac{200\times 100^3}{12}}{3,000^2}$$
$$= 91,385\text{N} = 91.4\text{kN}$$

해답 ②

---

019 그림과 같은 단순보에서 A점의 반력이 B점의 반력의 2배가 되도록 하는 거리 x는? (단, x는 A점으로부터의 거리이다.)

① 1.67m
② 2.67m
③ 3.67m
④ 4.67m

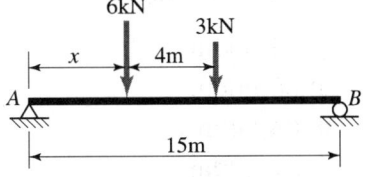

해설
① $\Sigma V = 0$
　　$R_A + R_B = 2R_B + R_B = 6+3 = 9$kN에서 $R_B = 3$kN
② $R_A = 2R_B = 6$kN
③ $R_A = 6$kN $= \dfrac{6\times x + 3\times(4+x)}{15}$ 에서 $x = 3.67$m

해답 ③

---

020 그림과 같이 이축응력(二軸應力) 받고 있는 요소의 체적변형률은? (단, 이 요소의 탄성계수 $E=2\times 10^5$MPa, 푸아송 비 $\nu=0.30$이다.)

① 3.6×10^{-4}
② 4.0×10^{-4}
③ 4.4×10^{-4}
④ 4.8×10^{-4}

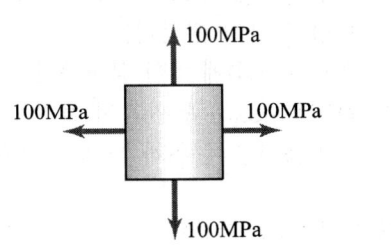

해설 $\varepsilon_v = \dfrac{\Delta V}{V} = \varepsilon_x + \varepsilon_y + \varepsilon_z$

$$= \frac{\sigma_x - \nu\sigma_y - \nu\sigma_z + \sigma_y - \nu\sigma_x - \nu\sigma_z + \sigma_z - \nu\sigma_x - \nu\sigma_y}{E}$$
$$= \frac{(\sigma_x + \sigma_y + \sigma_z)(1-2\nu)}{E} = \frac{(100+100+0)(1-2\times 0.3)}{2\times 10^5}$$
$$= 4\times 10^{-4}$$

해답 ②

제2과목 측량학

021

A, B 두 점에서 교호수준측량을 실시하여 다음의 결과를 얻었다. A점의 표고가 67.104m 일 때 B점의 표고는? (단, a_1=3.756m, a_2=1.572m, b_1=4.995m, b_2=3.209m)

① 64.668m
② 65.666m
③ 68.542m
④ 69.089m

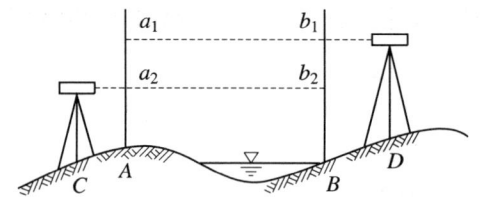

해설
① A점과 B점의 표고차
$$H = \frac{1}{2}[(a_1-b_1)+(a_2-b_2)] = \frac{1}{2}[(3.756-4.995)+(1.572-3.209)] = -1.438\text{m}$$
② B점의 표고(지반고)
$$H_B = H_A + H = 67.104 - 1.438 = 65.666\text{m}$$

해답 ②

022

하천의 심천(측심)측량에 관한 설명으로 틀린 것은?

① 심천측량은 하천의 수면으로부터 하저까지 깊이를 구하는 측량으로 횡단측량과 같이 행한다.
② 측심간(rod)에 의한 심천측량은 보통 수심 5m 정도의 얕은 곳에 사용한다.
③ 측심추(lead)로 관측이 불가능한 깊은 곳은 음향측심기를 사용한다.
④ 심천측량은 수위가 높은 장마철에 하는 것이 효과적이다.

해설 심천측량은 하천의 수심 및 유수 부분의 하저 상황을 조사하여 횡단면도를 작성하는 측량이며, 장마철에는 효과적이지 못하다.

해답 ④

023

곡선반지름 R, 교각 I인 단곡선을 설치할 때 각 요소의 계산 공식으로 틀린 것은?

① $M = R\left(1 - \sin\dfrac{I}{2}\right)$
② $T.L. = R\tan\dfrac{I}{2}$
③ $C.L. = \dfrac{\pi}{180°}RI°$
④ $E = R\left(\sec\dfrac{I}{2} - 1\right)$

해설 중앙종거 $M = R\left(1 - \cos\dfrac{I}{2}\right)$

해답 ①

024

수준측량과 관련된 용어에 대한 설명으로 틀린 것은?

① 수준면(level surface)은 각 점들이 중력방향에 직각으로 이루어진 곡면이다.
② 어느 지점의 표고(elevation)라 함은 그 지역기준타원체로부터의 수직거리를 말한다.
③ 지구곡률을 고려하지 않는 범위에서는 수준면(level surface)을 평면으로 간주한다.
④ 지구의 중심을 포함한 평면과 수준면이 교차하는 선이 수준선(level line)이다.

해설 표고란 수준 기준면(우리나라의 경우 국가수준기준면인 인천만의 평균해면)으로부터 그 지표 위 지점까지의 높이(연직거리)를 말하며, 지반고라고도 한다.

해답 ②

025

완화곡선에 대한 설명으로 옳지 않은 것은?

① 완화곡선의 곡선 반지름은 시점에서 무한대, 종점에서 원곡선의 반지름 R로 된다.
② 클로소이드의 형식에는 S형, 복합형, 기본형 등이 있다.
③ 완화곡선의 접선은 시점에서 원호에, 종점에서 직선에 접한다.
④ 모든 클로소이드는 닮은꼴이며 클로소이드 요소에는 길이의 단위를 가진 것과 단위가 없는 것이 있다.

해설 완화곡선의 접선은 시점에서 직선에, 종점에서 원호에 접한다.

해답 ③

026

토털스테이션으로 각을 측정할 때 기계의 중심과 측점이 일치하지 않아 0.5mm의 오차가 발생하였다면 각 관측 오차를 2″ 이하로 하기 위한 관측 변의 최소 길이는?

① 82.51m ② 51.57m
③ 8.25m   ④ 5.16m

해설 방향오차와 위치오차의 관계

$$\frac{\Delta l}{l} = \frac{\theta''}{\rho''}$$

$$\frac{0.5 \times 10^{-3}}{l} = \frac{2''}{206,265''}$$ 에서 $l = 51.57\,\mathrm{m}$

해답 ②

027

일반적으로 단열삼각망으로 구성하기에 가장 적합한 것은?

① 시가지와 같이 정밀을 요하는 골조측량
② 복잡한 지형의 골조측량
③ 광대한 지역의 지형측량
④ 하천조사를 위한 골조측량

해설 단열삼각망은 하천, 철도, 도로와 같이 측량 구역의 폭이 좁고 긴 지형에 적합하다.

해답 ④

028

지형의 표시법에서 자연적 도법에 해당하는 것은?

① 점고법   ② 등고선법
③ 영선법   ④ 채색법

해설 지형도 표시법

1. **자연적 도법**
   자연적도법이란 태양광선이 비칠 때에 생긴 명암의 상태를 이용하여 지형을 세부적으로 정확히 나타내는 방법이다.
   ① 우모법(게바법, 영선법)
   ② 음영법(명암법)

2. **부호적 도법**
   부호적 도법이란 일정한 부호를 사용하여 지형을 세부적으로 정확히 나타내는 방법이다.
   ① 점고법
   ② 등고선법
   ③ 채색법(lager tints)

해답 ③

029 축척 1:5000인 지형도에서 AB 사이의 수평거리가 2cm이면 AB의 경사는?

① 10%
② 15%
③ 20%
④ 25%

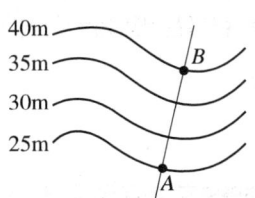

해설 기울기(경사) $i = \dfrac{H}{D} \times 100 = \dfrac{(40-25)}{0.02 \times 5,000} \times 100 = 15\%$

해답 ②

030 트래버스 측량의 각 관측 방법 중 방위각법에 대한 설명으로 틀린 것은?

① 진북을 기준으로 어느 측선까지 시계방향으로 측정하는 방법이다.
② 방위각법에는 반전법과 부전법이 있다.
③ 각이 독립적으로 관측되므로 오차 발생 시, 개별 각의 오차는 이후의 측량에 영향이 없다.
④ 각 관측값의 계산과 제도가 편리하고 신속히 관측할 수 있다.

해설 **방위각법**이란 각 측선이 일정한 기준선과 이루는 각을 시계 방향(우회)으로 관측하는 방법을 말하며, 다음과 같은 특징이 있다.
① 지역이 험준하고 복잡한 지역에서는 적합하지 않다.
② 각관측값의 계산과 제도가 편리하고 신속히 관측할 수 있다.
③ 방위각을 직접 관측함에 따라 관측값의 계산은 편리하나 한번 오차가 생기면 그 영향이 끝까지 미친다.(위거 및 경거 계산 등)

해답 ③

031 대단위 신도시를 건설하기 위한 넓은 지형의 정지공사에서 토량을 계산하고자 할 때 가장 적합한 방법은?

① 점고법
② 비례 중앙법
③ 양단면 평균법
④ 각주공식에 의한 방법

해설 **점고법**
① 임의 점의 표고를 도상에 숫자로 표시한다.
② 하천, 항만, 해양 등의 심천을 나타내는 경우에 사용한다.
③ 택지조성공사, 대단위 신도시 등 넓은 지형 정지공사의 토량 산정에 적합하다.

해답 ①

032

평면측량에서 거리의 허용 오차를 1/1000000까지 허용 한다면 지구를 평면으로 볼 수 있는 한계는 몇 km 인가? (단, 지구의 곡률반지름은 6370km이다.)

① 22.07km
② 31.2km
③ 2207km
④ 3122km

해설 지구상에 평면으로 간주할 수 있는 거리(직경)

$$\frac{1}{1,000,000} = \frac{D^2}{12R^2} \text{에서 } D = \sqrt{\frac{12R^2}{m}} = \sqrt{\frac{12 \times 6370^2}{1,000,000}} = 22.07\text{km}$$

해답 ①

033

측점 A에 토털스테이션을 정치하고 B점에 설치한 프리즘을 관측하였다. 이때 기계고 1.7m, 고저각 +15°, 시준고 3.5m, 경사거리가 2000m이었다면, 두 측점의 고저차는?

① 512.438m
② 515.838m
③ 522.838m
④ 534.098m

해설 B점의 표고 구하는 식 $H_B = H_A + 1.7 + 2,000\sin15° - 3.5$에서
측점 A와 측점 B간의 고저차는
$H = H_B - H_A = 1.7 + 2,000\sin15° - 3.5 = 515.838\text{m}$

해답 ②

034

종단 및 횡단 수준측량에서 중간점이 많은 경우에 가장 편리한 야장기입법은?

① 고차식
② 승강식
③ 기고식
④ 간접식

해설 **기고식에 의한 수준측량**이란, 기준면에서 레벨(기계)까지의 높이인 기계고(기고)에 의해 미지점의 표고를 구하는 방법으로 중간점이 많을 경우에 사용하며, 완전한 검산을 할 수 없는 단점이 있다. 이러한 기고식에 의한 수준 측량은 주위가 잘 보이는 평지에 적합하며 종·횡단 수준측량과 같이 후시보다 전시가 많을 때 편리하다.

해답 ③

035

상차라고도 하며 그 크기와 방향(부호)이 불규칙적으로 발생하고 확률론에 의해 추정할 수 있는 오차는?

① 착오
② 정오차
③ 개인오차
④ 우연오차

해설 **오차의 종류**
1. **정오차** : 오차 원인이 명확하고 오차 방향이 일정하여 쉽게 소거할 수 있다. 일반적으로 측정 횟수에 비례하여 보정한다.
   ① 누차 : 누적 오차
   ② 정차 : 기계의 기능 불량, 온도, 장력 등의 오차
   ③ 자연적 오차 : 구차, 기차
   ④ 상차 : 항상 일어나는 오차
2. **부정오차**(우연오차) : 오차 원인이 불분명하여 주의하여도 제거할 수 없기 때문에 최소자승법이나 Gauss의 오차론에 의해 처리한다. 일반적으로 측정 횟수의 제곱근에 비례하여 보정한다.
   ① 우연오차(상차) : 여러 번 측정시 +오차와 −오차가 서로 상쇄되는 오차
   ② 우차 : 우연히 일어나는 오차
   ③ 추차 : 오차를 추산한 값
   ④ 확률오차

해답 ④

036

GNSS 측량에 대한 설명으로 옳지 않은 것은?

① 상대측위기법을 이용하면 절대측위보다 높은 측위정확도의 확보가 가능하다.
② GNSS 측량을 위해서는 최소 4개의 가시위성(visible satellite)이 필요하다.
③ GNSS 측량을 통해 수신기의 좌표뿐만 아니라 시계오차도 계산할 수 있다.
④ 고도각(elevation angle)이 낮은 경우 상대적으로 높은 측위정확도의 확보가 가능하다.

해설 낮은 위성의 고도각은 사이클 슬립(Cycle Slip, GPS 관측 도중 장애물 등으로 인하여 GPS 신호의 수신이 일시적으로 단절되는 현상으로 발생하는 오차)이 발생하는 등 좋지 않다.

해답 ④

037

폐합 트래버스에서 위거의 합이 −0.17m, 경거의 합이 0.22m이고, 전 측선의 거리의 합이 252m일 때 폐합비는?

① 1/900
② 1/1000
③ 1/1100
④ 1/1200

해설 **폐합비**(정밀도)

$$R = \frac{E}{\sum l} = \frac{\sqrt{\Delta L^2 + \Delta D^2}}{\sum l} = \frac{\sqrt{0.17^2 + 0.22^2}}{252} = \frac{1}{906.38} \fallingdotseq \frac{1}{900}$$

해답 ①

038
출제기준에 의거하여 이 문제는 삭제됨

039
축척 1:500 도상에서 3변의 길이가 각각 20.5cm, 32.4cm, 28.5cm인 삼각형 지형의 실제면적은?

① 40.70m^2
② 288.53m^2
③ 6924.15m^2
④ 7213.26m^2

해설
① $S = \dfrac{1}{2}(20.5 + 32.4 + 28.5) = 40.7\,\text{cm}$
② $A = \sqrt{40.7(40.7-20.5)(40.7-32.4)(40.7-28.5)} = 288.5305814\,\text{cm}^2$
③ $\left(\dfrac{1}{m}\right)^2 = \dfrac{\text{도상면적}}{\text{실제면적}}$

$\left(\dfrac{1}{500}\right)^2 = \dfrac{288.5305814}{x}$ 에서 $x = 72{,}132{,}645.35\,\text{cm}^2 = 7{,}213.26\,\text{m}^2$

해답 ④

040
곡선 반지름이 500m인 단곡선의 종단현이 15.343m이라면 종단현에 대한 편각은?

① 0°31′ 37″
② 0°43′ 19″
③ 0°52′ 45″
④ 1°04′ 26″

해설 종단현 편각
$\delta = \dfrac{L}{2R} \dfrac{180°}{\pi} = \dfrac{15.343}{2 \times 500} \times \dfrac{180°}{\pi} = 0°52′44.7″$

해답 ③

제3과목 수리학 및 수문학

041 탱크 속에 깊이 2m의 물과 그 위에 비중 0.85의 기름이 4m 들어있다. 탱크 바닥에서 받는 압력을 구한 값은?
(단, 물의 단위중량은 9.81kN/m³이다.)

① 52.974kN/m²
② 53.974kN/m²
③ 54.974kN/m²
④ 55.974kN/m²

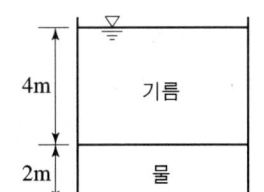

해설 원통형의 용기의 밑바닥이 받는 총 압력(전수압)
① $w_1 h_1 = (0.85 \times 9.81) \times 4 = 33.354 \text{kN/m}^2$
② $w_2 h_2 = 9.81 \times 2 = 19.62 \text{kN/m}^2$
③ $P = w'h = w_1 h_1 + w_2 h_2 = 33.354 + 19.62 = 52.974 \text{kN/m}^2$

해답 ①

042 1차원 정류흐름에서 단위시간에 대한 운동량 방정식은? (단, F : 힘, m : 질량, V_1 : 초속도, V_2 : 종속도, Δt : 시간의 변화량, S : 변위, W : 물체의 중량)

① $F = W \cdot S$
② $F = m \cdot \Delta t$
③ $F = m \dfrac{V_2 - V_1}{S}$
④ $F = m(V_2 - V_1)$

해설 운동량-역적 방정식
$$F = ma = m\frac{V_2 - V_1}{\Delta t} = m\frac{V_2 - V_1}{1} = m(V_2 - V_1)$$

해답 ④

043 동점성계수와 비중이 각각 0.0019m2/s와 1.2인 액체의 점성계수 μ는? (단, 물의 밀도는 1000kg/m³)

① 1.9kgf·s/m²
② 0.19kgf·s/m²
③ 0.23kgf·s/m²
④ 2.3kgf·s/m²

해설 ① 비중이 1.2이므로 단위중량 w는 1.2t/m³
② 액체의 점성계수
$$\mu = \rho \cdot \nu = \left(\frac{w}{g}\right) \cdot \nu = \frac{1,200 \text{kg/m}^3}{9.8 \text{m/sec}} \times 0.0018 \text{m}^2/\text{sec}$$
$$= 0.2327 \text{kg} \cdot \text{sec/m}^2$$

해답 ③

044

물이 유량 $Q=0.06\text{m}^3/\text{s}$로 60°의 경사평면에 충돌할 때 충돌 후의 유량 Q_1, Q_2는? (단, 에너지 손실과 평면의 마찰은 없다고 가정하고 기타 조건은 일정하다.)

① $Q_1 : 0.03\text{m}^3/\text{s}$, $Q_2 : 0.03\text{m}^3/\text{s}$
② $Q_1 : 0.035\text{m}^3/\text{s}$, $Q_2 : 0.025\text{m}^3/\text{s}$
③ $Q_1 : 0.040\text{m}^3/\text{s}$, $Q_2 : 0.020\text{m}^3/\text{s}$
④ $Q_1 : 0.045\text{m}^3/\text{s}$, $Q_2 : 0.015\text{m}^3/\text{s}$

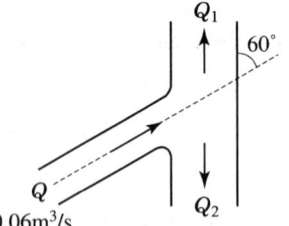

해설
① $Q_1 = \dfrac{1+\cos\theta}{2}Q = \dfrac{1+\cos 60°}{2}\times 0.06 = 0.045\text{m}^3/\text{s}$
② $Q_2 = \dfrac{1-\cos\theta}{2}Q = \dfrac{1-\cos 60°}{2}\times 0.06 = 0.015\text{m}^3/\text{s}$

해답 ④

045

지름 4cm, 길이 30cm인 시험원통에 대수층의 표본을 채웠다. 시험원통의 출구에서 압력수두를 15cm로 일정하게 유지할 때 2분 동안 12cm³의 유출량이 발생하였다면 이 대수층 표본의 투수계수는?

① 0.008cm/s
② 0.016cm/s
③ 0.032cm/s
④ 0.048cm/s

해설
① 유출량 $12\text{cm}^3/2\text{min} = 6\text{cm}^3/\text{min} = 0.1\text{cm}^3/\text{sec}$
② 유출량 공식 $Q = Av = Aki$
$0.1\text{cm}^3/\text{sce} = \dfrac{\pi\times 4^2}{4}\times k \times \dfrac{15}{30}$ 에서 $k = 0.016\text{cm/sec}$

해답 ②

046

폭 35cm인 직사각형 위어(weir)의 유량을 측정하였더니 $0.03\text{m}^3/\text{s}$이었다. 월류수심의 측정에 1mm의 오차가 생겼다면, 유량에 발생하는 오차는? (단, 유량 계산은 프란시스(Francis) 공식을 사용하고, 월류 시 단면수축은 없는 것으로 가정한다.)

① 1.16%
② 1.50%
③ 1.67%
④ 1.84%

해설
① 프란시스(Francis) 공식
단면수축이 없으므로 $b_o = b - 0.1nh = b - 0 = b$이다.
$Q = 1.84b_o h^{\frac{3}{2}} = 1.84\times 0.35\times h^{\frac{3}{2}} = 0.03\text{m}^3/\text{s}$에서 $h = 0.13\text{m}$

② 수심에 발생하는 오차
$$\frac{dh}{h} = \frac{0.001}{0.13} = 0.0077 = 0.77\%$$
③ 유량에 발생하는 오차
$$\frac{dQ}{Q} = \frac{3}{2}\frac{dh}{h} = \frac{3}{2} \times 0.77 = 1.16\%$$

해답 ①

047
안지름 20cm인 관로에서 관의 마찰에 의한 손실수두가 속도수두와 같게 되었다면, 이때 관로의 길이는? (단, 마찰저항 계수 $f = 0.04$ 이다.)
① 3m ② 4m
③ 5m ④ 6m

해설 관의 마찰에 의한 손실수두가 속도수두와 같으므로 $\left(h_L = \frac{V^2}{2g}\right)$

$h_L = f \cdot \frac{l}{D} \cdot \frac{V^2}{2g} = \frac{V^2}{2g}$ 에서 $1 = f \cdot \frac{l}{D}$ 이다.

따라서 $l = \frac{D}{f} = \frac{0.2}{0.04} = 5\text{m}$

해답 ③

048
폭이 무한히 넓은 개수로의 동수반경(Hydraulic radius, 경심)은?
① 계산할 수 없다.   ② 개수로의 폭과 같다.
③ 개수로의 면적과 같다. ④ 개수로의 수심과 같다.

해설 수심에 비해 폭이 넓은 직사각형 단면의 경심(동수반경, 수리반경)은 수심 h가 폭 B에 비해 상대적으로 적어 무시할 수 있으므로
$$R = \frac{A}{P} = \frac{Bh}{B+2h} \fallingdotseq \frac{Bh}{B} = h$$

해답 ④

049
압력 150kN/m²을 수은기둥으로 계산한 높이는? (단, 수은의 비중은 13.57, 물의 단위중량은 9.81kN/m³이다.)
① 0.905m ② 1.13m
③ 15m   ④ 203.5m

해설 $p = wh$에서 $h = \frac{p}{w} = \frac{150}{13.57 \times 9.81} = 1.13\text{m}$

해답 ②

050 수로 폭이 3m인 직사각형 수로에 수심이 50cm로 흐를 때 흐름이 상류(subcritical flow)가 되는 유량은?

① $2.5 \text{m}^3/\text{sec}$
② $4.5 \text{m}^3/\text{sec}$
③ $6.5 \text{m}^3/\text{sec}$
④ $8.5 \text{m}^3/\text{sec}$

해설 ① 상류란 물의 유속 흐름이 장파 전달 속도보다 작은 흐름이다.
$V < \sqrt{gh} = \sqrt{9.81 \times 0.5} = 2.2147 \text{m/s}$
② $Q = AV = (3 \times 0.5) \times 2.2147 = 3.32205 \text{m}^3/\text{s}$
③ 유량 Q가 $Q_{\max} = 3.32205 \text{m}^3/\text{s}$보다 작아야 상류이므로 보기 중 $2.5\text{m}^3/\text{sec}$가 상류에 해당한다.

해답 ①

051 관수로에서 관의 마찰손실계수가 0.02, 관의 지름이 40cm일 때, 관내 물의 흐름이 100m를 흐르는 동안 2m의 마찰손실수두가 발생하였다면 관내의 유속은?

① 0.3m/s
② 1.3m/s
③ 2.8m/s
④ 3.8m/s

해설 $h_L = f \dfrac{l}{D} \dfrac{V^2}{2g}$ 에서 $V = \sqrt{\dfrac{2gh}{f\dfrac{l}{D}}} = \sqrt{\dfrac{2 \times 9.8 \times 2}{0.02 \times \dfrac{100}{0.4}}} = 2.8 \text{m/sec}$

해답 ③

052 저수지에 설치된 나팔형 위어의 유량 Q와 월류수심 h와의 관계에서 완전 월류 상태는 $Q \propto h^{\frac{3}{2}}$이다. 불완전월류(수중위어) 상태에서의 관계는?

① $Q \propto h^{-1}$
② $Q \propto h^{\frac{1}{2}}$
③ $Q \propto h^{\frac{3}{2}}$
④ $Q \propto h^{-\frac{1}{2}}$

해설 ① 완전월류상태
$Q \propto h^{\frac{3}{2}}$
② 불완전월류(수중위어)
$Q = C_1 a h^{\frac{1}{2}}_2 = C_2 a (h + h_1)^{\frac{1}{2}}$ 에서 $Q \propto h^{\frac{1}{2}}$

해답 ②

053

다음 중 토양의 침투능(Infiltration Capacity) 결정방법에 해당되지 않는 것은?

① Philip 공식
② 침투계에 의한 실측법
③ 침투지수에 의한 방법
④ 물수지 원리에 의한 산정법

해설 ① 토양의 침투능 결정 방법으로는 Horton의 침투능 산정식(경험공식에 의한 계산방법)과 침투지수법에 의한 유역의 평균침투능 측정방법(침투지수에 의한 수문곡선법), 침투계에 의한 실측법이 있다.
② 물수지 방법은 일정 기간 동안 저수지로의 유입량과 유출량을 고려하여 물수지를 따져 일정 기간 동안의 증발량을 산정하는 방법이다.

해답 ④

054

원형 관내 층류영역에서 사용 가능한 마찰손실계수 식은? (단, R_e : Reynolds 수)

① $\dfrac{1}{R_e}$
② $\dfrac{4}{R_e}$
③ $\dfrac{24}{R_e}$
④ $\dfrac{64}{R_e}$

해설 층류영역에서의 마찰손실계수 산정식

$$f = \dfrac{64}{Re}$$

해답 ④

055

다음 중 도수(跳水, hydraulic jump)가 생기는 경우는?

① 사류(射流)에서 사류(射流)로 변할 때
② 사류(射流)에서 상류(常流)로 변할 때
③ 상류(常流)에서 상류(常流)로 변할 때
④ 상류(常流)에서 사류(射流)로 변할 때

해설 도수는 사류에서 상류로 변화할 때 불연속적으로 수면이 뛰는 현상으로 가지고 있는 에너지의 일부를 와류와 난류를 통해 소모하는 현상이다.

해답 ②

056

1cm 단위도의 종거가 1, 5, 3, 1이다. 유효 강우량이 10mm, 20mm 내렸을 때 직접 유출 수문 곡선의 종거는? (단, 모든 시간 간격은 1시간이다.)

① 1, 5, 3, 1, 1
② 1, 5, 10, 9, 2
③ 1, 7, 13, 7, 2
④ 1, 7, 13, 9, 2

해설 ① 단위도 10mm일 때 ② 단위도 20mm일 때 ③ 합성 단위도

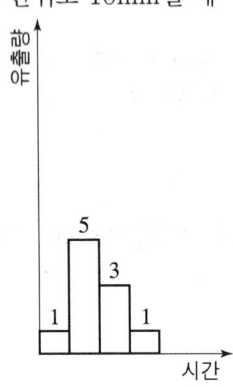
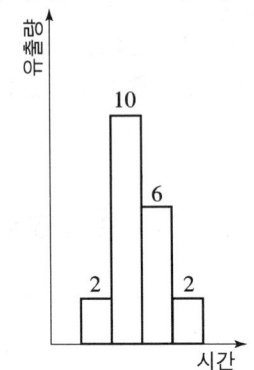
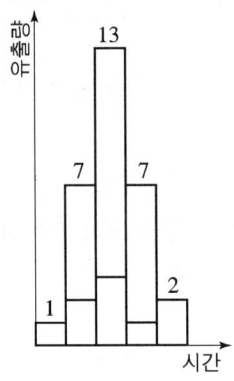

해답 ③

057

자연하천의 특성을 표현할 때 이용되는 하상계수에 대한 설명으로 옳은 것은?

① 최심하상고와 평형하상고의 비이다.
② 최대유량과 최소유량의 비로 나타낸다.
③ 개수 전과 개수 후의 수심 변화량의 비를 말한다.
④ 홍수 전과 홍수 후의 하상 변화량의 비를 말한다.

해설 하상계수란 하천의 최소 유수량에 대한 최대 유수량의 비율을 말하며 하황계수라고도 한다.

$$\text{하상 계수} = \frac{\text{최대 유량}}{\text{최소 유량}}$$

해답 ②

058

다음 중 부정류 흐름의 지하수를 해석하는 방법은?

① Theis 방법
② Dupuit 방법
③ Thiem 방법
④ Laplace 방법

해설 지하수 해석방법
1. 부정류 흐름의 지하수 해석방법
   ① Theis의 비평형방정식 방법

② Jacob 수정근사해법
③ chow 방정식 방법
2. **정상류 흐름의 지하수 해석방법**
정상류의 지하수 흐름의 해석방법에는 Thiem의 평형방정식 방법이 있다.

해답 ①

059 개수로의 흐름에 대한 설명으로 옳지 않은 것은?

① 사류(supercritical flow)에서는 수면변동이 일어날 때 상류(上流)로 전파될 수 없다.
② 상류(subcritical flow)일 때는 Froude 수가 1보다 크다.
③ 수로경사가 한계경사보다 클 때 사류(supercritical flow)가 된다.
④ Reynolds 수가 500보다 커지면 난류(turbulent flow)가 된다.

해설 1. 상류(subcritical flow)일 때는 Froude 수가 1보다 적다.
2. 상류와 사류의 판정

$$F_r = \frac{V}{\sqrt{gh}}$$

여기서, V : 물의 유속, $\sqrt{gh}$: 장파의 전달 속도
① $F_r < 1$: 상류
② $F_r = 1$: 한계류(한계수심, 한계유속)
③ $F_r > 1$: 사류

해답 ②

060 가능최대강수량(PMP)에 대한 설명으로 옳은 것은?

① 홍수량 빈도해석에 사용된다.
② 강우량과 장기변동성향을 판단하는데 사용된다.
③ 최대강우강도와 면적관계를 결정하는데 사용된다.
④ 대규모 수공구조물의 설계홍수량을 결정하는데 사용된다.

해설 **가능 최대 강우량**(PMP)란 어떤 지역에서 생성될 수 있는 최악의 기상 조건하에서 발생 가능한 호우를 말한다.
① 과거의 최대 강우량뿐만 아니라 이보다 더 큰 강우는 발생하지 않을 것이라는 가정하의 강우량이다.
② PMP로서 수공 구조물의 크기(치수)를 결정한다.
③ 대규모 수공 구조물을 설계할 때 기준으로 삼는 우량이다.
④ 대규모 수공 구조물의 설계에서 어떠한 경우의 홍수라도 설계홍수량을 초과해서는 안 되도록 설계홍수량을 결정할 때 최대 가능강수량을 사용한다.

해답 ④

제4과목 철근콘크리트 및 강구조

061 그림과 같은 나선철근 단주의 강도설계법에 의한 공칭축강도(P_n)는? (단, D32 1개의 단면적=794mm², f_{ck}=24MPa, f_{yt}=400MPa)

① 2648kN
② 3254kN
③ 3716kN
④ 3972kN

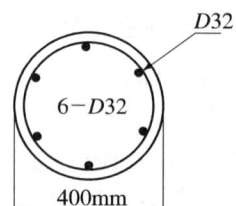

해설 나선철근 단주의 공칭 축강도
$$P_n = 0.85 \cdot [0.85 f_{ck}(A_g - A_{st}) + f_y \cdot A_{st}]$$
$$= 0.85 \times \left[0.85 \times 24 \times \left(\frac{\pi \times 400^2}{4} - 6 \times 794\right) + 400 \times 6 \times 794\right]$$
$$= 3,716,160.9 \text{N} = 3,716 \text{kN}$$

해답 ③

062 균형철근량 보다 적고 최소철근량 보다 많은 인장철근을 가진 과소철근 보가 휨에 의해 파괴될 때의 설명으로 옳은 것은?

① 인장측 철근이 먼저 항복한다.
② 압축측 콘크리트가 먼저 파괴된다.
③ 압축측 콘크리트와 인장측 철근이 동시에 항복한다.
④ 중립축이 인장측으로 내려오면서 철근이 먼저 파괴된다.

해설 인장부 철근이 먼저 항복점(파괴)에 도달하고 그 이후 상당한 변형을 수반하면서 사전 붕괴 징후를 보이며 점진적으로 콘크리트가 파괴되는 형태인 연성파괴(인장파괴)는 과소철근보에서 일어난다. 반면, 콘크리트가 먼저 갑작스럽게 파괴되고, 사전 징후 없이 갑자기 파괴되는 형태인 취성파괴(압축파괴)는 과다철근보에서 일어난다.

해답 ①

063 직접설계법에 의한 2방향 슬래브 설계에서 전체 정적 계수 휨모멘트(M_o)가 340kN·m로 계산되었을 때, 내부 경간의 부계수 휨모멘트는?

① 102kN·m
② 119kN·m
③ 204kN·m
④ 221kN·m

해설 2방향 슬래브의 직접설계법에서 내부 경간의 부 계수 휨 모멘트
$0.65M_o = 0.65 \times 340 = 221\text{kN} \cdot \text{m}$

[참고] 2방향 슬래브의 직접설계법에서 내부 경간 분배율
① 부 계수 휨 모멘트 : $0.65M_o$
② 정 계수 휨 모멘트 : $0.35M_o$

해답 ④

064
부재의 설계 시 적용되는 강도감소계수(ϕ)에 대한 설명으로 틀린 것은?

① 인장지배 단면에서의 강도감소계수는 0.85이다.
② 포스트텐션 정착구역에서 강도감소계수는 0.80이다.
③ 압축지배단면에서 나선철근으로 보강된 철근콘크리트부재의 강도감소계수는 0.70이다.
④ 공칭강도에서 최외단 인장철근의 순인장변형률(ϵ_t)이 압축지배와 인장지배단면 사이일 경우에는, ϵ_t가 압축지배변형률 한계에서 인장지배변형률 한계로 증가함에 따라 ϕ값을 압축지배단면에 대한 값에서 0.85까지 증가시킨다.

해설 포스트텐션 정착구역의 강도감소계수(ϕ)는 0.85이다.

해답 ②

065
$b_w = 400\text{mm}$, $d = 700\text{mm}$인 보에 $f_y = 400\text{MPa}$인 D16 철근을 인장 주철근에 대한 경사각 $\alpha = 60°$인 U형 경사 스터럽으로 설치했을 때 전단철근에 의한 전단강도(V_s)는? (단, 스터럽 간격 $s = 300\text{mm}$, D16 철근 1본의 단면적은 199mm^2이다.)

① 253.7kN   ② 321.7kN
③ 371.5kN   ④ 507.4kN

해설 전단철근이 부담하는 전단강도
$$V_s = \frac{d(\sin\alpha + \cos\alpha)}{s} A_v f_{yt}$$
$$= \frac{700(\sin 60° + \cos 60°)}{300} \times (2 \times 199) \times 400$$
$$= 507,432.9\text{N} = 507.4\text{kN}$$

해답 ④

066

강도설계법에 의한 콘크리트구조 설계에서 변형률 및 지배단면에 대한 설명으로 틀린 것은?

① 인장철근이 설계기준항복강도 f_y에 대응하는 변형률에 도달하고 동시에 압축콘크리트가 가정된 극한변형률에 도달할 때, 그 단면이 균형변형률 상태에 있다고 본다.
② 압축연단 콘크리트가 가정된 극한변형률에 도달할 때 최외단 인장철근의 순인장변형률 ϵ_t가 0.0025의 인장지배변형률 한계 이상인 단면을 인장지배단면이라고 한다.
③ 압축연단 콘크리트가 가정된 극한변형률에 도달할 때 최외단 인장철근의 순인장변형률 ϵ_t가 압축지배변형률 한계 이하인 단면을 압축지배단면이라고 한다.
④ 순인장변형률 ϵ_t가 압축지배변형률 한계와 인장지배변형률 한계 사이인 단면은 변화구간 단면이라고 한다.

해설 인장지배단면
$\epsilon_t > 0.005$인 경우. 단, $f_y > 400\text{MPa}$일 때는 $\epsilon_t \geq 2.5 f_y$인 경우

해답 ②

067

경간이 8m인 단순 프리스트레스트 콘크리트보에 등분포하중(고정하중과 활하중의 합)이 $w=30\text{kN/m}$ 작용할 때 중앙 단면 콘크리트 하연에서의 응력이 0이 되려면 PS강재에 작용되어야 할 프리스트레스 힘(P)은? (단, PS강재는 단면 중심에 배치되어 있다.)

① 2400kN
② 3500kN
③ 4000kN
④ 4920kN

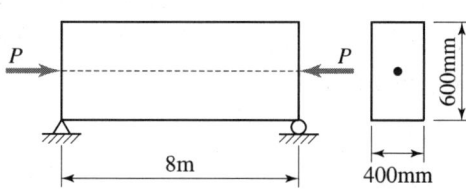

해설
$f_{하연} = \dfrac{P}{A} - \dfrac{M}{Z} = 0$에서

$P = \dfrac{AM}{Z} = \dfrac{bh \times \left(\dfrac{wl^2}{8}\right)}{\dfrac{bh^2}{6}} = \dfrac{3wl^2}{4h} = \dfrac{3 \times 30 \times 8^2}{4 \times 0.6} = 2,400\text{kN}$

해답 ①

068

그림과 같은 필릿용접의 유효목두께로 옳게 표시된 것은? (단, KDS 14 30 25 강구조 연결 설계기준(허용응력설계법)에 따른다.)

① S
② $0.9S$
③ $0.7S$
④ $0.5S$

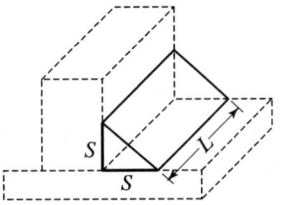

해설 필릿용접의 목두께는 모재면의 45° 방향으로 측정한다.

목두께 $a = \dfrac{S}{\sqrt{2}} = 0.707S$

해답 ③

069

표피 철근(skin reinforcement)에 대한 설명으로 옳은 것은?

① 상하 기둥 연결부에서 단면치수가 변하는 경우에 구부린 주철근이다.
② 비틀림모멘트가 크게 일어나는 부재에서 이에 저항하도록 배치되는 철근이다.
③ 건조수축 또는 온도변화에 의하여 콘크리트에 발생하는 균열을 방지하기 위한 목적으로 배치되는 철근이다.
④ 주철근이 단면의 일부에 집중 배치된 경우일 때 부재의 측면에 발생 가능한 균열을 제어하기 위한 목적으로 주철근 위치에서부터 중립축까지의 표면 근처에 배치하는 철근이다.

해설 상대적으로 깊은 휨부재에서 복부의 균열을 제어하기 위하여 인장영역의 수직 표면 가까이에 철근(표피 철근)을 배치해야 한다.

해답 ④

070

옹벽의 설계에 대한 설명으로 틀린 것은?

① 무근콘크리트 옹벽은 부벽식 옹벽의 형태로 설계하여야 한다.
② 활동에 대한 저항력은 옹벽에 작용하는 수평력의 1.5배 이상이어야 한다.
③ 저판의 뒷굽판은 정확한 방법이 사용되지 않는 한, 뒷굽판 상부에 재하되는 모든 하중을 지지하도록 설계하여야 한다.
④ 부벽식 옹벽의 저판은 정밀한 해석이 사용되지 않는 한, 부벽 사이의 거리를 경간으로 가정한 고정보 또는 연속보로 설계할 수 있다.

해설 무근콘크리트 옹벽은 자중에 의하여 저항력을 발휘하는 중력식 형태로 설계하여야 한다.

해답 ①

071

압축철근비가 0.01이고, 인장철근비가 0.003인 철근콘크리트보에서 장기 추가 처짐에 대한 계수($\lambda_\triangle$)의 값은? (단, 하중재하기간은 5년 6개월이다.)

① 0.66
② 0.80
③ 0.93
④ 1.33

해설 ① 지속 하중 재하 기간에 따른 계수
$\xi = 2.0$

구분	3개월	6개월	12개월	5년 이상
ξ	1.0	1.2	1.4	2.0

② 처짐계수
$$\lambda_\triangle = \frac{\xi}{1+50\rho'} = \frac{2.0}{1+50\times 0.01} = 1.338$$

해답 ④

072

그림과 같은 맞대기 용접의 인장응력은?

① 25MPa
② 125MPa
③ 250MPa
④ 1250MPa

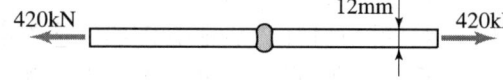

해설 $f = \dfrac{P}{\sum al} = \dfrac{420,000N}{12 \times 280} = 125\text{MPa}$

해답 ②

073

그림과 같은 단순 프리스트레스트 콘크리트보에서 등분포하중(자중포함) $w = 30\text{kN/m}$가 작용하고 있다. 프리스트레스에 의한 상향력과 이 등분포하중이 평형을 이루기 위해서는 프리스트레스 힘(P)을 얼마로 도입해야 하는가?

① 900kN
② 1200kN
③ 1500kN
④ 1800kN

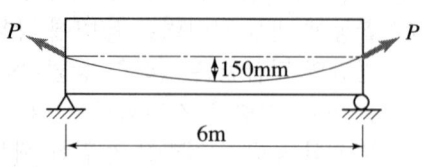

해설 $\dfrac{ul^2}{8} = P \cdot s$에서 $P = \dfrac{ul^2}{8s} = \dfrac{wl^2}{8s} = \dfrac{30 \times 6^2}{8 \times 0.15} = 900\text{kN}$

해답 ①

074

철근의 이음 방법에 대한 설명으로 틀린 것은? (단, l_d는 정착길이)

① 인장을 받는 이형철근의 겹침이음길이는 A급 이음과 B급 이음으로 분류하며, A급 이음은 $1.0l_d$ 이상, B급 이음은 $1.3l_b$ 이상이며, 두 가지 경우 모두 300mm 이상이어야 한다.
② 인장 이형철근의 겹침이음에서 A급 이음은 배치된 철근량이 이음부 전체 구간에서 해석결과 요구되는 소요 철근량의 2배 이상이고, 소요 겹침이음길이 내 겹침이음된 철근량이 전체 철근량의 1/2 이하인 경우이다.
③ 서로 다른 크기의 철근을 압축부에서 겹침이음하는 경우, D41과 D51 철근은 D35 이하 철근과의 겹침이음은 허용할 수 있다.
④ 휨부재에서 서로 직접 접촉되지 않게 겹침이음된 철근은 횡방향으로 소요 겹침이음길이의 1/3 또는 200mm 중 작은 값 이상 떨어지지 않아야 한다.

해설 휨부재에서 서로 직접 접촉되지 않게 겹침이음된 철근은 횡방향으로 소요 겹침이음길이의 1/5 또는 150mm 중 작은 값 이상 떨어지지 않아야 한다.

해답 ④

075

옹벽에서 T형보로 설계하여야 하는 부분은?

① 앞부벽식 옹벽의 전면벽 ② 뒷부벽식 옹벽의 뒷부벽
③ 앞부벽식 옹벽의 저판   ④ 앞부벽식 옹벽의 앞부벽

해설 **부벽식옹벽의 구조해석**
① 앞부벽 : 직사각형보로 설계
② 뒷부벽 : T형보의 복부로 설계
③ 전면벽 : 3변 지지된 2방향 슬래브로 설계할 수 있다.
④ 저판 : 정확한 방법이 사용되지 않는 한 뒷부벽 또는 앞부벽 간의 거리를 경간으로 가정하여 고정보 또는 연속보로 설계할 수 있다.

해답 ②

076

그림과 같은 필릿용접에서 일어나는 응력으로 옳은 것은? (단, KDS 14 30 25 강구조 연결설계기준(허용응력설계법)에 따른다.)

① 82.3MPa
② 95.05MPa
③ 109.02MPa
④ 130.25MPa

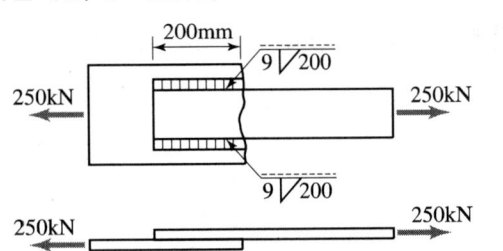

해설 ① 유효목두께
$a = 0.7S = 0.7 \times 9 = 6.3\text{mm}$
② 유효길이
$l = (l_1 - 2s) + (l_2 - 2s) = (200 - 2 \times 9) + (200 - 2 \times 9) = 364\text{mm}$
③ 응력
$f = \dfrac{P}{\sum al} = \dfrac{250,000N}{6.3 \times 364} = 109.02\text{MPa}$

해답 ③

077 강도설계법에 대한 기본 가정으로 틀린 것은?

① 철근과 콘크리트의 변형률은 중립축부터 거리에 비례한다.
② 콘크리트의 인장강도는 철근콘크리트 부재단면의 축강도와 휨강도 계산에서 무시한다.
③ 철근의 응력이 설계기준항복강도 f_y 이하일 때 철근의 응력은 그 변형률에 관계없이 f_y와 같다고 가정한다.
④ 휨모멘트 또는 휨모멘트와 축력을 동시에 받는 부재의 콘크리트 압축연단의 극한변형률은 콘크리트의 설계기준 압축강도가 40MPa 이하인 경우에는 0.0033으로 가정한다.

해설 항복강도 f_y 이하에서 철근의 응력은 그 변형률의 E_s배로 본다.

해답 ③

078 철근콘크리트 구조물의 전단철근에 대한 설명으로 틀린 것은?

① 전단철근의 설계기준항복강도는 450MPa을 초과할 수 없다.
② 전단철근으로서 스터럽과 굽힘철근을 조합하여 사용할 수 있다.
③ 주인장철근에 45° 이상의 각도로 설치되는 스터럽은 전단철근으로 사용할 수 있다.
④ 경사스터럽과 굽힘철근은 부재 중간높이인 $0.5d$에서 반력점 방향으로 주인장철근까지 연장된 45° 선과 한 번 이상 교차되도록 배치하여야 한다.

해설 전단철근의 설계기준항복강도는 500MPa를 초과할 수 없다.

해답 ①

079 프리스트레스트 콘크리트(PSC)에 대한 설명으로 틀린 것은?

① 프리캐스트를 사용할 경우 거푸집 및 동바리공이 불필요하다.
② 콘크리트 전 단면을 유효하게 이용하여 철근콘크리트(RC) 부재보다 경간을 길게 할 수 있다.
③ 철근콘크리트(RC)에 비해 단면이 작아서 변형이 크고 진동하기 쉽다.
④ 철근콘크리트(RC)보다 내화성에 있어서 유리하다.

해설 **프리스트레스트 콘크리트(PSC)의 단점**
① PSC는 RC에 비해 강성이 작으므로 진동하기 쉽고 변형되기 쉽다.
② PS강재는 고강도 강재로서 고온하에서 강도가 급격히 감소한다.(내화성이 적다.)
③ PSC는 하중 크기나 방향에 민감하여 설계, 제조, 운반 및 가설시 세심한 주의가 요구된다.
④ PSC는 RC에 비해 고강도 콘크리트와 고강도 강재 등 재료의 단가가 비싸고 정착장치, 시스, 기타 부수장치와 그라우팅 비용이 추가된다.

해답 ④

080 나선철근 기둥의 설계에 있어서 나선철근비(ρ_s)를 구하는 식으로 옳은 것은?
(단, A_g : 기둥의 총 단면적, A_{ch} : 나선철근 기둥의 심부 단면적, f_{yt} : 나선철근의 설계기준항복강도, f_{ck} : 콘크리트의 설계기준압축강도)

① $0.45\left(\dfrac{A_g}{A_{ch}}-1\right)\dfrac{f_{yt}}{f_{ck}}$
② $0.45\left(\dfrac{A_g}{A_{ch}}-1\right)\dfrac{f_{ck}}{f_{yt}}$
③ $0.45\left(1-\dfrac{A_g}{A_{ch}}\right)\dfrac{f_{ck}}{f_{yt}}$
④ $0.85\left(\dfrac{A_{ch}}{A_g}-1\right)\dfrac{f_{ck}}{f_{yt}}$

해설 **나선철근비**
$$\rho_s \geq 0.45\left(\dfrac{A_g}{A_{ch}}-1\right)\dfrac{f_{ck}}{f_{yt}}$$

해답 ②

제5과목 토질 및 기초

081 그림과 같은 지반에서 재하순간 수주(水柱)가 지표면(지하수위)으로부터 5m이었다. 40% 압밀이 일어난 후 A점에서의 전체 간극수압은? (단, 물의 단위중량은 9.81kN/m³이다.)

① 19.62kN/m^2
② 29.43kN/m^2
③ 49.05kN/m^2
④ 78.48kN/m^2

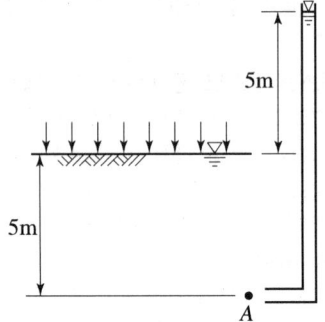

해설 ① 초기간극수압
$u_i = \gamma_w h = 9.81 \times 5 = 49.05 \text{kN/m}^2$

② 과잉간극수압
재하 후 압밀도가 40%가 되었으므로
$$U = \frac{\text{소산된 과잉간극수압}}{\text{초기과잉간극수압}} \times 100 = \frac{u_i - u_e}{u_i} \times 100$$
$$= \frac{49.05 - u_e}{49.05} \times 100 = 40\% \text{에서 } u_e = 49.05 - \frac{40 \times 49.05}{100} = 29.43 \text{kN/m}^2$$

③ 20% 압밀이 일어난 후 지표면으로부터 수주의 높이
$u_e = \gamma_w h_e = 9.81 \times h_e = 29.43 \text{kN/m}^2 \text{에서 } h_e = \frac{39.24}{9.81} = 3\text{m}$

④ 40% 압밀이 일어난 후 A점에서의 전체 간극수압
$u_g = \gamma_w h_g = 9.81 \times (5+3) = 78.48 \text{kN/m}^2$

해답 ④

082 다짐곡선에 대한 설명으로 틀린 것은?

① 다짐에너지를 증가시키면 다짐곡선은 왼쪽 위로 이동하게 된다.
② 사질성분이 많은 시료일수록 다짐곡선은 오른쪽 위에 위치하게 된다.
③ 점성분이 많은 흙일수록 다짐곡선은 넓게 퍼지는 형태를 가지게 된다.
④ 점성분이 많은 흙일수록 오른쪽 아래에 위치하게 된다.

해설 사질성분이 많은 시료일수록 다짐곡선은 왼쪽 위에 위치하게 된다.

해답 ②

083

두께 2cm의 점토시료의 압밀시험 결과 전압밀량의 90%에 도달하는데 1시간이 걸렸다. 만일 같은 조건에서 같은 점토로 이루어진 2m의 토층 위에 구조물을 축조한 경우 최종 침하량의 90%에 도달하는데 걸리는 시간은?

① 약 250일
② 약 368일
③ 약 417일
④ 약 525일

해설

① 0.02m 두께의 점토층에서
$$t_{90} = \frac{0.848 \cdot d^2}{C_v} \quad 1 = \frac{0.848 \times 0.02^2}{C_v} \text{에서} \quad C_v = 0.0003392\,\text{m}^2/\text{hr}$$

② 2m 두께의 점토층에서
$$t_{90} = \frac{0.848 \cdot d^2}{C_v} = \frac{0.848 \times 2^2}{0.0003392} = 10{,}000\,\text{hr} = \frac{10{,}000\,\text{hr}}{24\,\text{hr/day}} = 416.7\,\text{day} \fallingdotseq 417\,\text{day}$$

해답 ③

084

옹벽배면의 지표면 경사가 수평이고, 옹벽배면 벽체의 기울기가 연직인 벽체에서 옹벽과 뒤채움 흙 사이의 벽면마찰각(δ)을 무시할 경우, Coulomb토압과 Rankine토압의 크기를 비교할 때 옳은 것은?

① Rankine토압이 Coulomb토압 보다 크다.
② Coulomb토압이 Rankine토압 보다 크다.
③ Rankine토압과 Coulomb토압의 크기는 항상 같다.
④ 주동토압은 Rankine토압이 더 크고, 수동토압은 Coulomb토압이 더 크다.

해설 Rankine토압과 Coulomb토압과의 관계

① 옹벽 배면각이 90°이고, 뒤채움 흙이 수평이고, 벽마찰을 무시하면 Coulomb의 토압은 Rankine의 토압과 같다.
② 옹벽 배면각이 90°이고 지표면의 경사각과 옹벽 배면과 흙의 마찰각이 같은 경우는 Coulomb의 토압은 Rankine의 토압과 같다.

해답 ③

085

유효응력에 대한 설명으로 틀린 것은?

① 항상 전응력보다는 작은 값이다.
② 점토지반의 압밀에 관계되는 응력이다.
③ 건조한 지반에서는 전응력과 같은 값으로 본다.
④ 포화된 흙인 경우 전응력에서 간극수압을 뺀 값이다.

해설 일반적으로 전응력은 유효응력과 간극수압의 합으로 구하기 때문에 전응력이 유효응력보다 크다. 그러나 간극수압이 부의 값을 가질 경우 유효응력이 전응력보다 큰 경우가 발생한다. 또한 물의 흐름이 흙 속에서 하향침투가 일어날 경우 유효응력은 침투수압만큼 증가하기도 한다.

해답 ①

086
포화상태에 있는 흙의 함수비가 40%이고, 비중이 2.60이다. 이 흙의 간극비는?
① 0.65
② 0.065
③ 1.04
④ 1.40

해설 간극비
$$e = \frac{w\,G_s}{S} = \frac{0.4 \times 2.60}{1} = 1.04$$

해답 ③

087
아래 그림에서 투수계수 $k = 4.8 \times 10^{-3}$ cm/s일 때 Darcy 유출속도(v)와 실제 물의 속도(침투속도, v_s)는?

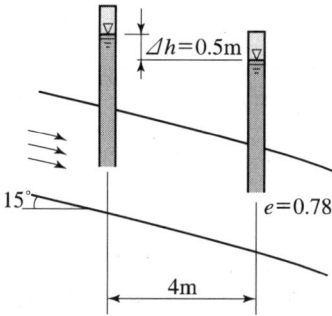

① $v = 3.4 \times 10^{-4}$ cm/s, $v_s = 5.6 \times 10^{-4}$ cm/s
② $v = 3.4 \times 10^{-4}$ cm/s, $v_s = 9.4 \times 10^{-4}$ cm/s
③ $v = 5.8 \times 10^{-4}$ cm/s, $v_s = 10.8 \times 10^{-4}$ cm/s
④ $v = 5.8 \times 10^{-4}$ cm/s, $v_s = 13.2 \times 10^{-4}$ cm/s

해설
① 이동경로(L) $L = \dfrac{4\text{m}}{\cos 15°}$

② 동수경사(i) $i = \dfrac{\text{수두차}}{\text{이동거리}} = \dfrac{\Delta h}{L} = \dfrac{0.5}{\frac{4}{\cos 15°}} = \dfrac{0.5 \times \cos 15°}{4} = 0.121$

③ $v = ki = 4.8 \times 10^{-3} \times 0.121 = 5.8 \times 10^{-4}$ cm/s

④ $n = \dfrac{e}{1+e} = \dfrac{0.78}{1+0.78} = 0.438 = 43.8\%$

⑤ $v_s = \dfrac{v}{\dfrac{n}{100}} = \dfrac{5.8 \times 10^{-4}}{0.438} = 1.32 \times 10^{-3} = 13.2 \times 10^{-4} \text{cm/s}$

해답 ④

088

포화된 점토에 대한 일축압축시험에서 파괴시 축응력이 0.2MPa일 때, 이 점토의 점착력은?

① 0.1MPa
② 0.2MPa
③ 0.4MPa
④ 0.6MPa

해설 포화된 점토의 내부마찰각(ϕ)은 '0'이므로

$q_u = 2c\tan\left(45° + \dfrac{\phi}{2}\right) = 2c\tan\left(45° + \dfrac{0}{2}\right) = 0.2$에서 $c = 0.1$MPa

해답 ①

089

포화된 점토지반에 성토하중으로 어느 정도 압밀된 후 급속한 파괴가 예상될 때, 이용해야 할 강도정수를 구하는 시험은?

① CU-test
② UU-test
③ UC-test
④ CD-test

해설 압밀 비배수(CU-test) 적용
① 성토 하중으로 어느 정도 압밀된 후 급속한 파괴가 예상되는 경우
② 기존의 제방, 흙 댐에서 수위가 급강하할 때의 안정해석하는 경우
③ 사전압밀(Pre-loading) 후 급격한 재하시의 안정해석하는 경우

해답 ①

090

보링(boring)에 대한 설명으로 틀린 것은?

① 보링(boring)에는 회전식(rotary boring)과 충격식(percussion boring)이 있다.
② 충격식은 굴진속도가 빠르고 비용도 싸지만 분말상의 교란된 시료만 얻어진다.
③ 회전식은 시간과 공사비가 많이 들뿐만 아니라 확실한 코어(core)도 얻을 수 없다.
④ 보링은 지반의 상황을 판단하기 위해 실시한다.

해설 **회전식 보링**은 지층의 변화를 연속적으로 비교적 정확히 알고자 할 때 이용하는 방식으로 불교란 시료의 채취가 가능하며, Rod의 선단에 첨부하는 Bit를 회전시켜 천공하는 방법이다.

해답 ③

091
수조에 상방향의 침투에 의 한 수두를 측정한 결과, 그림과 같이 나타났다. 이때 수조 속에 있는 흙에 발생하는 침투력을 나타낸 식은?
(단, 시료의 단면적은 A, 시료의 길이는 L, 시료의 포화단위중량은 γ_{sat}, 물의 단위중량은 γ_w cm이다.)

① $\Delta g \cdot \gamma_w \cdot A$
② $\Delta h \cdot \gamma w \cdot \dfrac{A}{L}$
③ $\Delta h \cdot \gamma_{sat} \cdot A$
④ $\dfrac{\gamma_{sat}}{\gamma_w} \cdot A$

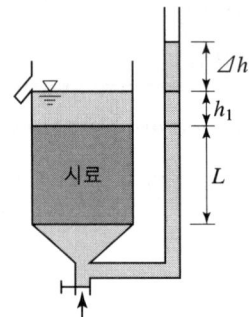

해설 침투력은 수두차에 의한 압력으로 일어나므로
침투력 $= \gamma_w \cdot \Delta h \cdot A$

해답 ①

092
4m×4m 크기인 정사각형 기초를 내부마찰각 $\phi = 20°$, 점착력 $c = 30\text{kN/m}^2$인 지반에 설치하였다. 흙의 단위중량 $\gamma = 19\text{kN/m}^3$이고 안전율(F_s)을 3으로 할 때 Terzaghi 지지력 공식으로 기초의 허용하중을 구하면? (단, 기초의 근입깊이는 1m이고, 전반전단파괴가 발생한다고 가정하며, 지지력계수 $N_c = 17.69$, $N_q = 7.44$, $N_\gamma = 4.97$이다.)

① 3780kN ② 5239kN
③ 6750kN ④ 8140kN

해설 ① 기초 모양에 따른 형상계수
정사각형 기초이므로
㉠ $\alpha = 1.3$
㉡ $\beta = 0.4$
② 지하수위의 영향이 없는 $B < d$(지하수영향 안 받는다.)인 경우이므로
$r_1' = r_1 \quad q = r_2 D_f$

③ $q_{ult} = \alpha c N_c + \beta \gamma_1 B N_\gamma + \gamma_2 D_f N_q$
  $= 1.3 \times 30 \times 17.69 + 0.4 \times 19 \times 4 \times 4.97 + 19 \times 1 \times 7.44$
  $= 982.358 \text{kN/m}^2$

④ 허용지지력
  $q_a = \dfrac{q_u}{F_s} = \dfrac{982.358}{3} = 327.453 \text{kN/m}^2$

⑤ 허용하중
  $Q_a = q_a A = 327.453 \times (4 \times 4) = 5,239.25 \text{kN}$

해답 ②

093 말뚝에서 부주면마찰력에 대한 설명으로 틀린 것은?

① 아래쪽으로 작용하는 마찰력이다.
② 부주면마찰력이 작용하면 말뚝의 지지력은 증가한다.
③ 압밀층을 관통하여 견고한 지반에 말뚝을 박으면 일어나기 쉽다.
④ 연약지반에 말뚝을 박은 후 그 위에 성토를 하면 일어나기 쉽다.

해설 **부주면마찰력**은 여러 요인으로 인한 하중이 작용함에 따라 말뚝 주위 지반의 침하량이 말뚝의 침하량보다 상대적으로 클 때 주면 마찰력이 하향으로 발생하여 하중역할을 하게 되어 말뚝의 지지력를 감소시킨다.

해답 ②

094 지반개량공법 중 연약한 점성토 지반에 적당하지 않은 것은?

① 치환 공법
② 침투압 공법
③ 폭파다짐 공법
④ 샌드 드레인 공법

해설 폭파다짐 공법은 충격에 의해 지반을 개량하는 사질토지반 개량공법의 일종이다.

해답 ③

095 표준관입시험에 대한 설명으로 틀린 것은?

① 표준관입시험의 N값으로 모래지반의 상대밀도를 추정할 수 있다.
② 표준관입시험의 N값으로 점토지반의 연경도를 추정할 수 있다.
③ 지층의 변화를 판단할 수 있는 시료를 얻을 수 있다.
④ 모래지반에 대해서 흐트러지지 않은 시료를 얻을 수 있다.

해설 표준관입시험에서의 시료는 교란시료가 채취된다.

해답 ④

096 하중이 완전히 강성(剛性) 푸팅(Footing) 기초판을 통하여 지반에 전달되는 경우의 접지압(또는 지반반력) 분포로 옳은 것은?

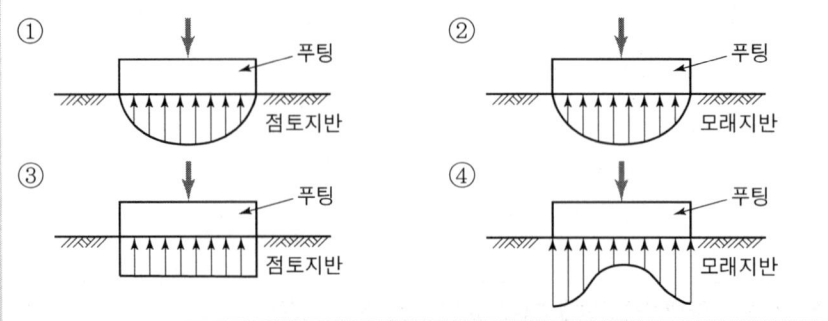

해설

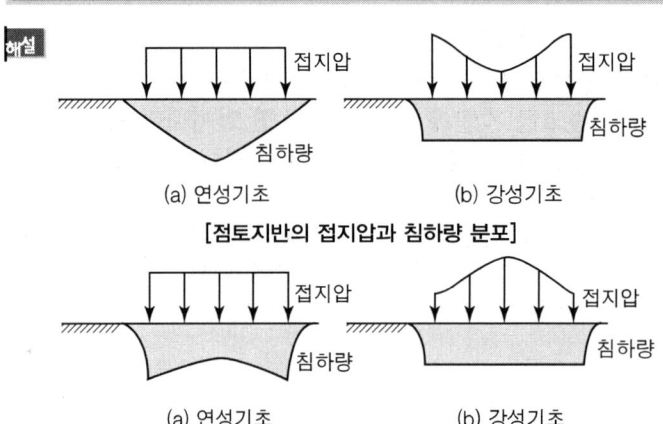

[점토지반의 접지압과 침하량 분포]

(a) 연성기초   (b) 강성기초

[모래지반의 접지압과 침하량 분포]

해답 ②

097 그림과 같은 지반에서 $x-x'$ 단면에 작용하는 유효응력은? (단, 물의 단위중량은 9.81kN/m³이다.)

① 46.7kN/m²
② 68.8kN/m²
③ 90.5kN/m²
④ 108kN/m²

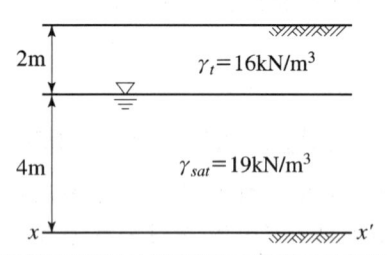

해설 유효응력
$\bar{\sigma} = \gamma_t h_1 + \gamma_{sub} h_2 = 16 \times 2 + (19-9.81) \times 4 = 68.8 \text{kN/m}^2$

해답 ②

098
자연 상태의 모래지반을 다져 $e_{\min}$에 이르도록 했다면 이 지반의 상대밀도는?

① 0% ② 50%
③ 75% ④ 100%

해설 $D_r = \dfrac{e_{\max}-e}{e_{\max}-e_{\min}} \times 100 = \dfrac{e_{\max}-e_{\min}}{e_{\max}-e_{\min}} \times 100 = 100\%$

해답 ④

099
현장 도로 토공에서 모래치환법에 의한 흙의 밀도 시험 결과 흙을 파낸 구멍의 체적과 파낸 흙의 질량은 각각 1800cm³, 3950g이었다. 이 흙의 함수비는 11.2%이고, 흙의 비중은 2.65이다. 실내시험으로부터 구한 최대건조밀도가 2.05g/cm³일 때 다짐도는?

① 92% ② 94%
③ 96% ④ 98%

해설 ① 습윤단위중량
$\gamma_t = \dfrac{W}{V} = \dfrac{3{,}950}{1800} = 2.194\,\text{g/cm}^3$

여기서, γ_t : 습윤단위중량, W : 시험구멍에서 파낸 흙의 습윤 중량

② 건조단위중량
$\gamma_d = \dfrac{\gamma_t}{1+\dfrac{w}{100}} = \dfrac{2.194}{1+\dfrac{11.2}{100}} = 1.973\,\text{g/cm}^3$

여기서, γ_d : 건조단위중량

③ 현장의 다짐도
$U = \dfrac{\gamma_d}{\gamma_{dmax}} \times 100 = \dfrac{1.973}{2.05} \times 100 = 96.2\%$

해답 ③

100
다음 중 사면의 안정해석방법이 아닌 것은?

① 마찰원법 ② 비숍(Bishop)의 방법
③ 펠레니우스(Fellenius) 방법 ④ 테르자기(Terzaghi)의 방법

해설 **사면의 안정해석방법**
① 질량법(Mass procedure) : $\phi_u = 0$ 해석법, 마찰원법
② 절편법(Slice method, 분할법) : Fellenius의 간편법, Bishop의 간편법, Janbu의 간편법, Spencer 방법

해답 ④

제6과목 상하수도공학

101 공동현상(cavitation)의 방지책에 대한 설명으로 옳지 않은 것은?

① 마찰손실을 작게 한다.
② 흡입양정을 작게 한다.
③ 펌프의 흡입관경을 작게 한다.
④ 임펠러(Impeller) 속도를 작게 한다.

해설 흡입관은 되도록 짧은 것이 좋으며 부득이할 때는 흡입관을 크게 하여 손실을 감소시킨다.

[참고] 공동현상의 방지법
① 펌프의 설치 위치를 되도록 낮게 하고, 흡입양정을 작게 한다.
② 흡입관은 되도록 짧은 것이 좋으며 부득이할 때는 흡입관을 크게 하여 손실을 감소시킨다.
③ 흡입측에서 펌프의 토출량을 감소시키는 일은 절대로 피한다.
④ 총양정의 규정에 있어서 적합하도록 계획한다.
⑤ 양정 변화가 클 때는 상용의 최저 양정에 대하여도 공동현상이 생기지 않도록 충분히 주의해야 한다.
⑥ 공동현상을 피할 수 없을 때는 임펠러 재질을 cavitation 파손에 강한 것을 사용한다.
⑦ 펌프의 공동현상을 방지하려면 펌프의 회전수를 낮게 해야 한다.
⑧ 가용 유효 흡입수두를 필요 유효 흡입수두 보다 크게하여 손실수두를 줄인다.

해답 ③

102 간이공공하수처리시설에 대한 설명으로 틀린 것은?

① 계획구역이 작으므로 유입하수의 수량 및 수질의 변동을 고려하지 않는다.
② 용량은 우천 시 계획오수량과 공공하수처리시설의 강우 시 처리가능량을 고려한다.
③ 강우 시 우수처리에 대한 문제가 발생할 수 있으므로 강우 시 3Q처리가 가능하도록 계획한다.
④ 간이공공하수처리시설은 합류식 지역 내 500m³/일 이상 공공하수처리장에 설치하는 것을 원칙으로 한다.

해설 간이공공하수처리시설은 배수구역(하수처리구역)내 강우량, 하수처리시설의 강우 시 유입량, 방류량, 유입수질, 처리수질에 대한 모니터링 실시 결과, 일차침전지 유무, 일차침전지가 있는 경우 시설용량 및 처리효율, 새로 설치할 경우 필요한 부지의 확보 여부 등을 고려하여 설치계획을 수립하여야 한다.

해답 ①

103 하수관로의 개·보수 계획 시 불명수량산정방법 중 일평균하수량, 상수사용량, 지하수사용량, 오수전환율 등을 주요 인자로 이용하여 산정하는 방법은?

① 물사용량 평가법
② 일최대유량 평가법
③ 야간생활하수 평가법
④ 일최대-최소유량 평가법

해설 **물사용량 평가법**(Water Use Evaluation)은 일평균하수량, 상수사용량, 지하수사용량, 오수전환율 등을 주요인자로 침입수량을 산정한다.

[참고] 하수관로의 개·보수 계획 시 침입수/유입수 산정 방법의 주요 인자
1. 물사용량 평가법(Water Use Evaluation)
   ① 일평균하수량   ② 상수사용량
   ③ 지하수사용량   ④ 오수전환율
2. 일최대-최소유량 평가법(Max.-Min. Daily Flow Comparison)
   ① 일최대하수량   ② 공장폐수량(상시발생)
3. 일최대유량 평가법(Maximum Daily Flow Comparison)
   일최소하수량
4. 야간생활하수 평가법(Night time Domestic Flow Evaluation)
   ① 일최소하수량   ② 야간발생하수량
   ③ 공장폐수(상시발생)

해답 ①

104 맨홀에 인버트(invert)를 설치하지 않았을 때의 문제점이 아닌 것은?

① 맨홀 내에 퇴적물이 쌓이게 된다.
② 환기가 되지 않아 냄새가 발생한다.
③ 퇴적물이 부패되어 악취가 발생한다.
④ 맨홀 내에 물기가 있어 작업이 불편하다.

해설 유지관리를 위해 작업원이 작업을 할 때 맨홀 내에 퇴적물이 쌓이게 되면 상당히 불편하고 하수가 원활하게 흐르지 못하며 부패시 악취를 발생시킨다. 이를 방지하기 위해서는 바닥에 인버트를 설치하여 하수의 흐름을 원활히 하고 유지관리가 편리하도록 하는 것이 필요하다.

해답 ②

105 수중의 질소화합물의 질산화 진행과정으로 옳은 것은?

① $NH_3-N \to NO_2-N \to NO_3-N$
② $NH_3-N \to NO_3-N \to NO_2-N$
③ $NO_2-N \to NO_3-N \to NH_3-N$
④ $NO_3-N \to NO_2-N \to NH_3-N$

해설 **수중의 질소화합물 질산화 진행과정**
단백질 → Amino acid → 암모니아성 질소(NH_3-N) → 아질산성 질소(NO_2-N) → 질산성(NO_3-N)

해답 ①

106 상수도 시설 중 접합정에 관한 설명으로 옳지 않은 것은?

① 철근콘크리트조의 수밀구조로 한다.
② 내경은 점검이나 모래반출을 위해 1m 이상으로 한다.
③ 접합정의 바닥을 얕은 우물 구조로 하여 접수하는 예도 있다.
④ 지표수나 오수가 침입하지 않도록 맨홀을 설치하지 않는 것이 일반적이다.

해설 **접합정**은 지표수나 오수가 침입하지 않도록 철근콘크리트의 수밀구조로 하고 맨홀을 설치하는 것이 일반적이다.

해답 ④

107 지름 15cm, 길이 50m인 주철관으로 유량 0.03m³/s의 물을 50m 양수하려고 한다. 양수시 발생되는 총 손실수두가 5m이었다면 이 펌프의 소요축동력(kW)은? (단, 여유율은 0이며 펌프의 효율은 80%이다.)

① 20.2kW
② 30.5kW
③ 33.5kW
④ 37.2kW

해설 $P_S = \dfrac{1{,}000\,QH_P}{102\eta} = \dfrac{9.8\,QH_P}{\eta} = \dfrac{9.8 \times 0.03 \times (50+5)}{0.8} \times (1+0) = 20.2\text{kW}$

해답 ①

108 하수도의 효과에 대한 설명으로 적합하지 않은 것은?

① 도시환경의 개선
② 토지이용의 감소
③ 하천의 수질보전
④ 공중위생상의 효과

해설 하수도가 정비될수록 토지이용이 증가한다.

해답 ②

109 혐기성 소화 공정의 영향인자가 아닌 것은?

① 독성물질
② 메탄함량
③ 알칼리도
④ 체류시간

해설 **혐기성 소화 공정 영향인자**에는 체류시간, 온도, 영양염류, pH, 독성물질, 알칼리도 등이 있다.

해답 ②

110
우수 조정지의 구조형식으로 옳지 않은 것은?

① 댐식(제방높이 15m 미만) ② 월류식
③ 지하식 ④ 굴착식

해설 우수조정지의 구조 형식
① 댐식(제방 높이 15m 미만)
② 굴착식
③ 지하식 - ㉠ 저하식(관내 저류 포함)
          ㉡ 현지 저류식

해답 ②

111
급수보급율 90%, 계획 1인 1일 최대급수량 440L/인, 인구 12만의 도시에 급수계획을 하고자 한다. 계획 1일 평균급수량은? (단, 계획유효율은 0.85로 가정한다.)

① $33915m^3/d$ ② $36660m^3/d$
③ $38600m^3/d$ ④ $40392m^3/d$

해설 계획 1일 평균급수량 = 계획 1일 최대급수량 × 계획유효율
$= (440L/인 \times 10^{-3}m^3/L \times 0.9 \times 120,000인) \times 0.85$
$= 40,392m^3/d$

해답 ④

112
비교회전도(Ns)의 변화에 따라 나타나는 펌프의 특성곡선의 형태가 아닌 것은?

① 양정곡선 ② 유속곡선
③ 효율곡선 ④ 축동력곡선

해설 **펌프 특성 곡선**(펌프 성능 곡선)은 펌프의 회전속도를 일정하게 고정하고 토출관의 밸브를 조절하여 펌프 용량을 변화시킬 때 나타나는 양정(H), 효율(η), 축동력(p)이 펌프 용량(Q)의 변화에 따라 변하는 관계(축동력 요구량)를 각기의 최대 효율점에 대한 비율로 나타낸(입력과 출력) 곡선

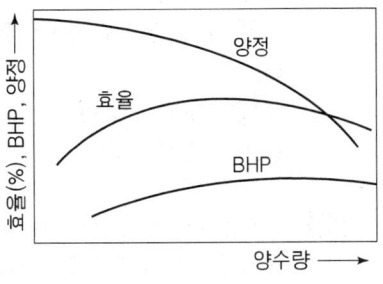

[펌프의 특성 곡선]

해답 ②

113
정수시설 중 배출수 및 슬러지처리시설에 대한 아래 설명 중 ㉠, ㉡에 알맞은 것은?

> 농축조의 용량은 계획슬러지량의 (㉠)시간분, 고형물부하는 (㉡)kg/($m^2 \cdot$ d)을 표준으로 하되, 원수의 종류에 따라 슬러지의 농축특성에 큰 차이가 발생할 수 있으므로 처리대상 슬러지의 농축특성을 조사하여 결정한다.

① ㉠ : 12~24, ㉡ : 5~10
② ㉠ : 12~24, ㉡ : 10~20
③ ㉠ : 24~48, ㉡ : 5~10
④ ㉠ : 24~48, ㉡ : 10~20

해설 농축조의 용량은 계획슬러지량의 24~48시간분, 고형물부하는 10~20kg/$m^2 \cdot$ d을 표준으로 하되, 원수의 종류에 따라 슬러지의 농축특성에 큰 차이가 발생할 수 있으므로 처리대상 슬러지의 농축특성을 조사하여 결정한다.

해답 ④

114
우리나라 먹는 물 수질기준에 대한 내용으로 틀린 것은?

① 색도는 2도를 넘지 아니할 것
② 페놀은 0.005 mg/L를 넘지 아니할 것
③ 암모니아성 질소는 0.5mg/L 넘지 아니할 것
④ 일반세균은 1mL 중 100CFU을 넘지 아니할 것

해설 색도는 심미적 영향물질 중 하나로 5도를 넘지 않아야 한다.

해답 ①

115
호소의 부영양화에 관한 설명으로 옳지 않은 것은?

① 부영양화의 원인물질은 질소와 인 성분이다.
② 부영양화는 수심이 낮은 호소에서도 잘 발생된다.
③ 조류의 영향으로 물에 맛과 냄새가 발생되어 정수에 어려움을 유발시킨다.
④ 부영양화된 호소에서는 조류의 성장이 왕성하여 수심이 깊은 곳까지 용존산소농도가 높다.

해설 부영양화로 인해 과다 번식한 조류나 플랑크톤은 서로 생존경쟁을 하며 이 과정에서 일부는 바닥으로 침전 깊은 곳에서 혐기성 분해를 일으키며, 용존산소농도가 낮다.

해답 ④

116

계획우수량 산정에 필요한 용어에 대한 설명으로 옳지 않은 것은?

① 강우강도는 단위시간 내에 내린 비의 양을 깊이로 나타낸 것이다.
② 유하시간은 하수관로로 유입한 우수가 하수관 길이 L을 흘러가는데 필요한 시간이다.
③ 유출계수는 배수구역 내로 내린 강우량에 대하여 증발과 지하로 침투하는 양의 비율이다.
④ 유입시간은 우수가 배수구역의 가장 원거리 지점으로부터 하수관로로 유입하기까지의 시간이다.

해설 **유출계수**는 하수관거에 유입하는 우수유출량과 전강우량의 비이다.

해답 ③

117

상수도에서 많이 사용되고 있는 응집제인 황산알루미늄에 대한 설명으로 옳지 않은 것은?

① 가격이 저렴하다.
② 독성이 없으므로 대량으로 주입할 수 있다.
③ 결정은 부식성이 없어 취급이 용이하다.
④ 철염에 비하여 플록의 비중이 무겁고 적정 pH의 폭이 넓다.

해설 철염계 응집제는 적용 pH의 범위가 넓으며 플록이 침강하기 쉽다는 이점도 있지만, 과잉으로 주입하면 물이 착색되기 때문에 주입량의 제어가 중요하다.

해답 ④

118

다음 그림은 포기조에서 부유물질의 물질수지를 나타낸 것이다. 포기조내 MLSS를 3000mg/L로 유지하기 위한 슬러지의 반송비는?

① 39%
② 49%
③ 59%
④ 69%

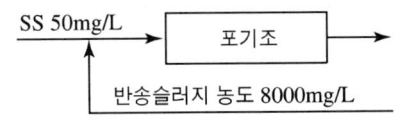

해설 $R = \dfrac{X}{X_R - X} = \dfrac{3{,}000}{(8{,}000 + 50) - 3{,}000} = 0.594 = 59.4\%$

여기서, X_R : 반송슬러지 농도
R : 슬러지반송비
X : 반응조 내의 MLSS 농도

해답 ③

119
하수의 배제방식에 대한 설명으로 옳지 않은 것은?

① 분류식은 관로오접의 철저한 감시가 필요하다.
② 합류식은 분류식보다 유량 및 유속의 변화폭이 크다.
③ 합류식은 2계통의 분류식에 비해 일반적으로 건설비가 많이 소요된다.
④ 분류식은 관로내의 퇴적이 적고 수세효과를 기대할 수 없다.

해설 합류식은 분류식에 비해 사설하수에 연결하기 쉬우며, 시공상 분류식보다 건설비가 적게 소요된다.

해답 ③

120
상수슬러지의 함수율이 99%에서 98%로 되면 슬러지의 체적은 어떻게 변하는가?

① 1/2로 증대
② 1/2로 감소
③ 2배로 증대
④ 2배로 감소

해설 $\dfrac{V_1}{V_2} = \dfrac{100 - W_2}{100 - W_1}$ 에서

$$V_2 = \dfrac{V_1}{(100 - W_2)/(100 - W_1)} = \dfrac{V_1}{(100 - 98)/(100 - 99)} = \dfrac{1}{2} V_1$$

여기서, V_1, V_2 : 슬러지의 부피
W_1, W_2 : 슬러지의 함수율(%)

해답 ②

무료 동영상과 함께하는 토목기사 필기

2022

2022년 3월 5일 시행
2022년 4월 24일 시행
2022년 8월 CBT 시행

무료 동영상과 함께하는
토목기사 필기

토목기사

2022년 3월 5일 시행

제1과목 응용역학

001 그림과 같이 중앙에 집중하중 P를 받는 단순보에서 지점 A로부터 $L/4$인 지점(점 D)의 처짐각(θ_D)과 처짐량(δ_D)? (단, EI는 일정하다.)

① $\theta_D = \dfrac{3PL^2}{128EI}$, $\delta_D = \dfrac{11PL^3}{384EI}$

② $\theta_D = \dfrac{3PL^2}{128EI}$, $\delta_D = \dfrac{5PL^3}{384EI}$

③ $\theta_D = \dfrac{5PL^2}{64EI}$, $\delta_D = \dfrac{3PL^3}{768EI}$

④ $\theta_D = \dfrac{3PL^2}{64EI}$, $\delta_D = \dfrac{11PL^3}{768EI}$

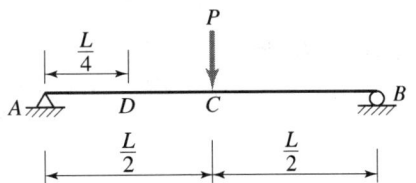

해설 ① A지점의 반력

$$R_A = \frac{1}{2} \times \frac{PL}{4EI} \times \frac{L}{2} = \frac{PL^2}{16EI} \ (\uparrow)$$

② D지점의 처짐각

$$\theta_D = \frac{PL^2}{16EI} - \frac{1}{2} \times \frac{PL}{8EI} \times \frac{L}{4}$$

$$= \frac{PL^2}{16EI} - \frac{PL^2}{64EI} = \frac{3PL^2}{64EI}$$

③ D지점의 처짐

$$\theta_B = \frac{PL^2}{16EI} \times \frac{L}{4} - \frac{1}{2} \times \frac{PL}{8EI} \times \frac{L}{4} \times \left(\frac{1}{3} \times \frac{L}{4}\right) = \frac{PL^3}{64EI} - \frac{PL^3}{768EI} = \frac{11PL^3}{768EI}$$

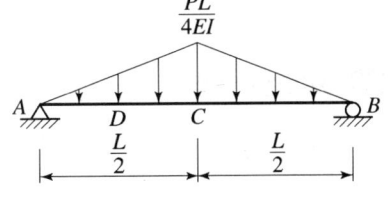

002 길이가 4m인 원형단면 기둥의 세장비가 100이 되기 위한 기둥의 지름은? (단, 지지상태는 양단 힌지로 가정한다.)

① 20cm ② 18cm
③ 16cm ④ 12cm

해설 ① 좌굴계수 : 양단힌지이므로 $K=1.0$
② 최대세장비 $\lambda = \dfrac{l}{r_{\min}} = \dfrac{l}{D/4} = \dfrac{400}{D/4} = 100$에서 $D=16\text{cm}$

해답 ③

003

단면 2차 모멘트가 I이고 길이가 L인 균일한 단면의 직선상(直線狀)의 기둥이 있다. 지지상태가 일단 고정, 타단 자유인 경우 오일러(Euler) 좌굴하중(P_{cr})은? (단, 이 기둥의 영(Young)계수는 E이다.)

① $\dfrac{4\pi^2 EI}{L^2}$ ② $\dfrac{2\pi^2 EI}{L^2}$
③ $\dfrac{\pi^2 EI}{L^2}$ ④ $\dfrac{\pi^2 EI}{4L^2}$

해설 좌굴하중
$$P_b = \dfrac{\pi^2 EI}{l_k^2} = \dfrac{n\pi^2 EI}{l^2} = \dfrac{(1/4)\pi^2 EI}{l^2} = \dfrac{\pi^2 EI}{4l^2}$$

해답 ④

004

직사각형 단면 보의 단면적을 A, 전단력을 V라고 할 때 최대 전단응력($\tau_{\max}$)은?

① $\dfrac{2}{3}\dfrac{V}{A}$ ② $1.5\dfrac{V}{A}$
③ $3\dfrac{V}{A}$ ④ $2\dfrac{V}{A}$

해설 최대전단응력
$$\tau_{\max} = \dfrac{3}{2} \times \dfrac{S}{A} = 1.5\dfrac{S}{A}$$

해답 ②

005

단면 2차 모멘트의 특성에 대한 설명으로 틀린 것은?
① 단면 2차 모멘트의 최솟값은 도심에 대한 것이며 "0"이다.
② 정삼각형, 정사각형 등과 같이 대칭인 단면의 도심축에 대한 단면 2차 모멘트 값은 모두 같다.
③ 단면 2차 모멘트는 좌표축에 상관없이 항상 양(+)의 부호를 갖는다.
④ 단면 2차 모멘트가 크면 휨 강성이 크고 구조적으로 안전하다.

해설 단면 2차 모멘트의 최소값은 도심에서 발생하며 부호는 항상 "+"이기 때문에 "0"이 될 수 없다.

해답 ①

006 그림과 같은 단순보에서 휨모멘트에 의한 탄성변형에너지는? (단, EI는 일정하다.)

① $\dfrac{w^2 L^5}{40EI}$ ② $\dfrac{w^2 L^5}{96EI}$

③ $\dfrac{w^2 L^5}{240EI}$ ④ $\dfrac{w^2 L^5}{384EI}$

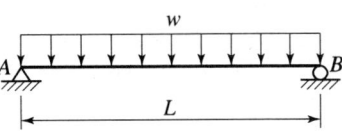

해설 휨모멘트에 의한 변형에너지
$$U_M = \dfrac{w^2 L^5}{240EI}$$

해답 ③

---

007 그림과 같은 모멘트 하중을 받는 단순보에서 B지점의 전단력은?

① -1.0kN
② -10kN
③ -5.0kN
④ -50kN

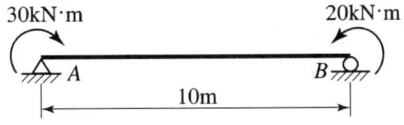

해설 ① B점의 반력
$\sum M_A = 0$
$-R_B \times 10 + 30 - 20 = 0$에서 $R_B = 1\text{kN}(\uparrow)$
② D점의 전단력
$S_D = -1\text{kN}$

해답 ①

---

008 내민보에 그림과 같이 지점 A에 모멘트가 작용하고, 집중하중이 보의 양 끝에 작용한다. 이 보에 발생하는 최대휨모멘트의 절댓값은?

① $60\text{kN}\cdot\text{m}$
② $80\text{kN}\cdot\text{m}$
③ $100\text{kN}\cdot\text{m}$
④ $120\text{kN}\cdot\text{m}$

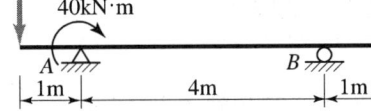

해설 ① 반력
$\sum M_B = 0$
$-80 \times 5 + 40 + V_A \times 4 + 100 \times 1 = 0$에서 $V_A = 65\text{kN}(\uparrow)$
$\sum V = 0$
$-80 + 65 + V_B - 100 = 0$에서 $V_B = 115\text{kN}(\uparrow)$

② 최대 휨모멘트
$M_{A(바로좌측)} = -80 \times 1 = -80 \text{kN} \cdot \text{m}$
$M_{A(바로우측)} = -80 \times 1 + 40 = -40 \text{kN} \cdot \text{m}$
$M_B = -100 \times 1 = -100 \text{kN} \cdot \text{m}$
이 중 최대 휨모멘트의 절댓값은 100kN · m이다.

해답 ③

009

그림과 같이 양단 내민보에 등분포하중(W)이 1kN/m가 작용할 때 C점의 전단력은?

① 0kN ② 5kN
③ 10kN ④ 15kN

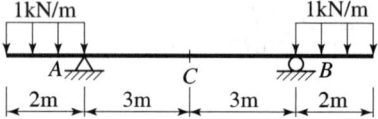

해설 ① 지점 반력
대칭이므로 $R_A = R_B = 1 \text{kN/m}(\uparrow)$
② C점의 전단력
$V_C = 0 \text{kN}$

해답 ①

010

그림과 같이 캔틸레버 보의 B점에 집중하중 P와 우력모멘트 M_o가 작용할 때 B점에서의 연직변위(δ_b)는? (단, EI는 일정하다.)

① $\dfrac{PL^3}{4EI} + \dfrac{M_o L^2}{2EI}$

② $\dfrac{PL^3}{4EI} - \dfrac{M_o L^2}{2EI}$

③ $\dfrac{PL^3}{3EI} + \dfrac{M_o L^2}{2EI}$

④ $\dfrac{PL^3}{3EI} - \dfrac{M_o L^2}{2EI}$

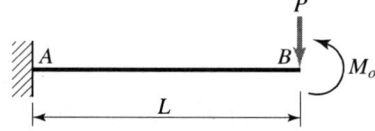

해설 ① 집중하중에 의한 처짐각 : $y_{B1} = \dfrac{PL^3}{3EI}$

② 모멘트하중에 의한 처짐각 : $y_{B2} = -\dfrac{M_o L^2}{2EI}$

③ $y_B = y_{B1} + y_{B2} = \dfrac{PL^3}{3EI} - \dfrac{M_o L^2}{2EI}$

해답 ④

011

그림과 같은 직사각형 보에서 중립축에 대한 단면계수 값은?

① $\dfrac{bh^2}{6}$ ② $\dfrac{bh^2}{12}$

③ $\dfrac{bh^3}{6}$ ④ $\dfrac{bh}{4}$

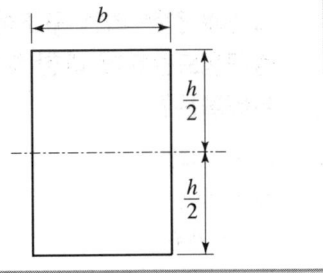

해설 직사각형 단면의 단면계수는 기본 식 $Z_X = \dfrac{bh^2}{6}$ 로 구한다.

해답 ①

012

전단탄성계수(G)가 81000MPa, 전단응력(τ)이 81MPa이면 전단변형률(γ)의 값은?

① 0.1   ② 0.01
③ 0.001   ④ 0.0001

해설 $\tau = G \cdot \gamma$ 에서 $\gamma = \dfrac{\tau}{G} = \dfrac{81}{81000} = 0.001$

해답 ③

013

그림과 같은 3힌지 아치에서 A점의 수평반력(H_A)은?

① P
② $\dfrac{P}{2}$
③ $\dfrac{P}{4}$
④ $\dfrac{P}{5}$

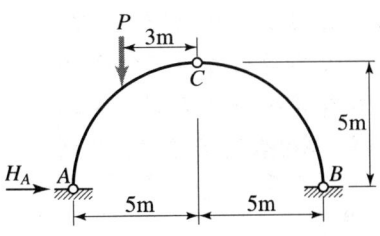

해설 평형조건식을 이용해서 A지점의 수직반력을 먼저 구한 후 힌지점에서의 모멘트 값이 '0'인 점을 이용하여 A지점의 수평반력을 구한다.

① $\Sigma M_B = 0$

$V_A \times 10 - P \times 8 = 0$ 에서 $V_A = \dfrac{8P}{10}$

② $M_{힌지} = V_A \times 5 - H_A \times 5 - P \times 3 = 0$ 에서 $H_A = \dfrac{1}{5}\left(\dfrac{8P}{10} \times 5 - P \times 3\right) = \dfrac{P}{5}(\rightarrow)$

해답 ④

014

그림과 같은 라멘 구조물의 E점에서의 불균형모멘트에 대한 부재 EA의 모멘트 분배율은?

① 0.167
② 0.222
③ 0.386
④ 0.441

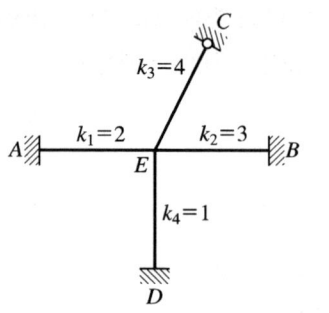

해설 ① 강비

$$k_{EA} = 2, \ k_{EB} = 3, \ k_{EC} = \frac{3}{4} \times 4 = 3, \ k_{ED} = 1$$

② 부재 EA의 모멘트 분배율

$$DF_{EA} = \frac{k_{EA}}{k_{EA} + k_{EB} + k_{EC} + k_{ED}} = \frac{2}{2+3+3+1} = 0.222$$

해답 ②

015

그림과 같은 지간(span) 8m인 단순보에 연행하중에 작용할 때 절대최대휨모멘트는 어디에서 생기는가?

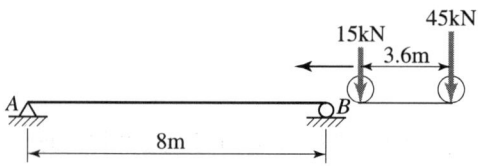

① 45kN의 재하점이 A점으로부터 4m인 곳
② 45kN의 재하점이 A점으로부터 4.45m인 곳
③ 15kN의 재하점이 B점으로부터 4m인 곳
④ 합력의 재하점이 B점으로부터 3.35m인 곳

해설 ① 합력

$$R = 15 + 45 = 60 \text{kN}$$

② 합력의 위치

45kN 하중으로부터 $d = \dfrac{15 \times 3.6}{60} = 0.9\,\text{m}$

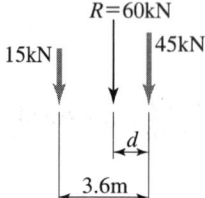

③ 선택하중
합력과 가장 가까운 45kN이 선택하중이다.
④ 이등분점
합력과 선택하중간의 중간점이므로 $\frac{0.9}{2} = 0.45\mathrm{m}$
⑤ 이등분점이 보의 중점과 일치하도록 하중을 재하시킨다.
⑥ 절대 최대 휨모멘트 발생 위치
선택하중(45kN) 작용점이므로 A지점으로부터 $x = 4 + 0.45 = 4.45\,\mathrm{m}$
즉, 45kN의 재하점이 A점으로부터 4.45m인 곳에서 절대최대휨모멘트가 발생한다.

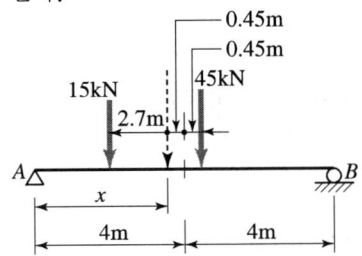

해답 ②

016

그림과 같은 구조물에서 부재 AB가 받는 힘의 크기는?

① 3166.7kN
② 3274.2kN
③ 3368.5kN
④ 3485.4kN

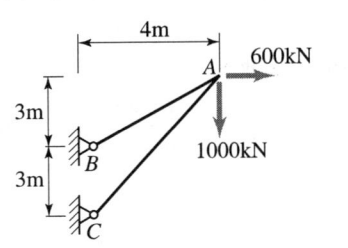

해설 부재 AB와 AC 모두 자른 후 두 부재 모두 인장력이 작용한다고 가정하고 라미의 정리를 이용해 부재 AB가 받는 힘의 크기를 구한다.

① $\Sigma H = 0 : -\left(F_{AB} \cdot \frac{4}{5}\right) - \left(F_{AC} \cdot \frac{4}{\sqrt{52}}\right) + 600 = 0$

② $\Sigma V = 0 : -\left(F_{AB} \cdot \frac{3}{5}\right) - \left(F_{AC} \cdot \frac{6}{\sqrt{52}}\right) - 1,000 = 0$

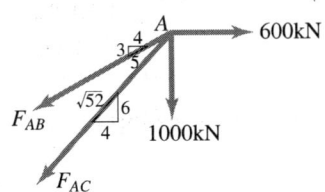

①, ② 두 식을 연립하면
$F_{AB} = +3,166.67\mathrm{kN}$(인장)
$F_{AC} = -3,485.37\mathrm{kN}$(압축)

해답 ①

017

그림과 같은 구조에서 절댓값이 최대로 되는 휨모멘트의 값은?

① 80kN·m
② 50kN·m
③ 40kN·m
④ 30kN·m

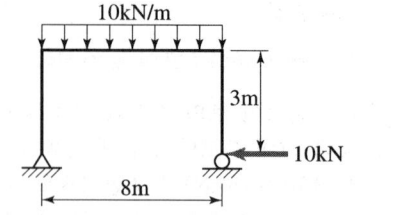

해설
① $M_A = M_B = 0$
② $M_C = M_D = 10 \times 3 = 30\,\text{kNm}$
③ $M_{슬래브중앙} = \dfrac{wl^2}{8} - 1 \times 3 = \dfrac{10 \times 8^2}{8} - 10 \times 3 = 50\,\text{kNm}$

해답 ②

018

어떤 금속의 탄성계수(E)가 21×10^5MPa이고, 전단 탄성계수(G)가 8×10^4MPa일 때, 금속의 푸아송 비는?

① 0.3075
② 0.3125
③ 0.3275
④ 0.3325

해설 전단탄성계수

$G = \dfrac{E}{2(1+\nu)} = \dfrac{2.1 \times 10^4}{2(1+\nu)} = 8 \times 10^4\,\text{MPa}$ 에서 $\nu = 0.3125$

해답 ②

019

그림과 같은 단순보의 단면에서 발생하는 최대 전단응력의 크기는?

① 3.52MPa
② 3.86MPa
③ 4.45MPa
④ 4.93MPa

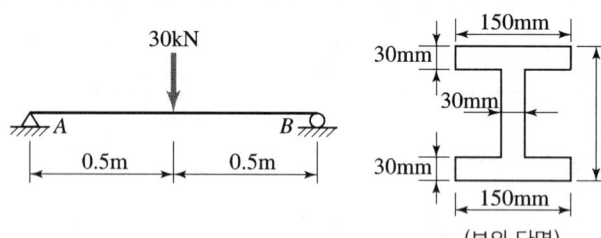

(보의 단면)

해설 I형 단면의 최대 전단응력은 단면의 중앙부(도심)에서 발생한다.
① 도심에 대한 단면2차모멘트
$I = \dfrac{1}{12}(150 \times 180^3 - 120 \times 120^3) = 55{,}620{,}000\,\text{mm}^4$
② 잘린 부분(최대 전단응력이 발생하는 도심)의 폭
$b = 30\,\text{mm}$

③ 최대 전단력 $V = 15\text{kN} = 15{,}000\text{N}$

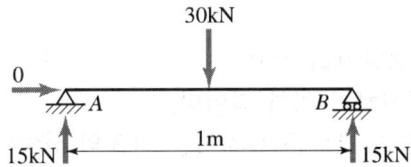

④ 잘린 단면의 도심에 대한 단면1차 모멘트
$$G = (150 \times 30)(60 + 15) + (30 \times 60)(30) = 391{,}500\text{mm}^3$$

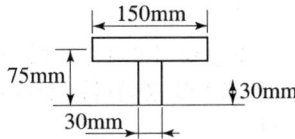

⑤ 최대 전단응력
$$\tau_{\max} = \frac{V \cdot G}{I \cdot b} = \frac{15{,}000 \times 391{,}500}{55{,}620{,}000 \times 30} = 3.52\text{MPa}$$

해답 ①

020
그림과 같은 부정정보에서 B점의 반력은?

① $\frac{3}{4}wL(\uparrow)$ ② $\frac{3}{8}wL(\uparrow)$

③ $\frac{3}{16}wL(\uparrow)$ ④ $\frac{5}{16}wL(\uparrow)$

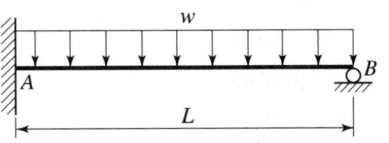

해설 B지점의 연직반력
B지점의 수직처짐은 '0'이므로 $y_B = 0$
$$y_{B1} = y_{B2} \quad \frac{wL^4}{8EI} = \frac{R_A L^3}{3EI} \text{에서} \quad R_B = \frac{3wL}{8}$$

해답 ②

제2과목 측량학

021
노선 거리를 2km의 결합 트래버스 측량에서 폐합비를 1/5000로 제한한다면 허용폐합오차는?

① 0.1m ② 0.4m
③ 0.8m ④ 1.2m

해설 폐합비(정도) $= \frac{1}{5000} = \frac{\Delta l}{\sum l} = \frac{\Delta l}{2{,}000}$ 에서 $\Delta l = 0.4\text{m}$

해답 ②

022 다음 설명 중 옳지 않은 것은?

① 측지선은 지표상 두 점간의 최단거리선이다.
② 라플라스점은 중력측정을 실시하기 위한 점이다.
③ 항정선은 자오선과 항상 일정한 각도를 유지하는 지표의 선이다.
④ 지표면의 요철을 무시하고 적도반지름과 극반지름으로 지구의 형상을 나타내는 가상의 타원체를 지구타원체라고 한다.

해설 라플라스점은 지형을 측량할 때 오차가 커지는 것을 방지하기 위하여 200~300km 마다 하나씩 설치한 삼각점을 말하며, 라플라스 조건을 충족하는 삼각 측량과 천문 측량이 동시에 이루어지도록 하는 기준점이다.

해답 ②

023 그림과 같은 반지름은 50m인 원곡선에서 $\overline{HC}$ 의 거리는? (단, 교각=60°, α = 20°, ∠AHC=90°)

① 0.19m
② 1.98m
③ 3.02m
④ 3.24m

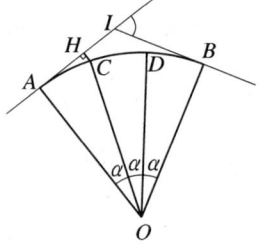

해설 $HC = R - R\cos\alpha = 50 - 50\cos 20° = 3.02$m

해답 ③

024 GNSS 상대측위 방법에 대한 설명으로 옳은 것은?

① 수신기 1대만을 사용하여 측위를 실시한다.
② 위성의 수신기 간의 거리는 전파의 파장 갯수를 이용하여 계산할 수 있다.
③ 위상차의 계산은 단순차, 2중차, 3중차와 같은 차분기법으로는 해결하기 어렵다.
④ 전파의 위상차를 관측하는 방식이나 절대측위 방법보다 정확도가 떨어진다.

해설 상대측위는 2 이상의 GPS 수신기를 활용하는 방법으로 위성의 수신기 간의 거리는 전파의 파장 개수를 이용하여 계산할 수 있다.

해답 ②

025

지형측량에서 등고선의 성질에 대한 설명으로 옳지 않은 것은?

① 등고선의 간격은 경사가 급한 곳에서는 넓어지고, 완만한 곳에는 좁아진다.
② 등고선은 지표의 최대 경사선 방향과 직교한다.
③ 동일 등고선 상에 있는 모든 점은 같은 높이이다.
④ 등고선간의 최단거리 방향은 그 지표면의 최대경사 방향을 가리킨다.

해설 등고선은 경사가 급한 곳에서는 같은 높이 차에 따른 수평거리가 짧으므로 간격이 좁고 완만한 경사에서는 같은 높이 차에 따른 수평거리가 상대적으로 길므로 간격이 넓다.

해답 ①

026

지형의 표시법에 대한 설명으로 틀린 것은?

① 영선법은 짧고 거의 평행한 선을 이용하여 경사가 급하면 가늘고 길게, 경사가 완만하면 굵고 짧게 표시하는 방법이다.
② 음영법은 태양광선이 서북쪽에서 45도 각도로 비친다고 가정하고, 지표의 기복에 대하여 그 명암을 2~3색 이상으로 채색하여 기복의 모양을 표시하는 방법이다.
③ 채색법은 등고선의 사이를 색으로 채색, 색채의 농도를 변화시켜 표고를 구분하는 방법이다.
④ 점고법은 하천, 항만, 해양측량 등에서 수심을 나타낼 때 측점에 숫자를 기입하여 수심 등을 나타내는 방법이다.

해설 **우모법**(게바법, 영선법)
① 선의 굵기, 길이 및 방향 등으로 땅의 모양을 표시하는 방법이다.
② 경사가 급하면 선이 굵고 짧은 선, 완만하면 가늘고 긴 선으로 표시한다.
③ 소의 털 모양으로 지형을 표시한다.

해답 ①

027

동일한 정확도로 3변을 관측한 직육면체의 체적을 계산한 결과가 1200m³이었다. 거리의 정확도를 1/10000 까지 허용한다면 체적의 허용오차는?

① 0.08m³ ② 0.12m³
③ 0.24m³ ④ 0.36m³

해설 $\dfrac{\Delta V}{V} = 3\dfrac{\Delta l}{l}$

$\dfrac{\Delta V}{1200} = 3 \times \dfrac{1}{10000}$ 에서 $\Delta V = 1200 \times 3 \times \dfrac{1}{10000} = 0.36\,m^3$

해답 ④

028

△ABC의 꼭지점에 대한 좌표값이 (30, 50), (20, 90), (60, 100) 일 때 삼각형 토지의 면적은? (단, 좌표의 단위 : m)

① 500m²
② 750m²
③ 850m²
④ 960m²

해설 ① △ABC의 배면적
$2A = (30 \times 90 + 20 \times 100 + 60 \times 50) - (20 \times 50 + 60 \times 90 + 30 \times 100)$
$= 1700\text{m}^2$
② △ABC의 면적
$A = 850\text{m}^2$

해답 ③

029

교각 $I=90°$, 곡선반지름 $R=150$m인 단곡선에서 교점($I.P$)의 추가거리가 1139.250m 일 때 곡선종점($E.C$)까지의 추가거리는?

① 875.375m
② 989.250m
③ 1224.869m
④ 1374.825m

해설 ① 곡선시점
$BC = I.P \text{ 추가거리} - TL = I.P \text{ 추가거리} - R\tan\frac{I}{2}$
$= 1139.250 - 150\tan\frac{90°}{2} = 989.25\text{m}$

② 곡선종점
$EC = BC + CL = BC + \frac{\pi}{180}RI$
$= 989.25 + \frac{\pi}{180} \times 150 \times 90° = 1224.87\text{m}$

해답 ③

030

수준측량의 부정오차에 해당되는 것은?

① 기포의 순간 이동에 의한 오차
② 기계의 불완전 조정에 의한 오차
③ 지구곡률에 의한 오차
④ 표척의 눈금 오차

해설 기포의 순간 이동에 의한 오차는 우연오차(부정오차)에 속한다.

해답 ①

031

어떤 노선을 수준측량하여 작성된 기고식 야장의 일부 중 지반고 값이 틀린 측점은? (단, 단위 : m)

측점	후시	전시 이기점	전시 중간점	기계고	지반고
0	3.121				123.567
1			2.586		124.102
2	2.428	4.065			122.623
3			−0.664		
4		2.321			

① 측점 1 ② 측점 2
③ 측점 3 ④ 측점 4

해설
① 측점0~측점2 사이 기계고
  $I_1 = 123.567 + 3.121 = 126.688$m
② 측점1의 지반고
  $H_1 = 126.688 - 2.586 = 124.102$m
③ 측점2의 지반고
  $H_2 = 126.688 - 4.065 = 122.623$m
④ 측점2~측점4를 측량하기 위해 옮긴 기계의 기계고
  기계고 = $122.623 + 2.428 = 125.051$m
⑤ 측점3의 지반고
  $H_3 = 125.051 - (-0.664) = 125.715$m
⑥ 측점4의 지반고
  $H_4 = 125.051 - 2.321 = 122.730$m

측점	후시	전시 이기점	전시 중간점	기계고	지반고
0	3.121			126.688	123.567
1			2.586		124.102
2	2.428	4.065		125.051	122.623
3			−0.664		125.715
4		2.321			122.730

해답 ③

032

노선측량에서 실시설계측량에 해당하지 않는 것은?

① 중심선 설치 ② 지형도 작성
③ 다각측량   ④ 용지측량

해설 용지 측량이란 용지도를 작성하여 편입되는 용지 폭에 말뚝을 설치하는 측량을 말한다.

해답 ④

033 트래버스 측량에서 측점 A의 좌표가 (100m, 100m)이고 측선 AB의 길이가 50m일 때 B점의 좌표는? (단, AB측선의 방위각은 195°이다)

① (51.7m, 87.1m)
② (51.7m, 112.9m)
③ (148.3m, 87.1m)
④ (148.3m, 112.9m)

해설 1. AB의 위거 및 경거
　① $\overline{AB}$의 위거 $L_{AB} = l \times \cos$방위각 $= 50 \times \cos 195° = -48.3$
　② $\overline{AB}$의 경거 $D_{AB} = l \times \sin$방위각 $= 50 \times \sin 195° = -12.9$
2. B점의 좌표(합위거, 합경거)
　① B점의 X좌표(합위거)
　　$X_B = X_A + L_{AB} = 100 + (-48.3) = 51.7\text{m}$
　② B점의 Y좌표(합경거)
　　$Y_B = Y_A + D_{AB} = 100 - 12.9 = 87.1\text{m}$

해답 ①

034 수심 H인 하천의 유속측정에서 수면으로부터 깊이 $0.2H, 0.4H, 0.6H, 0.8H$인 지점의 유속이 각각 0.663m/s, 0.556m/s, 0.532m/s, 0.466m/s 이었다면 3점법에 의한 평균유속은?

① 0.543m/s
② 0.548m/s
③ 0.559m/s
④ 0.560m/s

해설 3점법에 의한 평균유속
$$V_m = \frac{1}{4}(V_{0.2} + 2V_{0.6} + V_{0.8}) = \frac{1}{4} \times (0.663 + 2 \times 0.532 + 0.466) = 0.54825\text{m/s}$$

해답 ②

035 L_1과 L_2의 두 개 주파수 수신이 가능한 2주파 GNSS수신기에 의하여 제거가 가능한 오차는?

① 위성의 기하학적 위치에 따른 오차
② 다중경로오차
③ 수신기 오차
④ 전리층오차

해설 전리층에 의한 전파지연오차는 위성으로부터 전파가 빛의 속도(약 19,000km)로 이동하여 지구에 도착하기 전에 전리층을 통과할 때 위성신호의 전파속도가 떨어지고 경로가 굽어지게 되기 때문에 발생하며, 이러한 문제는 2개의 다른 주파수(L_1, L_2)를 사용하여 해결한다. 고주파(L_1) 신호보다 저주파(L_2) 신호가 전리층에서 속도가 늦어지는데 L_1과 L_2 신호의 지연된 시간차를 비교하여 전리층에 의한 지연효과를 계산하여 소거한다.

해답 ④

036

줄자로 거리를 관측할 때 한 구간 20m의 거리에 비례하는 정오차가 +2mm라면 전 구간 200m를 관측하였을 때 정오차는?

① +0.2mm
② +0.63mm
③ +6.3mm
④ +20mm

해설 정오차는 측정횟수(n)에 비례하므로
$$E = en = +2\text{mm} \times \frac{200}{20} = +20\text{mm}$$

해답 ④

037

삼변측량에 대한 설명으로 틀린 것은?

① 전자파거리측량기(EDM)의 출현으로 그 이용이 활성화되었다.
② 관측값의 수에 비해 조건식이 많은 것이 장점이다.
③ 코사인 제2법칙과 반각공식을 이용하여 각을 구한다.
④ 조정방법에는 조건방정식에 의한 조정과 관측방정식에 의한 조정방법이 있다.

해설 삼변측량은 관측값에 비하여 조건식이 적은 단점이 있다.

해답 ②

038

트래버스 측량의 종류와 그 특징으로 옳지 않은 것은?

① 결합 트래버스는 삼각점과 삼각점을 연결시킨 것으로 조정계산 정확도가 가장 좋다.
② 폐합 트래버스는 한 측점에서 시작하여 다시 그 측점에 돌아오는 관측 형태이다.
③ 폐합 트래버스는 오차의 계산 및 조정이 가능 하나, 정확도는 개방 트래버스보다 좋지 못하다.
④ 개방 트래버스는 임의의 한 측점에서 시작하여 다른 임의의 한 점에서 끝나는 관측 형태이다.

해설 트래버스 정확도 순서
결합트래버스 > 폐합트래버스 > 개방트래버스

해답 ③

039

수준점 A, B, C에서 P점까지 수준측량을 한 결과가 표와 같다. 관측거리에 대한 경중률을 고려한 P점의 표고는?

측량경로	거리	P점의 표고
$A \to P$	1km	135.487m
$B \to P$	2km	135.563m
$C \to P$	3km	135.603m

① 135.529m
② 135.551m
③ 135.563m
④ 135.570m

해설 ① 경중률

직접수준측량의 경우 경중률은 거리에 반비례 $\left(P \propto \dfrac{1}{L}\right)$ 하므로

$$P_1 : P_2 : P_3 = \dfrac{1}{1} : \dfrac{1}{2} : \dfrac{1}{3} = 6 : 3 : 2$$

② P점의 표고 최확값

$$H_P = \dfrac{[P \cdot H]}{[P]} = 135 + \dfrac{6 \times 0.487 + 3 \times 0.563 + 2 \times 0.603}{6 + 3 + 2} = 135.529\text{m}$$

해답 ①

040

도로노선의 곡률반지름 $R=2000$m, 곡선길이 $L=245$m 일 때, 클로소이드의 매개변수 A는?

① 500m
② 600m
③ 700m
④ 800m

해설 매개변수 $A^2 = RL$에서
$A = \sqrt{RL} = \sqrt{2000 \times 245} = 700$

해답 ③

제3과목 수리학 및 수문학

041 하폭이 넓은 완경사 개수로 흐름에서 물의 단위중량 $W = \rho g$, 수심 h, 하상경사 S일 때 바닥 전단응력 τ_0는? (단, ρ : 물의 밀도, g : 중력가속도)

① $\rho h S$
② ghS
③ $\sqrt{\dfrac{hS}{\rho}}$
④ WhS

해설 ① 하폭이 넓은 완경사 개수로에서 $R = h$이다.
② 바닥 전단응력(마찰력)
$\tau_0 = W \dfrac{A}{P} \sin\theta = WRI = WhS$

해답 ④

042 베르누이(Bernoulli)의 정리에 관한 설명으로 틀린 것은?

① 회전류의 경우는 모든 영역에서 성립한다.
② Euler의 운동방정식으로부터 적분하여 유도할 수 있다.
③ 베르누이의 정리를 이용하여 Torricelli의 정리를 유도할 수 있다.
④ 이상유체 흐름에 대하여 기계적 에너지를 포함한 방정식과 같다.

해설 1. 베르누이 방정식의 가정
① 흐름은 정류이다(부정류에서는 성립하지 않는다).
② 임의의 두 점은 같은 유선상에 있어야 한다.
③ 마찰에 의한 에너지 손실이 없는 비점성, 비압축성 유체인 이상유체의 흐름이다.(베르누이 정리는 점성을 무시할 수 있는 완전유체가 규칙적으로 흐르는 경우에만 적용할 수 있고, 실제 유체에 대해서는 적당히 변형된다.)
2. 비회전 유동의 경우 유동장 전체에 걸쳐서 베르누이방정식을 적용할 수 있다.

해답 ①

043 삼각 위어(weir)에 월류 수심을 측정할 때 2%의 오차가 있었다면 유량 산정시 발생하는 오차는?

① 2%
② 3%
③ 4%
④ 5%

해설 삼각형 위어의 유량발생오차
$\dfrac{dQ}{Q} = \dfrac{5}{2} \dfrac{dh}{h} = \dfrac{5}{2} \times 2\% = 5\%$

해답 ④

044

다음 사다리꼴 수로의 윤변은?

① 8.02m
② 7.02m
③ 6.02m
④ 9.02m

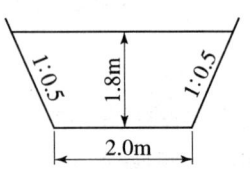

해설 윤변(P;유적)이란 물과 관 벽이 닿는 면으로 마찰이 작용하는 주변길이를 말하므로
$P = \sqrt{1.8^2 + (1.8 \times 0.5)^2} + 2 + \sqrt{1.8^2 + (1.8 \times 0.5)^2} = 6.02\text{m}$

해답 ③

045

흐르는 유체 속의 한 점(x, y, z)의 각 측방향의 속도성분을 (u, v, w)라 하고 밀도를 ρ, 시간을 t로 표시할 때 가장 일반적인 경우의 연속방정식은?

① $\dfrac{\partial u}{\partial x} + \dfrac{\partial v}{\partial y} + \dfrac{\partial w}{\partial z} = 0$

② $\dfrac{\partial \rho u}{\partial x} + \dfrac{\partial \rho v}{\partial y} + \dfrac{\partial \rho w}{\partial z} = 0$

③ $\dfrac{\partial \rho}{\partial t} + \dfrac{\partial u}{\partial x} + \dfrac{\partial v}{\partial y} + \dfrac{\partial w}{\partial z} = 0$

④ $\dfrac{\partial \rho}{\partial t} + \dfrac{\partial \rho u}{\partial x} + \dfrac{\partial \rho v}{\partial y} + \dfrac{\partial \rho w}{\partial z} = 0$

해설 일반 유체의 경우 압축성부정류이므로 연속 방정식은 다음과 같다.
$\dfrac{\partial(\rho u)}{\partial x} + \dfrac{\partial(\rho v)}{\partial y} + \dfrac{\partial(\rho w)}{\partial z} = -\dfrac{\partial \rho}{\partial t}$ 에서
$\dfrac{\partial \rho}{\partial t} + \dfrac{\partial \rho \cdot u}{\partial x} + \dfrac{\partial \rho \cdot v}{\partial y} + \dfrac{\partial \rho \cdot w}{\partial z} = 0$

해답 ④

046

그림과 같이 수조 A의 물을 펌프에 의해 수조 B로 양수한다. 연결관의 단면적 200cm², 유량 0.196m³/s, 총손실수두는 속도수두의 3.0배에 해당할 때 펌프의 필요한 동력(HP)은? (단, 펌프의 효율은 98%이며, 물의 단위중량은 9.81kN/m³, 1HP는 735.75N·m/s, 중력가속도는 9.8m/s²)

① 92.5HP
② 101.6HP
③ 105.9HP
④ 115.2HP

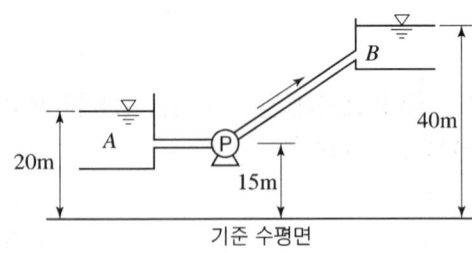

해설 ① 펌프 효율
$\eta = 0.98$
② $Q = 0.196\text{m}^3/\text{s}$

③ $V = \dfrac{Q}{A} = \dfrac{0.196}{0.02} = 9.8 \text{m/sec}$

④ $H = h + h_L = h + f\dfrac{l}{D}\dfrac{V^2}{2g} = (40-20) + 3 \times \dfrac{9.8^2}{2 \times 9.8} = 34.7\text{m}$

⑤ 소요 동력

$E = \dfrac{1000}{75} \cdot \dfrac{QH}{\eta} = 13.33\dfrac{Q(H+\Sigma h_L)}{\eta} = 13.33 \times \dfrac{0.196 \times 34.7}{0.98} = 92.5(\text{HP})$

해답 ①

047 수리학적으로 유리한 단면에 관한 설명으로 옳지 않은 것은?

① 주어진 단면에서 윤변이 최소가 되는 단면이다.
② 직사각형 단면일 경우 수심이 폭의 1/2인 단면이다.
③ 최대유량의 소통을 가능하게 하는 가장 경제적인 단면이다.
④ 사다리꼴 단면일 경우 수심을 반지름으로 하는 반원을 외접원으로 하는 사다리꼴 단면이다.

해설 사다리꼴 단면 수로

$l = \dfrac{B}{2}$, $R_{\max} = \dfrac{h}{2}$

① 가장 경제적인 제형 단면은 $\theta = 60°$로 정육각형의 절반일 때이다.
② 반원에 외접해야 한다.

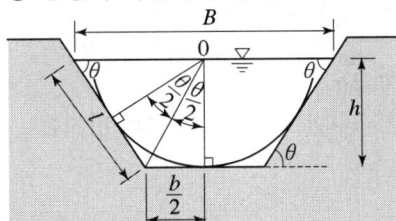

해답 ④

048 여과량의 2m³/s, 동수경사가 0.2, 투수계수가 1cm/s일 때 필요한 여과지 면적은?

① 1000m² ② 1500m²
③ 2000m² ④ 2500m²

해설 ① 평균유속

$v = k \cdot i = k\dfrac{h}{L}$

② 여과지 면적

$A = \dfrac{Q}{v} = \dfrac{Q}{k \cdot i} = \dfrac{2\text{m}^3/\text{sec}}{0.01\text{m/sec} \times 0.2} = 1000\text{m}^2$

해답 ①

049

비중이 0.9인 목재가 물에 떠 있다. 수면 위에 노출된 체적이 1.0m³이라면 목재 전체의 체적은? (단, 물의 비중은 1.0 이다.)

① 1.9m³
② 2.0m³
③ 9.0m³
④ 10.0m³

해설 ① 목재가 물에 떠있을 때이므로 $W = B$ 조건을 만족하여야 한다.
$r_1(V_1 + V_2) = r_2 V_2$
$0.9 \times (1 + V_2) = 1 \times V_2$ 에서 $V_2 = 9m^3$
② $V = V_1 + V_2 = 1 + 9 = 10m^3$

해답 ④

050

두께가 10m인 피압대수층에서 우물을 통해 양수한 결과, 50m 및 100m 떨어진 두 지점에서 수면강하가 각각 20m 및 10m로 관측되었다. 정상상태를 가정할 때 우물의 양수량은? (단, 투수계수는 0.3m/h)

① $7.6 \times 10^{-2} m^3/s$
② $6.0 \times 10^{-3} m^3/s$
③ $9.4 m^3/s$
④ $21.6 m^3/s$

해설 우물의 양수량

$$Q = \frac{2\pi ck(H - h_o)}{2.3\log\frac{R}{r_o}} = \frac{2 \times \pi \times 10 \times \frac{0.3}{60 \times 60} \times (20 - 10)}{2.3\log\frac{100}{50}} = 7.6 10^{-2} m^{3/s}$$

여기서, c : 투수층의 두께, R : 영향원의 반지름, r_o : 우물의 반지름

해답 ①

051

첨두홍수량에 계산에 있어서 합리식의 적용에 관한 설명으로 옳지 않은 것은?

① 하수도 설계 등 소유역에만 적용될 수 있다.
② 우수 도달시간은 강우 지속시간보다 길어야 한다.
③ 강우강도는 균일하고 전유역에 고르게 분포되어야 한다.
④ 유량이 점차 증가되어 평형상태일 때의 첨두유출량을 나타낸다.

해설 합리식의 가정
① 강우강도는 시공간적으로 균일하다.
② 강우강도의 재현기간은 첨두유량의 재현기간과 같다.
③ 강우지속시간은 유역도달시간보다 긴 경우 수문곡선은 수평에 도달하며, 유역 내 동일강도의 호우가 도달(집중) 시간 t보다 길게 내리면 유량이 점차 증가되어 유출량은 t 이후 평형상태가 되며, 이 때 강우 지속시간으로 산정하면 첨두유량이 산정된다.

해답 ②

052

그림과 같은 모양의 분수(噴水)를 만들었을 때 분수의 높이(H_V)는? (단, 유속계수 C_V : 0.96, 중력가속도 g : 9.8m/s², 다른 손실은 무시한다.)

① 9.00m
② 9.22m
③ 9.62m
④ 10.00m

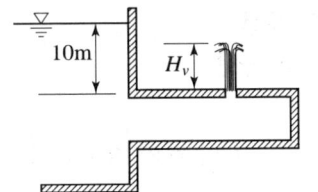

해설 ① 유속
$$V = C_v\sqrt{2gh} = 0.96 \times \sqrt{2 \times 9.8 \times 10} = 13.44\,\text{m/s}$$
② 분수의 높이
$$H_v = \frac{V^2}{2g} = \frac{13.44^2}{2 \times 9.8} = 9.22\,\text{m}$$

해답 ②

053

동수반경에 대한 설명으로 옳지 않은 것은?

① 원형관의 경우, 지름의 1/4 이다.
② 유수단면적을 윤변으로 나눈 값이다.
③ 폭이 넓은 직사각형수로의 동수반경은 그 수로의 수심과 거의 같다.
④ 동수반경이 큰 수로는 동수반경이 작은 수로보다 마찰에 의한 수두손실이 크다.

해설 **경심**(동수반경, 수리반경 ; R)
$$R = \frac{A}{P}$$
여기서, A : 유수 단면적(통수 단면적, 관에 물이 흐르는 면적)
       P : 윤변
① 원관에서 층류일 때 적용할 수 있는 식이다.
② 관수로에서 압력과 점성력을 가지고 흐름을 정리하는 식이다.
③ 원형 단면 수로의 경심
   원형 단면의 경우 수심에 관계없이 경심이 다음 값으로 일정하다.
$$R = \frac{D}{4}$$
   여기서, R : 경심(동수반경, 수리반경)
          D : 지름
④ 동수반경이 큰 수로는 윤변이 작으므로 마찰에 의한 수두손실이 동수반경이 작은 수로보다 작다.

해답 ④

054
댐의 상류부에서 발생되는 수면 곡선으로 흐름 방향으로 수심이 증가함을 뜻하는 곡선은?

① 배수 곡선
② 저하 곡선
③ 유사량 곡선
④ 수리특성 곡선

해설
① $h > h_o > h_c$ 일 때의 경우로 $\frac{dh}{dx} > 0$ 이므로 배수곡선이 생기며, 월류댐의 상류부 수면에 해당한다.
② 배수란 댐이나 위어 등의 설치로 인해 수면이 상승되면 그 영향이 상류측에 전파됨에 따라 상류측의 수면이 상승하는 현상으로 이때는 저수지의 수면곡선이 배수곡선의 형태를 띤다.

해답 ①

055
일반적인 물의 성질로 틀린 것은?

① 물의 비중은 기름의 비중보다 크다.
② 물은 일반적으로 완전유체로 취급한다.
③ 해수(海水)도 담수(淡水)와 같은 단위중량으로 취급한다.
④ 물의 밀도는 보통 $1g/cc = 1000kg/m^3 = 1t/m^3$를 쓴다.

해설 물의 단위중량
① 순수한 4℃의 물(담수)인 경우 : $w = 1t/m^3 = 1000kg/m^3 = 1g/cm^3$
② 해수의 경우 : $w = 1.025t/m^3 = 1025kg/m^3 = 1.025g/cm^3$

해답 ③

056
강우 자료의 일관성을 분석하기 위해 사용하는 방법은?

① 합리식
② DAD 해석법
③ 누가 우량 곡선법
④ SCS (Soil Conservation Service) 방법

해설 이중 누가우량 분석(Double Mass Analysis, 이중누가해석) 방법은 장기간 동안의 강수 자료를 일관성(consistency)에 대한 검증을 하기 위한 방법이다.

해답 ③

057
수문자료 해석에 사용되는 확률분포형의 매개변수를 추정하는 방법이 아닌 것은?

① 모멘트법(method of moments)
② 회선적분법(convolution intergral method)
③ 최우도법(method of maximum likelihood)
④ 확률가중모멘트법(method of probability weighted moments)

해설 수문자료 해석에 사용되는 확률분포형의 매개변수를 추정 방법
① 모멘트법(method of moments) : 추정방법이 간단하여 가장 널리 사용하는 방법 중 하나이다.
② 최우도법(method of maximum likelihood) : 최우도법은 추출된 표본자료가 나올 수 있는 확률이 최대가 되도록 매개변수를 추정하는 방법이다.
③ 확률가중모멘트법(method of probability weighted moments) : 매개변수 추정은 확률가중모멘트법이 보다 안정적이다.

해답 ②

058
정수역학에 관한 설명으로 틀린 것은?

① 정수 중에는 전단응력이 발생된다.
② 정수 중에는 인장응력이 발생되지 않는다.
③ 정수압은 항상 벽면에 직각방향으로 작용한다.
④ 정수 중의 한 점에 작용하는 정수압은 모든 방향에서 균일하게 작용한다.

해설 정수 중에 점성력이 존재하지 않으므로 전단응력이 발생하지 않는다.

해답 ①

059
수심이 1.2m인 수조의 밑바닥에 길이 4.5m, 지름 2cm인 원형관이 연직으로 설치되어 있다. 최초에 물이 배수되기 시작할 때 수조의 밑바닥에서 0.5m 떨어진 연직관 내의 수압은? (단, 물의 단위중량은 9.81kN/m^3이며, 손실은 무시한다.)

① 49.05kN/m^2
② -49.05kN/m^2
③ 39.24kN/m^2
④ -39.24kN/m^2

해설 수조의 밑바닥에서 0.5m 떨어진 연직관 내의 수압
$= -9.81 \times (4.5 - 0.5) = -39.24\text{kN/m}^2$

해답 ④

060 어느 유역에 1시간 동안 계속되는 강우기록이 아래 표와 같을 때 10분 지속 최대 강우강도는?

시간(분)	0	0~10	10~20	20~30	30~40	40~50	50~60
우량(mm)	0	3.0	4.5	7.0	6.0	4.5	6.0

① 5.1mm/h ② 7.0mm/h
③ 30.6mm/h ④ 42.0mm/h

해설 ① 10분간 지속 최대 강우량
　　㉠ 0~10 : 3.0mm　　㉡ 10~20 : 4.5mm
　　㉢ 20~30 : 7.0mm　　㉣ 30~40 : 6.0mm
　　㉤ 40~50 : 4.5mm　　㉥ 50~60 : 6.0mm
　　10분간 지속되는 최대 강우량은 20분에서 30분 사이에 내린 7mm이다.
② 지속기간 15분인 최대 강우강도
$$I = \frac{7mm}{10min} \times \frac{60min}{1hr} = 42mm/hr$$

해답 ④

제4과목 철근콘크리트 및 강구조

061 단철근 직사각형 보에서 $f_{ck} = 38$MPa 인 경우, 콘크리트 등가 직사각형 압축응력블록의 깊이를 나타내는 계수 β_1은?

① 0.74 ② 0.76
③ 0.80 ④ 0.85

해설 등가직사각형 응력분포 변수 값

f_{ck}(MPa)	≤40	50	60	70	80	90
ε_{cu}	0.0033	0.0032	0.0031	0.003	0.0029	0.0028
η	1.00	0.97	0.95	0.91	0.87	0.84
β_1	0.80	0.80	0.76	0.74	0.72	0.70

해답 ③

062
표준갈고리를 갖는 인장 이형철근의 정착에 대한 설명으로 틀린 것은? (단, d_b는 철근의 공칭지름이다.)

① 갈고리는 압축을 받는 경우 철근정착에 유효하지 않은 것으로 보아야 한다.
② 정착길이는 위험단면으로부터 갈고리의 외측단부까지 거리로 나타낸다.
③ D35 이하 180° 갈고리 철근에서 정착길이 구간을 3db 이하 간격으로 띠철근 또는 스터럽이 정착되는 철근을 수직으로 둘러싼 경우에 보정계수는 0.7이다.
④ 기본 정착 길이에 보정계수를 곱하여 정착길이를 계산하는 데 이렇게 구한 정착길이는 항상 8db 이상, 또한 150mm 이상이어야 한다.

해설 D35 이하 180° 갈고리 철근에서 정착길이 구간을 $3d_b$ 이하 간격으로 띠철근 또는 스터럽이 정착되는 철근을 수직으로 둘러싼 경우에 보정계수는 0.8이다.

해답 ③

063
프리스트레스를 도입할 때 일어나는 손실(즉시손실)의 원인은?

① 콘크리트의 크리프
② 콘크리트의 건조수축
③ 긴장재 응력의 릴랙세이션
④ 포스트텐션 긴장재와 덕트 사이의 마찰

해설 프리스트레스 손실 원인
1. 프리스트레스 도입시 : 즉시 손실
   ① 콘크리트의 탄성변형(수축)
   ② PS강재와 덕트(시스) 사이의 마찰(포스트텐션 방식에만 해당)
   ③ 정착단의 활동
2. 프리스트레스 도입후 : 시간적 손실
   ① 콘크리트의 건조수축
   ② 콘크리트의 크리프
   ③ PS강재의 리랙세이션(Relaxation)

해답 ④

064
콘크리트 설계기준압축강도가 28MPa, 철근의 설계기준항복강도가 400MPa로 설계된 길이가 7m인 양단 연속보에서 처짐을 계산하지 않는 경우 보의 최소 두께는? (단, 보통중량콘크리트(m_c=2300kg/m³) 이다.)

① 275mm
② 334mm
③ 379mm
④ 438mm

해설 처짐을 계산하지 않는 경우 양단 연속보의 최소 두께

$$h = \frac{l}{21} = \frac{7,000}{21} = 333.3mm$$ 이상이어야 한다.

해답 ②

065 철근콘크리트의 강도설계법을 적용하기 위한 설계 가정으로 틀린 것은?

① 철근과 콘크리트의 변형률은 중립축부터 거리에 비례한다.
② 인장 측 연단에서 철근의 극한변형률은 0.003으로 가정한다.
③ 콘크리트 압축연단의 극한변형률은 콘크리트의 설계기준압축강도가 40MPa이하인 경우에는 0.0033으로 가정한다.
④ 철근의 응력이 설계기준항복강도(f_y) 이하일 때 철근의 응력은 그 변형률에 철근의 탄성계수(E_s)를 곱한 값으로 한다.

해설 강도설계법 설계가정

① 변형률은 중립축으로부터의 거리에 비례한다. 깊은보 설계시 비선형 변형률 분포를 고려하여야 하며, 이 때 대신 스트럿-타이 모델을 적용할 수도 있다.
② 휨모멘트 또는 휨모멘트와 축력을 동시에 받는 부재의 콘크리트 압축연단의 극한변형률은 콘크리트의 설계기준압축강도가 40MPa 이하인 경우에는 0.0033으로 가정하며, 40MPa을 초과할 경우에는 매 10MPa의 강도 증가에 대하여 0.0001씩 감소시킨다. 콘크리트의 설계기준압축강도가 90MPa을 초과하는 경우에는 성능실험을 통한 조사연구에 의하여 콘크리트 압축연단의 극한변형률을 선정하고 근거를 명시하여야 한다.
③ 콘크리트의 인장강도는 철근콘크리트 부재 단면의 축강도와 휨강도 계산에서 무시할 수 있다.
④ $f_s \leq f_y$일 때 $f_s = \epsilon_s E_s$ $f_s > f_y$일 때 $f_s = f_y$
⑤ 콘크리트의 압축응력 분포와 콘크리트의 변형률 사이의 관계는 직사각형, 사다리꼴, 포물선형 또는 강도의 예측에서 광범위한 실험의 결과와 실질적으로 일치하는 어떤 형상으로도 가정할 수 있다.
⑥ 포물선-직선 형상의 응력-변형률 관계에 의하여 콘크리트에 작용하는 압축응력의 평균값은 $\alpha(0.85f_{ck})$로, 압축연단으로부터 합력의 작용위치는 중립축 깊이 c에 대한 β의 비율로 나타내며, 응력분포의 각 변수 및 계수는 다음 표 값을 적용한다.

f_{ck}(MPa)	≤40	50	60	70	80	90
n	2.0	1.92	1.50	1.29	1.22	1.20
ε_{co}	0.002	0.0021	0.0022	0.0023	0.0024	0.0025
ε_{cu}	0.0033	0.0032	0.0031	0.003	0.0029	0.0028
α	0.80	0.78	0.72	0.67	0.63	0.59
β	0.40	0.40	0.38	0.37	0.36	0.35

해답 ②

066

강도설계법에서 구조의 안전을 확보하기 위해 사용되는 강도감소계수(ϕ) 값으로 틀린 것은?

① 인장지배 단면 : 0.85
② 포스트텐션 정착구역 : 0.70
③ 전단력과 비틀림모멘트를 받는 부재 : 0.75
④ 압축지배 단면 중 띠철근으로 보강된 철근콘크리트 부재 : 0.65

해설 강도감소계수(ϕ)

부재 또는 하중의 종류		ϕ
① 인장지배단면		0.85
② 전단력과 비틀림모멘트		0.75
③ 압축지배단면	나선철근으로 보강된 철근콘크리트 부재	0.70
	그 외의 철근콘크리트 부재	0.65
④ 콘크리트의 지압력(포스트텐션 정착부나 스트럿-타이 모델은 제외)		0.65
⑤ 포스트텐션 정착구역		0.85
⑥ 스트럿-타이 모델과 그 모델에서	스트럿, 절점부 및 지압부	0.75
	타이	0.85
⑦ 긴장재 묻힘길이가 정착 길이보다 작은 프리텐션 부재의 휨 단면	부재의 단부부터 전달길이 단부까지	0.75
⑧ 무근 콘크리트의 휨모멘트, 압축력, 전단력, 지압력		0.55

해답 ②

067

연속보 또는 1방향 슬래브의 휨모멘트와 전단력을 구하기 위해 근사해법을 적용할 수 있다. 근사해법을 적용하기 위해 만족하여야 하는 조건으로 틀린 것은?

① 등분포 하중이 작용하는 경우
② 부재의 단면 크기가 일정한 경우
③ 활하중이 고정하중의 3배를 초과하는 경우
④ 인접 2경간의 차이가 짧은 경간의 20% 이하인 경우

해설 근사해법 적용 조건
① 2경간 이상인 경우
② 인접 2경간의 차이가 짧은 경간의 20% 이상 차이가 나지 않는 경우
③ 등분포 하중이 작용하는 경우
④ 활하중이 고정하중의 3배를 초과하지 않는 경우
⑤ 부재 단면 크기가 일정한 경우

해답 ③

068

순간 처짐이 20mm 발생한 캔틸레버 보에서 5년 이상의 지속하중에 의한 총 처짐은? (단, 보의 인장 철근비는 0.02, 받침부의 압축철근비는 0.01이다.)

① 26.7mm
② 36.7mm
③ 46.7mm
④ 56.7mm

해설
① 압축철근비
$\rho' = 0.01$
② 지속 하중 재하 기간에 따른 계수
$\xi = 2.0$

구분	3개월	6개월	12개월	5년 이상
ξ	1.0	1.2	1.4	2.0

③ 처짐계수
$\lambda = \dfrac{\xi}{1+50\rho'} = \dfrac{2.0}{1+50\times0.01} = 1.333$
④ 장기처짐 = $\lambda \times$ 탄성처짐 = $1.333 \times 20 = 26.7\text{mm}$
⑤ 전체 처짐 = 장기처짐 + 탄성처짐 = $20 + 26.7 = 46.70\text{mm}$

해답 ③

069

그림과 같은 단면을 갖는 지간 20m의 PSC보에 PS강재가 200mm의 편심거리를 가지고 직선배치 되어 있다. 자중을 포함한 계수등분포하중 16kN/m가 보에 작용할 때 보 중앙단면의 콘크리트 상연응력은?
(단, 유효 프리스트레스 힘(P_e)은 2400kN이다.)

① 6MPa
② 9MPa
③ 12MPa
④ 15MPa

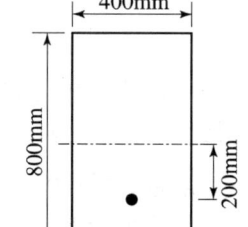

해설
① $M_{\max} = \dfrac{w_u \cdot l^2}{8} = \dfrac{16 \times 20^2}{8} = 800\text{kN}\cdot\text{m}$
② $I = \dfrac{b\cdot h^3}{12} = \dfrac{0.4 \times 0.8^3}{12} = 0.017\text{m}^3$
③ $A = 0.4 \times 0.8 = 0.32\text{m}^2$
④ $y = \dfrac{0.8}{2} = 0.4\text{m}$
⑤ 상연응력
$f = \dfrac{P}{A} - \dfrac{P\cdot e}{I}y + \dfrac{M_{\max}}{I}y = \dfrac{2,400}{0.32} - \dfrac{2,400 \times 0.2}{0.017} \times 0.4 + \dfrac{800}{0.017} \times 0.4$
$= 15,029/1,000 = 15.0\text{MPa}$

해답 ④

070 그림과 같은 맞대기 용접의 이음부에 발생하는 응력의 크기는? (단, $P=$ 360kN, 강판두께=12mm)

① 압축응력 $f_c = 14.4$MPa
② 인장응력 $f_t = 3000$MPa
③ 전단응력 $\tau = 150$MPa
④ 압축응력 $f_c = 120$MPa

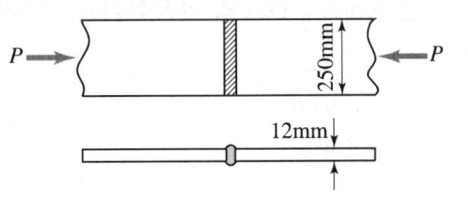

해설 $f = \dfrac{P}{\sum al} = \dfrac{360000}{12 \times 250} = 120$MPa(압축)

해답 ④

071 유효깊이가 600mm인 단철근 직사각형 보에서 균형 단면이 되기 위한 압축연단에서 중립축까지의 거리는? (단, $f_{ck}=28$MPa, $f_y=300$MPa, 강도설계법에 의한다.)

① 494.5mm ② 412.5mm
③ 390.5mm ④ 293.5mm

해설 ① $f_{ck}=28$MPa < 40MPa이므로 $\epsilon_{cu}=0.0033$
② 균형단면이 되기 위한 중립축 위치(c)

$$c = \dfrac{\epsilon_c}{\epsilon_c + \epsilon_s}d = \dfrac{\epsilon_{cu}}{\epsilon_{cu} + \dfrac{f_y}{E_s}}d = \dfrac{\epsilon_{cu}}{\epsilon_{cu} + \dfrac{f_y}{200,000}}d = \dfrac{0.0033}{0.0033 + \dfrac{300}{200,000}} \times 600$$

$= 412.5$mm

해답 ②

072 보의 길이가 20m, 활동량이 4mm, 긴장재의 탄성계수(E_P)가 200,000 MPa 일 때 프리스트레스의 감소량(Δf_{an})은? (단, 일단 정착이다.)

① 40MPa ② 30MPa
③ 20MPa ④ 15MPa

해설 $\Delta f_p = E_s \epsilon = E_s \dfrac{\Delta l}{l} = 200,000 \times \dfrac{4}{20,000} = 40$MPa

해답 ①

073

그림과 같은 띠철근 기둥에서 띠철근의 최대 수직간격은? (단, D10의 공칭직경은 9.5mm, D32의 공칭직경은 31.8mm 이다.)

① 400mm
② 456mm
③ 500mm
④ 509mm

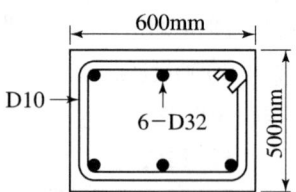

해설 띠철근의 수직 간격
① 단면 최소 치수 이하=500mm 이하
② 축방향 철근 지름의 16배 이하=31.8×16=808.8mm 이하
③ 띠철근 지름의 48배 이하=9.5×48=456mm 이하
이 중 가장 작은 값인 456mm 이하

해답 ②

074

강판을 리벳(Rivet)이음할 때 지그재그로 리벳을 체결한 모재의 순폭은 총폭으로부터 고려하는 단면의 최초의 리벳 구멍에 대하여 그 지름을 공제하고 이하 순차적으로 다음 식을 각 리벳 구멍으로 공제하는데 이때의 식은? (단, g : 리벳 선간의 거리, d : 리벳 구멍의 지름, p : 리벳 피치)

① $d - \dfrac{p^2}{4g}$
② $d - \dfrac{g^2}{4p}$
③ $d - \dfrac{4p^2}{g}$
④ $d - \dfrac{4g^2}{p}$

해설 $w = d - \dfrac{p^2}{4g}$

해답 ①

075

뒷부벽식 옹벽에서 뒷부벽을 어떤 보로 설계하여야 하는가?

① T형보
② 단순보
③ 연속보
④ 직사각형보

해설 부벽식 옹벽의 구조해석
① 앞부벽 : 직사각형보로 설계
② 뒷부벽 : T형보의 복부로 설계
③ 전면벽 : 3변 지지된 2방향 슬래브로 설계할 수 있다.
④ 저판 : 정확한 방법이 사용되지 않는 한 뒷부벽 또는 앞부벽 간의 거리를 경간으로 가정하여 고정보 또는 연속보로 설계할 수 있다.

해답 ①

076
비틀림철근에 대한 설명으로 틀린 것은? (단, A_{oh}는 가장 바깥의 비틀림 보강철근의 중심으로 닫혀진 단면적(mm²)이고, p_h는 가장 바깥의 횡방향 폐쇄스터럽 중심선의 둘레(mm)이다.)

① 횡방향 비틀림철근은 종방향 철근 주위로 135° 표준갈고리에 의해 정착하여야 한다.
② 비틀림모멘트를 받는 속빈 단면에서 횡방향 비틀림철근의 중심선부터 내부 벽면까지의 거리는 $0.5A_{oh}/p_h$ 이상이 되도록 설계하여야 한다.
③ 횡방향 비틀림철근의 간격은 $p_h/6$ 보다 작아야 하고, 또한 400mm보다 작아야 한다.
④ 종방향 비틀림철근은 양단에 정착하여야 한다.

 횡방향 비틀림철근의 간격은 $p_h/8$보다 작아야 하고, 또한 300mm보다 작아야 한다.

해답 ③

077
직사각형 단면의 보에서 계수전단력 $V_u = 40$kN을 콘크리트만으로 지지하고자 할 때 필요한 최소 유효깊이(d)는? (단, 보통중량콘크리트이며, $f_{ck} = 25$MPa, $b_w = 300$mm)

① 320mm
② 348mm
③ 384mm
④ 427mm

 전단철근을 사용하지 않아도 되는 경우는 $\frac{1}{2}\phi \cdot V_c > V_u$ 일 때 이므로

$\frac{1}{2}\phi \cdot (\sqrt{f_{ck}}/6)b_w \cdot d = V_u$에서

$d = \dfrac{2V_u}{\phi \cdot (\sqrt{f_{ck}}/6) \cdot b_w} = \dfrac{2 \times 40,000}{0.75 \times (\sqrt{25}/6) \times 300} = 427\text{mm}$

해답 ④

078
슬래브와 보가 일체로 타설된 비대칭 T형보(반 T형보)의 유효폭은? (단, 플랜지 두께= 100mm, 복부 폭=300mm, 인접보와의 내측 거리=1600mm, 보의 경간=6.0m)

① 800mm
② 900mm
③ 1000mm
④ 1100mm

해설 비대칭 T형보의 플랜지 폭
① $6t_f + b_w = 6 \times 100 + 300 = 900\,\text{mm}$
② 보 경간의 $\dfrac{1}{12} + b_w = \dfrac{6,000}{12} + 300 = 800\,\text{mm}$
③ 인접보 내측거리 $\dfrac{1}{2} + b_w = \dfrac{1,600}{2} + 300 = 1,100\,\text{mm}$
셋 중 가장 작은 값인 800mm를 유효폭으로 결정한다.

해답 ①

079

그림과 같은 인장철근을 갖는 보의 유효깊이는? (단, D19철근의 공칭단면적은 287mm² 이다.)

① 350mm
② 410mm
③ 440mm
④ 500mm

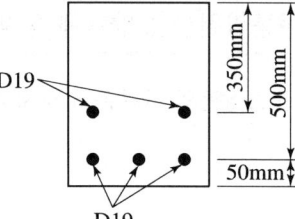

해설 바리논의 정리에 의해 구할 수 있다.
$5 \cdot A_{sl} \cdot d = 2 \cdot A_{sl} \cdot d_1 + 3 \cdot A_{sl} \cdot d_2$ 에서
$d = \dfrac{2 \times 350 + 3 \times 500}{5} = 440\,\text{mm}$

해답 ③

080

인장응력 검토를 위한 L-150×90×12인 형강(angle)의 전개한 총 폭(b_g)은?

① 228mm
② 232mm
③ 240mm
④ 252mm

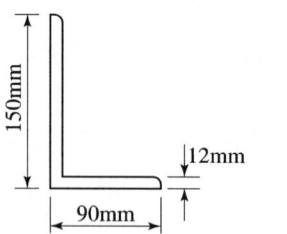

해설 $b_g = b_1 + b_2 - t = 150 + 90 - 12 = 228\,\text{mm}$

해답 ①

제5과목 토질 및 기초

081 두께 9m의 점토층에서 하중강도 P_1일 때 간극비는 2.0 이고 하중강도를 P_2로 증가시키면 간극비는 1.8로 감소되었다. 이 점토층의 최종 압밀 침하량은?

① 20cm ② 30cm
③ 50cm ④ 60cm

해설 압밀침하량

$$\Delta H = \frac{e_1 - e_2}{1+e_1} H = \frac{2.0-1.8}{1+2.0} \times 900 = 60\text{cm}$$

해답 ④

082 지반개량공법 중 주로 모래질 지반을 개량하는데 사용되는 공법은?

① 프리로딩 공법 ② 생석회 말뚝 공법
③ 페이퍼 드레인 공법 ④ 바이브로 플로테이션 공법

해설 Vibro floatation공법은 사질토지반의 개량공법의 일종이다.

[참고] 1. 연약점토지반 개량공법
　　① 치환공법
　　② pre-loading 공법(사전압밀공법)
　　③ Sand drain 공법
　　④ Paper Drain 공법(card board wicks method)
　　⑤ Pack Drain Method
　　⑥ 전기침투공법
　　⑦ 침투압공법(MAIS 공법)
　　⑧ 생석회말뚝(chemico pile) 공법
　2. 사질토지반 개량공법
　　① 다짐말뚝공법
　　② 다짐모래 말뚝공법(sand compaction pile 공법 = compozer 공법)
　　③ 바이브로플로테이션(Vibroflotation) 공법
　　④ 폭파다짐공법
　　⑤ 약액주입공법
　　⑥ 전기충격공법

해답 ④

083
포화된 점토에 대하여 비압밀비배수(UU)시험을 하였을 때 결과에 대한 설명으로 옳은 것은? (단, ϕ : 내부마찰각, c : 점착력)

① ϕ와 c가 나타나지 않는다.
② ϕ와 c가 모두 "0"이 아니다.
③ ϕ는 "0"이 아니지만 c는 "0"이다.
④ ϕ는 "0"이고 c는 "0"이 아니다.

해설 포화점토(ⓒ)
① $c \neq 0$, $\phi = 0$
② $\tau = c$
③ 점성이 큰 흙의 전단강도는 점착력에 의해 지배된다.

해답 ④

084
점토지반으로부터 불교란 시료를 채취하였다. 이 시료의 지름이 50mm, 길이가 100mm, 습윤 질량이 350g, 함수비가 40%일 때 이 시료의 건조밀도는?

① 1.78g/cm^3
② 1.43g/cm^3
③ 1.27g/cm^3
④ 1.14g/cm^3

해설 ① 습윤단위중량
$$\gamma_t = \frac{W}{V} = \frac{350}{\frac{\pi \times 5^2}{4} \times 10} = 1.78 \text{g/cm}^3$$

② 현장의 건조단위중량
$$\gamma_d = \frac{\gamma_t}{1 + \frac{w}{100}} = \frac{1.78}{1 + \frac{40}{100}} = 1.27 \text{g/cm}^3$$

해답 ③

085
말뚝의 부주면마찰력에 대한 설명으로 틀린 것은?

① 연약한 지반에서 주로 발생한다.
② 말뚝 주변의 지반이 말뚝보다 더 침하될 때 발생한다.
③ 말뚝주면에 역청 코팅을 하면 부주면마찰력을 감소시킬 수 있다.
④ 부주면마찰력의 크기는 말뚝과 흙 사이의 상대적인 변위속도와는 큰 연관성이 없다.

해설 부주면마찰력은 여러 요인으로 인한 하중이 작용함에 따라 말뚝 주위 지반의 침하량이 말뚝의 침하량보다 상대적으로 클 때 주면 마찰력이 하향으로 발생하여 하중역할을 하게 되어 말뚝의 지지력을 감소시킨다.

해답 ④

086 말뚝기초에 대한 설명으로 틀린 것은?

① 군항은 전달되는 응력이 겹쳐지므로 말뚝 1개의 지지력에 말뚝 개수를 곱한 값보다 지지력이 크다.
② 동역학적 지지력 공식 중 엔지니어링 뉴스 공식의 안전율(F_s)은 6 이다.
③ 부주면마찰력이 발생하면 말뚝의 지지력은 감소한다.
④ 말뚝기초는 기초의 분류에서 깊은 기초에 속한다.

해설 군항은 전달되는 응력이 겹쳐지므로 말뚝 1개의 지지력에 말뚝 개수를 곱한 값보다 지지력이 작다.

해답 ①

087

그림과 같이 폭이 2m, 길이가 3m인 기초에 100kN/m²의 등분포 하중이 작용할 때, A점 아래 4m 깊이에서의 연직응력 증가량은? (단, 아래 표의 영향계수 값을 활용하여 구하며, $m = \dfrac{B}{z}$, $n = \dfrac{L}{z}$ 이고, B는 직사각형 단면의 폭, L은 직사각형 단면의 길이, z는 토층의 깊이이다.)

[영향계수(I) 값]

m	0.25	0.5	0.5	0.5
n	0.5	0.25	0.75	1.0
I	0.048	0.048	0.115	0.122

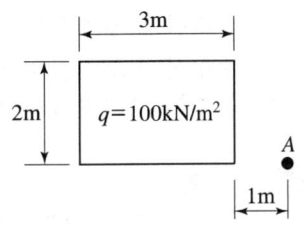

① 6.7kN/cm²
② 7.4kN/cm²
③ 12.2kN/cm²
④ 17.0kN/cm²

해설 ① 영향계수($I(ABDE)$)
  ㉠ $m = \dfrac{B}{z} = \dfrac{2}{4} = 0.5$
  ㉡ $n = \dfrac{L}{z} = \dfrac{4}{4} = 1.0$
  ㉢ $m = 0.5$, $n = 1.0$일 때 $I(ABDE) = 0.122$
② 영향계수($I(ABCF)$)
  ㉠ $m = \dfrac{B}{z} = \dfrac{2}{4} = 0.5$
  ㉡ $n = \dfrac{L}{z} = \dfrac{1}{4} = 0.25$
  ㉢ $m = 0.5$, $n = 0.25$일 때 $I(ABCF) = 0.048$
③ 연직응력 증가량($\Delta \sigma_z$)
  $\Delta \sigma_z = \sigma_z \cdot I(ABDE) - \sigma_z \cdot I(ABCF)$
  $= 100 \times 0.122 - 100 \times 0.048 = 7.4 \text{kN/cm}^2$

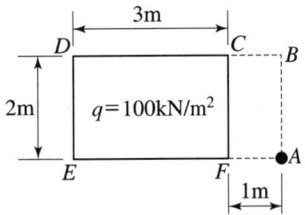

해답 ②

088 기초가 갖추어야 할 조건이 아닌 것은?

① 동결, 세굴 등에 안전하도록 최소한의 근입깊이를 가져야 한다.
② 기초의 시공이 가능하고 침하량이 허용치를 넘지 않아야 한다.
③ 상부로부터 오는 하중을 안전하게 지지하고 기초지반에 전달하여야 한다.
④ 미관상 아름답고 주변에서 쉽게 구득할 수 있는 재료로 설계되어야 한다.

해설 기초의 필요조건
① 최소한의 근입깊이(D_f)를 확보하여 동해에 안정하도록 하여야한다.
② 침하량이 허용치 이내에 들어야 한다.
③ 지지력에 대해 안정해야 한다.
④ 경제적, 기술적으로 시공이 가능하여야 한다.(사용성, 경제성이 좋아야 한다.) **해답 ④**

089 평판재하시험에 대한 설명으로 틀린 것은?

① 순수한 점토지반의 지지력은 재하판 크기와 관계 없다.
② 순수한 모래지반의 지지력은 재하판의 폭에 비례한다.
③ 순수한 점토지반의 침하량은 재하판의 폭에 비례한다.
④ 순수한 모래지반의 침하량은 재하판의 폭에 관계없다.

해설 침하량
① **점토지반의 경우 : 재하판 폭에 비례**한다.
② 모래지반의 경우 : 재하판의 크기가 커지면 약간 커지긴 하지만 폭 B에 비례하는 정도는 못 된다.

	점토	모래
지지력	$q_{u(기초)} = q_{u(재하)}$	$q_{u(기초)} = q_{u(재하)} \cdot \dfrac{B_{(기초)}}{B_{(재하)}}$
침하량	$S_{(기초)} = S_{(재하)} \cdot \dfrac{B_{(기초)}}{B_{(재하)}}$	$S_{(기초)} = S_{(재하)} \left[\dfrac{2B_{(기초)}}{B_{(기초)} + B_{(재하)}} \right]^2$

해답 ④

090 두께 2cm의 점토시료에 대한 압밀 시험결과 50%의 압밀을 일으키는데 6분이 걸렸다. 같은 조건하에서 두께 3.6m의 점토층 위에 축조한 구조물이 50%의 압밀에 도달하는데 며칠이 걸리는가?

① 1350일
② 270일
③ 135일
④ 27일

해설
$$C_v = \frac{T_{50} H^2}{t_{50}} = \frac{0.197 H^2}{t_{50}}$$ 에서
$t_{50} \propto H^2$ 이므로
6분 : $0.02^2 = t_{50} : 3.6^2$
$t_{50} = 6분 \times \frac{3.6^2}{0.02^2} = 194,400분 \times \frac{1}{60 \times 24} = 135일$

해답 ③

091
비교적 가는 모래와 실트가 물속에서 침강하여 고리 모양을 이루며 작은 아치를 형성한 구조로 단립구조보다 간극비가 크고 충격과 진동에 약한 흙의 구조는?
① 봉소구조
② 낱알구조
③ 분산구조
④ 면모구조

해설 **봉소구조**(벌집구조, honeycombed structure)
① 아주 가는 모래나 실트가 물속에 침강될 때 생기는 구조이다.
② 흙 입자 서로가 접촉 위치를 지키려는 힘에 의해 아치(arch)를 형성하는 구조이다.
③ 단립구조보다 공극비가 크다.
④ 충격, 진동에 약하다.

해답 ①

092
아래의 그림과 같은 흙의 구성도에서 체적 V를 1로 했을 때의 간극의 체적은? (단, 간극률은 n, 함수비는 w, 흙입자의 비중은 G_s, 물의 단위중량은 γ_w)

① n
② wG_s
③ $\gamma_w(1-n)$
④ $[G_s - n(G_s - 1)]\gamma_w$

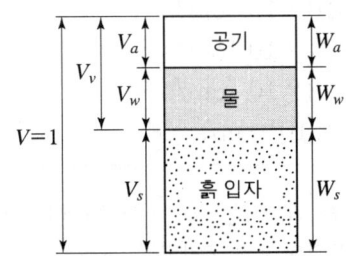

해설 $n = \frac{V_v}{V}$ 에서 $V_v = nV = n \times 1 = n$

해답 ①

093 유선망의 특징에 대한 설명으로 틀린 것은?

① 각 유로의 침투수량은 같다.
② 동수경사는 유선망의 폭에 비례한다.
③ 인접한 두 등수두선 사이의 수두손실은 같다.
④ 유선망을 이루는 사변형은 이론상 정사각형이다.

해설 침투속도 및 동수경사는 유선망의 폭에 반비례한다.

해답 ②

094 벽체에 작용하는 주동토압을 P_a, 수동토압을 P_p, 정지토압을 P_o라 할 때 크기의 비교로 옳은 것은?

① $P_a > P_p > P_o$
② $P_p > P_o > P_a$
③ $P_p > P_a > P_o$
④ $P_o > P_a > P_p$

해설 토압의 크기 비교
수동토압(P_p) > 정지토압(P_o) > 주동토압(P_a)

해답 ②

095 그림과 같이 3개의 지층으로 이루어진 지반에서 토층에 수직한 방향의 평균 투수계수(k_v)는?

① 2.516×10^{-6} cm/s
② 1.274×10^{-5} cm/s
③ 1.393×10^{-4} cm/s
④ 2.0×10^{-2} cm/s

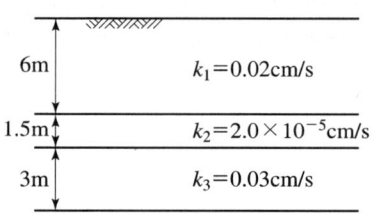

해설 ① $H = H_1 + H_2 + H_3 = 6 + 1.5 + 3 = 10.5$ m
② 연직방향 투수계수
$$k_v = \frac{H}{\frac{H_1}{k_1} + \frac{H_2}{k_2} + \frac{H_3}{k_3}} = \frac{1{,}050}{\frac{600}{0.02} + \frac{150}{2.0 \times 10^{-5}} + \frac{300}{0.03}} = 1.393 \times 10^{-4} \text{ cm/sec}$$

해답 ③

096

응력경로(stress path)에 대한 설명으로 틀린 것은?

① 응력경로는 특성상 전응력으로만 나타낼 수 있다.
② 응력경로란 시료가 받는 응력의 변화과정을 응력공간에 궤적으로 나타낸 것이다.
③ 응력경로는 Mohr의 응력원에서 전단응력이 최대의 점을 연결하여 구한다.
④ 시료가 받는 응력상태에 대한 응력경로는 직선 또는 곡선으로 나타난다.

해설 응력경로에는 전응력으로 나타내는 전응력 경로와 유효응력으로 나타내는 유효응력 경로가 있다.

해답 ①

097

암반층 위에 5m 두께의 토층이 경사 15°의 자연사면으로 되어 있다. 이 토층의 강도정수 $c=15\text{kN/m}^2$, $\phi=30°$이며, 포화단위중량(γ_{sat})은 18kN/m^3이다. 지하수면의 토층의 지표면과 일치하고 침투는 경사면과 대략 평행이다. 이때 사면의 안전율은? (단, 물의 단위중량은 9.81kN/m^3이다.)

① 0.85
② 1.15
③ 1.65
④ 2.05

해설
$$F_s = \frac{c'}{\gamma_{sat} \cdot H \cdot \cos\beta \cdot \sin\beta} + \frac{\gamma_{sub}}{\gamma_{sat}} \cdot \frac{\tan\phi}{\tan\beta}$$
$$= \frac{15}{18 \times 5 \times \cos 15 \times \sin 15} + \frac{18-9.81}{18} \times \frac{\tan 30}{\tan 15} = 1.65$$

해답 ③

098

모래시료에 대해서 압밀배수 삼축압축시험을 실시하였다. 초기 단계에서 구속응력(σ_3)은 100kN/m^2이고, 전단파괴시에 작용된 축차응력(σ_{df})은 200kN/m^2이었다. 이와 같은 모래시료의 내부마찰각(ϕ) 및 파괴면에 작용하는 전단응력(τ_f)의 크기는?

① $\phi=30°$, $\tau_f=115.47\text{kN/m}^2$
② $\phi=40°$, $\tau_f=115.47\text{kN/m}^2$
③ $\phi=30°$, $\tau_f=86.60\text{kN/m}^2$
④ $\phi=40°$, $\tau_f=86.60\text{kN/m}^2$

해설
① $\sigma_1 = \sigma_d + \sigma_3 = 200 + 100 = 300\text{kN/m}^2$
② $\phi = \sin^{-1}\frac{\sigma_1 - \sigma_3}{\sigma_1 + \sigma_3} = \sin^{-1}\frac{300-100}{300+100} = 30°$

③ $\theta = 45° + \dfrac{\phi}{2} = 45° + \dfrac{30°}{2} = 60°$

④ $\tau = \dfrac{\sigma_1 - \sigma_3}{2} \sin 2\theta = \dfrac{300-100}{2} \times \sin(2\times 60) = 86.6\,\text{kN/m}^2$

해답 ③

099 흙의 다짐시험에서 다짐에너지를 증가시킬 때 일어나는 결과는?

① 최적함수비는 증가하고, 최대건조단위중량은 감소한다.
② 최적함수비는 감소하고, 최대건조단위중량은 증가한다.
③ 최적함수비와 최대건조단위중량이 모두 감소한다.
④ 최적함수비와 최대건조단위중량이 모두 증가한다.

해설 다짐에너지를 크게 할수록 최적함수비는 감소하고 최대 건조단위중량은 증가한다.

해답 ②

100 토립자가 둥글고 입도분포가 나쁜 모래지반에서 표준관입시험을 한 결과 N값은 10이었다. 이 모래의 내부 마찰각(ϕ)을 Dumham의 공식으로 구하면?

① 21°
② 26°
③ 31°
④ 36°

해설 토립자가 둥글고 입도분포가 나쁘므로
$\phi = \sqrt{12N} + 15 = \sqrt{12\times 10} + 15 = 26°$

[참고] N, ϕ의 관계(Dunham 공식)
① 토립자가 모나고 입도가 양호 : $\phi = \sqrt{12N} + 25$
② 토립자가 모나고 입도가 불량 : $\phi = \sqrt{12N} + 20$
③ 토립자가 둥글고 입도가 양호 : $\phi = \sqrt{12N} + 20$
④ 토립자가 둥글고 입도가 불량 : $\phi = \sqrt{12N} + 15$

해답 ②

제6과목 상하수도공학

101 상수도의 정수공정에서 염소소독에 대한 설명으로 틀린 것은?

① 염소살균은 오존살균에 비해 가격이 저렴하다.
② 염소소독의 부산물로 생성되는 THM은 발암성이 있다.
③ 암모니아성질소가 많은 경우에는 클로라민이 형성된다.
④ 염소요구량은 주입염소량과 유리 및 결합잔류염소량의 합이다.

해설 **염소요구량 농도** = 염소주입량 농도 − 잔류염소농도

해답 ④

102 집수매거(infiltration galleries)에 관한 설명으로 옳지 않은 것은?

① 철근콘크리트조의 유공관 또는 권선형 스크린관을 표준으로 한다.
② 집수매거 내의 평균유속은 유출단에서 1m/s 이하가 되도록 한다.
③ 집수매거의 부설방향은 표류수의 상황을 정확하게 파악하여 취수할 수 있도록 한다.
④ 집수매거는 하천부지의 하상 밑이나 구하천 부지 등의 땅속에 매설하여 복류수나 자유수면을 갖는 지하수를 취수하는 시설이다.

해설 집수매거의 부설 방향은 복류수의 상황을 정확하게 파악하여 효율적으로 취수할 수 있도록 한다.

해답 ③

103 하수처리시설의 2차 침전지에 대한 내용으로 틀린 것은?

① 유효수심은 2.5~4m를 표준으로 한다.
② 침전지 수면의 여유고는 40~60cm 정도로 한다.
③ 직사각형인 경우 길이와 폭의 비는 3 : 1 이상으로 한다.
④ 표면부하율은 계획1일 최대오수량에 대하여 25~40m^3/m^2 · day로 한다.

해설 이차침전지에서 제거되는 SS는 주로 미생물 응결물(floc)이므로 일차침전지의 SS에 비해 침강속도가 느리고, 따라서 표면부하율은 일차침전지보다 작아야하므로, 표준활성슬러지법의 경우, 계획1일 최대오수량에 대하여 20~30m^3/m^2 · d로 하되, SRT가 길고 MLSS농도가 높은 고도처리의 경우 표면부하율은 15~25m^3/m^2 · d로 할 수 있다.

해답 ④

104

수평으로 부설한 지름 400mm, 길이 1500m의 주철판으로 20000m³/day 물이 수송될 때 펌프에 의한 송수압이 53.95N/cm²이면 관수로 끝에서 발생되는 압력은? (단, 관의 마찰손실계수 $f=0.03$, 물의 단위중량 $\gamma=9.81$kN/m³, 중력 가속도 $g=9.8$m/s²)

① 3.5×10^5 N/m²
② 4.5×10^5 N/m²
③ 5.0×10^5 N/m²
④ 5.5×10^5 N/m²

해설 ① 유속

$$V = \frac{Q}{A} = \frac{20,000 \text{m}^3/\text{day}}{\frac{3.14 \times 0.4^2}{4} \times 60 \times 60 \times 24} = 1.843 \text{m/sec}$$

② 손실 수두

$$h_L = f \frac{l}{D} \cdot \frac{V^2}{2g} = 0.03 \times \frac{1,500}{0.4} \times \frac{1.84^2}{2 \times 9.8} = 19.43 \text{m} = 1.94 \text{kg/cm}^2$$

③ 압력

$$p = 53.95 - (1.94 \times 9.81) = 34.92 \text{N/cm}^2 = 3.5 \times 10^5 \text{N/m}^2$$

해답 ①

105

"A"시의 2021년 인구는 588000명이며 연간 약 3.5%씩 증가하고 있다. 2027년도를 목표로 급수시설의 설계에 임하고자 한다. 1일 1인 평균급수량은 250L이고 급수율은 70%로 가정할 때 계획1일평균급수량은? (단, 인구추정식은 등비증가법으로 산정한다.)

① 약 126500m³/day
② 약 129000m³/day
③ 약 258000m³/day
④ 약 387000m³/day

해설 ① $P_n = P_0(1+r)^n = 588,000 \times (1+0.035)^{(2027-2021)} = 722,802$명
② 급수율 = 70%
③ **계획 1일 평균급수량** = 계획 1일 최대급수량 × 계획유효율
= 250L/인 × 10^{-3}m³/L × 0.7 × 722,802인
= 126,490m³/d

해답 ①

106

운전 중인 펌프의 토출량을 조절할 때 공동현상을 일으킬 우려가 있는 것은?

① 펌프의 회전수를 조절한다.
② 펌프의 운전대수를 조절한다.
③ 펌프의 흡입측 밸브를 조절한다.
④ 펌프의 토출측 밸브를 조절한다.

해설 공동현상 방지를 위해서는 흡입측에서 펌프의 토출량을 감소시키는 일은 절대로 피한다.

해답 ③

107
원수수질 상황과 정수수질 관리목표를 중심으로 정수방법을 선정할 때 종합적으로 검토하여야 할 사항으로 틀린 것은?

① 원수수질
② 원수시설의 규모
③ 정수시설의 규모
④ 정수수질의 관리목표

해설 정수방법의 선정조건 : 다음 사항 종합적 검토
① 원수수질
② 정수수질의 관리목표
③ 정수시설의 규모
④ 정수시설의 운전제어와 유지관리기술의 수준

해답 ②

108
하수도의 계획오수량 산정 시 고려할 사항이 아닌 것은?

① 계획오수량 산정 시 산업폐수량을 포함하지 않는다.
② 오수관로는 계획시간최대오수량을 기준으로 계획한다.
③ 합류식에서 하수의 차집관로는 우천 시 계획오수량을 기준으로 계획한다.
④ 우천 시 계획오수량 산정 시 생활오수량 외 우천 시 오수관로에 유입되는 빗물의 양과 지하수의 침입량을 추정하여 합산한다.

해설 계획오수량
=생활오수량+공장폐수량+지하수량+기타배수량(농경지 하수 포함 안됨)

해답 ①

109
주요 관로별 계획하수량으로서 틀린 것은?

① 오수관로 : 계획시간최대오수량
② 차집관로 : 우천 시 계획오수량
③ 오수관로 : 계획우수량 + 계획오수량
④ 합류식 관로 : 계획시간최대오수량 + 계획우수량

해설 계획 하수량
1. 분류식
   ① 오수관거 : 계획시간 최대 오수량
   ② 우수관거 : 계획 우수량
2. 합류식
   ① 합류관거 : 계획시간 최대 오수량+계획우수량
   ② 차집관거 : 우천시 계획오수량(계획시간 최대 오수량의 3배 이상)
   우천시 계획오수량 산정시 생활 오수량 외에 우천시 오수관거에 유입되는 빗물의 양과 지하수의 침입량을 측정하여 합산하여 구한다.

해답 ③

110
하수도시설에서 펌프의 선정기준 중 틀린 것은?

① 전양정이 5m 이하이고 구경이 400mm 이상인 경우는 축류펌프를 선정한다.
② 전양정이 4m 이상이고 구경이 80mm 이상인 경우는 원심펌프를 선정한다.
③ 전양정이 5~20m이고 구경이 300mm 이상인 경우 원심사류펌프를 선정한다.
④ 전양정이 3~12m 이고 구경이 400mm 이상인 경우는 원심펌프를 선정한다.

해설 펌프는 흡입실양정 및 토출량을 고려하여 전양정에 따라 다음 표를 표준으로 한다.

전양정(m)	형 식	펌프구경(mm)
5 이하	축류펌프	400 이상
3~12	사류펌프	400 이상
5~20	원심 사류 펌프	300 이상
4 이상	원심펌프	80 이상

해답 ④

111
양수량이 15.5m³/min 이고 전양정이 24m일 때, 펌프의 축동력은? (단, 펌프의 효율은 80%로 가정한다.)

① 4.65kW
② 7.58kW
③ 46.57kW
④ 75.95kW

해설 $P_S = \dfrac{1,000\,QH_p}{102\,\eta} = \dfrac{9.8\,QH_P}{\eta} = \dfrac{9.8 \times 15.5/60 \times 24}{0.8} = 75.95\text{kW}$

해답 ④

112
맨홀 설치 시 관경에 따라 맨홀의 최대 간격에 차이가 있다. 관로 직선부에서 관경 600mm 초과 1000mm 이하에서 맨홀의 최대 간격 표준은?

① 60m
② 75m
③ 90m
④ 100m

해설 **맨홀의 최대 간격**
① 관거 직선부에서의 맨홀의 최대 간격
　㉠ 600mm 이하 관 : 75m
　㉡ 600mm 초과 1000mm 이하 관 : 100m
　㉢ 1000mm 초과 1500mm 이하 관 : 150m
　㉣ 1650mm 이상 : 200m
② 관거 곡선부 맨홀의 최대 간격 : 현장 여건에 따라 곡률반경을 고려하여 맨홀을 설치한다.

해답 ④

113
아래 펌프의 표준특성 곡선에서 양정을 나타내는 것은? (단, Ns : 100~250)

① A
② B
③ C
④ D

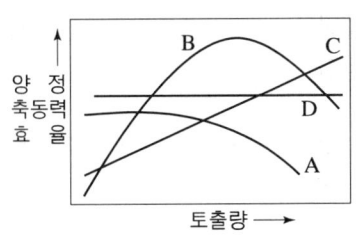

해설 펌프의 특성 곡선(펌프 성능 곡선)

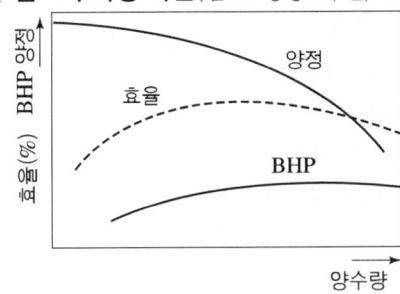

해답 ①

114
수원의 구비요건으로 틀린 것은?

① 수질이 좋아야 한다.
② 수량이 풍부하여야 한다.
③ 가능한 한 낮은 곳에 위치하여야 한다.
④ 가능한 한 수돗물 소비지에서 가까운 곳에 위치하여야 한다.

해설 수원은 가능한 한 높은 곳에 위치하여 자연유하식을 이용할 수 있는 것이 좋다.

[참고] 수원의 수원의 구비요건(수원 선정시 고려 사항)
① 수질이 좋아야 한다.
② 수량 풍부해야 한다.(최대갈수시에도 계획취수량의 확보가 가능해야 한다.)
③ 가능한 한 높은 곳에 위치해야 한다.(가능하면 자연유하식을 이용할 수 있는 곳이어야 한다.)
④ 수돗물 소비지에서 가까운 곳에 위치해야 한다.(건설비와 운영비면에서 경제적이라는 뜻이다.)
이밖에 계절적 수량·수질의 변동이 적은 곳, 가능하면 주위에 오염원이 없는 곳, 연간 수량 변동이 적은 곳, 취수 및 관리가 용이한 곳이 좋다.

해답 ③

115
다음 중 저농도 현탁입자의 침전형태는?
① 단독침전　　② 응집침전
③ 지역침전　　④ 압밀침전

해설 저농도 현탁입자의 경우 입자 상호간에 아무런 간섭이 없이 침전하는 단독침전의 형태를 보인다.

해답 ①

116
계획우수량 산정 시 유입시간을 산정하는 일반적인 Kervby 식과 스에이시 식에서 각 계수와 유입시간의 관계로 틀린 것은?
① 유입시간과 지표면거리는 비례 관계이다.
② 유입시간과 지체계수는 반비례 관계이다.
③ 유입시간과 설계강우강도는 반비례 관계이다.
④ 유입시간과 지표면 평균경사는 반비례 관계이다.

해설 **유입시간 계산식**
① Kerby식
유입시간을 산출하는 산정식으로서 Kerby식이 비교적 많이 쓰이고 있다.
$$t_1 = 1.44 \left(\frac{L \cdot n}{S^{1/2}} \right)^{0.467}$$
여기서, t_1 : 유입시간(min), L : 지표면거리(m)
　　　　S : 지표면의 평균경사, n : 조도계수와 유사한 지체계수
② 스에이시(末石)식
이론으로 유입시간을 구하는 방법은 특성곡선법에 의해 근사적으로 구하며 스에이시(末石)식에 의한다.
$$t_1 = \left(\frac{n_e \cdot L}{S^{1/2}} \cdot I^{2/3} \right)^{3/5}$$
여기서, n_e : 최소단배수구역의 등가조도계수(等價粗度係數)
　　　　I : 설계강우강도
③ Kerby식에서 유입시간과 지체계수는 비례 관계이다.

해답 ②

117
염소 소독 시 생성되는 염소성분 중 살균력이 가장 강한 것은?
① OCl^-　　② $HOCl$
③ $NHCl_2$　　④ NH_2Cl

해설 **균력의 세기**
오존(O_3) > 이산화염소(ClO_2) > 차아염소산($HOCl$) > 차아염소산이온(OCl^-) > 클로라민

해답 ②

118 자연유하방식과 비교할 때 압송식 하수도에 관한 특징으로 틀린 것은?

① 불명수(지하수 등)의 침입이 없다.
② 하향식 경사를 필요로 하지 않는다.
③ 관로의 매설깊이를 낮게 할 수 있다.
④ 유지관리가 비교적 간편하고 관로 점검이 용이하다.

해설 자연유하식이 유지관리가 용이하여 관리비가 적게 소요되므로 경제적이다.

해답 ④

119 석회를 사용하여 하수를 응집 침전하고자 할 경우의 내용으로 틀린 것은?

① 콜로이드성 부유물질의 침전성이 향상된다.
② 알칼리도, 인산염, 마그네슘 등과도 결합하여 제거 시킨다.
③ 석회첨가에 의한 인 제거는 황산반토보다 슬러지 발생량이 일반적으로 적다.
④ 알칼리제를 응집보조제로 첨가하여 응집침전의 효과가 향상되도록 pH를 조정한다.

해설 황산 반토는 하수를 처리할 때 응집 침전하고자 플록을 형성하는 데 사용하는 응집제로 저렴하고 무독성 때문에 대량 첨가가 가능하여 거의 모든 수질에 적합하며 슬러지 발생량이 그리 많지 않다.

해답 ③

120 정수처리의 단위 조작으로 사용되는 오존처리에 관한 설명으로 틀린 것은?

① 유기물질의 생분해성을 증가시킨다.
② 염수주입에 앞서 오존을 주입하면 염소의 소비량을 감소시킨다.
③ 오존은 자체의 높은 산화력으로 염소에 비하여 높은 살균력을 가지고 있다.
④ 인의 제거능력이 뛰어나고 수온이 높아져도 오존 소비량은 일정하게 유지된다.

해설 ① 염소보다 훨씬 강한 오존의 산화력을 이용한 대체소독제로서 소독과 함께 맛·냄새물질 및 색도의 제거, 소독부산물의 저감 등을 목적으로 한다.
② 고도정수처리

제거요소	고도처리 방법
인	Anaerobic Oxic법(혐기 호기 조합법)
	Phostrip법
질소	3단 활성 슬러지법
질소, 인	Anaerobic Anoxic Oxic법(혐기 무산소 호기 조합법)

해답 ④

토목기사

2022년 4월 24일 시행

제1과목 응용역학

001 그림과 같이 이축응력을 받고 있는 요소의 체적변형률은? (단, 탄성계수(E)는 2×10^5MPa, 푸아송 비(ν)는 0.3이다.)

① 2.7×10^{-4}
② 3.0×10^{-4}
③ 3.7×10^{-4}
④ 4.0×10^{-4}

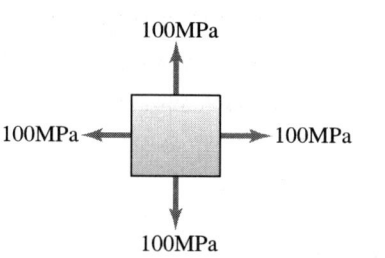

해설
$$\varepsilon_v = \frac{\Delta V}{V} = \varepsilon_x + \varepsilon_y + \varepsilon_z$$
$$= \frac{\sigma_x - \nu\sigma_y - \nu\sigma_z + \sigma_y - \nu\sigma_x - \nu\sigma_z + \sigma_z - \nu\sigma_x - \nu\sigma_y}{E}$$
$$= \frac{(\sigma_x + \sigma_y + \sigma_z)(1-2\nu)}{E} = \frac{(100+100+0)(1-2\times 0.3)}{2\times 10^5} = 4 \times 10^{-4}$$

해답 ④

002 그림과 같은 단면의 상승모멘트(I_{xy})는?

① 77500mm^4
② 92500mm^4
③ 122500mm^4
④ 157500mm^4

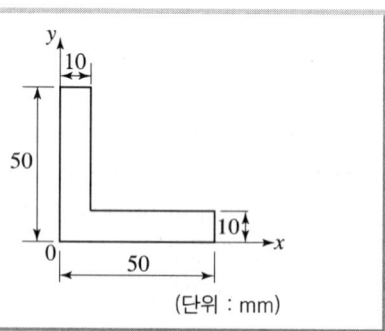

해설 도형을 x, y축과 나란한 도심축에 대칭축이 존재하도록 사각형으로 구분한 후 각각의 구분된 사각형 도형에 대한 단면상승모멘트를 $I_{xy} = A \cdot x_0 \cdot y_0$의 기본식에 따라 구한 값을 합산하면 된다.

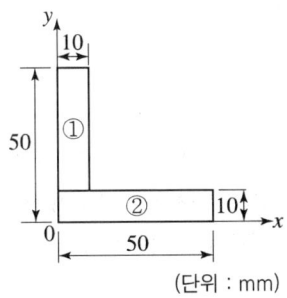

$$I_{xy} = I_{xy1} + I_{xy2} = A_1 \cdot x_1 \cdot y_1 + A_2 \cdot x_2 \cdot y_2$$
$$= 10 \times 40 \times 5 \times (20+10) + 50 \times 10 \times 25 \times 5 = 122{,}500 \, \text{mm}^4$$

해답 ③

003
그림과 같이 봉에 작용하는 힘들에 의한 봉 전체의 수직 처짐의 크기는?

① $\dfrac{PL}{A_1 E_1}$

② $\dfrac{2PL}{3A_1 E_1}$

③ $\dfrac{4PL}{3A_1 E_1}$

④ $\dfrac{3PL}{2A_1 E_1}$

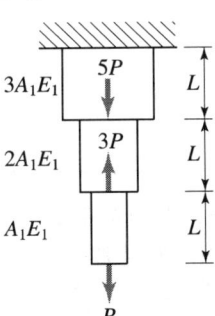

해설 ① 구간별 변형량

$$\Delta l_1 = \dfrac{PL_1}{E_1 A_1} \quad \Delta l_2 = \dfrac{PL_2}{E_2 A_2} \quad \Delta l_3 = \dfrac{PL_3}{E_3 A_3}$$

② 전체 변형량(수직처짐)

$$\Delta l = \Delta l_1 + \Delta l_2 + \Delta l_3 = \dfrac{PL_1}{A_1 E_1} + \dfrac{PL_2}{A_2 E_2} + \dfrac{PL_3}{A_3 E_3}$$
$$= \dfrac{(5-3+1)PL}{3A_1 E_1} + \dfrac{(-3+1)PL}{2A_1 E_1} + \dfrac{PL}{A_1 E_1} = \dfrac{(3)PL}{3A_1 E_1} + \dfrac{-2PL}{2A_1 E_1} + \dfrac{PL}{A_1 E_1}$$
$$= \dfrac{PL}{A_1 E_1}$$

해답 ①

004
그림과 같은 와렌(warren) 트러스에서 부재력이 '0(영)'인 부재는 몇 개인가?

① 0개
② 1개
③ 2개
④ 3개

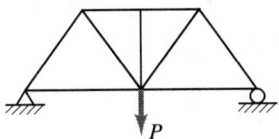

해설

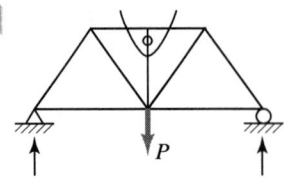

상부 중앙점에서 절단하여 보면 좌측과 우측의 나란한 상현재가 수평방향이므로 서로 평형이고, 여기에 홀로 달려있는 수직재의 부재력은 '0'이 된다.

해답 ②

005 그림과 같은 구조물의 BD 부재에 작용하는 힘의 크기는?

① 100kN
② 125kN
③ 150kN
④ 200kN

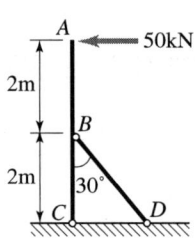

해설 계산을 위해서는 부재와 구조물을 동시에 절단하여 계산하여야 하는데, 부재의 C점이 힌지(힌지에서 모멘트 값은 0이다)이므로, 부재 BD와 구조물의 C점을 자른 후 C점의 모멘트를 계산하면 그 값이 0이 나오는 것을 이용해 부재 BD가 받는 힘을 구한다.
$M_C = \overline{BD} \times \sin 30° \times 2 - 50 \times 4 = 0$에서
$T = 200$kN

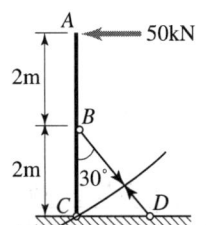

해답 ④

006 전단응력도에 대한 설명으로 틀린 것은?

① 직사각형 단면에서는 중앙부의 전단응력도가 제일 크다.
② 원형 단면에서는 중앙부의 전단응력도가 제일 크다.
③ I형 단면에서는 상, 하단의 전단응력도가 제일 크다.
④ 전단응력도는 전단력의 크기에 비례한다.

해설 **전단응력 분포도**
전단응력도는 일반적으로 중립축에서 최대이고 상하 양단에서 '0'이며 곡선 변화한다.

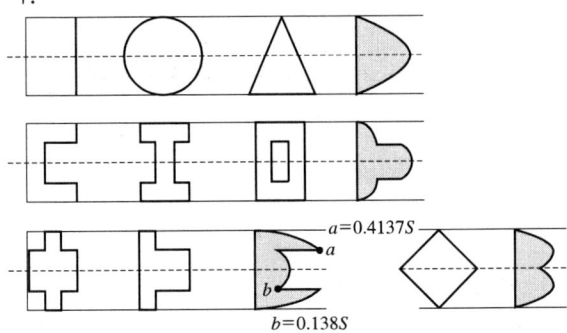

해답 ③

007

그림과 같은 3힌지 아치의 중간 힌지에 수평하중 P가 작용할 때 A지점의 수직 반력(V_A)과 수평 반력(H_A)은?

① $V_A = \dfrac{Ph}{L}(\uparrow)$, $H_A = \dfrac{P}{2h}(\leftarrow)$

② $V_A = \dfrac{Ph}{L}(\downarrow)$, $H_A = \dfrac{P}{2h}(\rightarrow)$

③ $V_A = \dfrac{Ph}{L}(\uparrow)$, $H_A = \dfrac{P}{2}(\rightarrow)$

④ $V_A = \dfrac{Ph}{L}(\downarrow)$, $H_A = \dfrac{P}{2}(\leftarrow)$

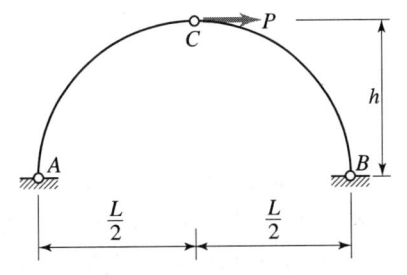

해설 평형조건식을 이용해서 A지점의 수직반력을 먼저 구한 후 힌지점에서의 모멘트 값이 '0'인 점을 이용하여 A지점의 수평반력을 구한다.

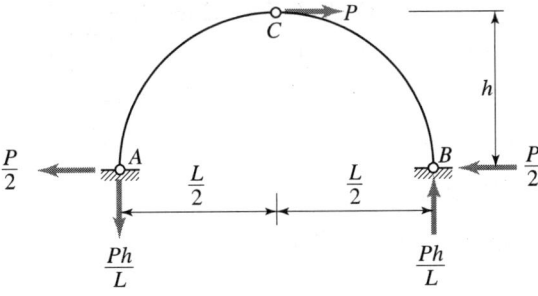

① $\sum M_B = 0$ ⤴

$V_A \cdot L + P \cdot \dfrac{L}{2} = 0$에서 $V_A = -\dfrac{Ph}{L} = \dfrac{Ph}{L}(\downarrow)$

② $\sum M_{힌지, 좌} = 0$

$-H_A \cdot h - \dfrac{Ph}{L} \cdot \dfrac{L}{2} = 0$에서 $H_A = -\dfrac{P}{2}(\leftarrow)$

해답 ④

008

그림과 같은 2경간 연속보에 등분포 하중 $w = 4\text{kN/m}$가 작용할 때 전단력이 "0"이 되는 위치는 지점 A로부터 얼마의 거리(x)에 있는가?

① 0.75m
② 0.85m
③ 0.95m
④ 1.05m

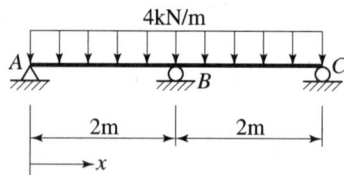

해설 변형일치법

① B지점 및 A지점의 반력($l = 2\text{m}$)

$$R_B = \frac{5wl}{4} = \frac{5 \times 4 \times 2}{4} = 10\text{kN}$$

$$R_A = R_C = \frac{2wl - R_B}{2} = \frac{2wl - \frac{5wl}{4}}{2} = \frac{3wl}{8}$$

② A지점으로부터 전단력이 '0'이 되는 위치

$$S_x = R_A - wx = \frac{3wl}{8} - wx = 0 \text{에서 } x = \frac{3l}{8} = \frac{3 \times 2}{8} = 0.75\text{m}$$

해답 ①

009

그림과 같이 단순지지된 보에 등분포하중 q가 작용하고 있다. 지점 C의 부모멘트와 보의 중앙에 발생하는 정모멘트의 크기를 같게 하여 등분포하중 q의 크기를 제한하려고 한다. 지점 C와 D는 보의 대칭거동을 유지하기 위하여 각각 A와 B로부터 같은 거리에 배치하고자 한다. 이때 보의 A점으로부터 지점 C까지의 거리(x)는?

① $0.207L$
② $0.250L$
③ $0.333L$
④ $0.444L$

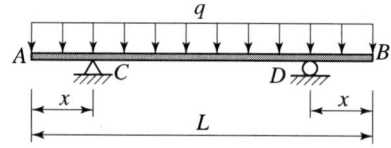

해설 ① C지점과 D지점의 휨모멘트

캔틸레버보 구간이므로 $M_C = M_D = -\dfrac{qx^2}{2}$

② 보의 중앙에서의 휨모멘트

$$M_{중앙} = -\frac{qx^2}{2} + \frac{q(L-2x)^2}{8}$$

③ 지점 C의 부모멘트와 보의 중앙에 발생하는 정모멘트의 크기를 같게 놓으면

$$\frac{qx^2}{2} = -\frac{qx^2}{2} + \frac{q(L-2x)^2}{8} \text{에서 } x = 0.207L$$

해답 ①

010
탄성 변형에너지(Elastic Strain Energy)에 대한 설명으로 틀린 것은?
① 변형에너지는 내적인 일이다.
② 외부하중에 의한 일은 변형에너지와 같다.
③ 변형에너지는 강성도가 클수록 크다
④ 하중을 제거하면 회복될 수 있는 에너지이다.

해설 ① **탄성변형일**(elastic strain energy ; 내력일(internal work))
W_i = 축응력이 하는 일 + 휨응력이 하는 일 + 전단응력이 하는 일 + 비틀림응력이 하는 일

$$\int_0^l \frac{N^2}{2EA}dx + \int_0^l \frac{M^2}{2EI}dx + \int_0^l \frac{kS^2}{2GA}dx + \int_0^l \frac{T^2}{2GJ}dx$$

② 강성도는 $\frac{EA}{l}$ 이므로 강성도가 작을수록 크고 강성도가 클수록 변형에너지는 작다.

해답 ③

011
그림에서 중앙점(C점)의 휨모멘트(M_C)는?

① $\frac{1}{20}wL^2$
② $\frac{5}{96}wL^2$
③ $\frac{1}{6}wL^2$
④ $\frac{1}{12}wL^2$

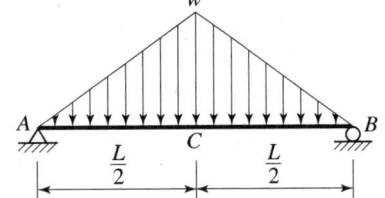

해설 ① A지점 반력
대칭이므로 $R_A = R_B = \frac{1}{2} \times w \times \frac{L}{2} = \frac{wL}{4}$ (↑)

② C점의 휨모멘트
$M_C = R_A \times \frac{L}{2} - \left(\frac{1}{2} \times w \times \frac{L}{2}\right) \times \left(\frac{L}{2} \times \frac{1}{3}\right) = \frac{wL}{4} \times \frac{L}{2} - \left(\frac{wL}{4}\right) \times \left(\frac{L}{6}\right) = \frac{wL^2}{12}$

해답 ④

012
단면이 200mm×300mm인 압축부재가 있다. 부재의 길이가 2.9m일 때 이 압축부재의 세장비는 약 얼마인가? (단, 지지상태는 양단 힌지이다.)

① 33   ② 50
③ 60   ④ 100

해설 ① 좌굴계수 : 양단힌지이므로 $K=1.0$

② $\lambda = \dfrac{KL}{r_{min}} = \dfrac{KL}{\sqrt{\dfrac{I_{min}}{A}}} = \dfrac{1.0 \times 2.9 \times 10^3}{\sqrt{\dfrac{300 \times 200^3}{12}}} = 50.2$

해답 ②

013

그림과 같이 한 변이 a인 정사각형 단면의 1/4을 절취한 나머지 부분의 도심(C)의 위치(y_o)는?

① $\dfrac{4}{12}a$ ② $\dfrac{5}{12}a$

③ $\dfrac{6}{12}a$ ④ $\dfrac{7}{12}a$

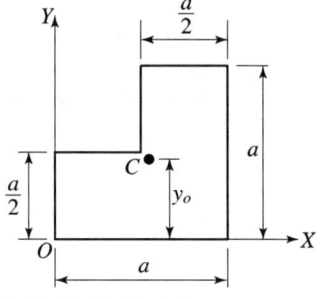

해설 L자 도형을 기본 도형인 직사각형 두 개로 나누어 X축의 단면1차모멘트에 대한 바리농의 정리를 이용해 도심 y_o 값을 구한다.

$a^2\dfrac{a}{2} - \left(\dfrac{a}{2}\right)^2 \times \dfrac{3a}{4} = \left\{a^2 - \left(\dfrac{a}{2}\right)^2\right\} \times y_o$ 에서

$y_o = \dfrac{a^2\dfrac{a}{2} - \left(\dfrac{a}{2}\right)^2 \times \dfrac{3a}{4}}{\left\{a^2 - \left(\dfrac{a}{2}\right)^2\right\}} = \dfrac{\dfrac{5}{16}a^3}{\dfrac{3}{4}a^2} = \dfrac{5}{12}a$

해답 ②

014

그림과 같은 구조물에서 하중이 작용하는 위치에서 일어나는 처짐의 크기는?

① $\dfrac{PL^3}{48EI}$ ② $\dfrac{PL^3}{96EI}$

③ $\dfrac{7PL^3}{384EI}$ ④ $\dfrac{11PL^3}{384EI}$

해설 ① $M_{중앙} = \dfrac{P}{2} \times \dfrac{L}{2} = \dfrac{PL}{4}$

② 공액보법에 의해
$\sum M_B' = 0$

$R_A' \times L - \dfrac{PL}{4EI} \times \dfrac{L}{4} \times \dfrac{1}{2} \times \left(\dfrac{L}{2} + \dfrac{L}{4} \times \dfrac{1}{3}\right) - \dfrac{PL}{4EI} \times \dfrac{L}{4} \times \dfrac{1}{2} \times \left(\dfrac{L}{4} + \dfrac{L}{4} \times \dfrac{2}{3}\right) = 0$

$$R_A' = \frac{PL^2}{32El}\left(\frac{7L}{12}\right) + \frac{PL^2}{32El}\left(\frac{5L}{12}\right) = \frac{7PL^3}{32\times 12El} + \frac{5PL^3}{32\times 12El} = \frac{PL^3}{32El}$$

③ $\delta_c = M_c' = \dfrac{PL^3}{32El}\times\dfrac{L}{2} - \dfrac{PL}{4El}\times\dfrac{L}{4}\times\dfrac{1}{2}\times\dfrac{L}{4}\times\dfrac{1}{3} = \dfrac{7PL^3}{384El}$

해답 ③

015 그림과 같은 게르버 보에서 A점의 반력은?

① 6kN(↓)
② 6kN(↑)
③ 30kN(↓)
④ 30kN(↑)

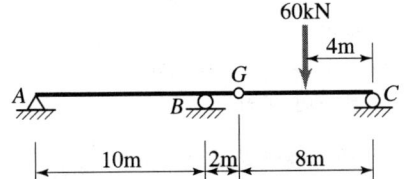

해설
① G지점의 반력
　단순보 구간에서 대칭하중이므로 $V_G = 30$kN
② A점의 반력
　$\Sigma M_B = 0$
　$V_A \times 10 + V_G \times 2 = 0$
　$V_A = -\dfrac{2V_G}{10} = -\dfrac{2\times 30}{10} = -6\text{kN} = 6\text{kN}\ (\downarrow)$

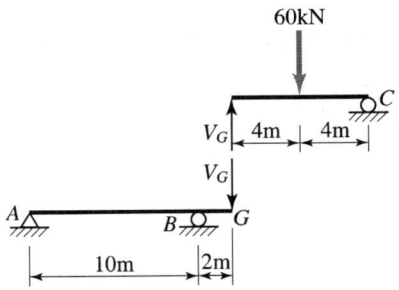

해답 ①

016 그림과 같은 부정정보의 A단에 작용하는 휨모멘트는?

① $-\dfrac{wL^2}{4}$　　② $-\dfrac{wL^2}{8}$
③ $-\dfrac{wL^2}{12}$　④ $-\dfrac{wL^2}{24}$

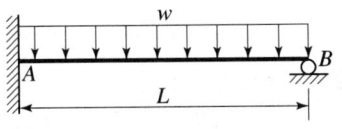

해설 $M_A = -\dfrac{wL^2}{8}$

해답 ②

017

그림과 같이 단순보에 이동하중이 작용할 때 절대최대휨모멘트는?

① 387.2kN·m
② 423.2kN·m
③ 478.4kN·m
④ 531.7kN·m

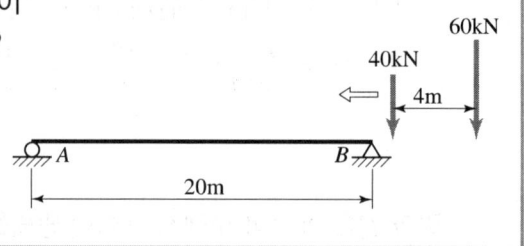

해설

① 합력
  $R = 40 + 60 = 100$ kN

② 합력의 위치
  60kN하중으로부터 $d = \dfrac{40 \times 4}{100} = 1.6$ m

③ 선택하중
  합력과 가장 가까운 60kN이 선택하중이다.

④ 이등분점
  합력과 선택하중간의 중간점이므로 $\dfrac{1.6}{2} = 0.8$ m

⑤ 이등분점이 보의 중점과 일치하도록 하중을 재하시킨다.

⑥ 절대 최대 휨모멘트 발생 위치
  선택하중(60kN) 작용점이므로 A지점으로부터 $x = 10 + 0.8 = 10.8$ m

⑦ 절대 최대 휨모멘트
  하중을 고정시켰으므로 영향선이 아닌 정정보의 해석 방법에 의해서도 값을 구할 수 있다.
  $R_B = \dfrac{40 \times (10 - 2.4 - 0.8) + 60 \times (10 + 0.8)}{20} = 46$ kN
  $M_{abs\,max} = 46 \times (10 - 0.8) = 423.2$ kN·m

해답 ②

018

그림과 같은 내민보에서 A점의 처짐은?
(단, $I = 1.6 \times 10^8$ mm^4, $E = 2.0 \times 10^5$ MPa 이다.)

① 22.5mm ② 27.5mm
③ 32.5mm ④ 37.5mm

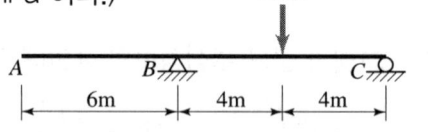

해설

① B점의 처짐각
  $\theta_B = \dfrac{Pl^2}{16EI} = \dfrac{50000 \times 8000^2}{16 \times 2 \times 10^5 \times 1.6 \times 10^8}$
  $= 0.00625$

② A점의 처짐
  $y_A = 6000\theta_B = 6000 \times 0.00625 = 37.5$ mm

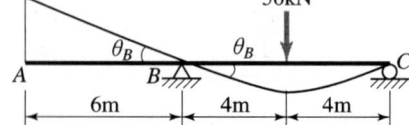

해답 ④

019 그림과 같이 연결부에 두 힘 50kN과 20kN이 작용한다. 평형을 이루기 위한 두 힘 A와 B의 크기는?

① $A = 10\text{kN}$, $B = 50 + \sqrt{3}\,\text{kN}$
② $A = 50 + \sqrt{3}\,\text{kN}$, $B = 10\text{kN}$
③ $A = 10\sqrt{3}\,\text{kN}$, $B = 60\text{kN}$
④ $A = 60\text{kN}$, $B = 10\sqrt{3}\,\text{kN}$

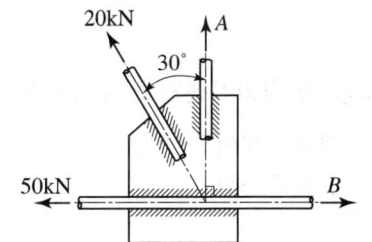

해설 ① $\sum V = 0$
$20 \cdot \cos 30° - A = 0$
$20 \cdot \dfrac{\sqrt{3}}{2} - A = 0 \qquad A = 10\sqrt{3}\,\text{kN}$

② $\sum H = 0$
$B - 50 - 20 \cdot \sin 30° = 0 \qquad B = 60\text{kN}$

해답 ③

020 바닥은 고정, 상단은 자유로운 기둥의 좌굴 형상이 그림과 같을 때 임계하중은?

① $\dfrac{\pi^2 EI}{4L}$
② $\dfrac{9\pi^2 EI}{4L^2}$
③ $\dfrac{13\pi^2 EI}{4L}$
④ $\dfrac{25\pi^2 EI}{4L^2}$

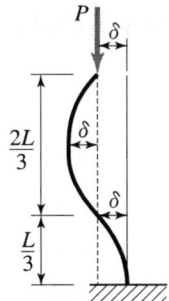

해설 ① 좌굴길이 $l_k = \dfrac{2L}{3}$

② 임계하중(좌굴하중) $P_b = \dfrac{\pi^2 EI}{l_k^2} = \dfrac{\pi^2 EI}{\left(\dfrac{2L}{3}\right)^2} = \dfrac{9\pi^2 EI}{4L^2}$

해답 ②

제2과목 측량학

021 다음 중 완화곡선의 종류가 아닌 것은?
① 렘니스케이트 곡선   ② 클로소이드 곡선
③ 3차 포물선   ④ 배향 곡선

해설 수평 곡선의 종류
① 원곡선   ㉠ 단곡선(simple curve)
           ㉡ 복심곡선(compound curve)
           ㉢ 반향곡선(reverse curve)
           ㉣ 배향곡선(hairpin curve)
② 완화곡선 ㉠ 3차 포물선(cubic spiral)
           ㉡ 클로소이드(clothoid)
           ㉢ 렘니스케이트(lemniscate)

해답 ④

022 그림과 같이 교호수준측량을 실시한 결과가 $a_1=0.63$m, $a_2=1.25$m, $b_1=1.15$m, $b_2=1.73$m 이었다면, B점의 표고는? (단, A의 표고=50.00m)

① 49.50m
② 50.00m
③ 50.50m
④ 51.00m

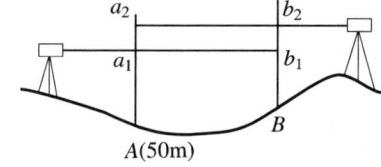

해설 ① A점과 B점의 표고차
$$H = \frac{1}{2}[(a_1-b_1)+(a_2-b_2)] = \frac{1}{2}[(0.63-1.15)+(1.25-1.73)] = -0.5\text{m}$$
② B점의 지반고
$H_B = H_A + H = 50.00 - 0.5 = 49.50$m

해답 ①

023 수심 h인 하천의 수면으로부터 $0.2h$, $0.4h$, $0.6h$, $0.8h$인 곳에서 각각의 유속을 측정하여 0.562m/s, 0.521m/s, 0.497m/s, 0.364m/s의 결과를 얻었다면 3점법을 이용한 평균유속은?

① 0.474m/s   ② 0.480m/s
③ 0.486m/s   ④ 0.492m/s

해설 3점법에 의한 평균유속

$$V_m = \frac{1}{4}(V_{0.2} + 2V_{0.6} + V_{0.8}) = \frac{1}{4} \times (0.562 + 2 \times 0.497 + 0.364) = 0.48 \text{m/s}$$

해답 ②

024

GNSS 다중주파수(multi-frequency)를 채택하고 있는 가장 큰 이유는?

① 데이터 취득 속도의 향상을 위해
② 대류권지연 효과를 제거하기 위해
③ 다중경로오차를 제거하기 위해
④ 전리층지연 효과의 제거를 위해

해설 GNSS 다중주파수(multi-frequency)를 채택하고 있는 가장 큰 이유는, 고주파(L_1) 신호보다 저주파(L_2) 신호가 전리층에서 속도가 늦어지는데 L_1과 L_2 신호의 지연된 시간차를 비교하여 전리층에 의한 지연효과를 계산하여 소거위함이다.

해답 ④

025

측점간의 시통이 불필요하고 24시간 상시 높은 정밀도로 3차원 위치측정이 가능하며, 실시간 측정이 가능하여 항법용으로도 활영되는 측량방법은?

① NNSS 측량
② GNSS 측량
③ VLBI 측량
④ 토털스테이션 측량

해설 GNSS 측량은 위치를 알고 있는 위성에서 발사된 전파를 수신해 미지점의 3차원 위치를 결정하는 측량으로 24시간 상시 높은 정밀도로 3차원 위치측정이 실시간으로 가능하며, 시통이 불필요하고 항법용 등 여러 방면에 활용되고 있는 측량방법이다.

해답 ②

026

어떤 측선의 길이를 관측하여 다음 표와 같은 결과를 얻었다면 최확값은?

① 40.530m
② 40.531m
③ 40.532m
④ 40.533m

관측군	관측값(m)	관측횟수
1	40.532	5
2	40.537	4
3	40.529	6

해설 ① 경중률(P : 무게)
경중률은 측정횟수에 비례($P \propto n$)하므로
$P_1 : P_2 : P_3 = n_1 : n_2 : n_3 = 5 : 4 : 6$
② 측선 길이의 최확값
$$L_o = \frac{P_1 L_1 + P_2 L_2 + P_3 L_3}{P_1 + P_2 + P_3} = \frac{5 \times 40.532 + 4 \times 40.537 + 6 \times 40.529}{5 + 4 + 6} = 40.532\text{m}$$

해답 ③

027 그림과 같은 구역을 심프슨 제1법칙으로 구한 면적은? (단, 각 구간의 지거는 1m로 동일하다.)

① $14.20m^2$
② $14.90m^2$
③ $15.50m^2$
④ $16.00m^2$

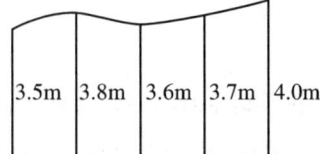

해설 $A = \dfrac{d}{3}[처 + 마 + 4(짝) + 2(홀)]$

$= \dfrac{1}{3} \times [3.5 + 4.0 + 4 \times (3.8 + 3.7) + 2 \times (3.6)] = 14.90m^2$

해답 ②

028 단곡선을 설치할 때 곡선반지름이 250m, 교각이 116°23′, 곡선시점까지의 추가거리가 1146m 일 때 시단현의 편각은? (단, 중심말뚝 간격=20m)

① 0°41′15″
② 1°15′36″
③ 1°36′15″
④ 2°54′51″

해설 ① 곡선시점
$BC = 1146m$
② 시단현(l_1)은 BC로부터 BC 다음 말뚝까지의 거리이므로
$l_1 = 1160 - 1146 = 14m$
③ 시단편각
$\delta_1 = \dfrac{l_1}{R} \times \dfrac{90°}{\pi} = \dfrac{14}{250} \times \dfrac{90°}{\pi} = 1°36′15″$

해답 ③

029 그림과 같은 트래버스에서 AL의 방위각이 29°40′15″, BM의 방위각이 320°27′12″, 교각의 총합이 1190°47′32″일 때 각관측 오차는?

① 45″
② 35″
③ 25″
④ 15″

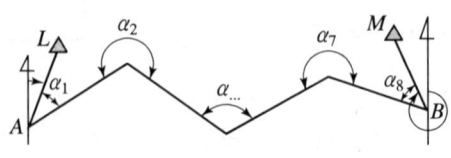

해설 $E = W_a - [a] - 180(n-3) - W_b$
$= 29°40′15″ + 1190°47′32″ - 180(8-3) - 320°27′12″ = 35″$

해답 ②

030 지형측량을 할 때 기본 삼각점만으로는 기준점이 부족하여 추가로 설치하는 기준점은?

① 방향전환점 ② 도근점
③ 이기점 ④ 중간점

해설 도근점이란 지형을 측정하기 위한 기준점이 부족할 때 보조로 설치하는 기준점이다.

해답 ②

031 지구반지름이 6370km 이고 거리의 허용오차가 $1/10^5$이면 평면측량으로 볼 수 있는 범위의 지름은?

① 약 69km ② 약 64km
③ 약 36km ④ 약 22km

해설 지구상에 평면으로 간주할 수 있는 거리(직경)

$\dfrac{1}{10^5} = \dfrac{D^2}{12R^2}$ 에서

$D = \sqrt{\dfrac{12R^2}{m}} = \sqrt{\dfrac{12 \times 6300^2}{10^5}} = 69\text{km}$

해답 ①

032 수준측량에서 발생하는 오차에 대한 설명으로 틀린 것은?

① 기계의 조정에 의해 발생하는 오차는 전시와 후시의 거리를 같게 하여 소거할 수 있다.
② 삼각수준측량은 대지역을 대상으로 하기 때문에 곡률오차와 굴절오차는 그 양이 상쇄되어 고려하지 않는다.
③ 표척의 영눈금 오차는 출발점의 표척을 도착점에서 사용하여 소거할 수 있다.
④ 기포의 수평조정이나 표척면의 읽기는 육안으로 한계가 있으나 이로 인한 오차는 일반적으로 허용오차 범위 안에 들 수 있다.

해설 **삼각수준측량**(trigonometrical leveling)
두 점 간의 수직각과 수평거리 및 수직각과 사거리를 측정하여 삼각법에 의해 고저차를 구하는 측량으로 측지삼각수준측량에서 **곡률오차와 굴절오차는 모두 고려하여야 하며 이를 양차**라고 한다.

양차 $h = $ 곡률오차 + 굴절오차 $= \dfrac{(1-K)}{2R} \cdot D^2$

해답 ②

033

그림과 같은 수준망을 각각의 환에 따라 폐합오차를 구한 결과가 표와 같고 폐합오차의 한계가 ±1.0√S cm일 때 우선적으로 제 관측할 필요가 있는 노선은? (단, S : 거리[km])

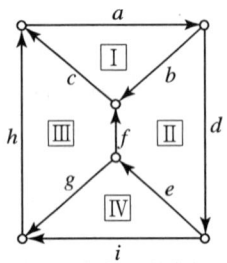

환	노선	거리(km)	폐합오차(m)
I	abc	8.7	−0.017
II	bdef	15.8	0.048
III	cfgh	10.9	−0.026
IV	eig	9.3	−0.083
외주	adih	15.9	−0.031

① e노선
② f노선
③ g노선
④ h노선

해설

환	노선	거리(km)	폐합오차	비교	폐합오차 한계(cm)
I	abc	8.7	−0.017m=−1.7cm	<	±1.0√8.7=±2.95
II	bdef	15.8	0.048m=4.8cm	>	±1.0√15.8=±3.97
III	cfgh	10.9	−0.026m=−2.6cm	<	±1.0√10.9=±3.30
IV	eig	9.3	−0.083m=−8.3cm	>	±1.0√9.3=±3.05
외주	adih	15.9	−0.031m=−3.1cm	<	±1.0√105.9=±3.99

각각의 환(I~IV)에 따라 폐합오차와 폐합오차의 한계를 비교해본 결과 환 II와 환 IV에서의 폐합오차가 폐합오차 한계를 넘어가므로 환 II와 환 IV에 중복된 e노선을 우선적으로 재관측할 필요가 있다.

해답 ①

034

그림과 같은 관측결과 $\theta = 30°11'00''$, $S = 1000$m 일 때 C점의 X좌표는? (단, AB의 방위각$=89°49'00''$, A점의 X좌표$=1200$m)

① 700.00m
② 1203.20m
③ 2064.42m
④ 2066.03m

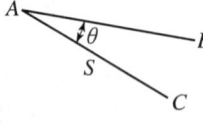

해설 ① $\overline{AC}$의 위거

$$L_{AC} = l \times \cos \text{방위각} = 1000 \times \cos(180 - 89°49' - 30°11')$$
$$= 1000 \times \cos 60° = 500$$

② C점의 X좌표(합위거)

$$X_C = X_A + L_{AC} = 1200 + -500 = 700\text{m}$$

해답 ①

035

그림과 같은 복곡선에서 $t_1 + t_2$의 값은?

① $R_1(\tan\Delta_1 + \tan\Delta_2)$
② $R_2(\tan\Delta_1 + \tan\Delta_2)$
③ $R_1\tan\Delta_1 + R_2\tan\Delta_2$
④ $R_1\tan\dfrac{\Delta_1}{2} + R_2\tan\dfrac{\Delta_2}{2}$

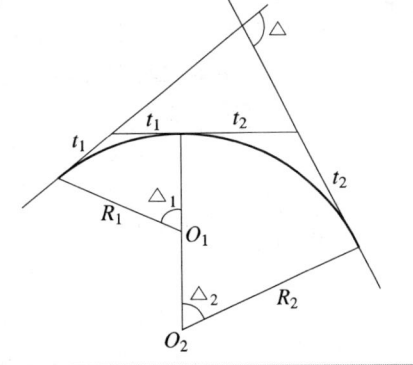

해설
① 1번 곡선의 접선장 $t_1 = R_1 \cdot \tan\dfrac{I_1}{2}$
② 2번 곡선의 접선장 $t_2 = R_1 \cdot \tan\dfrac{I_2}{2}$
③ 복곡선의 접선장 $t_1 + t_2 = R_1 \cdot \tan\dfrac{I_1}{2} + R_2 \cdot \tan\dfrac{I_2}{2}$

해답 ④

036

노선 설치 방법 중 좌표법에 의한 설치방법에 대한 설명으로 틀린 것은?

① 토탈스테이션, GPS 등과 같은 장비를 이용하여 측점을 위치시킬 수 있다.
② 좌표법에 의한 노선의 설치는 다른 방법보다 지형의 굴곡이나 시통 등의 문제가 적다.
③ 좌표법은 평면곡선 및 종단곡선의 설치요소를 동시에 위치시킬 수 있다.
④ 평면적인 위치의 측설을 수행하고 지형표고를 관측하여 종단면도를 작성할 수 있다.

해설 평면적인 위치의 측설을 수행하고 지형표고를 관측(설계면의 높이를 측정)하여 종단면도를 작성할 수 있다.

해답 ③

037

다각측량에서 각 측량의 기계적 오차 중 시준축과 수평축이 직교하지 않아 발생하는 오차를 처리하는 방법으로 옳은 것은?

① 망원경을 정위와 반위로 측정하여 평균값을 취한다.
② 배각법으로 관측을 한다.
③ 방향각법으로 관측을 한다.
④ 편심관측을 하여 귀심계산을 한다.

해설 수평축이 연직축과 직교하지 않기 때문에 발생하는 측각오차(수평축 오차)는 망원경 정·반위로 측정값을 평균하여 처리가능하다.

[참고] 각 관측 오차 및 소거 방법

오차의 종류		오차의 원인	처리(소거) 방법
조정 불완전 오차	시준축 오차	시준축과 수평축이 직교하지 않을 때	망원경 정·반의 읽음값 평균
	수평축 오차	수평축이 연직축과 직교하지 않을 때	망원경 정·반의 읽음값 평균
	연직축 오차	평반 기포관축이 연직축과 직교하지 않을 때 또는 연직축이 연직선과 일치하지 않을 경우	소거 불가능 연직각 5° 이하이면 큰 오차가 생기지 않는다.
기계 구조상 결점에 의한 오차	외심오차 (시준선의 편심오차)	망원경의 중심과 회전축이 일치하지 않을 때	망원경 정·반의 읽음값 평균
	내심오차 (회전축의 편심오차, 분도반의 편심오차)	수평회전축과 수평분도원의 중심이 일치하지 않을 때	A, B 버니어의 읽음값 평균
	분도원의 눈금오차	분도원 눈금의 부정확	분도원의 위치를 변화시켜 가면서 대회관측

해답 ①

038 지성선에 관한 설명으로 옳지 않은 것은?

① 철(凸)선은 능선 또는 분수선이라고 한다.
② 경사변환선이란 동일 방향의 경사면에서 경사의 크기가 다른 두 면의 접합선이다.
③ 요(凹)선은 지표의 경사가 최대로 되는 방향을 표시한 선으로 유하선이라고 한다.
④ 지성선은 지표면이 다수의 평면으로 구성되었다고 할 때 평면간 접합부, 즉 접선을 말하며 지세선이라고도 한다.

해설 **지성선**(지세선)은 지도의 골격을 나타내는 선으로 평면간 접합부, 즉 접선을 말하는 것으로 다음과 같은 것들이 있다.
① U선(계곡선, 합수선) : 지표면의 가장 낮은 곳을 연결한 선
② 凸선(능선, 분수선) : 지표면의 가장 높은 곳을 연결한 선
③ 경사변환선 : 경사의 크기가 다른 두 면의 교선

해답 ③

039 30m당 0.03m가 짧은 줄자를 사용하여 정사각형 토지와 한 변을 측정한 결과 150m이었다면 면적에 대한 오차는?

① 41m²
② 43m²
③ 45m²
④ 47m²

해설 ① 면적 정밀도는 일반적으로 거리 정밀도의 2배로 보므로

$$\frac{dA}{A} = 2\frac{dl}{l} = 2 \times \frac{0.03}{30} = \frac{1}{500}$$

② 면적에 대한 오차

$$\frac{dA}{A} = \frac{1}{500}$$

$$\frac{dA}{150 \times 150} = \frac{1}{500} \text{에서 } dA = \frac{150 \times 150}{500} = 45 \text{m}^2$$

해답 ③

040

그림과 같은 지형에서 각 등고선에 쌓인 부분의 면적이 표와 같을 때 각주공식에 의한 토량은? (단, 윗면은 평평한 것으로 가정한다.)

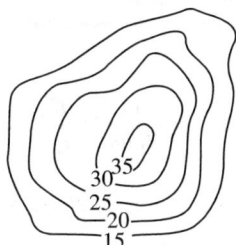

등고선(m)	면적(m²)
15	3800
20	2900
25	1800
30	900
35	200

① 11400m³
② 22800m³
③ 33800m³
④ 38000m³

해설 토량

$$V_o = \frac{h}{3}\{(A_o + 4(A_1) + A_2) + (A_2 + 4(A_3) + A_4)\}$$

$$= \frac{5}{3} \times \{(3800 + 4 \times 2900 + 1800) + (1800 + 4 \times 900 + 200)\}$$

$$= 38{,}000 \text{m}^3$$

해답 ④

제3과목 수리학 및 수문학

041 2개의 불투수층 사이에 있는 대수층의 두께 a, 투수계수 k인 곳에 반지름 r_o인 굴착정(artesian well)을 설치하고 일정 양수량 Q를 양수하였더니, 양수 전 굴착정 내의 수위 H가 h_0로 하강하여 정상흐름이 되었다. 굴착정의 영향원 반지름을 R이라 할 때 $(H-h_0)$의 값은?

① $\dfrac{2Q}{\pi ak}\ln\left(\dfrac{R}{r_o}\right)$
② $\dfrac{Q}{2\pi ak}\ln\left(\dfrac{R}{r_o}\right)$
③ $\dfrac{2Q}{\pi ak}\ln\left(\dfrac{r_o}{R}\right)$
④ $\dfrac{Q}{2\pi ak}\ln\left(\dfrac{r_o}{R}\right)$

해설 굴착정 양수량 공식

$$Q = \dfrac{2\pi ak(H-h_o)}{2.3\log\dfrac{R}{r_o}} = \dfrac{2\pi ak(H-h_o)}{\ln\dfrac{R}{r_o}} \text{에서 } (H-h_o) = \dfrac{Q}{2\pi ak}\ln\dfrac{R}{r_o}$$

여기서, a : 투수층의 두께, R : 영향원의 반지름, r_o : 우물의 반지름

해답 ②

042 침투능(infiltration capacity)에 관한 설명으로 틀린 것은?

① 침투능은 토양조건과는 무관하다.
② 침투능은 강우강도에 따라 변화한다.
③ 일반적으로 단위는 mm/h 또는 in/h로 표시된다.
④ 어떤 토양면을 통해 물이 침투할 수 있는 최대율을 말한다.

해설 토양의 침투능에 영향을 미치는 인자
① 함수량   ② 강우의 영향   ③ 지질
④ 토양의 종류 ⑤ 식생의 피복 ⑥ 토양의 다짐 정도
⑦ 포화층의 두께 ⑧ 대기의 온도 등

해답 ①

043 지름 20cm의 원형단면 관수로에 물이 가득차서 흐를 때의 동수반경은?

① 5cm ② 10cm
③ 15cm ④ 20cm

해설 동수반경

$$R = \dfrac{A}{P} = \dfrac{D}{4} = \dfrac{20}{4} = 5\text{cm}$$

해답 ①

044 3차원 흐름의 연속방정식을 아래와 같은 형태로 나타낼 때 이에 알맞은 흐름의 상태는?

$$\frac{\partial u}{\partial x} + \frac{\partial v}{\partial y} + \frac{\partial w}{\partial z} = 0$$

① 압축성 부정류 ② 압축성 정상류
③ 비압축성 부정류 ④ 비압축성 정상류

해설 비압축성 유체일 때 정류의 연속방정식
$\rho = \text{const}$(일정)하므로 $\frac{\partial u}{\partial x} + \frac{\partial v}{\partial y} + \frac{\partial w}{\partial z} = 0$

해답 ④

045 대수층의 두께 2.3m, 폭 1.0m일 때 지하수 유량은? (단, 지하수류의 상·하류 두 지점 사이의 수두차 1.6m, 두 지점 사이의 평균거리 360m, 투수계수 $k=$ 192m/day)

① $1.53\text{m}^3/\text{day}$ ② $1.80\text{m}^3/\text{day}$
③ $1.96\text{m}^3/\text{day}$ ④ $2.21\text{m}^3/\text{day}$

해설 지하수의 유량
$Q = AV = AKI = AK\frac{dh}{dl} = (2.3 \times 1.0) \times 192 \times \left(\frac{1.6}{360}\right) = 1.96\text{m}^3/\text{day}$

해답 ③

046 그림과 같은 수조 벽면에 작은 구멍을 뚫고 구멍의 중심에서 수면까지 높이가 h일 때, 유출속도 V는? (단, 에너지 손실은 무시한다.)

① $\sqrt{2gh}$
② $\sqrt{gh}$
③ $2gh$
④ gh

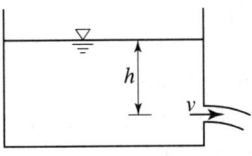

해설 오리피스의 이론유속은 베르누이의 정리에서 유도해 낼 수 있다.
$V_r = \sqrt{2gh}$
여기서, h는 압력수두이다. ($h = \frac{P}{w} + Z$)

해답 ①

047 그림과 같이 원형관 중심에서 V의 유속으로 물이 흐르는 경우에 대한 설명으로 틀린 것은? (단, 흐름은 층류로 가정한다.)

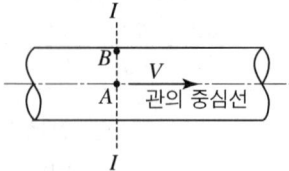

① 지점 A에서의 마찰력은 V^2에 비례한다.
② 지점 A에서의 유속은 단면 평균유속의 2배다.
③ 지점 A에서 지점 B로 갈수록 마찰력은 커진다.
④ 유속은 지점 A에서 최대인 포물선 분포를 한다.

해설 지점 A는 관 중심으로 중심축에서 마찰력 τ는 '0'이다.

해답 ①

048 어떤 유역에 다음 표와 같이 30분간 집중호우가 계속 되었을 때, 지속기간 15분인 최대강우강도는?

시간(분)	우량(mm)
0~5	2
5~10	4
10~15	6
15~20	4
20~25	8
25~30	6

① 64mm/h
② 48mm/h
③ 72mm/h
④ 80mm/h

해설 ① 15분간 지속 최대 강우량
　㉠ 0~15 : 12mm　㉡ 5~20 : 14mm
　㉢ 10~25 : 18mm　㉣ 15~30 : 18mm
　15분간 지속되는 최대 강우량은 10분에서 25분 사이 또는 15분에서 30분 사이에 내린 18mm이다.
② 지속기간 15분인 최대 강우강도
$$I = \frac{18mm}{15min} \times \frac{60min}{1hr} = 72mm/hr$$

해답 ③

049

정지하고 있는 수중에 작용하는 정수압의 성질로 옳지 않은 것은?

① 정수압의 크기는 깊이에 비례한다.
② 정수압은 물체의 면에 수직으로 작용한다.
③ 정수압은 단위면적에 작용하는 힘의 크기로 나타낸다.
④ 한 점에 작용하는 정수압은 방향에 따라 크기가 다르다.

해설 정수 중의 한 점에 작용하는 정수압은 모든 방향에서 균일하게 작용한다.

해답 ④

050

단위유량도에 대한 설명으로 틀린 것은?

① 단위유량도의 정의에서 특정 단위시간은 1시간을 의미한다.
② 일정기저시간가정, 비례가정, 중첩가정은 단위유량도의 3대 기본가정이다.
③ 단위유량도의 정의에서 단위 유효우량은 유역 전 면적 상의 등가우량 깊이로 측정되는 특정량의 우량을 의미한다.
④ 단위 유효우량은 유출량의 형태로 단위유량도상에 표시되며, 단위유량도 아래의 면적은 부피의 차원을 가진다.

해설 어느 유역에 지속시간 동안 균일한 강도로 유역 전반에 걸쳐 균등하게 내리는 단위 유효우량으로 인하여 발생하는 직접 유출 수문곡선을 단위도(단위유량도)라 하며, 단위유효우량이란 유효강우 1cm(1in)로 인한 우량을 말한다.

해답 ①

051

한계수심에 대한 설명으로 옳지 않은 것은?

① 유량이 일정할 때 한계수심에서 비에너지가 최소가 된다.
② 직사각형 단면 수로의 한계수심은 최소 비에너지의 2/3 이다.
③ 비에너지가 일정하면 한계수심으로 흐를 때 유량이 최대가 된다.
④ 한계수심보다 수심이 작은 흐름이 상류(常流)이고 큰 흐름이 사류(射流)이다.

해설 한계수심보다 수심이 작은 흐름이 사류이고 큰 흐름이 상류이다.
상류 : $h > h_c$
사류 : $h < h_c$

해답 ④

052
개수로 흐름의 도수현상에 대한 설명으로 틀린 것은?

① 비력과 비에너지가 최소인 수심은 근사적으로 같다.
② 도수 전·후의 수심 관계는 베르누이 정리로부터 구할 수 있다.
③ 도수는 흐름이 사류에서 상류로 바뀔 경우에만 발생 된다.
④ 도수 전·후의 에너지 손실은 주로 불연속 수면 발생 때문이다.

해설 도수의 상하류 수심의 관계식은 운동량 방정식으로부터 유도할 수 있다.

해답 ②

053
단면 2m×2m, 높이 6m인 수조에 물이 가득 차 있을 때 이 수조의 바닥에 설치한 지름이 20cm인 오리피스로 배수시키고자 한다. 수심이 2m가 될 때까지 배수하는데 필요한 시간은? (단, 오리피스 유량계수 $C=0.6$, 중력가속도 $g=9.8m/s^2$)

① 1분 39초
② 2분 36초
③ 2분 55초
④ 3분 45초

해설 오리피스의 배수시간

$$t = \frac{2A}{Ca\sqrt{2g}}\left(H_1^{\frac{1}{2}} - H_2^{\frac{1}{2}}\right) = \frac{2 \times 2 \times 2}{0.6 \times \frac{\pi \times 0.2^2}{4} \times \sqrt{2 \times 9.8}} \times \left(6^{\frac{1}{2}} - 2^{\frac{1}{2}}\right)$$

$= 99.2 \sec = 1분 39.2초$

해답 ①

054
정상류에 관한 설명으로 옳지 않은 것은?

① 유선과 유적선이 일치한다.
② 흐름의 상태가 시간에 따라 변하지 않고 일정하다.
③ 실제 개수로 내 흐름의 상태는 정상류가 대부분이다.
④ 정상류 흐름의 연속방정식은 질량보존의 법칙으로 설명된다.

해설 정류(정상류)란 시간에 따라 유량, 속도, 압력, 밀도, 유적 등의 유동특성이 변하지 않는 흐름으로 예로는 수도꼭지가 있으며, 실제 개수로 내 흐름의 상태는 시간에 따라 유량, 속도, 압력, 밀도, 유적 등의 유동특성이 변하는 흐름으로 부정류(비정상류)이다.

해답 ③

055

수로의 단위폭에 대한 운동량 방정식은? (단, 수로의 경사는 완만하며, 바닥 마찰저항은 무시한다.)

① $\dfrac{\gamma h_1^2}{2} - \dfrac{\gamma h_2^2}{2} - F = \rho Q(V_1 - V_2)$

② $\dfrac{\gamma h_1^2}{2} - \dfrac{\gamma h_2^2}{2} - F = \rho Q(V_2 - V_1)$

③ $\dfrac{\gamma h_1^2}{2} + \dfrac{\gamma h_2^2}{2} - F = \rho Q(V_2 - V_1)$

④ $\dfrac{\gamma h_1^2}{2} + \rho Q V_1 + F = \dfrac{\gamma h_2^2}{2} + \rho Q V_2$

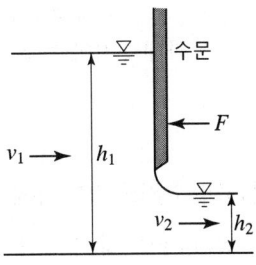

해설 에너지 보존의 법칙에 의해
$P_{(V_1)} = P_{(V_2)} + F + P_{손실}$
$\gamma h_{(G1)} A_1 = \gamma h_{(G2)} A_2 + F + \rho Q(V_2 - V_1)$
$\gamma \dfrac{h_1}{2}(h_1 \times 1) = \gamma \dfrac{h_2}{2}(h_2 \times 1) + F + \rho Q(V_2 - V_1)$
$\dfrac{\gamma h_1^2}{2} - \dfrac{\gamma h_2^2}{2} - F = \rho Q(V_2 - V_1)$

해답 ②

056

완경사 수로에서 배수곡선(backwater curve)에 해당하는 수면곡선은?

① 홍수 시 하천의 수면곡선
② 댐을 월류할 때의 수면곡선
③ 하천 단락부(段落部) 상류의 수면곡선
④ 상류 상태로 흐르는 하천에 댐을 구축했을 때 저수지 상류의 수면곡선

해설 배수란 댐이나 위어 등의 설치로 인해 수면이 상승되면 그 영향이 상류측에 전파됨에 따라 상류측의 수면이 상승하는 현상으로 이때는 저수지의 수면곡선이 배수곡선의 형태를 띤다.

해답 ④

057

지하수의 연직분포를 크게 통기대와 포화대로 나눌 때, 통기대에 속하지 않는 것은?

① 모관수대
② 중간수대
③ 지하수대
④ 토양수대

해설 지하는 공기의 존재 여부에 따라 통기대와 포화대로 분류된다.
1. 통기대 ① 토양수대
② 중간수대 : 중력수 존재
③ 모관수대
2. 포화대 : 지하수 존재

해답 ③

058 하천의 수리모형실험에 주로 사용되는 상사법칙은?
① Weber의 상사법칙　　② Cauchy의 상사법칙
③ Froude의 상사법칙　　④ Reynolds의 상사법칙

해설 Froude의 상사 법칙은 중력이 흐름을 주로 지배하는 경우의 상사 법칙으로 다음과 같은 곳에 적용이 가능하다.
① 다른 힘들은 영향이 작아서 생략할 수 있는 경우에 적용 가능하다.
② 하천과 같이 수심이 비교적 큰 자유표면을 가진 개수로 내 흐름에 적용 가능하다.
③ 댐의 여수토의 흐름에 적용 가능하다.
④ 파동에 적용 가능하다.
⑤ 수공 구조물의 설계에 적용 가능하다.

해답 ③

059 속도분포를 $v = 4y^{\frac{2}{3}}$ 으로 나타낼 수 있을 때 바닥면에서 0.5m 떨어진 높이에서의 속도경사(Velocity gradient)는? (단, v : m/sec, y : m)
① 2.67sec^{-1}
② 3.36sec^{-1}
③ 2.67sec^{-2}
④ 3.36sec^{-2}

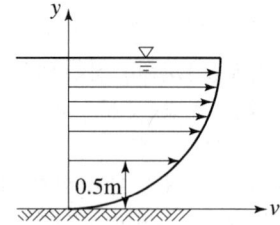

해설 속도경사는 속도에 관한 식을 y로 1회 미분한 값이다.
$$\frac{dv}{dy} = 4 \times \frac{2}{3} y^{\frac{2}{3}-1} = \frac{8}{3} y^{-\frac{1}{3}} = \frac{8}{3} \times 0.5^{-\frac{1}{3}} = 3.36\text{sec}^{-1}$$

해답 ②

060 수중에 잠겨 있는 곡면에 작용하는 연직분력은?

① 곡면에 의해 배제된 물의 무게와 같다.
② 곡면중심의 압력에 물의 무게를 더한 값이다.
③ 곡면을 밑면으로 하는 물기둥의 무게와 같다.
④ 곡면을 연직면상에 투영했을 때 그 투영면이 작용하는 정수압과 같다.

해설 수중에 잠겨 있는 곡면에 작용하는 연직분력은 곡면을 밑면으로 하는 물기둥의 무게와 같다.

해답 ③

제4과목 철근콘크리트 및 강구조

061 프리텐션 PSC부재의 단면적이 200000mm²인 콘크리트 도심에 PS강선을 배치하여 초기의 긴장력(P_i)을 800kN 가하였다. 콘크리트의 탄성변형에 의한 프리스트레스의 감소량은? (단, 탄성계수비(n)은 6이다.)

① 12MPa   ② 18MPa
③ 20MPa   ④ 24MPa

해설 콘크리트의 탄성변형에 의한 PS강재의 프리스트레스 감소량

$$\Delta f_P = nf_{ci} = n\frac{P_i}{A_c} = 6 \times \frac{800,000}{200,000} = 24\text{MPa}$$

해답 ④

062 경간이 8m인 단순 지지된 프리스트레스트 콘크리트 보에서 등분포하중(고정하중과 활하중의 합)이 $w = 40\text{kN/m}$ 작용할 때 중앙 단면 콘크리트 하연에서의 응력이 0이 되려면 PS강재에 작용되어야 할 프리스트레스 힘(P)은? (단, PS강재는 단면 중심에 배치되어 있다.)

① 1250kN
② 1880kN
③ 2650kN
④ 3840kN

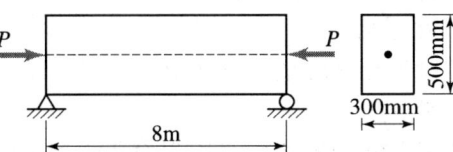

해설 $f_{하연} = \dfrac{P}{A} - \dfrac{M}{Z} = 0$ 에서

$$P = \dfrac{AM}{Z} = \dfrac{bh \times \left(\dfrac{wl^2}{8}\right)}{\dfrac{bh^2}{6}} = \dfrac{3wl^2}{4h} = \dfrac{3 \times 40 \times 8^2}{4 \times 0.5} = 3,840\text{kN}$$

해답 ④

063

아래 그림과 같은 직사각형 단면의 단순보에 PS강재가 포물선으로 배치되어 있다. 보의 중앙단면에서 일어나는 상연응력(㉠) 및 하연응력(㉡)은? (단, PS강재의 긴장력은 3300kN 이고, 자중을 포함한 작용하중은 27kN/m 이다.)

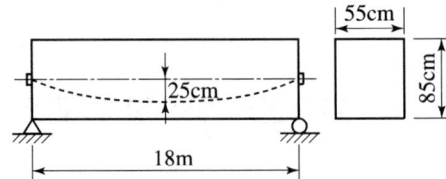

① ㉠ : 21.21MPa, ㉡ : 1.8MPa ② ㉠ : 12.07MPa, ㉡ : 0MPa
③ ㉠ : 11.11MPa, ㉡ : 3.00MPa ④ ㉠ : 8.6MPa, ㉡ : 2.45MPa

해설 $f_{\substack{상연응력(압축측) \\ 하연응력(인장측)}} = \dfrac{P}{A} \mp \dfrac{Pe}{I}y \pm \dfrac{M}{I}y$

$$= \dfrac{3,300,000}{550 \times 850} \mp \dfrac{3,300,000 \times 250}{\dfrac{550 \times 850^3}{12}} \times \dfrac{850}{2} \pm \dfrac{27 \times \dfrac{1,000}{1000} \times 18000^2}{\dfrac{8}{\dfrac{550 \times 850^3}{12}}} \times \dfrac{850}{2}$$

① $f_{상연응력(압축측)} = 11.11\text{MPa}$
② $f_{하연응력(인장측)} = 3.00\text{MPa}$

해답 ③

064

2방향 슬래브 설계 시 직접설계법을 적용하기 위해 만족하여야 하는 사항으로 틀린 것은?

① 각 방향으로 3경간 이상이 연속되어야 한다.
② 슬래브 판들은 단변 경간에 대한 장변 경간의 비가 2 이하인 직사각형이어야 한다.
③ 각 방향으로 연속한 받침부 중심간 경간차이는 긴 경간의 1/3 이하이어야 한다.
④ 연속한 기둥 중심선을 기준으로 기둥의 어긋남은 그 방향 경간의 20% 이하이어야 한다.

해설 연속한 기둥 중심선으로부터 기둥의 어긋남은 그 방향 경간의 최대 10% 이하이어야 한다.

해답 ④

065 옹벽의 설계 및 구조해석에 대한 설명으로 틀린 것은?

① 지반에 유발되는 최대 지반반력은 지반의 허용지지력을 초과할 수 없다.
② 전도에 대한 저항휨모멘트는 횡토압에 의한 전도모멘트의 1.5배 이상이어야 한다.
③ 저판의 뒷굽판은 정확한 방법이 사용되지 않는 한, 뒷굽판 상부에 재하되는 모든 하중을 지지하도록 설계하여야 한다.
④ 캔틸레버식 옹벽의 저판은 전면벽과의 접합부를 고정단으로 간주한 캔틸레버로 가정하여 단면을 설계할 수 있다.

해설 전도에 대한 저항모멘트는 횡토압에 의한 전도모멘트의 2.0배 이상이어야 한다.

해답 ②

066 그림과 같은 띠철근 기둥에서 띠철근의 최대 수직간격은? (단, D10의 공칭직경은 9.5mm, D32의 공칭직경은 31.8mm이다.)

① 400mm
② 456mm
③ 500mm
④ 509mm

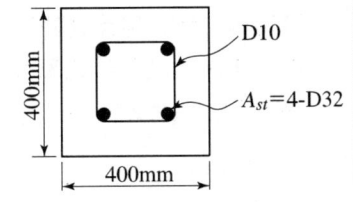

해설 **띠철근의 수직 간격**
① 단면 최소 치수 이하 = 400mm 이하
② 축방향 철근 지름의 16배 이하 = 31.8×16 = 808.8mm 이하
③ 띠철근 지름의 48배 이하 = 9.5×48 = 456mm 이하
　이 중 가장 작은 값인 400mm 이하

해답 ①

067 강구조의 특징에 대한 설명으로 틀린 것은?

① 소성변형능력이 우수하다.
② 재료가 균질하여 좌굴의 영향이 낮다.
③ 인성이 커서 연성파괴를 유도할 수 있다.
④ 단위면적당 강도가 커서 자중을 줄일 수 있다.

해설 ① 재료가 균질하고 강의 변동이 적어 신뢰성이 높다.
② 단면에 비해 부재가 세장하므로 좌굴의 위험이 있다.

해답 ②

068

콘크리트와 철근이 일체가 되어 외력에 저항하는 철근콘크리트 구조에 대한 설명으로 틀린 것은?

① 콘크리트와 철근의 부착강도가 크다.
② 콘크리트와 철근의 탄성계수는 거의 같다.
③ 콘크리트 속에 묻힌 철근은 거의 부식하지 않는다.
④ 콘크리트와 철근의 열에 대한 팽창계수는 거의 같다.

해설
1. 철근과 콘크리트의 탄성계수는 비슷하지 않으며 철근콘크리트 일체식 구조체로 성립하는 이유에도 해당하지 않는다.
2. **철근 콘크리트가 일체식 구조체로 성립하는 이유**
    ① 콘크리트와 철근의 부착강도가 크다.(부착력이 크다.)
    ② 콘크리트 속에 묻힌 철근은 부식하지 않는다.(방청효과)
    ③ 콘크리트와 철근(강재)은 열에 대한 팽창계수과 거의 같다.
        ㉠ 콘크리트 열팽창계수 : 0.000010~0.000013/℃
        ㉡ 철근의 열팽창계수 : 0.000012/℃

해답 ②

069

폭이 300mm, 유효깊이가 500mm인 단철근 직사각형 보에서 인장철근 단면적이 1700mm²일 때 강도설계법에 의한 등가직사각형 압축응력블록의 깊이(a)는? (단, f_{ck}=20MPa, f_y=300MPa 이다.)

① 50mm
② 100mm
③ 200mm
④ 400mm

해설 등가직사각형 압축응력블록의 깊이

$$a = \frac{A_s f_y}{\eta 0.85 f_{ck} b} = \frac{1700 \times 300}{1 \times 0.85 \times 20 \times 300} = 100\text{mm}$$

해답 ②

070

아래에서 설명하는 용어는?

보나 지판이 없이 기둥으로 하중을 전달하는 2방향으로 철근이 배치된 콘크리트 슬래브

① 플랫 플레이트
② 플랫 슬래브
③ 리브 쉘
④ 주열대

해설 평슬래브 구조에 따른 분류
① 플랫 슬래브(flat slab) : 보는 없고 기둥만으로 지지되는 슬래브로 지판이나 기

② 평판 슬래브(플랫 플레이트 슬래브) : 지판이나 기둥머리 없이 기둥만으로 지지하는 슬래브로 하중이 크지 않거나 경간이 짧은 경우에 사용한다.
③ 워플 슬래브(무량판 구조, 격자 슬래브) : 슬래브 하면에 장방형의 홈을 두어 자중을 경감시킨 슬래브이다.

해답 ①

071

그림과 같은 L형강에서 인장응력 검토를 위한 순폭계산에 대한 설명으로 틀린 것은?

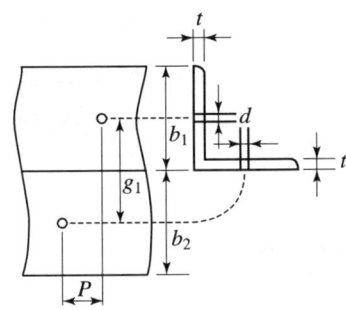

① 전개된 총 폭$(b) = b_1 + b_2 - t$ 이다.
② 리벳선간 거리$(g) = g_1 - t$ 이다.
③ $\dfrac{P^2}{4g} \geq d$ 인 경우 순폭$(b_n) = b - d$ 이다.
④ $\dfrac{P^2}{4g} < d$ 인 경우 순폭$(b_n) = b - d - \dfrac{P^2}{4g}$ 이다.

해설 $\dfrac{P^2}{4g} < d$ 인 경우 순폭$(b_n) = b - d - \left(d - \dfrac{P^2}{4g}\right)$ 이다.

해답 ④

072

단변 : 장변 경간의 비가 1 : 2인 단순 지지된 2방향 슬래브의 중앙점에 집중하중 P가 작용할 때 단변과 장변이 부담하는 하중비$(P_s : P_L)$는? (단, P_s : 단변이 부담하는 하중, P_L : 장변이 부담하는 하중)

① 1 : 8
② 8 : 1
③ 1 : 16
④ 16 : 1

해설 ① 단변이 부담하는 하중
$P_s = \dfrac{PL^3}{L^3 + S^3} = \dfrac{P 2^3}{2^3 + 1^3} = 0.889P$

② 장변이 부담하는 하중
$$P_L = \frac{PS^3}{L^3+S^3} = \frac{P1^3}{2^3+1^3} = 0.111P$$
③ 단변과 장변이 부담하는 하중비($P_s : P_L$)
$P_s : P_L = 0.889P : 0.111P = 8 : 1$

해답 ②

073
보통중량콘크리트에서 압축을 받는 이형철근 D29(공칭지름 28.6mm)를 정착시키기 위해 소요되는 기본정착길이(l_{ab})는? (단, f_{ck}=35MPa, f_y=400MPa이다.)

① 491.92mm
② 483.43mm
③ 464.09mm
④ 450.38mm

해설 기본정착길이 조건

$$l_{ab} = \frac{0.25 d_b f_y}{\sqrt{f_{ck}}} \geq 0.043 d_b f_y \text{에서}$$

$$l_{ab} = \frac{0.25 d_b f_y}{\sqrt{f_{ck}}} = \frac{0.25 \times 28.6 \times 400}{\sqrt{35}} = 483.43\text{mm} < 0.043 \times 28.6 \times 400 = 491.92\text{mm}$$

이므로
$l_{ab} = 491.92\text{mm}$

해답 ①

074
철근콘크리트 부재의 전단철근에 대한 설명으로 틀린 것은?

① 전단철근의 설계기준항복강도는 300MPa을 초과할 수 없다.
② 주인장 철근에 30° 이상의 각도로 구부린 굽힘철근은 전단철근으로 사용할 수 있다.
③ 최소 전단철근량은 $0.35 \dfrac{b_w s}{f_{yt}}$ 보다 작지 않아야 한다.
④ 부재축에 직각으로 배치된 전단철근의 간격은 $d/2$ 이하, 또한 600mm 이하로 하여야 한다.

해설 전단철근의 설계기준항복강도는 500MPa를 초과할 수 없다.

해답 ①

075 폭 350mm, 유효깊이 500mm인 보에 설계기준항복강도가 400MPa인 D13 철근을 인장 주철근에 대한 경사각(α)이 60°인 U형 경사 스터럽으로 설치했을 때 전단보강철근의 공칭강도(V_s)는? (단, 스터럽 간격 $s=250$mm, D13 철근 1본의 단면적은 127mm²이다.)

① 201.4kN
② 212.7kN
③ 243.2kN
④ 277.6kN

해설 전단철근이 부담하는 전단강도

$$V_s = \frac{d(\sin\alpha + \cos\alpha)}{s} A_v f_{yt}$$
$$= \frac{500(\sin 60° + \cos 60°)}{250} \times (2 \times 127) \times 400$$
$$= 277,576.4\text{N} = 277.6\text{kN}$$

해답 ④

---

076 철근콘크리트 보를 설계할 때 변화구간 단면에서 강도감소계수(ϕ)를 구하는 식은? (단, $f_{ck}=40$MPa, $f_y=400$MPa, 띠철근으로 보강된 부재이며, ϵ_t는 최외단 인장철근의 순인장변형률이다.)

① $\phi = 0.65 + (\epsilon_t - 0.002)\dfrac{200}{3}$
② $\phi = 0.70 + (\epsilon_t - 0.002)\dfrac{200}{3}$
③ $\phi = 0.65 + (\epsilon_t - 0.002) \times 50$
④ $\phi = 0.70 + (\epsilon_t - 0.002) \times 50$

해설 띠철근으로 보강된 부재의 강도감소계수

$$\phi = 0.65 + (\epsilon_t - 0.002)\frac{200}{3}$$

해답 ①

---

077 그림과 같이 지름 25mm의 구멍이 있는 판(plate)에서 인장응력 검토를 위한 순폭은?

① 160.4mm
② 150mm
③ 145.8mm
④ 130mm

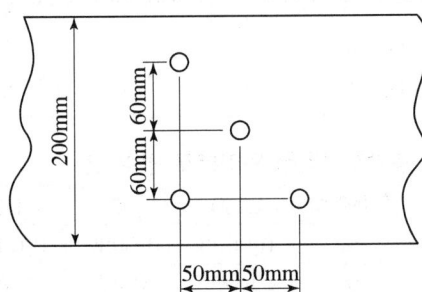

해설 폭은 3개의 구멍이 연결될 때 가장 작은 값인 순폭이 되므로

$$b_n = b - d - 2w = b - d - 2\left(d - \frac{P^2}{4g}\right)$$
$$= (200) - 25 - 2 \times \left(25 - \frac{50^2}{4 \times 60}\right)$$
$$= 145.83 \text{mm}$$

해답 ③

078
폭이 350mm, 유효깊이가 550mm인 직사각형 단면의 보에서 지속하중에 의한 순간 처짐이 16mm일 때 1년 후 총 처짐량은? (단, 배근된 인장철근량(A_s)은 2246mm², 압축철근량(A_s')은 1284mm²이다.)

① 20.5mm
② 26.5mm
③ 32.8mm
④ 42.1mm

해설 ① 압축철근비
$$\rho' = \frac{A_s'}{bd} = \frac{1,284}{350 \times 550} = 0.00667$$

② 지속 하중 재하 기간에 따른 계수
$\xi = 1.4$

구분	3개월	6개월	12개월	5년 이상
ξ	1.0	1.2	1.4	2.0

③ 처짐계수
$$\lambda = \frac{\xi}{1 + 50\rho'} = \frac{1.4}{1 + 50 \times 0.00667} = 1.05$$

④ 장기처짐 = $\lambda \times$ 탄성처짐 = $1.05 \times 16 = 16.8$mm
⑤ 전체 처짐 = 장기처짐 + 탄성처짐 = $16 + 16.8 = 32.8$mm

해답 ③

079
단철근 직사각형 보에서 $f_{ck} = 32$MPa인 경우, 콘크리트 등가 직사각형 압축응력블록의 깊이를 나타내는 계수 β_1은?

① 0.74
② 0.76
③ 0.80
④ 0.85

해설 등가직사각형 응력분포 변수 값

f_{ck}(MPa)	≤40	50	60	70	80	90
ε_{cu}	0.0033	0.0032	0.0031	0.003	0.0029	0.0028
η	1.00	0.97	0.95	0.91	0.87	0.84
β_1	0.80	0.80	0.76	0.74	0.72	0.70

해답 ③

080 폭이 300mm, 유효깊이가 500mm인 단철근직사각형 보에서 강도설계법으로 구한 균형 철근량은? (단, 등가 직사각형 압축응력블록을 사용하며, $f_{ck}=$ 35MPa, $f_y=$ 350MPa 이다.)

① 5285mm² ② 5890mm²
③ 6665mm² ④ 7235mm²

해설 ① 등가직사각형 응력분포 변수 값

f_{ck}(MPa)	≤40	50	60	70	80	90
ε_{cu}	0.0033	0.0032	0.0031	0.003	0.0029	0.0028
η	1.00	0.97	0.95	0.91	0.87	0.84
β_1	0.80	0.80	0.76	0.74	0.72	0.70

$\beta_1 = 0.80$

② $\epsilon_{cu} = 0.0033$

③ 균형철근량

$$A_{sb} = \rho_b(b_w d) = \eta\, 0.85\, \beta_1 \frac{\epsilon_{cu}}{\epsilon_{cu} + \dfrac{f_y}{200,000}} (b_w d)$$

$$= 1 \times 0.85 \times \frac{35}{350} \times 0.80 \times \frac{0.0033}{0.0033 + \dfrac{350}{200,000}} \times (300 \times 500)$$

$$= 6,665.3\,\text{mm}^2$$

해답 ③

제5과목 토질 및 기초

081 4.75mm체(4번 체) 통과율이 90% 0.075mm체(200번 체) 통과율이 4%이고, $D_{10}=0.25$mm, $D_{30}=0.6$mm, $D_{60}=2$mm 인 흙을 통일분류법으로 분류하면?

① GP ② GW
③ SP ④ SW

해설 ① 조립토와 세립토 분류
　No.200체(0.075mm) 통과율=4% < 50%이므로 조립토
② 조립토 제1문자 결정
　No.4체(4.75mm) 통과율=90% > 50%이므로 모래(S)
③ 조립토 제2문자 결정

㉠ $C_u = \dfrac{D_{60}}{D_{10}} = \dfrac{2}{0.25} = 8$

㉡ $C_g = \dfrac{D_{30}^2}{D_{10} \cdot D_{60}} = \dfrac{0.6^2}{0.25 \times 2} = 0.72$

㉢ $C_u = 8 > 6$, $C_g = 0.72 < (1 \sim 3)$ 이므로 빈입도이다.

[참고] 1. 제1문자
① 조립토와 세립토의 분류 : No.200 체 통과량 50% 기준
  ㉠ 조립토 : No.200체 통과량이 50% 이하(G 또는 S)
  ㉡ 세립토 : No.200체 통과량이 50% 이상(M 또는 C 또는 O)
② 조립토의 분류
  ㉠ 자갈(G) : No.4체 통과량이 50% 이하
  ㉡ 모래(S) : No.4체 통과량이 50% 이상
2. 입도분포 판정
① 양입도(well graded)
  ㉠ 흙일 때 : $C_u > 10$, $C_g = 1 \sim 3$
  ㉡ 모래일 때 : $C_u > 6$, $C_g = 1 \sim 3$
  ㉢ 자갈일 때 : $C_u > 4$, $C_g = 1 \sim 3$
② 빈입도(poorly graded)
  C_u, C_g 둘 중 어느 하나라도 만족하지 못하면 입도분포가 나쁘다.

해답 ③

082

그림과 같은 정사각형 기초에서 안전율을 3으로 할 때 Tezanghi의 공식을 사용하여 지지력을 구하고자 한다. 이때 한 변의 최소길이(B)는? (단, 물의 단위중량은 9.81kN/m³, 점착력(c)은 60kN/m², 내부 마찰각(ϕ)은 0°이고, 지지력계수 $N_c = 5.7$, $N_q = 1.0$, $N_\gamma = 0$이다.)

① 1.12m
② 1.43m
③ 1.51m
④ 1.62m

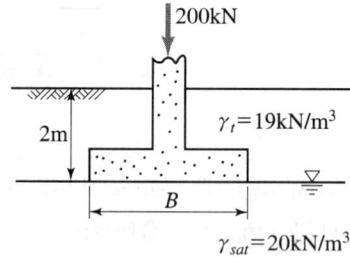

해설 1. 정사각형 기초의 극한지지력
① 기초 모양에 따른 형상계수
정사각형 기초이므로
  ㉠ $\alpha = 1.3$
  ㉡ $\beta = 0.4$
② 지하수위가 $D_1 = D_f$인 경우(기초저면)이므로
$r_1' = r_{sub}$ $q = r_2 D_f$

③ $q_{ult} = \alpha c N_c + \beta \gamma_1 B N_\gamma + \gamma_2 D_f N_q$
  $= 1.3 \times 60 \times 5.7 + 0.4 \times (20 - 9.81) \times B \times 0 + 19 \times 2 \times 1.0$
  $= 482.6 \text{kN/m}^2$

2. 허용응력(q_a)

   $q_a = \dfrac{q_{ult}}{F_s} = \dfrac{482.6}{3}$

3. 정사각형 기초의 한 변 최소길이(B)

   $q_a = \dfrac{Q}{A} = \dfrac{Q}{B^2}$ 에서 $B = \sqrt{\dfrac{Q}{q_a}} = \sqrt{\dfrac{200 \times 3}{482.6}} = 1.12\text{m}$

   해답 ①

083
접지압(또는 지반반력)이 그림과 같이 되는 경우는?

① 푸팅 : 강성, 기초지반 : 점토
② 푸팅 : 강성, 기초지반 : 모래
③ 푸팅 : 연성, 기초지반 : 점토
④ 푸팅 : 연성, 기초지반 : 모래

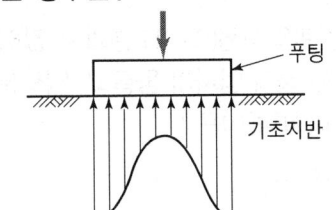

해설 점토지반에 축조된 강성기초의 접지압은 기초 모서리 부분에서 최대이다.

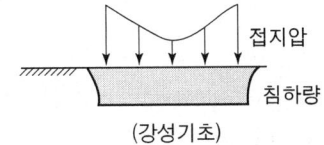
(강성기초)

해답 ①

084
지표면이 수평이고 옹벽의 뒷면과 흙과의 마찰각이 0°인 연직옹벽에서 Coulomb 토압과 Rankine 토압은 어떤 관계가 있는가? (단, 점착력은 무시한다.)

① Coulomb 토압은 항상 Rankine 토압보다 크다.
② Coulomb 토압과 Rankine 토압은 같다.
③ Coulomb 토압과 Rankine 토압보다 작다.
④ 옹벽의 형상과 흙의 상태에 따라 클 때도 있고 작을 때도 있다.

해설 Rankine토압과 Coulomb토압과의 관계
① 옹벽 배면각이 90°이고, 뒤채움 흙이 수평이고, 벽마찰을 무시하면 Coulomb의 토압은 Rankine의 토압과 같다.
② 옹벽 배면각이 90°이고 지표면의 경사각과 옹벽 배면과 흙의 마찰각이 같은 경우는 Coulomb의 토압은 Rankine의 토압과 같다.

해답 ②

085

도로의 평판 재하 시험에서 1.25mm 침하량에 해당하는 하중 강도가 250kN/m²일 때 지반반력 계수는?

① 100MN/m³
② 200MN/m³
③ 1000MN/m³
④ 2000MN/m³

해설 $K = \dfrac{q}{y} = \dfrac{250}{0.00125} = 200{,}000\,\text{kN/m}^3 = 200\,\text{MkN/m}^3$

여기서, K : 지지력 계수(kN/m³)
q : 침하량 y(m)일 때의 하중강도(kN/m²)
y : 침하량(콘크리트 포장인 경우 0.00125m가 표준)

해답 ②

086

표준관입시험(S.P.T) 결과 N값이 25이었고, 이때 채취한 교란시료로 입도시험을 한 결과 입자가 둥글고, 입도분포가 불량할 때 Dunham의 공식으로 구한 내부 마찰각(ϕ)은?

① 32.3°
② 37.3°
③ 42.3°
④ 48.3°

해설 토립자가 둥글고 입도가 불량하므로
$\phi = \sqrt{12N} + 15 = \sqrt{12 \times 25} + 15 = 32.3°$

[참고] N, ϕ의 관계(Dunham 공식)
① 토립자가 모나고 입도가 양호 : $\phi = \sqrt{12N} + 25$
② 토립자가 모나고 입도가 불량 : $\phi = \sqrt{12N} + 20$
③ 토립자가 둥글고 입도가 양호 : $\phi = \sqrt{12N} + 20$
④ 토립자가 둥글고 입도가 불량 : $\phi = \sqrt{12N} + 15$

해답 ①

087

현장에서 완전히 포화되었던 시료라 할지라도 시료 채취 시 기포가 형성되어 포화도가 저하될 수 있다. 이 경우 생성된 기포를 원상태로 용해시키기 위해 작용시키는 압력을 무엇이라고 하는가?

① 배압(back pressure)
② 축차응력(deviator stress)
③ 구속압력(confined pressure)
④ 선행압밀압력(preconsolidation pressure)

해설 완전히 포화되었던 시료라 할지라도 시료 채취 시 기포가 형성되어 포화도가 저하될 수 있는데 이 경우 생성된 기포를 원상태로 용해시키기 위해 압력을 작용시키며 이 압력을 배압(back pressure)이라 한다.

해답 ①

088 다음 지반 개량공법 중 연약한 점토지반에 적합하지 않은 것은?

① 프리로딩 공법
② 샌드 드레인 공법
③ 페이퍼 드레인 공법
④ 바이브로 플로테이션 공법

해설 Vibro floatation공법은 사질토지반의 개량공법의 일종이다.

[참고] 1. 연약점토지반 개량공법
① 치환공법
② pre-loading 공법(사전압밀공법)
③ Sand drain 공법
④ Paper Drain 공법(card board wicks method)
⑤ Pack Drain Method
⑥ 전기침투공법
⑦ 침투압공법(MAIS 공법)
⑧ 생석회말뚝(chemico pile) 공법
2. 사질토지반 개량공법
① 다짐말뚝공법
② 다짐모래 말뚝공법(sand compaction pile 공법=compozer 공법)
③ 바이브로플로테이션(Vibroflotation) 공법
④ 폭파다짐공법
⑤ 약액주입공법
⑥ 전기충격공법

해답 ④

089 Terzangi의 1차 압밀에 대한 설명으로 틀린 것은?

① 압밀방정식은 점토 내에 발생하는 과잉간극수압의 변화를 시간과 배수거리에 따라 나타낸 것이다.
② 압밀방정식을 풀면 압밀도를 시간계수의 함수로 나타낼 수 있다.
③ 평균압밀도는 시간에 따른 압밀침하량을 최종압밀침하량으로 나누면 구할 수 있다.
④ 압밀도는 배수거리에 비례하고, 압밀계수에 반비례 한다.

해설 ① 압밀계수는 시간계수와 배수거리제곱에 정비례하고, 압밀시간에 반비례한다.
② $U = \dfrac{\text{현재의 압밀량}}{\text{최종 압밀량}} \times 100 = \dfrac{\Delta H_t}{\Delta H} \times 100\,(\%)$
③ 평균압밀도와 시간계수(T_v)의 관계(Terzaghi의 근사식)
㉠ $0 \leq U \leq 60\%$: $T_v = \dfrac{\pi}{4} \cdot \left(\dfrac{U(\%)}{100}\right)^2$
㉡ $U \geq 60\%$: $T_v = 1.781 - 0.933 \log(100 - U)$

해답 ④

090

그림과 같은 지반에서 하중으로 인하여 수직응력($\Delta\sigma_1$)이 100kN/m² 증가되고 수평응력($\Delta\sigma_3$)이 50kN/m² 증가되었다면 간극수압은 얼마나 증가되었는가? (단, 간극수압계수 $A=0.5$이고, $B=1$이다.)

① 50kN/m²
② 75kN/m²
③ 100kN/m²
④ 125kN/m²

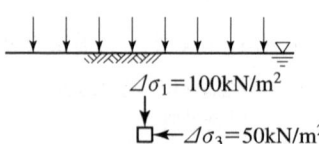

해설
$\Delta u = B[\Delta\sigma_3 + A(\Delta\sigma_1 - \Delta\sigma_3)]$
$= 1 \times [50 + 0.5 \times (100-50)] = 75\text{kN/m}^2$

해답 ②

091

어떤 점토지반에서 베인 시험을 실시하였다. 베인의 지름이 50mm, 높이가 100mm, 파괴 시 토크가 59N·m일 때 이 점토의 점착력은?

① 129kN/m²
② 157kN/m²
③ 213kN/m²
④ 276kN/m²

해설 베인전단 시험에 의한 전단강도

$$S = c_u = \frac{T}{\pi \cdot D^2 \cdot \left(\frac{H}{2} + \frac{D}{6}\right)} = \frac{59000}{\pi \times 50^2 \times \left(\frac{100}{2} + \frac{50}{6}\right)}$$
$= 0.129\text{N/mm}^2 = 129\text{kN/m}^2$

해답 ①

092

그림과 같이 동일한 두께의 3층으로 된 수평모래층이 있을 때 토층에 수직한 방향의 평균투수계수(k_v)는?

① 2.38×10^{-3}cm/s
② 3.01×10^{-4}cm/s
③ 4.56×10^{-4}cm/s
④ 5.60×10^{-4}cm/s

3m	$k_1 = 2.3 \times 10^{-4}$cm/s
3m	$k_1 = 9.8 \times 10^{-3}$cm/s
3m	$k_1 = 4.7 \times 10^{-4}$cm/s

해설
① $H = H_1 + H_2 + H_3 = 3+3+3 = 9\text{m}$
② 연직방향 투수계수

$$k_v = \frac{H}{\frac{H_1}{k_1} + \frac{H_2}{k_2} + \frac{H_3}{k_3}} = \frac{900}{\frac{300}{2.3 \times 10^{-4}} + \frac{300}{9.8 \times 10^{-3}} + \frac{300}{4.7 \times 10^{-4}}}$$
$= 4.56 \times 10^{-4}\text{cm/sec}$

해답 ③

093 흙의 다짐에 대한 설명으로 틀린 것은?

① 다짐에 의하여 간극이 작아지고 부착력이 커져서 역학적 강도 및 지지력은 증대하고, 압축성, 흡수성 및 투수성은 감소한다.
② 점토를 최적함수비보다 약간 건조측의 함수비로 다지면 면모구조를 가지게 된다.
③ 점토를 최적함수비보다 약간 습윤측에서 다지면 투수계수가 감소하게 된다.
④ 면모구조를 파괴시키지 못할 정도의 작은 압력으로 점토시료를 압밀할 경우 건조측 다짐을 한 시료가 습윤측 다짐을 한 시료보다 압축성이 크게 된다.

해설 낮은 압력에서는 건조측에서 다진 흙의 압축성이 훨씬 작고 더 빨리 압축되나, 가해진 압력이 입자를 재배열시킬 만큼 충분히 클 때는 오히려 건조측에서 다진 흙의 압축이 더 커진다.

해답 ④

094 3층 구조로 구조결합 사이에 치환성 양이온이 있어서 활성이 크고, 시트(sheet) 사이에 물이 들어가 팽창·수축이 크고, 공학적 안정성이 약한 점토 광물은?

① sand
② illite
③ kaolinite
④ montmorillonite

해설 몬모릴로나이트(montmorillonite)
① 2개의 실리카판과 1개의 알루미나판으로 이루어진 구조이다.
② 3층 구조의 단위들이 치환성 양이온으로 결정되어 있다.
③ 결합력이 매우 작다.
④ 수축, 팽창이 크다.
⑤ 공학적 안정성이 제일 작다.

해답 ④

095 간극비 $e_1=0.80$인 어떤 모래의 투수계수 $K_1=8.5\times10^{-2}$cm/sec일 때 이 모래를 다져서 간극비를 $e_2=0.57$로 하면 투수계수 K_2는?

① 4.1×10^{-1}cm/s
② 8.1×10^{-2}cm/s
③ 3.5×10^{-2}cm/s
④ 8.5×10^{-3}cm/s

해설 투수계수는 간극비의 제곱에 비례하므로

$$k_1 : k_2 = \frac{e_1^3}{1+e_1} : \frac{e_2^3}{1+e_2}$$

$$8.5\times10^{-2} : k_2 = \frac{0.8^3}{1+0.8} : \frac{0.57^3}{1+0.57} \text{에서}$$

$$k_2 = 3.52\times10^{-2} \text{cm/sec}$$

해답 ③

096
사면안정 해석방법에 대한 설명으로 틀린 것은?

① 일체법은 활동면 위에 있는 흙덩어리를 하나의 물체로 보고 해석하는 방법이다.
② 마찰원법은 점착력과 마찰각을 동시에 갖고 있는 균질한 지반에 적용된다.
③ 절편법은 활동면 위에 있는 흙을 여러 개의 절편으로 분할하여 해석하는 방법이다.
④ 절편법은 흙이 균질하지 않아도 적용이 가능하지만, 흙 속에 간극수압이 있을 경우 적용이 불가능하다.

해설 절편법(slice method, 분할법)은 먼저 임의의 활동면을 가정하여, 활동면의 흙을 여러 개의 절편으로 나누어 각 절편에 작용하는 힘을 구하여 절편에 대한 안전율을 결정하는 방법으로, 이질토층과 지하수위가 있는 경우에 적용할 수 있다.

해답 ④

097
그림과 같이 지표면에 집중하중이 작용할 때 A점에서 발생하는 연직응력의 증가량은?

① 0.21kN/m^2
② 0.24kN/m^2
③ 0.27kN/m^2
④ 0.30kN/m^2

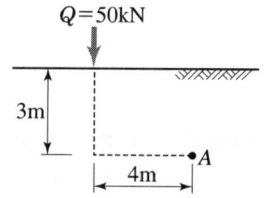

해설 집중하중에 의한 응력 증가
① 영향계수(I)
$$I = \frac{3 \cdot z^5}{2 \cdot \pi \cdot R^5} = \frac{3 \times 3^5}{2 \times \pi \times (\sqrt{4^2 + 3^2})^5} = 0.0371$$
② 연직응력 증가량($\Delta\sigma_z$)
$$\Delta\sigma_z = \frac{Q}{z^2} \cdot I = \frac{50}{3^2} \times 0.0371 = 0.21\text{kN/m}^2$$

해답 ①

098
지표에 설치된 3m×3m의 정사각형 기초에 80kN/m²의 등분포하중이 작용할 때, 지표면 아래 5m 깊이에서의 연직응력의 증가량은? (단, 2:1 분포법을 사용한다.)

① 7.15kN/m^2
② 9.20kN/m^2
③ 11.25kN/m^2
④ 13.10kN/m^2

해설 ① $Q = q_s \cdot B \cdot L = 80 \times 3 \times 3 = 720\,\text{kN}$

② $\Delta\sigma_z = \dfrac{Q}{(B+z) \cdot (L+z)} = \dfrac{720}{(3+5) \times (3+5)} = 11.25\,\text{kN/m}^2$

해답 ③

099
다음 연약지반 개량공법 중 일시적인 개량공법은?

① 치환 공법 ② 동결 공법
③ 약액주입 공법 ④ 모래다짐말뚝 공법

해설 **일시적 지반 개량공법**
① 웰포인트(Well point) 공법
② deep well 공법(깊은우물 공법)
③ 대기압공법(진공압밀공법)
④ 동결공법

해답 ②

100
연약지반에 구조물을 축조할 때 피에조미터를 설치하여 과잉간극수압의 변화를 측정한 결과 어떤 점에서 구조물 축조 직후 과잉간극수압이 100kN/m²이었고, 4년 후에 20kN/m²이었다. 이때의 압밀도는?

① 20% ② 40%
③ 60% ④ 80%

해설 과잉간극수압의 소산정도에 따르면

$U = \dfrac{\text{소산된 과잉간극수압}}{\text{초기과잉간극수압}} \times 100 = \dfrac{u_i - u_e}{u_i} \times 100 = \left(1 - \dfrac{u_e}{u_i}\right) \times 100\,(\%)$

$= \left(1 - \dfrac{20}{100}\right) \times 100\,(\%) = 80\%$

해답 ④

제6과목 상하수도공학

101 1인1평균급수량에 대한 일반적인 특징으로 옳지 않은 것은?
① 소도시는 대도시에 비해서 수량이 크다.
② 공업이 번성한 도시는 소도시보다 수량이 크다.
③ 기온이 높은 지방이 추운 지방보다 수량이 크다.
④ 정액급수의 수도는 계량급수의 수도보다 소비수량이 크다.

해설 ① 계획 1일 평균급수량 = 계획 1일 최대급수량
$\times$ [0.7(중소도시), 0.8(대도시, 공업도시)]
② 계획 1일 평균급수량은 대도시나 공업도시가 중소도시에 비해서 수량이 크다.

해답 ①

102 침전지의 수심이 4m이고 체류시간이 1시간일 때 이 침전지의 표면부하율(Surface loading rate)은?
① $48 \mathrm{m}^3/\mathrm{m}^2 \cdot \mathrm{d}$
② $72 \mathrm{m}^3/\mathrm{m}^2 \cdot \mathrm{d}$
③ $96 \mathrm{m}^3/\mathrm{m}^2 \cdot \mathrm{d}$
④ $108 \mathrm{m}^3/\mathrm{m}^2 \cdot \mathrm{d}$

해설 $L_s = \dfrac{\text{유입수량}(\mathrm{m}^3/\text{day})}{\text{표면적}(\mathrm{m}^2)} = \dfrac{Q}{A} = \dfrac{H}{t} = \dfrac{4}{1 \times \dfrac{1}{24}}$

$= 96 \mathrm{m}^3/\mathrm{m}^2 \cdot \mathrm{d}$

여기서, L_s : 수면적부하율 $[\mathrm{m}^3/\mathrm{m}^2 \cdot \text{day}]$
Q : 유입수량 $[\mathrm{m}^3/\text{day}]$
A : 침전지면적 $[\mathrm{m}^2]$ ($A = B \times L$)

해답 ③

103 인구가 10000명인 A시에 폐수 배출시설 1개소가 설치될 계획이다. 이 폐수 배출시설의 유량은 200m³/d이고 평균 BOD 배출농도는 500gBOD/m³이다. 이를 고려하여 A시에 하수종말처리장을 신설할 때 적합한 최소 계획인구수는? (단, 하수종말처리장 건설 시 1인 1일 BOD 부하량은 50gBOD/인·d로 한다.)
① 10000명
② 12000명
③ 14000명
④ 16000명

해설 $10{,}000 + \dfrac{200\mathrm{m}^{3/d} \times 500\mathrm{gBOD}/\mathrm{m}^3}{50\mathrm{gBOD}/\text{인d}} = 12{,}000$명

해답 ②

104

우수관로 및 합류식관로 내에서의 부유물 침전을 막기 위하여 계획우수량에 대하여 요구되는 최소 유속은?

① 0.3m/s
② 0.6m/s
③ 0.8m/s
④ 1.2m/s

해설 하수관의 유속

관거	최소 유속	최대 유속	비 고
오수관거	0.6m/sec	3.0m/sec	이상적인 유속 : 1.0~1.8m/sec
우수관거 및 합류관거	0.8m/sec	3.0m/sec	

해답 ③

105

어느 A시에 장래 2030년의 인구추정 결과 85000명으로 추산되었다. 계획년도의 1인 1일당 평균급수량을 380L, 급수보급률을 95%로 가정할 때 계획년도의 계획 1일 평균급수량은?

① 30685m³/d
② 31205m³/d
③ 31555m³/d
④ 32305m³/d

해설 계획 1일 평균급수량 = 계획 1일 최대급수량 × 계획유효율
$= 380L/인 \times 10^{-3} m^3/L \times 0.95 \times 85{,}000인$
$= 30{,}685 m^3/d$

해답 ①

106

하수도의 관로계획에 대한 설명으로 옳은 것은?

① 오수관로는 계획1일평균오수량을 기준으로 계획한다.
② 관로의 역사이펀을 많이 설치하여 유지관리 측면에서 유리하도록 계획한다.
③ 합류식에서 하수의 차집관로는 우천 시 계획오수량을 기준으로 계획한다.
④ 오수관로와 우수관로가 교차하여 역사이펀을 피할 수 없는 경우는 우수관로를 역사이펀으로 하는 것이 바람직하다.

해설 계획하수량
① 분류식
  ㉠ 오수관로 : 계획시간 최대 오수량
  ㉡ 우수관로 : 계획 우수량
② 합류식
  ㉠ 합류관로 : 계획시간 최대 오수량 + 계획우수량
  ㉡ 차집관로 : 우천시 계획오수량(계획시간 최대 오수량의 3배 이상)

해답 ③

107

정수처리 시 트리할로메탄 및 곰팡이 냄새의 생성을 최소화하기 위해 침전지가 여과지 사이에 염소제를 주입하는 방법은?

① 전염소처리 ② 중간염소처리
③ 후염소처리 ④ 이중염소처리

해설 중간염소처리의 경우 염소제 주입지점은 침전지와 여과지 사이에서 잘 혼화되는 장소로 한다.

해답 ②

108

지름 400mm, 길이 1000m인 원형 철근 콘크리트 관에 물이 가득 차 흐르고 있다. 이 관로 시점의 수두가 50m 라면 관로 종점의 수압(kgf/cm²)은? (단, 손실수두는 마찰손실 수두만을 고려하며 마찰계수(f)=0.05, 유속은 Manning 공식을 이용하여 구하고 조도계수(n)=0.013, 동수경사(I)=0.001이다.)

① 2.92kgf/cm² ② 3.28kgf/cm²
③ 4.83kgf/cm² ④ 5.31kgf/cm²

해설 ① 유속
Manning 공식
$$V = \frac{1}{n} R^{2/3} I^{1/2} = \frac{1}{0.013} \times \left(\frac{0.4}{4}\right)^{2/3} \times 0.001^{1/2} = 0.524 \text{m/sec}$$
② 관마찰손실수두
$$h_f = f \frac{L}{D} \cdot \frac{V^2}{2g} = 0.05 \times \frac{1,000}{0.4} \times \frac{0.524^2}{2 \times 980} = 1.75 \text{m}$$
③ 관로종점의 수두=50−1.75=48.25m
④ 관로 종점의 수압=4.83kgf/cm²

해답 ③

109

교차연결(cross connection)에 대한 설명으로 옳은 것은?

① 2개의 하수도관이 90°로 서로 연결된 것을 말한다.
② 상수도관과 오염된 오수관이 서로 연결된 것을 말한다.
③ 두 개의 하수관로가 교차해서 지나가는 구조를 말한다.
④ 상수도관과 하수도관이 서로 교차해서 지나가는 것을 말한다.

해설 교차연결의 정의 : 연결관에 수압차를 두는 것은 교차연결의 발생원이 된다.
① 음용수를 공급하는 수도에 공업용 수도 등의 배수관을 서로 연결한 것을 말한다.
② 압력저하 또는 진공발생으로 연결된 관으로부터 수질이 불명확한 물의 유입이 가능하게 되는 현상

해답 ②

110
슬러지 농축과 탈수에 대한 설명으로 틀린 것은?

① 탈수는 기계적 방법으로 진공여과, 가압여과 및 원심탈수법 등이 있다.
② 농축은 매립이나 해양투기를 하기 전에 슬러지 용적을 감소시켜 준다.
③ 농축은 자연의 중력에 의한 방법이 가장 간단하며 경제적인 처리 방법이다.
④ 중력식 농축조에 슬러지 제거기 설치 시 탱크바닥의 기울기는 1/10 이상이 좋다.

해설 슬러지 제거기(sludge scraper)를 설치할 경우 탱크바닥의 기울기는 5/100 이상이 좋다.

해답 ④

111
송수시설에 대한 설명으로 옳은 것은?

① 급수관, 계량기 등이 붙어 있는 시설
② 정수장에서 배수지까지 물을 보내는 시설
③ 수원에서 취수한 물을 정수장까지 운반하는 시설
④ 정수 처리된 물을 소요수량만큼 수요자에게 보내는 시설

해설 송수시설은 정수장에서 배수지까지 송수하는 시설. 송수관, 송수펌프, 조정지 및 밸브 등의 부속 설비로 구성된다.

해답 ②

112
압력식 하수도 수집 시스템에 대한 특징 틀린 것은?

① 얕은 층으로 매설할 수 있다.
② 하수를 그라인더 펌프에 의해 압송한다.
③ 광범위한 지형 조건 등에 대응할 수 있다.
④ 유지관리가 비교적 간편하고, 일반적으로는 유리관리비용이 저렴하다.

해설 압력식 하수도 수집 시스템의 경우 하수를 그라인더 펌프에 의해 압송하므로 얕은 층에 매설할 수 있어 광범위한 지형 조건에 대응할 수 있는 장점이 있으나 비교적 유지관리비가 많이 든다.

해답 ④

113
pH가 5.6에서 4.3으로 변화할 때 수소이온 농도는 약 몇 배가 되는가?

① 약 13배　　② 약 15배
③ 약 17배　　④ 약 20배

해설 $\dfrac{10^{-4.3}}{10^{-5.6}} = \dfrac{5.012 \times 10^{-5}}{2.512 \times 10^{-6}} = 20$

해답 ④

114
하수처리계획 및 재이용계획을 위한 계획오수량에 대한 설명으로 옳은 것은?
① 지하수량은 계획1일평균오수량의 10~20%로 한다.
② 계획1일평균오수량은 계획1일최대오수량의 70~80%를 표준으로 한다.
③ 합류식에서 우천 시 계획오수량은 원칙적으로 계획1일평균오수량의 3배 이상으로 한다.
④ 계획1일최대오수량은 계획시간최대오수량을 1일의 수량으로 환산하여 1.3~1.8배를 표준으로 한다.

해설 계획 1일 평균 오수량 : 하수처리장 유입하수의 수질을 추정하는 데 사용
계획 1일 평균 오수량 = 계획 1일 최대 오수량 × 70~80%
① 중소도시 : 70% ② 대도시, 공업도시 : 80%

해답 ②

115
배수관망의 구성방식 중 격자식과 비교한 수지상식의 설명으로 틀린 것은?
① 수리계산이 간단하다.   ② 사고 시 단수구간이 크다.
③ 제수밸브를 많이 설치해야 한다. ④ 관의 말단부에 물이 정체되기 쉽다.

해설 수지상식은 격자식(망목식)에 비해 제수 밸브가 적게 설치된다.

해답 ③

116
슬러지 처리의 목표로 옳지 않은 것은?
① 중금속 처리   ② 병원균의 처리
③ 슬러지의 생화학적 안정화   ④ 최종 슬러지 부피의 감량화

해설 슬러지 처리 목표
① 안정화(유기물 제거)
② 살균(안전화)
③ 부피 감량화
④ 처분의 확실성

해답 ①

117
하수의 고도처리에 있어서 질소와 인을 동시에 제거하기 어려운 공법은?
① 수정 phostrip 공법   ② 막분리 활성슬러지법
③ 혐기무산소호기조합법   ④ 응집제병용형 생물학적 질소제거법

해설 막분리법은 압력차에 의해서 막을 통과시켜 물질을 분리하는 방법으로 질소와 인을 동시에 제거하기 어렵다.

해답 ②

118

합류식과 분류식에 대한 설명으로 옳지 않은 것은?

① 분류식의 경우 관로 내 퇴적은 적으나 수세효과는 기대할 수 없다.
② 합류식의 경우 일정량 이상이 되면 우천 시 오수가 월류한다.
③ 합류식의 경우 관경이 커지기 때문에 2계통인 분류식보다 건설비용이 많이 든다.
④ 분류식의 경우 오수와 우수를 별개의 관로로 배제하기 때문에 오수의 배제계획이 합리적이다.

해설 분류식 하수도의 경우 오수관과 우수관을 별도로 설치해야 되므로 공사비가 많이 소요된다.

해답 ③

119

저수지에서 식물성 플랑크톤의 과도성장에 따라 부영양화가 발생될 수 있는데, 이에 대한 가장 일반적인 지표기준은?

① COD 농도
② 색도
③ BOD와 DO 농도
④ 투명도(Secchi disk depth)

해설 투명도를 기준으로 클로로필-a, 총인(T-P) 등의 농도를 이용한 상관관계를 기초로 부영양화도를 평가한다.

해답 ④

120

정수장의 소독 시 처리수량이 10000m³/d 인 정수장에서 염소를 5mg/L의 농도로 주입할 경우 잔류염소농도가 0.2mg/L이었다. 염소요구량은? (단, 염소의 순도는 80%이다.)

① 24kg/d
② 30kg/d
③ 48kg/d
④ 60kg/d

해설 염소요구량 = 염소요구농도 × 유량 × $\dfrac{1}{순도}$

$$= \dfrac{1,000L}{1m^3} \times (5-0.2)\dfrac{mg}{L} \times \dfrac{1kg}{10^6 mg} \times \dfrac{10,000m^3}{day} \times \dfrac{1}{0.8}$$

$$= 460 kg/day$$

해답 ④

2022년 8월 CBT 시행

본 문제는 복원 기출문제입니다. 실제 문제와 다를 수 있으니 양해바랍니다.

제1과목 응용역학

001 그림과 같은 단면에서 외곽 원의 직경(D)이 60cm이고 내부 원의 직경($D/2$)은 30cm라면, 빗금 친 부분의 도심의 위치는 X축에서 얼마나 떨어진 곳인가?

① 33cm
② 35cm
③ 37cm
④ 39cm

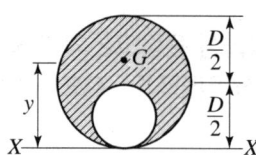

해설 $\bar{y} = \dfrac{\Sigma A \cdot y}{\Sigma A} = \dfrac{\pi \times 30^2 \times 30 - \pi \times 15^2 \times 15}{\pi \times 30^2 - \pi \times 15^2} = 35\text{cm}$

해답 ②

002 단면이 10cm×20cm인 장주가 있다. 그 길이가 3m일 때 이 기둥의 좌굴하중은 약 얼마인가? (단, 기둥의 $E = 2 \times 10^4$MPa, 지지상태는 일단 고정, 타단 자유이다.)

① 45.8kN
② 91.4kN
③ 182.8kN
④ 365.6kN

해설 ① 강도(내력)
일단고정 타단자유이므로 $n = 1/4$
② 좌굴하중(P_b)

$P_b = \dfrac{\pi^2 EI}{l_k^2} = \dfrac{n\pi^2 EI}{l^2} = \dfrac{\dfrac{1}{4} \times \pi^2 \times 2 \times 10^4 \times \dfrac{20 \times 100^3}{12}}{3000^2} = 91385\text{N} \fallingdotseq 91.4\text{kN}$

해답 ②

003

그림과 같은 트러스에서 부재 U의 부재력은?

① 10kN(압축)
② 12kN(압축)
③ 13kN(압축)
④ 15kN(압축)

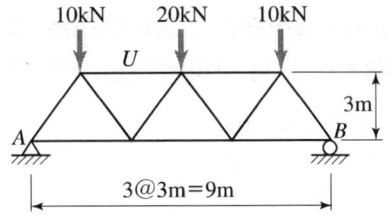

 ① $R_A = R_B = \dfrac{10+20+10}{2} = 20\text{kN}$

② $\Sigma M_C = 0$
$R_A \times 3 - 10 \times 1.5 + U \times 3 = 0$
$U = -15\text{kN} = 15\text{kN}(압축)$

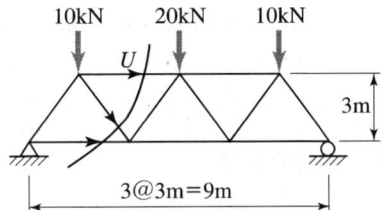

해답 ④

004

그림과 같은 트러스의 C점에 300kg의 하중이 작용할 때 C점에서의 처짐을 계산하면? (단, $E = 2 \times 10^5$MPa, 단면적 $= 100\text{mm}^2$)

① 0.158cm
② 0.315cm
③ 0.473cm
④ 0.630cm

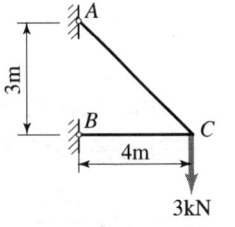

① 실제계

$\dfrac{3\text{kN}}{3\text{m}} = \dfrac{F_{BC}}{4\text{m}} = \dfrac{F_{AC}}{5\text{m}}$

$F_{AC} = \dfrac{3\text{kN}}{3\text{m}} \times 5\text{m} = 5\text{kN}(인장)$

$F_{BC} = \dfrac{3\text{kN}}{3\text{m}} \times 4\text{m} = 4\text{kN}(압축)$

② 가상계

$\dfrac{1\text{kN}}{3\text{m}} = \dfrac{f_{BC}}{4\text{m}} = \dfrac{f_{AC}}{5\text{m}}$

$f_{AC} = \dfrac{1\text{kN}}{3\text{m}} \times 5\text{m} = \dfrac{5}{3}\text{kN}(인장)$, $f_{BC} = \dfrac{1\text{kN}}{3\text{m}} \times 4\text{m} = \dfrac{4}{3}\text{kN}(압축)$

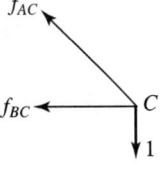
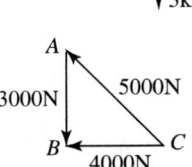
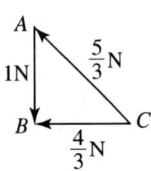

③ C점의 연직처짐

$y_c = \Sigma \dfrac{Ffl}{AE} = \dfrac{(5000) \times \dfrac{5}{3} \times 5000}{100 \times (2 \times 10^5)} + \dfrac{(-4000) \times \left(-\dfrac{4}{3}\right) \times 4000}{100 \times (2 \times 10^5)}$

$= 3.15\text{mm} = 0.315\text{cm}$

해답 ②

005

중공 원형 강봉에 비틀림력 T가 작용할 때 최대 전단변형률 $\gamma_{max} = 750 \times 10^{-6}$ rad으로 측정되었다. 봉의 내경은 60mm이고 외경은 75mm일 때 봉에 작용하는 비틀림력 T를 구하면? (단, 전단탄성계수 $G = 8.15 \times 10^4$ MPa)

① 2.99kN·m
② 3.27kN·m
③ 3.53kN·m
④ 3.92kN·m

해설 ① 전단응력
$\tau = G \cdot r = 8.15 \times 10^4 \times 750 \times 10^{-6} = 61.125$ MPa
② 비틀림상수
$J = I_P = I_X + I_Y = 2I_X = 2 \times \dfrac{\pi}{64}(7.5^4 - 6^4) = 183.4$ cm^4
③ 비틀림응력
$\tau = \dfrac{T}{J} r$ 에서
$T = \dfrac{\tau \cdot J}{r} = \dfrac{61.125 \times (183.4 \times 10^4)}{\dfrac{75}{2}} = 2989420$ N·mm $= 2.99$ kN·m

해답 ①

006

다음의 2부재로 된 TRUSS계의 변형에너지 U를 구하면 얼마인가? [단, ( ) 안의 값은 외력 P에 의한 부재력이고, 부재의 축강성 AE는 일정하다.]

① $0.326 \dfrac{P^2 L}{AE}$
② $0.333 \dfrac{P^2 L}{AE}$
③ $0.364 \dfrac{P^2 L}{AE}$
④ $0.373 \dfrac{P^2 L}{AE}$

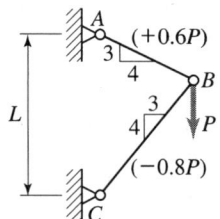

해설 ① $\dfrac{L}{1/3} = \dfrac{L_{AB}}{1/5}$ 에서 $L_{AB} = \dfrac{3}{5}L$
② $\dfrac{L}{1/4} = \dfrac{L_{BC}}{1/5}$ 에서 $L_{BC} = \dfrac{4}{5}L$
③ $U_N = \int \dfrac{N^2}{2EA} dx = \sum \dfrac{N^2 L}{2EA} = \dfrac{(0.6P)^2 \times \dfrac{3}{5}L}{2EA} + \dfrac{(0.8P)^2 \times \dfrac{4}{5}L}{2EA} = 0.364 \dfrac{P^2 L}{EA}$

해답 ③

007

아래 그림과 같은 정정 라멘에 분포하중 W가 작용할 때 최대 모멘트를 구하면?

① $0.186\,wL^2$
② $0.219\,wL^2$
③ $0.250\,wL^2$
④ $0.281\,wL^2$

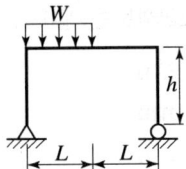

해설
① $\sum M_B = 0$ $V_A \times 2L - w \times L \times \dfrac{3}{2}L = 0$ $V_A = \dfrac{3wL}{4}(\uparrow)$

② 전단력이 0인 곳 구하기
$S_x = \dfrac{3wL}{4} - wL = 0$ $x = \dfrac{3}{4}L$

③ $M_{\max} = \dfrac{3}{4}wL \times \dfrac{3}{4}L - w \times \dfrac{3}{4}L \times \dfrac{3}{4}L \times \dfrac{1}{2} = 0.281 wL^2$

해답 ④

008

체적탄성계수 K를 탄성계수 E와 푸아송비 ν로 옳게 표시한 것은?

① $K = \dfrac{E}{3(1-2\nu)}$
② $K = \dfrac{E}{2(1-3\nu)}$
③ $K = \dfrac{2E}{3(1-2\nu)}$
④ $K = \dfrac{3E}{2(1-3\nu)}$

해설 탄성계수와 체적탄성계수의 관계
$$K = \dfrac{E}{3(1-2\nu)} = \dfrac{E}{3\left(1-2\dfrac{1}{m}\right)} = \dfrac{mE}{3(m-2)}$$

해답 ①

009

다음 그림에 표시된 힘들의 x방향의 합력은 약 얼마인가?

① $0.4\,\text{kN}(\leftarrow)$
② $0.7\,\text{kN}(\rightarrow)$
③ $1.0\,\text{kN}(\rightarrow)$
④ $1.3\,\text{kN}(\leftarrow)$

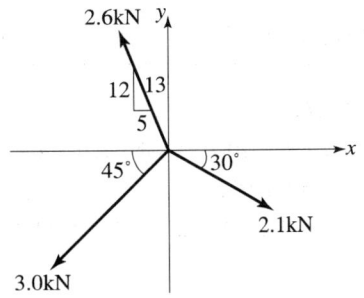

해설 $P_x = 2.1 \times \cos 30° - 2.6 \times \dfrac{5}{13} - 3.0 \times \cos 45° = -1.3\,\text{kN} = 1.3\,\text{kN}(\leftarrow)$

해답 ④

010

다음 부정정보의 B지점에 침하가 발생하였다. 발생된 침하량이 1cm라면 이로 인한 B지점의 모멘트는 얼마인가? ($EI = 2 \times 10^5$MPa)

① 0.1675N · mm
② 0.1775N · mm
③ 0.1875N · mm
④ 0.1975N · mm

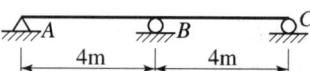

해설 ① $M_A \cdot \dfrac{l_1}{I_1} + 2M_B \cdot \left(\dfrac{l_1}{I_1} + \dfrac{l_2}{I_2}\right) + M_C \cdot \dfrac{l_2}{I_2} = 6E(\theta_{BA}' - \theta_{BC}') + 6E(\beta_{AB} - \beta_{BC})$ 에서

② $M_A = M_C = 0$, $\theta_{BA}' = \theta_{BC}' = 0$

$\beta_{AB} = \dfrac{\delta_B - \delta_A}{l} = \dfrac{10 - 0}{l} = \dfrac{10}{l}$

$\beta_{BC} = \dfrac{\delta_C - \delta_B}{l} = \dfrac{0 - 10}{l} = -\dfrac{10}{l}$

③ $2M_B \cdot \left(\dfrac{l_1}{I_1} + \dfrac{l_2}{I_2}\right) = 6E(\beta_{AB} - \beta_{BC})$

$2M_B \cdot \left(\dfrac{l}{I} + \dfrac{l}{I}\right) = 6E\left[\dfrac{10}{l} - \left(-\dfrac{10}{l}\right)\right]$

$2M_B \cdot \left(\dfrac{2l}{I}\right) = 6E\left(\dfrac{20}{l}\right)$

$M_B = \dfrac{120EI}{4l^2} = \dfrac{30EI}{l^2} = \dfrac{30 \times 1 \times 10^5}{4000^2} = 0.1875$N · mm

해답 ③

011

아래 그림과 같은 내민보에서 D점의 휨 모멘트 M_D는 얼마인가?

① 180kN · m
② 160kN · m
③ 140kN · m
④ 120kN · m

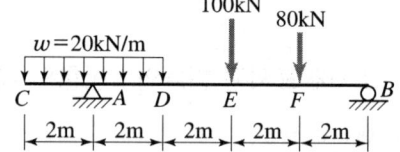

해설 ① $\Sigma M_B = 0$
$V_A \times 8 - (20 \times 4) \times 8 - 100 \times 4 - 80 \times 2 = 0$
$V_A = 150$kN(↑)

② $M_D = V_A \times 2 - (20 \times 4) \times 2 = 150 \times 2 - (20 \times 4) \times 2 = 140$kN · m

해답 ③

012
단면 2차 모멘트의 특성에 대한 설명으로 틀린 것은?
① 단면 2차 모멘트의 최소값은 도심에 대한 것이며 그 값은 "0"이다.
② 정삼각형, 정사각형, 정다각형의 도심에 대한 단면 2차 모멘트는 축의 회전에 관계없이 모두 같다.
③ 단면 2차 모멘트는 좌표축에 상관없이 항상 (+)의 부호를 갖는다.
④ 단면 2차 모멘트가 크면 휨강성이 크고 구조적으로 안전하다.

해설 단면 2차 모멘트의 최소값은 도심에서 발생하며 부호는 항상 "+"이기 때문에 "0"이 될 수 없다.

해답 ①

013
다음 그림과 같은 캔틸레버보에 휨모멘트 하중 M이 작용할 경우 최대처짐 δ_{max}의 값은? (단, 보의 휨강성은 EI임.)

① $\dfrac{ML}{EI}$
② $\dfrac{ML^2}{2EI}$
③ $\dfrac{M^2L}{2EI}$
④ $\dfrac{ML^2}{6EI}$

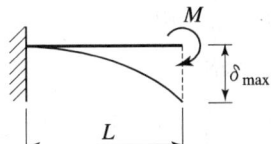

해설 $\delta_{max} = \dfrac{ML^2}{2EI}$

해답 ②

014
그림과 같은 하중을 받는 보의 최대 전단응력은?

① $\dfrac{2}{3}\dfrac{\omega l}{bh}$
② $\dfrac{3}{2}\dfrac{\omega l}{bh}$
③ $2\dfrac{\omega l}{bh}$
④ $\dfrac{\omega l}{bh}$

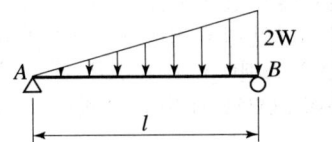 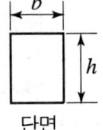

해설 ① 반력
$$R_A = \frac{(2W)l}{6} = \frac{Wl}{3}$$
$$R_B = \frac{2Wl}{3}$$

② $\tau_{\max} = \frac{3}{2}\frac{S_{\max}}{A} = \frac{3}{2}\frac{\frac{2wl}{3}}{bh} = \frac{wl}{bh}$

해답 ④

015 아래 그림과 같은 보의 중앙점 C의 전단력의 값은?

① 0
② -2.2kN
③ -4.2kN
④ -6.2kN

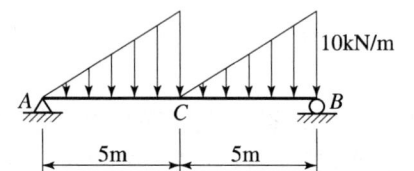

해설 ① $\sum M_B = 0$
$$R_A \times 10 - \frac{1}{2} \times 10 \times 5 \times \left(\frac{5}{3}+5\right) - \frac{1}{2} \times 10 \times 5 \times \left(\frac{5}{3}\right) = 0$$
$R_A = 20.8$kN

② $S_C = R_A - \frac{1}{2} \times 10 \times 5 = 20.8 - \frac{1}{2} \times 10 \times 5 = -4.2$kN

해답 ③

016 정정 구조물에 비해 부정정 구조물이 갖는 장점을 설명한 것 중 틀린 것은?

① 설계모멘트의 감소로 부재가 절약된다.
② 부정정 구조물은 그 연속성 때문에 처짐의 크기가 작다.
③ 외관을 우아하고 아름답게 제작할 수 있다.
④ 지점 침하 등으로 인해 발생하는 응력이 적다.

해설 부정정 구조물의 장점과 단점
① 장점
  ㉠ 부재 내에 발생하는 휨모멘트의 감소로 인하여 단면이 작아지므로 경제적이다.
  ㉡ 동일 단면인 경우 정정구조물에 비해 더 많은 하중을 받을 수 있다.[동일 하중인 경우 스팬(span)을 길게 할 수 있다.]
  ㉢ 강성이 크므로 처짐 등 변형이 적게 일어난다.
② 단점
  ㉠ 해석과 설계가 까다롭다.
  ㉡ 지반의 부동침하에 취약하며 온도 변화, 제작 오차 등으로 인하여 큰 응력이 발생하기 쉽다.

해답 ④

017

단면이 원형(반지름 R)인 보에 휨모멘트 M이 작용할 때 보에 작용하는 최대휨응력은?

① $\dfrac{4M}{\pi R^3}$ ② $\dfrac{12M}{\pi R^3}$

③ $\dfrac{16M}{\pi R^3}$ ④ $\dfrac{32M}{\pi R^3}$

해설
① $I = \dfrac{\pi \cdot D^4}{64} = \dfrac{\pi \cdot R^4}{4}$

② $\sigma = \dfrac{M}{I} y = \dfrac{M}{\dfrac{\pi \cdot R^4}{4}} \times R = \dfrac{4M}{\pi \cdot R^3}$

해답 ①

018

반지름이 25cm인 원형 단면을 가지는 단주에서 핵의 면적은 약 얼마인가?

① 122.7cm^2 ② 168.4cm^2
③ 245.4cm^2 ④ 336.8cm^2

해설
① 원형의 핵거리(핵 반지름) $= \dfrac{d}{8} = \dfrac{r}{4} = \dfrac{25}{4} = 6.25\text{cm}$

② 핵 면적 $A = \pi \cdot R^2 = \pi \times 6.25^2 = 122.7\text{cm}^2$

해답 ①

019

다음 구조물에서 하중이 작용하는 위치에서 일어나는 처짐의 크기는?

① $\dfrac{PL^3}{48EI}$

② $\dfrac{PL^3}{96EI}$

③ $\dfrac{7PL^3}{384EI}$

④ $\dfrac{11PL^3}{384EI}$

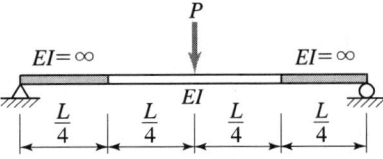

해설
① $M_{중앙} = \dfrac{P}{2} \times \dfrac{L}{2} = \dfrac{PL}{4}$

② 공액보법에 의하면
$\Sigma M_B' = 0$
$R_A' \times L - \dfrac{PL}{4EI} \times \dfrac{L}{4} \times \dfrac{1}{2} \times \left(\dfrac{L}{2} + \dfrac{L}{4} \times \dfrac{1}{3}\right) - \dfrac{PL}{4EI} \times \dfrac{L}{4} \times \dfrac{1}{2} \times \left(\dfrac{L}{4} + \dfrac{L}{4} \times \dfrac{2}{3}\right) = 0$

$$R_A' = \frac{PL^2}{32El}\left(\frac{7L}{12}\right) + \frac{PL^2}{32El}\left(\frac{5L}{12}\right) = \frac{7PL^3}{32\times12El} + \frac{5PL^3}{32\times12El} = \frac{PL^3}{32El}$$

③ $\delta_c = M_c' = \frac{PL^3}{32El}\times\frac{L}{2} - \frac{PL}{4El}\times\frac{L}{4}\times\frac{1}{2}\times\frac{L}{4}\times\frac{1}{3} = \frac{7PL^3}{384El}$

해답 ③

020

그림과 같은 라멘 구조물의 E점에서의 불균형 모멘트에 대한 부재 EA의 모멘트 분배율은?

① 0.222
② 0.1667
③ 0.2857
④ 0.40

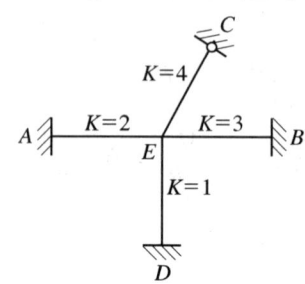

해설 ① 강비 $k_{EA}=2$, $k_{EB}=3$, $k_{EC}=\frac{3}{4}\times 4=3$, $k_{ED}=1$

② 분배율 $DF_{EA} = \frac{k_{EA}}{k_{EA}+k_{EB}+k_{EC}+k_{ED}} = \frac{2}{2+3+3+1} = 0.222$

해답 ①

제2과목 측량학

021

축척 1 : 25000의 수치지형도에서 경사가 10%인 등경사 지형의 주곡선간 도상거리는?

① 2mm
② 4mm
③ 6mm
④ 8mm

해설 ① 1/25,000의 주곡선 표고는 10m이므로

$i = \frac{h}{D}$

$\frac{10}{100} = \frac{10}{D}$ 에서

$D = 100$m

② 실제거리 = 도상거리 $\times m$

도상거리 = $\frac{\text{실제거리}}{m} = \frac{100}{25,000} = 0.004$m = 4mm

해답 ②

022

직사각형 두 변의 길이를 $\frac{1}{200}$ 정확도로 관측하여 면적을 구할 때 산출된 면적의 정확도는?

① $\frac{1}{50}$
② $\frac{1}{100}$
③ $\frac{1}{200}$
④ $\frac{1}{400}$

해설 $\frac{dA}{A} = 2\frac{dl}{l} = 2 \times \frac{1}{200} = \frac{1}{100}$

해답 ②

023

축척 1 : 5000 수치지형도의 주곡선 간격으로 옳은 것은?

① 5m
② 10m
③ 15m
④ 20m

해설 축척 1/5,000의 지형도의 등고선 간격은 축척 1/10,000 지형도와 동일하므로 축척 1/5,000 수치지형도의 주곡선 간격은 5m이다.

해답 ①

024

초점거리 210mm인 카메라를 사용하여 사진 크기 18cm×18cm로 평탄한 지역을 촬영한 항공사진에서 주점기선장이 70mm이었다. 이 항공사진의 축척이 1 : 20000이었다면 비고 200m에 대한 시차차는?

① 2.2mm
② 3.3mm
③ 4.4mm
④ 5.5mm

해설
① $\frac{1}{20000} = \frac{f}{H}$, $\frac{1}{20000} = \frac{0.21}{H}$ 에서 $H = 4,200\mathrm{m}$

② $\Delta P(\text{시차차}) = \frac{h}{H}b_o = \frac{200\mathrm{m}}{4,200\mathrm{m}} \times 70\mathrm{mm} = 3.3\mathrm{mm}$

해답 ②

025

곡선반지름 R, 교각 I인 단곡선을 설치할 때 사용되는 공식으로 틀린 것은?

① $T.L. = R\tan\frac{I}{2}$
② $C.L. = \frac{\pi}{180°}RI°$
③ $E = R\left(\sec\frac{I}{2} - 1\right)$
④ $M = R\left(1 - \sin\frac{I}{2}\right)$

 해설 $M = R\left(1 - \cos\frac{I}{2}\right)$

해답 ④

026 축척에 대한 설명 중 옳은 것은?

① 축척 1 : 500 도면에서 면적은 실제면적의 1/1000이다.
② 축척 1 : 600 도면을 축척 1 : 200으로 확대했을 때 도면의 크기는 3배가 된다.
③ 축척 1 : 300 도면에서의 면적은 실제면적의 1/9000이다.
④ 축척 1 : 500 도면을 축척 1 : 1000으로 축소했을 때 도면의 크기는 1/4 이 된다.

해설 ① $A = am^2$에서

$a = \dfrac{A}{m^2}$ 이므로 실제면적 A의 $\dfrac{1}{m^2} = \dfrac{1}{500^2} = \dfrac{1}{250,000}$

② $\dfrac{600^2}{200^2} = 9$배가 된다.

③ 실제면적 A의 $\dfrac{1}{m^2} = \dfrac{1}{300^2} = \dfrac{1}{90,000}$

④ $\dfrac{500^2}{1,000^2} = \dfrac{1}{4}$ 배가 된다.

해답 ④

027 노선측량에서 실시설계측량에 해당되지 않는 것은?

① 중심선 설치 ② 용지 측량
③ 지형도 작성 ④ 다각 측량

해설 용지 측량이란 용지도를 작성하여 편입되는 용지 폭에 말뚝을 설치하는 측량이다. **해답** ②

028 트래버스 측량에서 관측값의 계산은 편리하나 한번 오차가 생기면 그 영향이 끝까지 미치는 각관측 방법은?

① 교각법 ② 편각법
③ 협각법 ④ 방위각법

해설 **방위각법의 특징**
① 각 측선이 일정한 기준선과 이루는 각을 우회로 관측하는 방법이다.
② 지역이 험준하고 복잡한 지역에서는 적합하지 않다.
③ 각관측값의 계산과 제도가 편리하고 신속히 관측할 수 있다.
④ 방위각을 직접 관측함에 따라 관측값의 계산은 편리하나 한번 오차가 생기면 그 영향이 끝까지 미친다.

해답 ④

029

2000m의 거리를 50m씩 끊어서 40회 관측하였다. 관측 결과 오차가 ±0.14m 이었고, 40회 관측의 정밀도가 동일하다면, 50m 거리 관측의 오차는?

① ±0.022m
② ±0.019m
③ ±0.016m
④ ±0.013m

해설 부정오차는 측정횟수(n)의 제곱근에 비례한다.

$E = \pm e \cdot \sqrt{n}$ 에서 $e = \dfrac{E}{\sqrt{n}} = \dfrac{\pm 0.14}{\sqrt{40}} = \pm 0.022\text{m}$

해답 ①

030

직접고저측량을 실시한 결과가 그림과 같을 때, A점의 표고가 10m라면 C점의 표고는? (단, 그림은 개략도로 실제 치수와 다를 수 있음.)

① 9.57m
② 9.66m
③ 10.57m
④ 10.66m

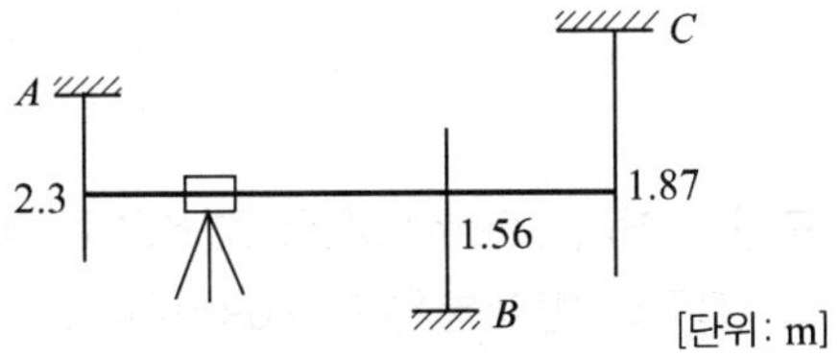

해설 $H_C = H_A - 2.3 + 1.87 = 10 - 2.3 + 1.87 = 9.57\text{m}$

해답 ①

031

항공 LiDAR 자료의 활용 분야로 틀린 것은?

① 도로 및 단지 설계
② 골프장 설계
③ 지하수 탐사
④ 연안 수심 DB 구축

해설
① **LiDAR**(Light Detection And Ranging)**의 정의**
항공기(비행기 또는 헬리콥터)로부터 지상을 향해 많은 레이저펄스(70kHz)를 지표면과 지물에 발사하여 반사되는 레이저펄스로부터 지표면의 고정밀 높이정보를 획득하는 공간정보 획득기술로서 고품질의 3차원 디지털 데이터를 획득하는 측량기술이다.(LiDAR는 산림지역에서 지표면의 관측이 가능하다.)

② 라이다(LiDAR)의 특성
  ㉠ 라이다(LiDAR)는 센서로부터 목표물까지 레이저 광선이 이동하는 시간을 측정함으로써 목표물까지 거리를 측정하는 원리로 작동한다.
  ㉡ 항공 라이다 센서는 한 번에 넓은 지역을 대상으로 레이저 광선을 대량 방출하여 레이저 광선이 도달한 각 지점의 정확한 3차원 좌표 값을 얻기 위하여 위성측위시스템(DGPS)과 센서의 자세를 측정하는 관성항법장치(INS) 기술의 발달로 실용화되었다.

ⓒ 항공라이다를 이용하면 수고 측정, 수관 폭 및 흉고 직경의 추정, 임목 축적 및 바이오매스 등을 측정할 수 있다.
ⓓ 항공라이다 자료는 도로 및 단지 설계, 골프장 설계, 연안 수심 DB 구축 등에 활용된다.

해답 ③

032
도로의 종단곡선으로 주로 사용되는 곡선은?
① 2차 포물선 ② 3차 포물선
③ 클로소이드 ④ 렘니스케이트

해설 수직 곡선(종단곡선)
① 원곡선(circular curve) : 철도
② 2차 포물선(parabola) : 도로

해답 ①

033
지구 표면의 거리 35km까지를 평면으로 간주했다면 허용정밀도는 약 얼마인가? (단, 지구의 반지름은 6370km이다.)
① 1/300000 ② 1/400000
③ 1/500000 ④ 1/600000

해설
$$\frac{\Delta l}{l} = \frac{l^2}{12R^2} = \frac{35^2}{12 \times 6370^2} = \frac{1}{397,488} ≒ \frac{1}{400,000}$$

해답 ②

034
다음 중 지상기준점 측량 방법으로 틀린 것은?
① 항공사진삼각측량에 의한 방법 ② 토털 스테이션에 의한 방법
③ 지상 레이더에 의한 방법 ④ GPS에 의한 방법

해설 지상기준점 측량
① 측량 방법으로는 삼각 측량, TS 측량, GPS 측량, Level 측량 등이 있다.
② AT(항공삼각측량)를 위한 측량이다.
③ 사진기준점 측량 및 수치도화에 필요한 기준성과를 얻기 위하여 실시한다.
④ 평면기준점은 2모델당 1점, 코스별 중복부분에 1점이다.
⑤ 표고기준점은 모델당 네 모서리에 각 1점씩 배치되도록 측량한다.

해답 ③

035 다음 중 물리학적 측지학에 해당되는 것은?

① 탄성파 관측 ② 면적 및 부피 계산
③ 구과량 계산 ④ 3차원 위치 결정

해설 측지학

기하학적 측지학	물리학적 측지학
• 측지학적 3차원 위치 결정	• 지구의 형상 해석
• 사진 측정	• 지구 조석
• 길이 및 시의 결정	• 중력 측정
• 수평 위치의 결정	• 지자기 측정
• 높이의 결정	• 탄성파 측정
• 천문 측량	• 지구 극운동 및 자전운동
• 위성 측지	• 지각 변동 및 균형
• 하해 측지	• 지구의 열
• 면적 및 체적의 산정	• 대륙의 부동
• 지도 제작	• 해양의 조류

해답 ①

036 수준망의 관측 결과가 표와 같을 때, 정확도가 가장 높은 것은?

구분	총거리[km]	폐합오차[mm]
I	25	±20
II	16	±18
III	12	±15
IV	8	±13

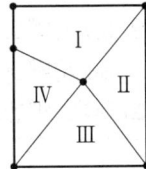

① I ② II
③ III ④ IV

해설 단일환의 수준망의 폐합오차는 출발 기준점으로부터의 거리에 비례한다.

① $I = \dfrac{\Delta l}{l} = \dfrac{20}{25,000,000} = \dfrac{1}{1,250,000}$

② $II = \dfrac{\Delta l}{l} = \dfrac{18}{16,000,000} = \dfrac{1}{888,889}$

③ $III = \dfrac{\Delta l}{l} = \dfrac{15}{12,000,000} = \dfrac{1}{800,000}$

④ $IV = \dfrac{\Delta l}{l} = \dfrac{13}{8,000,000} = \dfrac{1}{615,385}$

해답 ①

037
좌표를 알고 있는 기지점에 고정용 수신기를 설치하여 보정자료를 생성하고 동시에 미지점에 또 다른 수신기를 설치하여 고정점에서 생성된 보정자료를 이용해 미지점의 관측자료를 보정함으로써 높은 정확도를 확보하는 GPS 측위 방법은?

① KINEMATIC
② STATIC
③ SPOT
④ DGPS

해설 DGPS
① GPS 위치측정 데이터는 군사상으로 사용되는 PPS(Precision Positioning Service)인 경우에는 50m 이내, 민간에 제공되고 있는 SPS(Standard Positioning Service)는 200m 이내의 오차범위를 가진다.
② 이러한 오차를 보정하는 방법으로 특정 위치의 좌표 값과 그 곳의 측정값과의 차이를 이용하여 보정된 데이터를 반영하는 DGPS(Differential GPS)가 사용되고 있는데, DGPS를 사용하면 오차범위를 5m 이내로 줄일 수 있다.

해답 ④

038
그림에서 두 각이 ∠AOB=15°32′18.9″±5″, ∠BOC=67°17′45″±15″로 표시될 때 두 각의 합 ∠AOC는?

① 82°50′3.9″±5.5″
② 82°50′3.9″±10.1″
③ 82°50′3.9″±15.4″
④ 82°50′3.9″±15.8″

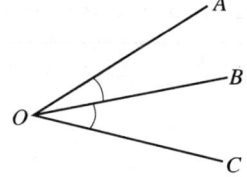

해설
① $e = \pm\sqrt{e_1^2 + e_2^2} = \pm\sqrt{5^2 + 15^2} = \pm 15.8''$
② 합각 = 15°32′18.9″ + 67°17′45″ = 82°50′3.9″
③ ∠AOC = 82°50′3.9″ ± 15.8″

해답 ④

039
수심이 h인 하천의 평균 유속을 구하기 위하여 수면으로부터 $0.2h$, $0.6h$, $0.8h$가 되는 깊이에서 유속을 측량한 결과 초당 0.8m, 1.5m, 1.0m이었다. 3점법에 의한 평균 유속은?

① 0.9m/s
② 1.0m/s
③ 1.1m/s
④ 1.2m/s

해설 $V_m = \frac{1}{4}(V_{0.2} + 2V_{0.6} + V_{0.8}) = \frac{1}{4} \times (0.8 + 2 \times 1.5 + 1.0) = 1.2\text{m/s}$

해답 ④

040 GPS 위성과 수신기 간의 거리를 측정할 수 있는 재원과 관계가 먼 것은?

① P code   ② CA code
③ L_1 code   ④ E_1 code

해설 E_1은 알고 있는 위성에서 발사한 전파를 수신하여 관측점까지의 소요시간을 관측함으로써 관측점의 위치를 구하는 것으로 거리 관측과는 무관하다.

해답 ④

제3과목 수 리 학

041 경심이 8m, 동수경사가 1/100, 마찰손실계수 $f = 0.03$일 때 Chezy의 유속계수 C를 구한 값은?

① $51.1\ m^{\frac{1}{2}}/s$ ② $25.6\ m^{\frac{1}{2}}/s$
③ $36.1\ m^{\frac{1}{2}}/s$ ④ $44.3\ m^{\frac{1}{2}}/s$

해설 Chezy 공식

$$C = \sqrt{\frac{8g}{f}} = \sqrt{\frac{8 \times 9.8[m/s^2]}{0.03}} = 51.1\ m^{\frac{1}{2}}/s$$

해답 ①

042 상대조도(相對粗度)를 바르게 설명한 것은?

① 차원(次元)이 [L]이다.
② 절대조도를 관경으로 곱한 값이다.
③ 거친 원관 내의 난류인 흐름에서 속도분포에 영향을 준다.
④ 원형관 내의 난류 흐름에서 마찰손실계수와 관계가 없는 값이다.

해설 상대조도(relative roughness)란 관직경과 관벽 요철과의 상대적 크기를 말하는 것으로, 거친 원관 내의 난류인 흐름에서 속도분포에 영향을 준다.

해답 ③

043 물의 순환에 대한 다음 수문 사항 중 성립이 되지 않는 것은?

① 지하수 일부는 지표면으로 용출해서 다시 지표수가 되어 하천으로 유입한다.
② 지표면에 도달한 우수는 토양 중에 수분을 공급하고 나머지가 아래로 침투해서 지하수가 된다.
③ 땅 속에 보류된 물과 지표하수는 토양면에서 증발하고 일부는 식물에 흡수되어 증산한다.
④ 지표에 강하한 우수는 지표면에 도달 전에 그 일부가 식물의 나무와 가지에 의하여 차단된다.

해설 토양 속으로 침투된 강수인 땅 속 보류 물과 지표하수는 일부는 지하수로 흐르게 되고, 일부는 식물에 흡수된다.

해답 ③

044 그림과 같이 $d_1 = 1m$인 원통형 수조의 측벽에 내경 $d_2 = 10cm$의 관으로 송수할 때의 평균 유속(V_2)이 2m/s이었다면 이 때의 유량 Q와 수조의 수면이 강하하는 유속 V_1은?

① $Q = 1.57L/s$, $V_1 = 2cm/s$
② $Q = 1.57L/s$, $V_1 = 3cm/s$
③ $Q = 15.7L/s$, $V_1 = 2cm/s$
④ $Q = 15.7L/s$, $V_1 = 3cm/s$

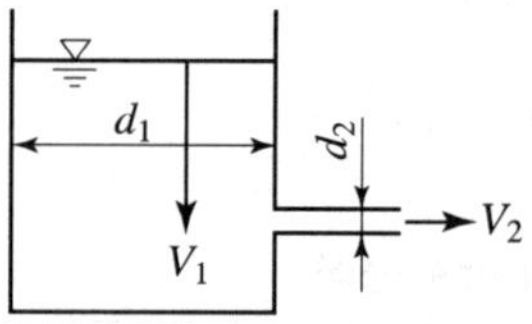

해설
① $Q = A_{관} V_{관} = \dfrac{\pi \times 10^2}{4} \times 200 = 15,707 cm^3/s = 15.7 L/s$

② $Q = A_{수조} V_{수조} = A_{관} V_{관}$에서

$V_{수조} = \dfrac{A_{관} V_{관}}{A_{수조}} = \dfrac{\dfrac{\pi \times 10^2}{4} \times 200}{\dfrac{\pi \times 100^2}{4}} = 2 cm/s$

해답 ③

045 누가우량곡선(rainfall mass curve)의 특성으로 옳은 것은?

① 누가우량곡선은 자기우량기록에 의하여 작성하는 것보다 보통우량계의 기록에 의하여 작성하는 것이 더 정확하다.
② 누가우량곡선으로부터 일정 기간 내의 강우량을 산출하는 것은 불가능하다.
③ 누가우량곡선의 경사는 지역에 관계없이 일정하다.
④ 누가우량곡선의 경사가 클수록 강우강도가 크다.

해설 누가우량곡선은 시간에 따른 우량의 누가치를 나타내는 곡선으로 자기우량기록지가 그 한 예이다.
① 누가우량곡선은 보통 우량계의 오차를 보완하여 자기우량계에 의해 작성하는 것이 더 정확하다.
② 누가우량곡선의 경사는 지역에 따라 다르며, 경사가 급할수록 강우강도가 크다.
③ 누가우량곡선으로부터 일정 기간 내의 강우량을 산출할 수 있다.

해답 ④

046

그림에서 $h=25\text{cm}$, $H=40\text{cm}$이다. A, B점의 압력차는?

① 1N/cm^2
② 3N/cm^2
③ 49N/cm^2
④ 100N/cm^2

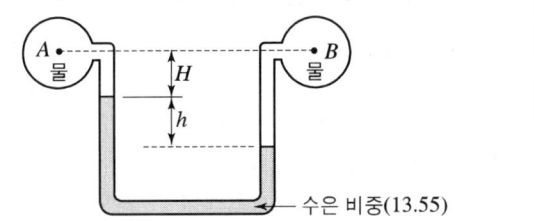

해설 U자형 액주계
$P_A + w_1 h = P_B + w_w h$에서
$P_B - P_A = w_1 h - w_w h = 13.55 \times 25 - 1 \times 25 = 313.75 \text{t/m}^2 = 31,375 \text{kg/cm}^2$
$1\text{N} = 9.8\text{kgf}$이므로
$P_B - P_A = \dfrac{31.375}{9.8} = 3.26\text{N/cm}^2$

해답 ②

047

Bernoulli의 정리로서 가장 옳은 것은?

① 동일한 유선상에서 유체입자가 가지는 Energy는 같다.
② 동일한 단면에서의 Energy의 합이 항상 같다.
③ 동일한 시각에는 Energy의 양이 불변한다.
④ 동일한 질량이 가지는 Energy는 같다.

해설 베르누이 정리(Bernoulli's theorem)
① 베르누이 정리는 유체역학의 기본법칙 중 하나로 1738년 D.베르누이가 발표하였으며, 점성과 압축성이 없는 이상적인 유체가 규칙적으로 흐르는 경우에 대해 속도와 압력, 높이의 관계를 수량적으로 나타낸 법칙이다.
② 베르누이 정리는 유체의 위치에너지와 운동에너지의 합이 일정하다는 법칙에서 유도한다.
③ 베르누이 정리는 점성을 무시할 수 있는 완전유체가 규칙적으로 흐르는 경우에만 적용할 수 있고, 실제 유체에 대해서는 적당히 변형된다.

해답 ①

048
지하수의 유속에 대한 설명으로 옳은 것은?
① 수온이 높으면 크다.
② 수온이 낮으면 크다.
③ 4℃에서 가장 크다.
④ 수온에는 관계없이 일정하다.

해설 지하수의 유속은 수온에 비례한다.

해답 ①

049
직사각형 단면의 수로에서 단위 폭당 유량이 0.4m³/s/m이고 수심이 0.8m일 때 비에너지는? (단, 에너지 보정계수는 1.0으로 함.)
① 0.801m
② 0.813m
③ 0.825m
④ 0.837m

해설 ① $Q = AV$
$0.4 = (0.8 \times 1) \times V$에서
$V = 0.5 \text{m/sec}$

② 비에너지 $H_e = h + \alpha \dfrac{V^2}{2g} = 0.8 + 1 \times \dfrac{0.5^2}{2 \times 9.8} = 0.813\text{m}$

해답 ②

050
단위중량 w 또는 밀도 ρ인 유체가 유속 V로서 수평방향으로 흐르고 있다. 직경 d, 길이 l인 원주가 유체의 흐름방향에 직각으로 중심축을 가지고 놓였을 때 원주에 작용하는 항력(D)은? (단, C : 항력계수, g : 중력가속도)

① $D = C \cdot \dfrac{\pi d^2}{4} \cdot \dfrac{wV^2}{2}$
② $D = C \cdot d \cdot l \cdot \dfrac{\rho V^2}{2}$
③ $D = C \cdot \dfrac{\pi d^2}{4} \cdot \dfrac{\rho V^2}{2}$
④ $D = C \cdot d \cdot l \cdot \dfrac{wV^2}{2}$

해설 항력 $D = C_D A \dfrac{\rho V^2}{2} = C_D dl \dfrac{\rho V^2}{2}$

해답 ②

051
관내에 유속 V로 물이 흐르고 있을 때 밸브의 급격한 폐쇄 등에 의하여 유속이 줄어들면 이에 따라 관내에 압력의 변화가 생기는데 이것을 무엇이라 하는가?
① 수격압(水擊壓)
② 동압(動壓)
③ 정압(靜壓)
④ 정체압(停滯壓)

해설 관수로에 물이 흐르고 있을 때 밸브를 급히 잠그면 유속이 0이 되면서 수압이 현저히 상승하게 되고 물이 역류하면서 관벽에 충격을 주는 압력을 수격압이라 하며 이러한 작용을 수격작용이라 한다.

해답 ①

052 자연하천의 특성을 표현할 때 이용되는 하상계수에 대한 설명으로 옳은 것은?

① 홍수 전과 홍수 후의 하상 변화량의 비를 말한다.
② 최심 하상고와 평형 하상고의 비이다.
③ 개수 전과 개수 후의 수심 변화량의 비를 말한다.
④ 최대 유량과 최소 유량의 비를 나타낸다.

해설 하상계수(coefficient of river regime, 河狀係數)
① 하상계수란 하천의 최소 유수량에 대한 최대 유수량의 비율을 말하며 하황계수 (河況係數)라고도 한다. $\left(\text{하상계수} = \dfrac{\text{최대 유량}}{\text{최소 유량}}\right)$
② 하상계수는 치수(治水)나 이수(利水) 활용에 중요한 지표로서 수치가 1에 가까우면 하황이 양호한 것이고 수치가 크면 클수록 하천의 유량 변화가 큰 것이다.
③ 하상계수가 큰 경우는 하천의 유량 변화가 크므로 댐을 축조하여 홍수 시 물을 일시 저장, 하류의 수해를 방지하기도 하고, 갈수기에는 댐의 저수를 방류하여 이수가 될 수 있게 한다.

해답 ④

053 유속분포의 방정식이 $v = 2y^{1/2}$로 표시될 때 경계면에서 0.5m인 점에서 속도경사는? (단, y : 경계면으로부터의 거리)

① $4.232\,\text{sec}^{-1}$
② $3.564\,\text{sec}^{-1}$
③ $2.831\,\text{sec}^{-1}$
④ $1.414\,\text{sec}^{-1}$

해설 속도경사$\left(\dfrac{dv}{dy}\right)$의 단위는 /sec이다.

속도경사 $= \dfrac{dv}{dy} = 2 \times \dfrac{1}{2} \times y^{(1/2-1)} = y^{-\frac{1}{2}} = 0.5^{-\frac{1}{2}} = 1.414\,\text{sec}^{-1}$

해답 ④

054 지하수의 투수계수와 관계가 없는 것은?

① 토사의 형상
② 토사의 입도
③ 물의 단위중량
④ 토사의 단위중량

해설 투수계수 인자
① 흙입자의 모양 및 크기 ② 공극비 ③ 포화도
④ 흙입자의 구조 및 구성 ⑤ 유체의 점성 ⑥ 유체의 단위 중량, 밀도

해답 ④

055
Manning의 조도계수 n에 대한 설명으로 옳지 않은 것은?

① 콘크리트관이 유리관보다 일반적으로 값이 작다.
② Kutter의 조도계수보다 이후에 제안되었다.
③ Chezy의 C계수와는 $C = 1/n \times R^{1/6}$의 관계가 성립한다.
④ n의 값은 대부분 1보다 작다.

해설 조도계수란 유수에 접하는 수로의 벽면의 거친 정도를 표시하는 계수이므로 콘크리트관이 유리관보다 값이 크다.

해답 ①

056
물이 하상의 돌출부를 통과할 경우 비에너지와 비력의 변화는?

① 비에너지와 비력이 모두 감소한다.
② 비에너지는 감소하고 비력은 일정하다.
③ 비에너지는 증가하고 비력은 감소한다.
④ 비에너지는 일정하고 비력은 감소한다.

해설 물이 하상의 돌출부를 통과할 경우 비에너지는 일정하고 비력은 감소한다.

해답 ④

057
삼각 위어(weir)에 월류 수심을 측정할 때 2%의 오차가 있었다면 유량 산정 시 발생하는 오차는?

① 2%   ② 3%
③ 4%   ④ 5%

해설 삼각형 위어
$$\frac{dQ}{Q} = \frac{5}{2}\frac{dh}{h} = \frac{5}{2} \times 2\% = 5\%$$

해답 ④

058
수문곡선에서 시간매개변수에 대한 정의 중 틀린 것은?

① 첨두시간은 수문곡선의 상승부 변곡점부터 첨두유량이 발생하는 시각까지의 시간차이다.
② 지체시간은 유효우량주상도의 중심에서 첨두유량이 발생하는 시각까지의 시간차이다.
③ 도달시간은 유효우량이 끝나는 시각에서 수문곡선의 감수부 변곡점까지의 시간차이다.
④ 기저시간은 직접유출이 시작되는 시각에서 끝나는 시각까지의 시간차이다.

해설
① 첨두시간 : 일반적으로 수요량 등 부하는 시간별로 큰 변동을 보이며, 이때 가장 높은 수치를 보이는 시간을 말한다.
② 지체시간 : 유효우량주상도의 질량 중심으로부터 첨두유량이 발생하는 시각까지의 시간차를 말한다.
③ 도달시간 : 유효우량이 끝나는 시각에서 수문곡선의 감수부 변곡점까지의 시간차를 말한다.
④ 기저시간 : 수문곡선의 상승기점(직접유출이 시작되는 시각)부터 직접유출이 끝나는 지점까지의 시간

해답 ①

059

그림과 같이 기하학적으로 유사한 대·소(大小) 원형 오리피스의 비가 $n = \dfrac{D}{d} = \dfrac{H}{h}$인 경우에 두 오리피스의 유속, 축류 단면, 유량의 비로 옳은 것은?
(단, 유속계수 C_v, 수축계수 C_a는 대·소 오리피스가 같다.)

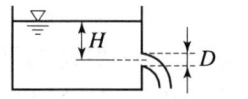 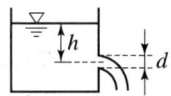

① 유속의 비 $= n^2$, 축류 단면의 비 $= n^{\frac{1}{2}}$, 유량의 비 $= n^{\frac{2}{3}}$
② 유속의 비 $= n^{\frac{1}{2}}$, 축류 단면의 비 $= n^2$, 유량의 비 $= n^{\frac{5}{2}}$
③ 유속의 비 $= n^{\frac{1}{2}}$, 축류 단면의 비 $= n^{\frac{1}{2}}$, 유량의 비 $= n^{\frac{5}{2}}$
④ 유속의 비 $= n^2$, 축류 단면의 비 $= n^{\frac{1}{2}}$, 유량의 비 $= n^{\frac{5}{2}}$

해설
① 유속비
오리피스 실제유속 $V = C_v \sqrt{2gh}$ 에서 $V \propto \sqrt{h}$ 이므로
유속의 비 $= \left(\dfrac{H}{h}\right)^{\frac{1}{2}} = n^{\frac{1}{2}}$

② 단면적비
$A = \dfrac{\pi \cdot D^2}{4}$ 에서 $A \propto D^2$ 이므로 $n = 2$

③ 유량비
실제유량 $Q = CAV_r = C_a C_v A\sqrt{2gh} = CA\sqrt{2gh}$
$Q \propto A\sqrt{h}$ 이므로 $Q = n^2 + n^{\frac{1}{2}} = n^{\frac{5}{2}}$

해답 ②

060 다음 중 합성 단위 유량도를 작성할 때 필요한 자료는?

① 우량 주상도　　　　　② 유역 면적
③ 직접 유출량　　　　　④ 강우의 공간적 분포

해설 합성 단위 유량도(synthetic unit hydrograph)란 어느 관측점에서 단위도 유도에 필요한 강우량 및 유량의 자료가 없을 때, 다른 유역에서 얻은 과거의 경험을 토대로 하여 단위도를 합성하여 미 계측지역에 대한 근사치로써 사용할 목적으로 만든 단위도로서 Snyder 방법과 SCS 방법, 일본의 中安 방법 등이 있으며, 첨두유량 산정에 필요한 매개변수(parameter)로는 유역면적과 지체시간이 있다.

해답 ②

제4과목　철근콘크리트 및 강구조

061 단철근 직사각형보에서 부재축에 직각인 전단보강 철근이 부담해야 할 전단력 V_s가 350kN이라 할 때 전단보강 철근의 간격 s는 얼마 이하이어야 하는가?
(단, $A_v=253\text{mm}^2$, $f_y=400\text{MPa}$, $f_{ck}=28\text{MPa}$, $b_w=300\text{mm}$, $d=600\text{mm}$)

① 150mm　　　　　② 173mm
③ 264mm　　　　　④ 300mm

해설
① $V_s = 350\text{kN} > (\sqrt{f_{ck}}/3)b_w d = (\sqrt{28}/3) \times 300 \times 600 = 317,490\text{N} = 317.49\text{kN}$ 이므로

② $s \leq 300\text{mm}$, $s = \dfrac{d}{4}$ 이하, $\dfrac{d}{4} = \dfrac{600}{4} = 150\text{mm}$ 이하

③ $V_s = \dfrac{d}{s} A_v \cdot f_y$에서

$s = \dfrac{d}{V_s} A_v \cdot f_y = \dfrac{600 \times 253 \times 400}{350,000} = 173.5\text{mm} \leq 150\text{mm}$ 이므로

$s = 150\text{mm}$ 사용

해답 ①

062 1방향 철근콘크리트 슬래브에서 수축·온도 철근의 간격에 대한 설명으로 옳은 것은?

① 슬래브 두께의 3배 이하, 또한 300mm 이하로 하여야 한다.
② 슬래브 두께의 3배 이하, 또한 450mm 이하로 하여야 한다.
③ 슬래브 두께의 5배 이하, 또한 450mm 이하로 하여야 한다.
④ 슬래브 두께의 5배 이하, 또한 300mm 이하로 하여야 한다.

해설 슬래브
① 주철근(정철근, 부철근) 중심간격
  ㉠ 최대 휨모멘트 발생 단면 : 슬래브 두께의 2배 이하, 300mm 이하
  ㉡ 기타 단면 : 슬래브 두께의 3배 이하, 450mm 이하
② 수축 및 온도철근(배력 철근) : 슬래브 두께의 5배 이하, 450mm 이하

해답 ③

063
강도설계법에서 사용성 검토에 해당하지 않는 사항은?
① 철근의 피로 ② 처짐
③ 균열 ④ 투수성

해설 강도설계법에서의 사용성 개념은 균열, 처짐, 피로 등이 있다.

해답 ④

064
단철근 직사각형 균형보에서 $f_{ck} = 28\text{MPa}$, $f_y = 300\text{MPa}$, $d = 600\text{mm}$일 때 압축연단에서 중립축까지의 거리(c)는?
① 410mm ② 413mm
③ 430mm ④ 440mm

해설 ① $f_{ck} = 28\text{MPa} < 40\text{MPa}$이므로 $\epsilon_{cu} = 0.0033$

② $c = \dfrac{\epsilon_c}{\epsilon_c + \epsilon_s}d = \dfrac{\epsilon_{cu}}{\epsilon_{cu} + \dfrac{f_y}{200000}}d = \dfrac{0.0033}{0.0033 + \dfrac{300}{200000}} \times 600 = 413\text{mm}$

해답 ②

065
확대머리 이형철근의 인장에 대한 정착길이는 아래의 표와 같은 식으로 구할 수 있다. 여기서, 이 식을 적용하기 위해 만족하여야 할 조건에 대한 설명으로 틀린 것은?

$$l_{dt} = 0.19 \frac{\beta f_y d_b}{\sqrt{f_{ck}}}$$

① 철근의 설계기준항복강도는 400MPa 이하이어야 한다.
② 콘크리트의 설계기준압축강도는 40MPa 이하이어야 한다.
③ 보통중량콘크리트를 사용한다.
④ 철근의 지름은 41mm 이하이어야 한다.

해설 철근의 지름은 35mm 이하이어야 한다.

해답 ④

066
보의 길이 $l=20\text{m}$, 활동량 $\Delta l=4\text{mm}$, $E_p=200000\text{MPa}$일 때 프리스트레스 감소량 Δf_p는? (단, 일단 정착임.)

① 40MPa ② 30MPa
③ 20MPa ④ 15MPa

해설 프리스트레스 감소량

$$\Delta f_p = E_p \varepsilon_p = E_p \cdot \frac{\Delta l}{l} = 200,000 \times \frac{0.004}{20} = 40\text{MPa}$$

해답 ①

067
그림과 같은 띠철근 기둥에서 띠철근의 최대 간격으로 적당한 것은? (단, D10의 공칭직경은 9.5mm, D32의 공칭직경은 31.8mm)

① 456mm
② 492mm
③ 500mm
④ 508mm

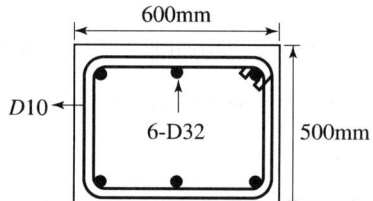

해설 띠철근 수직 간격
① 단면 최소치수 이하 = 500mm 이하
② 축철근 지름의 16배 이하 = 16 × 31.8mm = 508.8mm 이하
③ 띠철근 지름의 48배 이하 = 48 × 9.5mm = 456mm 이하
셋 중 작은 값인 456mm 이하로 한다.

해답 ①

068
PS 콘크리트의 강도 개념(strength concept)을 설명한 것으로 가장 적당한 것은?

① 콘크리트에 프리스트레스가 가해지면 PSC 부재는 탄성재료로 전환되고 이의 해석은 탄성이론으로 가능하다는 개념
② PSC 보를 RC 보처럼 생각하여, 콘크리트는 압축력을 받고 긴장재는 인장력을 받게 하여 두 힘의 우력 모멘트로 외력에 의한 휨모멘트에 저항시킨다는 개념
③ PS 콘크리트는 결국 부재에 작용하는 하중의 일부 또는 전부를 미리 가해진 프리스트레스와 평행이 되도록 하는 개념
④ PS 콘크리트는 강도가 크기 때문에 보의 단면을 강재의 단면으로 가정하여 압축 및 인장을 단면 전체가 부담할 수 있다는 개념

해설 ① **균등질보 개념**(응력개념법, 기본개념법) : 콘크리트에 프리스트레스트를 도입하면 콘크리트가 탄성재료로 전환된다고 생각으로 전단면 유효응력으로 설계하는 개념이다.
② **강도 개념**(내력모멘트 개념, C-선 개념) : PSC보를 RC보처럼 생각하여 콘크리트는 압축력을 받고 긴장재는 인장력을 받게 하여 두 힘의 우력모멘트로 외력에 의한 휨모멘트에 저항시킨다는 개념이다.
③ **하중평형 개념**(Load Balancing Concept, 등가하중개념) : 포물선 또는 직선 절곡으로 배치된 PS 강재에 의해 생긴 상향력이 보에 상향으로 작용하는 하중과 같다고 간주하는 개념이다.

해답 ②

069 프리스트레스트 콘크리트 중 비부착 긴장재를 가진 부재에서 깊이에 대한 경간의 비가 35 이하인 경우 공칭강도를 발휘할 때 긴장재의 인장응력(f_{ps})을 구하는 식으로 옳은 것은? (단, f_{pe} : 긴장재의 유효 프리스트레스, ρ_p : 긴장재의 비)

① $f_{ps} = f_{pe} + 70 + \dfrac{f_{ck}}{100\rho_p}$　　② $f_{ps} = f_{pe} + 70 + \dfrac{f_{ck}}{200\rho_p}$

③ $f_{ps} = f_{pe} + 70 + \dfrac{f_{ck}}{300\rho_p}$　　④ $f_{ps} = f_{pe} + 70 + \dfrac{f_{ck}}{400\rho_p}$

해설 **프리스트레싱 긴장재가 부착되지 않은 부재**
① 높이에 대한 경간의 비가 35 이하인 경우

$$f_{ps} = f_{se} + 70 + \dfrac{f_{ck}}{100\rho_p}$$

여기서, f_{ps}(긴장재의 인장응력)는 f_{py}, 또한 (f_{se}+400)MPa 이하로 하여야 한다.
　　f_{se} : 프리스트레스트 보강재의 유효응력, MPa
　　ρ_p : 긴장재의 비
② 높이에 대한 경간의 비가 35보다 큰 경우

$$f_{ps} = f_{se} + 70 + \dfrac{f_{ck}}{300\rho_p}$$

여기서, f_{ps}(긴장재의 인장응력)는 f_{py}, 또한 (f_{se}+210)MPa 이하로 하여야 한다.

해답 ①

070 보의 유효깊이(d) 600mm, 복부의 폭(b_w) 320mm, 플랜지의 두께 130mm, 인장철근량 7650mm², 양쪽 슬래브의 중심간 거리 2.5m, 경간 10.4m, f_{ck}=25MPa, f_y=400MPa로 설계된 대칭 T형보가 있다. 이 보의 등가 직사각형 응력 블록의 깊이(a)는?

① 51.2mm　　② 60mm
③ 137.5mm　　④ 145mm

해설 ① 플랜지 폭
대칭 T형보이므로
㉠ $8t_1 + 8t_2 + b_w = 8 \times 130 + 8 \times 130 + 320 = 2,400$ mm
㉡ 보 경간의 $1/4 = \dfrac{10.4 \times 10^3}{4} = 2,600$ mm
㉢ 양 슬래브 중심간 거리 $= 2,500$ mm
셋 중 가장 작은 값인 2,400mm를 유효폭으로 결정한다.
② $a = \dfrac{A_s f_y}{0.85 f_{ck} b} = \dfrac{7,650 \times 400}{0.85 \times 25 \times 2,400} = 60$ mm $< t = 130$ mm 이므로 단철근 직사각형보로 해석하며 등가직사각형 응력 블록의 깊이 a는 60mm이다.

해답 ②

071

최소 철근비에서 해석에 의하여 인장철근 보강이 요구되는 휨부재의 모든 단면에 대하여 설계 휨강도가 어느 조건을 만족하도록 인장철근을 배치하여야 하는가?

① $\phi M_n \geq \dfrac{4}{3} M_{cr}$ ② $\phi M_n \geq \dfrac{4}{3} M_u$

③ $\phi M_n \geq 1.2 M_u$ ④ $\phi M_n \geq 1.2 M_{cr}$

해설 $\phi M_n \geq 1.2 M_{cr}$ 조건을 만족하도록 인장철근을 배치하여야 한다.

해답 ④

072

$b_w = 350$mm, $d = 600$mm인 단철근 직사각형보에서 콘크리트가 부담할 수 있는 공칭 전단강도를 정밀식으로 구하면? (단, $V_u = 100$kN, $M_u = 300$kN·m, $\rho_w = 0.016$, $f_{ck} = 24$MPa)

① 164.2kN ② 171.5kN
③ 176.4kN ④ 182.7kN

해설 $V_c = \left(0.16 \lambda \sqrt{f_{ck}} + 17.6 \dfrac{\rho_w V_u d}{M_u}\right) b_w d \leq 0.29 \lambda \sqrt{f_{ck}} b_w d$ [N]

① $V_c = \left(0.16 \lambda \sqrt{f_{ck}} + 17.6 \dfrac{\rho_w V_u d}{M_u}\right) b_w d$
$= \left(0.16 \times 1 \times \sqrt{24} + 17.6 \times \dfrac{0.016 \times 100,000 \times 600}{300,000,000}\right) \times 350 \times 600 = 176,433$ N

② $0.29 \lambda \sqrt{f_{ck}} b_w d = 0.29 \times 1 \times \sqrt{24} \times 350 \times 600 = 298,348$ N

③ 176,433N $\leq$ 298,348N이므로
콘크리트가 부담할 수 있는 공칭 전단강도는
$V_c = 176,433$N $= 176.4$kN

해답 ③

073

비틀림에 저항하는 유효단면의 보가 슬래브와 일체로 되거나 완전한 합성구조로 되어 있을 때 '비틀림 단면'에 대한 설명으로 옳은 것은?

① 슬래브의 위 또는 아래로 내민 깊이 중 큰 깊이만큼을 보의 양측으로 연장한 슬래브 부분을 포함한 단면으로서, 보의 한 측으로 연장되는 거리를 슬래브 두께의 8배 이하로 한 단면
② 슬래브의 위 또는 아래로 내민 깊이 중 큰 깊이만큼을 보의 양측으로 연장한 슬래브 부분을 포함한 단면으로서, 보의 한 측으로 연장되는 거리를 슬래브 두께의 4배 이하로 한 단면
③ 슬래브의 위 또는 아래로 내민 깊이 중 작은 깊이만큼을 보의 양측으로 연장한 슬래브 부분을 포함한 단면으로서, 보의 한 측으로 연장되는 거리를 슬래브 두께의 2배 이하로 한 단면
④ 슬래브의 위 또는 아래로 내민 깊이 중 작은 깊이만큼을 보의 양측으로 연장한 슬래브 부분을 포함한 단면으로서, 보의 한 측으로 연장되는 거리를 슬래브 두께 이하로 한 단면

해설 비틀림에 저항하는 유효단면의 보가 슬래브와 일체로 되거나 완전한 합성구조로 되어 있는 경우의 비틀림 단면 : 슬래브의 위 또는 아래로 내민 깊이 중 큰 깊이만큼을 보의 양측으로 연장한 슬래브 부분을 포함한 단면으로서, 보의 한 측으로 연장되는 거리를 슬래브 두께의 4배 이하로 한 단면

해답 ②

074

그림과 같은 리벳 연결에서 리벳의 허용력은? (단, 리벳 지름은 12mm이며, 리벳의 허용전단응력은 200MPa, 허용지압응력은 400MPa이다.)

① 60.2kN
② 55.2kN
③ 45.2kN
④ 40.2kN

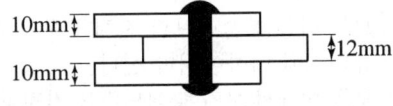

해설
① $P_s = v_{sa} \cdot 2 \dfrac{\pi d^2}{4} = 200 \times 2 \times \dfrac{\pi \times 12^2}{4} = 45,238.934\text{N}$
② $P_b = f_{ba} \cdot d \cdot t = 400 \times 12 \times 12 = 57,600\text{N}$
③ 리벳값 P_n은 P_s와 P_b 중 작은 값인 45,238.934N = 45.2kN이다.

해답 ③

075 그림과 같은 용접부의 응력은?

① 115MPa
② 110MPa
③ 100MPa
④ 94MPa

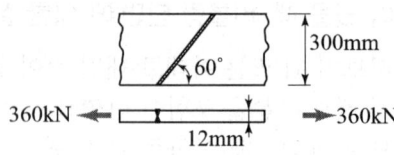

해설 $f = \dfrac{P}{\sum al} = \dfrac{360,000N}{12 \times 300} = 100MPa$

해답 ③

076 2방향 슬래브의 직접설계법을 적용하기 위한 제한사항으로 틀린 것은?

① 각 방향으로 3경간 이상이 연속되어야 한다.
② 슬래브판들은 단변 경간에 대한 장변 경간의 비가 2 이하인 직사각형이어야 한다.
③ 모든 하중은 슬래브 판 전체에 걸쳐 등분포된 연직하중이어야 한다.
④ 연속한 기둥 중심선을 기준으로 기둥의 어긋남은 그 방향 경간의 최대 20% 이하이어야 한다.

해설 **직접설계법 적용 조건**

① 각 방향으로 3경간 이상이 연속되어야 한다.
② 슬래브판들은 단변 경간에 대한 장변 경간의 비가 2 이하인 직사각형이어야 한다.
③ 각 방향으로 연속한 받침부 중심간 경간 길이의 차이는 긴 경간의 1/3 이하이어야 한다.
④ 연속한 기둥 중심선으로부터 기둥의 어긋남은 그 방향 경간의 최대 10% 이하이어야 한다.
⑤ 모든 하중은 슬래브판 전체에 등분포 된 연직하중이어야 하며, 활하중은 고정하중의 2배 이하이어야 한다.
⑥ 모든 변에서 보가 슬래브판을 지지할 경우, 직교하는 두 방향에서 다음 식에 해당하는 보의 상대강성은 다음 식을 만족하여야 한다.

$0.2 \leq \dfrac{\alpha_1 l_2^2}{\alpha_2 l_1^2} \leq 5.0$

여기서, l_1 : 휨 모멘트 계산방향의 경간
l_2 : 휨 모멘트 계산방향에 수직한 방향의 경간
α_1, α_2 : 각각 l_1, l_2 방향으로의 α
α : 보의 양측 또는 한 측에 인접하여 있는 슬래브판의 중심선에 의해 구획된 폭으로 이루어진 슬래브의 휨강성에 대한 보의 휨강성의 비

⑦ 직접설계법으로 설계된 슬래브 시스템은 연속 휨부재의 부휨모멘트 재분배 규정에서 허용된 모멘트 재분배를 적용할 수 없다. 휨모멘트 재분배는 고려하는 방향에서

슬래브판에 대한 전체 정적 계수휨모멘트가 $\dfrac{w_u l_2 l_n^2}{8}$ 식에 의해 요구된 휨모멘트보다 작지 않은 범위 내에서 정 및 부계수휨모멘트는 10%까지 수정할 수 있다.
⑧ 2방향 슬래브의 여러 역학적 해석조건을 만족시키는 것을 입증한다면 위 ①에서부터 ⑦까지의 제한 규정을 다소 벗어나도 직접설계법을 적용할 수 있다.

해답 ④

077

그림에 나타난 이등변삼각형 단철근보의 공칭 휨강도 M_n를 계산하면? (단, 철근 D19 3본의 단면적은 860mm², f_{ck}=28MPa, f_y=350MPa이다.)

① 75.3kN·m
② 85.2kN·m
③ 95.3kN·m
④ 105.3kN·m

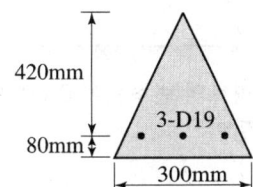

해설 ① $0.85 f_{ck} A_c = f_y A_s$
　　　$0.85 \times 28 \times A_c = 350 \times 860$
　　　$A_c = 12,647.06 \text{mm}^2$
② $\dfrac{b_a}{a} = \dfrac{b}{h} = \dfrac{300}{500} = \dfrac{3}{5}$ 에서 $b_a = \dfrac{3a}{5}$
③ $A_c = \dfrac{1}{2} a b_a = \dfrac{1}{2} a \dfrac{3a}{5} = \dfrac{3a^2}{10} = 12,647.06 \text{mm}^2$ 에서 $a = 205.32 \text{mm}$
④ $M_n = A_s f_y \left(d - \dfrac{2}{3} a \right) = 860 \times 350 \times \left(420 - \dfrac{2}{3} \times 205.32 \right)$
　　　$= 85,219,120 \text{Nmm} = 85.2 \text{kNm}$

해답 ②

078

길이 6m의 철근콘크리트 캔틸레버보의 처짐을 계산하지 않아도 되는 보의 최소 두께는 얼마인가? (단, f_{ck}=21MPa, f_y=350MPa)

① 612mm
② 653mm
③ 698mm
④ 731mm

 $h = \dfrac{l}{8} \times \left(0.43 + \dfrac{f_y}{700} \right) = \dfrac{6000}{8} \times \left(0.43 + \dfrac{350}{700} \right) = 698 \text{mm}$

해답 ③

079 그림은 복철근 직사각형단면의 변형률이다. 다음중 압축철근이 항복하기 위한 조건으로 옳은 것은?

① $\dfrac{0.003(c-d')}{c} \geq \dfrac{f_y}{E_s}$

② $\dfrac{600(c-d')}{c} \leq f_y$

③ $\dfrac{600\,d'}{600-f_y} > c$

④ $\dfrac{600\,d'}{600+f_y} < c$

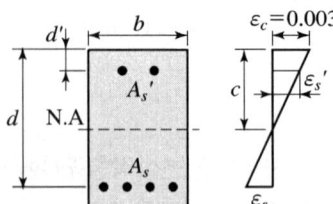

해설 압축측 콘크리트의 변형률이 0.003이므로 이때 압축철근이 항복한다는 것은 균형단면이라는 말이므로,

$0.003\dfrac{(c-d')}{c} \geq \dfrac{f_y}{E_s}$

해답 ①

080 아래 그림과 같은 단면을 가지는 직사각형 단철근 보의 설계휨강도를 구할 때 사용되는 강도감소계수 ϕ값은 약 얼마인가? (단, A_s는 3176mm², f_{ck}=38MPa, f_y=400MPa)

① 0.731
② 0.764
③ 0.817
④ 0.834

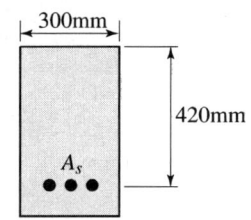

해설
① $a = \dfrac{A_s f_y}{0.85 f_{ck} b} = \dfrac{3{,}176 \times 400}{0.85 \times 38 \times 300} = 131.10\,\text{mm}$

② $\beta_1 = 0.85 - (f_{ck} - 28)0.007 = 0.85 - (38-28) \times 0.007 = 0.78 \geq 0.65$

③ $c = \dfrac{a}{\beta_1} = \dfrac{131.1}{0.78} = 168.1\,\text{mm}$

④ $\varepsilon_t = 0.003\left(\dfrac{d-c}{c}\right) = 0.003 \times \left(\dfrac{420-168.1}{168.1}\right) = 0.0045$

⑤ $\phi = 0.65 + (\varepsilon_t - 0.002)\dfrac{200}{3} = 0.65 + (0.0045 - 0.002) \times \dfrac{200}{3} = 0.817$

해답 ③

제5과목 토질 및 기초

081 무게 3kN의 드롭 해머로 3m 높이에서 말뚝을 타입할 때 1회 타격당 최종 침하량이 1.5cm 발생하였다. Sander 공식을 이용하여 산정한 말뚝의 허용지지력은?

① 75.0kN ② 86.1kN
③ 93.7kN ④ 156.7kN

해설 Sander 공식

① 극한지지력 $R_u = \dfrac{W_h h}{S} = \dfrac{3\text{kN} \times 300\text{cm}}{1.5\text{cm}} = 600\text{kN}$

② 허용지지력 $R_a = \dfrac{R_u}{F_s}(F_s = 8) = \dfrac{600}{8} = 75\text{kN}$

해답 ①

082 $\gamma = 18\text{kN/m}^3$, $c_u = 30\text{kN/m}^2$, $\phi = 0$의 점토지반을 수평면과 50°의 기울기로 굴착하려고 한다. 안전율을 2.0으로 가정하여 평면활동 이론에 의해 굴착깊이를 결정하면?

① 2.80m ② 5.60m
③ 7.12m ④ 9.84m

해설
① $H_c = \dfrac{4c}{\gamma_t} \cdot \dfrac{\sin\beta \cdot \cos\phi}{1 - \cos(\beta - \phi)} = \dfrac{4 \times 30}{18} \times \dfrac{\sin 50° \times \cos 0°}{1 - \cos(50° - 0°)} = 14.3\text{m}$

② $F_s = \dfrac{H_c}{H} = 2.0$에서 $H = \dfrac{H_c}{F_s} = \dfrac{14.3}{2} = 7.15\text{m}$

③ 7.15m 이하로 굴착해야 하므로 7.12m가 가장 적합하다.

해답 ③

083 그림과 같은 옹벽 배면에 작용하는 토압의 크기를 Rankine의 토압 공식으로 구하면?

① 32kN/m
② 37kN/m
③ 47kN/m
④ 52kN/m

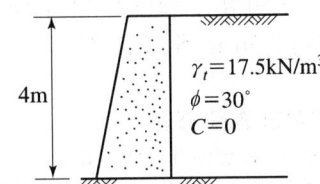

해설 ① 주동토압계수
$$K_a = \frac{1-\sin\phi}{1+\sin\phi} = \tan^2\left(45° - \frac{\phi}{2}\right) = \tan^2\left(45° - \frac{30°}{2}\right) = \frac{1}{3}$$
② $P_a = \frac{1}{2}\gamma H^2 K_a = \frac{1}{2} \times 17.5 \times 4^2 \times \frac{1}{3} = 47\text{kN/m}$

해답 ③

084
점성토 시료를 교란시켜 재성형을 한 경우 시간이 지남에 따라 강도가 증가하는 현상을 나타내는 용어는?

① 크립(creep)
② 틱소트로피(thixotropy)
③ 이방성(anisotropy)
④ 아이소크론(isocron)

해설 틱소트로피(thixotropy)란 재성형(remolding)한 시료를 함수비의 변화 없이 그대로 방치하여 두면 시간이 경과되면서 강도가 회복되는 현상

해답 ②

085
다음 그림과 같은 sampler에서 면적비는 얼마인가?

① 5.80%
② 5.97%
③ 14.62%
④ 14.80%

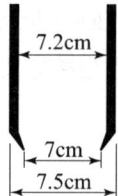

해설 $A_r = \frac{D_0^2 - D_e^2}{D_e^2} \times 100 = \frac{7.5^2 - 7^2}{7^2} \times 100 = 14.8\%$

여기서, D_0 : 샘플러의 외경, D_e : 샘플러의 내경

해답 ④

086
도로의 평판재하시험을 끝낼 수 있는 조건이 아닌 것은?

① 하중강도가 현장에서 예상되는 최대 접지압을 초과 시
② 하중강도가 그 지반의 항복점을 넘을 때
③ 침하가 더 이상 일어나지 않을 때
④ 침하량이 15mm에 달할 때

해설 평판재하시험 종료 조건
① 침하량이 15mm에 달한 경우
② 하중강도가 그 지반의 항복점을 넘는 경우
③ 하중강도가 현장에서 예상되는 최대 접지압력을 초과하는 경우

해답 ③

087

다음 중 사운딩 시험이 아닌 것은?

① 표준관입시험
② 평판재하시험
③ 콘 관입시험
④ 베인 시험

해설 사운딩(sounding) 종류
① 정적 사운딩 : 일반적으로 점성토에 유효하다.
　㉠ 휴대용 원추관입시험　㉡ 화란식 원추관입시험
　㉢ 스웨덴식 관입시험　㉣ 이스키미터 시험
　㉤ 베인(Vane) 전단시험
② 동적 사운딩 : 일반적으로 조립토에 유효하다.
　㉠ 동적 원추관입시험　㉡ 표준관입시험(SPT)

해답 ②

088

입경가적곡선에서 가적통과율 30%에 해당하는 입경이 D_{30}=1.2mm일 때, 다음 설명 중 옳은 것은?

① 균등계수를 계산하는 데 사용된다.
② 이 흙의 유효입경은 1.2mm이다.
③ 시료의 전체 무게 중에서 30%가 1.2mm보다 작은 입자이다.
④ 시료의 전체 무게 중에서 30%가 1.2mm보다 큰 입자이다.

해설 D_{30}은 통과중량 백분율 30%에 해당되는 입자의 지름을 나타내므로 시료의 전체 무게 중에서 30%가 1.2mm보다 작은 입자라는 것이다.

해답 ③

089

그림과 같은 3층으로 되어 있는 성토층의 수평방향의 평균투수계수는?

① 2.97×10^{-4} cm/sec
② 3.04×10^{-4} cm/sec
③ 6.97×10^{-4} cm/sec
④ 4.04×10^{-4} cm/sec

H_1=2.5m　k_1=3.06×10⁻⁴cm/sec
H_2=3.0m　k_2=2.55×10⁻⁴cm/sec
H_3=2.0m　k_3=3.50×10⁻⁴cm/sec

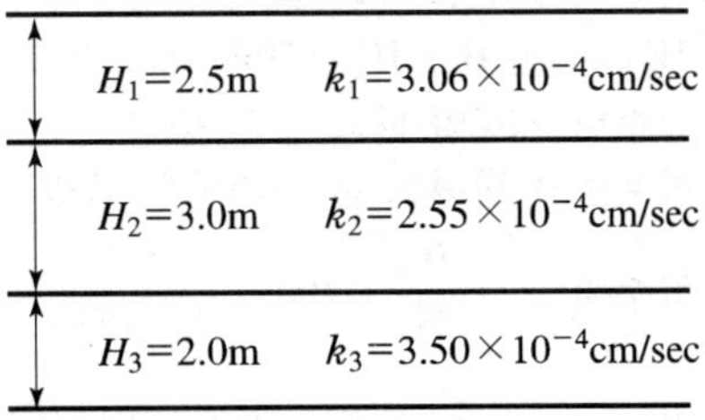

해설
$$K_h = \frac{1}{H}(K_1 \cdot H_1 + K_2 \cdot H_2 + K_3 \cdot H_3)$$
$$= \frac{1}{2.5+3.0+2.0} \times (3.06 \times 10^{-4} \times 2.5 + 2.55 \times 10^{-4} \times 3.0 + 3.50 \times 10^{-4} \times 2.0)$$
$$= 2.97 \times 10^{-4} \text{cm/sec}$$

해답 ①

090

활동면 위의 흙을 몇 개의 연직 평행한 절편으로 나누어 사면의 안정을 해석하는 방법이 아닌 것은?

① Fellenius 방법
② 마찰원법
③ Spencer 방법
④ Bishop의 간편법

해설
① **질량법**(mass procedure)
  ㉠ $\Phi_u = 0$ 해석법
  ㉡ 마찰원법
② **절편법**(slice method, 분할법)
  ㉠ Fellenius의 간편법
  ㉡ Bishop의 간편법
  ㉢ Janbu의 간편법
  ㉣ Spencer 방법

해답 ②

091

함수비 18%의 흙 500kg을 함수비 24%로 만들려고 한다. 추가해야 하는 물의 양은?

① 80.41kg
② 54.52kg
③ 38.92kg
④ 25.43kg

해설 함수비가 변화에 따라 물의 중량 W_w와 전체중량 W는 변하지만 흙 입자만의 중량 W_s는 변하지 않는다.

① 흙 입자만의 중량
$$W_s = \frac{W}{1+\frac{w}{100}} = \frac{500}{1+\frac{18}{100}} = 423.7288 \text{kg}$$

② 함수비 18%일 때의 물의 중량
$$W_{w(18\%)} = W - W_s = 500 - 423.7288 = 76.2712 \text{kg}$$

③ 함수비 24%일 때의 물의 중량
함수비가 변해도 흙 입자만의 중량 W_s는 변하지 않으므로
함수비 $w = \frac{W_w}{W_s} \times 100 = \frac{W_w}{423.7288} \times 100 = 24\%$ 에서
$$W_{w(24\%)} = \frac{24}{100} \times 423.7288 = 101.6949 \text{kg}$$

④ 추가해야 할 물의 양
$= W_{w(24\%)} - W_{w(18\%)} = 101.6949 - 76.2712 = 25.4237 \text{kg}$

해답 ④

092

2m×3m 크기의 직사각형 기초에 60kN/m²의 등분포하중이 작용할 때 기초 아래 10m 되는 깊이에서의 응력증가량을 2 : 1 분포법으로 구한 값은?

① $2.3kN/m^2$　　② $5.4kN/m^2$
③ $13.3kN/m^2$　　④ $18.3kN/m^2$

해설 2 : 1 분포법(약산법)

$$\Delta \sigma_z = \frac{Q}{(B+z) \cdot (L+z)} = \frac{q_s \cdot B \cdot L}{(B+z) \cdot (L+z)} = \frac{60 \times 2 \times 3}{(2+10) \times (3+10)} = 2.3kN/m^2$$

해답 ①

093

점착력이 0.01MPa, 내부마찰각이 30°인 흙에 수직응력 2MPa을 가할 경우 전단응력은?

① 2.01MPa　　② 0.676MPa
③ 0.116MPa　　④ 1.165MPa

해설 $\tau = c + \overline{\sigma} \tan \phi = 0.01 + 2 \times \tan 30° = 1.165MPa$

해답 ④

094

두께 2cm인 점토시료의 압밀시험 결과 전 압밀량의 90%에 도달하는 데 1시간이 걸렸다. 만일 같은 조건에서 같은 점토로 이루어진 2m의 토층 위에 구조물을 축조한 경우 최종 침하량의 90%에 도달하는 데 걸리는 시간은?

① 약 250일　　② 약 368일
③ 약 417일　　④ 약 525일

해설 ① 배수거리

양면배수이므로 시료의 두께의 절반이다.
$d_1 = 1cm$, $d_2 = 100cm$

② 압밀시간

$t = \frac{T_v \cdot d^2}{C_v}$에서 압밀시간은 배수거리의 제곱에 비례

$t_1 : t_2 = d_1^2 : d_2^2$

$t_2 = \frac{d_2^2}{d_1^2} \cdot t_1 = \frac{100^2}{1^2} \times 1 = 10,000$시 $= 417$일

해답 ③

095

현장에서 다짐된 사질토의 상대다짐도가 95%이고 최대 및 최소 건조단위중량이 각각 17.6kN/m², 15kN/m²이라고 할 때 현장시료의 상대밀도는?

① 74% ② 69%
③ 64% ④ 59%

해설 ① 건조단위중량

$$U = \frac{\gamma_d}{\gamma_{d\max}} \times 100[\%] = \frac{\gamma_d}{17.6} \times 100 = 95\% \text{에서 } \gamma_d = 16.7\text{kN/m}^3$$

② 상대밀도

$$D_r = \frac{\gamma_{d\max}}{\gamma_d} \cdot \frac{\gamma_d - \gamma_{d\min}}{\gamma_{d\max} - \gamma_{d\min}} \times 100 = \frac{17.6}{16.7} \times \frac{16.7 - 15.0}{17.6 - 15.0} \times 100 = 68.9\%$$

해답 ②

096

실내시험에 의한 점토의 강도 증가율(C_u/P) 산정 방법이 아닌 것은?

① 소성지수에 의한 방법
② 비배수 전단강도에 의한 방법
③ 압밀비배수 삼축압축시험에 의한 방법
④ 직접전단시험에 의한 방법

해설 실내시험에 의한 점토의 강도 증가율(C_u/P) 산정 방법

① 소성지수(I_P)에 의한 방법
  ㉠ $I_P > 0.5$인 경우
    $C_u/P = 0.45(I_P)^{1/2}$
  ㉡ $C_u/P = 0.11 + 0.0037 I_P$ (Skempton 식)
② 비배수 전단강도에 의한 방법
③ 압밀비배수 삼축압축시험에 의한 방법
④ 액성지수에 의한 방법
  $I_P > 0.5$인 경우
  $C_u/P = 0.18(I_L)^{1/2}$
⑤ 액성한계에 의한 방법
  $w_L > 0.2$인 경우
  $C_u/P = 0.5 w_L$

해답 ④

097

두 개의 기둥하중 $Q_1=300$kN, $Q_2=200$kN을 받기 위한 사다리꼴 기초의 폭 B_1, B_2를 구하면? (단, 지반의 허용지지력 $q_a=20$kN/m²)

① $B_1=7.2$m, $B_2=2.8$m
② $B_1=7.8$m, $B_2=2.2$m
③ $B_1=6.2$m, $B_2=3.8$m
④ $B_1=6.8$m, $B_2=3.2$m

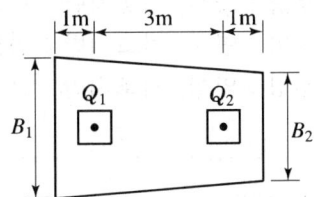

해설 ① 면적

$$A = \sum \frac{Q}{q_a} = \frac{Q_1 + Q_2}{q_a} = \frac{300+200}{20} = 25\text{m}^2$$

② 합력의 위치

$$x = \frac{Q_2 \cdot s}{Q_1 + Q_2} = \frac{200 \times 3}{300+200} = 1.2\text{m}$$

③ 합력의 위치가 기초의 도심에 오게끔 기초의 길이(L)를 구한다.

$$a + x = \frac{L}{3} \frac{B_1 + 2B_2}{B_1 + B_2}$$

$$1 + 1.2 = \frac{5}{3} \times \frac{B_1 + 2 \times B_2}{B_1 + B_2}$$

$$2.2B_1 + 2.2B_2 = \frac{5}{3}B_1 + \frac{10}{3}B_2$$

$$0.533B_1 - 1.133B_2 = 0 \quad \cdots\cdots (1)식$$

④ 면적

$$A = \frac{B_1 + B_2}{2}L = \frac{B_1+B_2}{2} \times 5 = 25\text{m}^2$$

$$B_1 + B_2 = 10\text{m} \quad \cdots\cdots (2)식$$

⑤ (1)식과 (2)식을 연립방정식에 의하여 풀면
(2)식에서 $B_2 = 10 - B_1$ $\cdots\cdots$ (3)식
(3)식을 (1)식에 대입
$0.533B_1 - 1.133B_2 = 0.533B_1 - 1.133(10 - B_1) = 0$ 에서
$B_1 = 6.8$m

⑥ B_1값을 (3)식에 대입
$B_2 = 10 - B_1 = 10 - 6.8 = 3.2$m

해답 ④

098 정지압(또는 지반반력)이 그림과 같이 되는 경우는?

① 후팅 : 강성, 기초지반 : 점토
② 후팅 : 강성, 기초지반 : 모래
③ 후팅 : 연성, 기초지반 : 점토
④ 후팅 : 연성, 기초지반 : 모래

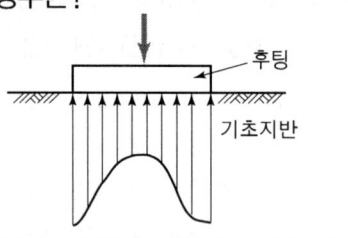

해설 **점토지반**
① 연성기초 : ㉠ 접지압 : 일정 ㉡ 침하량 : 기초 중앙부에서 최대
② 강성기초 : ㉠ 접지압 : 양단부에서 최대 ㉡ 침하량 : 일정

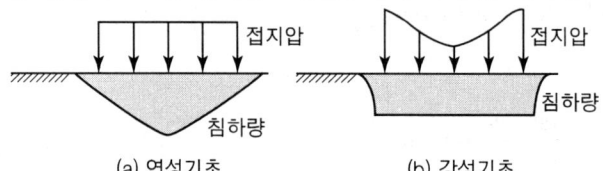

(a) 연성기초   (b) 강성기초
[점토지반의 접지압과 침하량 분포]

모래지반
① 연성기초 : ㉠ 접지압 : 일정 ㉡ 침하량 : 기초 양단부에서 최대
② 강성기초 : ㉠ 접지압 : 중앙부에서 최대 ㉡ 침하량 : 일정

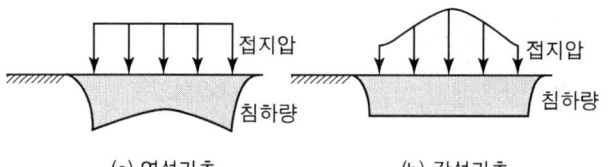

(a) 연성기초   (b) 강성기초
[모래지반의 접지압과 침하량 분포]

해답 ①

099 그림의 유선망에 대한 설명 중 틀린 것은? (단, 흙의 투수계수는 0.25×10^{-3} cm³/sec)

① 유선의 수 = 6
② 등수두선의 수 = 6
③ 유로의 수 = 5
④ 전침투유량 $Q = 0.278$ cm³/sec

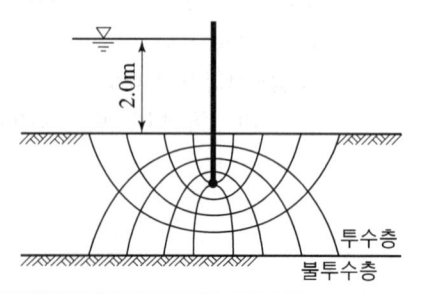

해설
① 유선 수 = 6
② 등수두선 수 = 10
③ 유로 수 = 5
④ 등수두면 수 = 9
⑤ 침투유량(q)

$$q = K \cdot H \cdot \frac{N_f}{N_d} = 2.5 \times 10^{-3} \times 200 \times \frac{5}{9} = 0.278 \text{cm}^3/\text{sec}$$

여기서, q : 침투유량, H : 전수두차, N_f : 유로 수, N_d : 등수두면의 수

해답 ②

---

100 4m×4m인 정사각형 기초를 내부마찰각 $\phi = 20°$, 점착력 $c = 30\text{kN/m}^2$인 지반에 설치하였다. 흙의 단위중량 $\gamma = 19\text{kN/m}^3$이고 안전율이 3일 때 기초의 허용하중은? (단, 기초의 깊이는 1m이고, $N_q = 7.44$, $N_\gamma = 4.97$, $N_c = 17.69$이다.)

① 3780kN ② 5239kN
③ 6750kN ④ 8140kN

해설 Terzaghi의 수정지지력 공식
① α, β : 기초 모양에 따른 형상계수(shape factor)

구분	연속	정사각형	직사각형	원형
α	1.0	1.3	$1 + 0.3\frac{B}{L}$	1.3
β	0.5	0.4	$0.5 - 0.1\frac{B}{L}$	0.3

② $q_{ult} = \alpha c N_c + \beta \gamma_1 B N_\gamma + \gamma_2 D_f N_q$
$= 1.3 \times 30 \times 17.69 + 0.4 \times 19 \times 4 \times 4.97 + 19 \times 1 \times 7.44$
$= 982.358 \text{kN/m}^2$

③ $q_a = \dfrac{q_{ult}}{F_s} = \dfrac{982.358}{3} = 327.45 \text{kN/m}^2$

④ $Q_a = q_a \cdot A = 327.45 \times 4 \times 4 = 5239 \text{kN}$

해답 ②

제6과목 상하수도공학

101 해수 담수화를 위한 적용 방식으로 가장 거리가 먼 것은?
① 촉매산화법 ② 증발법
③ 전기투석법 ④ 역삼투법

해설 담수화 방식
① 상변화(相變化) 방식
  ㉠ 증발법 : 다단플래시법, 다중효용법, 증기압축법, 투과기화법
  ㉡ 결정법 : 냉동법, 가스수화물법
② 상불변(相不變) 방식
  ㉠ 막법 : 역삼투법, 전기투석법 ㉡ 용매추출법

해답 ①

102 하수처리장의 처리수량은 10000m³/day이고, 제거되는 SS농도는 200mg/L이다. 잉여슬러지의 함수율이 98%일 경우에 잉여슬러지 건조중량과 잉여슬러지의 총 발생량은? (단, 잉여슬러지의 비중은 1.02이다.)
① 2000kg/day, 98.04m³/day
② 200kg/day, 101.99m³/day
③ 2000kg/day, 101.99m³/day
④ 200kg/day, 98.04m³/day

해설
① 잉여슬러지 건조중량 $= 10,000\text{m}^3/\text{day} \times 200\text{mg/L} \times \dfrac{1\text{kg}}{10^6\text{mg}} \times \dfrac{1\text{L}}{10^{-3}\text{m}^3}$
  $= 2,000\text{kg/day}$
② 잉여슬러지 총 발생량 $= 2,000\text{kg/day} \times \dfrac{1}{1,020\text{kg/m}^3} \times \dfrac{100}{100-98}$
  $= 98.04\text{m}^3/\text{day}$

해답 ①

103 상수도의 도수, 취수, 송수, 정수시설의 용량 산정에 기준이 되는 수량은?
① 계획 1일 평균급수량 ② 계획 1일 최대급수량
③ 계획 1인 1일 평균급수량 ④ 계획 1인 1인 최대급수량

해설 계획급수량과 수도시설의 규모계획

계획급수량 종류	연평균 1일 사용 수량에 대한 비율(%)	수도 구조물의 명칭
1일 평균급수량	100	수원지, 저수지, 유역면적의 결정
1일 최대급수량	150	취수, 도·송수, 정수(여과지 면적), 배수시설 중 송수관 구경이나 배수지의 결정
시간 최대급수량	225	배수 본관의 구경 결정(배수시설의 기준)

해답 ②

104

그래프는 어떤 하천의 자정작용을 나타낸 용존산소 부족곡선이다. 다음 중 어떤 물질이 하천으로 유입되었다고 보는 것이 가장 타당한가?

① 질산성 질소
② 생활하수
③ 농도가 매우 낮은 폐산(廢酸)
④ 농도가 매우 낮은 폐알칼리

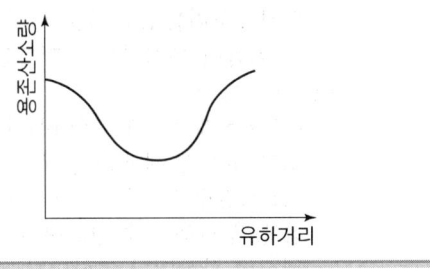

해설 생활하수와 같은 오염된 물이 하천으로 유입되면 자정작용을 하면서 용존산소가 줄어든다.

해답 ②

105

하수관의 접합방법에 관한 설명 중 틀린 것은?

① 관정접합은 토공량을 줄이기 위하여 평탄한 지형에 많이 이용되는 방법이다.
② 단차접합은 지표의 경사가 급한 경우에 이용되는 방법이다.
③ 관저접합은 관의 내면 하부를 일치시키는 방법이다.
④ 관중심접합은 관의 중심을 일치시키는 방법이다.

해설 관정접합
① 관거의 내면 상부를 일치시키는 방식
② 유수의 흐름은 원활하게 된다.
③ 매설깊이를 증대시킴으로써 공사비가 증대된다.
④ 펌프배수의 경우 펌프 양정이 증대되어 불리하게 된다.

해답 ①

106

정수시설의 응집용 약품에 대한 설명으로 틀린 것은?

① 응집제로는 황산알루미늄 등이 있다.
② pH조정제로는 소다회 등이 있다.
③ 응집보조제로는 활성규산 등이 있다.
④ 첨가제로는 염화나트륨 등이 있다.

해설 응집용 약품은 응집제, pH 조정제(산제, 알칼리제), 응집보조제로 크게 구분된다.
① 응집제
  ㉠ 응집제는 원수 중의 현탁물질을 플록형태로 응집시켜 침전되기 쉽고 여과지에서 포착되기 쉽게 하기 위하여 사용한다.

ⓒ 응집제는 황산알루미늄[알럼(alum)]이라고도 한다. 폴리염화알루미늄[poly aluminum chloride, PAC l : 보통은 PAC라고 하지만 분말활성탄(PAC)과 구분하기 위하여 PAC l로 표시함] 등의 알루미늄염이 주로 사용된다. 황산알루미늄(alum)은 '황산반토'라고도 하며 고형과 액체가 있으며, 최근에는 취급이 용이하므로 대부분의 경우 액체가 사용된다.

② pH 조정제
  ⓐ pH 조정제로서 원수의 pH가 지나치게 높은 경우에 산제가 또 원수의 알칼리도가 부족할 때에는 알칼리제가 사용된다.
  ⓑ pH 조정제로는 원수의 pH를 높이기 위하여 소석회, 소다회 액체수산화나트륨 등을 사용할 수 있으며, 부영양화 등의 이유로 높아진 원수의 pH를 낮추기 위하여 황산이나 이산화탄소 등의 산성약품을 사용할 수도 있다.

③ 응집보조제
  ⓐ 응집보조제는 플록형성과 침전 및 여과효율을 향상시키기 위하여 응집제와 함께 사용한다.
  ⓑ 응집보조제로서는 규산나트륨과 알긴산나트륨이 사용되고 있으며 외국에서는 그 밖에 여러 가지 합성유기고분자 응집제가 활용되기도 한다.
  ⓒ 활성규산은 규산나트륨을 산(황산, 이산화탄소 등)으로 어느 정도 중화시켜서 숙성한 다음 규산을 중합시켜 고분자콜로이드로 만든 것으로, 규산콜로이드와 응집제에서 생성된 수산화알루미늄과의 하전중화에 의하며 응집보조제로서 기능은 우수하지만, 여과지에서 손실수두가 빠르게 상승하며 활성화 조작에 어려움이 있다.

해답 ④

107
펌프의 비속도(비교회전도, N_s)에 대한 설명으로 옳은 것은?

① N_s가 작게 되면 사류형으로 되고 계속 작아지면 축류형으로 된다.
② N_s가 커지면 임펠러 외경에 대한 임펠러의 폭이 작아진다.
③ 토출량과 전양정이 동일하면 회전속도가 클수록 N_s가 작아진다.
④ N_s가 작으면 일반적으로 토출량이 적은 고양정의 펌프를 의미한다.

해설 ① 비교회전도가 크다.
  ⓐ 펌프가 많이 회전한다.
  ⓑ 양정이 낮은 펌프
  ⓒ 대수량
  ⓓ 축류펌프
  ⓔ 토출량과 전양정이 동일하면 회전속도가 클수록 N_s가 크고, 따라서 소형으로 되며 일반적으로 가격이 저렴하게 된다.
② 비교회전도가 작다.
  ⓐ 펌프가 적게 회전한다.
  ⓑ 양정이 높은 펌프
  ⓒ 소수량
  ⓓ 원심펌프

해답 ④

108

MLSS 농도 3000mg/L의 혼합액을 1L 메스실린더에 취해 30분간 정치했을 때 침강슬러지가 차지하는 용적이 440mL이었다면 이 슬러지의 슬러지밀도지수(SDI)는?

① 0.68
② 0.97
③ 78.5
④ 89.8

해설
$$SDI = \frac{100}{SVI} = \frac{MLSS[mg/l]}{SV[ml/l] \times 10} = \frac{MLSS[mg/l]}{SV[\%] \times 100}$$

$$SDI = \frac{100}{SVI} = \frac{MLSS[mg/l]}{SV[ml/l] \times 10} = \frac{3,000[mg/L]}{440[ml/l] \times 10} = 0.68$$

해답 ①

109

계획오수량을 결정하는 방법에 대한 설명으로 틀린 것은?

① 지하수량은 1일 1인 최대오수량의 10~20%로 한다.
② 계획 1일 평균오수량은 계획 1일 최소오수량의 1.3~1.8배를 사용한다.
③ 생활오수량의 1일 1인 최대오수량은 1일 1인 최대급수량을 감안하여 결정한다.
④ 합류식에서 우천 시 계획오수량은 원칙적으로 계획시간 최대오수량의 3배 이상으로 한다.

해설 계획 1일 평균오수량 = 계획 1일 최대오수량 × 70~80%

해답 ②

110

호기성 처리방법에 비해 혐기성 처리방법이 갖고 있는 특징에 대한 설명으로 틀린 것은?

① 슬러지 발생량이 적다.
② 유용한 자원인 메탄이 생성된다.
③ 운전조건의 변화에 적응하는 시간이 짧다.
④ 동력비 및 유지관리비가 적게 든다.

해설 혐기성 소화처리법에 비해 호기성 소화처리법의 특징

장 점	단 점
① 초기 투자비가 적다.	① 에너지 소비가 크다.
② 처리수의 수질이 양호하다.	② 소화 슬러지의 탈수성이 불량하다.
③ 소화 슬러지에서 악취가 나지 않는다.	③ 저온 시 효율이 저하된다.
④ 운전이 용이하다.	④ CH_4 등의 가치 있는 부산물이 생성되지는 않는다.
	⑤ 고농도의 슬러지 처리에 부적합하다.

해답 ③

111
어떤 하수의 5일 BOD 농도가 300mg/L, 탈산소계수(상용 대수) 값이 0.2day⁻¹일 때 최종 BOD 농도는?

① 310.0mg/L
② 333.3mg/L
③ 366.7mg/L
④ 375.5mg/L

해설 $BOD_U = \dfrac{BOD_5}{1-10^{-k \times t}} = \dfrac{300}{1-10^{-0.2 \times 5}} = 333.3\text{mg/L}$

해답 ②

112
염소 소독을 위한 염소투입량 시험결과가 그림과 같다. 결합염소(클로라민류)가 분해되는 구간과 파괴점(break point)으로 옳은 것은?

① AB, C
② BC, C
③ CD, D
④ AB, D

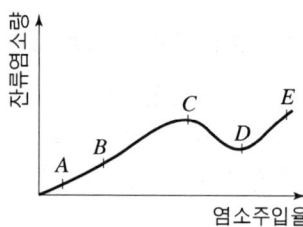

해설

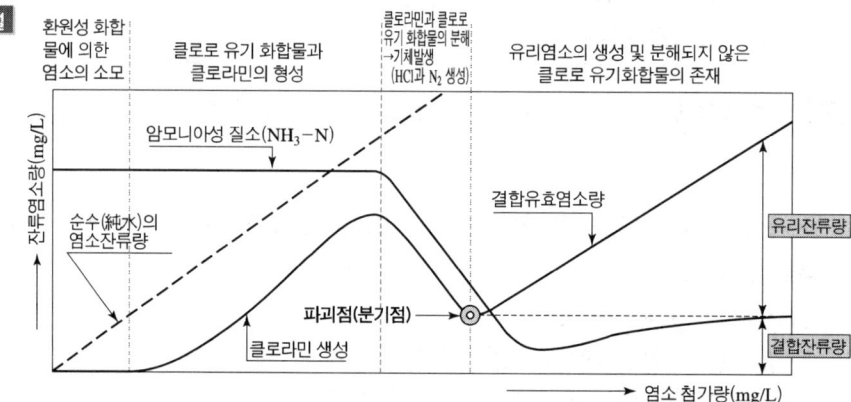

① 결합염소(클로라민류) 분해 구간 : CD
② 파괴점 : D

해답 ③

113
저수시설의 유효저수량 산정에 이용되는 방법은?

① Ripple법
② Williams법
③ Manning법
④ Kutter법

해설 유출량 누가곡선법(Ripple's method)은 저수지의 유효용량을 유량 누가곡선 도표를 이용하여 도식적으로 구하는 방법이다.

해답 ①

114
급수방식에 대한 설명으로 틀린 것은?
① 급수방식은 직결식과 저수조식으로 나누며 이를 병용하기도 한다.
② 저수조식은 급수관으로부터 수돗물을 일단 저수조에 받아서 급수하는 방식이다.
③ 배수관의 압력변동에 관계없이 상시 일정한 수량과 압력을 필요로 하는 경우는 저수조식으로 한다.
④ 재해 시나 사고 등에 의한 수도의 단수나 감수 시에도 물을 반드시 확보해야 할 경우는 직결식으로 한다.

해설 급수관의 고장에 따른 단수나 감수 시에도 어느 정도의 급수를 지속시킬 필요가 있을 경우에는 저수조식 급수방식을 사용한다.

해답 ④

115
인구 200,000명인 도시에서 1인당 하루 300L를 급수할 경우, 급속여과지의 표면적은? (단, 여과속도는 150m/day이다.)
① $150m^2$
② $300m^2$
③ $400m^2$
④ $600m^2$

해설
① 계획정수량 $Q = 200,000명 \times 300L/day \times \dfrac{1m^3}{1,000L} = 60,000 m^3/day$

② 여과면적 $A = \dfrac{Q}{V} = \dfrac{60,000 m^3/day}{150 m/day} = 400 m^2$

여기서, Q : 계획정수량[m^3/day], V : 여과속도[m/day], A : 총 여과면적[m^2]

해답 ③

116
펌프의 공동현상(cavitation)에 대한 설명으로 틀린 것은?
① 공동현상이 발생하면 소음이 발생한다.
② 공동현상을 방지하려면 펌프의 회전수를 크게 해야 한다.
③ 펌프의 흡입양정이 너무 적고 임펠러 회전속도가 빠를 때 공동현상이 발생한다.
④ 공동현상은 펌프의 성능 저하의 원인이 될 수 있다.

해설 공동현상의 방지법
① 펌프의 설치위치를 되도록 낮게 하고, 흡입양정을 작게 한다.
② 흡입관은 되도록 짧은 것이 좋으며 부득이할 때는 흡입관을 크게 하여 손실을 감소시킨다.

③ 흡입측에서 펌프의 토출량을 감소시키는 일은 절대로 피한다.
④ 총 양정의 규정에 있어서 적합하도록 계획한다.
⑤ 양정 변화가 클 때는 상용의 최저 양정에 대하여도 공동현상이 생기지 않도록 충분히 주의해야 한다.
⑥ 공동현상을 피할 수 없을 때는 임펠러 재질을 cavitation 파손에 강한 것을 사용한다.
⑦ 펌프의 공동현상을 방지하려면 펌프의 회전수를 낮게 해야 한다.
⑧ 가용 유효흡입수두를 필요 유효흡입수두보다 크게 하여 손실수두를 줄인다.

해답 ②

117. 상수 원수 중 색도가 높은 경우의 유효 처리 방법으로 가장 거리가 먼 것은?

① 응집침전 처리
② 활성탄 처리
③ 오존 처리
④ 자외선 처리

해설 색도가 높을 경우에는 색도를 제거하기 위하여 응집침전 처리, 활성탄 처리 또는 오존 처리를 한다.

해답 ④

118. 도수 및 송수 노선 선정 시 고려할 사항으로 틀린 것은?

① 몇 개의 노선에 대하여 경제성, 유지관리의 난이도 등을 비교·검토하여 종합적으로 판단하여 결정한다.
② 원칙적으로 공공도로 또는 수도용지로 한다.
③ 수평이나 수직방향의 급격한 굴곡은 피한다.
④ 관로상 어떤 지점도 동수경사선보다 항상 높게 위치하도록 한다.

해설 도수 및 송수관로의 노선 선정 시 수평·수직이 급격한 굴곡을 피하고, 어떤 경우라도 최소 동수경사선 이하가 되도록 노선을 선정한다.

해답 ④

119. 하수관거의 배제방식에 대한 설명으로 틀린 것은?

① 합류식은 청천 시 관내 오물이 침전하기 쉽다.
② 분류식은 합류식에 배해 부설비용이 많이 든다.
③ 분류식은 우천 시 오수가 월류하도록 설계한다.
④ 합류식 관거는 단면이 커서 환기가 잘되고 검사에 편리하다.

해설 분류식 하수도는 우천 시나 청천 시 월류의 우려가 없다.

해답 ③

120 물의 흐름을 원활히 하고 관로의 수압을 조절할 목적으로 수로의 분기, 합류 및 관수로로 변하는 곳에 설치하는 것은?

① 맨홀　　　　　　　② 우수토실
③ 접합정　　　　　　④ 여수토구

해설 접합정은 물의 흐름을 원활히 하기 위하여 수로의 분기, 합류 및 관수로로 변하는 곳, 관로의 분기점, 정수압의 조정이 필요한 곳, 동수경사의 조정이 필요한 곳에 설치한다.

해답 ③

무료 동영상과 함께하는 **토목기사 필기**

2023

2023년 3월 CBT 시행
2023년 5월 CBT 시행
2023년 9월 CBT 시행

무료 동영상과 함께하는
토목기사 필기

토목기사

2023년 3월 CBT 시행

본 문제는 복원 기출문제입니다. 실제 문제와 다를 수 있으니 양해바랍니다.

제1과목   응용역학

001   그림과 같은 2부재 트러스의 B에 수평하중 P가 작용한다. B절점의 수평변위 δ_B는? (단, EA는 두 부재가 모두 같다.)

① $\delta_B = \dfrac{0.45P}{EA}[\text{m}]$

② $\delta_B = \dfrac{2.1P}{EA}[\text{m}]$

③ $\delta_B = \dfrac{21P}{EA}[\text{m}]$

④ $\delta_B = \dfrac{4.5P}{EA}[\text{m}]$

해설 가상일법의 적용

① 실제 역계(F)

    ㉠ $\sum H = 0 : +P - F_{AB} \times \dfrac{3}{5} = 0$

       $\therefore F_{AB} = \dfrac{5}{3}P$ (인장)

    ㉡ $\sum V = 0 : -F_{BC} - F_{AB} \times \dfrac{4}{5} = 0$

       $\therefore F_{BC} = -\dfrac{4}{3}P$ (압축)

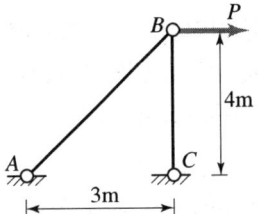

② 가상 역계(f)
   $f = 1 \times F$

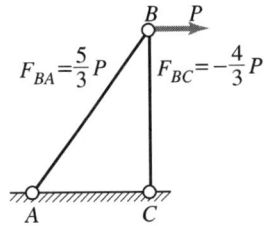

③ $\delta_C = \dfrac{1}{EA} \times \dfrac{5}{3}P \times \dfrac{5}{3} \times 5 + \dfrac{1}{EA} \times \left(-\dfrac{4}{3}P\right) \times \left(-\dfrac{4}{3}\right) \times 4$

     $= 21 \times \dfrac{P}{EA}$

해답 ③

002
그림과 같이 세 개의 평행력이 작용할 때 합력 R의 위치 x는?

① 3.0m
② 3.5m
③ 4.0m
④ 4.5m

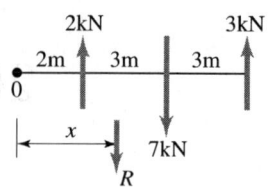

해설
① 합력 : $R = -2 + 7 - 3 = +2\text{kN}(\downarrow)$
② 바리놀의 정리에 의하면 $2x = -2 \times 2 + 7 \times 5 - 3 \times 8$
  $x = 3.5\text{m}$

해답 ②

003
동일 평면상의 한 점에 여러 개의 힘이 작용하고 있을 때, 여러 개의 힘의 어떤 점에 대한 모멘트의 합은 그 합력의 동일점에 대한 모멘트와 같다는 것은 다음 중 어떤 정리인가?

① Mohr의 정리
② Lami의 정리
③ Castigliano의 정리
④ Varignon의 정리

해설 **바리뇽의 정리**
$R \cdot x = P_1 \cdot x_1 + P_2 \cdot x_2 + P_3 \cdot x_3$

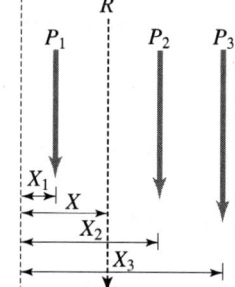

해답 ④

004
단면과 길이가 같으나 지지조건이 다른 그림과 같은 2개의 장주가 있다. 장주 A가 30kN의 하중을 받을 수 있다면, 장주 B가 받을 수 있는 하중은?

① 120kN
② 240kN
③ 360kN
④ 480kN

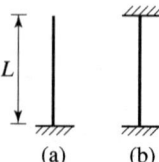

해설 ① 일단고정 타단자유 : $\dfrac{1}{K^2} = \dfrac{1}{2.0^2} = \dfrac{1}{4}$

② 양단고정 : $\dfrac{1}{K^2} = \dfrac{1}{0.5^2} = 4$

③ 좌굴하중의 비율은 강성도의 비율과 비례한다.

$\dfrac{1}{4} : 4 = 1 : 16 = P_{(a)} : P_{(b)} = 3t : P_{(b)}$

$P_{(a)} = 30\text{kN} \times 16 = 480\text{kN}$

해답 ④

005

내민보에서 C점의 휨모멘트가 영(零)이 되게 하기 위해서는 x가 얼마가 되어야 하는가?

① $x = \dfrac{L}{4}$

② $x = \dfrac{L}{3}$

③ $x = \dfrac{L}{2}$

④ $x = \dfrac{2L}{3}$

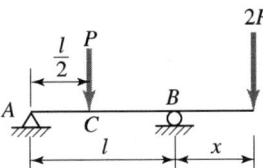

해설 ① $\sum M_B = 0 : + V_A \times L - P \times \dfrac{L}{2} + 2P \times x = 0$

$\therefore V_A = + \dfrac{P}{2} - \dfrac{2P}{L} \cdot x (\uparrow)$

② $M_C = R_A \cdot \dfrac{L}{2} = \left[\left(\dfrac{P}{2} - \dfrac{2P}{L} \cdot x\right) \cdot \left(\dfrac{L}{2}\right)\right] = 0$

$\dfrac{P}{2} - \dfrac{2P}{L} \cdot x = 0$

$x = \dfrac{L}{4}$

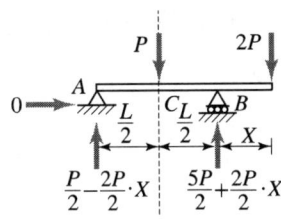

해답 ①

006

그림의 AC, BC에 작용하는 힘 F_{AC}, F_{BC}의 크기는?

① $F_{AC} = 100\text{kN}$, $F_{BC} = 86.6\text{kN}$

② $F_{AC} = 86.6\text{kN}$, $F_{BC} = 50\text{kN}$

③ $F_{AC} = 50\text{kN}$, $F_{BC} = 86.6\text{kN}$

④ $F_{AC} = 50\text{kN}$, $F_{BC} = 173.2\text{kN}$

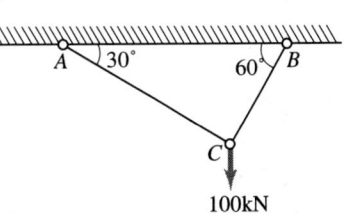

해설 $\dfrac{100\text{kN}}{\sin 90°} = \dfrac{F_{AC}}{\sin 150°} = \dfrac{F_{BC}}{\sin 120°}$ 에서

① $F_{AC} = \dfrac{\sin 150°}{\sin 90°} \cdot 100\text{kN} = 50\text{kN}$

② $F_{BC} = \dfrac{\sin 120°}{\sin 90°} \cdot 100\text{kN} = 86.6\text{kN}$

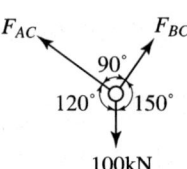

해답 ③

007
다음 그림에서 처음에 P_1이 작용했을 때 자유단의 처짐 δ_1이 생기고, 다음에 P_2를 가했을 때 자유단의 처짐이 δ_2만큼 증가되었다고 한다. 이때 외력 P_1이 행한 일은?

① $\dfrac{1}{2} P_1 \delta_1 + P_1 \delta_2$

② $\dfrac{1}{2} P_1 \delta_1 + P_2 \delta_2$

③ $\dfrac{1}{2}(P_1 \delta_1 + P_1 \delta_2)$

④ $\dfrac{1}{2}(P_1 \delta_1 + P_2 \delta_2)$

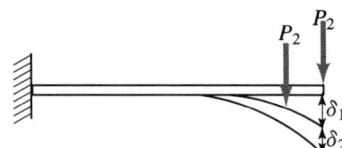

해설 외력의 일(W_E, External Work)

$W_E = \dfrac{1}{2} P_1 \cdot \delta_1 + P_1 \cdot \delta_2$

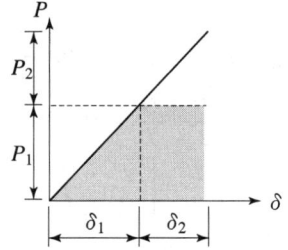

해답 ①

008
그림과 같은 구조물에서 A지점에 일어나는 연직반력 R_A를 구한 값은?

① $\dfrac{1}{8} wL$

② $\dfrac{3}{8} wL$

③ $\dfrac{1}{4} wL$

④ $\dfrac{1}{3} wL$

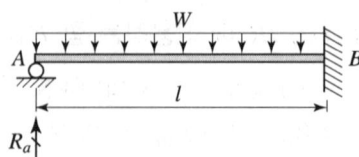

해설
$Y_A = 0$
$Y_{A1} = Y_{A2}$
$\dfrac{wL^4}{8EI} = \dfrac{R_A L^3}{3EI}$ 에서
$R_A = \dfrac{3wL}{8}$

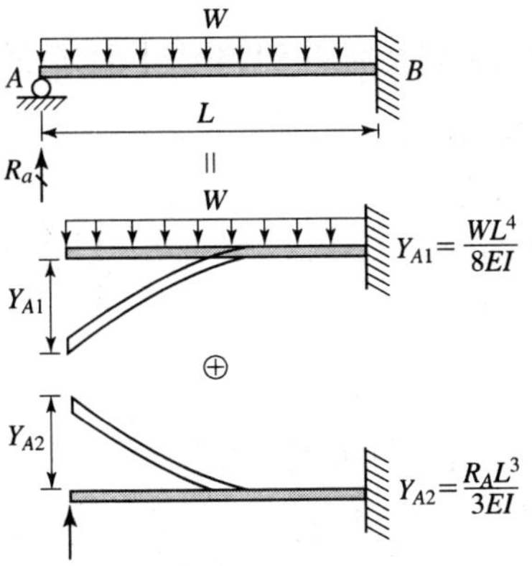

해답 ②

009

그림과 같이 가운데가 비어 있는 직사각형 단면 기둥의 길이 $L=10$m일 때 세장비는?

① 1.9
② 191.9
③ 2.2
④ 217.3

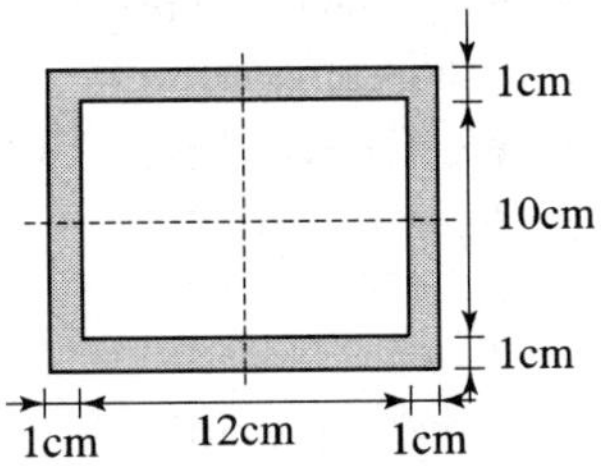

해설
$\lambda = \dfrac{KL}{r_{\min}} = \dfrac{KL}{\sqrt{\dfrac{I_{\min}}{A}}} = \dfrac{(1.0)(10\times 10^2)}{\sqrt{\dfrac{\left(\dfrac{1}{12}(14\times 12^3 - 12\times 10^3)\right)}{(14\times 12 - 12\times 10)}}} = 217.357$

해답 ④

010

그림과 같은 $r=4$m인 3힌지 원호 아치에서 지점 A에서 2m 떨어진 E점의 휨모멘트의 크기는 약 얼마인가?

① 6.13kN·m
② 7.32kN·m
③ 8.27kN·m
④ 9.16kN·m

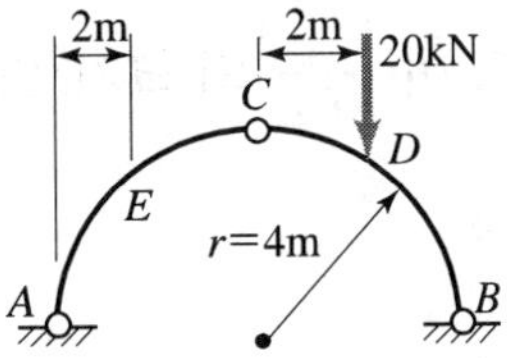

해설
① $\sum M_B = 0 : +V_A \times 8 - 2 \times 2 = 0$
$V_A = +5\text{kN}(\uparrow)$
② $\sum M_{C,좌} = 0 : +V_A \times 4 - H_A \times 4 = 0$
$H_A = +5\text{kN}(\rightarrow)$
③ $M_{E,좌} = [+5\times 2 - 5\times \sqrt{4^2 - 2^2}]$
$= -7.32\text{kN}\cdot\text{m}$

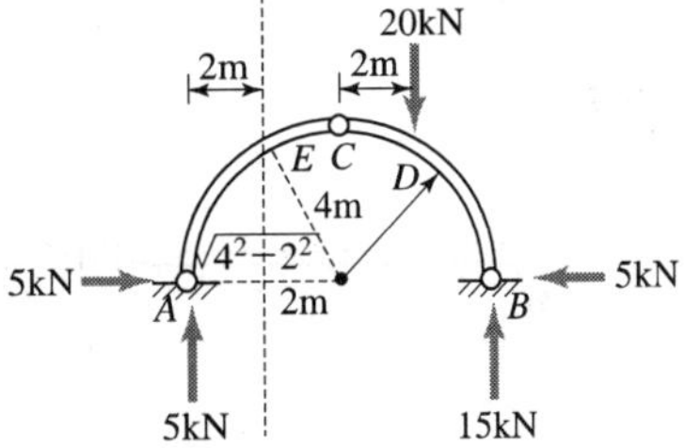

해답 ②

011

그림과 같은 단순보의 단면에서 최대 전단응력을 구한 값은?

① 2.47MPa
② 2.96MPa
③ 3.64MPa
④ 4.95MPa

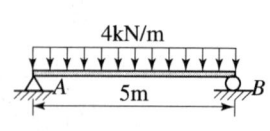
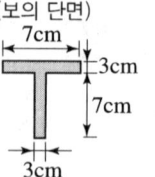

해설 ① 상연으로부터 도심거리

$$\bar{y} = \frac{G_x}{A} = \frac{7 \times 3 \times 1.5 + 3 \times 7 \times 6.5}{7 \times 3 + 3 \times 7} = 4\text{cm}$$

② $I_x = \left[\dfrac{7 \times 3^3}{12} + 7 \times 3 \times 2.5^2\right] + \left[\dfrac{3 \times 7^3}{12} + 3 \times 7 \times 2.5^2\right]$

$= 364\text{cm}^4 = 364 \times 10^4 \text{mm}^4$

③ $b = 3\text{cm} = 30\text{mm}$

④ $G = 3 \times 6 \times 3 = 54\text{cm}^3 = 54 \times 10^3 \text{mm}^3$

⑤ $V_{\max} = V_A = V_B = 10\text{kN}$

⑥ $\tau_{\max} = \dfrac{V \cdot G}{I \cdot b}$

$= \dfrac{10,000 \times 54 \times 10^3}{364 \times 10^4 \times 30}$

$= 4.95\text{MPa}$

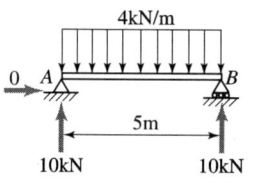
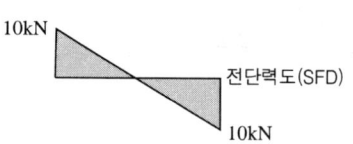
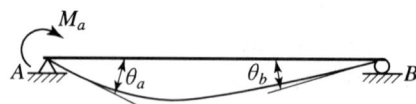

해답 ④

012

다음 그림과 같은 단순보의 지점 A에 모멘트 M_A가 작용할 경우 A점과 B점의 처짐각 비 $\left(\dfrac{\theta_A}{\theta_B}\right)$의 크기는?

① 1.5
② 2.0
③ 2.5
④ 3.0

해설

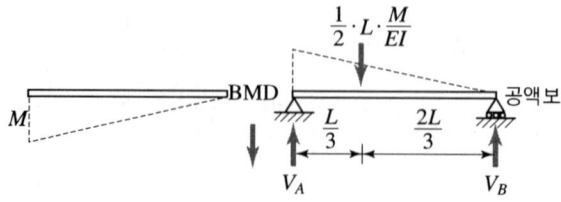

① $\theta_A = V_A = \dfrac{1}{2} \cdot L \cdot \dfrac{M}{EI} \cdot \dfrac{2}{3} = \dfrac{1}{3} \cdot \dfrac{ML}{EI}$

② $\theta_B = V_B = \dfrac{1}{2} \cdot L \cdot \dfrac{M}{EI} \cdot \dfrac{1}{3} = \dfrac{1}{6} \cdot \dfrac{ML}{EI}$

③ $\dfrac{\theta_A}{\theta_B} = \dfrac{\frac{1}{3}}{\frac{1}{6}} = 2.0$

해답 ②

013

반지름 r인 중실축(中實軸)과 바깥반지름 r이고 안반지름이 $0.6r$인 중공축(中空軸)이 동일 크기의 비틀림모멘트를 받고 있다면 중실축 : 중공축의 최대 전단응력비는?

① 1 : 1.28
② 1 : 1.24
③ 1 : 1.20
④ 1 : 1.15

해설 ① 원형 단면의 단면2차극모멘트
$I_P = I_x + I_y = 2I$

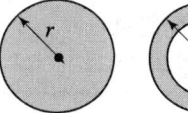
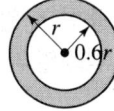

㉠ $I_{P1} = 2I = 2\left(\dfrac{\pi r^4}{2}\right) = \dfrac{\pi r^4}{2}$

㉡ $I_{P2} = 2I = 2\left[\dfrac{\pi}{4}(r^4 - 0.6^4 r^4)\right] = \dfrac{\pi r^4}{2} \times 0.8704$

② $\tau_1 : \tau_2 = \dfrac{T \cdot r}{I_{P1}} : \dfrac{T \cdot r}{I_{P2}} = \dfrac{1}{1} : \dfrac{1}{0.8704} = 1 : 1.15$

해답 ④

014

다음 연속보에서 B점의 지점반력을 구한 값은?

① 100kN
② 150kN
③ 200kN
④ 250kN

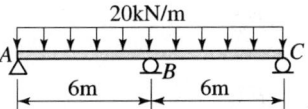

해설 $y_B = 0$

$y_{B1} = y_{B2}$

$\dfrac{5w(2L)^4}{384EI} = \dfrac{R_B(2L)^3}{48EI}$

$R_B = \dfrac{5wL}{4} = \dfrac{5 \times 20 \times 6}{4} = 150\text{kN}$

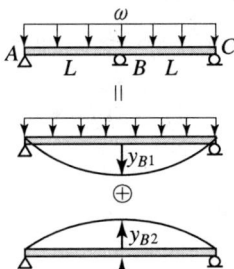

해답 ②

015

그림과 같은 2축응력을 받고 있는 요소의 체적변형률은? (단, 탄성계수 $E = 2 \times 10^5$MPa, 푸아송비 $\nu = 0.2$이다.)

① 1.8×10^{-4}
② 3.6×10^{-4}
③ 4.4×10^{-4}
④ 6.2×10^{-4}

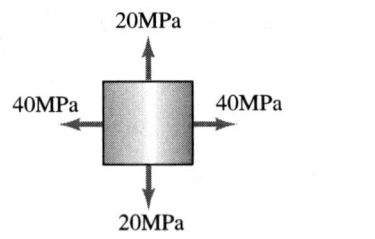

해설 $\epsilon_v = \dfrac{\Delta V}{V} = \dfrac{(1-2\nu)}{E}(\sigma_x + \sigma_y) = \dfrac{1-2 \times 0.2}{2 \times 10^5}[40+20] = 1.8 \times 10^{-4}$

해답 ①

016

보의 탄성변형에서 내력이 한 일을 그 지점의 반력으로 1차 편미분한 것은 "0"이 된다는 정리는 다음 중 어느 것인가?

① 중첩의 원리
② 맥스웰-베티의 상반원리
③ 최소일의 원리
④ 카스틸리아노의 제1정리

해답 ③

017

다음 그림과 같은 단순보의 중앙점 C에 집중하중 P가 작용하여 중앙점의 처짐 δ가 발생했다. δ가 0이 되도록 양쪽지점에 모멘트 M을 작용시키려고 할 때 이 모멘트의 크기 M을 하중 P와 경간 L로 나타내면 얼마인가? (단, EI는 일정하다.)

① $M = \dfrac{PL}{2}$
② $M = \dfrac{PL}{4}$
③ $M = \dfrac{PL}{6}$
④ $M = \dfrac{PL}{8}$

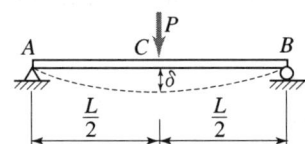

해설 ① $\delta_{C1} = \dfrac{1}{48} \cdot \dfrac{PL^3}{EI}(\downarrow)$

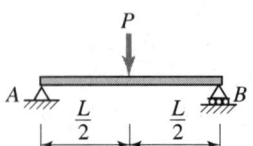

② $\delta_{C2} = \dfrac{ML^2}{8EI}(\uparrow)$

③ $\delta_C = \delta_{C1} + \delta_{C2} = \dfrac{1}{48} \cdot \dfrac{PL^3}{EI} - \dfrac{1}{8} \cdot \dfrac{ML^2}{EI} = 0$ 에서 $M = \dfrac{PL}{6}$

해답 ③

018

균질한 균일 단면봉이 그림과 같이 P_1, P_2, P_3의 하중을 B, C, D점에서 받고 있다. 각 구간의 거리 $a = 1.0\text{m}$, $b = 0.4\text{m}$, $c = 0.6\text{m}$이고 $P_2 = 80\text{kN}$, $P_3 = 40\text{kN}$의 하중이 작용할 때 D점에서의 수직방향 변위가 일어나지 않기 위한 하중 P_1은 얼마인가?

① 144kN
② 192kN
③ 240kN
④ 286kN

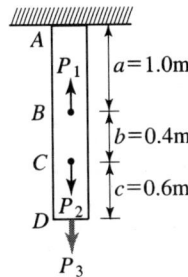

해설

① $\Delta L_1 = \dfrac{PL_1}{EA} = \dfrac{40 \times 0.6}{EA} = \dfrac{24}{EA}$

② $\Delta L_2 = \dfrac{PL_2}{EA} = \dfrac{120 \times 0.4}{EA} = \dfrac{48}{EA}$

③ $\Delta L_3 = \dfrac{PL_3}{EA} = \dfrac{(P_1 - 120) \times 1.0}{EA}$

④ $\Delta L = \Delta L_1 + \Delta L_2 + \Delta L_3$
$= +\left(\dfrac{24}{EA}\right) + \left(\dfrac{48}{EA}\right) - \dfrac{(P_1 - 120)}{EA}$
$= 0$ 에서
$P_1 = 192\text{kN}$

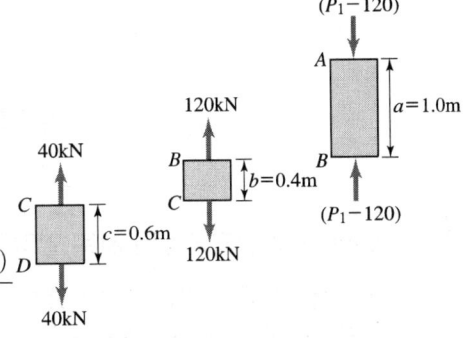

해답 ②

019

다음 그림과 같은 트러스에서 부재력이 발생하지 않는 부재는?

① DE 및 DF
② DE 및 DB
③ AD 및 DC
④ DB 및 DC

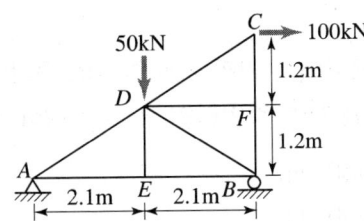

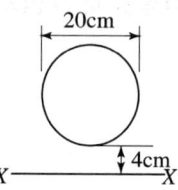

32.1kN   82.1kN

해답 ①

020 원형 단면의 $x-x$축에 대한 단면2차모멘트는?
① $12,880\text{cm}^4$
② $252,349\text{cm}^4$
③ $47,527\text{cm}^4$
④ $69,429\text{cm}^4$

해설 $I_x = \dfrac{\pi \times 20^4}{64} + \dfrac{\pi \times 20^2}{4} \times \left(\dfrac{20}{2}+4\right)^2 = 69,429.2\text{cm}^4$

해답 ④

제2과목 측량학

021 트래버스 측량의 작업순서로 알맞은 것은?
① 선점-계획-답사-조표-관측
② 계획-답사-선점-조표-관측
③ 답사-계획-조표-선점-관측
④ 조표-답사-계획-선점-관측

해설 트래버스 측량의 작업순서
계획 → 답사 → 선점 → 조표 → 관측 → 계산 및 조정 → 측점전개

해답 ②

022 도로공사에서 거리 20m인 성토구간에 대하여 시작단면 $A_1 = 72\text{m}^2$, 끝단면 $A_2 = 182\text{m}^2$, 중앙단면 $A_m = 132\text{m}^2$라고 할 때 각주공식에 의한 성토량은?
① 2540.0m^3
② 2573.3m^3
③ 2600.0m^3
④ 2606.7m^3

해설 각주공식

$$V = \frac{A_1 + 4A_m + A_2}{6} \times l = \frac{72 + 4 \times 132 + 182}{6} \times 20 = 2606.7 \text{m}^3$$

해답 ④

023

등고선의 성질에 대한 설명으로 옳지 않은 것은?

① 어느 지점의 최대경사 방향은 등고선과 평행한 방향이다.
② 경사가 급한 지역은 등고선 간격이 좁다.
③ 동일 등고선 위의 지점들은 높이가 같다.
④ 계곡선(합선)은 등고선과 직교한다.

해설 최대 경사 방향(등고선 사이의 최단 거리 방향)은 등고선과 직각으로 교차한다.

해답 ①

024

20m 줄자로 두 지점의 거리를 측정한 결과 320m이었다. 1회 측정마다 ±3mm의 우연오차가 발생하였다면 두 지점간의 우연오차는?

① ±12mm
② ±14mm
③ ±24mm
④ ±48mm

해설 우연오차는 측정횟수의 제곱근에 비례하므로

$$E = \pm \sqrt{n} = \pm 3\sqrt{\frac{320}{20}} = \pm 12\text{mm}$$

해답 ①

025

1600m²의 정사각형 토지 면적을 0.5m²까지 정확하게 구하기 위해서 필요한 변길이의 최대 허용오차는?

① 2mm
② 6mm
③ 10mm
④ 12mm

해설 $A = a^2$에서 양 변을 미분하면

$dA = 2a \cdot da$

$da = \dfrac{dA}{2a} = \dfrac{0.5}{2 \times \sqrt{1600}} = 0.006\text{m}$

해답 ②

026
지형측량을 할 때 기본 삼각점만으로는 기준점이 부족하여 추가로 설치하는 기준점은?

① 방향전환점 ② 도근점
③ 이기점 ④ 중간점

해설 세부측량을 실시할 때 삼각점만으로는 부족할 경우 결합, 폐합 트래버스 등으로 도근점을 만들어 기준점을 늘린다.

해답 ②

027
하천측량에 대한 설명 중 틀린 것은?

① 수위관측소의 설치 장소는 수위의 변화가 생기지 않는 곳이어야 한다.
② 평면측량의 범위는 무제부에서 홍수에 영향을 받는 구역보다 넓게 한다.
③ 하천 폭이 넓고 수심이 깊은 경우 배를 이용하여 심천측량을 행한다.
④ 평수위는 어떤 기간의 관측수위를 합계하여 관측횟수로 나누어 평균값을 구한 것이다.

해설 평수위는 어떤 기간의 관측수위 중 이것보다 높은 수위와 낮은 수위의 관측횟수가 같아지는 수위를 말한다.

해답 ④

028
1:5000 축척 지형도를 이용하여 1:25000 축척 지형도 1매를 편집하고자 한다면, 필요한 1:5000 축척 지형도의 총 매수는?

① 25매 ② 20매
③ 15매 ④ 10매

해설 지형도의 매수 = $\dfrac{25,000^2}{5,000^2} = 25$매

해답 ①

029
삼각점 A에 기계를 설치하였으나, 삼각점 B가 시준이 되지 않아 점 P를 관측하여 $T' = 68°32'15''$를 얻었다. 보정각 T는? (단, $S = 2km$, $e = 5m$, $\psi = 302°56'$)

① 68°25'02''
② 68°20'09''
③ 68°15'02''
④ 68°10'09''

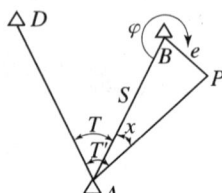

해설
① x가 미소하므로 $\overline{AB} \fallingdotseq \overline{AP} = S$
② $\dfrac{e}{\sin x} = \dfrac{S}{\sin(360°-\psi)}$ 에서 $x = \sin^{-1}\left(\dfrac{e \times \sin(360°-\psi)}{S}\right) = 0°7'13''$
③ $T = T' - x = 68°25'02''$

해답 ①

030
표고가 각각 112m, 142m인 A, B 두 점이 있다. 두 점 $\overline{AB}$ 사이에 130m의 등고선을 삽입할 때 이 등고선의 A 점으로부터 수평거리는? (단, AB의 수평거리는 100m이고, AB구간은 등경사이다.)

① 50m ② 60m
③ 70m ④ 80m

해설 $D : H = d : h$ 에서
$d = D \cdot \dfrac{h}{H} = 100 \times \dfrac{130-112}{142-112} = 60\text{m}$

해답 ②

031
그림과 같은 유심다각망의 조정에 필요한 조건방정식의 총수는?

① 5개
② 6개
③ 7개
④ 8개

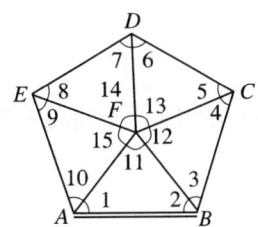

해설 ① 조건식의 총수 = 각조건식수 + 변조건식수 + 점조건식수 = 5 + 1 + 1 = 7
② $N = B + A - 2P + 3 = 1 + 15 - 2 \times 6 + 3 = 7$

해답 ③

032
우리나라는 TM도법에 따른 평면직교좌표계를 사용하고 있는데 그 중 동해원점의 경위도 좌표는?

① 129°00'00"N, 35°00'00"N
② 131°00'00"E, 35°00'00"N
③ 129°00'00"E, 38°00'00"N
④ 131°00'00"E, 38°00'00"N

해설 동해원점 좌표 : 131°E, 38°N

해답 ④

033

D점의 표고를 구하기 위하여 기지점 A, B, C에서 각각 수준측량을 실시하였다면, D점의 표고 최확값은?

코스	거리	고저차	출발점 표고
$A \to D$	5.0km	+2.442m	10.205m
$B \to D$	4.0km	+4.037m	8.603m
$C \to D$	2.5km	−0.862m	13.500m

① 12.641m ② 12.632m
③ 12.647m ④ 12.638m

해설 ① D의 표고
$H_{AD} = 10.205 + 2.442 = 12.647$
$H_{BD} = 8.603 + 4.037 = 12.640$
$H_{CD} = 13.500 - 0.862 = 12.638$
② 경중률(P) 계산
$\frac{1}{5} : \frac{1}{4} : \frac{1}{2.5} = \frac{4}{20} : \frac{5}{20} : \frac{8}{20} = 4 : 5 : 8$
③ 최확값 계산
$H_P = \frac{[P \cdot H]}{[P]} = 12.6 + \frac{4 \times 0.047 + 5 \times 0.040 + 8 \times 0.038}{4+5+8} = 12.641\text{m}$

해답 ①

034

캔트가 C인 노선에서 설계속도와 반지름을 모두 2배로 할 경우, 새로운 캔트 C′는?

① $\frac{1}{2}C$ ② $\frac{1}{4}C$
③ $2C$ ④ $4C$

해설 $C = \frac{S \cdot V^2}{gR}$에서 V와 R이 모두 2배로 늘어나면 $C' = \frac{2^2}{2} = 2$배로 되므로 $C' = 2C$가 된다.

해답 ③

035

구면 삼각형의 성질에 대한 설명으로 틀린 것은?
① 구면 삼각형의 내각의 합은 180°보다 크다.
② 2점간 거리가 구면상에서는 대원의 호길이가 된다.
③ 구면 삼각형의 한 변은 다른 두변의 합보다는 작고 차이보다는 크다.
④ 구과량은 구의 반지름 제곱에 비례하고 구면 삼각형의 면적에 반비례한다.

해설 $\dfrac{\epsilon''}{\rho''}=\dfrac{F}{r^2}$ 에서 $\epsilon''=\dfrac{F}{r^2}\cdot\rho''$

구과량(ϵ'')은 구의 반지름(r)의 제곱에 반비례하고 구면 삼각형의 면적(F)에 비례한다.

해답 ④

036
폐합다각형의 관측결과 위거오차 −0.005m, 경거오차 −0.042m, 관측길이 327m의 성과를 얻었다면 폐합비는?

① 1/20
② 1/330
③ 1/770
④ 1/7730

해설
① 폐합오차
$$E=\sqrt{\Delta L^2+\Delta D^2}=\sqrt{(-0.005)^2+(-0.042)^2}$$
② 폐합비(정도)
$$R=\dfrac{E}{\sum l}=\dfrac{\sqrt{\Delta L^2+\Delta D^2}}{\sum l}=\dfrac{\sqrt{(-0.005)^2+(-0.042)^2}}{327}=\dfrac{1}{7,731}$$

해답 ④

037
단곡선 설치에 있어서 교각 $I=60°$, 반지름 $R=200$m, 곡선의 시점 $B.C.=$ No.8+15m일 때 종단현에 대한 편각은? (단, 중심말뚝의 간격은 20m이다.)

① 38'10"
② 42'58"
③ 1°16'20"
④ 2°51'53"

해설
① $C.L.=R\cdot I°\cdot\dfrac{\pi}{180°}=200\times60°\times\dfrac{\pi}{180°}=209.44\text{mm}$
② BC거리$=20\times 8=15=175\text{mm}$
③ EC의 거리$=175+209.44=384.44\text{mm}$
④ 종단형(l_2)의 길이$=384.44-380=4.44\text{m}$
⑤ 종단편각 $\delta_2=\dfrac{l_2}{2R}\times\dfrac{180°}{\pi}=0°38'9.5''$

해답 ①

038
도로노선의 곡률반지름 $R=2000$m, 곡선의길이 $L=245$m일 때, 클로소이드의 매개변수 A는?

① 500m
② 600m
③ 700m
④ 800m

해설 $A^2=R\cdot L$에서 $A=\sqrt{2000\times 245}=700\text{m}$

해답 ③

039
그림과 같은 개방 트래버스에서 CD측선의 방위는?

① N50°W
② S30°E
③ S50°W
④ N30°E

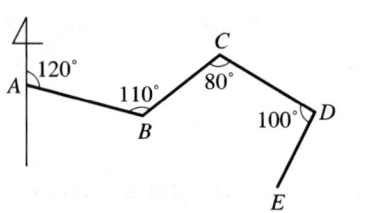

해설
① AB 방위각 = 120°
② BC 방위각 = 120° + 180° + 110° = 410° − 180° = 230°
③ CD 방위각 = 230° + 180° − 80° = 330°
④ CD 방위 : N(360° − 330°)W = N30°W

해답 ②

040
지구의 반지름 6370km, 공기의 굴절계수가 0.14일 때, 거리 4km에 대한 양차는?

① 0.108m
② 0.216m
③ 1.080m
④ 2.160m

해설 양차 $h = \dfrac{(1-K)}{2R} \cdot D^2 = \dfrac{(1-0.14)}{2 \times 6{,}370} \times 4^2 = 0.00108 \text{km} = 1.08\text{m}$

해답 ③

제3과목 수 리 학

041
개수로의 흐름에 대한 설명으로 틀린 것은?

① 개수로에서 사류로부터 상류로 변할 때 불연속적으로 수면이 뛰는 도수가 발생된다.
② 개수로에서 층류와 난류를 구분하는 한계 레이놀즈(Reynolds)수는 정확히 결정 되어질 수 없으나 약 500 정도를 취한다.
③ 개수로에서 사류로부터 상류로 변하는 단면을 지배단면이라 한다.
④ 배수곡선은 댐과 같은 장애물을 설치하면 발생되는 상류부의 수면곡선이다.

해설 지배단면은 상류에서 사류로 변하는 단면이다.

해답 ③

042
수평면상 곡선수로의 상류에서 비회전흐름인 경우, 유속 V와 곡률반지름 R의 관계로 옳은 것은? (단, C는 상수)

① $V = CR$
② $VR = C$
③ $R + \dfrac{V^2}{2g} = C$
④ $\dfrac{V^2}{2g} + CR = 0$

해설 곡선수로의 경우 $VR = C$

해답 ②

043
A 저수지에서 100m 떨어진 B 저수지로 3.6m³/s의 유량을 송수하기 위해 지름 2m의 주철관을 설치할 때 적정한 관로의 경사(I)는? (단, 마찰손실만 고려하고, 마찰손실계수 $f = 0.03$이다.)

① 1/1000
② 1/500
③ 1/250
④ 1/100

해설
$$Q = AV = A \cdot C\sqrt{RI} = A \cdot \sqrt{\dfrac{8g}{f}} \cdot \sqrt{RI}$$

$$3.6 = \dfrac{\pi \cdot 2^2}{4} \times \sqrt{\dfrac{8 \times 9.8}{0.03}} \times \sqrt{\dfrac{2}{4} \times I} \text{에서 } I = \dfrac{1}{1000}$$

해답 ①

044
합리식에 관한 설명으로 틀린 것은?

① 첨두유량을 계산할 수 있다.
② 강우강도를 고려할 필요가 없다.
③ 도시와 농촌지역에 적용할 수 있다.
④ 유출계수는 유역의 특성에 따라 다르다.

해설 합리식 $Q = \dfrac{1}{3.6} CIA$

여기서, C : 유출계수, I : 강우강도, A : 유역면적

해답 ②

045
비중 0.92의 빙산이 해수면에 떠 있다. 수면 위로 나온 빙산의 부피가 100m³이면 빙산의 전체 부피는? (단, 해수의 비중 1.025)

① 976m³
② 1025m³
③ 1114m³
④ 1125m³

해설 $\omega V + M = \omega' V' + M'$

$0.92V + 0 = 1.025 \times (V-100) + 0$ 에서 $V = \dfrac{1.025 \times 100}{1.025 - 0.92} = 976\text{m}^3$

해답 ①

046
주어진 유량에 대한 비에너지(specific energy)가 3m이면, 한계수심은?

① 1m
② 1.5m
③ 2m
④ 2.5m

해설 $H_e = \dfrac{3}{2}h_c$ 에서 $h_c = \dfrac{2}{3}H_e = \dfrac{2}{3} \times 3 = 2\text{m}$

해답 ③

047
작은 오리피스에서 단면수축계수 C_a, 유속계수 C_v, 유량계수 C의 관계가 옳게 표시된 것은?

① $C = \dfrac{C_v}{C_a}$
② $C = \dfrac{C_a}{C_v}$
③ $C = C_v \cdot C_a$
④ $C = C_a + C_v$

해설 유량계수 = 수축계수 × 유속계수 = $C_a \cdot C_v$

해답 ③

048
다음 표는 어느 지역의 40분간 집중 호우를 매 5분마다 관측한 것이다. 지속기간이 20분인 최대강우강도는?

시간(분)	우량(mm)
0~5	1
5~10	4
10~15	2
15~20	5
20~25	8
25~30	7
30~35	3
35~40	2

① $I = 49\text{mm/h}$
② $I = 59\text{mm/h}$
③ $I = 69\text{mm/h}$
④ $I = 72\text{mm/h}$

해설 ① ㉠ 0~20 : 12mm ㉡ 5~25 : 19mm
㉢ 10~30 : 22mm ㉣ 15~35 : 23mm
㉤ 20~40 : 20mm
② 20분 최대우량은 23mm이므로 강우강도

$I = \dfrac{23\text{mm}}{20\text{min}} \times \dfrac{60\text{min}}{\text{hr}} = 69\text{mm/hr}$

해답 ③

049 물 속에 잠긴 곡면에 작용하는 정수압의 연직방향 분력은?
① 곡면을 밑면으로 하는 물기둥 체적의 무게와 같다.
② 곡면 중심에서의 압력에 수직투영 면적을 곱한것과 같다.
③ 곡면의 수직투영 면적에 작용하는 힘과 같다.
④ 수평분력의 크기와 같다.

해설 곡면에 작용하는 연직방향 분력은 수직선상으로 중복되지 않는 물체를 밑면으로 하는 물기둥의 무게이다.

해답 ①

050 수면표고가 18m인 정수장에서 직경 600mm인 강관 900m를 이용하여 수면표고 39m인 배수지로 양수하려고 한다. 유량이 1.0m³/s이고 관로의 마찰손실계수가 0.03일 때 모터의 소요 동력은? (단, 마찰손실만 고려하며, 펌프 및 모터의 효율은 각각 80% 및 70%이다.)
① 520kW ② 620kW
③ 780kW ④ 870kW

해설 $E = \dfrac{1}{\eta} \times 9.8 QH$

① $\eta = 0.7 \times 0.8$
② $Q = 1$
③ $V = \dfrac{Q}{A} = \dfrac{4 \times 1}{\pi D^2} = 3.54 \text{m/sec}$
④ $H = h + h_L = 21 + f \dfrac{l}{D} \dfrac{V^2}{2g}$
⑤ $E = \dfrac{1}{0.7 \times 0.8} \times 9.8 \times 1 \times 49.7 = 869.8 \text{kW}$

해답 ④

051 관수로에서의 마찰손실수두에 대한 설명으로 옳은 것은?
① 관수로의 길이에 비례한다. ② 관의 조도계수에 반비례한다.
③ 후르드 수에 반비례한다. ④ 관내 유속의 1/4제곱에 비례한다.

해설 $h_L = f \dfrac{l}{D} \dfrac{V^2}{2g}$ $h_L \propto l$

해답 ①

052 지하수의 투수계수에 관한 설명으로 틀린 것은?

① 같은 종류의 토사라 할지라도 그 간극률에 따라 변한다.
② 흙입자의 구성, 지하수의 점성계수에 따라 변한다.
③ 지하수의 유량을 결정하는데 사용된다.
④ 지역에 따른 무차원 상수이다.

해설 $V = Ki$ 투수계수 K는 유속의 차원이다.

해답 ④

053 단위 유량도(unit hydrograph)를 작성함에 있어서 주요 기본가정(또는 원리)만으로 짝지어진 것은?

① 비례가정, 중첩가정, 시간불변성(stationary)의 가정
② 직접유출의 가정, 시간불변성(stationary)의 가정
③ 시간불변성(stationary)의 가정, 직접유출의 가정, 비례가정
④ 비례가정, 중첩가정, 직접유출의 가정

해설 단위도 가정
① 일정 기저시간 가정 ② 비례가정 ③ 중첩가정

해답 ①

054 수리학적 완전상사를 이루기 위한 조건이 아닌 것은?

① 기하학적 상사(geometric similarity)
② 운동학적 상사(kinematic similarity)
③ 동역학적 상사(dynamic similarity)
④ 대수학적 상사(algebraic similarity)

해설 수리학적 완전상사
① 기하학적 상사 ② 운동학적 상사 ③ 동역학적 상사

해답 ④

055 다음 중 강수 결측자료의 보완을 위한 추정방법이 아닌 것은?

① 단순비례법
② 이중누가우량분석법
③ 산술평균법
④ 정상연강수량비율법

해설 이중누가우량 분석법은 장시간 동안의 강우자료의 일관성을 검증하는 방법이다.

해답 ②

056

위어(weir)에 물이 월류할 경우에 위어 정상을 기준하여 상류측 전수두를 H라 하고, 하류수위를 h라 할 때, 수중위어(submerged weir)로 해석될 수 있는 조건은?

① $h < \dfrac{2}{3}H$
② $h < \dfrac{1}{2}H$
③ $h > \dfrac{2}{3}H$
④ $h > \dfrac{1}{3}H$

해설
① $h < \dfrac{2}{3}H$: 완전월류
② $h \fallingdotseq \dfrac{2}{3}H$: 불완전월류
③ $h > \dfrac{2}{3}H$: 수중위어

해답 ③

057

개수로 흐름에 대한 Manning 공식의 조도계수 값의 결정요소로 가장 거리가 먼 것은?

① 동수경사
② 하상물질
③ 하도 형상 및 선형
④ 식생

해설 동수경사는 위치수두와 압력수두합으로 조도계수와는 무관하다.

해답 ①

058

에너지선에 대한 설명으로 옳은 것은?

① 언제나 수평선이 된다.
② 동수경사선보다 아래에 있다.
③ 동수경사선보다 속도 수두만큼 위에 위치하게 된다.
④ 속도수두와 위치수두의 합을 의미한다.

해설
① **에너지선** = 압력수두 + 위치수두 + 속도수두
② **동수경사선** = 위치수두 + 압력수두

해답 ③

059
수표면적이 10km²되는 어떤 저수지 수면으로부터 2m 위에서 측정된 대기의 평균온도가 25℃, 상대습도가 65%이고, 저수지 수면 6m 위에서 측정한 풍속이 4m/s, 저수지 수면 경계층의 수온이 20℃로 추정되었을 때 증발률(E_o)이 1.44mm/day이었다면 이 저수지 수면으로부터의 일증발량(E_{day})은?

① 42300m³/day ② 32900m³/day
③ 27300m³/day ④ 14400m³/day

해설 일증발량 = 일증발률 × 수표면적 = $1.44 \times 10^{-3} \times 10 \times 1000^2 = 14400 \text{m}^3$

해답 ④

060
경심 5m이고 동수경사가 1/200인 관로에서의 Reynolds 수가 1000인 흐름으로 흐를 때 관내의 평균유속은?

① 7.5m/s ② 5.5m/s
③ 3.5m/s ④ 2.5m/s

해설
① $Re = 1000$
② $f = \dfrac{64}{Re} = \dfrac{64}{1000}$
③ $V = C\sqrt{RI} = \sqrt{\dfrac{8g}{f}} \cdot \sqrt{RI}$
$V = \sqrt{\dfrac{8 \times 9.8}{\frac{64}{1000}}} \times \sqrt{5 \times \dfrac{1}{200}} = 5.5 \text{m/sec}$

해답 ②

제4과목 철근콘크리트 및 강구조

061
그림과 같은 띠철근 기둥에서 띠철근의 최대 간격으로 적당한 것은? (단, D10의 공칭직경은 9.5mm, D32의 공칭직경은 31.8mm)

① 509mm
② 500mm
③ 472mm
④ 456mm

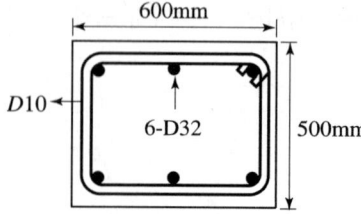

해설 띠철근의 최대 간격
① 종방향 철근 지름의 16배 = 31.8 × 16 = 508.8mm 이하
② 띠철근이나 철선 지름의 48배 = 9.5 × 48 = 456mm 이하
③ 기둥 단면 최소치수 = 500mm 이하
④ 이 중 최솟값 456mm가 띠철근의 최대간격이다.

해답 ④

062

그림과 같은 단면의 중간 높이에 초기 프리스트레스 900kN을 작용시켰다. 20%의 손실을 가정하여 하단 또는 상단의 응력이 영(零)이 되도록 이 단면에 가할 수 있는 모멘트의 크기는?

① 90kN · m
② 84kN · m
③ 72kN · m
④ 65kN · m

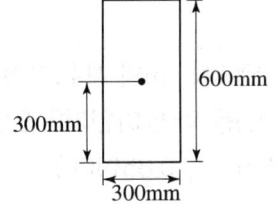

해설 $f_{하연} = \dfrac{P_e}{A} - \dfrac{M}{Z} = 0$ 에서

$M \geq \dfrac{P_e Z}{A} = \dfrac{0.8P \times \left(\dfrac{bh^2}{6}\right)}{bh} = \dfrac{0.8Ph}{6} = \dfrac{0.8 \times 900 \times 0.6}{6} = 72\text{kN} \cdot \text{m}$

해답 ③

063

철근콘크리트 부재에서 처짐을 방지하기 위해서는 부재의 두께를 크게 하는 것이 효과적인데, 구조상 가장 두꺼워야 될 순서대로 나열된 것은?

① 단순지지 > 캔틸레버 > 일단연속 > 양단연속
② 캔틸레버 > 단순지지 > 일단연속 > 양단연속
③ 일단연속 > 양단연속 > 단순지지 > 캔틸레버
④ 양단연속 > 일단연속 > 단순지지 > 캔틸레버

해설 ① 철근 콘크리트 구조물의 최소 두께 규정

부재	단순지지	일단연속	양단연속	캔틸레버
1방향 슬래브	1/20	1/24	1/28	1.10
보 또는 리브가 있는 1방향 슬래브	1/16	1/18.5	1/21	1/8

② 최소 두께 두꺼운 순서 : 캔틸레버 > 단순지지 > 일단연속 > 양단연속

해답 ②

064

다음 그림과 같은 맞대기 용접 이음에서 이음의 응력을 구하면?

① 150.0MPa
② 106.1MPa
③ 200.0MPa
④ 212.1MPa

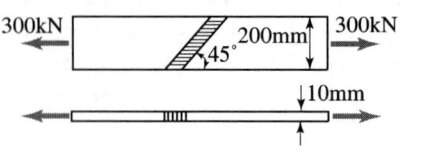

해설 $f = \dfrac{P}{\sum al} = \dfrac{300 \times 10^3}{10 \times 200} = 100\text{N/mm}^2 = 100\text{MPa}$

해답 ①

065

$M_u = 200\text{kN} \cdot \text{m}$의 계수모멘트가 작용하는 단철근 직사각형 보에서 필요한 철근량(A_s)은 약 얼마인가? (단, $b_w = 300\text{mm}$, $d = 500\text{mm}$, $f_{ck} = 28\text{MPa}$, $f_y = 400\text{MPa}$, $\phi = 0.85$이다.)

① 1072.7mm²
② 1266.3mm²
③ 1524.6mm²
④ 1785.4mm²

해설
$$A_s = \rho bd = \dfrac{0.85 f_{ck}}{f_y}\left\{1 - \sqrt{1 - \dfrac{2M_u}{\phi bd^2 \cdot 0.85 f_{ck}}}\right\} bd$$

$$= \dfrac{0.85 \times 28}{400}\left\{1 - \sqrt{\dfrac{2(200 \times 10^6)}{0.85(300 \times 500^2)} \over 0.85(28)}\right\}(300 \times 500)$$

$$= 1266.3\text{mm}^2$$

해답 ②

066

그림과 같은 띠철근 단주의 균형상태에서 축방향 공칭하중(P_b)는 얼마인가? (단, $f_{ck} = 27\text{MPa}$, $f_y = 400\text{MPa}$, $A_{st} = 4\text{-}D35 = 3800\text{mm}^2$)

① 1326.5kN
② 1520.0kN
③ 3645.2kN
④ 5165.3kN

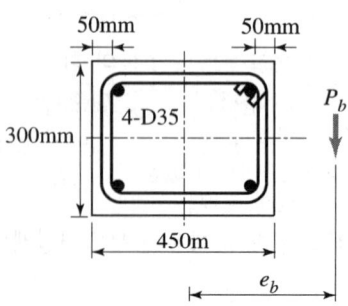

해설 ① 균형상태의 중립축 위치

㉠ $f_{ck} = 27\text{MPa} < 40\text{MPa}$이므로 $\epsilon_{cu} = 0.0033$, $\beta_1 = 0.80$

$$c_b = \frac{\epsilon_{cu}}{\epsilon_{cu} + \frac{f_y}{200000}}d = \frac{0.0033}{0.0033 + \frac{400}{200000}} \times 400 = 249\text{mm}$$

㉡ $a_b = \beta_1 c_b = 0.8 \times 249 = 199\text{mm}$

② 압축철근의 응력

$$f_s' = E_s \epsilon_s' = E_s \times \left(\epsilon_{cu}\frac{c_b - d'}{c_b}\right) = 2.0 \times 10^5 \times \left(0.0033 \times \frac{249-50}{249}\right)$$

$= 527.5\text{MPa} > f_y$이므로 압축 철근이 항복한 상태이다.

③ 축방향 공칭하중

$$P_b = 0.85 f_{ck}(a_b b - A_s') + f_y' A_s - f_y A_s$$
$$= 0.85 \times 27 \times \left(199 \times 300 - \frac{1}{2} \times 3{,}800\right)$$
$$+ 400 \times \left(\frac{1}{2} \times 3{,}800\right) - 400 \times \left(\frac{1}{2} \times 3{,}800\right)$$
$$= 1{,}326{,}510\text{N} \fallingdotseq 1{,}326.5\text{kN}$$

해답 ①

067

$b_w = 250\text{mm}$, $d = 500\text{mm}$, $f_{ck} = 21\text{MPa}$, $f_y = 400\text{MPa}$인 직사각형 보에서 콘크리트가 부담하는 설계전단강도(ϕV_c)는?

① 71.6kN
② 76.4kN
③ 82.2kN
④ 91.5kN

$$\phi V_c = \phi\left(\frac{\lambda\sqrt{f_{ck}}}{6}\right)b_w d = 0.75\left(\frac{1.0\sqrt{21}}{6}\right) \times 250 \times 500 = 71{,}603\text{N} \fallingdotseq 1{,}360.9\text{kN}$$

해답 ①

068

철근의 부착응력에 영향을 주는 요소에 대한 설명으로 틀린 것은?

① 경사인장균열이 발생하게 되면 철근이 균열에 저항하게 되고, 따라서 균열면 양쪽의 부착응력을 증가시키기 때문에 결국 인장철근의 응력을 감소시킨다.
② 거푸집 내에 타설된 콘크리트의 상부로 상승하는 물과 공기는 수평으로 놓인 철근에 의해 가로막히게 되며, 이로 인해 철근과 철근 하단에 형성될 수 있는 수막 등에 의해 철근과 철근 하단에 형성될 수 있는 수막 등에 의해 부착력이 감소될 수 있다.
③ 전단에 의한 인장철근의 장부력(dowel force)은 부착에 의한 쪼갬 응력을 증가시킨다.
④ 인장부 철근이 필요에 의해 절단되는 불연속 지점에서는 철근의 인장력 변화정도가 매우 크며 부착응력 역시 증가한다.

해설 콘크리트에 인장균열이 발생하게 되면 균열면 양쪽의 부착응력 뿐만 아니라 철근의 인장응력도 증가하게 된다.

해답 ①

069

복철근 직사각형 보의 $A_s' = 1916\text{mm}^2$, $A_s = 4790\text{mm}^2$이다. 등가 직사각형 블록의 응력 깊이(a)는? (단, $f_{ck} = 21\text{MPa}$, $f_y = 300\text{MPa}$)

① 153mm
② 161mm
③ 176mm
④ 185mm

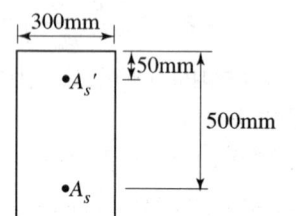

해설 $a = \dfrac{(A_s - A_s')f_y}{0.85f_{ck}b} = \dfrac{(4790-1916)\times 300}{0.85 \times 21 \times 300} = 161\text{mm}$

해답 ②

070

강도 설계법에서 그림과 같은 T형보에서 공칭모멘트 강도(M_n)는? (단, $A_s = 14\text{-}D25 = 7094\text{mm}^2$, $f_{ck} = 28\text{MPa}$, $f_y = 400\text{MPa}$)

① 1648.3kN · m
② 1597.2kN · m
③ 1534.5kN · m
④ 1475.9kN · m

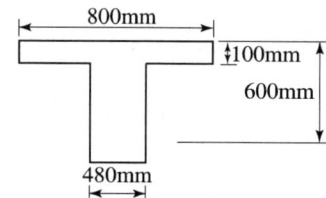

해설 ① $a = \dfrac{A_s f_y}{0.85 f_{ck} b} = \dfrac{7094 \times 400}{0.85 \times 28 \times 800} = 149.03\text{mm}$
$> t_f = 100\text{mm}$이므로 T형보로 설계한다.

② $M_n = A_{sf} f_y \left(d - \dfrac{t_f}{2}\right) + (A_s - A_{sf}) f_y \left(d - \dfrac{a}{2}\right)$
$= 1904 \times 400 \times \left(600 - \dfrac{100}{2}\right) + (7094 - 1904) \times 400 \times \left(600 - \dfrac{181.72}{2}\right)$
$= 1{,}475{,}855\text{N} \cdot \text{mm} = 1{,}475.9\text{kN} \cdot \text{m}$

③ $A_{sf} = \dfrac{0.85 f_{ck}(b - b_w) t_f}{f_y} = \dfrac{0.85 \times 28 \times (800 - 480) \times 100}{400} = 1904\text{mm}^2$

④ $a = \dfrac{(A_s - A_{sf}) f_y}{0.85 f_{ck} b_w} = \dfrac{(7094 - 1904) \times 400}{0.85 \times 28 \times 480} = 181.72\text{mm}$

해답 ④

071

콘크리트 구조기준에서는 띠철근으로 보강된 기둥의 압축지배단면에 대해서는 감소계수 $\phi=0.65$, 나선철근으로 보강된 기둥의 압축지배단면에 대해서는 $\phi=0.70$을 적용한다. 그 이유에 대한 설명으로 가장 적당한 것은?

① 콘크리트의 압축강도 측정시 공시체의 형태가 원형이기 때문이다.
② 나선철근으로 보강된 기둥이 띠철근으로 보강된 기둥보다 연성이나 인성이 크기 때문이다.
③ 나선철근으로 보강된 기둥은 띠철근으로 보강된 기둥보다 골재분리현상이 적기 때문이다.
④ 같은 조건(콘크리트 단면적, 철근 단면적)에서 사각형(띠철근)기둥이 원형(나선철근)기둥보다 큰 하중을 견딜 수 있기 때문이다.

해답 ②

072

T형 PSC보에 설계하중을 작용시킨 결과 보의 처짐은 0이었으며, 프리스트레스 도입단계부터 부착된 계측장치로부터 상부 탄성변형률 $\epsilon=3.5\times10^{-4}$을 얻었다. 콘크리트 탄성계수 $E_c=26000$MPa, T형보의 단면적 $A_g=150000$mm^2, 유효율 $R=0.85$일 때, 강재의 초기 긴장력 P_i를 구하면?

① 1606kN
② 1365kN
③ 1160kN
④ 2269kN

해설 ① 유효프리스트레스 힘 (P_e)

$$f_c = \frac{P_e}{A_g} = E_c\epsilon_{상연} \text{에서} \quad P_e = E_c A_g \epsilon = 26{,}000\times 150{,}000\times(3.5\times10^{-4})$$
$$= 1{,}365{,}000\text{N} = 1{,}365\text{kN}$$

② 초기 프리스트레스 힘 (P_i)

$$R = \frac{P_e}{P_i} \text{에서} \quad P_i = \frac{P_e}{R} = \frac{1{,}365}{0.85} \fallingdotseq 1{,}060\text{kN}$$

해답 ①

073

철근 콘크리트 보에 배치되는 철근의 순간격에 대한 설명으로 틀린 것은?

① 동일 평면에서 평행한 철근 사이의 수평 순간격은 25mm 이상이어야 한다.
② 상단과 하단에 2단 이상으로 배치된 경우 상하철근의 순간격은 25mm 이상으로 하여야 한다.
③ 철근의 순간격에 대한 규정은 서로 접촉된 겹침이음 철근과 인접된 이음철근 또는 연속철근 사이의 순간격에도 적용하여야 한다.
④ 벽체 또는 슬래브에서 휨 주철근의 간격은 벽체나 슬래브 두께의 2배 이하로 하여야 한다.

해설 현행 구조기준에서는 벽체 및 슬래브에서의 휨 주철근의 간격은 두께의 3배 이하, 450mm 이하로 한다.

해답 ④

074
프리스트레스의 손실 원인은 그 시기에 따라 즉시 손실과 도입 후에 시간적인 경과 후에 일어나는 손실로 나눌 수 있다. 다음 중 손실 원인의 시기가 나머지와 다른 하나는?

① 콘크리트 creep
② 포스트텐션 긴장재와 쉬스 사이의 마찰
③ 콘크리트 건조수축
④ PS 강재의 relaxation

해설 **프리스트레스 도입 후 생기는 손실**(시간적 손실)
① 콘크리트의 건조수축에 의한 손실
② 콘크리트의 크리프에 의한 손실
③ PS 강재의 릴랙세이션에 의한 손실

해답 ②

075
지간(L)이 6m인 단철근 직사각형 단순보에 고정하중(자중포함)이 15.5kN/m, 활하중이 35kN/m 작용할 경우 최대 모멘트가 발생하는 단면의 계수 모멘트(M_u)는 얼마인가? (단, 하중조합을 고려할 것)

① 227.3kN·m
② 300.6kN·m
③ 335.7kN·m
④ 373.5kN·m

해설 ① $w_u = 1.2w_d + 1.6w_l = 1.2 \times 15.5 + 1.6 \times 35 = 74.6 \text{kN/m}$

② $M_u = \dfrac{w_u l^2}{8} = \dfrac{74.6 \times 6^2}{8} = 335.7 \text{kN·m}$

해답 ③

076
인장응력 검토를 위한 L-150×90×12인 형강(angel)의 전개 총폭 b_g는 얼마인가?

① 228mm
② 232mm
③ 240mm
④ 252mm

해설 $b_g = A(총높이) + B(총폭) - t(두께) = 150 + 90 - 12 = 228\text{mm}$

해답 ①

077

경간이 8m인 PSC보에 계수등분포하중 $w=20$kN/m가 작용할 때 중앙 단면 콘크리트 하연에서의 응력이 0이 되려면 강재에 줄 프리스트레스힘 P는 얼마인가? (단, PS강재는 콘크리트 도심에 배치되어 있음)

① $P=2000$kN
② $P=2200$kN
③ $P=2400$kN
④ $P=2600$kN

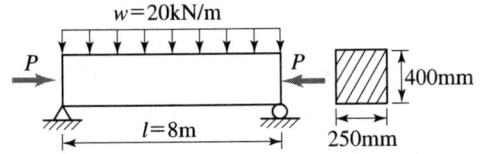

해설 $f_{하연}=\dfrac{P}{A}-\dfrac{M}{Z}=0$에서

$$P=\dfrac{AM}{Z}=\dfrac{250\times400\times\left(\dfrac{20\times8000^2}{8}\right)}{\dfrac{250\times400^2}{6}}=2,400,000\text{N}=2,400\text{kN}$$

해답 ③

078

비틀림철근에 대한 설명으로 틀린 것은? (단, A_{0h}는 가장 바깥의 비틀림 보강철근의 중심으로 닫혀진 단면적이고, P_h는 가장 바깥의 횡방향 폐쇄스터럽 중심선의 둘레이다.)

① 횡방향 비틀림 철근은 종방향 철근 주위로 135° 표준갈고리에 의해 정착하여야 한다.
② 비틀림모멘트를 받는 속빈 단면에서 횡방향 비틀림철근의 중심선으로부터 내부 벽면까지의 거리는 $0.5A_{0h}/P_h$ 이상 되도록 설계하여야 한다.
③ 횡방향 비틀림철근의 간격은 $P_h/6$ 및 400mm 보다 작아야 한다.
④ 종방향 비틀림철근은 양단에 정착하여야 한다.

해설 횡방향 비틀림 철근의 간격은 $\dfrac{p_h}{8}$ 이하, 300mm 이하로 한다.

해답 ③

079

다음 주어진 단철근 직사각형 단면의 보에서 설계휨강도를 구하기 위한 강도감도계수(ϕ)는? (단, $f_{ck}=28$MPa, $f_y=400$MPa)

① 0.85
② 0.83
③ 0.81
④ 0.79

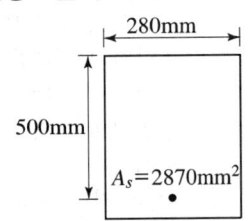

해설 ① $f_{ck} = 28\text{MPa} < 40\text{MPa}$이므로 $\epsilon_{cu} = 0.0033$, $\beta_1 = 0.80$

② $a = \dfrac{A_s f_y}{0.85 f_{ck} b} = \dfrac{2870 \times 400}{0.85 \times 28 \times 280} = 172.27\text{mm}$

③ $c = \dfrac{a}{\beta_1} = \dfrac{172.27}{0.80} = 215.34\text{mm}$

④ $\epsilon_t = \epsilon_{cu} \times \dfrac{d-c}{c} = 0.0033 \times \dfrac{500 - 215.34}{215.34} = 0.0044$

④ $\epsilon_y(=0.002) < \epsilon_t(=0.0044) < \epsilon_{tcl}(=0.005)$

⑤ 변화구간 단면에 속하므로 ϕ는 $\phi - \epsilon_t$그래프에서 직선보간하여 구한다.

해답 ③

080 옹벽의 설계에 대한 설명으로 틀린 것은?

① 부벽식 옹벽의 저판은 정밀한 해석이 사용되지 않는 한, 부벽 사이의 거리를 경간으로 가정한 고정보 또는 연속보로 설계할 수 있다.
② 활동에 대한 저항력은 옹벽에 작용하는 수평력의 1.5배 이상이어야 한다.
③ 저판의 뒷굽판은 정확한 방법이 사용되지 않는한, 뒷굽판 상부에 재하되는 모든 하중을 지지하도록 설계하여야 한다.
④ 무근콘크리트 옹벽은 부벽식 옹벽의 형태로 설계하여야 한다.

해설 무근콘크리트 옹벽은 중력식 옹벽으로 설계한다.

해답 ④

제5과목 토질 및 기초

081 암질을 나타내는 항목과 직접관계가 없는 것은?

① N치
② RQD값
③ 탄성파속도
④ 균열의 간격

해설 ① 암반평점에 의한 분류방법(Rock Mass Rating)의 분류기준
  ㉠ 암석의 강도(일축압축강도)
  ㉡ 암질지수(RQD)
  ㉢ 절리의 상태
  ㉣ 절리의 간격
  ㉤ 지하수
② 탄성파 전파 속도는 지질의 종류, 풍화의 정도 등의 지하 지질 구조를 추정하는 방법이므로 암질을 나타낸다.

해답 ①

082

압밀 시험에서 시간–압축량 곡선으로부터 구할 수 없는 것은?

① 압밀계수(C_v)　　② 압축지수(C_c)
③ 체적변화계수(m_v)　　④ 투수계수(K)

해설 시간–침하 곡선으로부터 구할 수 있는 요소
① 압밀계수　　② 1차 압밀비
③ 체적변화계수　　④ 투수계수

해답 ②

083

말뚝기초의 지반 거동에 관한 설명으로 틀린 것은?

① 연약지반 상에 타입되어 지반이 먼저 변형하고 그 결과 말뚝이 저항하는 말뚝을 주동말뚝이라 한다.
② 말뚝에 작용한 하중은 말뚝주변의 마찰력과 말뚝선단의 지지력에 의하여 주변 지반에 전달된다.
③ 기성말뚝을 타입하면 전단파괴를 일으키며 말뚝 주위의 지반은 교란된다.
④ 말뚝 타입 후 지지력의 증가 또는 감소 현상을 시간효과(time effect)라 한다.

해설 ① 주동말뚝은 말뚝이 지표면에서 수평력을 받는 경우 말뚝이 변형함에 따라 지반이 저항하게 된다.
② 수동말뚝은 어떤 원인에 의해 지반이 먼저 변형하고 그 결과 말뚝에 측방토압이 작용하게 된다.

해답 ①

084

연약지반 개량공법 중 프리로딩공법에 대한 설명으로 틀린 것은?

① 압밀침하를 미리 끝나게 하여 구조물에 잔류침하를 남기지 않게 하기 위한 공법이다.
② 도로의 성토나 항만의 방파제와 같이 구조물 자체의 일부를 상재하중으로 이용하여 개량 후 하중을 제거할 필요가 없을 때 유리하다.
③ 압밀계수가 작고 압밀토층 두께가 큰 경우에 주로 적용한다.
④ 압밀을 끝내기 위해서는 많은 시간이 소요되므로, 공사기간이 충분해야 한다.

해답 ③

085
암반층 위에 5m 두께의 토층이 경사 15°의 자연사면으로 되어 있다. 이 토층은 $c' = 15\text{kN/m}^2$, $\phi = 30°$, $\gamma_{sat} = 18\text{kN/m}^3$이고, 지하수면은 토층의 지표면과 일치하고 침투는 경사면과 대략 평형이다. 이때의 안전율은?

① 0.8
② 1.1
③ 1.6
④ 2.0

해설
$$F_s = \frac{\tau_f}{\tau_d} = \frac{c'}{\gamma_{sat} \cdot Z \cdot \cos\beta \cdot \sin\beta} + \gamma$$
$$= \frac{15}{18 \times 5 \times \cos 15° \times \sin 15°} + \frac{8}{18} \times \frac{\tan 30°}{\tan 15°} = 1.62$$

해답 ③

086
크기가 30cm×30cm의 평판을 이용하여 사질토 위에서 평판재하 시험을 실시하고 극한지지력 200kN/m²을 얻었다. 크기가 1.8m×1.8m인 정사각형 기초의 총허용하중은 약 얼마인가? (단, 안전율 3을 사용)

① 220kN
② 660kN
③ 1300kN
④ 1500kN

해설
① $q_{u(\text{기초})} = q_{u(\text{재하판})} \cdot \frac{B_{(\text{기초})}}{B_{(\text{재하판})}} = 200 \times \frac{1.8}{0.3} = 1200\text{kN/m}^2$

② $q_a = \frac{q_u}{F_s} = \frac{1200}{3} = 400\text{kN/m}^2$

③ $Q_a = q_a \cdot A = 400 \times 1.8 \times 1.8 = 1296\text{kN}$

해답 ③

087
흙의 투수계수 K에 관한 설명으로 옳은 것은?

① K는 점성계수에 반비례한다.
② K는 형상계수에 반비례한다.
③ K는 간극비에 반비례한다.
④ K는 입경의 제곱에 반비례한다.

해설
$$K = D_s^2 \cdot \frac{\gamma_w}{\eta} \cdot \frac{e^3}{1+e} \cdot C$$

해답 ①

088

다음 중 흙의 연경도(consistency)에 대한 설명 중 옳지 않은 것은?

① 액성한계가 큰 흙은 점토분을 많이 포함하고 있다는 것을 의미한다.
② 소성한계가 큰 흙은 점토분을 많이 포함하고 있다는 것을 의미한다.
③ 액성한계나 소성지수가 큰 흙은 연약 점토지반이라고 볼 수 있다.
④ 액성한계와 소성한계가 가깝다는 것은 소성이 크다는 것을 의미한다.

해설 액성한계와 소성한계가 가깝다는 것은 비소성을 의미한다.

해답 ④

089

옹벽배면의 지표면 경사가 수평이고, 옹벽배면 벽체의 기울기가 연직인 벽체에서 옹벽과 뒷채움 흙 사이의 벽면마찰각(δ)을 무시할 경우, Rankine토압과 Coulomb토압의 크기를 비교하면?

① Rankine토압이 Coulomb토압보다 크다.
② Coulomb토압이 Rankine토압보다 크다.
③ 주동토압은 Rankine토압이 더 크고, 수동토압은 Coulomb토압이 더 크다.
④ 항상 Rankine토압과 Coulomb토압의 크기는 같다.

해설 연직옹벽에서 지표면이 수평이고 벽마찰각이 0인 경우 벽마찰을 무시하면 Rankine의 토압과 Coulomb의 토압은 동일하다.

해답 ④

090

그림과 같은 모래층에 널말뚝을 설치하여 물막이공내의 물을 배수하였을 때, 분사현상이 일어나지 않게 하려면 얼마의 압력을 가하여야 하는가? (단, 모래의 비중은 2.65, 간극비는 0.65, 안전율은 3)

① 65kN/m²
② 130kN/m²
③ 330kN/m²
④ 165kN/m²

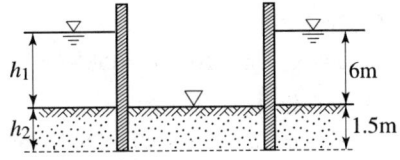

해설
① 수중단위중량
$$\gamma_{sub} = \frac{G_s - 1}{1+e} \cdot \gamma_w = \frac{2.65-1}{1+0.65} \times 10 = 10\text{kN/m}^3$$

② 유효응력
$$\sigma' = \gamma_{sub} \cdot z = 10 \times 1.5 = 15\text{kN/m}^2$$

③ 침투수압

$F = i \cdot \gamma_w \cdot z = \gamma_w \cdot h = 10 \times 6 = 60 \text{kN/m}^2$

④ 널말뚝 하단에서의 상향침투시 유효응력

$\sigma' = \gamma_{sub} \cdot z - F = 10 \times 1.5 - 60 = -45 \text{kN/m}^2$ 이므로 분사현상이 발생하여 압성토를 해야 한다.

⑤ $F_s = \dfrac{\sigma' + \Delta\sigma'}{F}$

$3 = \dfrac{15 + \Delta\sigma'}{60}$ 에서 $\Delta\sigma' = 165 \text{kN/m}^2$

해답 ④

091 아래의 경우 중 유효응력이 증가하는 것은?
① 땅속의 물이 정지해 있는 경우   ② 땅속의 물이 아래로 흐르는 경우
③ 땅속의 물이 위로 흐르는 경우   ④ 분사현상이 일어나는 경우

해설 침투류가 하향일 때 유효응력은 침투압만큼 증가한다.

해답 ②

092 내부마찰각 $\phi=30°$, 점착력 $c=0$인 그림과 같은 모래 지반이 있다. 지표에서 6m 아래 지반의 전단강도는?

① 78kN/m^2
② 98kN/m^2
③ 45kN/m^2
④ 65kN/m^2

해설 ① 전응력
$\sigma = \gamma_t \times 2 + \gamma_{sat} \times 4 = 19 \times 2 + 20 \times 4 = 118 \text{kN/m}^2$

② 간극수압
$u = \gamma_w \times 4 = 10 \times 4 = 40 \text{kN/m}^2$

③ 유효응력
$\sigma' = \sigma - u = 118 - 40 = 78 \text{kN/m}^2$

④ 전단강도(τ)
$c = 0$이므로 $\tau = \sigma' \cdot \tan\phi = 78 \times \tan 30° = 45 \text{kN/m}^2$

해답 ③

093 포화점토에 대해 베인전단시험을 실시하였다. 베인의 직경과 높이는 각각 7.5cm, 15cm이고 시험 중 사용한 최대회전모멘트는 250kg·cm이다. 점성토의 액성한계는 65%이고 소성한계는 30%이다. 설계에 이용할 수 있도록 수정비배수 강도를 구하면? (단, 수정계수 $[(\mu) = 1.7 - 0.54\log(PI)]$를 사용하고, 여기서 PI는 소성지수이다.)

① $8kN/m^2$ ② $14.1kN/m^2$
③ $18.2kN/m^2$ ④ $20kN/m^2$

해설 ① 수정계수(μ)
$\mu = 1.7 - 0.54\log(PI) = 1.7 - 0.54 \times \log(60-30) = 0.87$
② 베인전단 시험에 의한 전단강도
$$S = c_u = \frac{T}{\pi \cdot D^2 \cdot \left(\frac{H}{2} + \frac{D}{6}\right)}$$
③ 수정비배수강도 $= c_u \cdot \mu = 1.7 \times 0.87 = 1.41 t/m^2 = 14.1 kN/m^2$

해답 ②

094 어떤 모래의 건조단위중량이 17kN/m³이고, 이 모래의 $\gamma_{d\max} = 18kN/m^3$, $\gamma_{d\max} = 16kN/m^3$이라면, 상대밀도는?

① 47% ② 49%
③ 51% ④ 53%

해설 $D_r = \frac{\gamma_{d\max}}{\gamma_d} \cdot \frac{\gamma_d - \gamma_{d\min}}{\gamma_{d\min} - \gamma_{d\min}} \times 100 = \frac{18}{17} \times \frac{17-16}{18-16} \times 100 = 52.94\%$

해답 ④

095 통일분류법(統一分類法)에 의해 SP로 분류된 흙의 설명 중 옳은 것은?

① 모래질 실트를 말한다. ② 모래질 점토를 말한다.
③ 압축성 큰 모래를 말한다. ④ 입도분포가 나쁜 모래를 말한다.

해설 ① S : 모래
② P : 입도분포불량

해답 ④

096

다음 그림과 같이 점토질 지반에 연속기초가 설치되어 있다. Terzaghi 공식에 의한 이 기초의 허용지지력 q_a는 얼마인가? (단, $\phi=0°$인 경우 $N_c=5.14$, $N_r=0$, $N_q=1.0$, 형상계수 $\alpha=1.0$, $\beta=0.5$)

① 64kN/m^2
② 135kN/m^2
③ 185kN/m^2
④ 404.9kN/m^2

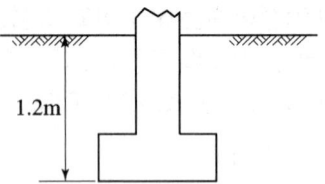

점토질 지반 $\gamma=19.2\text{kN/m}^3$
일축압축강도 $q_u=148.6\text{kN/m}^2$

해설 ① 비배수전단강도

$$c_u = \frac{q_u}{2}\tan\left(45°-\frac{\phi}{2}\right)$$ 에서 $\phi=0°$이므로 $c_u = \frac{q_u}{2} = \frac{148.6}{2} = 74.3\text{kN/m}^2$

② 극한지지력(q_u)
$N_c=5.14$, $N_r=0$, $N_q=1.0$
$\alpha=1.0$, $\beta=0.5$이므로
$q_u = \alpha\cdot c\cdot N_c + \beta\cdot \gamma_1\cdot B\cdot N_r + \gamma_2\cdot D_f\cdot N_q$
$\quad = 1.0\times 74.3\times 5.14 + 0 + 19.2\times 1.2\times 1$
$\quad = 404.9\text{kN/m}^2$

③ 허용지지력

$$q_a = \frac{q_u}{F_s} = \frac{404.9}{3} = 135\text{kN/m}^2$$

해답 ②

097

직경 30cm 콘크리트 말뚝을 단동식 증기해머로 타입하였을 때 엔지니어링 뉴스 공식을 적용한 말뚝의 허용지지력은? (단, 타격에너지=36kN·m, 해머효율=0.8, 손실상수=0.25cm, 마지막 25mm 관입에 필요한 타격 횟수=5)

① 640kN ② 1280kN
③ 1020kN ④ 380kN

해설 $Q_a = \dfrac{W_h\cdot H\cdot e}{6(S+0.25)} = \dfrac{36\times 100\times 0.8}{6\times\left(\dfrac{2.5}{5}+0.25\right)} = 640\text{kN}$

해답 ①

098 그림과 같이 같은 두께의 3층으로 된 수평 모래층이 있을 때 모래층 전체의 연직 방향 평균투수계수는? (단, K_1, K_2, K_3는 각 층의 투수계수임)

① 2.38×10^{-3} cm/s
② 4.56×10^{-4} cm/s
③ 3.01×10^{-4} cm/s
④ 3.36×10^{-5} cm/s

9m { 3m $k_1 = 2.3 \times 10^{-4}$ (cm/sec)
     3m $k_2 = 9.8 \times 10^{-3}$ (cm/sec)
     3m $k_3 = 4.7 \times 10^{-4}$ (cm/sec)

해설
$$K_v = \frac{H}{\frac{H_1}{K_1} + \frac{H_2}{K_2} + \frac{H_3}{K_3} + \frac{H_4}{K_4}}$$

$$= \frac{900}{\frac{300}{2.3 \times 10^{-4}} + \frac{300}{9.8 \times 10^{-3}} + \frac{300}{4.7 \times 10^{-4}}} = 4.56 \times 10^{-4} \text{cm/sec}$$

해답 ②

099 모래시료에 대하여 압밀배수 삼축압축시험을 실시하였다. 초기 단계에서 구속응력(σ_3)은 10MPa이고, 전단파괴시에 작용된 축차응력(σ_{df})은 20MPa이었다. 이와 같은 모래 시료의 내부마찰각(ϕ) 및 파괴면에 작용하는 전단응력(τ_f)의 크기는?

① $\phi = 30°$, $\tau_f = 11.5$MPa
② $\phi = 40°$, $\tau_f = 11.5$MPa
③ $\phi = 30°$, $\tau_f = 8.66$MPa
④ $\phi = 40°$, $\tau_f = 8.66$MPa

해설 ① 내부마찰각(ϕ)
$\sin\phi = \frac{100}{200}$ 에서 $\phi = \sin^{-1}\left(\frac{10}{20}\right) = 30°$

② 수평면과 파괴면이 이루는 각
$\theta = 45° + \frac{\phi}{2} = 45 + \frac{30}{2} = 60°$

③ 파괴면에 작용하는 전단응력
$\tau = \frac{\sigma_1 - \sigma_3}{2}\sin 2\theta = \frac{20}{2}\sin(2 \times 60°) = 8.66$MPa

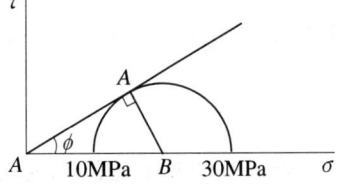

해답 ③

100 흐트러지지 않은 연약한 점토시료를 채취하여 일축 압축시험을 실시하였다. 공시체의 직경이 35mm, 높이가 80mm이고 파괴시의 하중계의 읽음값이 2kg, 축방향의 변형량이 12mm일 때 이 시료의 전단강도는?

① $0.04 kg/cm^2$
② $0.06 kg/cm^2$
③ $0.08 kg/cm^2$
④ $0.1 kg/cm^2$

해설
① 단면적 $A = \dfrac{\pi \cdot d^2}{4} = \dfrac{\pi \times 3.5^2}{4} = 9.621 cm^2$

② 환산단면적 $A_0 = \dfrac{A}{1-\epsilon} = \dfrac{9.621}{1-\left(\dfrac{12}{80}\right)} = 11.319 cm^2$

③ 일축압축강도 $\sigma_1 = q_u = \dfrac{P}{A_o} = \dfrac{2.0}{11.319} = 0.177 kg/cm^2$

④ 전단강도 $\tau = c_u = \dfrac{q_u}{2} = \dfrac{0.177}{2} = 0.088 kg/cm^2$

해답 ③

제6과목 상하수도공학

101 염소소독시 생성되는 염소성분 중 살균력이 가장 강한 것은 다음 중 어느 것인가?

① NH_2Cl
② OCl^-
③ $NHCl_2$
④ $HOCl$

해설 오존(O_3) > 차아염소산(HOCl) > 차아염소산이온(OCl^-) > 클로라민

해답 ④

102 하수처리장에서 480,000L/day의 하수량을 처리하고자 한다. 펌프장의 습정(Wet well)을 하수로 채우기 위하여 40분이 소요된다면 습정의 부피는 얼마인가?

① $13.3 m^3$
② $14.3 m^3$
③ $15.3 m^3$
④ $16.3 m^3$

해설 습정의 부피(V)

$t = \dfrac{V(부피)}{Q(유량)}$ 에서

$V = Q \times t = 480[m^3/day] \times \dfrac{1}{24 \times 60}[day/min] \times 40[min] = 13.3[m^3]$

해답 ①

103

다음 지형도의 상수계통도에 관한 사항 중 옳은 것은?

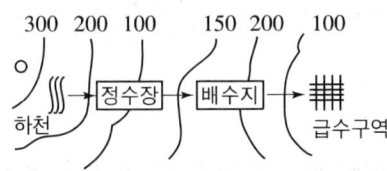

① 도수는 펌프가압식으로 해야 한다.
② 수질을 생각하여 도수로는 개수로를 택하여야 한다.
③ 정수장에서 배수지는 펌프가압식으로 송수한다.
④ 도수와 송수를 자연유하식으로 하여 동력비를 절감한다.

해설 **상수 계통도**
① 하천은 정수장보다 표고를 볼 때 도수구간은 하향경사이므로 도수는 자연유하식으로 한다.
② 도수로는 개수로가 원칙이며 수질을 고려해야 할 경우에는 관수로로 해야 한다.
③ 정수장은 배수지보다 표고가 낮아 송수구간이 상향경사이므로 송수는 펌프가압식으로 한다.
④ 배수지는 급수구역보다 표고가 높으므로 자연유하식으로 배수한다.

해답 ③

104

5일 BOD값이 100mg/L인 오수의 최종 BODu값은 얼마인가? (단, 탈산소계수(자연대수)=0.25day^{-1}이다.)

① 약 140mg/L ② 약 240mg/L
③ 약 340mg/L ④ 약 350mg/L

해설
① 5일 BOD(Y)=100mg/L
② 시간(t)=5day
③ 탈산소계수(k_1)=0.25day^{-1}
④ $Y = L_a(1-e^{-k_1 \times t})$ 에서 $L_a = \dfrac{Y}{1-e^{-k_1 \times t}} = \dfrac{100}{1-e^{-0.25 \times 5}} = 140.16 [\text{mg/L}]$

해답 ①

105

어떤 상수원수의 Jar-Test 실험결과 원수시료 200mL에 대해 0.1% PAC(폴리염화 알루미늄) 용액 12mL를 첨가하는 것이 가장 응집효율이 좋았다. 이 경우 상수원수에 대한 PAC 용액 사용량은 얼마인가?

① 40mg/L ② 50mg/L
③ 60mg/L ④ 70mg/L

해설 ① PAC 용액 사용량 = 12[mg/L]
② PAC 용액 사용백분율 = $\dfrac{12[\text{mg/L}]}{200[\text{mg/L}] \times 0.001}$ = 60[mg/L]

해답 ③

106
다음 중 수원을 선정할 때 구비요건으로서 옳지 않은 것은?

① 수량이 풍부하여야 한다.
② 수질이 좋아야 한다.
③ 가능한 한 낮은 곳에 위치하여야 한다.
④ 수돗물 소비지에서 가까운 곳에 위치하여야 한다.

해설 수원은 가능한 한 높은 곳에 위치하여 자연유하식을 이용할 수 있는 것이 좋다.

해답 ③

107
다음의 계획급수량 결정에서 첨두율(peak factor)에 대한 설명으로서 옳은 것은?

① 첨두율은 평균급수량에 대한 평균사용수량의 크기를 의미한다.
② 급수량의 변동폭이 작을수록 첨두율 값이 크게 된다.
③ 일반적으로 소규모 도시일수록 급수량의 변동폭이 작아 첨두율이 크다.
④ 첨두율은 도시규모에 따라 변하며, 기상조건, 도시의 성격 등에 의해서도 좌우된다.

해설 • 계획급수량의 첨두율은 계획 1일 평균급수량에 대한 계획 1일 최대급수량의 비율을 말한다.
첨두율 = 계획 1일 최대급수량/계획 1일 평균급수량
① 급수량의 변동폭이 작을수록 첨두율 값은 작아진다.
② 소규모 도시일수록 급수량의 변동폭이 커지므로 첨두율 값은 크다.
③ 도시규모에 따라 변하며, 기상조건과 도시성격 등에 의해 좌우된다.

해답 ④

108
다음 중 상수도의 도수 및 송수관로의 일부분이 동수 경사선보다 높을 경우에 취할 수 있는 방법으로서 가장 옳은 것은?

① 접합정(junction well)을 설치하는 방법
② 스크린(screen)을 설치하는 방법
③ 감압밸브를 설치하는 방법
④ 상류측 관로의 관경을 작게 하는 방법

해설 동수경사선 상승방법
① 접합정(junction well) 설치 방법
② 상류측 관로 관경 증가 방법

해답 ①

109
오존(O_3)을 사용하여 살균처리할 경우의 장점에 대한 설명 중 틀린 것은?
① 살균효과가 염소보다 우수하다.
② 유기물질의 생분해성을 증가시킨다.
③ 맛, 냄새, 색도제거의 효과가 우수하다.
④ 오존이 수중 유기물과 작용하여 다른 물질로 잔류하게 되므로 잔류효과가 크다.

해설 오존(O_3) 살균처리법
염소보다 살균효과는 우수하지만 고가이고 소독의 잔류효과가 없다.

해답 ④

110
계획 시간최대 배수량의 산정공식 $q = K \times \dfrac{Q}{24}$ 에 대한 설명으로서 틀린 것은?
① 계획 시간최대 배수량은 배수구역내의 계획급수 인구가 그 시간대에 최대량의 물을 사용한다고 가정하여 결정한다.
② Q는 계획 1일 평균 급수량으로서 단위는 [m^3/day]이다.
③ K는 시간계수로서 계획 시간최대 배수량의 시간평균 배수량에 대한 비율을 의미한다.
④ 시간계수는 계획 1일 최대 급수량이 클수록 작아지는 경향이 있다.

해설 계획 시산최대 배수량
$q = K \times \dfrac{Q}{24}$ Q : 계획 1일 최대급수량 (m^3/day)

해답 ②

111
다음 중 부영양화된 호수나 저수지에서 나타나는 현상으로서 옳은 것은?
① 각종 조류(algae)의 광합성 증가로 인하여 호수 심층의 용존산소가 증가한다.
② 조류사멸에 의해 물이 맑아진다.
③ 바닥에 인(P), 질소(N) 등 영양염류의 증가로 송어, 연어 등 어종이 증가한다.
④ 냄새와 맛을 유발하는 물질이 증가한다.

해설 부영양화 현상
① 각종 조류(algae)의 광합성 증가로 호수 심층의 용존산소가 감소한다.
② 조류사멸에 의해 물이 탁해진다.
③ 바닥에 인(P), 질소(N) 등 영양염류의 증가로 송어, 연어 등 어종이 감소한다.
④ 냄새와 맛을 유발하는 물질이 증가한다.

해답 ④

112
유출계수 0.6, 유역면적 2km²인 지역에 강우강도 200mm/hr의 강우가 발생하였다면 유출량은 얼마인가? (단, 합리식을 사용할 것)
① 24.0m³/sec
② 66.7m³/sec
③ 240m³/sec
④ 667m³/sec

해설 $Q = \dfrac{1}{3.6} CIA = 0.2778 \times 0.6 \times 200 \times 2 = 66.7 [\text{m}^3/\text{sec}]$

해답 ②

113
다음 하수도의 관거계획에 대한 설명으로서 옳은 것은?
① 오수관거는 계획 1일평균 오수량을 기준으로 계획한다.
② 역사이펀을 많이 설치하여 유지관리 측면에서 유리하도록 계획한다.
③ 합류식에서 하수의 차집관거는 우천시 계획오수량을 기준으로 계획한다.
④ 오수관거와 우수관거가 교차하여 역사이펀을 피할 수 없는 경우에는 우수관거를 역사이펀으로 하는 것이 바람직하다.

해설 하수관거 계획
① 오수관거 : 계획 시간최대 오수량 기준으로 계획
② 내부검사 및 보수가 곤란한 역사이펀은 가급적 피한다.
③ 합류식의 차집관거 : 우천시 계획오수량(또는 계획 시간 최대오수량의 3배 이상) 기준으로 계획
④ 오수관거와 우수관거가 교차하여 역사이펀을 피할 수 없는 경우에는 오수관거를 역사이펀으로 하는 것이 바람직하다.

해답 ③

114
혐기성 슬러지 소화조를 설계할 경우에 탱크의 크기를 결정하는데 고려사항에 해당되지 않는 것은?
① 소화조에 유입되는 슬러지 양과 특성
② 고형물 체류시간 및 온도
③ 소화조의 운전방법
④ 소화조의 표면부하율

해설 혐기성 슬러지 소화조 설계에서 탱크의 크기 결정시 고려사항
① 소화조에 유입되는 슬러지 양과 특성
② 고형물의 체류시간 및 온도
③ 소화조의 운전방법
④ 소화조의 부피 등

해답 ④

115
최초 침전지의 표면적이 250m², 깊이가 3m인 직사각형 침전지가 있다. 하수 350m³/hr가 유입될 때 수면적 부하는 얼마인가?

① 30.6m³/(m²·day) ② 33.6m³/(m²·day)
③ 36.6m³/(m²·day) ④ 39.6m³/(m²·day)

해설 $\dfrac{Q}{A} = \dfrac{350\text{m}^3/\text{hr}}{250\text{m}^2} = 1.4[\text{m}^3/\text{m}^2 \cdot \text{hr}] = 33.6[\text{m}^3/\text{m}^2 \cdot \text{day}]$

해답 ②

116
일반적인 생물학적 질소(N) 제거공정에 필요한 미생물의 환경조건으로 가장 옳은 것은?

① 혐기, 호기   ② 호기, 무산소
③ 무산소, 혐기   ④ 호기, 혐기, 무산소

해설 일반적인 생물학적 질소(N) 제거공정에 필요한 미생물의 환경조건은 호기성(질산화)과 무산소(탈질산화) 조건이다.

해답 ②

117
다음 중 우수조정지 설치에 대한 설명으로서 옳지 않은 것은?

① 합류식 하수도에만 설치한다.
② 하류관거 유하능력이 부족한 곳에 설치한다.
③ 하류지역 펌프장 능력이 부족한 곳에 설치한다.
④ 우수조정지로부터 우수방류방식은 자연유하를 원칙으로 한다.

해설 우수조정지(유수지)는 하수관거 유하능력 부족한 곳, 하류지역 펌프장 능력이 부족한 곳, 방류수역의 유하능력 부족한 곳에 설치하는 것으로 우수유출량 조절 및 침수 방지를 위해 합류식과 분류식 하수도에 설치하며, 우수방류는 자연유하학식이 원칙이다.

해답 ①

118 콘크리트 하수관의 내부 천정이 부식되는 현상에 대한 대책으로서 옳지 않은 것은?

① 방식재료를 사용하여 관을 보호한다.
② 하수 중의 유황 함유량을 감소시킨다.
③ 관내의 유속을 감소시킨다.
④ 하수에 염소를 주입한다.

해설 하수관내 유기물질의 퇴적을 방지하기 위해서는 하수의 유속을 증가시켜야 한다. **해답 ③**

119 다음의 하수배제 방식에 대한 설명 중 틀린 것은?

① 분류식은 청천시 관로내 퇴적량이 합류식 하수관거에 비하여 많다.
② 합류식은 폐쇄의 염려가 없고 검사 및 수리가 비교적 용이하다.
③ 합류식은 우천시 일정유량 이상이 되면 하수가 직접 수역으로 방류될 수 있다.
④ 분류식은 강우초기에 도로 위의 오염물질이 직접 하천으로 유입되는 단점이 있다.

해설 청전시 분류식 관거가 유속이 빠르므로 관거내 퇴적량이 합류식 관거보다 적다. **해답 ①**

120 급수방식에 대한 설명으로서 틀린 것은?

① 급수방식은 급수전의 높이, 수요자가 필요로 하는 수량 등을 고려하여 결정한다.
② 직결식은 직결직압식과 직결가압식으로 구분할 수 있다.
③ 저수조식은 수돗물을 일단 저수조에 받아서 급수하는 방식으로 단수나 감수시 물의 확보가 어렵다.
④ 직결식과 저수조식의 병용방식은 하나의 건물에 직결식과 저수조식의 양쪽 급수방식을 병용하는 것이다.

해설 저수조(탱크)식 급수방식은 수돗물을 일단 저수조에 받아서 급수하는 방식으로 단수나 감수시 물의 확보가 용이하다. **해답 ③**

토목기사

2023년 5월 CBT 시행

본 문제는 복원 기출문제입니다. 실제 문제와 다를 수 있으니 양해바랍니다.

제1과목 응용역학

001 그림과 같은 3힌지 라멘의 휨모멘트도(BMD)는?

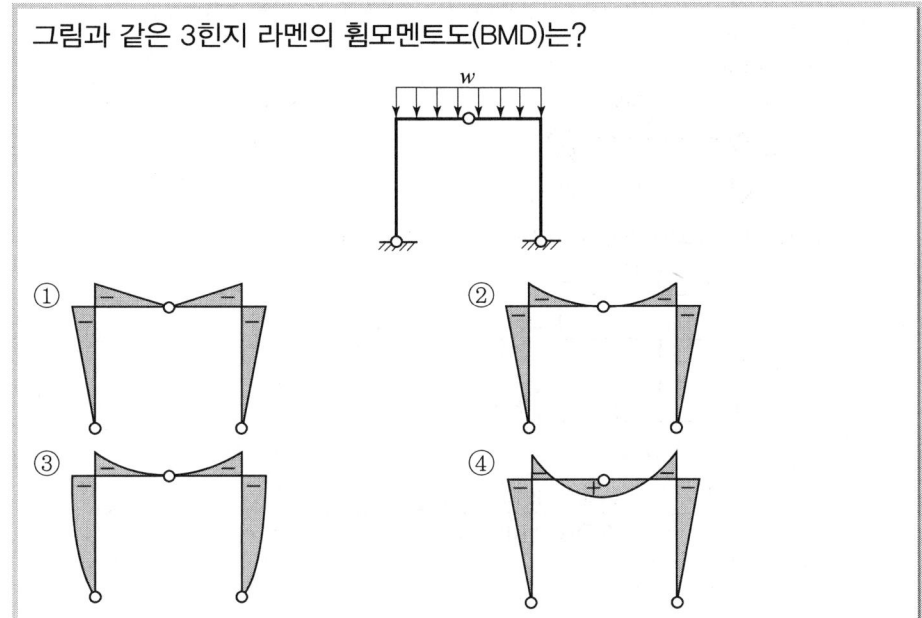

해설

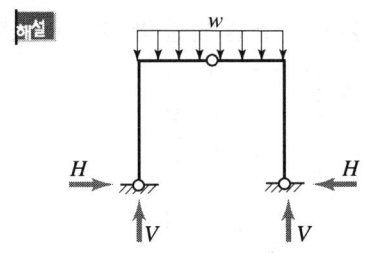

해답 ②

002

그림과 같은 단순보의 단면에 발생하는 최대 전단응력의 크기는?

① 3.52MPa
② 3.86MPa
③ 4.45MPa
④ 4.93MPa

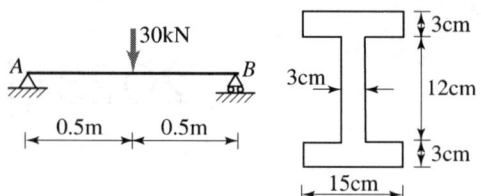

해설

① $I = \dfrac{1}{12}(15 \times 18^3 - 12 \times 12^3) = 5,562 \text{cm}^4$

② I형 단면의 최대 전단응력은 단면의 중앙부에서 발생하므로
   $b = 3\text{cm}$

③ $V = 15\text{kN}$

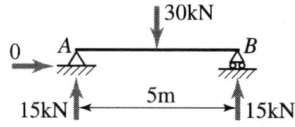

④ $G = (15 \times 3)(6 + 1.5) + (3 \times 6)(3) = 391.5\text{cm}^3$

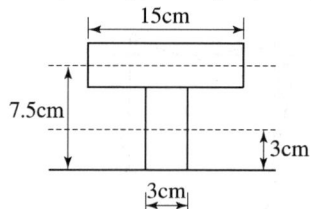

⑤ $\tau_{\max} = \dfrac{V \cdot G}{I \cdot b} = \dfrac{1500 \times 391.5 \times 10^3}{5,562 \times 10^4 \times 30} = 3.5194\text{MPa}$

해답 ①

003

직사각형 단면의 보가 최대휨모멘트 $M_{\max} = 20\text{kN} \cdot \text{m}$를 받을 때 $A-A$단면의 휨응력은?

① 2.25MPa
② 3.75MPa
③ 4.25MPa
④ 4.65MPa

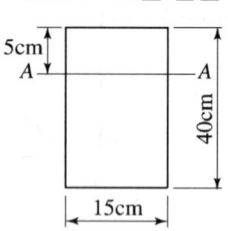

해설 $\sigma_{a-a} = \dfrac{M}{I} \cdot y = \dfrac{20 \times 10^6}{\dfrac{150 \times 400^3}{12}} \cdot \left(\dfrac{400}{2} - 50\right) = 3.75\text{MPa}$

해답 ②

004 그림과 같은 캔틸레버보에서 휨모멘트에 의한 탄성변형에너지는? (단, EI는 일정)

① $\dfrac{2P^2L^3}{3EI}$

② $\dfrac{P^2L^3}{3EI}$

③ $\dfrac{P^2L^3}{6EI}$

④ $\dfrac{P^2L^3}{2EI}$

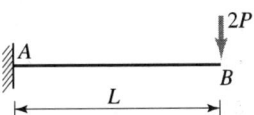

해설 ① $M_x = -2P \cdot x$

② $U = \int \dfrac{M_x^2}{2EI}dx = \dfrac{1}{2EI}\int_0^L (-2P \cdot x)^2 dx$

$= \dfrac{4P^2}{2EI}\left[\dfrac{x^3}{3}\right]_0^L = \dfrac{2}{3} \cdot \dfrac{P^2L^3}{EI}$

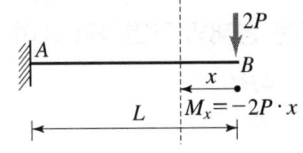

해답 ①

005 그림의 수평부재 AB는 A지점은 힌지로 지지되고 B점에는 집중하중 Q가 작용하고 있다. C점과 D점에서는 끝단이 힌지로 지지된 길이가 L이고, 휨강성이 모두 EI로 일정한 기둥으로 지지되고 있다. 두 기둥의 좌굴에 의해서 붕괴를 일으키는 하중 Q의 크기는?

① $Q = \dfrac{2\pi^2 EI}{4L^2}$

② $Q = \dfrac{3\pi^2 EI}{4L^2}$

③ $Q = \dfrac{3\pi^2 EI}{8L^2}$

④ $Q = \dfrac{3\pi^2 EI}{16L^2}$

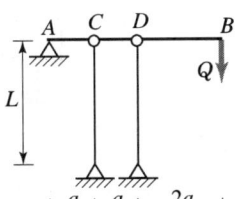

해설 ① 두 개의 기둥이 모두 좌굴하중에 도달할 때 붕괴가 발생한다.

② $M_A = -P_{cr} \times a - P_{cr} \times 2a + Q_{cr} \times 4a = 0$

$Q_{cr} = \dfrac{3P_{cr}}{4}$

③ 양단힌지이므로 $K = 1.0$

④ $Q_{cr} = \dfrac{\pi^2 EI}{(1.0L)^2} = \dfrac{3}{4} \cdot \dfrac{\pi^2 EI}{L^2}$

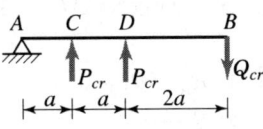

해답 ②

006

6kN의 힘이 그림과 같이 A와 C의 모서리에 작용하고 있다. 이 두 힘에 의해서 발생하는 모멘트는?

① 1.64kN·m
② 1.70kN·m
③ 1.74kN·m
④ 1.80kN·m

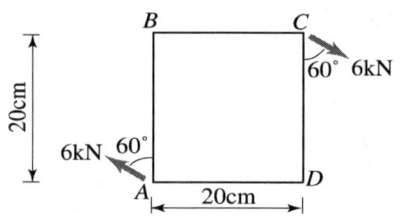

해설 $M_A = (6 \times \sin 60° \times 0.2) + (6 \times \cos 60° \times 0.2)$
$= 1.64 \text{kN} \cdot \text{m}$

해답 ①

007

다음 봉재의 단면적이 A이고 탄성계수가 E일 때 C점의 수직처짐은?

① $\dfrac{4PL}{EA}$
② $\dfrac{3PL}{EA}$
③ $\dfrac{2PL}{EA}$
④ $\dfrac{PL}{EA}$

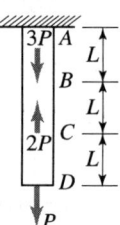

해설 $\delta_C = \Delta L_{CD} = \dfrac{PL}{EA}$

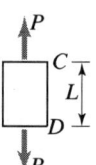

해답 ④

008

그림과 같은 단순보에서 AB구간의 전단력 및 휨모멘트의 값은?

① $S = 100\text{kN}, \ M = 100\text{kN} \cdot \text{m}$
② $S = 100\text{kN}, \ M = 200\text{kN} \cdot \text{m}$
③ $S = 0\text{kN}, \ M = -100\text{kN} \cdot \text{m}$
④ $S = 200\text{kN}, \ M = -100\text{kN} \cdot \text{m}$

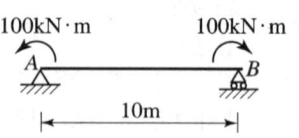

해설 ① $R_A = R_B = 0$
② $S_x = 0$
③ $M_x = +[-(100)] = -100\text{kN} \cdot \text{m} \ (\frown)$

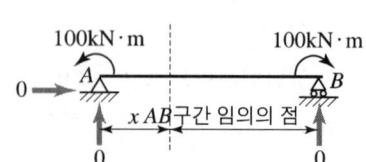

해답 ③

009

캔틸레버 보의 끝 B점에 집중하중 P와 우력모멘트 M_o가 작용하고 있다. B점에서의 연직변위는 얼마인가? (단, 보의 EI는 일정하다.)

① $\delta_B = \dfrac{PL^3}{4EI} - \dfrac{M_oL^2}{2EI}$

② $\delta_B = \dfrac{PL^3}{3EI} - \dfrac{M_oL^2}{2EI}$

③ $\delta_B = \dfrac{PL^3}{3EI} - \dfrac{M_oL^2}{2EI}$

④ $\delta_B = \dfrac{PL^3}{4EI} - \dfrac{M_oL^2}{2EI}$

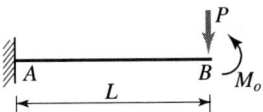

해설
① 집중하중에 의한 처짐 : $\delta_{B1} = \dfrac{1}{3} \cdot \dfrac{PL^3}{EI}$

② 모멘트하중에 의한 처짐 : $\delta_{B2} = -\dfrac{1}{2} \cdot \dfrac{M_oL^2}{EI}$

③ $\delta_B = \delta_{B1} + \delta_{B2} = \dfrac{1}{3} \cdot \dfrac{PL^3}{EI} - \dfrac{1}{2} \cdot \dfrac{M_oL^2}{EI}$

해답 ③

010

양단 고정인 조건의 길이가 3m이고 가로 20cm, 세로 30cm인 직사각형 단면의 기둥이 있다. 이 기둥의 좌굴응력은 약 얼마인가? (단, $E = 2.1 \times 10^5$MPa, 이 기둥은 장주이다.)

① 243MPa   ② 307MPa
③ 473MPa   ④ 691MPa

해설
① 좌굴계수 양단 고정이므로 $K = 0.5$

② $\sigma_{cr} = \dfrac{P_{cr}}{A} = \dfrac{\dfrac{\pi^2 EI}{(KL)^2}}{A} = \dfrac{\pi^2 \cdot (2.1 \times 10^5) \cdot \left(\dfrac{300 \times 200^3}{12}\right)}{(0.5 \times 3000)^2 \cdot (300 \times 200)} = 307\text{MPa}$

해답 ②

011

그림과 같은 단주에 편심하중이 작용할 때 최대 압축응력은?

① 13.9MPa
② 17.3MPa
③ 24.6MPa
④ 31.8MPa

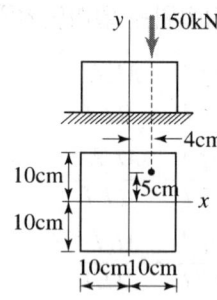

해설
$$\sigma_{max} = -\frac{P}{A} - \frac{P \cdot e_y}{Z_x} - \frac{P \cdot e_x}{Z_y}$$

$$= -\frac{150 \times 10^3}{200 \times 200} - \frac{150 \times 10^3 \times 50}{\frac{200 \times 200^3}{12}} \times 100 - \frac{150 \times 10^3 \times 40}{\frac{200 \times 200^3}{12}} \times 100$$

$$= -13.9 \text{MPa(압축)}$$

해답 ①

012

그림과 같은 3힌지 아치의 중간 힌지에 수평하중 P가 작용할 때 A지점의 수직반력과 수평반력은? (단, A지점의 반력은 그림과 같은 방향을 정(+)으로 한다.)

① $V_A = \dfrac{Ph}{L}$, $H_A = \dfrac{P}{2}$

② $V_A = \dfrac{Ph}{L}$, $H_A = -\dfrac{P}{2h}$

③ $V_A = \dfrac{Ph}{L}$, $H_A = \dfrac{P}{2h}$

④ $V_A = \dfrac{Ph}{L}$, $H_A = -\dfrac{P}{2}$

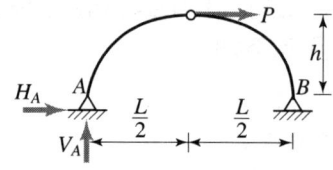

해설 ① $\sum M_B = 0 \curvearrowright$

$$V_A \cdot L + P \cdot \frac{L}{2} = 0$$

$$V_A = -\frac{Ph}{L} = \frac{Ph}{L}(\downarrow)$$

② $\sum M_{C,좌} = 0$

$$-H_A \cdot h - \frac{Ph}{L} \cdot \frac{L}{2} = 0$$

$$H_A = -\frac{P}{2}(\leftarrow)$$

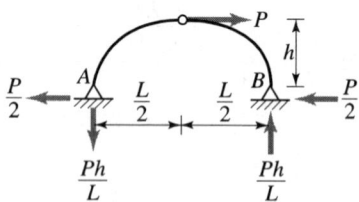

해답 ④

013

그림과 같은 트러스에서 부재 U_1 및 D_1의 부재력은?

① $U_1 = 50$kN(압축), $D_1 = 90$kN(인장)
② $U_1 = 50$kN(인장), $D_1 = 90$kN(압축)
③ $U_1 = 90$kN(압축), $D_1 = 50$kN(인장)
④ $U_1 = 90$kN(인장), $D_1 = 50$kN(압축)

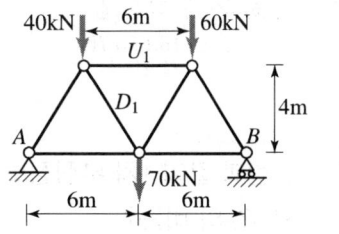

해설

① $\sum M_B = 0 \curvearrowright$
 $V_A \times 12 - 40 \times 9 - 70 \times 6 - 60 \times 3 = 0$
 $\therefore V_A = +80$kN($\uparrow$)

② U_1 및 D_1 부재가 지나가도록 수직절단 하여 좌측을 고려한다.

③ $\sum V = 0 + \uparrow$ $80 - 40 - \left(D_1 \cdot \dfrac{4}{5}\right) = 0$
 $D_1 = +50$kN(인장)

④ $\sum M_② = 0$ $80 \times 6 - 40 \times 3 + U_1 \times 4 = 0$
 $U_1 = -90$kN(압축)

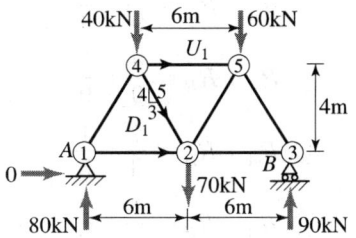

해답 ③

014

그림과 같은 단순보에서 허용 휨응력 $\sigma_{allow} = 5$MPa, 허용 전단응력 $\tau_{allow} = 0.5$MPa일 때 하중 P의 한계치는?

① 16,666.7N
② 25,166.7N
③ 25,000.0N
④ 23,148.0N

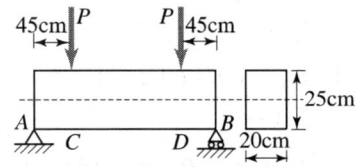

해설 단면력

① $M_{max} = P \cdot a = P \times 450 = 450P$

② $V_{max} = V_A = V_B = P$

③ 휨응력 : $\sigma = \dfrac{M}{Z} \leq \sigma_{allow}$ 에서
 $M \leq \sigma_{allow} \cdot Z$
 $450P \leq 5 \times \dfrac{200 \times 250^2}{6}$
 $P \leq 23,148$N

④ 전단응력
 $\tau_{max} = \dfrac{3}{2} \cdot \dfrac{V_{max}}{A} = \dfrac{3}{2} \cdot \dfrac{P}{A} \leq \tau_{allow}$ 에서

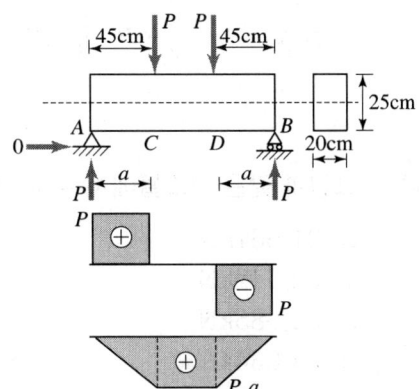

$$P \leq \frac{2}{3} \cdot 200 \times 250 \times 0.5 = 16,666.7\text{N}$$

⑤ 둘 중 작은 값
$$P \leq 16,666.7\text{N}$$

해답 ①

015

그림과 같이 1차 부정정보에 등간격으로 집중하중이 작용하고 있다. 반력 R_A 와 R_B의 비는?

① $R_A : R_B = \frac{5}{9} : \frac{4}{9}$

② $R_A : R_B = \frac{4}{9} : \frac{5}{9}$

③ $R_A : R_B = \frac{2}{3} : \frac{1}{3}$

④ $R_A : R_B = \frac{1}{3} : \frac{2}{3}$

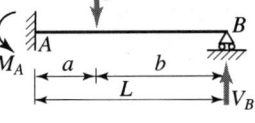

해설 ① $V_B = \frac{Pa^2}{2L^3} \cdot (3L-a)(\uparrow)$

$$= \frac{P \cdot \left(\frac{L}{3}\right)^2}{2L^3} \cdot \left(3L - \frac{L}{3}\right) + \frac{P \cdot \left(\frac{2L}{3}\right)^2}{2L^3} \cdot \left(3L - \frac{2L}{3}\right)$$

$$= \frac{2}{3} \cdot P$$

② $\Sigma H = 0$, $H_A = 0$

③ $R_A = \sqrt{H_A^2 + V_A^2} = V_A$

④ $\Sigma V = 0$

$R_A + R_B - P - P = 0$에서 $R_A = \frac{4}{3} \cdot P$

⑤ $R_A : R_B = \frac{4}{3} \cdot P : \frac{2}{3} \cdot P = 2 : 1$

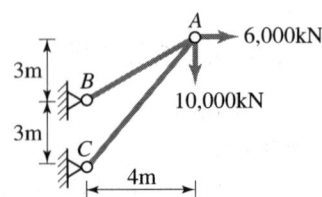

해답 ③

016

그림과 같은 구조물에서 부재 AB가 받는 힘의 크기는?

① 31,667kN
② 32,742kN
③ 33,685kN
④ 34,854kN

해설 ① $\Sigma H = 0 : -\left(F_{AB} \cdot \dfrac{4}{5}\right) - \left(F_{AC} \cdot \dfrac{4}{\sqrt{52}}\right) + 6,000 = 0$

② $\Sigma V = 0 : -\left(F_{AB} \cdot \dfrac{3}{5}\right) - \left(F_{AC} \cdot \dfrac{6}{\sqrt{52}}\right) - 10,000 = 0$

①, ② 두 식을 연립하면
$F_{AB} = +31,666.7\text{kN}$ (인장)
$F_{AC} = -34,853.7\text{kN}$ (압축)

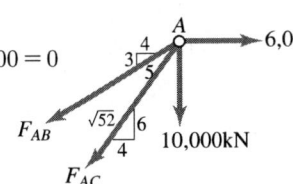

해답 ①

017

그림과 같은 단순보에 등분포하중 q가 작용할 때 보의 최대 처짐은? (단, EI는 일정하다.)

① $\dfrac{qL^4}{128EI}$

② $\dfrac{qL^4}{64EI}$

③ $\dfrac{qL^4}{38EI}$

④ $\dfrac{qL^4}{384EI}$

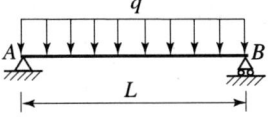

해답 ④

018

2경간 연속보의 중앙지점 B에서의 반력은? (단, EI는 일정하다.)

① $\dfrac{1}{25}P$

② $\dfrac{1}{15}P$

③ $\dfrac{1}{5}P$

④ $\dfrac{3}{10}P$

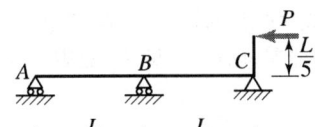

해설 ① AB부재

$\dfrac{\partial M_x}{\partial V_B} = -\dfrac{x}{2}$

$M_x = \left(-\dfrac{P}{10} - \dfrac{V_B}{2}\right) \cdot x$

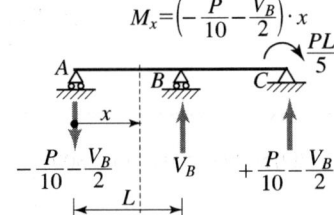

② CB부재

$$\frac{\partial M_x}{\partial V_B} = -\frac{x}{2}$$

$$M_x = \left(+\frac{P}{10} - \frac{V_B}{2}\right) \cdot x - \frac{PL}{5}$$

B지점에서 처짐이 없으므로 최소일의 조건적용

$$\delta_A = \frac{1}{EI} \int M\left(\frac{\partial M}{\partial/V_B}\right)dx$$

$$= \frac{1}{EI} \int_0^L \left[\left(-\frac{P}{10} - \frac{V_B}{2}\right) \cdot x\right]\left(-\frac{x}{2}\right)dx$$

$$+ \frac{1}{EI} \int_0^L \left[\left(\frac{P}{10} - \frac{V_B}{2}\right) \cdot x - \frac{PL}{5}\right]\left(-\frac{x}{2}\right)dx$$

$$\therefore V_B = -\frac{3P}{10}(\downarrow)$$

해답 ④

019

전단중심(Shear Center)에 대한 다음 설명 중 옳지 않은 것은?

① 전단중심이란 단면이 받아내는 전단력의 합력점의 위치를 말한다.
② 1축이 대칭인 단면의 전단중심은 도심과 일치한다.
③ 하중이 전단중심점을 통과하지 않으면 보는 비틀린다.
④ 1축이 대칭인 단면의 전단중심은 그 대칭축 선상에 있다.

해설 전단 중심 위치
① 1축 대칭단면 : 대칭축 선상에 위치
② 2축 대칭단면 : 도심과 전단중심 일치
③ 비대칭단면 : 주로 두 단면의 연결부에 위치

해답 ②

020

그림과 같은 4개의 힘이 작용할 때 G점에 대한 모멘트는?

① 38,250kN · m
② 20,250kN · m
③ 21,750kN · m
④ 16,500kN · m

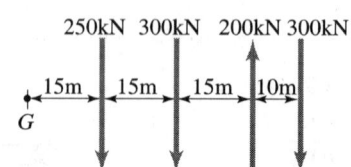

해설 $M_G = -250 \times 15 - 300 \times 30 + 200 \times 45 - 300 \times 55 = -20,250 \text{kN} \cdot \text{m}(\curvearrowleft)$

해답 ②

제2과목 측량학

021 두 점간의 고저차를 정밀하게 측정하기 위하여 A, B 두 사람이 각각 다른 레벨과 표척을 사용하여 왕복관측한 결과가 다음과 같다. 두 점간 고저차의 최확값은?

- A의 결과값 : 25.447m ± 0.006m
- B의 결과값 : 25.609m ± 0.003m

① 25.621m ② 25.577m
③ 25.498m ④ 25.449m

해설 $P \propto \dfrac{1}{e^2}$

$P_1 : P_2 = \dfrac{1}{0.006^2} : \dfrac{1}{0.003^2} = 1 : 4$

$P_H = \dfrac{[P \cdot H]}{[P]} = 25 + \dfrac{0.447 \times 1 + 0.609 \times 4}{1+4} = 25.577\text{m}$

해답 ②

022 노선측량에 관한 설명 중 옳은 것은?
① 일반적으로 단곡선 설치 시 가장 많이 이용하는 방법은 지거법이다.]
② 곡률이 곡선길이에 비례하는 곡선을 클로소이드 곡선이라 한다.
③ 완화곡선의 접선은 시점에서 원호에, 종점에서 직선에 접한다.
④ 완화곡선의 반지름은 종점에서 무한대이고 시점에서는 원곡선의 반지름이 된다.

해설 ① 단곡선 설치 시 가장 많이 이용하는 방법은 편각법이다.
② 완화곡선의 접선은 시점에서 직선에, 종점에서 원호에 접한다.
③ 완화곡선의 반지름은 시점에서 무한대이고, 종점에서는 원곡선의 반지름과 같다.

해답 ②

023 그림과 같은 트래버스에서 $\overline{CD}$측선의 방위는? (단, $\overline{AB}$의 방위=N82°10'E, ∠ABC=98°39', ∠BCD=67°14'이다.)

① S6°17'W
② S83°43'W
③ N6°17'W
④ N83°43'W

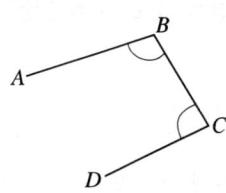

해설 ① 방위각 계산
㉠ $\overline{AB}$의 방위각 = 82°10′
㉡ $\overline{BC}$의 방위각 = 82°10′ + 180° − 98°39′ = 163°31′
㉢ $\overline{CD}$의 방위각 = 163°31′ + 180° − 67°14′ = 276°17′
② 방위
$\overline{CD}$의 방위 = N(360° − 276°17′)W = N83°43′W

해답 ④

024

교각(I) 60°, 외선 길이(E) 15m인 단곡선을 설치할 때 곡선길이는?

① 85.2m　　② 91.3m
③ 97.0m　　④ 101.5m

해설 ① $E = \left(\sec\dfrac{I}{2} - 1\right)$에서 $R = \dfrac{15}{\sec\dfrac{60°}{2} - 1} = 96.96\text{m}$

② $C.L = RI° \dfrac{\pi}{180°} = 96.96 \times 60° \times \dfrac{\pi}{180°} = 101.5\text{m}$

해답 ④

025

축척 1 : 50000 지형도 상에서 주곡선 간의 도상 길이가 1cm 이었다면 이 지형의 경사는?

① 4%　　② 5%
③ 6%　　④ 10%

해설 ① $\dfrac{1}{50,000}$ 지형도의 1cm 수평거리 = 1 × 50,000 = 50000cm = 500m

② $\dfrac{1}{50,000}$ 지형도의 주곡선 간격(높이) = 20m

③ 경사도 = $\dfrac{20}{500} \times 100 = 4\%$

해답 ①

026

두 지점의 거리($\overline{AB}$)를 관측하는데, 갑은 4회 관측하고, 을은 5회 관측한 후 경중률을 고려하여 최확값을 계산할 때, 갑과 을의 경중률(갑:을)은?

① 4:5　　② 5:4
③ 16:25　　④ 25:16

해설 경중률(P : 무게)은 측정횟수에 비례($P \propto n$)하므로
$P_\text{갑} : P_\text{을} = 4 : 5$

해답 ①

027

다음 중 도형이 곡선으로 둘러싸인 지역의 면적 계산 방법으로 가장 적합한 것은?

① 좌표에 의한 계산법　　② 방안지에 의한 방법
③ 배횡거(D.M.D)에 의한 방법　　④ 두 변과 그 협각에 의한 방법

해설 곡선으로 둘러싸인 지역의 면적계산 방법으로는 방안지(모눈종이)법, 지거법, 구적기에 의한 방법 등이 있다.

해답 ②

028

수준측량에서 발생하는 오차에 대한 설명으로 틀린 것은?

① 기계의 조정에 의해 발생하는 오차는 전시와 후시의 거리를 같게 하여 소거할 수 있다.
② 표척의 영눈금 오차는 출발점의 표척을 도착점에서 사용하여 소거할 수 있다.
③ 측지삼각수준측량에서 곡률오차와 굴절오차는 그 양이 미소하므로 무시할 수 있다.
④ 기포의 수평조정이나 표척면의 읽기는 육안으로 한계가 있으나 이로 인한 오차는 일반적으로 허용오차 범위 안에 들 수 있다.

해설 양차 h=곡률오차+굴절오차=$\dfrac{(1-K)}{2R} \cdot D^2$

해답 ③

029

터널 내의 천정에 측점 A, B를 정하여 A점에서 B점으로 수준측량을 한 결과, 고저차 +20.42m, A점에서의 기계고 −2.5m, B점에서의 표척관측값 −2.25m를 얻었다. A점에 세운 망원경 중심에서 표척 관측점(B)까지의 사거리 100.25m에 대한 망원경의 연직각은?

① 10°14′12″　　② 10°53′56″
③ 11°53′56″　　④ 23°14′12″

해설 $H_B - H_A = -2.5 + D \cdot \sin\alpha + 2.25 = 20.42$에서

$\alpha = \sin^{-1}\left(\dfrac{20.42 + 2.5 - 2.25}{100.25}\right) = 11°53′56″$

해답 ③

030
캔트(cant)의 크기가 C인 노선을 곡선의 반지름만 2배로 증가시키면 새로운 캔트 C'의 크기는?

① $0.5C$ ② C
③ $2C$ ④ $4C$

해설 캔트 $C = \dfrac{SV^2}{gR}$에서 R이 2배이면 $C' = \dfrac{1}{2}C = 0.5C$

해답 ①

031
100m²의 정사각형 토지면적을 0.2m²까지 정확하게 구하기 위한 1변의 최대허용오차는?

① 2mm   ② 4mm
③ 5mm   ④ 10mm

해설
① $A = a^2$에서 양 변 미분
$dA = 2a \cdot da$
$da = \dfrac{dA}{2a} = \dfrac{0.2}{2 \times \sqrt{100}} = \dfrac{1}{100}\text{m} = 10\text{mm}$
② $a = \sqrt{A} = \sqrt{100} = 10\text{m}$

해답 ④

032
지구상의 △ABC를 측정한 결과, 두 변의 거리가 $a = 30$km, $b = 20$km이었고, 그 사잇각이 80°이었다면 이 때 발생하는 구과량은? (단, 지구의 곡선반지름은 6400km로 가정한다.)

① 1.49″   ② 1.62″
③ 2.04″   ④ 2.24″

해설
$\epsilon'' = \rho'' \cdot \dfrac{F}{r^2} = 206,265'' \times \dfrac{\frac{1}{2} \times 20 \times 30 \times \sin 80°}{6,400^2} = 0°0'1.49''$

해답 ①

033
지형도 상에 나타나는 해안선의 표시기준은?

① 평균해면   ② 평균고조면
③ 약최저저조면   ④ 약최고고조면

해설 해안선은 평균해수면보다 높은 약최고고조면으로 한다.

해답 ④

034
부자(float)에 의해 유속을 측정하고자 한다. 측정지점 제1단면과 제2단면간의 거리가 가장 적합한 것은? (단, 큰 하천의 경우)

① 1~5m
② 20~50m
③ 100~200m
④ 500~1000m

해설 부자에 의한 유속 측정 시 측정지점 제1단면과 제2단면의 거리
① 큰 하천 100~200m
② 작은 하천 20~50m

해답 ③

035
측지측량의 용어에 대한 설명 중 옳지 않은 것은?

① 지오이드란 평균해수면을 육지부분까지 연장한 가상 곡면으로 요철이 없는 미끈한 타원체이다.
② 연직선편차는 연직선과 기준타원체 법선 사이의 각을 의미한다.
③ 구과량은 구면삼각형의 면적에 비례한다.
④ 기준타원체는 수평위치를 나타내는 기준면이다.

해설 지오이드는 평균해수면을 육지 내부까지 연장하여 지구를 둘러싼 가상 곡면을 말하는 것으로, 지표면을 실제로 나타내기는 매우 어렵고, 지구 타원체는 지표면의 요철을 전혀 나타낼 수 없으므로 지표면보다는 간단하지만 회전타원체보다는 실제에 가깝게 지구의 모양을 나타낸 것이 지오이드이다.

해답 ①

036
다음 중 지구의 형상에 대한 설명으로 틀린 것은?

① 회전타원체는 지구의 형상을 수학적으로 정의한 것이고, 어느 하나의 국가에 기준으로 채택한 타원체를 준거타원체라 한다.
② 지오이드는 물리적인 형상을 고려하여 만든 불규칙한 곡면이며, 높이 측정의 기준이 된다.
③ 임의 지점에서 회전타원체에 내린 법선이 적도면과 만나는 각도를 측지위도라 한다.
④ 지오이드 상에서 중력 포텐셜의 크기는 중력이상에 의하여 달라진다.

해설 지오이드는 높이가 '0'인 점을 연결한 선이므로 중력 포텐셜의 크기는 모두 0으로 동일하다.

해답 ④

037
그림과 같은 유심 삼각망에서 만족하여야 할 조건이 아닌 것은?

① (①+②+⑨)-180°=0
② [①+②]-[⑤+⑥]=0
③ (⑨+⑩+⑪+⑫)-360°=0
④ (①+②+③+④+⑤+⑥+⑦+⑧)-360°=0

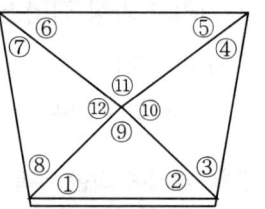

해설 (①+②)-(⑤+⑥)=0의 조건은 사변형 삼각망의 조건이다.

해답 ②

038
삼각측량에서 삼각점을 선점할 때 주의 사항으로 틀린 것은?

① 삼각형은 정삼각형에 가까울수록 좋다
② 가능한 측점의 수를 많게 하고 거리가 짧을수록 유리하다.
③ 미지점은 최소 3개, 최대 5개의 기지점에서 정·반 양방향으로 시통이 되도록 한다.
④ 삼각점의 위치는 다른 삼각점과 시준이 잘되어야 한다.

해설 삼각점 선점 시 가능한 측점수를 적게 하고 측점간의 거리는 비슷한 것이 오차 발생을 줄여주므로 유리하다.

해답 ②

039
폐합트래버스 $ABCD$에서 각 측선의 경거, 위거가 표와 같을 때, $\overline{AD}$측선의 방위각은?

① 133°
② 135°
③ 137°
④ 145°

측선	위거 +	위거 −	경거 +	경거 −
AB	50		50	
BC		30	60	
CD		70		60
DA				

해설
① 위거의 합(E_L)이 '0'이 되어야 하므로 DA위거 = 50
② 경거의 합(E_D)이 '0'이 되어야 하므로 DA경거 = −50

$\overline{AD}$의 방위각 = $\tan^{-1}\left(\dfrac{E_D}{E_L}\right) = \tan^{-1}\left(\dfrac{-50}{50}\right) = -45°$

③ 위거−, 경거+이므로 2상한 $\overline{AD}$의 방위각 = 180°−45° = 135°

해답 ②

040 교호 수준 측량을 하는 주된 이유로 옳은 것은?

① 작업속도가 빠르다.
② 관측인원을 최소화 할 수 있다.
③ 전시, 후시의 거리차를 크게 둘 수 있다.
④ 굴절오차 및 시준축 오차를 제거할 수 있다.

해설 1. 교호수준측량은 중앙에 기계를 세울 수 없을 때 전시와 후시의 거리를 같게 하는 효과를 주기위한 측량방법이다.
2. 전시와 후시 거리를 같게 함으로써 제거되는 오차는 다음과 같다.
   ① 시준축 오차 소거 : 기포관축≠시준선(레벨 조정의 불안정으로 생기는 오차 소거) ⇒ 전시와 후시거리를 같게 취하는 가장 중요한 이유이다.
   ② 자연적 오차 소거
      ㉠ 구차 : 지구의 곡률에 의한 오차
      ㉡ 기차 : 광선의 굴절에 의한 오차
      ㉢ 양차 : 구차와 기차의 합
   ③ 조준나사 작동에 의한 오차 소거

해답 ④

제3과목 수리학

041 다음 중 증발량 산정방법이 아닌 것은?

① 에너지수지(energy budget) 방법
② 물수지(water budget) 방법
③ IDF 곡선 방법
④ Penman 방법

해설 IDF는 강우강도와 지속시간의 관계를 알아보는 방법이다.

해답 ③

042 지하수에 대한 Darcy 법칙의 유속에 대한 설명으로 옳은 것은?

① 영향권의 반지름에 비례한다.   ② 동수경사에 비례한다.
③ 동수반경에 비례한다.   ④ 수심에 비례한다.

해설 $V = ki =$ 투수계수 × 동수경사이므로 $V \propto i$

해답 ②

043

물 속에 존재하는 임의의 면에 작용하는 정수압의 작용방향에 대한 설명으로 옳은 것은?

① 정수압은 수면에 대하여 수평방향으로 작용한다.
② 정수압은 수면에 대하여 수직방향으로 작용한다.
③ 정수압은 임의의 면에 직각으로 작용한다.
④ 정수압의 수직압은 존재하지 않는다.

해설 압력은 물체면에 직각으로 작용한다.

해답 ③

044

도수 전후의 수심이 각각 1m, 3m일 때 에너지 손실은?

① $\frac{1}{3}$m
② $\frac{1}{2}$m
③ $\frac{2}{3}$m
④ $\frac{4}{5}$m

해설 $\Delta H_e = \frac{(h_2-h_1)^3}{4h_1h_2} = \frac{(3-1)^3}{4\times1\times3} = \frac{2}{3}$m

해답 ③

045

사각형 단면의 광정 위어에서 월류수심 $h=$ 1m, 수록폭 $b=$ 2m, 접근유속 $V_a=$ 2m/s일 때 위어의 월류량은? (단, 유량계수 $C=$ 0.65이고, 에너지 보정계수$=$ 1.0이다.)

① $1.76\text{m}^3/\text{s}$
② $2.21\text{m}^3/\text{s}$
③ $2.66\text{m}^3/\text{s}$
④ $2.92\text{m}^3/\text{s}$

해설 $Q = 1.7Cb\left(H+\frac{\alpha V_a^2}{2g}\right)^{3/2} = 1.7\times0.65\times2\times\left(1+\frac{1\times2^2}{2\times9.8}\right)^{3/2} = 2.92\text{m}^3/\text{sec}$

해답 ④

046

그림과 같이 일정한 수위차가 계속 유지되는 두 수조를 서로 연결하는 관내를 흐르는 유속의 근사값은? (단, 관의 마찰손실계수$=$ 0.03, 관의 지름 $D=$ 0.3m, 관의 길이 $l=$ 300m이고 관의 유입 및 유출 손실수두는 무시한다.)

① 1.6m/s
② 2.3m/s
③ 16m/s
④ 23m/s

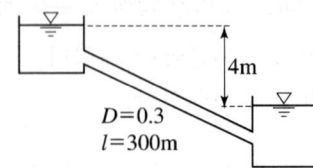

해설 $V = \sqrt{\dfrac{2gh}{f\dfrac{l}{D}}} = \sqrt{\dfrac{2 \times 9.8 \times 4}{0.03 \times \dfrac{300}{0.3}}} = 1.62 \text{m/sec}$

해답 ①

047

수심에 비해 수로 폭이 매우 큰 사각형 수로에 유량 Q가 흐르고 있다. 동수경사를 I, 평균유속계수를 C라고 할 때 Chezy 공식에 의한 수심은? (단, h : 수심, B : 수로 폭)

① $h = \dfrac{2}{3}\left(\dfrac{Q}{C^2 B^2 I}\right)^{1/3}$ ② $h = \left(\dfrac{Q^2}{C^2 B^2 I}\right)^{1/3}$

③ $h = \left(\dfrac{Q}{C^2 B^2 I}\right)^{2/3}$ ④ $h = \left(\dfrac{Q^2}{C^2 B^2 I}\right)^{7/10}$

해설 $Q = AV = AC\sqrt{RI} = Bh \cdot C \cdot \sqrt{h \cdot I}$ 에서 $h\sqrt{h} = h^{\frac{3}{2}} = \dfrac{Q}{BC\sqrt{I}}$

$h = \left(\dfrac{Q}{BC\sqrt{I}}\right)^{2/3} = \left(\dfrac{Q^2}{B^2 C^2 I}\right)^{1/3}$

해답 ②

048

베르누이 절리(Bernoulli's theorem)에 관한 표현식 중 틀린 것은? (단, z : 위치수두, $\dfrac{p}{w}$: 입력수두, $\dfrac{v^2}{2g}$: 속도수두, He : 수차에 의한 유효낙차, Hp : 펌프의 총양정, h : 손실수두, 유체는 점1에서 점2로 흐른다.)

① 실제유체에서 손실수두를 고려할 경우
$z_1 + \dfrac{p_1}{w} + \dfrac{v_1^2}{2g} = z_2 + \dfrac{p_2}{w} + \dfrac{v_2^2}{2g} + h$

② 두 단면 사이에 수차(turbine)를 설치할 경우
$z_1 + \dfrac{p_1}{w} + \dfrac{v_1^2}{2g} = z_2 + \dfrac{p_2}{w} + \dfrac{v_2^2}{2g} + (He + h)$

③ 두 단면 사이에 펌프(pump)를 설치한 경우
$z_1 + \dfrac{p_1}{w} + \dfrac{v_1^2}{2g} = z_2 + \dfrac{p_2}{w} + \dfrac{v_2^2}{2g} + (Hp + h)$

④ 베르누이 정리를 압력항으로 표현할 경우
$\rho g z_1 + p_1 \dfrac{\rho v_1^2}{2} = \rho g z_2 + p_2 + \dfrac{\rho v_2^2}{2g}$

해설 수차로 인한 손실보전은 유효낙차가 아닌 총낙차에 손실수두를 더하여 표시한다.

해답 ②

049 자유수면을 가지고 있는 깊은 우물에서 양수량 Q를 일정하게 퍼냈더니 최초의 수위 H가 h_o로 강하하여 정상흐름이 되었다. 이 때의 양수량은? (단, 우물의 반지름= r_o, 영향원의 반지름= R, 투수계수= k)

① $Q = \dfrac{\pi k(H^2 - h_o^2)}{\ln \dfrac{R}{r_o}}$ 　　② $Q = \dfrac{2\pi k(H^2 - h_o^2)}{\ln \dfrac{R}{r_o}}$

③ $Q = \dfrac{\pi k(H^2 - h_o^2)}{2\ln \dfrac{R}{r_o}}$ 　　④ $Q = \dfrac{\pi k(H^2 - h_o^2)}{2\ln \dfrac{r_o}{R}}$

해설 $Q = \dfrac{\pi k(H^2 - h_o^2)}{L_n \dfrac{R}{r}}$

해답 ①

050 비력(special force)에 대한 설명으로 옳은 것은?
① 물의 충격에 의해 생기는 힘의 크기
② 비에너지가 최대가 되는 수심에서의 에너지
③ 한계수심으로 흐를 때 한 단면에서의 총 에너지크기
④ 개수로의 어떤 단면에서 단위중량당 동수압과 정수압의 합계

해설 비력은 한계수심으로 흐를 때 한 단면에서의 총에너지 크기이다.

해답 ③

051 유역면적이 25km²이고, 1시간에 내린 강우량이 120m일 때 하천의 최대 유출량이 360m³/s이면 이 지역에 대한 합리식의 유출계수는?
① 0.32　　② 0.43
③ 0.56　　④ 0.72

해설 $Q = \dfrac{1}{3.6} CiA$

$360 = \dfrac{1}{3.6} \times C \times 120 \times 25$ 　　 $\therefore C = 0.43$

해답 ②

052 한계수심에 대한 설명으로 틀린 것은?

① 한계유속으로 흐르고 있는 수로에서의 수심
② 흐루드 수(Froude Number)가 1인 흐름에서의 수심
③ 일정한 유량을 흐르게 할 때 비에너지를 최대로 하는 수심
④ 일정한 비에너지 아래에서 최대유량을 흐르게 할 수 있는 수심

해설 한계수심은 유량이 일정할 때 비에너지가 최소가 될 때의 수심이다.

해답 ③

053 DAD 곡선을 작성하는 순서가 옳은 것은?

가. 누가 우량곡선으로부터 지속기간별 최대우량을 결정한다.
나. 누가면적에 대한 평균누가우량을 산정한다.
다. 소구역에 대한 평균누가우량을 결정한다.
라. 지속기간에 대한 최대우량깊이를 누가면적별로 결정한다.

① 가-다-나-라 ② 나-가-라-다
③ 다-나-가-라 ④ 라-다-나-가

해설 순서
① 소구역 평균누가우량 결정
② 누가 면적에 대한 평균누가우량 산정
③ 지속시간별 최대우량 결정
④ 지속기간에 대한 누가면적별 최대우량 깊이 결정

해답 ③

054 다음 중 유효강우량과 가장 관계가 깊은 것은?

① 직접유출량 ② 기저유출량
③ 지표면유출량 ④ 지표하유출량

해설 유효우량은 우량주상도에서 손실우량을 뺀 부분으로서 직접유출의 근원이 되는 우량이다.

해답 ①

055
원형 관수로 내의 층류 흐름에 관한 설명으로 옳은 것은?

① 속도분포는 포물선이며, 유량은 지름의 4제곱에 반비례한다.
② 속도분포는 대수분포 곡선이며, 유량은 압력강하량에 반비례한다.
③ 마찰응력 분포는 포물선이며, 유량은 점성계수와 관의 길이에 반비례한다.
④ 속도분포는 포물선이며, 유량은 압력강하량에 비례한다.

해설 ① 유속은 포물선 분포이다.
② $Q = \dfrac{w\pi h_L}{8\mu l}\gamma^4 = \dfrac{\pi}{8\mu} \cdot \dfrac{wh_L}{l} \cdot \gamma^4 = \dfrac{\pi}{8\mu} \cdot \Delta p \cdot \gamma^4$ 에서 $Q \propto \Delta P$

해답 ④

056
오리피스에서 수축계수의 정의와 그 크기로 옳은 것은? (단, a_o : 수축단면적, a : 오리피스 단면적, V_o : 수축단면의 유속, V : 이론유속)

① $C_a = \dfrac{a_o}{a}$, 1.0 ~ 1.1
② $C_a = \dfrac{V_o}{V}$, 1.0 ~ 1.1
③ $C_a = \dfrac{a_o}{a}$, 0.6 ~ 0.7
④ $C_a = \dfrac{V_o}{V}$, 0.6 ~ 0.7

해설 수축계수 $= \dfrac{수축단면의\ 단면적(a_o)}{오리피스\ 단면적(a)} = 0.6 \sim 0.7$

해답 ③

057
관수로 흐름에서 난류에 대한 설명으로 옳은 것은?

① 마찰손실계수는 레이놀즈수만 알면 구할 수 있다.
② 관벽 조도가 유속에 주는 영향은 층류일 때보다 작다.
③ 관성력의 점성력에 대한 비율이 층류의 경우보다 크다.
④ 에너지 손실은 주로 난류효과보다 유체의 점성 때문에 발생된다.

해답 ③

058
강우자료의 변화요소가 발생한 과거의 기록치를 보정하기 위하여 전반적인 자료의 일관성을 조사하려고 할 때, 사용할 수 있는 가장 적절한 방법은?

① 정상연강수량비율법
② DAD분석
③ Thiessen의 가중법
④ 이중누가우량분석

해설 장기간 동안의 강우자료의 일관성 검증을 위한 방법은 이중누가우량 분석법이다.

해답 ④

059
물이 담겨 있는 그릇을 정지 상태에서 가속도 a로 수평으로 잡아당겼을 때 발생되는 수면이 수평면과 이루는 각이 30°이었다면 가속도 a는? (단, 중력가속도 $=9.8\text{m/s}^2$)

① 약 4.9m/s^2 ② 약 5.7m/s^2
③ 약 8.5m/s^2 ④ 약 17.0m/s^2

해설
$\tan\theta = \dfrac{a}{g}$
$\tan 30 = \dfrac{a}{9.8}$ 에서 $a = 5.66\text{m/sec}^2$

해답 ②

060
동점성계수의 차원으로 옳은 것은?

① $[FL^{-2}T]$ ② $[L^2T^{-1}]$
③ $[FL^{-4}T^{-2}]$ ④ $[FL^2]$

해설
- 동점성계수 공학단위 cm^2/sec
- LFT계 $[L^2T^{-1}]$

해답 ②

제4과목 철근콘크리트 및 강구조

061
아래 그림과 같은 단철근 T형보의 공칭휨모멘트 강도 (M_n)은 얼마인가? (단, $f_{ck}=24\text{MPa}$, $f_y=400\text{MPa}$이고, $A_s=4500\text{mm}^2$)

① 1123.13kN·m
② 1289.15kN·m
③ 1449.18kN·m
④ 1590.32kN·m

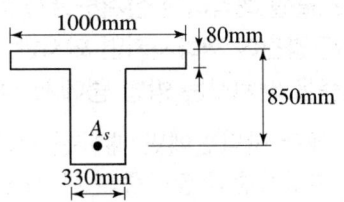

해설
① T형보의 판정
$a = \dfrac{A_s f_y}{0.85 f_{ck} b} = \dfrac{4500 \times 400}{0.85 \times 24 \times 1000} = 88.24\text{mm} > t_f = 80\text{mm}$ 이므로 T형보로 설계

② $A_{sf} = \dfrac{0.85 f_{ck}(b-b_w)t_f}{f_y} = \dfrac{0.85 \times 24 \times (1,000-330) \times 80}{400} = 2,733.6\text{mm}^2$

③ $a = \dfrac{(A_s - A_{sf})}{0.85 f_{ck} b_w} = \dfrac{(4,500 - 2,733.6) \times 400}{0.85 \times 24 \times 330} = 104.96 \text{mm}$

④ 공칭 휨 강도

$$M_n = A_{sf} f_y \left(d - \dfrac{t_f}{2}\right) + (A_s - A_{sf}) f_y \left(d - \dfrac{a}{2}\right)$$

$$= 2,733.6 \times 400 \times \left(850 - \dfrac{80}{2}\right) + (4500 - 2,733.6) \times 400 \times \left(850 - \dfrac{104.96}{2}\right)$$

$$= 1,449,182,131 \text{N} \cdot \text{mm} = 1,449.18 \text{kN} \cdot \text{m}$$

해답 ③

062

아래 그림과 같은 두께 19mm 평판의 순단면적을 구하면? (단, 볼트 체결을 위한 강판 구멍의 작은 직경은 25mm이다.)

① 3270mm^2
② 3800mm^2
③ 3920mm^2
④ 4530mm^2

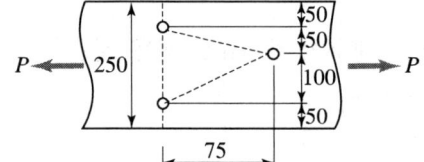

해설 ① 순폭

㉠ $b_n = b_g - 2d = 250 - 2 \times 25 = 200 \text{mm}$

㉡ $b_n = b_g - d - \left(d - \dfrac{p^2}{4g_1}\right) - \left(d - \dfrac{p^2}{4g_2}\right)$

$= 250 - 25 - \left(25 - \dfrac{75^2}{4 \times 50}\right) - \left(25 - \dfrac{75^2}{4 \times 100}\right) = 217.2 \text{mm}$

㉢ 둘 중 작은값 200mm가 순폭이다.

② 순단면적

$A_n = b_n t = 200 \times 19 = 3800 \text{mm}^2$

해답 ②

063

구조물을 해석하여 설계하고자 할 때 계수고정하중은 항상 작용하고 있으므로 모든 경간에 재하시키면 되지만, 계수활하중은 그렇지 않을 수도 있다. 계수활하중을 배치하는 방법 중에서 적절하지 않은 방법은?

① 해당 바닥판에만 재하된 것으로 보아 해석한다.
② 고정하중과 활하중의 하중조합은 모든 경간에 재하된 계수고정하중과 두 인접 경간에 만재된 계수활하중의 조합하중으로 해석한다.
③ 고정하중과 활하중의 하중조합은 모든 경간에 재하된 계수고정하중과 한 경간씩 건너서 만재된 계수활하중과의 조합하중으로 해석한다.
④ 고정하중과 활하중의 하중조합은 모든 경간에 재하된 계수고정하중과 모든 경간에 만재된 계수활하중의 조합하중으로 해석한다.

해설 계수 활하중 배치 방법
① 해당바닥판에만 재하
② 모든 경간에 재하된 계수고정하중과 두 인접 경간에 만재된 계수활하중의 조합
③ 모든 경간에 재하된 계수고정하중과 한 경간씩 건너서 만재된 계수활하중의 조합

해답 ④

064 부분적 프리스트레싱(Partial Prestressing)에 대한 설명으로 옳은 것은?
① 구조물에 부분적으로 PSC부재를 사용하는 것
② 부재단면의 일부에만 프리스트레스를 도입하는 것
③ 설계하중의 일부만 프리스트레스에 부담시키고 나머지는 긴장재에 부담시키는 것
④ 설계하중이 작용할 때 PSC부재단면의 일부에 인장응력이 생기는 것

해답 ④

065 콘크리트의 설계기준압축강도(f_{ck})가 50MPa인 경우 콘크리트 탄성계수 및 크리프 계산에 적용되는 콘크리트의 평균압축강도(f_{cu})는?
① 54MPa ② 55MPa
③ 56MPa ④ 57MPa

해설 ① 40MPa < f_{ck} < 60MPa인 경우는 직선보간해야 하므로
$$\Delta f = 4 + 2\left(\frac{f_{ck}-40}{20}\right) = 4 + 2\left(\frac{50-40}{20}\right) = 5\text{MPa}$$
② 콘크리트의 평균압축강도 $f_{cu} = f_{ck} + \Delta f = 50 + 5 = 55\text{MPa}$

해답 ②

066 1방향 슬래브의 구조상세에 대한 설명으로 틀린 것은?
① 1방향 슬래브의 두께는 최소 100mm 이상으로 하여야 한다.
② 슬래브의 단변방향 보의 상부에 부모멘트로 인해 발생하는 균열을 방지하기 위하여 슬래브의 장변방향으로 슬래브 상부에 철근을 배치하여야 한다.
③ 슬래브의 정모멘트 철근 및 부모멘트 철근의 중심 간격은 위험단면에서는 슬래브 두께의 2배 이하이어야 하고, 또한 300mm 이하로 하여야 한다.
④ 슬래브의 정모멘트 철근 및 부모멘트 철근의 중심 간격은 위험단면을 제외한 단면에서는 슬래브 두께의 4배 이하이어야 하고, 또한 600mm 이하로 하여야 한다.

해설 슬래브의 정·부철근의 중심간격은 슬래브 두께의 3배 이하, 450mm 이하로 한다.

해답 ④

067

나선철근 압축부재 단면의 심부지름이 400mm, 기둥 단면 지름이 500mm인 나선철근 기둥의 나선철근비는 최소 얼마 이상이어야 하는가? (단, 나선철근의 설계기준항복강도(f_{yt})=400MPa, f_{ck}=21MPa)

① 0.0133
② 0.0201
③ 0.0248
④ 0.0304

해설

$$\rho_s \geq 0.45 \left(\frac{A_g}{A_{ch}} - 1 \right) \frac{f_{ck}}{f_{yt}} = 0.45 \left(\frac{\pi D_g^2/4}{\pi D_{ch}^2/4} - 1 \right) \frac{f_{ck}}{f_{yt}}$$

$$= 0.45 \times \left(\frac{500^2}{400^2} - 1 \right) \times \frac{21}{400} = 0.0133$$

해답 ①

068

철근 콘크리트 휨 부재설계에 대한 일반원칙을 설명한 것으로 틀린 것은?

① 인장철근이 설계기준항복강도에 대응하는 변형률에 도달하고 동시에 압축 콘크리트가 가정된 극한 변형률인 0.003에 도달할 때, 그 단면이 균형 변형률 상태에 있다고 본다.
② 철근의 항복강도가 400MPa 이하인 경우, 압축연단 콘크리트가 가정된 극한 변형률인 0.003에 도달할 때 최외단 인장철근 순인장변형률이 0.005의 인장지배변형률 한계 이상인 단면을 인장지배단면이라고 한다.
③ 철근의 항복강도가 400MPa을 초과하는 경우, 인장지배변형률한계를 철근 항복변형률의 1.5배로 한다.
④ 순인장변형률이 압축지배변형률 한계와 인장지배변형률 한계 사이인 단면은 변화구간단면이라고 한다.

해설 철근의 항복강도가 400MPa을 초과하는 경우, 인장지배변형률 한계는 철근 항복변형률의 2.5배로 한다.
① $f_y \leq 400$MPa이면 0.005
② $f_y > 400$MPa이면 $2.5\epsilon_y$

해답 ③

069

아래 그림과 같은 리벳이음에서 필요한 최소 리벳 수를 구하면? (단, 리벳의 허용 전단응력은 100MPa, 허용 지압응력은 200MPa이고, ϕ22mm이다.)

① 4개
② 5개
③ 6개
④ 7개

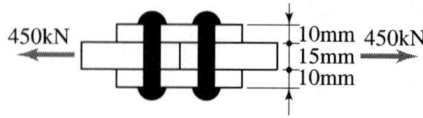

해설 ① 전단강도

복전단이므로 $\rho_s = v_a\left(\dfrac{\pi d^2}{2}\right) = 100 \times \left(\dfrac{\pi \times 22^2}{2}\right) lME 76,026.54\text{N}$

② 지압강도
　㉠ $t_{\min} = [10+10 = 20\text{mm},\ 15\text{mm}]_{\min} = 15\text{mm}$
　㉡ $\rho_b = f_{ba}(dt_{\min}) = 200 \times (22 \times 15) = 66,000\text{N}$

③ 리벳강도(ρ_a)

ρ_a와 ρ_b 중 작은 값인 66,000N가 리벳강도이다.

④ 소요 리벳 수

$n = \dfrac{P}{\rho_a} = \dfrac{450 \times 10^3}{66,000} ≒ 6.82 ≒ 7\text{개}$

해답 ④

070

아래 그림과 같은 복철근 직사각형보에 대한 설명으로 옳은 것은? (단, f_{ck} = 21MPa, f_y = 300MPa, 압축부 콘크리트의 최대변형률은 0.003이고 인장철근의 응력은 f_y에 도달한다.)

① 압축철근은 항복응력에 도달하지 못한다.
② 등가직사각형 응력블록의 깊이(a)는 280.1mm이다.
③ 이 단면의 변화구간에 속한다.
④ 이 단면의 공칭휨강도(M_n)는 788.4kN · m이다.

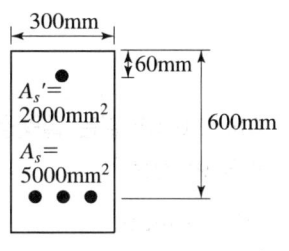

해설 ① $f_{ck} = 21\text{MPa} < 40\text{MPa}$이므로 $\epsilon_{cu} = 0.0033,\ \beta_1 = 0.80$

② 등가응력깊이(a)

$a = \dfrac{(A_s - A_s')f_y}{0.85 f_{ck} b} = \dfrac{(5000-2000) \times 300}{0.85 \times 21 \times 300} = 168.1\text{mm}$

③ 중립축의 위치(c)

$c = \dfrac{a}{\beta_1} = \dfrac{168.1}{0.80} = 210.125\text{mm}$

④ 최외단 인장철근의 순인장변형률(ϵ_t)

$\epsilon_t = \epsilon_{cu}\left(\dfrac{d-c}{c}\right) = 0.0033\left(\dfrac{600-210.125}{210.125}\right) = 0.0061 > 0.005$이므로 인장지배단면에 속한다.

⑤ 압축철근의 항복 유무 판정

$\epsilon_s' = \epsilon_{cu}\left(\dfrac{c-d'}{c}\right) = 0.0033\left(\dfrac{210.125-60}{210.125}\right) = 0.0024 > \epsilon_y = \dfrac{f_y}{E_s} = \dfrac{300}{2 \times 10^5} = 0.0015$

이므로 압축철근은 항복응력에 도달한다.
∴ $f_s' = f_y = 300\text{MPa}$

⑥ 공칭휨강도(M_n)

$$M_n = (A_s - A_s')f_y\left(d - \frac{a}{2}\right) + A_s'f_y(d-d')$$
$$= (5000-2000) \times 300 \times \left(600 - \frac{168.1}{2}\right) + 2000 \times 300 \times (600-60)$$
$$= 788,355,000 \text{N} \cdot \text{mm} \fallingdotseq 788.4 \text{kN} \cdot \text{m}$$

해답 ④

071 복철근으로 설계해야 할 경우를 설명한 것으로 잘못 된 것은?

① 단면이 넓어서 철근을 고루 분산시키기 위해
② 정, 부 모멘트를 교대로 받는 경우
③ 크리프에 의해 발생하는 장기처짐을 최소화하기 위해
④ 보의 높이가 제한되어 철근의 증가로 휨강도를 증가시키기 위해

해설 철근의 분산 배치를 위해서는 모멘트 재분배와 같은 방법을 사용하므로 복철근보와는 전혀 관계가 없다.

해답 ①

072 아래 그림과 같은 필렛용접의 현상에서 $s = 9$mm일 때 목두께 a의 값으로 가장 적당한 것은?

① 5.46mm
② 6.36mm
③ 7.26mm
④ 8.16mm

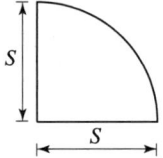

해설 $a = \dfrac{s}{\sqrt{2}} = 0.707s \times 0.707 \times 9 = 6.363$mm

해답 ②

073 $b_w = 300$, $d = 500$mm인 단철근직사각형 보가 있다 강도설계법으로 해석할 때 최대철근량은 얼마인가? (단, $f_{ck} = 35$MPa, $f_y = 400$MPa이다.)

① 4035mm^2
② 4000mm^2
③ 3535mm^2
④ 3035mm^2

해설 **최대 휨 철근량**

① $f_{ck} = 35$MPa < 40MPa이므로 $\epsilon_{cu} = 0.0033$, $\beta_1 = 0.80$, $\eta = 1$

② $\rho_b = \eta 0.85 \dfrac{f_{ck}}{f_y} \beta_1 \dfrac{\epsilon_{cu}}{\epsilon_{cu} + \dfrac{f_y}{200000}} = 1 \times 0.85 \times \dfrac{35}{400} \times 0.80 \times \dfrac{0.0033}{0.0033 + \dfrac{400}{200000}}$

$= 0.037047$

③ $f_y = 400\text{MPa}$이므로 $\epsilon_y = 0.002$, $\epsilon_{a,\min} = 0.004$, $\rho_{\max} = 0.726\rho_b$

④ $\rho_{\max} = 0.726 \times 0.037047 = 0.0269$

⑤ $\theta_{s,\max} = \rho_{\max} d \cdot d = 0.0269 \times 300 \times 500 = 4035\text{mm}^2$

해답 ①

074

경간이 8m인 직사각형 PSC보(b=300mm, h=500mm)에 계수하중 w=40kN/m가 작용할 때 인장측의 콘크리트 응력이 0이 되려면 얼마의 긴장력으로 PS강재를 긴장해야 하는가? (단, PS강재는 콘크리트 단면도심에 배치되어 있음)

① P=1250kN
② P=1880kN
③ P=2650kN
④ P=3840kN

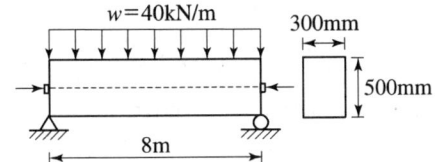

 $f_{\text{하연}} = \dfrac{P}{A} - \dfrac{M}{Z} = 0$에서

$P = \dfrac{AM}{Z} = \dfrac{bh \times \left(\dfrac{wl^2}{8}\right)}{\dfrac{bh^2}{6}} = \dfrac{3wl^2}{4h} = \dfrac{3 \times 40 \times 8^2}{4 \times 0.5} = 3840\text{kN}$

해답 ④

075

직사각형 보에서 계수 전단력 V_u=70kN을 전단철근 없이 지지하고자 할 경우 필요한 최소 유효깊이 d는 약 얼마인가? (단, b_w=400mm, f_{ck}=21MPa, f_y=350MPa)

① d=426mm
② d=556mm
③ d=611mm
④ d=751mm

해설 $V_u \leq \dfrac{1}{2}\phi V_c = \dfrac{1}{2}\phi\left(\dfrac{\lambda\sqrt{f_{ck}}}{6}\right)b_w d$에서

$d \geq \dfrac{12V_u}{\phi\lambda\sqrt{f_{ck}}b_w} = \dfrac{12 \times (70 \times 10^3)}{0.75 \times 1.0 \times \sqrt{21} \times 400} = 611\text{mm}$

해답 ③

076

그림에 나타난 직사각형 단철근 보의 설계휨강도 (ϕM_n)를 구하기 위한 강도감소계수(ϕ)는 얼마인가? (단, $f_{ck}=28\text{MPa}$, $f_y=400\text{MPa}$)

① 0.85
② 0.84
③ 0.82
④ 0.79

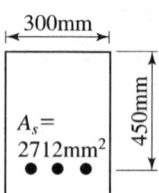

해설
① $f_{ck}=28\text{MPa}<40\text{MPa}$이므로 $\epsilon_{cu}=0.0033$, $\beta_1=0.80$
② $a=\dfrac{A_s f_y}{0.85 f_{ck} b}=\dfrac{2712\times 400}{0.85\times 28\times 300}=151.93\text{mm}$
③ $c=\dfrac{a}{\beta_1}=\dfrac{151.93}{0.80}=189.91\text{mm}$
④ $\epsilon_t=\epsilon_{cu}\left(\dfrac{d-c}{c}\right)=0.0033\left(\dfrac{450-189.91}{189.91}\right)=0.00452$
⑤ $\epsilon_y(=0.002)<\epsilon_t(=0.00452)<\epsilon_{td}(=0.005)$이므로 변화구간 단면에 속하므로 $\phi-\epsilon_t$그래프에서 직선보간한다.
⑥ $f_y=400\text{MPa}$이므로 $\epsilon_y=0.002$, $\epsilon_{td}=0.005$
⑦ $\phi=0.65+0.20\left(\dfrac{\epsilon_t-\epsilon_y}{\epsilon_{td}-\epsilon_y}\right)=0.65+0.20\left(\dfrac{0.00452-0.002}{0.005-0.002}\right)=0.82$

해답 ③

077

그림과 같은 정사각형 독립확대 기초 저면에 작용하는 지압력이 $q=100\text{kPa}$일 때 휨에 대한 위험단면의 휨모멘트 강도는 얼마인가?

① 216kN·m
② 360kN·m
③ 260kN·m
④ 316kN·m

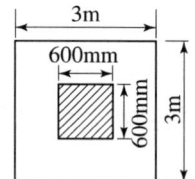

해설
$M_u=q_u\times\left\{\dfrac{1}{2}(L-t)\times S\right\}\times\dfrac{1}{4}(L-t)$
$=\dfrac{q_u S(L-t)^2}{8}=\dfrac{100\times 3\times(3-0.6)^2}{8}=216\text{kN}\cdot\text{m}$

해답 ①

078

길이가 3m인 캔틸레버보의 자중을 포함한 계수등분 포하중이 100kN/m일 때 위험단면에서 전단철근이 부담해야 할 전단력은 약 얼마인가? (단, f_{ck}=24MPa, f_y=300MPa, b=300mm, d=500mm)

① 185kN
② 211kN
③ 227kN
④ 239kN

해설

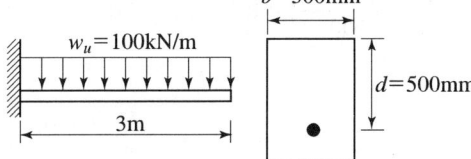

① 계수 전단 강도(V_u)
$V_u = w_u l - w_u d = 100 \times 3 - 100 \times 0.5 = 250\text{kN}$

② 콘크리트의 공칭전단 강도(V_c)
$V_c = \left(\dfrac{\lambda \sqrt{f_{ck}}}{6}\right) b_w d = \left(\dfrac{1.0\sqrt{24}}{6}\right) \times 300 \times 500 = 122,474.49\text{N} \fallingdotseq 122.47\text{kN}$

③ 전단철근만이 부담하는 전단력(V_s)
$V_s = \dfrac{V_u}{\phi} - V_c = \dfrac{250}{0.75} - 122.47 = 210.86\text{kN} \fallingdotseq 211\text{kN}$

$\leq 0.2\left(1 - \dfrac{f_{ck}}{250}\right) f_{ck} b_w d = 0.2 \times \left(1 - \dfrac{24}{250}\right) \times 24 \times 300 \times 500 = 650,880\text{N} = 651\text{kN}$

이므로 위험단면에서 전단철근이 부담해야 할 전단력은 211kN이다.

해답 ②

079

부재의 최대모멘트 M_a와 균열모멘트 M_{cr}의 비(M_a/M_{cr})가 0.95인 단순보의 순간처짐을 구하려고 할 때 사용되는 유효단면 2차모멘트(I_e)의 값은? (단, 철근을 무시한 중립축에 대한 총단면의 단면2차모멘트는 I_g=540000cm⁴이고, 균열 단면의 단면2차모멘트 I_{cr}=345080cm⁴이다.)

① 200738cm⁴
② 345080cm⁴
③ 540000cm⁴
④ 570724cm⁴

해설

① $\dfrac{M_a}{M_{cr}} = 0.95$이므로 비균열단면이다.

② 비균열 단면의 경우 $I_e = I_g$이다.
$I_e = I_g = 540,000\text{cm}^4$

해답 ③

080 단면이 400×500mm이고 150mm2의 PSC강선 4개를 단면 도심축에 배치한 프리텐션 PSC부재가 있다. 초기 프리스트레스가 1000MPa일 때 콘크리트의 탄성 변형에 의한 프리스트레스 감소량의 값은? (단, $n=6$)

① 22MPa
② 20MPa
③ 18MPa
④ 16MPa

해설 $\Delta f_p = nf_c = n\left(\dfrac{f_p A_p N}{bh}\right) = 6 \times \left(\dfrac{1000 \times 150 \times 4}{400 \times 500}\right) = 18\text{N/mm}^2 = 18\text{MPa}$

해답 ③

제5과목 토질 및 기초

081 흙의 내부마찰각(ϕ)은 20°, 점착력(C)이 24kN/m²이고, 단위중량(γ_t)은 19.3kN/m³인 사면의 경사각이 45°일 때 임계높이는 약 얼마인가? (단, 안정수 $m=0.06$)

① 15m
② 18m
③ 21m
④ 24m

해설
① 안정계수 $N_s = \dfrac{1}{m} = \dfrac{1}{0.06} = 16.67$

② 한계고 $H_c = \dfrac{C}{\gamma_t} \cdot N_s = \dfrac{24}{19.3} = 16.67 = 20.73\text{m}$

해답 ③

082 그림에서 정사각형 독립기초 2.5m×2.5m가 실트질 모래 위에 시공되었다. 이 때 근입깊이가 1.50m인 경우 허용지지력은 약 얼마인가? (단, $N_c=35$, $N_\gamma = N_q = 20$, 안전율은 3)

① 250kN/m²
② 300kN/m²
③ 350kN/m²
④ 450kN/m²

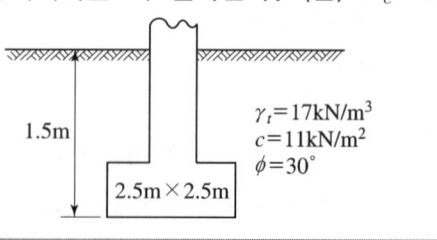

$\gamma_t = 17\text{kN/m}^3$
$c = 11\text{kN/m}^2$
$\phi = 30°$

해설
① 기초의 극한지지력(q_u)
   형상계수 $\alpha = 1.3$, $\beta = 0.4$이므로

$$q_u = \alpha \cdot c \cdot N_c + \beta \cdot \gamma_1 \cdot B \cdot N_r + \gamma_2 \cdot D_f \cdot N_q$$
$$= 1.3 \times 11 \times 35 + 0.4 \times 17 \times 2.5 \times 20 + 17 \times 1.5 \times 20$$
$$= 1,350.5 \text{kN/m}^2$$

② 허용지지력 $q_a = \dfrac{q_u}{F_s} = \dfrac{1,350.5}{3} = 450.2 \text{kN/m}^2$

해답 ④

083

Jaky의 정지토압계수를 구하는 공식 $K_0 = 1 - \sin\phi'$가 가장 잘 성립하는 토질은?

① 고압밀점토 ② 정규압밀점토
③ 사질토   ④ 풍화토

해설 정지토압계수
① 모래 지반의 정지토압계수 $K_o = 1 - \sin\phi'$
② 정규압밀 점토의 정지토압계수 $K_o = 0.95 - \sin\phi'$

해답 ③

084

$\phi = 33°$인 사질토에 25° 경사의 사면을 조성하려고 한다. 이 비탈면의 지표까지 포화되었을 때 안전율을 계산하면? (단, 사면 흙의 $\gamma_{sat} = 18\text{kN/m}^3$)

① 0.62 ② 0.70
③ 1.12 ④ 1.41

해설 사질토 $c = 0$, 침투류가 지표면과 일치되므로
$$F_s = \frac{\gamma_{sub}}{\gamma_{sat}} \cdot \frac{\tan\phi}{\tan i} = \frac{8}{18} \times \frac{\tan 33°}{\tan 25°} = 0.62$$

해답 ①

085

Terzaghi의 1차 압밀에 대한 설명으로 틀린 것은?

① 압밀방정식은 점토 내에 발생하는 과잉간극수압의 변화를 시간과 배수거리에 따라 나타낸 것이다.
② 압밀방정식을 풀면 압밀도를 시간계수의 함수로 나타낼 수 있다.
③ 평균압밀도는 시간에 따른 압밀침하량을 최종압밀침하량으로 나누면 구할 수 있다.
④ 하중이 증가하면 압밀침하량이 증가하고 압밀도도 증가한다.

해설 하중이 증가하면 압밀침하량이 증가하나 압밀도는 변하지 않는다.

해답 ④

086 아래 그림에서 투수계수 $K = 4.8 \times 10^{-3}$cm/sec일 때 Darcy 유출속도 v와 실제 물의 속도(침투속도) v_s는?

① $v = 3.4 \times 10^{-4}$cm/sec
$v_s = 5.6 \times 10^{-4}$cm/sec
② $v = 3.4 \times 10^{-4}$cm/sec
$v_s = 9.4 \times 10^{-4}$cm/sec
③ $v = 5.8 \times 10^{-4}$cm/sec
$v_s = 10.8 \times 10^{-4}$cm/sec
④ $v = 5.8 \times 10^{-4}$cm/sec
$v_s = 13.2 \times 10^{-4}$cm/sec

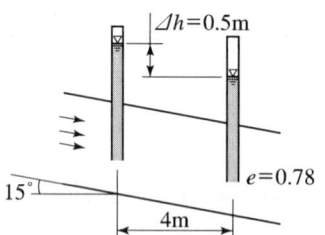

해설

① 이동경로 $L = \dfrac{4}{\cos 15°} = 4.14$m

② 동수경사 $i = \dfrac{\Delta h}{L} = \dfrac{0.5}{4.14} = \dfrac{1}{8.28}$

③ 평균유속 $v = K \cdot i = 4.8 \times 10^{-3} \times \left(\dfrac{1}{8.28}\right) = 5.8 \times 10^{-4}$cm/sec

④ 간극률 $n = \dfrac{e}{1+e} \times 100 = \dfrac{0.78}{1+0.78} \times 100 = 43.82\%$

⑤ 침투유속 $v_s = \dfrac{v}{\dfrac{n}{100}} = \dfrac{5.8 \times 10^{-4}}{\dfrac{43.82}{100}} = 13.2 \times 10^{-4}$cm/sec

해답 ④

087 점토광물에서 점토입자의 동형치환(同形置換)의 결과로 나타나는 현상은?
① 점토입자의 모양이 변화되면서 특성도 변하게 된다.
② 점토입자가 음(-)으로 대전된다.
③ 점토입자의 풍화가 빨리 진행된다.
④ 점토입자의 화학성분이 변화되었으므로 다른 물질로 변한다.

해설 동형이질치환이란 어떤 한 원자가 비슷한 이온반경을 가지 다른 원자와 치환하는 것을 말하며, 그 결과 점토입자들은 음(-)으로 대전되는데 그 이유는 동형이질치환과 점토입자의 모서리에서 불연속적인 구조 때문이다.

해답 ②

088 토립자가 둥글고 입도분포가 나쁜 모래지반에서 표준 관입시험을 한 결과 N치는 10이었다. 이 모래의 내부 마찰각을 Dunham의 공식으로 구하면?

① 21° ② 26°
③ 31° ④ 36°

해설 $\phi = \sqrt{12N} + 15 = \sqrt{12 \times 10} + 15 = 26°$

해답 ②

089 연약점성토층을 관통하여 철근콘크리트 파일을 박았을 때 부마찰력(Negateive friction)은? (단, 이때 지반의 일축압축강도 $q_u = 20\text{kN/m}^2$, 파일직경 $D = 50\text{cm}$, 관입깊이 $l = 10\text{m}$이다.)

① 157.1kN ② 185.3kN
③ 208.2kN ④ 242.4kN

해설 ① 단위면적당 부주면마찰력(f_{ns})
$f_{ns} = \dfrac{q_u}{2} = \dfrac{20}{2} = 10\text{kN/m}^2$

② 부주면마찰력이 작용하는 말뚝주면적
$A_s = U \cdot l = \pi \cdot D \cdot l = \pi \times 0.5 \times 10 = 15.71\text{m}^2$

③ 부주면마찰력
$Q_{NS} = f_{ns} \cdot A_s = 10 \times 15.71 = 157.1\text{kN}$

해답 ①

090 다음은 전단시험을 한 응력경로이다. 어느 경우인가?

① 초기단계의 최대주응력과 최소주응력이 같은 상태에서 시행한 삼축압축시험의 전응력 경로이다.
② 초기단계의 최대주응력과 최소주응력이 같은 상태에서 시행한 일축압축시험의 전응력 경로이다.
③ 초기단계의 최대주응력과 최소주응력이 같은 상태에서 $K_o = 0.5$인 조건에서 시행한 삼축압축시험의 전응력 경로이다.
④ 초기단계의 최대주응력과 최소주응력이 같은 상태에서 $K_o = 0.7$인 조건에서 시행한 일축압축시험의 전응력 경로이다.

해답 ①

091

다음 그림에서 분사현상에 대한 안전율을 구하면?

① 1.01
② 1.33
③ 1.66
④ 2.01

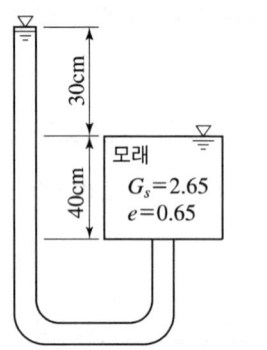

해설

① 한계동수경사 $i_c = \dfrac{G_s - 1}{1 + e} = \dfrac{2.65 - 1}{1 + 0.65} = 1.0$

② 동수구배 $i = \dfrac{\Delta h}{L} = \dfrac{30}{40} = 0.75$

③ 안전율 $F_s = \dfrac{i_c}{i} = \dfrac{1.0}{0.75} = 1.33$

해답 ②

092

단위중량(γ_t)=19kN/m³, 내부마찰각(ϕ)=30°, 정지토압계수(K_o)=0.5인 균질한 사질토지반이 있다. 지하수 위면이 지표면 아래 2m 지점에 있고 지하수 위면 아래의 단위중량(γ_{sat})=20kN/m³이다. 지표면 아래 4m 지점에서 지반내 응력에 대한 다음 설명 중 틀린 것은?

① 간극수압(u)은 20kN/m²이다.
② 연직응력(σ_v)은 80kN/m²이다.
③ 유효연직응력($\sigma_v{}'$)은 58kN/m²이다.
④ 유효수평응력($\sigma_h{}'$)은 29kN/m²이다.

해설
① 간극수압
$u = \gamma_w \cdot h_2 = 10 \times 2 = 20 \text{kN/m}^2$
② 연직응력
$\sigma_v = \gamma_t \cdot h_1 + \gamma_{sat} \cdot h_2 = 19 \times 2 + 20 \times 2 = 78 \text{kN/m}^2$
③ 유효연직응력
$\sigma_v{}' = \gamma_t \cdot h_1 + \gamma_{sub} \cdot h_2 = 19 \times 2 + 10 \times 2 = 58 \text{kN/m}^2$
④ 유효수평응력
$\sigma_h{}' = K_0 \cdot \gamma_t \cdot h_1 = K_0 \cdot \gamma_{sub} \cdot h_2 = 0.5 \times 19 \times 2 + 0.5 \times 10 \times 2 = 29 \text{kN/m}^2$

해답 ②

093

그림과 같이 6m 두께의 모래층 밑에 2m 두께의 점토층이 존재한다. 지하수면은 지표아래 2m지점에 존재한다. 이때, 지표면에 $\Delta P = 50\text{kN/m}^2$의 등분포하중이 작용하여 상당한 시간이 경과한 후, 점토층의 중간높이 A점에 피에조미터를 세워 수두를 측정한 결과, $h = 4.0$m로 나타났다면 A점의 압밀도는?

① 20%
② 30%
③ 50%
④ 80%

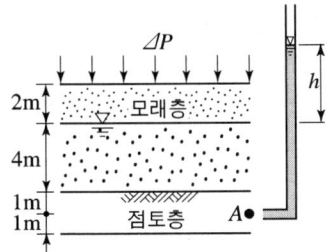

해설
① 초기과잉간극수압 $u_i = 50\text{kN/m}^2$
② 현재의 과잉간극수압 $u_e = \gamma_w \cdot h = 10 \times 4.0 = 40\text{kN/m}^2$
③ 압밀도 $U = \dfrac{u_i - u_e}{u_i} \times 100 = \dfrac{50 - 40}{50} \times 100 = 20\%$

해답 ①

094

다음은 주요한 Sounding(사운딩)의 종류를 나타낸 것이다. 이 가운데 사질토에 가장 적합하고 점성토에서도 쓰이는 조사법은?

① 더치 콘(Dutch Cone) 관입시험기
② 베인 시험기(Vave tester)
③ 표준관입시험기
④ 이스키메타(Iskymeter)

해설 표준 관입 시험은 사질토에 적합하며 점성토에서도 시험가능하다.

해답 ③

095

모래지반에 30cm×30cm의 재하실험을 한 결과 100kN/m²의 극한 지지력을 얻었다. 4m×4m의 기초를 설치할 때 기대되는 극한지지력은?

① 100kN/m^2
② 1000kN/m^2
③ 1333kN/m^2
④ 1544kN/m^2

해설 모래지반의 경우 극한지지력은 재하판 폭에 비례하므로
$q_{u(기초)} = q_{u(재하)} \cdot \dfrac{B_{(기초)}}{B_{(재하)}} = 100 \times \dfrac{4}{0.3} = 1,333.3\text{kN/m}^2$

해답 ③

096 흙의 다짐에 관한 설명으로 틀린 것은?

① 다짐에너지가 클수록 최대건조단위중량($\gamma_{d\max}$)은 커진다.
② 다짐에너지가 클수록 최적함수비(w_{opt})는 커진다.
③ 점토를 최적함수비(w_{opt})보다 작은 함수비로 다지면 면모구조를 갖는다.
④ 투수계수는 최적함수비(w_{opt}) 근처에서 거의 최소값을 나타낸다.

해설 다짐에너지가 클수록 최대건조단위중량($\gamma_{d\max}$)은 증가하고, 최적함수비(w_{opt})는 감소한다.

해답 ②

---

097 통일분류법에 의한 분류기호와 흙의 성질을 표현한 것으로 틀린 것은?

① GP-입도분포가 불량한 자갈
② GC-점토 섞인 자갈
③ CL-소성이 큰 무기질 점토
④ SM-실트 섞인 모래

해설 CL은 소성이 작은(액성한계가 50% 이하) 무기질 점토이다.

해답 ③

---

098 정규압밀점토에 대하여 구속응력 0.1MPa로 압밀배수 시험한 결과 파괴시 축차응력이 0.2MPa이었다. 이 흙의 내부마찰각은?

① 20°
② 25°
③ 30°
④ 40°

해설
① 최대주응력 $\sigma_1 = \sigma_3 + (\sigma_1 - \sigma_3) = 0.1 + 0.2 = 0.3\text{MPa}$
② 내부마찰각 $\sin\phi = \dfrac{1}{2}$ 에서 $\phi = \sin^{-1}\left(\dfrac{1}{2}\right) = 30°$

해답 ③

---

099 무게 320kg인 드롭 햄머(drop hammer)로 2m의 높이에서 말뚝을 때려 박았더니 침하량이 2cm이었다. Sander의 공식을 사용할 때 이 말뚝의 허용지지력은?

① 1,000kg
② 2,000kg
③ 3,000kg
④ 4,000kg

해설
① Sander의 극한지지력 $Q_u = \dfrac{W_h \cdot H}{S}$
② Sander의 허용지지력 $Q_a = \dfrac{W_h \cdot H}{8S} = \dfrac{320 \times 200}{8 \times 2} = 4,000\text{kg}$

해답 ④

100 모래지층에서 두께 6m의 점토층이 있다. 이 점토의 토질 실험결과가 아래 표와 같을 때, 이 점토층의 90%압밀을 요하는 시간은 약 얼마인가? (단, 1년은 365일로 계산)

- 간극비 : 1.5
- 압축계수(a_v) : 4×10^{-4}(cm²/g)
- 투수계수 $k = 3 \times 10^{-7}$(cm/sec)

① 52.2년   ② 12.9년
③ 5.22년   ④ 1.29년

해설 ① 체적변화계수 $m_v = \dfrac{a_v}{1+e_1} = \dfrac{4 \times 10^{-4}}{1+1.5} = 1.6 \times 10^{-4}$ cm²/g

② 압밀계수 $C_v = \dfrac{K}{m_v \cdot \gamma_w} = \dfrac{3 \times 10^{-7}}{1.6 \times 10^{-4} \times 1} = 1.88 \times 10^{-3}$ cm²/sec

③ 양면배수이므로 배수거리는 포화점토층 두께의 반이므로
$\dfrac{H}{2} = \dfrac{6}{2} = 3\text{m} = 300\text{cm}$

④ $T_{90} = 0.848$

⑤ 압밀도 90%에 대한 압밀시간
$t_{90} = \dfrac{T_{90} \cdot d^2}{C_v} = \dfrac{0.848 \times 300^2}{1.88 \times 10^{-3}} = 40,595,745\text{초} = 479.86\text{일} = 1.29\text{년}$

해답 ④

제6과목 상하수도공학

101 우수관거 및 합류관거내 부유물의 침전을 방지하기 위하여 계획우수량에 대하여 요구되는 최소유속은 얼마인가?

① 0.3m/sec   ② 0.6m/sec
③ 0.8m/sec   ④ 1.2m/sec

해설 우수관거 및 합류관거의 최소유속은 관거내 부유물질의 침전방지를 위해 0.8m/sec로 한다.

해답 ③

102

다음 그림은 저수지의 유효저수량(용량)을 결정하기 위한 유량누가곡선도이다. 이 곡선도에서 유효저수용량을 나타내는 것은?

① MK
② IP
③ SJ
④ OP

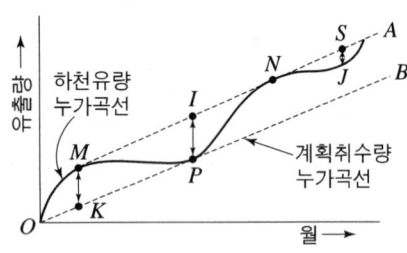

해설 IP구간이 저수지의 유효저수량이다.

해답 ②

103

직경 15cm, 길이 50m인 주철관으로 유량 0.03m3/sec의 물을 펌프에 의해 50m 양수하고자 한다. 양수시 발생되는 총손실수두가 5m였다면 이 펌프의 소요 축동력(kW)은? (단, 여유율은 0이며 펌프의 효율은 80%이다.)

① 20.2kW
② 30.5kW
③ 33.5kW
④ 37.2kW

해설
① 펌프의 전양정(H) = 실양정 + 총손실수두 = 50 + 5 = 55[m]
② $P_s = \dfrac{9.8QH}{\eta} = \dfrac{9.8 \times 0.03 \times 55}{0.80} = 20.2[\text{kW}]$

해답 ①

104

혐기성 소화법과 비교하여 호기성 소화법의 특징으로서 다음 중 옳은 것은?

① 최초 시공비의 과다
② 유기물의 감소율 우수
③ 저온시의 효율 향상
④ 소화 슬러지의 탈수 불량

해설 호기성 소화법의 특징
① 최초 시공비 절감
② 유기물 감소율 저조
③ 저온시 효율 저하
④ 소화 슬러지 탈수 불량

해답 ④

105

다음 중 해수의 염분을 제거하는데 주로 사용되는 분리법은 어느 것인가?

① 정밀여과법
② 한외여과법
③ 나노여과법
④ 역삼투법

해설 **해수의 염분제거법**(담수화 방법)
① 역삼투법　　　　　　② 증류법(증발법 : 증기압축법)
③ 이온삼투법　　　　　④ 전기투석법
⑤ 냉각법(LNG 냉열이용법)　⑥ 투과기화법
⑦ 이온교환법(탈광화법)

해답 ④

106
급속여과지에서 여과사(濾過砂)의 균등계수에 관한 설명으로서 틀린 것은?
① 균등계수의 상한(上限)은 1.7이다.
② 입경분포의 균일한 정도를 나타낸다.
③ 균등계수가 1에 가까울수록 탁질억류 가능량은 증가한다.
④ 입도가적곡선의 50% 통과직경과 5% 통과직경에 의해서 구한다.

해설 **급속여과지에서 여과사(濾過砂)의 균등계수**

$$균등계수 = \frac{60\% \text{ 통과율의 입경}}{10\% \text{ 통과율의 입경}} = \frac{D_{60}}{D_{10}}$$

해답 ④

107
다음 중 슬러지 밀도지표(SDI)와 슬러지 용량지표(SVI)와의 관계로서 옳은 것은?
① $SDI = \dfrac{10}{SVI}$　　　② $SDI = \dfrac{100}{SVI}$
③ $SDI = \dfrac{SVI}{10}$　　　④ $SDI = \dfrac{SVI}{100}$

 $SDI = \dfrac{100}{SVI}$

해답 ②

108
정수장 배출수 처리의 일반적인 순서로서 다음 중 옳은 것은?
① 농축 → 조정 → 탈수 → 처분　② 농폭 → 탈수 → 조정 → 처분
③ 조정 → 농축 → 탈수 → 처분　④ 조정 → 탈수 → 농축 → 처분

해설 **정수장 배출수 처리 순서**
조정 → 농축 → 탈수 → 건조 → 처분(반출)

해답 ③

109. 계획오수량에 대한 설명으로서 다음 중 옳은 것은?

① 계획 1일 최대오수량은 계획 시간 최대오수량을 1일의 수량으로 환산하여 1.3~1.8배를 표준으로 한다.
② 합류식에서 우천시 계획오수량은 원칙적으로 계획 1일 평균오수량의 3배 이상으로 한다.
③ 계획 1일 평균오수량은 계획 1일 최대오수량의 70~80%를 표준으로 한다.
④ 지하수량은 계획 1일 평균오수량 10~20%를 원칙으로 한다.

해설 계획오수량
① 계획 시간 최대오수량 = 계획 1일 최대오수량 × (1.3~1.8)
② 합류식에서 우천시 계획오수량 ≧ 계획 시간 최대오수량 × 3
③ 계획 1일 평균오수량 = 계획 1일 최대오수량 × (0.7~0.8)
④ 지하수량 = 계획 1일 최대오수량 × (0.1~0.2)

해답 ③

110. 일반적인 생물학적 인(P) 제거공정에 필요한 미생물의 환경조건으로 가장 옳은 것은?

① 혐기, 호기
② 호기, 무산소
③ 무산소, 혐기
④ 호기, 혐기, 무산소

해설 일반적인 생물학적 인(P) 제거시 미생물은 혐기성과 호기성이 있다.

해답 ①

111. 계획하수량을 수용하기 위한 관거의 단면과 경사를 결정할 경우에 고려사항으로서 틀린 것은?

① 관거의 경사는 일반적으로 지표경사에 따라 결정하며, 경제성 등을 고려하여 적당한 경사를 정한다.
② 오수관거의 최소관경은 200mm를 표준으로 한다.
③ 관거의 단면은 수리학적으로 유리하도록 결정한다.
④ 관거의 경사는 하류로 갈수록 점차 급해지도록 한다.

해설 하수관거의 경사 : 하류로 갈수록 점차 완만하게 하는 것이 원칙이다.

해답 ④

112 배수면적 2km²인 유역내 강우의 하수관거 유입시간이 6분, 유출계수가 0.7.일 때 하수관거내 유속이 2m/sec인 1km 길이의 하수관거에서 유출되는 우수량은? (단, 강우강도 $I = \dfrac{3500}{t+25}$ mm/hr, 강우지속시간 t의 단위 : 분(min))

① 0.3m³/sec ② 2.6m³/sec
③ 34.6m³/sec ④ 43.9m³/sec

해설 ① 유달시간(T)=유입시간(t_1)+유하시간(t_2)
$$= t_1 + \frac{L}{v} = 6 + \frac{1000}{2 \times 60}$$
$$= 14.33[\min] \Rightarrow 강우지속시간(t)$$
② $I = \dfrac{3500}{t+25} = \dfrac{3500}{14.33+25} = 88.98[\mathrm{mm/hr}]$
③ $Q = \dfrac{1}{3.6}CIA = \dfrac{1}{3.6} \times 0.70 \times 88.98 \times 2 = 34.6[\mathrm{m^3/sec}]$

해답 ③

113 상수도의 정수공정에서 염소소독에 대한 다음 설명 중 틀린 것은?
① 염소의 살균력은 HOCl < OCl⁻ < 클로라민의 순서이다.
② 염소소독의 부산물로 생성되는 THM은 발암성이 있다.
③ 암모니아성 질소가 많은 경우에는 클로라민이 형성된다.
④ 염소살균은 오존살균에 비해 가격이 저렴하다.

해설 살균력 순서
HOCl(차아염소산) > OCl⁻(차아염소산 이온) > 클로라민(결합 잔류염소)

해답 ①

114 유입수량이 50m³/min, 침전지 용량이 3000m³, 침전지 유효수심이 6m일 때 수면부하율은 얼마인가?
① 115.2m³/(m²·day) ② 125.2m³/(m²·day)
③ 144.0m³/(m²·day) ④ 154.0m³/(m²·day)

해설 $\dfrac{Q}{A} = \dfrac{Q(유입수량)}{\dfrac{V(용량)}{h(유효수심)}} = \dfrac{Qh}{V} = \dfrac{(50 \times 24 \times 60)\mathrm{m^3/day} \times 6\mathrm{m}}{3000\mathrm{m^3}} = 144.0[\mathrm{m^3/m^2 \cdot day}]$

해답 ③

115
다음 중 생물학적 작용에서 호기성 분해로 인한 생성물이 아닌 것은?

① CO_2
② CH_4
③ NO_3
④ H_2O

해설 ① 생물학적 작용시 호기성 분해(소화)로 인한 생성물
㉠ CO_2(탄산가스)
㉡ H_2O(물)
㉢ NH_3(암모니아); NO_2(아질산), NO_3(질산)
㉣ 미생물에 의해 분해 불가능한 유기물질
② CH_4(메탄)은 혐기성 분해(소화)로 인한 생성물이다.

해답 ②

116
도수관거에 관한 설명으로서 다음 중 틀린 것은?

① 관경의 산정에 있어서 시점의 고수위, 종점의 저수위를 기준으로 동수경사를 구한다.
② 자연유하식 도수관거의 평균유속의 최소한도는 0.3m/sec로 한다.
③ 자연유하식 도수관거의 평균유속의 최대한도는 3.0m/sec로 한다.
④ 도수관거 동수경사의 통상적인 범위는 1/1000~1/3000이다.

해설 **도수관거의 관경 및 동수경사 결정**
관경산정에 있어서 시점은 저수위, 종점은 고수위를 기준으로 동수경사를 구한다.

해답 ①

117
계획급수량에 대한 다음 설명 중 틀린 것은?

① 계획 1일 최대급수량은 계획 1인 1일 최대급수량에 계획급수인구를 곱하여 결정할 수 있다.
② 계획 1일 평균급수량은 계획 1일 최대급수량의 60%를 표준으로 한다.
③ 송수시설의 계획송수량은 계획 1일 최대급수량을 기준으로 한다.
④ 취수시설의 계획취수량은 계획 1일 최대급수량을 기준으로 한다.

해설 **계획 1일 평균급수량** = 계획 1일 최대급수량×(0.7~0.85)

해답 ②

118

포기조에 가해진 BOD부하 1kg당 100m³의 공기를 주입시켜야 한다면 BOD가 150mg/L인 하수 7570m³/day를 처리하기 위해서는 얼마의 공기를 주입하여야 하는가?

① 7570m³/day
② 11350m³/day
③ 75700m³/day
④ 113550m³/day

해설 포기조의 공기주입량(송기량)
= BOD 발생량 × 산소 1kg당 공기량
= 유입하수량 × 유입수 BOD 농도 × 산소 1kg당 공기량
= 7570m³/day × 0.15kg/m³ × 100m³/kg
= 113550m³/day

해답 ④

119

하수처리를 위한 펌프장 시설에 파쇄장치를 설치할 경우의 유의사항에 대한 다음 설명 중 틀린 것은?

① 파쇄장치에는 반드시 스크린이 설치된 바이패스(by-pass)관을 설치하여야 한다.
② 파쇄장치는 침사지의 상류측 및 펌프설비의 하류측에 설치하는 것을 원칙으로 한다.
③ 파쇄장치는 유지관리를 고려하여 유입 및 유출측에 수문 또는 stoplog를 설치하는 것을 표준으로 한다.
④ 파쇄기는 원칙적으로 2대 이상으로 설치하며, 1대를 설치하는 경우에는 바이패스(by-pass) 수로를 설치한다.

해설 하수펌프장 시설의 파쇄장치는 침사지의 하류측 및 펌프설비의 상류측에 설치하는 것이 원칙이다.

해답 ②

120

오수 및 우수의 배제방식인 분류식과 합류식에 대한 다음 설명 중 틀린 것은?

① 합류식은 관의 단면적이 크기 때문에 폐쇄의 염려가 적다.
② 합류식은 일정량 이상이 되면 우천시 오수가 월류할 수 있다.
③ 분류식은 합류식에 비하여 일반적으로 관거의 부설비가 많이 든다.
④ 분류식은 별도의 시설없이 오염도가 심한 초기 우수를 처리장으로 유입시켜 처리한다.

해설 분류식 하수배제방식은 별도의 시설없이 모든 우수를 그대로 하천 등의 공공수역으로 방류하므로 오염도가 심한 초기우수는 처리할 수 없다.

해답 ④

토목기사

2023년 9월 CBT 시행

본 문제는 복원 기출문제입니다. 실제 문제와 다를 수 있으니 양해바랍니다.

제1과목 응용역학

001 그림과 같은 반경이 r인 반원 아치에서 D점의 축방향력 N_D의 크기는 얼마인가?

① $N_D = \dfrac{P}{2}(\cos\theta - \sin\theta)$

② $N_D = \dfrac{P}{2}(r\cos\theta - \sin\theta)$

③ $N_D = \dfrac{P}{2}(\cos\theta - r\sin\theta)$

④ $N_D = \dfrac{P}{2}(\sin\theta + \cos\theta)$

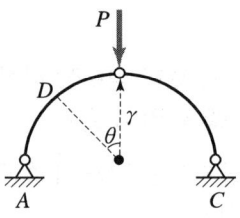

해설
① $V_A = \dfrac{P}{2}(\uparrow)$
② $H_A = \dfrac{P}{2}(\rightarrow)$
③ $N_D = V_A \cdot \sin\theta + H_A \cdot \cos\theta$
　　$= \dfrac{P}{2}\sin\theta + \dfrac{P}{2}\cos\theta$

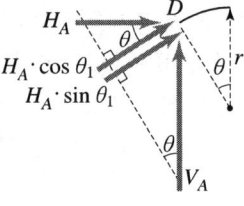

해답 ④

002 직경 D인 원형 단면의 단면계수는?

① $\dfrac{\pi D^4}{64}$ 　　② $\dfrac{\pi D^3}{64}$

③ $\dfrac{\pi D^4}{32}$ 　　④ $\dfrac{\pi D^3}{32}$

해설
$Z_x = \dfrac{I_x}{y} = \dfrac{\left(\dfrac{\pi D^4}{64}\right)}{\left(\dfrac{D}{2}\right)} = \dfrac{\pi D^3}{32}$

해답 ④

003

다음 트러스에서 AB부재의 부재력으로 옳은 것은?

① 1.179P(압축)
② 2.357P(압축)
③ 1.179P(인장)
④ 2.357P(인장)

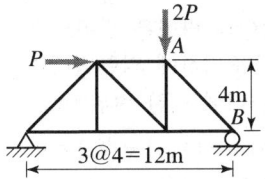

해설
① $\Sigma M_A = 0 \curvearrowright$
$P \times 4 + 2P \times 8 - V_B \times 12 = 0$
$V_B = \dfrac{5P}{3}(\uparrow)$

② 절점B에서 절점법을 적용
$\dfrac{-F_{AB}}{V_B} = \dfrac{\sqrt{32}}{4}$

$F_{AB} = -V_B \cdot \dfrac{\sqrt{32}}{4} = -\dfrac{5P}{3} \cdot \dfrac{\sqrt{32}}{4} = -2.357P = 2.357P(압축)$

해답 ②

004

15cm×30cm의 직사각형 단면을 가진 길이 5m인 양단힌지 기둥이 있다. 세장비 λ는?

① 57.7
② 74.5
③ 115.5
④ 149

해설
① 좌굴계수 : 양단힌지이므로 $K=1.0$

② $\lambda = \dfrac{KL}{r_{min}} = \dfrac{KL}{\sqrt{\dfrac{I_{min}}{A}}} = \dfrac{1.0 \times 5 \times 10^2}{\sqrt{\dfrac{\dfrac{30 \times 15^3}{12}}{30 \times 15}}} = 115.47$

해답 ③

005

그림과 같이 단면적이 $A_1 = 100cm^2$이고, $A_2 = 50cm^2$인 부재가 있다. 부재 양 끝은 고정되어 있고 온도가 10°C 내려갔다. 온도저하로 인해 유발되는 단면적은? (단, $E = 2.1 \times 10^5 MPa$, 선팽창계수 $\alpha = 1 \times 10^{-5}/°C$)

① 105kN
② 140kN
③ 158kN
④ 210kN

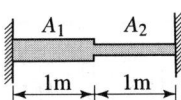

해설 ① 양단 고정 부재는 온도상승시 압축반력, 온도저하시 인장반력이 발생한다.
$\Sigma H = 0$에서 $-(R_A) + (R_B) = 0$

② 고정단의 변형은 '0'이므로
  ㉠ 온도저하에 의한 변위($\delta_{\Delta T}$)
  ㉡ 반력에 의한 변위 ($\delta_{R_A} = \delta_P$)
  ㉢ $\delta_A = -(\delta_{\Delta T}) + (\delta_P) = 0$

③ 적합조건 적용
  ㉠ 온도-변위관계
  $$\delta_T = \alpha \cdot \Delta T \cdot (L_1 + L_2) = (1.0 \times 10^{-5}) \times 10 \times (1 \times 10^2 + 1 \times 10^2) = 0.02\text{cm}$$
  ㉡ 힘-변위관계
  $$\delta_P = \frac{P \cdot L_1}{E \cdot A_1} + \frac{P \cdot L_2}{E \cdot A_2} = \frac{P \times 1000}{(2.1 \times 10^5) \times 10000} + \frac{P \times 1000}{(2.1 \times 10^5) \times 5000}$$
  ㉢ $\delta_A = -\delta_T + \delta_P = 0$에서 $P = 140,000\text{N} = 140\text{kN}$

해답 ②

006

평면응력상태하에서의 모아(Mohr)의 응력원에 대한 설명 중 옳지 않은 것은?

① 최대전단응력의 크기는 두 주응력의 차이와 같다.
② 모아원의 중심의 x 좌표값은 직교하는 두 축의 수직응력의 평균값과 같고 y 좌표값은 0이다.
③ 모아원이 그려지는 두 축 중 연직(y)축은 전단응력의 크기를 나타낸다.
④ 모아원으로부터 주응력의 크기와 방향을 구할 수 있다.

해설 모아(Mohr)의 응력원

최대전단응력은 ($\tau_{\max}$) 두 주응력 차의 $\frac{1}{2}$이다.

$$\tau_{\max} = \frac{\sigma_x - \sigma_y}{2}$$

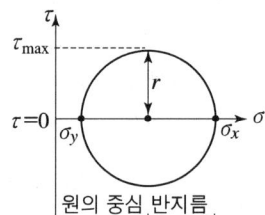

해답 ①

007

길이 20cm, 단면 20cm×20cm인 부재에 1000kN의 전단력이 가해졌을 때 전단변형량은? (단, 전단탄성계수 $G = 8000$MPa이다.)

① 0.625mm
② 0.0625mm
③ 0.725mm
④ 0.0725mm

해설 ① $\tau = G \cdot r$에서 $\frac{V}{A} = G \cdot \frac{\Delta}{L}$

② $\Delta = \frac{VL}{GA} = \frac{(1000 \times 10^3) \times 200}{8,000 \times (200 \times 200)} = 0.625\text{mm}$

해답 ①

008

다음 구조물에서 B점의 수평방향반력 R_B를 구한 값은? (단, EI는 일정)

① $\dfrac{3Pa}{2l}$

② $\dfrac{3Pl}{2a}$

③ $\dfrac{2Pa}{3l}$

④ $\dfrac{2Pl}{3a}$

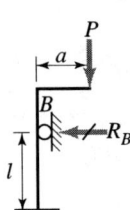

해설
$\delta_B = \dfrac{1}{EI}\int M\left(\dfrac{\partial M}{\partial R_B}\right)dx$

$\dfrac{1}{EI}\int_0^L (R_B \cdot x - P \cdot a)(x)dx = \dfrac{L^2}{6EI}(2L \cdot R_B - 3P \cdot a) = 0 \quad R_B = \dfrac{3P \cdot a}{2L}(\leftarrow)$

해답 ①

009

재질과 단면이 같은 아래 2개의 캔틸레버보에서 자유단의 처짐을 같게 하는 $\dfrac{P_1}{P_2}$의 값으로 옳은 것은?

① 0.112
② 0.187
③ 0.216
④ 0.308

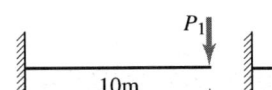

해설

하중조건	처짐, δ
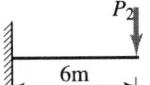	$\delta_B = \dfrac{1}{3} \cdot \dfrac{PL^3}{EI}$

해답 ③

010

그림과 같은 단순보에 모멘트 하중 M이 B단에 작용할 때 C점에서의 처짐은?

① $\dfrac{ML^2}{8EI}$

② $\dfrac{ML^2}{4EI}$

③ $\dfrac{ML^2}{2EI}$

④ $\dfrac{ML^2}{EI}$

해설 공액보법

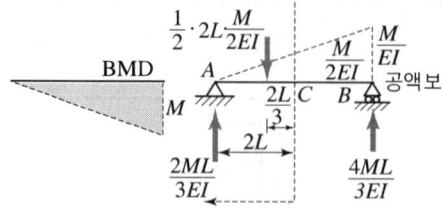

① $\sum M_B = 0 \curvearrowright$

$V_A \cdot 4L - \left(\dfrac{1}{2} \cdot 4L \cdot \dfrac{M}{EI}\right) \cdot \left(4L \cdot \dfrac{1}{3}\right) = 0 \qquad V_A = \dfrac{2ML}{3EI}$

② $\delta_C = M_{C,좌} = \left(\dfrac{2ML}{3EI}\right)(2L) - \left(\dfrac{1}{2} \cdot 2L \cdot \dfrac{M}{2EI}\right) \cdot \left(2L \cdot \dfrac{1}{3}\right) = \dfrac{ML^2}{EI}(\downarrow)$

해답 ④

011
강재에 탄성한도보다 큰 응력을 가한 후 그 응력을 제거한 후 장시간 방치하여도 얼마간의 변형이 남게 되는데 이러한 변형을 무엇이라 하는가?

① 탄성변형 ② 피로변형
③ 소성변형 ④ 취성변형

해답 ③

012
그림과 같은 단면을 갖는 부재(A)와 부재(B)가 있다. 동일조건의 보에 사용하고 재료의 강도도 같다면, 휨에 대한 강성을 비교한 설명으로 옳은 것은?

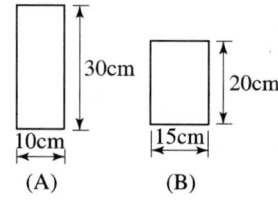

① 보(A)는 보(B)보다 휨에 대한 강성이 2.0배 크다.
② 보(B)는 보(A)보다 휨에 대한 강성이 2.0배 크다.
③ 보(B)는 보(A)보다 휨에 대한 강성이 1.5배 크다.
④ 보(A)는 보(B)보다 휨에 대한 강성이 1.5배 크다.

해설 ① $Z_A = \dfrac{10 \times 30^2}{6} = 1,500 \text{cm}^3$

② $Z_B = \dfrac{15 \times 20^2}{6} = 1,000 \text{cm}^3$

③ $\dfrac{Z_A}{Z_B} = 1.5$

해답 ④

013

다음 내민보에서 B점의 모멘트와 C점의 모멘트의 절대값의 크기를 같게 하기 위한 $\dfrac{L}{a}$의 값을 구하면?

① 6
② 4.5
③ 4
④ 3

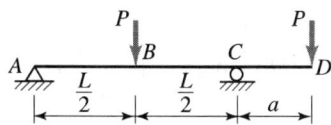

해설

① $\sum M_C = 0$에서 $V_A \cdot L - P \cdot \dfrac{L}{2} + P \cdot a = 0$

$V_A = +\dfrac{P}{2} - \dfrac{Pa}{L}\ (\uparrow)$

②
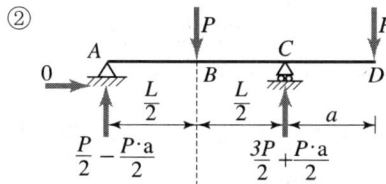

$M_{B,좌} = +\left[+\left(\dfrac{P}{2} - \dfrac{Pa}{L}\right)\left(\dfrac{L}{2}\right)\right] = +\dfrac{PL}{4} - \dfrac{Pa}{2}$

③
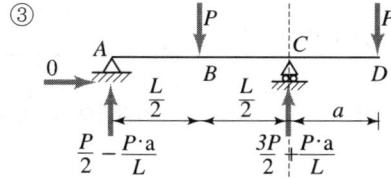

$M_{C,우} = -[+(P)(a)] = -Pa$

④ $|M_B| = |M_C|$ $\dfrac{PL}{4} - \dfrac{Pa}{2} = Pa$에서 $\dfrac{L}{a} = 6$

해답 ①

014

탄성변형에너지는 외력을 받는 구조물에서 변형에 의해 구조물에 축적되는 에너지를 말한다. 탄성체이며 선형거동을 하는 길이가 L인 캔틸레버보에 집중하중 P가 작용할 때 굽힘모멘트에 의한 탄성변형에너지는? (단, EI는 일정)

① $\dfrac{P^2 L^2}{6EI}$
② $\dfrac{P^2 L^2}{2EI}$
③ $\dfrac{P^2 L^3}{6EI}$
④ $\dfrac{P^2 L^3}{2EI}$

해설 ① $M_x = -P \cdot x$

② $U = \int \dfrac{M_x^2}{2EI}dx = \dfrac{1}{2EI}\int_0^L (-P \cdot x)^2 dx$

$= \dfrac{P^2}{2EI}\left[\dfrac{x^3}{3}\right]_0^L = \dfrac{1}{6} \cdot \dfrac{P^2 L^3}{EI}$

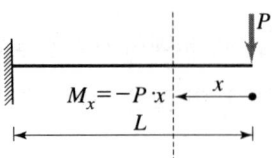

해답 ③

015

그림과 같은 단면에 전단력 $V = 600$kN이 작용할 때 최대전단응력은 약 얼마인가?

① 12.7MPa
② 16.0MPa
③ 19.8MPa
④ 21.3MPa

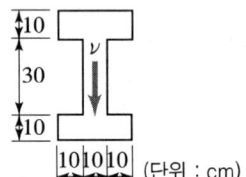

해설 ① $I_x = \dfrac{1}{12}(300 \times 500^3 - 200 \times 300^3) = 2.675 \times 10^9 \text{mm}^4$

② I형 단면의 최대 전단응력은 도심서 발생한다.
   $b = 100$mm

③ $V = 600$kN $= 600,000$N

④ $G = (300 \times 010) \cdot (150 + 50) + (100 \times 150) \cdot (75)$
   $= 7.125 \times 10^6 \text{mm}^3$

⑤ $\tau_{\max} = \dfrac{V \cdot G}{I \cdot b} = \dfrac{600,000 \times 7.125 \times 10^6}{2.675 \times 10^9 \times 100}$
   $= 15.98$MPa

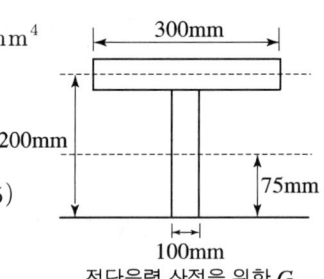

전단응력 산정을 위한 G

해답 ②

016

그림과 같은 캔틸레버보에서 하중을 받기 전 B점의 1cm 아래에 받침부(B')가 있다. 하중 200kN이 보의 중앙에 작용할 경우 B'에 작용하는 수직반력의 크기는? (단, $EI = 2.0 \times 10^{11}$MPa이다.)

① 50.0kN
② 62.5kN
③ 75.0kN
④ 87.5kN

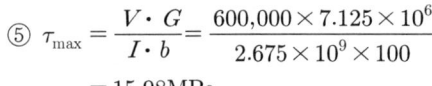

해설 ① 하중에 의한 B점의 처짐 $\delta_{B1} = \dfrac{5}{48} \cdot \dfrac{PL^3}{EI}(\downarrow)$

② 반력에 의한 B점의 처짐 $\delta_{B2} = \dfrac{1}{3} \cdot \dfrac{R_B \cdot L^3}{EI}(\uparrow)$

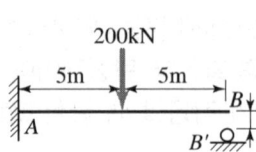

③ $\delta_B = \delta_{B1} + \delta_{B2} = \dfrac{5PL^3}{48EI} - \dfrac{R_B \cdot L^3}{3EI} = 10\text{mm}$ 에서

$R_B = \left(\dfrac{5PL^3}{48EI} - 10\right) \cdot \left(\dfrac{3EI}{L^3}\right) = \left(\dfrac{5 \times 200000 \times 10000^3}{48 \times 2 \times 10^{11}} - 10\right) \times \left(\dfrac{3 \times 2 \times 10^{11}}{10000^3}\right)$

$= 62,494\text{N} = 62.5\text{kN}$

해답 ②

017

그림과 같이 이축응력(二軸應力)을 받고 있는 요소의 체적변형률은? (단, 탄성계수 $E = 2 \times 10^5$MPa, 프와송비 $\nu = 0.3$)

① 2.7×10^{-4}
② 3.0×10^{-4}
③ 3.7×10^{-4}
④ 4.0×10^{-4}

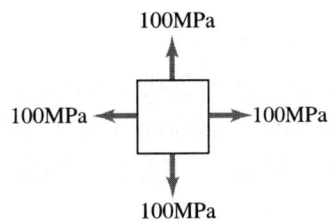

해설 $\epsilon_v = \dfrac{\Delta V}{V} = \dfrac{(1-2\nu)}{E}(\sigma_x + \sigma_y)$

$= \dfrac{[1-2(0.3)]}{(2 \times 10^5)}[(+100) + (+100)] = 0.0004 = 4 \times 10^{-4}$

해답 ④

018

다음 그림에서 A점의 모멘트 반력은? (단, 각 부재의 길이는 동일함)

① $M_A = \dfrac{wL^2}{12}$
② $M_A = \dfrac{wL^2}{24}$
③ $M_A = \dfrac{wL^2}{72}$
④ $M_A = \dfrac{wL^2}{66}$

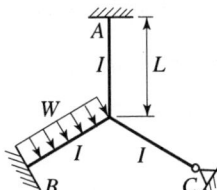

해설 ① 고정단모멘트 : $C_{OB} = \dfrac{wL^2}{12}(\curvearrowleft)$

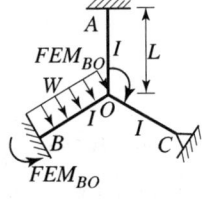

② 분배율 : $DF_{OA} = \dfrac{1}{1 + 1 + \dfrac{3}{4}} = \dfrac{4}{11}$

③ 분배모멘트 : $M_{OA} = C_{OB} \cdot DF_{OA} = \left(\dfrac{wL^2}{12}\right) \cdot \left(\dfrac{4}{11}\right) = \dfrac{wL^2}{33}(\curvearrowleft)$

④ 전달모멘트 : $M_{AO} = \dfrac{1}{2} M_{OA} = \dfrac{wL^2}{66}(\curvearrowleft)$

⑤ A점 모멘트 반력 : $M_{AO} = M_{AO전달} = \dfrac{wL^2}{66}(\curvearrowleft)$

해답 ④

019

그림과 같은 강재(Steel) 구조물이 있다. AC, BC 부재의 단면적은 각각 $1000mm^2$, $2000mm^2$이고 연직하중 $P = 90kN$이 작용할 때 C점의 연직처짐을 구한 값은? (단, 강재의 종탄성계수는 $2.05 \times 10^5 MPa$이다.)

① 10.22mm
② 7.66mm
③ 5.18mm
④ 3.83mm

해설 ① 실제 역계(F)

  ㉠ $\sum V = 0 : -(90) + \left(F_{CA} \cdot \dfrac{3}{5}\right) = 0$
  ∴ $F_{CA} = +150kN$(인장)

  ㉡ $\sum H = 0 : -(F_{CB}) - \left(F_{CA} \cdot \dfrac{4}{5}\right) = 0$
  ∴ $F_{CB} = -120kN$(압축)

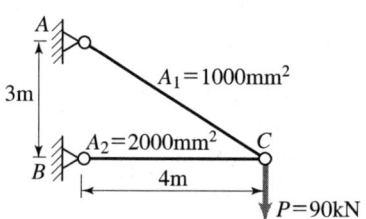

② 가상 역계(f)

  $f = \dfrac{1}{9} F$

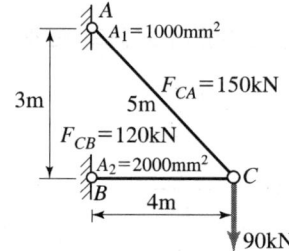

③ $\delta_C = \dfrac{(150 \times 10^3) \cdot \dfrac{150}{90}}{(2.05 \times 10^5) \cdot 1000} \cdot (5 \times 10^3) + \dfrac{(-120 \times 10^3) \cdot \left(-\dfrac{120}{90}\right)}{(2.05 \times 10^5) \cdot 2000} \cdot (4 \times 10^3)$
  $= 7.658mm$

해답 ②

020 단순보 AB 위에 그림과 같은 이동하중이 지날 때 A점으로부터 10m 떨어진 C점의 최대 휨모멘트는?

① 850kN
② 950kN
③ 1000kN
④ 1150kN

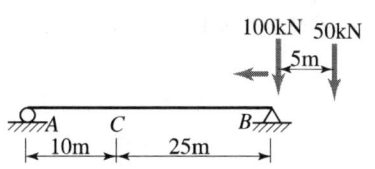

해설 ① 100kN의 하중이 C점에 위치할 때의 A지점 수직반력과 C점에서의 휨모멘트를 구한다.
② $\sum M_B = 0(\curvearrowright)$
$V_A \times 35 - 100 \times 25 - 50 \times 25 = 0$
$V_A = 100\text{kN}(\uparrow)$
③ $M_{C,좌} = +[+100 \times 10] = +1000\text{kN} \cdot \text{m}$

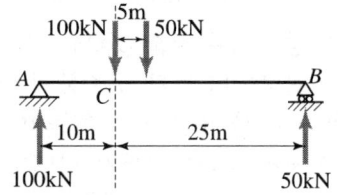

해답 ③

제2과목 측량학

021 시가지에서 25변형 폐합트래버스측량을 한 결과 측각 오차가 1′5″이었을 때, 이 오차의 처리는? (단, 시가지에서의 허용오차 : $20''\sqrt{n} \sim 30''\sqrt{n}$, n : 트래버스의 측점 수, 각 측정의 정확도는 같다.)

① 오차를 각 내각에 균등배분 조정한다.
② 오차가 너무 크므로 재측(再測)을 하여야 한다.
③ 오차를 내각(內角)의 크기에 비례하여 배분 조정한다.
④ 오차를 내각(內角)의 크기에 반비례하여 배분 조정한다.

해설 ① 허용오차의 계산
$20''\sqrt{25} \sim 30''\sqrt{25} = 100'' \sim 150''$
② 측각오차가 허용오차 이내이므로 각 내각에 균등배분한다.

해답 ①

022 삼각형의 토지면적을 구하기 위해 밑변 a와 높이 h를 구하였다. 토지의 면적과 표준오차는? (단, $a = 15 \pm 0.015$m, $h = 25 \pm 0.025$m)

① $187.5 \pm 0.04\text{m}^2$
② $187.5 \pm 0.27\text{m}^2$
③ $375.0 \pm 0.27\text{m}^2$
④ $375.0 \pm 0.53\text{m}^2$

해설
① 면적 $A = \dfrac{1}{2}ah = \dfrac{1}{2} \times 15 \times 25 = 187.5 \text{m}^2$

② 면적오차 $dA = \pm \sqrt{(x \cdot m_y)^2 + (y \cdot m_x)^2} \times \dfrac{1}{2}$
$= \pm \sqrt{(15 \times 0.025)^2 + (25 \times 0.015)^2} \times \dfrac{1}{2}$
$= \pm 0.27 \text{m}^2$

해답 ②

023 수위표의 설치장소로 적합하지 않은 곳은?
① 상·하류 최소 300m 정도 곡선인 장소
② 교각이나 기타 구조물에 의한 수위변동이 없는 장소
③ 홍수시 유실 또는 이동이 없는 장소
④ 지천의 합류점에서 상당히 상류에 위치한 장소

해설 수위관측소는 상·하류 약 100m 정도의 직선인 장소가 좋다.

해답 ①

024 지형공간정보체계의 활용분야 중 토목분야의 시설물을 관리하는 정보체계는?
① TIS
② LIS
③ NDIS
④ FM

해설
① 교통정보체계(Transportation Information System, TIS)
② 토지정보체계(Land Information System, LIS)
③ 국방정보체계(National Defenes Information System, NDIS)
④ 시설물 관리(Facility Management, FM)

해답 ④

025 대상구역을 삼각형으로 분할하여 각 교점의 표고를 측량한 결과가 그림과 같을 때 토공량은?
① 98m³
② 100m³
③ 102m³
④ 104m³

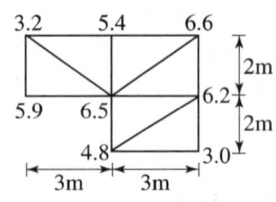

해설 $V = \dfrac{a}{3}(\Sigma h_1 + 2\Sigma h_2 + \cdots\cdots + 5\Sigma h_5 + 6\Sigma h_6)$
$= \dfrac{3}{3}(5.9 + 3.0) + 2(3.2 + 5.4 + 6.6 + 4.8) + 3(6.2) + 5(6.5) = 100 \text{m}^3$

해답 ②

026 트래버스측량의 각 관측방법 중 방위각법에 대한 설명으로 틀린 것은?

① 진북을 기준으로 어느 측선까지 시계방향으로 측정하는 방법이다.
② 험준하고 복잡한 지역에서는 적합하지 않다.
③ 각각이 독립적으로 관측되므로 오차발생시, 각각의 오차는 이후의 측량에 영향이 없다.
④ 각 관측값의 계산과 제도가 편리하고 신속히 관측할 수 있다.

해설 방위각법은 직접 방위각이 관측되므로 편리하지만 측량시 계속 누적되는 단점이 있다.

해답 ③

027 노선측량의 단곡선 설치방법 중 간단하고 신속하게 작업할 수 있어 철도, 도로 등의 기설곡선 검사에 주로 사용되는 것은?

① 중앙종거법
② 편각설치법
③ 절선편거와 현편거에 의한 방법
④ 절전에 대한 지거에 의한 방법

해설 중앙종거법은 기설치된 곡선의 검사 또는 조정에 편리하나, 말뚝이나 중심간격을 20m마다 설치할 수 없는 결점이 있다.

해답 ①

028 축척 1 : 1500 지도상의 면적을 잘못하여 축척 1 : 1000으로 측정하였더니 10000m²가 나왔다면 실제면적은?

① 4444m²
② 6667m²
③ 15000m²
④ 22500m²

해설 $A = A_0 \left(\dfrac{1,500}{1,000}\right)^2 = 22,500\text{m}^2$

해답 ④

029 곡선 반지름이 500m인 단곡선의 종단현이 15.343m라면 이에 대한 편각은?

① 0°31′37″
② 0°43′19″
③ 0°52′45″
④ 1°04′26″

해설 $\delta = \dfrac{L}{2R} \dfrac{180°}{\pi} = \dfrac{15,343}{2 \times 500} \times \dfrac{180°}{\pi} = 0°52′44.7″$

해답 ③

030

그림과 같은 복곡선에서 $t_1 + t_2$의 값은?

① $R_1(\tan\Delta_1 + \tan\Delta_2)$
② $R_2(\tan\Delta_1 + \tan\Delta_2)$
③ $R_1\tan\Delta_1 + R_2\tan\Delta_2$
④ $R_1\tan\dfrac{\Delta_1}{2} + R_2\tan\dfrac{\Delta_2}{2}$

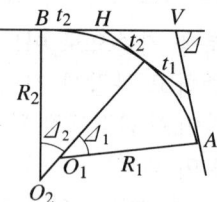

해설
① $t_1 = R_1 \cdot \tan\dfrac{I_1}{2}$
② $t_2 = R_1 \cdot \tan\dfrac{I_2}{2}$
③ $t_1 + t_2 = R_1 \cdot \tan\dfrac{I_1}{2} + R_2 \cdot \tan\dfrac{I_2}{2}$

해답 ④

031

축척 1 : 5000 지형도상에서 어떤 산의 상부로부터 하부까지의 거리가 50mm이다. 상부의 표고가 125m, 하부의 표고가 75m이며 등고선의 간격이 일정할 때 이 사면의 경사는?

① 10%
② 15%
③ 20%
④ 25%

해설
① $D = 5{,}000 \times 0.05 = 250$ m
② $H = 125 - 75 = 50$ m
③ 경사도 $i = \dfrac{H}{D} = \dfrac{50}{250} \times 100 = 20\%$

해답 ③

032

표와 같은 횡단수준측량 성과에서 우측 12m 지점의 지반고는? (단, 측점 No.10의 지반고는 100.00m이다.)

좌(m)		No	우(m)	
$\dfrac{2.50}{12.00}$	$\dfrac{3.40}{6.00}$	No.10	$\dfrac{2.40}{6.00}$	$\dfrac{1.50}{12.00}$

① 101.50m
② 102.40m
③ 102.50m
④ 103.40m

해설 $H_{(우-12m)} = H_{(No.10)} + 1.50 = 100 + 1.5 = 101.5$ m

해답 ①

033

그림과 같은 삼각망에서 $\overline{CD}$의 거리는?

① 1732m
② 1000m
③ 866m
④ 750m

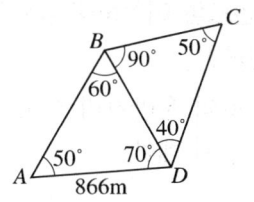

해설

① $\dfrac{866}{\sin 60°} = \dfrac{BD}{\sin 50°}$ 에서 $\overline{BD} = 866 \cdot \dfrac{\sin 50°}{\sin 60°}$

② $\dfrac{BD}{\sin 50°} = \dfrac{CD}{\sin 90°}$ 에서 $\overline{CD} = BD \cdot \dfrac{\sin 90°}{\sin 50°}$

③ $CD = 866 \cdot \dfrac{\sin 50°}{\sin 60°} \cdot \dfrac{\sin 90°}{\sin 50°} = 999.97\text{m}$

해답 ②

034

양수표의 설치 장소로 적합하지 않은 곳은?

① 상, 하류 최소 50m 정도의 곡선인 장소
② 홍수시 유실 또는 이동의 염려가 없는 장소
③ 수위가 교각 및 그 밖의 구조물에 의해 영향을 받지 않는 장소
④ 평상시는 물로 홍수 때에도 쉽게 양수표를 읽을 수 있는 장소

해설 양수표의 설치장소는 수위의 변화가 없는 상하류 최소 100m는 직선인 곳이어야 한다.

해답 ①

035

A, B, C 각 점에서 P점까지 수준측량을 한 결과가 표와 같다. 거리에 대한 경중률을 고려한 P점의 표고최확값은?

① 135.529m
② 135.551m
③ 135.563m
④ 135.570m

측량경로	거리	P점의 표고
$A \to P$	1km	135.487m
$B \to P$	2km	135.563m
$C \to P$	3km	135.603m

해설 직접수준측량의 경우 $P \propto \dfrac{1}{L}$

① $P_1 : P_2 : P_3 = \dfrac{1}{1} : \dfrac{1}{2} : \dfrac{1}{3} = 6 : 3 : 2$

② $H_P = \dfrac{[P \cdot H]}{[P]} = 135 + \dfrac{6 \times 0.487 + 3 \times 0.563 + 2 \times 0.603}{6 + 3 + 2}$
$= 135.529\text{m}$

해답 ①

036 종단면도를 이용하여 유토곡선(mass curve)을 작성하는 목적과 가장 거리가 먼 것은?

① 토량의 운반거리 산출 ② 토공장비의 선정
③ 토량의 배분 ④ 교통로 확보

해설 유토곡선(토적곡선, mass curve) 작성 목적(구할 수 있는 사항)과 교통로 확보와는 아무런 관계가 없다.

해답 ④

037 다음 설명 중 틀린 것은?

① 지자기 측량은 지자기가 수평면과 이루는 방향 및 크기를 결정하는 측량이다.
② 지구의 운동이란 극운동 및 자전운동을 의미하며, 이들을 조사함으로써 지구의 운동과 지구내부의 구조 및 다른 행성과의 관계를 파악할 수 있다.
③ 지도제작에 관한 지도학은 입체인 구면상에서 측량한 결과를 평면인 도지 위에 정확히 표시하기 위한 투영법을 포함하고 있다.
④ 탄성파 측량은 지진조사, 광물탐사에 이용되는 측량으로 지표면으로부터 낮은 곳은 반사법, 깊은 곳은 굴절법을 이용한다.

해설 탄성파 측량은 지진조사, 광물탐사에 이용되는 측량으로 지표면으로부터 낮은 곳은 굴절법, 깊은 곳은 반사법을 이용한다.

해답 ④

038 측량에서 일반적으로 지구의 곡률을 고려하지 않아도 되는 최대 범위는? (단, 거리의 정밀도를 10^{-6}까지 허용하며 지구 반지름은 6370km이다.)

① 약 $100km^2$ 이내 ② 약 $380km^2$ 이내
③ 약 $1000km^2$ 이내 ④ 약 $1200km^2$ 이내

해설 $\dfrac{d-D}{D} = \dfrac{1}{12}\left(\dfrac{D}{R}\right)^2 = \dfrac{1}{m}$ 에서

$D^2 = \dfrac{12 \times R^2}{m} = \dfrac{12 \times 6,370^2}{1,000,000} = 486.92 km^2$

$\therefore D = 22.07 km$

$A = \dfrac{\pi}{4}D^2 = 382.4 km^2$

해답 ②

039 다음 중 위성에 탑재된 센서의 종류가 아닌 것은?

① 초분광센서(Hyper Specreal Sensor)
② 다중분광센서(Multispectral Sensor)
③ SAR(Synthetic Aperture Radar)
④ IFOV(Instantaneous Foeld Of View)

해설 IFOV(Instantaneous Field Of View)는 센서가 한 번에 관측할 수 있는 최대 시야각을 말한다.

해답 ④

040 수준측량에서 레벨의 조정이 불완전하여 시준선이 기포관축과 평행하지 않을 때 생기는 오차의 소거방법으로 옳은 것은?

① 정위, 반위로 측정하여 평균한다.
② 지반이 견고한 곳에 표척을 세운다.
③ 전시와 후시의 시준거리를 같게 한다.
④ 시작점과 종점에서의 표척을 같은 것을 사용한다.

해설 **전시와 후시를 같게 하면 소거되는 오차**
① 레벨의 조정이 불완전하여 시준선이 기포관축과 평행하지 않을 때의 오차
② 지구의 곡률오차(구차), 빛의 굴절오차(기차)
③ 초점나사를 움직일 필요가 없으므로 그때 발생하는 오차

해답 ③

제3과목 수 리 학

041 다음 설명 중 옳지 않은 것은?

① 토리첼리 정리 는 위치수두를 속도수두로 바꾸는 경우이다.
② 직사각형 위어에서 유량은 월류수심(H)의 $H^{2/3}$에 비례한다.
③ 베르누이 방정식이란 일종의 에너지보존법칙이다.
④ 연속방정식이란 일종의 질량보존의 법칙이다.

해설 **직사각형 위어**

$$Q = \frac{2}{3} Cb \sqrt{2g}\, h^{3/2} \qquad Q \propto h^{\frac{3}{2}}$$

해답 ②

042

수중에 설치된 오리피스의 수두차가 최대 4.9m이고 오리피스의 유량계수가 0.5일 때 오리피스 유량의 근사값은? (단, 오리피스의 단면적은 0.01m²이고, 접근유속은 무시한다.)

① 0.025m³/S
② 0.049m³/S
③ 0.098m³/S
④ 0.196m³/S

해설 $Q = CA\sqrt{2gh} = 0.5 \times 0.01 \times \sqrt{2 \times 9.8 \times 4.9} = 0.049 \text{m}^3/\text{sec}$

해답 ②

043

피압 지하수를 설명한 것으로 옳은 것은?

① 하상 밑의 지하수
② 어떤 수원에서 다른 지역으로 보내지는 지하수
③ 지하수와 공기가 접해있는 지하수면을 가지는 지하수
④ 두 개의 불투수층 사이에 끼어있어 대기압보다 큰 압력을 받고 있는 대수층의 지하수

해답 ④

044

양수기의 동력[kW]을 구하는 공식으로 옳은 것은? (단, Q : 유량[m³/S], η : 양수기의 효율, H : 총양정[m])

① $E = 9.8 HQ\eta$
② $E = 13.33 QH\eta$
③ $E = 9.8 \dfrac{QH}{\eta}$
④ $E = 13.33 \dfrac{QH}{\eta}$

해설 $E = \dfrac{1}{2}\eta \times 9.8 \times QH[\text{kW}] = \dfrac{1}{\eta} \times 13.33 \times QH[\text{HP}]$

해답 ③

045

속도변화를 Δv, 질량을 m이라 할 때, Δt 시간 동안 이 물체에 작용하는 외력 F에 대한 운동량 방정식은?

① $\dfrac{m \cdot \Delta t}{\Delta v}$
② $m \cdot \Delta v \cdot \Delta t$
③ $\dfrac{m \cdot \Delta v}{\Delta t}$
④ $m \cdot \Delta t$

해답 ③

046

개수로에서 도수발생시 사류수심을 h_1, 사류의 Froude수를 Fr_1이라 할 때 상류 수심 h_2를 나타낸 식은?

① $h_2 = -\dfrac{h_1}{2}(1-\sqrt{1+8Fr_1^2})$
② $h_2 = -\dfrac{h_1}{2}(1+\sqrt{1+8Fr_1^2})$
③ $h_2 = -\dfrac{h_1}{2}(1+\sqrt{1-8Fr_1^2})$
④ $h_2 = \dfrac{h_1}{2}(1+\sqrt{1+8Fr_1^2})$

해설 $h_2 = \dfrac{h_1}{2}(-1+\sqrt{1+8Fr_1^2}) = -\dfrac{h_1}{2}(1-\sqrt{1+8Fr_1^2})$

해답 ①

047

직각삼각형 예연 위어의 월류수심이 30cm일 때 이 위어를 통과하여 1시간 동안 방출된 수량은? (단, 유량계수 $C=0.6$)

① 0.069m³
② 0.091m³
③ 251.3m³
④ 318.8m³

해설
$$Q = \dfrac{8}{15}C\sqrt{2g} \cdot \tan\dfrac{\theta}{2} \cdot h^{5/2}$$
$$= \dfrac{8}{15} \times 0.6\sqrt{2 \times 9.8} \times 1 \times 0.3^{5/2} = 0.07\text{m}^3/\text{sec} \times 3600$$
$$\fallingdotseq 252\text{m}^3$$

해답 ③

048

강우강도에 대한 설명으로 틀린 것은?

① 강우깊이(mm)가 일정할 때 강우지속시간이 길면 강우강도는 커진다.
② 강우강도와 지속시간의 관계는 Talbot, Sheman, Japanese형 등의 경험공식에 의해 표현된다.
③ 강우강도식은 지역에 따라 다르며, 자기우량계의 우량자료로부터 그 지역의 특성 상수를 결정한다.
④ 강우강도식은 댐, 우수관거 등의 수공구조물의 중요도에 따라 그 설계 재현기간이 다르다.

해설 강우량이 일정할 때는 단기간의 강우강도가 크다.

해답 ①

049 관수로 내의 손실수두에 대한 설명 중 틀린 것은?

① 관수로 내의 모든 손실수두는 속도수두에 비례한다.
② 마찰손실 이외의 손실수두는 소손실(minor loss)이라 한다.
③ 물이 관수로 내에서 큰 수조로 유입할 때 출구의 손실수두는 속도수두와 같다고 가정할 수 있다.
④ 마찰손실수두는 모든 손실수두 가운데 가장 크며 이것은 마찰손실계쑤를 속도수두에 곱한 것이다.

해설 $h_L = f \cdot \dfrac{l}{D} \cdot \dfrac{V^2}{2g}$

해답 ④

050 대기압이 762mmHg로 나타날 때 수은주 305mm의 진공에 해당하는 절대압력의 근사값은? (단, 수은의 비중은 13.6이다.)

① $41 N/m^2$
② $61 N/m^2$
③ $40650 N/m^2$
④ $60909 N/m^2$

해설
① $762 mmHg \times 13.6 = 1036.3 g/cm^2$
② $\dfrac{305}{762} \times 10363 = 414.8 g/cm^2 = 4148 kg/m^2 = 40650 W/m^2$

해답 ③

051 Darcy의 법칙($v = k \cdot I$)에 관한 설명으로 틀린 것은? (단, k는 투수계수, I는 동수경사)

① Darcy의 법칙은 물의 흐름이 층류일 경우에만 적용가능하고, 흐름 방향과는 무관하다.
② 대수층의 유속은 동수경사에 비례한다.
③ 유속 v는 입자 사이를 흐르는 실제유속을 의미한다.
④ 투수계수 k는 흙입자 크기, 공극률, 물의 점성계수 등에 관계된다.

해설
① 이론유속 $V = Ki$에서
② 실제유속 $V_s = \dfrac{Ki}{n}$ (n : 공극률)

해답 ③

052

내경 10cm의 관수로에 있어서 관벽의 마찰에 의한 손실수두가 속도수두와 같을 때 관의 길이는 (단, 마찰손실계수(f)는 0.03이다.)

① 2.21m   ② 3.33m
③ 4.99m   ④ 5.46m

 $h_L = f \cdot \dfrac{l}{D} \cdot \dfrac{V^2}{2g}$ 에서 $h_L = \dfrac{V^2}{2g}$ 이므로

$1 = f \cdot \dfrac{l}{D}$ $l = \dfrac{D}{f} = \dfrac{0.1}{0.03} = 3.33\text{m}$

해답 ②

053

지하수의 연직분포를 크게 나누면 통기대와 포화대로 나눌 수 있다. 다음 중 통기대에 속하지 않는 것은?

① 토양수대   ② 중간수대
③ 모관수대   ④ 지하수대

해설 지하수대는 포화대에 속한다.

해답 ④

054

강우로 인한 유수가 그 유역 내의 가장 먼 지점으로부터 유역출구까지 도달하는 데 소요되는 시간을 의미하는 것은?

① 강우지속시간   ② 지체시간
③ 도달시간   ④ 기저시간

해답 ③

055

다음 중 무차원이 아닌 것은?

① 후루드 수   ② 투수계수
③ 운동량 보정계수 ④ 비중

 $V = Ki$

$K = \dfrac{V}{i}$ 이므로 투수계수는 유속의 단위를 갖는다.

해답 ②

056

그림과 같이 지름 3m, 길이 8m인 수문에 작용하는 전수압 수평분력 작용점까지의 수심은?

① 2.00m
② 2.12m
③ 2.34m
④ 2.43m

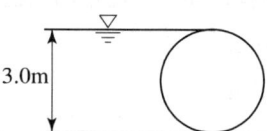

해설

① 수평분력 : $P_H = w h_G A' = 1 \times \dfrac{3}{2} \times 3 \times 8 = 36t$

② 수직분력 : P_V는 반원에 해당하는 물의 무게이므로

$$P_V = 1 \times \dfrac{\pi}{4} 3^2 \times \dfrac{1}{2} \times 8 = 9\pi t$$

③ 반지름이 $\dfrac{3}{2}$m 이므로 $x = \dfrac{3}{2} \cdot \cos\theta$, $y = \dfrac{3}{2} \cdot \sin\theta$

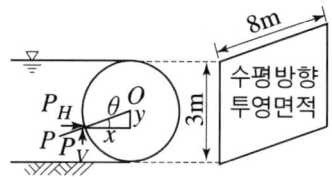

④ 원의 중심(O) 모멘트

$P_H \cdot y = P_V \cdot x$ $36 \cdot \dfrac{3}{2}\sin\theta = 9\pi \cdot \dfrac{3}{2}\cos\theta$

$\dfrac{\sin\theta}{\cos\theta} = \dfrac{\pi}{4} = \tan\theta$ 에서 $\theta = 38.1°$

⑤ $h_C = \dfrac{3}{2} + y = \dfrac{3}{2} + \dfrac{3}{2} \cdot \sin 38.1 = 2.43m$

해답 ④

057

단위유량도(Unit hydrograph)에 대한 설명으로 틀린 것은?

① 동일한 유역에 강도가 다른 강우에 대해서도 지속기간이 같으면 기저시간도 같다.
② 일정기간 동안에 n배 큰 강도의 강우 발생시 수문곡선종거는 n배 커진다.
③ 지속기간이 비교적 긴 강우사상을 택하여 해석하여야 정확한 결과가 얻어진다.
④ n배의 강우로 인한 총 유출수문 곡선은 이들 n개의 수문곡선 종거를 시간에 따라 합함으로써 얻어진다.

해설 단위유량도는 지속기간이 짧은 강우에 대하여 산정하는 것이 좋다.

해답 ③

058
하천의 모형실험에 주로 사용되는 상사법칙은?
① Froude의 상사법칙
② Reynolds의 상사법칙
③ Weber의 상사법칙
④ Cauchy의 상사법칙

해설 하천과 같은 자유표면을 가진 개수로내 흐름으로 중력이 흐름을 좌우하는 경우 Froude법칙을 적용한다.

해답 ①

059
DAD 해석에 관계되는 요소로 짝지어진 것은?
① 수심, 하천 단면적, 홍수기간
② 강우깊이, 면적, 지속기간
③ 적설량, 분포면적, 적설일수
④ 강우량, 유수단면적, 최대수심

해설 D-A-D는 강우깊이, 유역면적, 지속기간 해석방법이다.

해답 ②

060
배수(back water)에 대한 설명 중 옳은 것은?
① 개수로의 어느 곳에 댐 등으로 인하여 흐름차단이 발생함으로써 수위가 상승되는 영향이 상류쪽으로 미치는 현상을 말한다.
② 수자원 개발을 위하여 저수지에 물을 가두어 두었다가 용수 부족시에 사용하는 물을 말한다.
③ 홍수시에 제내지에 만든 유수지에 수면이 상승되는 현상을 말한다.
④ 관수로 내의 물을 급격히 차단할 경우 관내의 상승압력으로 인하여 습파가 생겨서 상류 쪽으로 습파가 전달되는 현상을 말한다.

해답 ①

제4과목 철근콘크리트 및 강구조

061 그림과 같은 T형 단면의 보에서 설계 휨모멘트강도(ϕM_n)을 구하면? (단, 과소철근보이고, f_{ck}=21MPa, f_y=400MPa, A_s=1926mm²이고, 인장지배단면이다.)

① 152.3kN·m
② 178.6kN·m
③ 197.8kN·m
④ 215.2kN·m

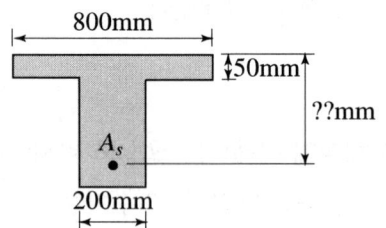

해설
① $f_{ck} = 21\text{MPa} < 40\text{MPa}$이므로 $\epsilon_{cu} = 0.0033$, $\beta_1 = 0.80$

② $a = \dfrac{A_s f_y}{0.85 f_{ck} b} = \dfrac{1926 \times 400}{0.85 \times 21 \times 800}$
$\fallingdotseq 53.95\text{mm} > t_f = 50\text{mm}$이므로 T형보로 설계한다.

③ $A_{sf} = \dfrac{0.85 f_{ck}(b-b_w)t_f}{f_y} = \dfrac{0.85 \times 21 \times (800-200) \times 50}{400}$
$= 1,338.75\text{mm}^2$

④ $a = \dfrac{(A_s - A_{sf})f_y}{0.85 f_{ck} b_w} = \dfrac{(1926 - 1338.75) \times 400}{0.85 \times 21 \times 200} \fallingdotseq 65.80\text{mm}$

⑤ $\epsilon_t = \dfrac{0.0033}{\frac{a}{\beta_1}} d_t - 0.0033 = \dfrac{0.0033}{\frac{65.80}{0.80}} \times 300 - 0.0033$
$\fallingdotseq 0.0087 > 0.005$ (인장지배 변형률 한계)
인장지배단면이므로 $\phi = 0.85$

⑤ $M_d = \phi M_n = \phi\left\{A_{sf}f_y\left(d - \dfrac{t_f}{2}\right) + (A_s - A_{sf})f_y\left(d - \dfrac{a}{2}\right)\right\}$
$= 0.85\left\{1,338.75 \times 400 \times \left(300 - \dfrac{50}{2}\right) + (1926 - 1338.75) \times 400 \times \left(300 - \dfrac{65.80}{2}\right)\right\}$
$= 178,504\text{N·mm} \fallingdotseq 178.5\text{kN·m}$

해답 ②

062 폭이 300mm, 유효깊이가 500mm인 단철근 직사각형보 단면에서 f_{ck}=35MPa, f_y=350MPa일 때, 강도설계법으로 구한 균형철근량은 약 얼마인가?

① 5500m²
② 6105m²
③ 6665m²
④ 7450m²

해설 ① $f_{ck} = 35\text{MPa} < 40\text{MPa}$이므로 $\epsilon_{cu} = 0.0033$, $\beta_1 = 0.80$

② $A_{sb} = \rho_b(b_w d) = 0.85 \dfrac{f_{ck}}{f_y} \beta_1 \dfrac{\epsilon_{cu}}{\epsilon_{cu} + \dfrac{f_y}{200000}}(b_w d)$

$= 0.85 \times \dfrac{35}{350} \times 0.80 \times \dfrac{0.0033}{0.0033 + \dfrac{350}{200000}} \times 300 \times 500$

$= 6665.35 \text{mm}^2$

해답 ③

063

자중을 포함한 계수등분포하중 75kN/m를 받는 단철근 직사각형단면 단순보가 있다. f_{ck} = 28MPa, 경간은 8m이고, b = 400mm, d = 600mm일 때 다음 설명 중 옳지 않은 것은?

① 위험단면에서의 전단력은 255kN이다.
② 콘크리트가 부담할 수 있는 전단강도는 211.7kN이다.
③ 부재축에 직각으로 스터럽을 설치하는 경우 그 간격은 300mm 이하로 설치하여야 한다.
④ 최소 전단철근을 포함한 전단철근이 필요한 구간은 지점으로부터 1.92m 까지이다.

해설 ① 위험단면에서 계수 전단력(V_u)

$V_u = \dfrac{w_u l}{2} = w_u d = \dfrac{75 \times 8}{2} - 75 \times 0.6 = 255\text{kN}$

② 콘크리트가 부담하는 전단력(V_c)

$V_c = \left(\dfrac{\lambda \sqrt{f_{ck}}}{6}\right) b_w d = \left(\dfrac{1.0 \times \sqrt{28}}{6}\right) \times 400 \times 600 = 211,660\text{N} \fallingdotseq 211.7\text{kN}$

③ $\phi V_c = 0.75 \times 211.7 = 158.775\text{kN}$

④ $\dfrac{\phi V_c}{2} = \dfrac{158.775}{2} = 79.39\text{m}$

⑤ 스터럽의 간격

$V_s = \dfrac{V_u}{\phi} - V_c = \dfrac{255 \times 10^3}{0.75} - 211.7 \times 10^3 = 129,000\text{N}$

$< \left(\dfrac{\lambda \sqrt{f_{ck}}}{3}\right) b_w d = \left(\dfrac{1.0 \times \sqrt{28}}{3}\right) \times 400 \times 600 = 423,320\text{N}$이므로

	V_s	$\lambda(\sqrt{f_{ck}}/3)b_w d$ 이하	$\lambda(\sqrt{f_{ck}}/3)b_w d$ 초과
수직 스터럽	RC	$\dfrac{d}{2}$ 이하, 600mm 이하	$\dfrac{d}{4}$ 이하, 300mm 이하
	PSC	$0.75h$ 이하, 600mm 이하	$\dfrac{3h}{8}$ 이하, 300mm 이하

전단철근의 간격(s)

㉠ $\dfrac{d}{2} = \dfrac{600}{2} = 300\text{mm}$ 이하

㉡ 600mm 이하

㉢ s는 최솟값 300mm 이하로 한다.

⑥ 최소전단철근을 포함한 전단보강 구간

$\dfrac{x}{79.39} = \dfrac{4}{300}$ 에서 $x = 1.06\text{m}$

⑦ 최소전단철근을 포함한 전단철근이 필요한 구간 = $4 - 1.06 = 2.94\text{m}$

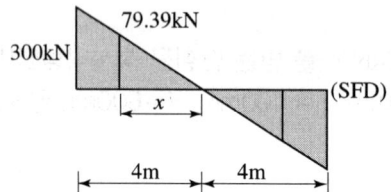

해답 ④

064

철근콘크리트 강도설계법의 기본 가정에 관한 사항 중 옳지 않은 것은?

① 압축측 콘크리트의 최대 변형률은 0.003으로 가정한다.
② 철근 및 콘크리트의 변형률은 중립축으로부터의 거리에 비례한다.
③ 설계기준항복강도 f_y는 450MPa을 초과하여 적용할 수 없다.
④ 콘크리트 압축응력분포는 등가직사각형 분포로 생각해도 좋다.

해설 철근의 설계기준항복강도(f_y)는 600MPa을 초과할 수 없다.

해답 ③

065

과도한 처짐에 의해 손상되기 쉬운 비구조 요소를 지지 또는 부착한 지붕 또는 바닥구조의 최대 허용처짐은? (단, l은 부재의 길이이고, 콘크리트 구조기준 규정을 따른다.)

① $\dfrac{l}{180}$
② $\dfrac{l}{240}$
③ $\dfrac{l}{360}$
④ $\dfrac{l}{480}$

해설 과도한 처짐에 의해 손상되기 쉬운 비구조 요소를 지지 또는 부착한 지붕 또는 바닥구조의 허용처짐 : $\dfrac{l}{480}$

해답 ④

066 그림과 같이 긴장재를 포물선으로 배치하고 $P=2500$kN으로 긴장했을 때 발생하는 등분포 상향력을 등가하중의 개념으로 구한 값은?

① 10kN/m
② 15kN/m
③ 20kN/m
④ 25kN/m

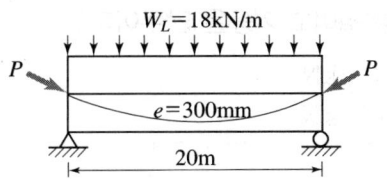

해설 $u = \dfrac{8Ps}{l^2} = \dfrac{8 \times 2,500 \times 0.3}{20^2} = 15$kN/m

해답 ②

067 강합성 교량에서 콘크리트 슬래브와 강(鋼)주형 상부플랜지를 구조적으로 일체가 되도록 결합시키는 요소는?

① 전단연결재
② 볼트
③ 합성철근
④ 접착제

해답 ①

068 그림과 같은 단면을 갖는 지간 20m의 PSC보에 PS강재가 200mm의 편심거리를 가지고 직선배치 되어있다. 자중을 포함한 계수등분포하중 16kN/m가 보에 작용할 때, 보 중앙단면 콘크리트 상연응력은 얼마인가? (단, 유효 프리스트레스 힘 $P_e=2400$kN)

① 12MPa
② 13MPa
③ 14MPa
④ 15MPa

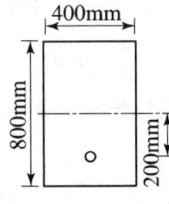

해설
$$f_{상면} = \dfrac{P_e}{A} - \dfrac{P_e \cdot e_p}{Z} + \dfrac{M}{Z} = \dfrac{P_e}{bh} - \dfrac{P_e \cdot e_p}{\dfrac{bh^2}{6}} + \dfrac{\dfrac{wl^2}{8}}{\dfrac{bh^2}{6}}$$

$$= \dfrac{2400 \times 10^3}{400 \times 800} - \dfrac{(2400 \times 10^3) \times 200}{\dfrac{400 \times 800^2}{6}} + \dfrac{\dfrac{16 \times 20,000^2}{8}}{\dfrac{400 \times 800^2}{6}}$$

$$= 15\text{N/mm}^2 = 15\text{MPa}$$

해답 ④

069

다음 띠철근 기둥이 최소 편심 하에서 받을 수 있는 설계 축하중강도($\phi P_{n(\max)}$)는 얼마인가? (단, 축방향 철근의 단면적 A_{st}=1865mm², f_{ck}=28MPa, f_y=300MPa이고 기둥은 단주이다.)

① 2490kN
② 2774kN
③ 3075kN
④ 1998kN

해설
$$P_d = \phi P_{n(\max)}$$
$$= 0.80\phi[0.85f_{ck}(A_g - A_{st}) + f_y A_{st}]$$
$$= 0.80 \times 0.65[0.85 \times 28 \times (450^2 - 1,865) + 300 \times 1,865]$$
$$= 2,773,998\text{N} \fallingdotseq 2,774\text{kN}$$

해답 ②

070

아래 그림과 같은 보의 단면에서 표피철근의 간격 S는 약 얼마인가? (단, 습윤환경에 노출되는 경우로서, 표피철근의 표면에서 부재 측면까지 최단거리(C_C)는 50mm, f_{ck}=28MPa, f_y=400MPa이다.)

① 170mm
② 190mm
③ 220mm
④ 240mm

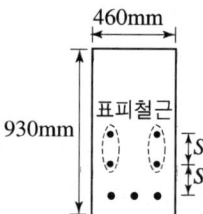

해설
① 인장연단에서 가장 가까이에 위치한 철근의 응력의 근사값
$$f_s = \frac{2}{3}f_y = \frac{2}{3} \times 400 = 266.67\text{MPa}$$

② k_{cr}은 건조환경에 노출된 경우는 280, 그 외의 환경에 노출된 경우는 210이므로 210이다.

③ $s = 375\left(\dfrac{k_{cr}}{f_s}\right) - 2.5C_c = 375 \times \left(\dfrac{210}{266.67}\right) - 2.5 \times 50 = 170.31\text{mm}$

④ $s = 300\left(\dfrac{k_{cr}}{f_s}\right) = 300\left(\dfrac{210}{266.67}\right) = 236.24\text{mm}$

⑤ 둘 중 작은 값 170.31 ≒ 170mm로 한다.

해답 ①

071

콘크리트구조물에서 비틀림에 대한 설계를 하려고 할 때, 계수비틀림모멘트(T_u)를 계산하는 방법에 대한 다음 설명 중 틀린 것은?

① 균열에 의하여 내력의 재분배가 발생하여 비틀림 모멘트가 감소할 수 있는 부정정 구조물의 경우, 최대 계수비틀림모멘트를 감소시킬 수 있다.
② 철근콘크리트 부재에서 받침부로부터 d 이내에 위치한 단면은 d에서 계산된 T_u보다 작지 않은 비틀림모멘트에 대하여 설계하여야 한다.
③ 프리스트레스트 부재에서 받침부로부터 d 이내에 위치한 단면을 설계할 때 d에서 계산된 T_u보다 작지 않은 비틀림모멘트에 대하여 설계하여야 한다.
④ 정밀한 해석을 수행하지 않은 경우, 슬래브로부터 전달되는 비틀림하중은 전체 부재에 걸쳐 균등하게 분포하는 것으로 가정할 수 있다.

해설 프리스트레스트 부재에서 받침부로부터 $\frac{h}{2}$ 이내에 위치한 단면은 $\frac{h}{2}$에서 계산된 계수비틀림모멘트(T_u)보다 작지 않은 비틀림모멘트에 대하여 설계하여야 한다. **해답 ③**

072

그림과 같이 단순 지지된 2방향 슬래브에 등분포 하중 w가 작용할 때, ab 방향에 분배되는 하중은 얼마인가?

① $0.941w$
② $0.059w$
③ $0.889w$
④ $0.111w$

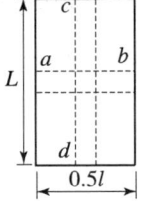

해설 단변이 부담하는 하중

$$w_{ab} = \frac{L^4}{L^4 + S^4} w = \frac{L^4}{L^4 + (0.5L)^4} w = 0.941w$$

해답 ①

073

강교의 부재에 사용되는 고장력 볼트의 이음은 어떤 이음을 원칙으로 하는가?

① 마찰이음
② 지압이음
③ 인장이음
④ 압축이음

해설 고장력볼트 이음은 마찰이음을 원칙으로 한다. **해답 ①**

074

단철근 직사각형보의 폭이 300mm, 유효깊이가 500mm, 높이가 600mm일 때, 외력에 의해 단면에서 휨균열을 일으키는 휨모멘트(M_{cr})를 구하면? (단, $f_{ck}=$ 24MPa, 콘크리트의 파괴 계수((f_r) $=0.63\sqrt{f_{ck}}$)

① 45.2kN·m
② 48.9kN·m
③ 52.1kN·m
④ 55.6kN·m

해설
$$M_{cr}=f_r Z=0.63\lambda\sqrt{f_{ck}}\left(\frac{bh^2}{6}\right)=(0.63\times1.0\times\sqrt{24})\times\left(\frac{300\times600^2}{6}\right)$$
$$=55,554.43\text{N}\cdot\text{mm}\fallingdotseq 55.6\text{kN}\cdot\text{m}$$

해답 ④

075

철근콘크리트 부재의 전단철근에 관한 다음 설명 중 옳지 않은 것은?

① 주인장철근에 30° 이상의 각도로 구부린 굽힘철근도 전단철근으로 사용할 수 있다.
② 전단철근의 설계기준항복강도는 300MPa을 초과할 수 없다.
③ 부재축에 직각으로 배치된 전단철근의 간격은 d/2이하, 600mm 이하로 하여야 한다.
④ 최소 전단철근량은 $0.35\dfrac{b_w\cdot s}{f_{yt}}$보다 작지 않아야 한다.

해설 전단철근의 설계기준항복강도는 500MPa을 초과할 수 없다.

해답 ②

076

다음 주어진 단철근 직사각형 단면이 연성파괴를 한다면 이 단면의 공칭휨강도는 얼마인가? (단, $f_{ck}=$21MPa, $f_y=$300MPa)

① 252.4kN·m
② 296.9kN·m
③ 356.3kN·m
④ 396.9kN·m

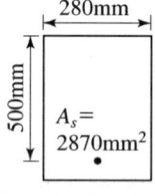

해설
① $a=\dfrac{A_s f_y}{0.85 f_{ck} b}=\dfrac{2,870\times300}{0.85\times21\times280}=172.3\text{mm}$

② $M_n=A_s f_y\left(d-\dfrac{a}{2}\right)=2,870\times300\times\left(500-\dfrac{172.3}{2}\right)$
$\fallingdotseq 356.3\times10^6\text{N}\cdot\text{mm}=356.3\text{kN}\cdot\text{m}$

해답 ③

077

순단면이 볼트의 구멍 하나를 제외한 단면(즉, A-B-C 단면)과 같도록 피치(s)를 결정하면? (단, 구멍의 직경은 22mm이다.)

① 114.9mm
② 90.6mm
③ 66.3mm
④ 50mm

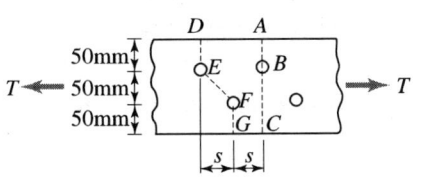

 $b_g - d - \left(d - \dfrac{s^2}{4g}\right) = b_g - d$ 에서 $d - \dfrac{s^2}{4g} = 0$

$s = \sqrt{4gd} = \sqrt{4 \times 50 \times 22} \fallingdotseq 66.3\text{mm}$

해답 ③

078

그림과 같이 보의 단면은 휨모멘트에 대해서만 보강되어 있다. 설계기준에 따라 단면에 허용되는 최대 계수전단력 V_u는 얼마인가? (단, $f_{ck} = 22\text{MPa}$, $f_y = 400\text{MPa}$)

① 32.5kN
② 36.6kN
③ 42.7kN
④ 43.3kN

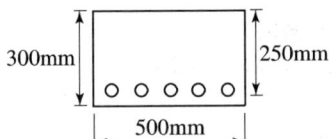

 $V_u \leq \dfrac{1}{2}\phi V_c = \dfrac{1}{2}\phi\left(\dfrac{\lambda\sqrt{f_{ck}}}{6}\right)b_w d$

$= \dfrac{1}{2} \times 0.75 \times \left(\dfrac{1.0\sqrt{22}}{6}\right) \times 500 \times 250 = 36,643.87\text{N} \fallingdotseq 36.6\text{kN}$

해답 ②

079

다음 중 철근의 피복 두께를 필요로 하는 이유로 옳지 않은 것은?

① 철근이 산화되지 않도록 한다.
② 화재에 의한 직접적인 피해를 받지 않도록 한다.
③ 부착응력을 확보한다.
④ 인장강도를 보강한다.

해설 철근의 피복두께를 두는 이유
① 철근의 부식 및 산화방지
② 부착강도 확보
③ 내화성 확보

해답 ④

080 옹벽에서 T형보로 설계하여야 하는 부분은?
① 뒷부벽식 옹벽의 뒷부벽   ② 뒷부벽식 옹벽의 전면벽
③ 앞부벽식 옹벽의 저판   ④ 앞부벽식 옹벽의 앞부벽

[해설] 뒷부벽식 옹벽의 뒷부벽은 T형보로 설계한다.

[해답] ①

제5과목 토질 및 기초

081 흙을 다지면 흙의 성질이 개선되는데 다음 설명 중 옳지 않은 것은?
① 투수성이 감소한다.   ② 부착성이 감소한다.
③ 흡수성이 감소한다.   ④ 압축성이 작아진다.

[해설] **다짐의 효과**
① 전단강도의 증대   ② 투수성의 감소
③ 압축성의 감소   ④ 흡수성 감소
⑤ 지반의 지지력 증대

[해답] ②

082 아래의 그림에서 각 층의 손실수두 Δh_1, Δh_2 및 Δh_3을 각각 구한 값으로 옳은 것은?

① $\Delta h_1 = 2$, $\Delta h_2 = 2$, $\Delta h_3 = 4$
② $\Delta h_1 = 2$, $\Delta h_2 = 3$, $\Delta h_3 = 3$
③ $\Delta h_1 = 2$, $\Delta h_2 = 4$, $\Delta h_3 = 2$
④ $\Delta h_1 = 2$, $\Delta h_2 = 5$, $\Delta h_3 = 1$

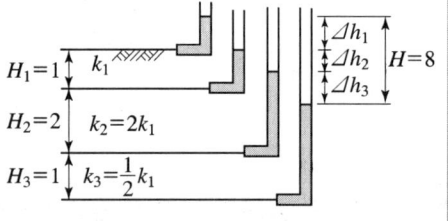

[해설] $v_z = K_z \cdot i = K_1 \cdot i_1 = K_2 \cdot i_2 = K_3 \cdot i_3$

$K_1 \cdot \left(\dfrac{\Delta h_1}{H_1}\right) = K_2 \cdot \left(\dfrac{\Delta h_2}{H_2}\right) = K_3 \cdot \left(\dfrac{\Delta h_3}{H_3}\right)$

$K_1 \cdot \left(\dfrac{\Delta h_1}{H_1}\right) = 2K_1 \cdot \left(\dfrac{\Delta h_2}{H_2}\right) = \dfrac{1}{2} K_1 \cdot \left(\dfrac{\Delta h_3}{H_3}\right)$

$K_1 \cdot \left(\dfrac{\Delta h_1}{1}\right) = 2K_1 \cdot \left(\dfrac{\Delta h_2}{2}\right) = \dfrac{1}{2} K_1 \cdot \left(\dfrac{\Delta h_3}{1}\right)$

$\Delta h_1 = \Delta h_2 = \dfrac{\Delta h_3}{2}$ 에서 $2\Delta h_1 = 2\Delta h_2 = \Delta h_3$

$$h = \Delta h_1 + \Delta h_2 + \Delta h_3$$
$$\Delta h_1 + \Delta h_1 + 2\Delta h_1 = 8\text{m}$$
$$4\Delta h_1 = 8\text{m} \text{ 이므로 } \Delta h_1 = 2\text{m}, \ \Delta h_2 = 2\text{m}, \ \Delta h_3 = 4$$

해답 ①

083
아래 그림과 같은 지반의 A점에서 전응력(σ), 간극수압(u), 유효응력(σ')을 구하면?

① $\sigma = 102\text{kN/m}^2, \ u = 40\text{kN/m}^2, \ \sigma' = 62\text{kN/m}^2$
② $\sigma = 102\text{kN/m}^2, \ u = 30\text{kN/m}^2, \ \sigma' = 72\text{kN/m}^2$
③ $\sigma = 120\text{kN/m}^2, \ u = 40\text{kN/m}^2, \ \sigma' = 80\text{kN/m}^2$
④ $\sigma = 120\text{kN/m}^2, \ u = 30\text{kN/m}^2, \ \sigma' = 90\text{kN/m}^2$

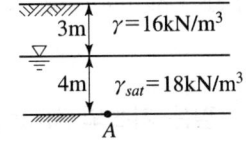

해설 ① 전응력 $\sigma_A = \gamma_t \times 3 + \gamma_{sat} \times 4 = 16 \times 3 + 18 \times 4 = 120\text{kN/m}^2$
② 간극수압 $u_A = \gamma_w \times 4 = 10 \times 4 = 40\text{kN/m}^2$
③ 유효응력 $\sigma_A' = \sigma - u = 120 - 40 = 80\text{kN/m}^2$

해답 ③

084
포화된 점토에 대하여 비압밀 비배수(UU) 시험을 하였을 때의 결과에 대한 설명 중 옳은 것은? (단, ϕ : 내부마찰각, c : 점착력이다.)

① ϕ와 c가 나타나지 않는다.
② ϕ는 "0"이 아니지만, c는 "0"이다.
③ ϕ와 c가 모두 "0"이 아니다.
④ ϕ는 "0"이고 c는 "0"이 아니다.

해설 비압밀 비배수 전단시험(UU-test)
① 포화토의 경우 내부마찰각 $\phi = 0°$이므로 파괴포락선은 수평선으로 나타난다.
② 내부마찰각 $\phi = 0°$인 경우 전단강도 $\tau = c_u$이다.

해답 ④

085
베인전단시험(Vane Shear Test)에 대한 설명으로 옳지 않은 것은?

① 현장 원위치 시험의 일종으로 점토의 비배수전 단강도를 구할 수 있다.
② 십자형의 베인(Vane)을 땅속에 압입한 후, 회전모멘트를 가해서 흙이 원통형으로 전단 파괴될 때 저항모멘트를 구함으로써 비배수전단강도를 측정하게 된다.
③ 연약점토지반에 적용된다.
④ 베인전단시험으로부터 흙의 내부마찰각을 측정할 수 있다.

해설 베인전단 시험은 극히 연약한 점토지반의 원위치에서 전단강도를 측정한다.

해답 ④

086
말뚝 지지력에 관한 여러 가지 공식 중 정역학적 지지력 공식이 아닌 것은?

① Dörr의 공식
② Terzaghi 공식
③ Meyerhof 공식
④ Engineering-News 공식(또는 AASHO 공식)

해설 Engineering-News 공식은 동역학적 지지력 공식이다.

해답 ④

087
깊은 기초의 지지력 평가에 관한 설명 중 잘못된 것은?

① 정역학적 지지력 추정방법은 논리적으로 타당하나 강도 정수를 추정하는 데 한계성을 내포하고 있다.
② 동역학적 방법은 항타 장비, 말뚝과 지반조건이 고려된 방법으로 해머 효율의 측정이 필요하다.
③ 현장 타설 콘크리트 말뚝 기초는 동역학적 방법으로 지지력을 추정한다.
④ 말뚝 항타분석기(PDA)는 말뚝의 응력분포, 경시효과 및 해머효율을 파악할 수 있다.

해설 현장 타설 콘크리트 말뚝 기초는 정역학적 방법으로 지지력을 추정한다.

해답 ③

088
지표가 수평인 곳에 높이 5m의 연직옹벽이 있다. 흙의 단위중량이 18kN/m³, 내부마찰각이 30°이고 점착력이 없을 때 주동토압은 얼마인가?

① 45kN/m
② 55kN/m
③ 65kN/m
④ 75kN/m

해설
① 주동토압계수 $K_A = \dfrac{1-\sin 30°}{1+\sin 30°} = \dfrac{1}{3}$

② 전주동토압 $P_A = \dfrac{1}{2} \cdot K_A \cdot \gamma \cdot H^2 = \dfrac{1}{2} \times \dfrac{1}{3} \times 18 \times 5^2 = 75\text{kN/m}$

해답 ④

089
현장 흙의 들밀도시험 결과 흙을 파낸부분의 체적과 파낸 흙의 무게는 각각 1,800cm³, 3.9kgf이었다. 함수비는 11.2%이고, 흙의 비중 2.65이다. 최대건조단위중량이 2.05g/cm³때 상대다짐도는?

① 95.1%
② 96.1%
③ 97.1%
④ 98.1%

해설

① 습윤단위중량 $\gamma_t = \dfrac{W}{V} = \dfrac{3,950}{1,800} = 2.194 \text{g/cm}^3$

② 건조단위중량 $\gamma_d = \dfrac{\gamma_t}{1+\dfrac{w}{100}} = \dfrac{2.194}{1+\dfrac{11.2}{100}} = 1.973 \text{g/cm}^3$

③ 다짐도 $R = \dfrac{\text{현장의 } r_d}{\text{실내다짐시험에 의한 } \gamma_{d\max}} \times 100 = \dfrac{1.973}{2.05} \times 100 = 96.24\%$

해답 ②

090
포화된 흙의 건조단위중량이 17kN/m³이고, 함수비가 20%일 때 비중은 얼마인가?

① 2.58   ② 2.68
③ 2.78   ④ 2.88

해설

① 간극비 $e = \dfrac{w}{S} \cdot G_s = \dfrac{20}{100} \times G_s = 0.20 G_s$

② 비중 $\gamma_d = \dfrac{G_s \cdot \gamma_w}{1+e}$ $17 = \dfrac{G_s \times 1}{1+0.20 G_s}$

$17 \times (1 + 0.2 G_s) = G_s$

$6.6 G_s = 17$ $\therefore G_s = 2.58$

해답 ①

091
중심간격이 2.0m, 지름 40cm인 말뚝을 가로 4개, 세로 5개씩 전체 20개의 말뚝을 박았다. 말뚝 한 개의 허용지지력이 150kN이라면 이 군항의 허용지지력은 약 얼마인가? (단, 군말뚝의 효율은 Converse-Labarre공식을 사용)

① 4500kN   ② 3000kN
③ 2415kN   ④ 1145kN

해설

① $\phi = \tan^{-1}\dfrac{D}{S} = \tan^{-1}\dfrac{0.4}{2.0} = 11.31°$

② 효율(Converse-Labarre 공식)
$E = 1 - \dfrac{\phi}{90} \cdot \left[\dfrac{(m-1)\cdot n + (n-1)\cdot m}{m \cdot n}\right]$
$= 1 - \dfrac{11.31}{90} \times \left[\dfrac{(4-1)\times 5 + (5-1)\times 4}{4 \times 5}\right] = 0.805$

③ 군항의 허용지지력 : $Q_{ag} = E \cdot N \cdot Q_a = 0.805 \times 20 \times 150 = 2,415 \text{kN}$

092

그림과 같이 $c=0$인 모래로 이루어진 무한사면이 안정을 유지(안전율≥1)하기 위한 경사각 β의 크기로 옳은 것은?

① $\beta \leq 7.8°$
② $\beta \leq 15.5°$
③ $\beta \leq 31.3°$
④ $\beta \leq 35.6°$

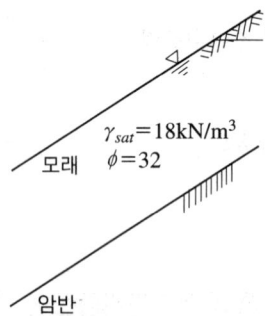

해설 지하수위가 지표면과 일치하는 경우 사면이 안정되기 위해서는 $F_s = \dfrac{\gamma_{sub}}{\gamma_{sat}} \cdot \dfrac{\tan\phi}{\tan\beta}$ 이어야 하므로

$$\dfrac{8}{18} \times \dfrac{\tan 32°}{\tan\beta} = 1$$

$$\tan\beta = \dfrac{8}{18} \times \tan 32°$$

$$\beta = \tan^{-1}\left(\dfrac{8}{18} \times \tan 32°\right) = 15.52°$$

해답 ②

093

그림과 같이 2개층으로 구성된 지반에 대해 수직방향으로 등가투수계수는?

① 3.89×10^{-4} cm/sec
② 7.78×10^{-4} cm/sec
③ 1.57×10^{-3} cm/sec
④ 3.14×10^{-3} cm/sec

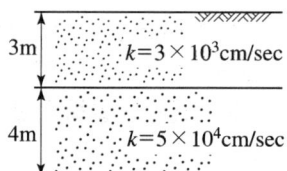

해설 ① 전체층 두께
$H = H_1 + H_2 = 300 + 400 = 700$ cm

② 수평방향 등가투수계수

$$K_h = \dfrac{1}{H}(K_1 \cdot H_1 + K_2 \cdot H_2)$$

$$= \dfrac{1}{700} \times [(3 \times 10^{-3}) \times 300 + (5 \times 10^{-4}) \times 400]$$

$$= 1.57 \times 10^{-3} \text{cm/sec}$$

③ 수직방향 등가투수계수

$$K_v = \dfrac{H}{\dfrac{H_1}{K_1} + \dfrac{H_2}{K_2}} = \dfrac{700}{\dfrac{300}{3 \times 10^{-3}} + \dfrac{400}{5 \times 10^{-4}}} = 7.78 \times 10^{-4} \text{cm/sec}$$

해답 ②

094

다음 연약지반 개량공법에 관한 사항 중 옳지 않은 것은?

① 샌드 드레인 공법은 2차 압밀비가 높은 점토과이탄 같은 흙에 큰 효과가 있다.
② 장기간에 걸친 배수공법은 샌드 드레인이 페이퍼 드레인보다 유리하다.
③ 동압밀 공법 적용시 과잉간극수압의 소산에 의한 강도 증가가 발생한다.
④ 화학적 변화에 의한 흙의 강화공법으로는 소결 공법, 전기화학적 공법 등이 있다.

해설 Sand drain 공법은 점토지반을 개량하는 공법으로 이탄과 같이 2차 압밀량이 클 흙은 적합하지 않다.

해답 ①

095

아래 표의 공식은 흙시료에 삼축압축이 작용할 때 흙시료 내부에 발생하는 간극수압을 구하는 공식이다. 이 식에 대한 설명으로 틀린 것은?

$$\Delta u = B[\Delta\sigma_3 + A(\Delta\sigma_1 - \Delta\sigma_3)]$$

① 포화된 흙의 경우 $B=1$이다.
② 간극수압계수는 A의 값은 삼축압축시험에서 구할 수 있다.
③ 포화된 점토에서 구속응력을 일정하게 두고 간극수압을 측정하였다면, 축차응력과 간극수압으로부터 A값을 계산할 수 있다.
④ 간극수압계수 값은 언제나 (+)의 값을 갖는다.

해설 간극수압계수는 흙의 전단 변형률, 흙의 종류에 따라 다르나 일반적으로 다음과 같다.
① 정규압밀점토의 A값 : 0.5~1
② 과압밀된 점토의 A값 : −0.5~0

해답 ④

096

두께 H인 점토층에 압밀하중을 가하여 요구되는 압밀도에 달할 때까지 소요되는 기간이 단면배수일 경우 400일이었다면 양면배수일 때는 며칠이 걸리겠는가?

① 800일 ② 400일
③ 200일 ④ 100일

해설 압밀시간

$t = \dfrac{T_v \cdot d^2}{C_v}$ 에서 $t \propto d^2$ $400 : 1^2 = t : 2^2$ $t = 100$일

해답 ④

097

$\phi = 0°$인 포화된 점토시료를 채취하여 일축압축시험을 행하였다. 공시체의 직경이 4cm, 높이가 8cm이고 파괴시의 하중계의 읽음 값이 4.0kg, 축방향의 변형량이 1.6cm일 때, 이 시료의 전단강도는 약 얼마인가?

① 0.007MPa
② 0.013MPa
③ 0.025MPa
④ 0.032MPa

해설

① 단면적 $A = \dfrac{\pi \cdot d^2}{4} = \dfrac{\pi \times 4^2}{4} = 12.57 \text{cm}^2$

② 환산단면적 $A_0 = \dfrac{A}{1-\epsilon} = \dfrac{12.57}{1 - \left(\dfrac{1.6}{8}\right)} = 15.71 \text{cm}^2$

③ 일축압축강도 $\sigma_1 = q_u = \dfrac{P}{A_o} = \dfrac{4.0}{15.71} = 0.25 \text{kg/cm}^2 = 0.025 \text{MPa}$

④ 전단강도 $\phi = 0°$이므로 $\tau = c_u = \dfrac{q_u}{2} = \dfrac{0.025}{2} = 0.013 \text{MPa}$

해답 ②

098

아래 그림과 같은 흙의 구성도에서 체적(V)을 1로 했을 때의 간극의 체적은? (단, 간극률 n, 함수비 w, 흙입자의 비중 G_s, 물의 단위중량 γ_w)

① n
② $w \cdot G_s$
③ $\gamma_w \cdot (1-n)$
④ $[G_s - n \cdot (G_s - 1)] \cdot \gamma_w$

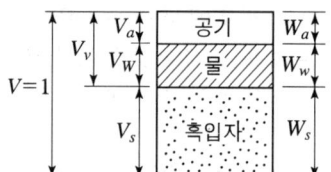

해설 $n = \dfrac{V_v}{V} \times 100$에서 $V_v = \dfrac{n \cdot V}{100} = \dfrac{n}{100}$

해답 ①

099

외경(D_0) 50.8mm, 내경(D_i) 34.9mm인 스플리트 스푼 샘플러의 면적비로 옳은 것은?

① 46%
② 53%
③ 106%
④ 112%

해설 $A_r = \dfrac{D_o^2 - D_i^2}{D_i^2} \times 100 = \dfrac{50.8^2 - 34.9^2}{34.9^2} \times 100 = 111.87\%$

해답 ④

100 널말뚝을 모래지반에 5m 깊이로 박았을 때 상류와 하류의 수두차가 4m이었다. 이때 모래지반의 포화단위 중량이 20kN/m³이다. 현재 이 지반의 분사현상에 대한 안전율은?

① 0.85
② 1.25
③ 2.0
④ 2.5

해설
① 수중단위중량 $\gamma_{sub} = \gamma_{sat} - \gamma_w = 20 - 10 = 10\text{kN/m}^3$
② 한계동수경사 $i_c = \dfrac{\gamma_{sub}}{\gamma_w} = \dfrac{10}{10} = 1.0$
③ 동수구배 $i = \dfrac{\Delta h}{L} = \dfrac{4}{5}$
④ 안전율 $F_s = \dfrac{i_c}{i} = \dfrac{1.0}{\frac{4}{5}} = 1.25$

해답 ②

제6과목 상하수도공학

101 배수관에 사용하는 관종 중 강관에 관한 설명으로서 틀린 것은?

① 충격에 강하다.
② 인장강도가 크다.
③ 부식에 강하고 처짐이 적다.
④ 용접으로 전체 노선을 일체화할 수 있다.

해설 강관(배수관)은 부식에 약하고 처짐이 크다.

해답 ③

102 수분 97%의 슬러지 15m³을 수분 70%로 농축하면 그 부피는? (단, 비중은 모두 1.0으로 가정)

① 0.5m³
② 1.5m³
③ 2.5m³
④ 3.5m³

해설 $\dfrac{15\text{m}^3}{V_2} = \dfrac{100-70}{100-97}$ 에서 $V_2 = \dfrac{100-97}{100-70} \times 15 = 1.5[\text{m}^3]$

※ $\dfrac{V_1}{V_2} = \dfrac{100-W_2}{100-W_1}$ 에서

여기서, V_1 : 농축 전 슬러지 부피(m^3)
V_2 : 농축 후 슬러지 부피(m^3)
W_1 : 농축 전 슬러지 함수율(%)
W_2 : 농축 후 슬러지 함수율(%)

해답 ②

103 자연유하식 도수관을 설계할 때 평균유속의 허용최대 한도는?
① 2.0m/s ② 2.5m/s
③ 3.0m/s ④ 3.5m/s

해설 도수관의 평균유속범위(최소 및 최대유속)는 0.3~3.0m/sec이다.

해답 ③

104 질소, 인 제거와 같은 고도처리를 도입하는 이유로서 틀린 것은?
① 폐쇄성 수역의 부영양화 방지 ② 슬러지 발생량 저감
③ 처리수의 재이용 ④ 수질환경기준 만족

해설 **고도 처리**(3차 처리)**의 도입 이유**(목적)
① 폐쇄성 수역의 부영양화 방지를 위함
② 처리수의 재이용(중수도)을 위함
③ 방류수역의 수질환경기준을 만족하기 위함

해답 ②

105 상수의 도수 및 송수에 관한 설명 중 틀린 것은?
① 도수 및 송수방식은 에너지의 공급원 및 지형에 따라 자연유하식과 펌프가압식으로 나눌 수 있다.
② 송수관로는 개수로식과 관수로식으로 분류할 수 있다.
③ 수원이 급수구역과 가까울 때나 지하수를 수원으로 할 때는 펌프가압식이 더 효율적이다.
④ 자연유하식은 평탄한 지형에서 유리한 방식이다.

해설 자연유하식은 중력에 의한 송수방식이므로 수원의 위치가 높을 경우 유리한 방식이다.

해답 ④

106 정수장 시설의 계획정수량 기준으로 옳은 것은?

① 계획 1일 평균급수량
② 계획 1일 최대급수량
③ 계획 1시간 최대급수량
④ 계획 1월 평균급수량

해설 정수장 시설은 계획1일 최대급수량을 기준으로 설계한다.

해답 ②

107 인구가 10000명인 A시에 폐수배출시설 1개소가 설치될 계획이다. 이 폐수배출시설의 유량은 200m³/day이고 평균 BOD 배출농도는 500g/m³이다. 만약 A시에 이를 고려하여 하수종말처리장을 신설할 때 적합한 최소 계획인구수는? (단, 하수종말처리장 건설시 1인 1일 BOD 부하량은 50gBOD/인·day로 한다.)

① 10000명
② 12000명
③ 14000명
④ 16000명

해설
① 폐수의 BOD량 = 유량 × BOD배출량
   = 200m³/day × 500g/m³
   = 100,000g/day

② BOD량당 인구수 = $\dfrac{\text{폐수의 BOD량}}{\text{1인1일 BOD부하량}}$
   = $\dfrac{100,000\text{g/day}}{50\text{g/인·일(day)}}$ = 2,000인

③ 계획 인구수 = 10,000 + 2,000 = 12,000명

해답 ②

108 다음 중 COD의 설명으로 옳은 것은?

① BOD에 비해 짧은 시간에 측정이 가능하다.
② COD는 오염의 지표로서 폐수 중의 용존산소량을 나타낸다.
③ COD는 미생물을 이용한 측정방법이다.
④ 무기물을 분해하는 데에 소모되는 산화제의 양을 나타낸다.

해설 COD(Chemical Oxygen Demand ; 화학적 산소요구량)
① 유기물 및 무기물을 산화제로 산화시킬 때 소요되는 산화제의 양을 산소량으로 치환한 것
② 측정시간이 2시간 정도로 BOD(5일)보다 훨씬 짧다.
③ 일반적으로 COD값이 BOD값보다 높다.

해답 ①

109 먹는 물의 수질기준에서 탁도의 기준단위는?

① ‰(permil)
② ppm(parts per million)
③ JTU(Jackson Turbidity Unit)
④ NTU(Nephelometric Turbidity Unit)

해설 탁도의 단위는 NTU(Nephelometric Turbidity Unit)이다.

해답 ④

110 펌프의 비속도(비교회전도, N_s)에 대한 설명으로 틀린 것은?

① N_s가 작으면 유량이 적은 저양정의 펌프가 된다.
② 수량 및 전양정이 같다면 회전수가 클수록 N_s가 크게 된다.
③ N_s가 동일하면 펌프의 크기에 관계없이 같은 형식의 펌프로 한다.
④ N_s가 작을수록 효율곡선은 완만하게 되고 유량변화에 대해 효율변화의 비율이 작다.

해설 $N_s = N \times \dfrac{Q^{1/2}}{H^{3/4}}$

N_s가 작으면 유량(Q)이 적은 고양정(H)의 펌프가 된다.

해답 ①

111 정수과정의 전염소처리 목적과 거리가 먼 것은?

① 철과 망간의 제거
② 맛과 냄새의 제거
③ 트리할로메탄의 제거
④ 암모니아성 질소와 유기물의 처리

해설 전염소처리는 철, 망간, 맛, 냄새, 암모니아성 질소, 황화수소, 유기물, 조류, 세균 등의 제거가 목적이다.

해답 ③

112 수원의 구비요건으로 틀린 것은?

① 수질이 좋아야 한다.
② 수량이 풍부하여야 한다.
③ 가능한 한 낮은 곳에 위치하여야 한다.
④ 소비자로부터 가까운 곳에 위치하여야 한다.

해설 수원은 가능한 한 높은 곳에 위치하여 자연유하식을 이용할 수 있어야 한다.

해답 ③

113
급속여과 및 완속여과에 대한 설명으로 틀린 것은?
① 급속여과의 전처리로서 약품침전을 행한다.
② 완속여과는 미생물에 의한 처리효과를 기대할 수 없다.
③ 급속여과시 여과속도는 120~150m/day를 표준으로 한다.
④ 완속여과가 급속여과보다 여과지면적이 크게 소요된다.

해설 완속여과는 미생물에 의한 철, 망간, 세균, 암모니아 등의 처리효과가 있다.

해답 ②

114
우수조정지에 대한 설명으로 틀린 것은?
① 우수의 방류방식은 자연유하를 원칙으로 한다.
② 우수조정지의 구조형식은 댐식, 굴착식 및 지하식으로 한다.
③ 각 시간마다의 유입 우수량은 강우량도를 기초로 하여 산정할 수 있다.
④ 우수조정지는 보·차도 구분이 있는 경우에는 그 경계를 따라 설치한다.

해설 **우수조정지(유수지) 설치위치**
① 하수관거의 유하능력이 부족한 곳
② 하류지역의 펌프장 배수능력이 부족한 곳
③ 방류수로의 유하능력이 부족한 곳

해답 ④

115
펌프장시설 중 오수침사지의 평균유속과 표면부하율의 설계기준은?
① 0.6m/s, 1800m³/m²·day
② 0.6m/s, 3600m³/m²·day
③ 0.3m/s, 1800m³/m²·day
④ 0.3m/s, 3600m³/m²·day

해답 ③

116
하수의 배제방식 중 분류식 하수관거의 특징이 아닌 것은?
① 처리장 유입하수의 부하농도를 줄일 수 있다.
② 우천시 월류의 위험이 적다.
③ 처리장으로의 토사 유입이 적다.
④ 처리장으로 유입되는 하수량이 비교적 일정하다.

해설 **분류식 하수관거의 경우**
모든 오수를 하수처리장으로 수송하므로 처리장 유입하수의 부하농도를 줄일 수 없다.

해답 ①

117

원수에 염소를 3.0mg/L를 주입하고 30분 접촉 후 잔류염소량이 0.5mg/L이었다면 이 물의 염소요구량은?

① 0.5mg/L ② 2.5mg/L
③ 3.0mg/L ④ 3.5mg/L

해설 **염소요구량** = 염소주입량 − 잔류염소량 = 3.0 − 0.5 = 2.5(mg/L)

해답 ②

118

어떤 지역의 강우지속시간(t)과 강우강도 역수($1/I$)와의 관계를 구해보니 그림과 같이 기울기가 1/3000, 절편이 1/150이 되었다. 이 지역의 강우강도를 Talbot형 $\left(I = \dfrac{a}{t+b}\right)$ 으로 표시한 것으로서 옳은 것은?

① $I = \dfrac{3000}{t+20}$

② $I = \dfrac{20}{t+3000}$

③ $I = \dfrac{10}{t+1500}$

④ $I = \dfrac{1500}{t+10}$

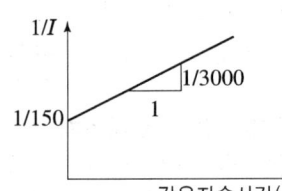

해설 Talbot형 강우강도 공식

① 1차 함수식 $Y = aX + b$에서 직선 기울기 = 1/3000, 절편 = 1/150,

X절편 $= \dfrac{b}{a} = \dfrac{\frac{1}{150}}{\frac{1}{3000}} = 20$

② Talbot형 강우강도 공식에서 상수 $a = 3000$, $b = 20$

$I = \dfrac{a}{t+b} = \dfrac{3000}{t+20}$

해답 ①

119

표준활성슬러지법에서 F/M비 0.3kgBOD/kgMLSS·day, 포기조 유입 BOD 200mg/L인 경우에 포기시간을 8시간으로 하려면 MLSS 농도를 얼마로 유지하여야 하는가?

① 500mg/L ② 1000mg/L
③ 1500mg/L ④ 2000mg/L

해설 F/M 비(BOD 슬러지 부하 ; kgBOD/kg MLSS · day)

$$= \frac{\text{BOD농도}[kg/m^3] \times \text{유입유량}[m^3/day]}{\text{MLSS농도}[kg/m^3] \times \text{포기조 용적}[m^3]} = \frac{BOD \times Q}{MLSS \times V} = \frac{BOD}{MLSS \times t}$$

$$0.3 = \frac{0.2}{\text{MLSS농도} \times t} = \frac{0.2}{\text{MLSS농도} \times \frac{8}{24}} \text{에서}$$

MLSS농도 $= 2[kg/m^3] = 2000[g/m^3] = 2000[mg/L]$

해답 ④

120
관거 내의 침입수(Infiltration) 산정방법 중에서 주요인자로서 일평균하수량, 상수사용량, 지하수사용량, 오수전환율 등을 이용하여 산정하는 방법은?
① 물사용량 평가법
② 일최대유량 평가법
③ 야간생활하수 평가법
④ 일최대-최소유량 평가법

해설 하수관거내 침입수 주요인자
① 물사용량 평가법 : 일평균 하수량, 상수 사용량, 지하수 사용량, 오수전환율
② 일최대유량 평가법 : 일최소 하수량
③ 야간생활하수 평가법 : 일최소 하수량, 야간발생 하수량, 공장폐수량
④ 일최대-최소유량 평가법 : 일최대 하수량, 공장폐수량

해답 ①

무료 동영상과 함께하는 **토목기사 필기**

2024

2024년 2월 CBT 시행
2024년 5월 CBT 시행
2024년 7월 CBT 시행

무료 동영상과 함께하는
토목기사 필기

2024년 2월 CBT 시행

본 문제는 복원 기출문제입니다. 실제 문제와 다를 수 있으니 양해바랍니다.

제1과목 응용역학

001 변의 길이 a인 정사각형 단면의 장주(長柱)가 있다. 길이가 l이고, 최대임계축하중이 P이고, 탄성계수가 E라면 다음 설명 중 옳은 것은?

① P는 E에 비례, a의 3제곱에 비례, 길이 l^2에 반비례
② P는 E에 비례, a의 3제곱에 비례, 길이 l^3에 반비례
③ P는 E에 비례, a의 4제곱에 비례, 길이 l^2에 반비례
④ P는 E에 비례, a의 4제곱에 비례, 길이 l에 반비례

해설
$P_b = \dfrac{\pi^2 EI}{l_k^2} = \dfrac{n\pi^2 EI}{l^2} = \dfrac{n\pi^2 E \dfrac{a^4}{12}}{l^2}$ 에서 $P_b \propto E \propto a^4 \propto \dfrac{1}{l^2}$

 ③

002 다음 그림과 같은 구조물에서 B점의 수평변위는? (단, EI는 일정하다.)

① $\dfrac{Prh^2}{4EI}$

② $\dfrac{Prh^2}{3EI}$

③ $\dfrac{Prh^2}{2EI}$

④ $\dfrac{Prh^2}{EI}$

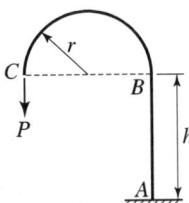

해설
$\delta_{HB} = \dfrac{Ml^2}{2EI} = \dfrac{(P \cdot 2r) \cdot h^2}{2EI}$
$\quad\quad = \dfrac{P \cdot r \cdot h^2}{EI}$

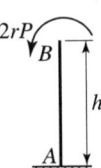

 ④

003

그림과 같이 속이 빈 직사각형 단면의 최대 전단응력은? (단, 전단력은 20kN)

① 0.2125MPa
② 0.322MPa
③ 0.4125MPa
④ 0.422MPa

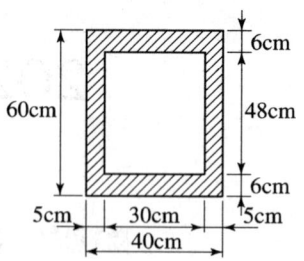

해설 최대전단응력은 도심에서 생기므로

① $I = \dfrac{400 \times 600^3}{12} - \dfrac{300 \times 480^3}{12} = 4,435,200,000 \, mm^4$

② $S = 20,000 N$

③ $b = 50 + 50 = 100 \, mm$

④ $G_x = 400 \times 300 \times 150 - 300 \times 240 \times 120$
    $= 9,360,000 \, mm^3$

⑤ $\tau = \dfrac{S \cdot G_x}{I \cdot b} = \dfrac{20,000 \times 9,360,000}{4,435,200,000 \times 100} = 0.422 MPa$

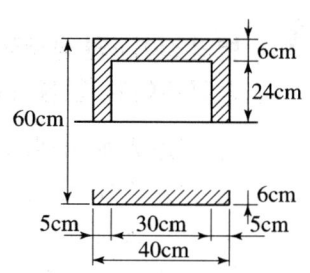

해답 ④

004

다음 그림과 같은 3활절 포물선 아치의 수평반력(H_A)은?

① 0
② $\dfrac{Wl^2}{8h}$
③ $\dfrac{3Wl^2}{8h}$
④ $\dfrac{5Wl^2}{8h}$

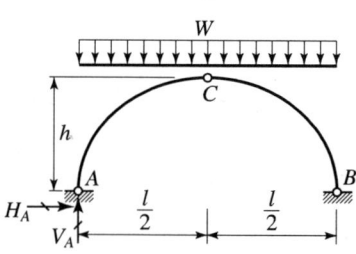

해설

① 대칭이므로 $V_A = V_B = \dfrac{wl}{2}$

② $\Sigma M_C = 0$

$\dfrac{wl}{2} \times \dfrac{l}{2} - H_A \times h - \dfrac{wl}{2} \times \dfrac{l}{4} = 0$

$\dfrac{wl^2}{4} - \dfrac{wl^2}{8} = H_A \cdot h$

$H_A = \dfrac{wl^2}{8h}$

해답 ②

005 다음 그림과 같은 보에서 휨모멘트에 의한 탄성변형 에너지를 구한 값은?

① $\dfrac{W^2 l^5}{8EI}$

② $\dfrac{W^2 l^5}{24EI}$

③ $\dfrac{W^2 l^5}{40EI}$

④ $\dfrac{W^2 l^5}{48EI}$

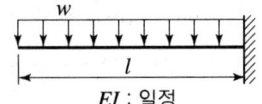

해설 등분포하중이 만재된 EI값이 일정한 캔틸레버보에 저장되는 탄성 에너지
$\dfrac{W^2 l^5}{40EI}$

해답 ③

006 그림과 같은 2경간 연속보에서 B점이 5cm 아래로 침하하고, C점이 2cm 위로 상승하는 변위를 각각 취했을 때 B점의 휨모멘트로서 옳은 것은?

① $20EI/l^2$

② $18EI/l^2$

③ $15EI/l^2$

④ $12EI/l^2$

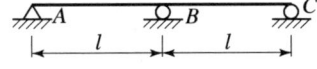

해설 ① $\beta_{AB} = \dfrac{5}{l}$, $\beta_{BC} = -\dfrac{7}{l}$

② B점에서 3연모멘트식을 세우면 $M_A = M_C = 0$이므로

$2\left(\dfrac{l}{I} + \dfrac{l}{I}\right) M_B = 6E\left\{\dfrac{5}{l} - \left(-\dfrac{7}{l}\right)\right\}$

$\dfrac{4l}{I} M_B = \dfrac{72E}{l}$ 에서 $M_B = \dfrac{18EI}{l^2}$

해답 ②

007 무게 10kN의 물체를 두 끈으로 늘어뜨렸을 때 한 끈이 받는 힘의 크기 순서가 옳은 것은?

① $B > A > C$

② $C > A > B$

③ $A > B > C$

④ $C > B > A$

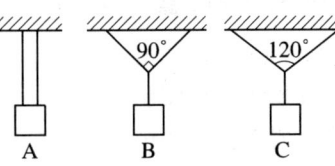

해설
① (A) $2T = 10\text{kN}$에서 $T = \dfrac{10}{2} = 5\text{kN}$

② (B) $2T\cos 45° = 10\text{kN}$에서 $T = \dfrac{10}{2\cos 45°} = 7.07\text{kN}$

③ (C) $2T\cos 60° = 10\text{kN}$에서 $T = \dfrac{10}{2\cos 60°} = 10\text{kN}$

④ 힘의 크기 순서 : $C > B > A$

해답 ④

008

아래 그림과 같은 캔틸레버 보에서 B점의 연직변위(δ_B)는? (단, $M_o = 4\text{kN}\cdot\text{m}$, $P = 1.6\text{t}$, $L = 2.4\text{m}$, $EI = 6000\text{kN}\cdot\text{m}^2$이다.)

① $1.08\text{cm}(\downarrow)$
② $1.08\text{cm}(\uparrow)$
③ $1.37\text{cm}(\downarrow)$
④ $1.37\text{cm}(\uparrow)$

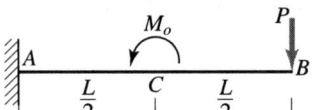

해설
$y_B = \dfrac{PL^3}{3EI} - \dfrac{3ML^2}{8EI} = \dfrac{1.6 \times 2.4^3}{3 \times 600} - \dfrac{3 \times 4 \times 2.4^2}{8 \times 6000} = 0.010848\text{m} = 1.08\text{cm}$

해답 ①

009

직경 d인 원형 단면의 단면 2차 극모멘트 I_p의 값은?

① $\dfrac{\pi d^4}{64}$
② $\dfrac{\pi d^4}{32}$
③ $\dfrac{\pi d^4}{16}$
④ $\dfrac{\pi d^4}{4}$

해설
$I_P = I_X + I_Y = \dfrac{\pi D^4}{64} + \dfrac{\pi D^4}{64} = \dfrac{\pi D^4}{32}$

해답 ②

010

다음 그림과 같은 세 힘이 평형 상태에 있다면 점 C에서 작용하는 힘 P와 BC 사이의 거리 x로 옳은 것은?

① $P = 2\text{kN}, \ x = 3\text{m}$
② $P = 3\text{kN}, \ x = 3\text{m}$
③ $P = 2\text{kN}, \ x = 2\text{m}$
④ $P = 3\text{kN}, \ x = 2\text{m}$

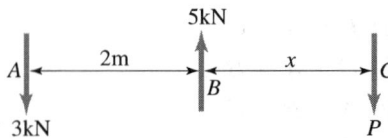

해설 ① $\sum V = 0 : -3+5-P = 0$ 에서 $P = 2\text{kN}(\downarrow)$
② $\sum M_B = 0 : 3 \times 2 = P \times x$
　　　　$3 \times 2 = 2x$ 에서 $x = 3\text{m}$

해답 ①

011 다음 트러스에서 CD 부재의 부재력은?

① 55.42kN(인장)
② 60.12kN(인장)
③ 72.11kN(인장)
④ 62.42kN(인장)

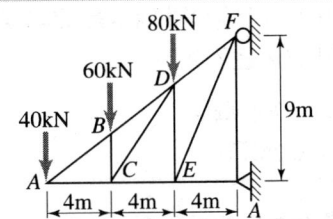

해설

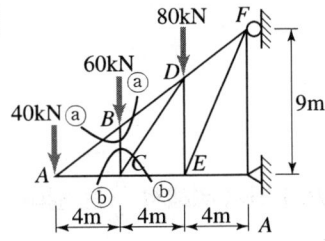

① ⓐ-ⓐ 절단면에서
$BC = 60\text{kN}(인장)$

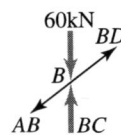

② ⓑ-ⓑ 절단면에서 $\sum V = 0$
$-60 + CD \cdot \sin\theta = 0$
$-60 + CD \cdot \dfrac{6}{\sqrt{4^2+6^2}} = 0$ 에서
$CD = 72.11\text{kN}(인장)$

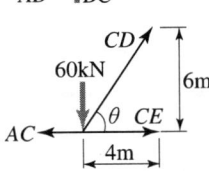

해답 ③

012 그림과 같은 캔틸레버보에서 최대처짐각(θ_B)은? (단, EI는 일정하다.)

① $\dfrac{3\,Wl^3}{48EI}$
② $\dfrac{7\,Wl^3}{48EI}$
③ $\dfrac{9\,Wl^3}{48EI}$
④ $\dfrac{5\,Wl^3}{48EI}$

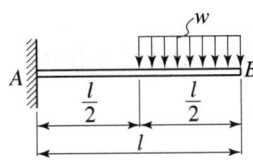

해설 $\theta_B = \dfrac{7wl^3}{48EI}$

해답 ②

013 평균 지름 $d=1200$mm, 벽두께 $t=6$mm를 갖는 긴 강제수도관(鋼製水道管)이 $P=1$MPa의 내압을 받고 있다. 이 관벽 속에 발생하는 원환응력(圓環應力)의 크기는?

① 1.66MPa
② 45MPa
③ 90MPa
④ 100MPa

해설 **원환응력**(얇은 원환)
$\sigma = \dfrac{Pd}{2t} = \dfrac{1 \times 120}{2 \times 0.6} = 100$MPa
여기서, P : 내압, d : 내경, t : 관두께

해답 ④

014 다음 그림과 같은 보에서 B지점의 반력이 $2P$가 되기 위해서 $\dfrac{b}{a}$는 얼마가 되어야 하는가?

① 0.50
② 0.75
③ 1.00
④ 1.25

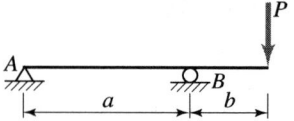

해설 ① $\sum V = 0$
$V_A + V_B - P = 0$
$V_A + 2P - P = 0$에서 $V_A = -P(\uparrow) = P(\downarrow)$
② $\sum M_B = 0$
$P \cdot a = P \cdot b$에서 $\dfrac{b}{a} = \dfrac{P}{P} = 1$

해답 ③

015 다음 그림에서 빗금친 부분의 x축에 관한 단면 2차 모멘트는?

① 56.2cm^4
② 58.5cm^4
③ 61.7cm^4
④ 64.4cm^4

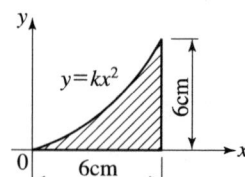

해설 $I_x = \int A \cdot y^2 \cdot dA$ 에서
$A = (6-x)dy$ 이므로
$I_x = \int_0^6 y^2(6-x)dy = \int_0^6 y^2(6-\sqrt{6y})dy$
$= \int_0^6 (6y^2 - \sqrt{6}\, y^{5/2})dy = \left[\dfrac{6}{3}y^3 - \sqrt{6} \cdot \dfrac{y^{7/2}}{7/2}\right]_0^6$
$= 432 - 370.2 \fallingdotseq 61.7\,\text{cm}^4$

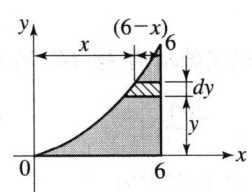

해답 ③

016

B점의 수직변위가 1이 되기 위한 하중의 크기 P는? (단, 부재의 축강성은 EA로 동일하다.)

① $\dfrac{E\cos^3\alpha}{AH}$

② $\dfrac{2E\cos^3\alpha}{AH}$

③ $\dfrac{EA\cos^3\alpha}{H}$

④ $\dfrac{2EA\cos^3\alpha}{H}$

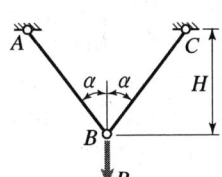

해설 단위하중법에 의하면 트러스에서는 축력만 존재

$\delta_C = \sum \dfrac{N_U N_L}{EA} L$

$= \dfrac{\dfrac{P}{2\cos\alpha} \times \dfrac{1}{2\cos\alpha}}{EA} \times \dfrac{H}{\cos\alpha} \times 2$

$= \dfrac{PH}{2EA\cos^3\alpha} = 1$ 에서

$P = \dfrac{2EA\cos^3\alpha}{H}$

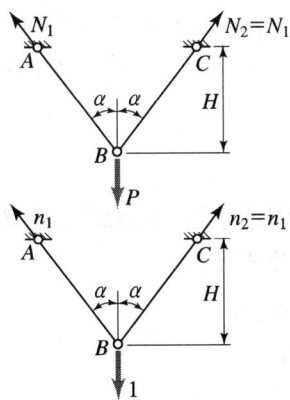

해답 ④

017

다음에서 부재 BC에 걸리는 응력의 크기는?

① $\dfrac{200}{3}$ MPa
② 100MPa
③ $\dfrac{300}{2}$ MPa
④ 200MPa

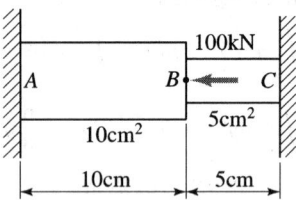

해설
① $\Sigma H = 0$
$R_A + R_C - 10 = 0$ ················ ㉠식

② 변형적합조건식
$\delta_{AB} = \delta_{BC}$
$\dfrac{R_A \cdot l_{AB}}{E \cdot A_{AB}} = \dfrac{R_C \cdot l_{BC}}{E \cdot A_{BC}}$ 에서
$R_A = \dfrac{l_{BC} \cdot A_{AB}}{l_{AB} \cdot A_{BC}} R_C = \dfrac{5\text{cm} \times 10\text{cm}^2}{10\text{cm} \times 5\text{cm}^2} \times R_C = R_C$ ······ ㉡식

③ ㉡식을 ㉠식에 대입
$R_C + R_C - 100 = 0$ 에서
$R_C = 50\text{kN}(\rightarrow)$

④ BC부재응력
$\delta_{BC} = \dfrac{R_C}{A_{BC}} = \dfrac{50000}{500} = 100\text{MPa}$

[참고] R_C값을 ㉠식에 대입하면 $R_A + R_C - 100 = 0$
$R_A + 50 - 100 = 0$ 에서 $R_A = 50\text{kN}(\rightarrow)$

해답 ②

018

아래 그림과 같은 단순보의 B점에 하중 5t이 연직 방향으로 작용하면 C점에서의 휨모멘트는?

① 33.3MPa
② 54MPa
③ 66.7MPa
④ 100MPa

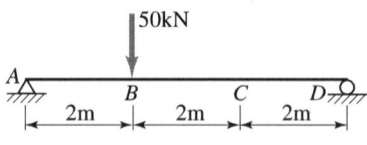

해설
① $\Sigma M_A = 0$
$-V_D \times 6 + 50 \times 2 = 0$ 에서 $V_D = \dfrac{100}{6}\text{kN}(\uparrow)$

② $M_C = V_D \times 2 = \dfrac{100}{6} \times 2 = 33.3\text{kN} \cdot \text{m}$

해답 ①

019 길이 10m, 폭 20cm, 높이 30cm인 직사각형 단면을 갖는 단순보에서 자중에 의한 최대 휨응력은? (단, 보의 단위중량은 25kN/m³으로 균일한 단면을 갖는다.)

① 6.25MPa
② 9.375MPa
③ 12.25MPa
④ 15.275MPa

해설 ① 자중
$$w = (0.3 \times 0.2)\mathrm{m}^2 \times 25\mathrm{kN/m}^3 = 1.5\mathrm{kN/m}$$
② 최대휨모멘트
$$M_{\max} = M_{중앙} = \frac{wl^2}{8} = \frac{1.5 \times 10^2}{8} = 18.75\mathrm{kN \cdot m} = 18.75 \times 10^6 \mathrm{N \cdot mm}$$
③ 최대휨응력
$$f_{\max} = \frac{M_{\max}}{I} y = \frac{18.75 \times 10^6 \mathrm{N \cdot mm}}{\frac{200 \times 300^3}{12}} \times 150\mathrm{mm} = 6.25\mathrm{MPa}$$

해답 ①

020 절점 O는 이동하지 않으며, 재단 A, B, C가 고정일 때 M_{CO}의 크기는 얼마인가? (단, K는 강비이다.)

① 25kN · m
② 30kN · m
③ 35kN · m
④ 40kN · m

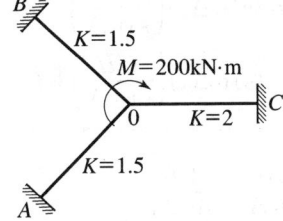

해설 ① $K_{OA} : K_{OB} : K_{OC} = 1.5 : 1.5 : 2 = 3 : 3 : 4$

② $DF_{OC} = \dfrac{K_{OC}}{\sum K_i} = \dfrac{4}{3+3+4} = \dfrac{4}{10}$

③ $M_{OC} = M \times DF_{OC} = 200 \times \dfrac{4}{10} = 80\mathrm{kN \cdot m}$

④ $M_{CO} = \dfrac{1}{2} \times M_{OC} = \dfrac{1}{2} \times 80 = 40\mathrm{kN \cdot m}$

해답 ④

제2과목 측량학

021 종단면도에 표기하여야 하는 사항으로 거리가 먼 것은?
① 흙깎기 토량과 흙쌓기 토량
② 거리 및 누가거리
③ 지반고 및 계획고
④ 경사도

해설 종단면도 기입사항
① 측점
② 거리 및 누가 거리
③ 지반고 및 계획고
④ 성토고 및 절토고
⑤ 계획선의 구배

해답 ①

022 그림과 같은 복곡선(compound curve)에서 관계식으로 틀린 것은?

① $\Delta_1 = \Delta - \Delta_2$
② $t_2 = R_2 \tan \dfrac{\Delta_2}{2}$
③ $VG = (\sin \Delta_2)\left(\dfrac{GH}{\sin \Delta}\right)$
④ $VB = (\sin \Delta_2)\left(\dfrac{GH}{\sin \Delta}\right) + t_2$

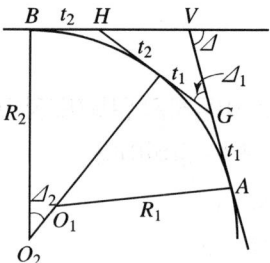

해설 ① $\dfrac{GH}{\sin \Delta} = \dfrac{VH}{\sin \Delta_1}$

$VH = \dfrac{\sin \Delta_1}{\sin \Delta} GH$

② $VB = BH + VH = BH + \dfrac{\sin \Delta_1}{\sin \Delta} GH = t_2 + \dfrac{\sin \Delta_1}{\sin \Delta} GH$

해답 ④

023 지구의 곡률에 의하여 발생하는 오차를 1/10까지 허용한다면 평면으로 가정할 수 있는 최대 반지름은? (단, 지구곡률반지름 $R = 6370$ km)
① 약 5km
② 약 11km
③ 약 22km
④ 약 110km

해설 평면으로 간주되는 거리(정도 $\dfrac{1}{100만}$ 일 때)

$\dfrac{1}{10^6} = \dfrac{D^2}{12r^2}$ 에서

① 직경 $D = \sqrt{\dfrac{12r^2}{10^6}} = \sqrt{\dfrac{12 \times 6370^2}{10^6}} ≒ 22.1\text{km}$

② 반경 $r = 11\text{km}$

[참고] ① 정도(정밀도) $h = \dfrac{d-D}{D} = \dfrac{1}{m} = \dfrac{1}{10^6} = \dfrac{D^2}{12r^2}$
② 지구반경 $r = 6370\text{km}$

해답 ②

024 3차 중첩 내삽법(cubic convolution)에 대한 설명으로 옳은 것은?
① 계산된 좌표를 기준으로 가까운 3개의 화소값의 평균을 취한다.
② 영상분류와 같이 원영상의 화소값과 통계치가 중요한 작업에 많이 사용된다.
③ 계산이 비교적 빠르며 출력영상이 가장 매끄럽게 나온다.
④ 보정전 자료와 통계치 및 특성의 손상이 많다.

해설 **3차 중첩 내삽법**(3×3 내삽법, 4×4 내삽법, 3차보간법, cubic convolution method)은 기하학적 변환에 의해 화소들의 배치를 변경 처리하는 방법의 일종으로, 4×4 텍셀 배열의가 중합(weighted sum)을 사용하며, 보정전 자료와 통계치 및 특성의 손상이 많은 특징이 있다.

해답 ④

025 그림과 같은 유토곡선(mass curve)에서 하향구간이 의미하는 것은?
① 성토구간
② 절토구간
③ 운반토량
④ 운반거리

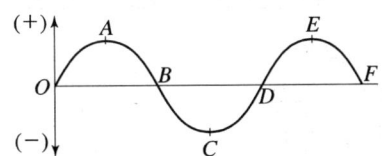

해설 유토곡선에서 하향구간은 성토구간을 상향구간은 절토구간을 의미한다.

해답 ①

026 높이 2744m인 산의 정상에 위치한 저수지의 가장 긴 변의 거리를 관측한 결과 1950m이었다면 평균해수면으로 환산한 거리는? (단, 지구반지름 $R = 6377\text{km}$)
① 1949.152m
② 1950.849m
③ −0.848m
④ +0.848m

해설 ① 평균해수면에 대한 보정(표고보정)

$$C = \frac{LH}{R} = \frac{1950 \times 2774}{6377000} = 0.848\text{m}$$

여기서, C : 평균해수면상의 길이로 환산하는 보정량
 R : 지구의 평균반지름
 H : 기선측정지점의 표고

② 평균해수면으로 환산한 거리
 $L_0 = L - C = 1950 - 0.848 = 1,949.152\text{m}$

해답 ①

027

축척 1 : 2000 도면상의 면적을 축척 1 : 1000으로 잘못 알고 면적을 관측하여 24000mm²를 얻었다면 실제 면적은?

① 6000m² ② 12000m²
③ 48000m² ④ 96000m²

해설 $m_1^2 : a_1 = m_2^2 : a_2$ 에서

$$a_1 = \left(\frac{m_1}{m_2}\right)^2 \cdot a_2 = \left(\frac{2,000}{1,000}\right)^2 \times 24,000 = 96,000\text{m}^2$$

해답 ④

028

그림과 같이 수준측량을 실시하였다. A점의 표고는 300m이고, B와 구간은 교호수준측량을 실시하였다면, D점의 표고는? (표고차 : $A \to B$: +1.233m, $B \to C$: +0.726m, $C \to B$: -0.720m, $C \to D$: -0.926m)

① 300.310m
② 301.030m
③ 302.153m
④ 302.882m

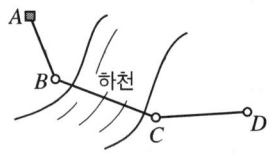

해설 ① $H_B = H_A + \Delta h_{AB} = 300 + 1.233 = 301.233\text{m}$

② $\Delta h_{BC} = \frac{0.726 + 0.720}{2} = 0.723$

③ $H_C = H_B + \Delta h_{BC} = 301.233 + 0.723 = 301.956\text{m}$

④ $H_D = H_C + \Delta h_{CD} = 301.956 - 0.926 = 301.030\text{m}$

해답 ②

029

촬영고도 1000m로부터 초점거리 15cm의 카메라로 촬영한 중복도 60%인 2장의 사진이 있다. 각각의 사진에서 주점기선장을 측정한 결과 124mm와 132mm이었다면 비고 60m인 굴뚝의 시차차는?

① 8.0mm ② 7.9mm
③ 7.7mm ④ 7.4mm

해설
① $b_o = \dfrac{124+132}{2} = 128\text{mm}$
② $\Delta P(\text{시차차}) = \dfrac{h}{H}b_o = \dfrac{60\text{m}}{1,000\text{m}} \times 128\text{mm} = 7.68\text{mm}$

해답 ③

030

지표면상의 A, B 간의 거리가 7.1km라고 하면 B점에서 A점을 시준할 때 필요한 측표(표척)의 최소 높이로 옳은 것은? (단, 지구의 반지름은 6370km이고, 대기의 굴절에 의한 요인은 무시한다.)

① 1m ② 2m
③ 3m ④ 4m

해설 **구차** : 지구의 곡률에 의한 오차
$h_{\min} = \dfrac{D^2}{2R} = \dfrac{7.1^2}{2 \times 6370} = 0.004\text{km} = 4\text{m}$

해답 ④

031

그림과 같이 $\triangle P_1 P_2 C$는 동일 평면상에서 $\alpha_1 = 62°8'$, $\alpha_2 = 56°27'$, $B = 60.00\text{m}$이고, 연직각 $\nu_1 = 20°46'$일 때 C로부터 P까지의 높이 H는?

① 24.23m
② 22.90m
③ 21.59m
④ 20.58m

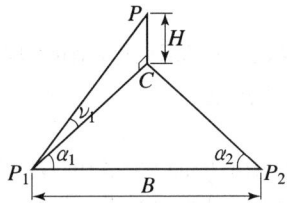

해설
① $P_1 C = \dfrac{B \cdot \sin\alpha_2}{\sin(180° - \alpha_1 - \alpha_2)} = \dfrac{60 \times \sin 56°27'}{\sin(180° - 62°8' - 56°27')} = 56.9445\text{m}$
② $H = P_1 C \cdot \tan\nu_1 = 56.9445 \times \tan 20°40' = 21.59\text{m}$

해답 ③

032
확폭량이 S인 노선에서 노선의 곡선 반지름(R)을 두 배로 하면 확폭량(S')은?

① $S' = \dfrac{1}{4}S$
② $S' = \dfrac{1}{2}S$
③ $S' = 2S$
④ $S' = 4S$

해설 확폭량 = $\dfrac{L^2}{2R}$ 에서 R을 2배로 하면 확폭량은 1/2배가 되므로

$S' = \dfrac{1}{2}S$

해답 ②

033
다각측량을 위한 수평각 측정방법 중 어느 측선의 바로 앞 측선의 연장선과 이루는 각을 측정하여 각을 측정하는 방법은?

① 편각법
② 교각법
③ 방위각법
④ 전진법

해설 각 측선이 그 앞 측선의 연장과 이루는 각을 관측하는 방법을 편각법이라 한다.

해답 ①

034
수준측량과 관련된 용어에 대한 설명으로 틀린 것은?

① 수준면(level surface)은 각 점들이 중력방향에 직각으로 이루어진 곡면이다.
② 지구곡률을 고려하지 않는 범위에서는 수준면(level surface)을 평면으로 간주한다.
③ 지구의 중심을 포함한 평면과 수준면이 교차하는 선이 수준선(level line)이다.
④ 어느 지점의 표고(elevation)라 함은 그 지역 기준타원체로부터의 수직거리를 말한다.

해설 어느 지점의 표고란 기준이 되는 수평면인 수준기준면으로부터 그 지표 위 지점까지의 연직거리를 말하며, 우리나라에서는 인천만의 평균 해면을 국가 수준기준면으로 하고 이 수준면을 기준으로 하여 표고를 산출한다.

해답 ④

035 하천에서 2점법으로 평균유속을 구할 경우 관측하여야 할 두 지점의 우치는?

① 수면으로부터 수심의 $\frac{1}{5}$, $\frac{3}{5}$ 지점 ② 수면으로부터 수심의 $\frac{1}{5}$, $\frac{4}{5}$ 지점

③ 수면으로부터 수심의 $\frac{2}{5}$, $\frac{3}{5}$ 지점 ④ 수면으로부터 수심의 $\frac{2}{5}$, $\frac{4}{5}$ 지점

해설 2점법

$$V = \frac{1}{2}(V_{0.2} + V_{0.8})$$

여기서, $V_{0.2}$: 수심 $0.2H$되는 곳의 유속
$V_{0.8}$: 수심 $0.8H$되는 곳의 유속

해답 ②

---

036 직사각형의 두 변의 길이를 $\frac{1}{100}$ 정밀도로 관측하여 면적을 산출할 경우 산출된 면적의 정밀도는?

① $\frac{1}{50}$
② $\frac{1}{100}$
③ $\frac{1}{200}$
④ $\frac{1}{300}$

해설 ① 거리측정의 정밀도 : $\frac{\Delta L}{L}$

② 면적의 정밀도 : $\frac{\Delta A}{A} = 2\frac{\Delta L}{L} = 2 \times \frac{1}{100} = \frac{1}{50}$

해답 ①

---

037 삼각측량을 위한 삼각망 중에서 유심삼각망에 대한 설명으로 틀린 것은?

① 농지측량에 많이 사용된다.
② 방대한 지역의 측량에 적합하다.
③ 삼각망 중에서 정확도가 가장 높다.
④ 동일 측점 수에 비하여 포함면적이 가장 넓다.

해설 ① **유심 삼각망** : 넓은 지역의 측량에 이용
  ㉠ 동일 측점에 비해 포함 면적이 가장 넓다.
  ㉡ 넓은 지역에 적합하다.
② **사변형 삼각망** : 조건식의 수가 가장 많아, 시간과 비용이 많이 들며 가장 정밀도가 높아 시가지와 같은 정밀을 요하는 골조측량에 주로 이용한다.

해답 ③

038 사진측량의 특수 3점에 대한 설명으로 옳은 것은?

① 사진 상에서 등각점을 구하는 것이 가장 쉽다.
② 사진의 경사각이 0°인 경우에는 특수 3점이 일치한다.
③ 기복변위는 주점에서 0이며 연직점에서 최대이다.
④ 카메라 경사에 의한 사선방향의 변위는 등각점에서 최대이다.

해설 항공사진의 특수 3점은 경사각이 0°인 경우 모두 일치한다.

[참고] 항공사진의 특수3점
① 주점 : 렌즈중심을 지나 사진면과 직교하는 광축의 점
② 연직점 : 렌즈의 중심으로부터 지면에 내린 수선의 연장선과 사진면과의 교점
③ 등각점 : 주점과 연직점이 이루는 각을 2등분하는 광선이 사진면과 교차하는 점

해답 ②

039 등경사인 지성선 상에 있는 A, B 표고가 각각 43m, 63m이고 AB의 수평거리는 80m이다. 45m, 50m 등고선과 지성선 AB의 교점을 각각 C, D라고 할 때 AC의 도상길이는? (단, 도상축척은 1 : 100이다.)

① 2cm
② 4cm
③ 8cm
④ 12cm

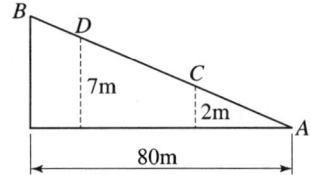

해설
① AC의 실제길이 : $\frac{80}{63-43} = \frac{AC}{45-43}$ 에서 $AC = 8m$

② AC의 도상길이 : $\frac{8}{100} = 0.08m = 8cm$

해답 ③

040 트래버스 측량에 관한 일반적인 사항에 대한 설명으로 옳지 않은 것은?

① 트래버스 종류 중 결합 트래버스는 가장 높은 정확도를 얻을 수 있다.
② 각관측 방법 중 방위각법은 한번 오차가 발생하면 그 영향은 끝까지 미친다.
③ 폐합오차 조정방법 중 컴퍼스 법칙은 각관측의 정밀도가 거리관측의 정밀도보다 높을 때 실시한다.
④ 폐합 트래버스에서 편각의 총합은 반드시 360°가 되어야 한다.

해설 폐합오차의 조정
① 컴퍼스법칙
 ㉠ 각관측과 거리관측의 정밀도가 비슷할 때 조정하는 방법
 ㉡ 각측선길이에 비례하여 폐합오차를 배분
② 트랜싯법칙
 ㉠ 각관측의 정밀도가 거리관측의 정밀도 보다 높을 때 조정하는 방법
 ㉡ 위거, 경거의 크기에 비례하여 폐합오차를 배분

해답 ③

제3과목 수리학 및 수문학

041 개수로 지배단면의 특성으로 옳은 것은?
① 하천 흐름이 부정류인 경우에 발생한다.
② 완경사의 흐름에서 배수곡선이 나타나면 발생한다.
③ 상류 흐름에서 사류 흐름으로 변화할 때 발생한다.
④ 사류인 흐름에서 도수가 발생할 때 발생한다.

해설 상류에서 사류로 변할 경우에 한계수심이 지배단면이 될 수 있다.

해답 ③

042 그림과 같은 액주계에서 수은면의 차가 10cm이었다면, A, B 점의 수압차는? (단, 수은의 비중=13.6, 무게 1kg=9.8N)
① 133.5kPa
② 123.5kPa
③ 13.35kPa
④ 12.35kPa

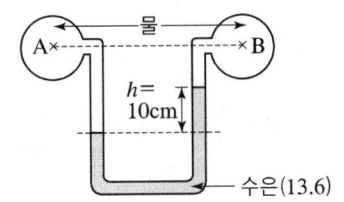

해설 ① $P_a + 1 \times 10 = 13.6 \times 10 + P_b$ 에서
 $P_a - P_b = 126 \text{t/m}^2 = 0.126 \text{kg/cm}^2$
② $0.126 \text{kg/cm}^2 \times \dfrac{9.8\text{N}}{1\text{kg}} \times \dfrac{1\text{cm}^2}{100\text{mm}^2} = 0.012348 \text{MPa} = 12.348 \text{kPa}$

해답 ④

043 도수(hydraulic jump) 전후의 수심 h_1, h_2의 관계를 도수 전의 Froude수 Fr_1의 함수로 표시한 것으로 옳은 것은?

① $\dfrac{h_1}{h_2} = \dfrac{1}{2}(\sqrt{8Fr_1^2+1}-1)$ ② $\dfrac{h_1}{h_2} = \dfrac{1}{2}(\sqrt{8Fr_1^2+1}+1)$

③ $\dfrac{h_2}{h_1} = \dfrac{1}{2}(\sqrt{8Fr_1^2+1}-1)$ ④ $\dfrac{h_2}{h_1} = \dfrac{1}{2}(\sqrt{8Fr_1^2+1}+1)$

해설 $\dfrac{h_2}{h_1} = \dfrac{1}{2}(-1+\sqrt{1+8F_{r1}^2})$

여기서, h_1 : 도수 전의 사류의 수심 h_2 : 도수 후의 상류의 수심
V_1, V_2 : 도수 전후의 평균유속 F_{r1} : 도수전 후루두수

[참고] $F_{r1} = \dfrac{V_1}{\sqrt{gh_1}}$
여기서, V_1, V_2 : 도수 전후의 평균유속

해답 ③

044 관로 길이 100m, 안지름 30cm의 주철관에 0.1m³/s의 유량을 송수할 때 손실수두는? (단, $v = C\sqrt{RI}$, $C = 63m^{\frac{1}{2}}/s$이다.)

① 0.54m   ② 0.67m
③ 0.74m   ④ 0.88m

해설 ① $V = \dfrac{Q}{A} = \dfrac{0.1}{\dfrac{\pi \times 0.3^2}{4}} = 1.41471\text{m/sec}$

② $f = \dfrac{8g}{C^2} = \dfrac{8 \times 9.8}{63^2} = 0.019753$

③ $h_L = f\dfrac{l}{D}\dfrac{V^2}{2g} = 0.019753 \times \dfrac{100}{0.3} \times \dfrac{1.41471^2}{2 \times 9.8} = 0.67\text{m}$

해답 ②

045 안지름 2m의 관내를 20℃의 물이 흐를 때 동점성계수가 0.0101cm²/s이고 속도가 50cm/s라면 이 때의 레이놀즈수(Reynolds number)는?

① 960,000   ② 970,000
③ 980,000   ④ 990,000

해설 $Re = \dfrac{VD}{\nu} = \dfrac{50 \times 200}{0.0101} = 990,099 \fallingdotseq 990,000$

해답 ④

046
관 벽면의 마찰력 τ_o, 유체의 밀도 ρ, 점성계수를 μ라 할 때 마찰속도(U_*)는?

① $\dfrac{\tau_o}{\rho\mu}$
② $\sqrt{\dfrac{\tau_o}{\rho\mu}}$
③ $\sqrt{\dfrac{\tau_o}{\rho}}$
④ $\sqrt{\dfrac{\tau_o}{\mu}}$

해설 마찰속도(전단속도)
$$U_* = \sqrt{\dfrac{\tau}{\rho}} = V\sqrt{\dfrac{f}{8}} = \sqrt{gRI}$$

해답 ③

047
저수지의 물을 방류하는데 1 : 225로 축소된 모형에서 4분이 소요되었다면, 원형에서의 소요시간은?

① 60분
② 120분
③ 900분
④ 3375분

해설 $Q = A \cdot v$에서 $v = \dfrac{Q}{A}$

Q가 일정하므로 $v \propto \dfrac{1}{A} = \dfrac{1}{b^2} = \dfrac{1}{225}$

$b = \sqrt{225} = 15$

$15 \times 4분 = 60분$ 소요된다.

해답 ①

048
강우강도(I), 지속시간(D), 생기빈도(F) 관계를 표현하는 식 $I = \dfrac{kT^x}{t^n}$ 에 대한 설명으로 틀린 것은?

① t : 강우의 지속시간[min]으로서, 강우가 계속 지속될수록 강우강도(I)는 커진다.
② I : 단위시간에 내리는 강우량[mm/hr]인 강우강도이며 각종 수문학적 해석 및 설계에 필요하다.
③ T : 강우의 생기빈도를 나타내는 연수(年數)로 재현기간(년)을 의미한다.
④ k, x, n : 지역에 따라 다른 값을 가지는 상수이다.

해설 ① 강우강도 – 지속기간 – 생기빈도 관계
$$I = \dfrac{kT^x}{t^n}$$

여기서, I : 강우강도(mm/h)
t : 지속기간(min)
T : 강우의 생기빈도를 나타내는 연수(재현기간)
k, x, n : 지역에 따라 결정되는 상수
② 강우 지속시간 t가 커지면 강우강도 I는 줄어든다.

해답 ①

049 지속시간 2hr인 어느 단위유량도의 기저시간이 10hr이다. 강우강도가 각각 2.0, 3.0 및 5.0cm/hr이고 강우지속기간은 똑같이 모두 2hr인 3개의 유효강우가 연속해서 내릴 경우 이로 인한 직접유출수문곡선의 기저시간은?

① 2hr
② 10hr
③ 14hr
④ 16hr

해설 기저시간 = 10 + 2 + 2 = 14hr

해답 ③

050 직사각형의 단면(폭 4m×수심 2m) 개수로에서 Manning 공식의 조도계수 $n = 0.017$이고 유량 $Q = 15\text{m}^3/\text{s}$일 때 수로의 경사($I$)는?

① 1.016×10^{-3}
② 4.548×10^{-3}
③ 15.365×10^{-3}
④ 31.875×10^{-3}

해설 Manning 공식

$Q = A \cdot V = A \cdot \dfrac{1}{n} \cdot R^{\frac{2}{3}} \cdot I^{\frac{1}{2}}$

$15 = (4 \times 2) \times \dfrac{1}{0.017} \times \left(\dfrac{4 \times 2}{4 + 2 \times 2}\right)^{\frac{2}{3}} \times I^{\frac{1}{2}}$ 에서

$I^{\frac{1}{2}} = \left(\dfrac{15}{8 \times \dfrac{1}{0.017} \times 1^{\frac{2}{3}}}\right)$ $I = \left(\dfrac{15}{8 \times \dfrac{1}{0.017} \times 1}\right)^2 = 1.016 \times 10^{-3}$

해답 ①

051 하상계수(河狀係數)에 대한 설명으로 옳은 것은?

① 대하천의 주요 지점에서의 강우량과 저수량의 비
② 대하천의 주요 지점에서의 최소유량과 최대유량의 비
③ 대하천의 주요 지점에서의 홍수량과 하천유지유량의 비
④ 대하천의 주요 지점에서의 최소유량과 갈수량의 비

하상계수 = $\dfrac{\text{최대 유량}}{\text{최소 유량}}$

해답 ②

052

어떤 유역에 표와 같이 30분간 집중호우가 발생하였다. 지속시간 15분인 최대 강우강도는?

시간[분]	0~5	5~10	10~15	15~20	20~25	25~30
우량[mm]	2	4	6	4	8	6

① 80mm/hr ② 72mm/hr
③ 64mm/hr ④ 50mm/hr

 $I = (6+4+8) \times \dfrac{60}{15} = 72 \text{mm/hr}$

해답 ②

053

수평으로 관 A와 B가 연결되어 있다. 관 A에서 유속은 2m/s, 관 B에서의 유속은 3m/s이며, 관 B에서의 유체압력이 9.8kN/m²이라 하면 관 A에서의 유체압력은? (단, 에너지 손실은 무시한다.)

① 2.5kN/m² ② 12.3kN/m²
③ 22.6kN/m² ④ 37.6kN/m²

해설 ① $w = 1000 \text{kg/m}^3 \times \dfrac{9.8\text{N}}{1\text{kg}} \times \dfrac{1\text{kN}}{1000\text{N}} = 9.8 \text{kN/m}^3$

② 에너지 손실을 무시하므로

$$\dfrac{V_A^2}{2g} + \dfrac{P_A}{w} + Z_A = \dfrac{V_B^2}{2g} + \dfrac{P_B}{w} + Z_B$$

여기서, 수평이므로 $Z_A = Z_B = 0$

$\dfrac{2^2}{2 \times 9.8} + \dfrac{P_A}{9.8} + 0 = \dfrac{3^2}{2 \times 9.8} + \dfrac{9.8}{9.8} + 0$ 에서 $P_A = 12.3 \text{kN/m}^2$

해답 ②

054

연직 오리피스에서 일반적인 유량계수 C의 값은?

① 대략 1.00 전후이다. ② 대략 0.80 전후이다.
③ 대략 0.60 전후이다. ④ 대략 0.40 전후이다.

해설 연직오리피스의 유량계수 값은 일반적으로 0.6 전후이다.

해답 ③

055
직사각형 단면의 수로에서 최소비에너지가 1.5m라면 단위폭당 최대유량은?
(단, 에너지보정계수 $\alpha = 1.0$)

① $2.86\text{m}^3/\text{s/m}$ ② $2.98\text{m}^3/\text{s/m}$
③ $3.13\text{m}^3/\text{s/m}$ ④ $3.32\text{m}^3/\text{s/m}$

해설
① $h_c = \dfrac{2}{3}H_e = \dfrac{2}{3} \times 1.5 = 1\text{m}$

② $h_c = \left(\dfrac{\alpha Q^2}{g b^2}\right)^{\frac{1}{3}}$

$1 = \left(\dfrac{1 \times Q^2}{9.8 \times 1^2}\right)^{\frac{1}{3}}$ 에서 $Q = Q_{\max} = 3.13\text{m}^3/\text{sec}$

해답 ③

056
부피가 4.6m³인 유체의 중량이 51.548kN일 때 이 유체의 비중은?

① 1.14 ② 5.26
③ 11.40 ④ 1143.48

해설
① 물의 단위중량
$w = 1000\text{kg/m}^3 \times \dfrac{9.8\text{N}}{1\text{kg}} \times \dfrac{1\text{kN}}{1000\text{N}} = 9.8\text{kN/m}^3$

② 유체의 비중 $= \dfrac{\text{유체의 단위중량}}{\text{물의 단위중량}} = \dfrac{\frac{51.548}{4.6}}{9.8} = 1.14$

해답 ①

057
여과량이 2m³/s이고 동수경사가 0.2, 투수계수가 1cm/s일 때 필요한 여과지 면적은?

① 2500m² ② 2000m²
③ 1500m² ④ 1000m²

해설 $Q = AKI$에서
$A = \dfrac{Q}{KI} = \dfrac{2}{0.01 \times 0.2} = 1{,}000\text{m}^2$

해답 ④

058

2개의 불투수층 사이에 있는 대수층의 두께 a, 투수계수 k인 곳에 반지름 r_o인 굴착정(artesian well)을 설치하고 일정 양수량 Q를 양수하였더니, 양수 전 굴착정 내의 수위 H가 h_0로 하강하여 정상흐름이 되었다. 굴착정의 영향원 반지름을 R이라 할 때 $(H-h_0)$의 값은?

① $\dfrac{2Q}{\pi ak}\ln\left(\dfrac{R}{r_o}\right)$ 　　② $\dfrac{Q}{2\pi ak}\ln\left(\dfrac{R}{r_o}\right)$

③ $\dfrac{2Q}{\pi ak}\ln\left(\dfrac{r_o}{R}\right)$ 　　④ $\dfrac{Q}{2\pi ak}\ln\left(\dfrac{r_o}{R}\right)$

해설 굴착정 양수량

$$Q = \frac{2\pi ak(H-h_o)}{2.3\log\dfrac{R}{r_o}} = \frac{2\pi ak(H-h_o)}{\ln\dfrac{R}{r_o}} \text{에서 } (H-h_o) = \frac{Q}{2\pi ak}\ln\frac{R}{r_o}$$

여기서, a : 투수층의 두께, R : 영향원의 반지름, r_o : 우물의 반지름

해답 ②

059

베르누이 정리를 $\dfrac{\rho}{2}V^2 + wZ + P = H$로 표현할 때, 이 식에서 정체압(stagnation pressure)은?

① $\dfrac{\rho}{2}V^2 + wZ$로 표시한다. 　　② $\dfrac{\rho}{2}V^2 + P$로 표시한다.

③ $wZ + P$로 표시한다. 　　④ P로 표시한다.

해설 베르누이 방정식에 의해서 정체압(P_t)은 대기압+유체 압력으로 계산이 된다.

$$P_t = \frac{\rho V^2}{2} + P$$

해답 ②

060

합성 단위유량도의 모양을 결정하는 인자가 아닌 것은?

① 기저시간　　② 첨두유량
③ 지체시간　　④ 강우강도

해설 가장 널리 알려져 있는 방법 중의 하나로 Snyder가 미국 Appalachian Highland 지역의 연구결과 발표한 방법인 Snyder방법이 있는데, 단위유량도의 지체시간(Lag Time, t_p), 첨두유량(Peak Flow, Q_p) 및 기저시간 (Base Time, T) 등을 유역의 지형인자와 상관시켜 단위도를 정의하는 방법이다.

해답 ④

제4과목 철근콘크리트 및 강구조

061 아래 그림의 빗금 친 부분과 같은 단철근 T형보의 등가응력의 깊이(a)는? (단, $A_s = 6354mm^2$, $f_{ck} = 24MPa$, $f_y = 400MPa$)

① 96.7mm
② 111.5mm
③ 121.3mm
④ 128.6mm

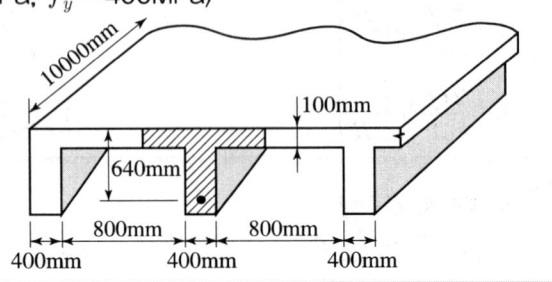

해설 ① 대칭 T형보의 유효폭
 ㉠ $16t_f + b_w = 16 \times 100 + 400 = 2,000mm$
 ㉡ 양쪽 슬래브의 중심간 거리 = $\frac{800}{2} + 400 + \frac{800}{2} = 1,200mm$
 ㉢ 전체 경간의 $\frac{1}{4}$ = $10,000 \times \frac{1}{4} = 2,500mm$
 ∴ 유효폭은 가장 작은 값인 1,200mm이다.
② $A_{sf} = \frac{0.85 f_{ck} \cdot t(b - b_w)}{f_y} = \frac{0.85 \times 24 \times 100 \times (1200 - 400)}{400} = 4,080mm^2$
③ $a = \frac{f_y(A_s - A_{sf})}{0.85 f_{ck} \cdot b_w} = \frac{400 \times (6,354 - 4,080)}{0.85 \times 24 \times 400} = 111.5mm$

해답 ②

062 그림과 같은 복철근 직사각형 보에서 공칭모멘트 강도(M_n)는? (단, f_{ck} = 24MPa, f_y = 350MPa, A_s = 5730mm², A_s' = 1980mm²)

① 947.7kN·m
② 886.5kN·m
③ 805.6kN·m
④ 725.3kN·m

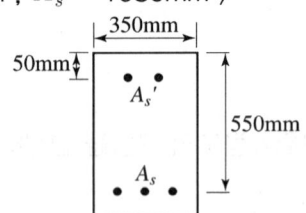

해설 ① 등가직사각형 응력분포의 깊이 : a
$a = \frac{(A_s - A_s')f_y}{0.85 f_{ck} b} = \frac{(5730 - 1980) \times 350}{0.85 \times 24 \times 350} = 183.8235294mm$

② 단면의 공칭 휨강도
$M_n = (A_s - A_s')f_y\left(d - \frac{a}{2}\right) + A_s' f_y(d - d')$

$$= (5730 - 1980) \times 350 \times \left(550 - \frac{183.82}{2}\right) + 1980 \times 350 \times (550 - 50)$$
$$= 947{,}743{,}125 \text{N} \cdot \text{mm} = 947.7 \text{kN} \cdot \text{m}$$

해답 ①

063

다음 단면의 균열 모멘트 M_{cr}의 값은? (단, 보통중량 콘크리트로서, f_{ck} = 25MPa, f_y = 400MPa)

① 16.8kN·m
② 41.58kN·m
③ 63.88kN·m
④ 85.05kN·m

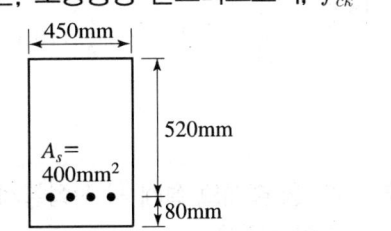

해설 ① 휨인장강도(할렬인장강도=파괴계수 ; f_{ru})
$$f_{ru} = 0.63\lambda\sqrt{f_{ck}} = 0.63 \times 1.0 \times \sqrt{25}$$
여기서, λ : 경량콘크리트계수
(보통중량콘크리트 1.0, 모래경량콘크리트 0.85, 전경량콘크리트 0.75)

② 균열 모멘트
$$M_{cr} = \frac{f_{ru}}{y_t}I_g = \frac{0.63\lambda\sqrt{f_{ck}}}{y_t}\frac{bh^3}{12} = \frac{0.63 \times 1.0 \times \sqrt{25}}{300} \times \frac{450 \times 600^3}{12}$$
$$= 85{,}050{,}000 \text{N} \cdot \text{mm} = 85.05 \text{kN} \cdot \text{m}$$

해답 ④

064

다음과 같은 옹벽의 각 부분 중 직사각형보로 설계해야 할 부분은?
① 앞부벽
② 부벽식 옹벽의 전면벽
③ 캔틸레버식 옹벽의 전면벽
④ 부벽식 옹벽의 저판

해설 옹벽의 구조해석
① 캔틸레버식 옹벽(역T형 옹벽)
  ㉠ 저판 : 전면벽과의 접합부를 고정단으로 간주한 캔틸레버로 가정하여 단면을 설계
  ㉡ 전면벽(추가철근) : 저판에 의해 지지된 캔틸레버로 설계
② 부벽식 옹벽
  ㉠ 앞부벽 : 직사각형보로 설계
  ㉡ 뒷부벽 : T형보의 복부로 설계
  ㉢ 앞부벽식옹벽과 뒷부벽식 옹벽의 전면벽과 저판
    • 전면벽(추가철근) : 3변 지지된 2방향 슬래브로 설계할 수 있다.
    • 저판 : 정확한 방법이 사용되지 않는 한 뒷부벽 또는 앞부벽 간의 거리를 경간으로 가정하여 고정보 또는 연속보로 설계할 수 있다.

해답 ①

065

콘크리트 설계기준강도가 28MPa, 철근의 항복강도가 350MPa로 설계된 내민 길이 4m인 캔틸레버 보가 있다. 처짐을 계산하지 않는 경우의 최소 두께는?

① 340mm
② 465mm
③ 512mm
④ 600mm

해설
$$h = \frac{l}{8} \times 보정계수 = \frac{l}{8} \times \left(0.43 + \frac{f_y}{700}\right) = \frac{4,000}{8} \times \left(0.43 + \frac{350}{700}\right) = 465\text{mm}$$

해답 ②

066

2방향 슬래브 설계 시 직접설계법을 적용할 수 있는 제한사항에 대한 설명으로 틀린 것은?

① 각 방향으로 3경간 이상 연속되어야 한다.
② 슬래브 판들은 단변 경간에 대한 장변 경간의 비가 2 이하인 직사각형이어야 한다.
③ 연속한 기둥 중심선을 기준으로 기둥의 어긋남은 그 방향 경간의 15% 이하이어야 한다.
④ 각 방향으로 연속한 받침부 중심간 경간 차이는 긴 경간의 1/3 이하이어야 한다.

해설 직접설계법 적용 조건

① 각 방향으로 3경간 이상이 연속되어야 한다.
② 슬래브판들은 단변 경간에 대한 장변 경간의 비가 2 이하인 직사각형이어야 한다.
③ 각 방향으로 연속한 받침부 중심 간 경간 길이의 차이는 긴 경간의 1/3 이하이어야 한다.
④ 연속한 기둥 중심선으로부터 기둥의 어긋남은 그 방향 경간의 최대 10% 이하이어야 한다.
⑤ 모든 하중은 슬래브판 전체에 등분포 된 연직하중이어야 하며, 활하중은 고정하중의 2배 이하이어야 한다.
⑥ 모든 변에서 보가 슬래브판을 지지할 경우, 직교하는 두 방향에서 다음 식에 해당하는 보의 상대강성은 다음 식을 만족하여야 한다.

$$0.2 \leq \frac{\alpha_1 l_2^2}{\alpha_2 l_1^2} \leq 5.0$$

⑦ 직접설계법으로 설계된 슬래브 시스템은 연속 휨부재의 부휨모멘트 재분배 규정에서 허용된 모멘트 재분배를 적용할 수 없다. 휨모멘트 재분배는 고려하는 방향에서 슬래브판에 대한 전체 정적 계수휨모멘트가 $\frac{w_u l_2 l_n^2}{8}$ 식에 의해 요구된 휨모멘트보다 작지 않은 범위 내에서 정 및 부계수휨모멘트는 10%까지 수정할 수 있다.

⑧ 2방향 슬래브의 여러 역학적 해석조건을 만족시키는 것을 입증한다면 위 ①에서부터 ⑦까지의 제한 규정을 다소 벗어나도 직접설계법을 적용할 수 있다.

해답 ③

067
PS 콘크리트의 균등질 보의 개념(homogeneous beam concept)을 설명한 것으로 가장 적당한 것은?

① 콘크리트에 프리스트레스가 가해지면 PSC 부재는 탄성재료로 전환되고 이의 해석은 탄성이론으로 가능하다는 개념
② PSC 보를 RC 보처럼 생각하여, 콘크리트는 압축력을 받고 긴장재는 인장력을 받게 하여 두 힘의 우력 모멘트로 외력에 의한 휨모멘트에 저항시킨다는 개념
③ PS 콘크리트는 결국 부재에 작용하는 하중의 일부 또는 전부를 미리 가해진 프리스트레스와 평행이 되도록 하는 개념
④ PS 콘크리트는 강도가 크기 때문에 보의 단면을 강재의 단면으로 가정하여 압축 및 인장을 단면 전체가 부담할 수 있다는 개념

해설
① **균등질보개념**(응력개념법, 기본개념법) : 콘크리트에 프리스트레스트를 도입하면 콘크리트가 탄성 재료로 전환된다고 생각으로 전단면 유효 응력으로 설계하는 개념이다.
② **강도개념**(내력모멘트개념, C-선 개념) : PSC보를 RC보처럼 생각하여 콘크리트는 압축력을 받고 긴장재는 인장력을 받게 하여 두 힘의 우력모멘트로 외력에 의한 휨모멘트에 저항시킨다는 개념이다.
③ **하중평형개념**(Load Balancing Concept, 등가하중개념) : 포물선 또는 직선 절곡으로 배치된 PS강재에 의해 생긴 상향력이 보에 상향으로 작용하는 하중과 같다고 간주하는 개념이다.

해답 ①

068
깊은보에 대한 전단 설계의 규정 내용으로 틀린 것은? (단, l_n : 받침부 내면 사이의 순경간, λ : 경량 콘크리트 계수, b_w : 복부의 폭, d : 유효깊이, s : 종방향 철근에 평행한 방향으로 전단철근의 간격, s_h : 종방향 철근에 수직방향으로 전단철근의 간격)

① l_n이 부재 깊이의 3배 이상인 경우 깊은보로서 설계한다.
② 깊은보의 V_n은 $(5\lambda\sqrt{f_{ck}}/6)b_w d$ 이하이어야 한다.
③ 휨인장철근과 직각인 수직전단철근의 단면적 A_v를 $0.0025b_w s$ 이상으로 하여야 한다.
④ 휨인장철근과 평행한 수평전단철근의 단면적 A_{vh}를 $0.0015b_w s_h$ 이상으로 하여야 한다.

해설 깊은 보는 한쪽 면이 하중을 받고 반대쪽 면이 지지되어 하중과 받침부 사이에 압축대가 형성되는 구조요소로서 다음 중 하나에 해당하는 부재를 말한다.
① 순경간 l_n이 부재 깊이의 4배 이하인 부재
② 받침부 내면에서(받침부로부터) 부재 깊이의 2배 이하인 위치에 집중하중이 작용하는 경우는 집중하중과 받침부 사이의 구간

해답 ①

069
그림과 같은 나선철근 단주의 공칭 중심축하중(P_n)은? [단, $f_{ck}=24$MPa, $f_y=400$MPa, 축방향 철근은 8-D25($A_{st}=4050$mm²)를 사용]

① 2125.2kN
② 2734.3kN
③ 3168.6kN
④ 3485.8kN

400mm

해설
$P_{nmax} = \alpha[0.85f_{ck}(A_g - A_{st}) + f_y A_{st}]$
$= 0.85 \times \left[0.85 \times 24 \times \left(\dfrac{\pi \times 400^2}{4} - 4050\right) + 400 \times 4050\right]$
$= 3,485,782\text{N} = 3,485.8\text{kN}$

해답 ④

070
폭 $b=300$mm, 유효깊이 $d=500$mm, 철근단면적 $A=2200$mm²를 갖는 단철근 콘크리트 직사각형 보를 강도설계법으로 휨 설계할 때, 설계 휨모멘트 강도(ϕM_n)는? (단, 콘크리트 설계기준강도 $f_{ck}=27$MPa, 철근항복강도 $f_y=400$MPa)

① 186.6kN·m   ② 234.7kN·m
③ 284.5kN·m   ④ 326.2kN·m

해설
① $a = \dfrac{A_s \cdot f_y}{0.85 f_{ck} b} = \dfrac{2,200 \times 400}{0.85 \times 27 \times 300} = 127.8\text{mm}$

② $M_d = \phi M_n = 0.85 A_s \cdot f_y \left(d - \dfrac{a}{2}\right) = 0.85 \times 2,200 \times 400 \times \left(500 - \dfrac{127.8}{2}\right)$
$= 326,202,800\text{N} \cdot \text{mm} = 326.2\text{kN} \cdot \text{m}$

해답 ④

071
용접이음에 관한 설명으로 틀린 것은?

① 리벳구멍으로 인한 단면 감소가 없어서 강도 저하가 없다.
② 내부 검사(X-선 검사)가 간단하지 않다.
③ 작업의 소음이 적고 경비와 시간이 절약된다.
④ 리벳이음에 비해 약하므로 응력 집중 현상이 일어나지 않는다.

해설 **용접이음의 장점**
① 일반적인 장점
    ㉠ 재료가 절약된다.   ㉡ 공정수가 감소한다.
    ㉢ 제품 성능과 수명이 향상된다.   ㉣ 이음 효율이 높다.
② 리벳이음에 비해 우수한 점
    ㉠ 구조가 간단하다.   ㉡ 재료가 절약된다.
    ㉢ 공수를 절감할 수 있다.   ㉣ 경비가 절감된다.
    ㉤ 기밀, 수밀 유지가 쉽다.   ㉥ 자동화가 가능하다.
    ㉦ 이음 효율이 높다.

용접의 단점
① 용접 부 재질 변화 우려가 있다.   ② 수축변형 및 잔류응력 발생한다.
③ 재질에 따라 용접산화가 일어난다.   ④ 응력 집중이 일어나기 쉽다.
⑤ 품질검사가 곤란하다.   ⑥ 균열이 발생하기 쉽다.

해답 ④

072
$b=350$mm, $d=550$mm인 직사각형 단면의 보에서 지속하중에 의한 순간처짐이 16mm였다. 1년 후 총 처짐량은 얼마인가? (단, $A_s=2246$mm², $A_s'=1284$mm², $\zeta=1.4$)

① 20.5mm
② 32.8mm
③ 42.1mm
④ 26.5mm

해설
① 압축 철근비 : $\rho' = \dfrac{A_s'}{b \cdot d} = \dfrac{1284}{350 \times 550} = 0.0067$
② 처짐계수 : $\lambda = \dfrac{\xi}{1+50\rho'} = \dfrac{1.4}{1+50 \times 0.0067} = 1.05$mm
③ 장기처짐 = 단기처짐 × λ = 16 × 1.05 = 16.8mm
④ 총 처짐량 = 단기처짐 + 장기처짐 = 16 + 16.8 = 32.8mm

해답 ②

073

그림과 같이 활하중(w_L)을 30kN/m, 고정하중(w_p)은 콘크리트의 자중(단위무게 23kN/m)만 작용하고 있는 캔틸레버보가 있다. 이 보의 위험단면에서 전단철근이 부담해야 할 전단력은? [단, 하중은 하중조합을 고려한 소요강도(U)를 적용하고, $f_{ck}=24$MPa, $f_y=300$MPa이다.]

① 88.7kN
② 53.5kN
③ 21.3kN
④ 9.5kN

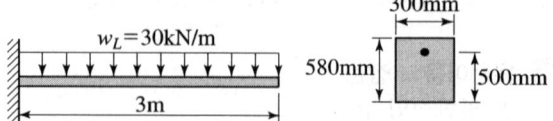

해설 ① 사하중
$w_D = 23 \times 0.3 \times 0.58 = 4.002$kN/m
② 활하중
$w_L = 30$kN/m
③ 사하중에 의한 위험단면에서의 전단력
$V_D = w_D \cdot (l-d) = 4.002 \times (3-0.5) = 10.005$kN
④ 활하중에 의한 위험단면에서의 전단력
$V_L = w_L \cdot (l-d) = 30 \times (3-0.5) = 75$kN
⑤ 계수전단력
$V_u = 1.2V_D + 1.6V_L = 1.2 \times 10.005 + 1.6 \times 75 = 132.006$kN
⑥ 콘크리트가 부담하는 전단강도
$V_c = \left(\dfrac{\sqrt{f_{ck}}}{6}\right)b_w \cdot d = \dfrac{\sqrt{24}}{6} \times 300 \times 500 = 122,474.487$N $= 122.5$kN
⑦ 공칭 전단강도
$V_d = \phi V_n \geq V_u$에서 $V_n = \dfrac{V_u}{\phi} = \dfrac{132.006}{0.75} = 176.008$
⑧ 전단철근이 부담하는 전단강도
$V_n = V_c + V_s$에서 $V_s = V_n - V_c = 176.008 - 122.5 = 53.508$kN

해답 ②

074

아래 그림과 같은 두께 12mm 평판의 순단면적을 구하면? (단, 구멍의 직경은 23mm이다.)

① 2310mm^2
② 2340mm^2
③ 2772mm^2
④ 2928mm^2

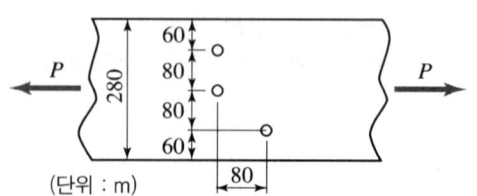

해설 ① $b_n = b_g - 2d = 280 - 2 \times 23 = 234$mm

② $b_n = b_g - 2d - \left(d - \dfrac{p^2}{4g}\right) = 280 - 2 \times 23 - \left(23 - \dfrac{80^2}{4 \times 80}\right) = 231\text{mm}$

③ 순폭 b_n 은 가장 작은 값 231mm

④ 순단면적 : $A_n = b_n \cdot t = 231 \times 12 = 2,772\text{mm}^2$

해답 ③

075

그림과 같은 단면의 도심에 PS 강재가 배치되어 있다. 초기 프리스트레스 힘을 1800kN 작용시켰다. 30%의 손실을 가정하여 콘크리트의 하연 응력이 0이 되도록 하려면 이때의 휨모멘트 값은? (단, 자중은 무시)

① 120kN · m
② 126kN · m
③ 130kN · m
④ 150kN · m

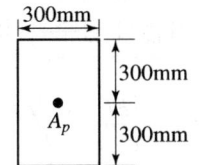

해설 ① $P = 1,800 \times 0.7 = 1,260\text{kN}$

② $M = \dfrac{P \cdot h}{6} = \dfrac{1,260 \times 0.6}{6} = 126\text{kN} \cdot \text{m}$

$f_{\text{하연응력(인장측)}} = \dfrac{P}{A} - \dfrac{M}{Z} = \dfrac{1,260}{0.3 \times 0.6} - \dfrac{M}{\dfrac{0.3 \times 0.6^2}{6}} = 0$ 에서 $M = 126\text{kN} \cdot \text{m}$

해답 ②

076

초기 프리스트레스가 1200MPa이고, 콘크리트의 건조수축 변형률 $\epsilon_{sh} = 1.8 \times 10^{-4}$일 때 긴장재의 인장응력의 감소는? (단, PS 강재의 탄성계수 $E_p = 2.0 \times 10^5$MPa)

① 12MPa
② 24MPa
③ 36MPa
④ 48MPa

해설 $\Delta f_p = E_p \cdot \epsilon_{sh} = 200,000 \times 1.8 \times 10^{-4} = 36\text{MPa}$

해답 ③

077

설계기준 압축강도(f_{ck})가 24MPa이고, 쪼갬인장강도(f_{sp})가 2.4MPa인 경량골재 콘크리트에 적용하는 경량콘크리트계수(λ)는?

① 0.75
② 0.85
③ 0.87
④ 0.92

해설 f_{sp}가 규정되어진 경량콘크리트

$$\frac{f_{sp}}{0.56\sqrt{f_{ck}}} \leq 1.0 \text{이므로} \quad \frac{2.4}{0.56 \times \sqrt{24}} = 0.87$$

해답 ③

078
철골 압축재의 좌굴 안정성에 대한 설명으로 틀린 것은?
① 좌굴길이가 길수록 유리하다.
② 힌지지지보다 고정지지가 유리하다.
③ 단면2차모멘트 값이 클수록 유리하다.
④ 단면2차반지름이 클수록 유리하다.

해설 좌굴하중 $P_b = \frac{\pi^2 EI}{l_k^2} = \frac{n\pi^2 EI}{l^2}$에서 좌굴길이가 길수록 좌굴하중(좌굴을 발생시키는 하중)의 크기가 줄어들므로 좌굴 안정성에 불리하다.

해답 ①

079
유효깊이(d)가 500mm인 직사각형 단면보에 f_y = 400MPa인 인장철근이 1열로 배치되어 있다. 중립축(c)의 위치가 압축연단에서 200mm인 경우 강도감소계수(ϕ)는?
① 0.804
② 0.817
③ 0.834
④ 0.842

해설 $\phi = 0.65 + 0.2\left[\left(\frac{1}{(c/d_t)}\right) - \frac{5}{3}\right] = 0.65 + 0.2\left[\left(\frac{1}{(200/500)}\right) - \frac{5}{3}\right] = 0.817$

해답 ②

080
사용 고정하중(D)과 활하중(L)을 작용시켜서 단면에서 구한 휨모멘트는 각각 M_D = 30kN · m, M_L = 3kN · m이었다. 주어진 단면에 대해서 현행 콘크리트 구조설계기준에 따라 최대 소요강도를 구하면?
① 30kN · m
② 40.8kN · m
③ 42kN · m
④ 48.2kN · m

해설 최대 소요강도
① $M_u = 1.2M_D + 1.6M_L = 1.2 \times 30 + 1.6 \times 3 = 40.8$kN · m
② $M_u = 1.4M_D = 1.4 \times 30 = 42$kN · m
③ 최대 소요강도는 둘 중 큰 값인 42kN · m이다.

해답 ③

제5과목 토질 및 기초

081 다음 그림에서 흙의 저면에 작용하는 단위면적당 침투수압은? (단, 물의 단위중량은 10kN/m³이다.)

① 80kN/m²
② 50kN/m²
③ 40kN/m²
④ 30kN/m²

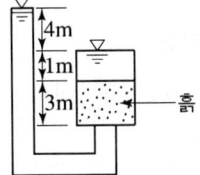

해설 침투수압

$$F = i \cdot \gamma_w \cdot z = \frac{\Delta h}{h} \cdot \gamma_w \cdot z = \frac{4}{3} \times 10 \times 3 = 40\text{kN/m}^2$$

해답 ③

082 그림에서 안전율 3을 고려하는 경우, 수두차 h를 최소 얼마로 높일 때 모래시료에 분사현상이 발생하겠는가?

① 12.75cm
② 9.75cm
③ 4.25cm
④ 3.25cm

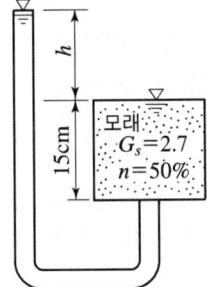

해설

① $e = \dfrac{n}{100-n} = \dfrac{50}{100-50} = 1.0$

② 분사현상이 일어날 조건

$$i \geq i_c = \frac{\gamma_{sub}}{\gamma_w} = \frac{G_s - 1}{1+e}$$

$$\frac{h}{L} \geq \frac{G_s - 1}{1+e}$$

$$\frac{h}{15} \geq \frac{2.7-1}{1+1} \text{에서} \quad h \geq 12.75\text{cm}$$

안전율 3을 고려하면 $h \geq \dfrac{12.75}{3} = 4.25\text{cm}$

해답 ③

083

내부마찰각이 30°, 단위중량이 18kN/m³인 흙의 인장균열 깊이가 3m일 때 점착력은?

① 15.6kN/m^2
② 16.7kN/m^2
③ 17.5kN/m^2
④ 181kN/m^2

해설 인장균열 깊이

$Z_c = \dfrac{2c}{\gamma} \tan\left(45° + \dfrac{\phi}{2}\right)$ 에서

$c = \dfrac{Z_c \gamma}{2\tan\left(45° + \dfrac{\phi}{2}\right)} = \dfrac{3 \times 18}{2 \times \tan\left(45° + \dfrac{30°}{2}\right)} = 15.6 \text{kN/m}^2$

해답 ①

084

다져진 흙의 역학적 특성에 대한 설명으로 틀린 것은?

① 다짐에 의하여 간극이 작아지고 부착력이 커져서 역학적 강도 및 지지력은 증대하고, 압축성, 흡수성 및 투수성은 감소한다.
② 점토를 최적함수비보다 약간 건조측의 함수비로 다지면 면모구조를 가지게 된다.
③ 점토를 최적함수비보다 약간 습윤측에서 다지면 투수계수가 감소하게 된다.
④ 면모구조를 파괴시키지 못할 정도의 작은 압력으로 점토시료를 압밀할 경우 건조측 다짐을 한 시료가 습윤측 다짐을 한 시료보다 압축성이 크게 된다.

해설 ① 낮은 압력하에서는 습윤측이 건조측보다 압축성이 더 크다.
② 높은 압력에서는 입자가 재배열되므로 오히려 건조측에서 다진 흙이 압축성이 커진다.

해답 ④

085

사면안정 계산에 있어서 Fellenius법과 간편 Bishop법의 비교 설명으로 틀린 것은?

① Fellenius법은 간편 Bishop법보다 계산은 복잡하지만 계산결과는 더 안전측이다.
② 간편 Bishop법은 절편의 양쪽에 작용하는 연직 방향의 합력은 0(zero)이라고 가정한다.
③ Fellenius법은 절편의 양쪽에 작용하는 합력은 0(zero)이라고 가정한다.
④ 간편 Bishop법은 안전율을 시행착오법으로 구한다.

해설 Bishop의 간편법(시산법, 시행착오법)은 안전율을 계산하므로 Fellenius법 보다 훨씬 복잡하나 안전율은 거의 실제와 같다.

해답 ①

086

점착력이 50kN/m², $\gamma_t = 18$kN/m³의 비배수상태($\phi=0$)인 포화된 점성토 지반에 직경 40cm, 길이 10m의 PHC 말뚝이 항타시공되었다. 이 말뚝의 선단지지력은? (단, Meyerhof 방법을 사용)

① 15.7kN ② 32.3kN
③ 56.5kN ④ 450kN

해설 $\phi=0$인 포화 점성토의 경우 $N_c = 9$이므로 선단지지력은
$$R_p = CN_c A_p = 50 \times 9 \times \frac{\pi \times 0.4^2}{4} = 56.5\text{kN}$$

해답 ③

087

사질토에 대한 직접 전단시험을 실시하여 다음과 같은 결과를 얻었다. 내부마찰각은 약 얼마인가?

수직응력[kN/m²]	30	60	90
최대전단응력[kN/m²]	17.3	34.6	51.9

① 25° ② 30°
③ 35° ④ 40°

해설 $\tau_f = c + \sigma' \tan\phi$ 에서 사질토의 경우에는 $c = 0$, $\phi \neq 0$이므로
$\tau = \sigma' \tan\phi$

① $\phi = \tan^{-1}\frac{\tau}{\sigma'} = \tan^{-1}\frac{17.3}{30} = 29.97°$

② $\phi = \tan^{-1}\frac{\tau}{\sigma'} = \tan^{-1}\frac{34.6}{60} = 29.97°$

③ $\phi = \tan^{-1}\frac{\tau}{\sigma'} = \tan^{-1}\frac{51.9}{90} = 29.97°$

해답 ②

088

그림과 같은 지반에 널말뚝을 박고 기초굴착을 할 때 A점의 압력수두가 3m라면 A점의 유효응력은? (단, 물의 단위중량은 9.81kN/m³이다.)

① 1kN/m²
② 12.57kN/m²
③ 42kN/m²
④ 29.43kN/m²

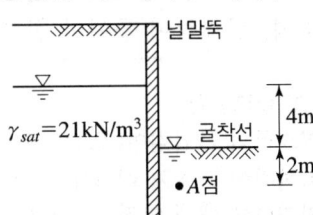

해설 ① 전응력 : $\sigma = \gamma_{sat} \cdot h = 21 \times 2 = 42 \text{kN/m}^2$
② 간극수압 : $u = \gamma_w \cdot h_p = 9.81 \times 3 = 29.43 \text{kN/m}^2$
③ 유효응력 : $\sigma' = \sigma - u = 42 - 29.43 = 12.57 \text{kN/m}^2$

해답 ②

089
그림과 같은 점토지반에 재하 순간 A점에서의 물의 높이가 그림에서와 같이 점토층의 윗면으로부터 5m였다. 이러한 물의 높이가 4m까지 내려오는 데 50일이 걸렸다면, 50% 압밀이 일어나는 데는 몇 일이 더 걸리겠는가? (단, 10% 압밀 시 압밀계수 $T_v = 0.008$, 20% 압밀 시 $T_v = 0.031$, 50% 압밀 시 $T_v = 0.197$이다.)

① 268일
② 618일
③ 1181일
④ 1231일

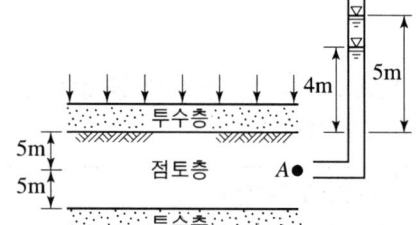

해설 ① 양면배수이므로 배수거리 $d = \dfrac{H}{2} = \dfrac{10}{2} = 5\text{m}$

② 압밀계수 : $C_v = \dfrac{T_{20} \cdot d^2}{t_{20}} = \dfrac{0.031 \times 5^2}{50} = 0.0155$

③ 압밀도 50% 시간계수 : $T_{50} = 0.197$

④ 압밀도 50% 압밀시간 : $t_{50} = \dfrac{T_{50} \cdot d^2}{C_v} = \dfrac{0.197 \times 5^2}{0.0155} = 318$일

⑤ 50% 압밀되는데 추가 소요시간 : $318 - 50 = 268$일

해답 ①

090
일반적인 기초의 필요조건으로 틀린 것은?

① 동해를 받지 않는 최소한의 근입깊이를 가져야 한다.
② 지지력에 대해 안정해야 한다.
③ 침하를 허용해서는 안 된다.
④ 사용성, 경제성이 좋아야 한다.

해설 기초의 필요조건
① 최소한의 근입깊이(D_f)를 확보하여 동해에 안정하도록 하여야한다.
② 침하량이 허용치 이내에 들어야 한다.
③ 지지력에 대해 안정해야 한다.
④ 경제적, 기술적으로 시공이 가능하여야 한다.(사용성, 경제성이 좋아야 한다.)

해답 ③

091

흙 속에서 물의 흐름에 대한 설명으로 틀린 것은?

① 투수계수는 온도에 비례하고 점성에 반비례한다.
② 불포화토는 포화토에 비해 유효응력이 작고, 투수계수가 크다.
③ 흙 속의 침투수량은 Darcy 법칙, 유선망, 침투해석 프로그램 등에 의해 구할 수 있다.
④ 흙 속에서 물이 흐를 때 수두차가 커져 한계동수구배에 이르면 분사현상이 발생한다.

해설 ① 불포화상태에서는 축응력의 증가로 체적변화가 발생하므로 유효응력이 증가한다.
② 불포화토는 부간극수압의 영향으로 겉보기 점착력을 보임과 동시에 마찰각도 커지며 흐름에 있어서는 간극 속에 공기의 함입으로 투수성이 저하

해답 ②

092

모래지반의 현장상태 습윤단위중량을 측정한 결과 18kN/m³으로 얻어졌으며 동일한 모래를 채취하여 실내에서 가장 조밀한 상태의 간극비를 구한 결과 $e_{\min}=0.45$, 가장 느슨한 상태의 간극비를 구한 결과 $e_{\max}=0.92$를 얻었다. 현장상태의 상대밀도는 약 몇 %인가? (단, 모래의 비중 $G_s=2.7$이고, 현장상태의 함수비 $w=10\%$, $\gamma_w=9.81$kN/m³이다.)

① 44%
② 57%
③ 64%
④ 80%

해설
① $\gamma_t = \dfrac{G_s \cdot \left(1+\dfrac{w}{100}\right)}{1+e} \cdot \gamma_w = \dfrac{2.7 \times \left(1+\dfrac{10}{100}\right)}{1+e} \times 9.81 = 18$에서 $e=0.62$

② $D_r = \dfrac{e_{\max}-e}{e_{\max}-e_{\min}} \times 100 = \dfrac{0.92-0.62}{0.92-0.45} \times 100 = 64\%$

해답 ③

093

아래 표의 식의 3축 압축시험에 있어서 간극수압을 측정하여 간극수압계수 A를 계산하는 식이다. 이 식에 대한 설명으로 틀린 것은?

$$\Delta u = B[\Delta\sigma_3 + A(\Delta\sigma_1 - \Delta\sigma_3)]$$

① 포화된 흙에서는 $B=1$이다.
② 정규압밀 점토에서는 A값이 1에 가까운 값을 나타낸다.
③ 포화된 점토에서 구속압력을 일정하게 할 경우 간극수압의 측정값과 축차응력을 알면 A값을 구할 수 있다.
④ 매우 과압밀된 점토의 A값은 언제나 (+)의 값을 갖는다.

해설 ① 등방압축 시 공극수압계수(B계수)
  ㉠ 완전포화($S=100\%$)이면, $B=1$
  ㉡ 완전건조($S=0\%$)이면, $B=0$
② A계수를 이용하여 흙의 종류를 개략적으로 파악할 수 있다.
  ㉠ A계수 값 $0.5\sim1$: 정규압밀 점토
  ㉡ A계수 값 $-0.5\sim0$: 과압밀 점토

해답 ④

094. 포화된 점토지반 위에 급속하게 성토하는 제방의 안정성을 검토할 때 이용해야 할 강도정수를 구하는 시험은?

① CU-test
② UU-test
③ $\overline{CU}$-test
④ CD-test

해설

배수방법	적용
비압밀 비배수 (UU-test)	① 점토지반이 시공 중 또는 성토한 후 급속한 파괴가 예상되는 경우 ② 압밀이나 함수비의 변화가 없이 급속한 파괴가 예상되는 경우 ③ 재하속도가 과잉공극수압의 소산속도보다 빠른 경우 ④ 즉각적인 함수비의 변화, 체적의 변화가 없는 경우 ⑤ 점토지반의 단기적 안정해석하는 경우
압밀 비배수 (CU-test)	① 성토 하중으로 어느 정도 압밀된 후 급속한 파괴가 예상되는 경우 ② 기존의 제방, 흙 댐에서 수위가 급강하할 때의 안정해석하는 경우 ③ 사전압밀(Pre-loading) 후 급격한 재하시의 안정해석하는 경우
압밀 배수 (CD-test)	① 성토 하중에 의하여 압밀이 서서히 진행되고 파괴도 극히 완만하게 진행될 때 ② 공극수압의 측정이 곤란한 경우 ③ 점토지반의 장기적 안정해석하는 경우 ④ 흙 댐의 정상류에 의한 장기적인 공극수압을 산정하는 경우 ⑤ 과압밀점토의 굴착이나 자연사면의 장기적 안정해석하는 경우 ⑥ 투수계수가 큰 모래지반의 사면 안정해석하는 경우

해답 ②

095. 흙의 비중이 2.60, 함수비 30%, 간극비 0.80일 때 포화도는?

① 24.0%
② 62.4%
③ 78.0%
④ 97.5%

해설 $S \cdot e = w \cdot G_s$ 에서 $S = \dfrac{w \cdot G_s}{e} = \dfrac{30 \times 2.6}{0.80} = 97.5\%$

해답 ④

096

시료가 점토인지 아닌지를 알아보고자 할 때 다음 중 가장 거리가 먼 사항은?

① 소성지수 ② 소성도 A선
③ 포화도 ④ 200번(0.075mm)체 통과량

해설 ① 점토분이 많을수록 액성한계와 소성지수가 크다.
② No.200체 통과량이 50% 이상이면 세립토(M, C, O)로 분류할 수 있다.

해답 ③

097

그림과 같은 20×30m 전면기초인 부분보상기초(partially compensated foundation)의 지지력 파괴에 대한 안전율은?

① 3.0
② 2.5
③ 2.0
④ 1.5

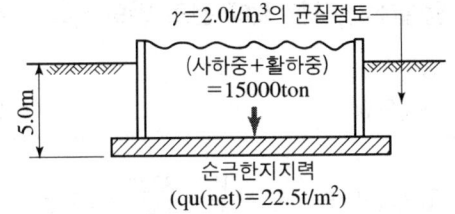

해설 안전율

$$F_s = \frac{q_{u(net)}}{q} = \frac{q_{u(net)}}{\frac{Q}{A} - r \cdot D_f} = \frac{22.5}{\frac{15,000}{20 \times 30} - 2 \times 5} = 1.5$$

해답 ④

098

지름 $d=20$cm인 나무말뚝을 25본 박아서 기초 상판을 지지하고 있다. 말뚝의 배치를 5열로 하고 각 열은 등간격으로 5본씩 박혀 있다. 말뚝의 중심간격 $S=$1m이고 1본의 말뚝이 단독으로 10t의 지지력을 가졌다고 하면 이 무리 말뚝은 전체로 얼마의 하중을 견딜 수 있는가? (단, Converse-Labbarre식을 사용한다.)

① 100t ② 200t
③ 300t ④ 400t

해설 군항의 허용지지력

① $\phi = \tan^{-1}\frac{D}{S} = \tan^{-1}\frac{0.2}{1} = 11.3°$

② $E = 1 - \frac{\phi}{90}\left[\frac{(m-1)n + m(n-1)}{mn}\right] = 1 - \frac{11.3°}{90}\left[\frac{(5-1) \times 5 + 5 \times (5-1)}{5 \times 5}\right]$
  $= 0.799$

③ $R_{ag} = ENR_a = 0.799 \times 25 \times 10 = 199.75$t

해답 ②

099 시험 종류와 시험으로부터 얻을 수 있는 값의 연결이 틀린 것은?

① 비중계분석시험 – 흙의 비중(G_s) ② 삼축압축시험 – 강도정수(c, ϕ)
③ 일축압축시험 – 흙의 예민비(S_t) ④ 평판재하시험 – 지반반력계수(k_s)

해설 비중계분석시험은 시료를 물에 희석시켜 교반시킨 후 흙탕물 속에서 토립자가 침강되는 상태를 확인하여 흙의 입경(입도)을 추정하는 방법이다.

해답 ①

100 현장 도로 토공에서 모래치환법에 의한 흙의 밀도 시험을 하였다. 파낸 구멍의 체적이 $V=1960\text{cm}^3$, 흙의 질량이 3390g이고, 이 흙의 함수비는 10%이었다. 실험실에서 구한 최대 건조 밀도 $\gamma_{d\max}=1.65\text{g/cm}^3$일 때 다짐도는?

① 85.6% ② 91.0%
③ 95.3% ④ 98.7%

해설
① 습윤밀도 : $\gamma_t = \dfrac{W}{V} = \dfrac{3390}{1960} = 1.73\text{g/cm}^3$

② 건조밀도 : $r_d = \dfrac{r_t}{1+\dfrac{w}{100}} = \dfrac{1.73}{1+\dfrac{10}{100}} = 1.573\text{g/cm}^3$

③ 다짐도 : $C_d = \dfrac{\text{현장의 } \gamma_d}{\text{실내 다짐시험에 의한 } \gamma_{d\max}} \times 100(\%) = \dfrac{1.573}{1.65} \times 100 = 95.3\%$

해답 ③

제6과목 상하수도공학

101 자연유하식인 경우 도수관의 평균유속의 최소한도는?

① 0.01m/s ② 0.1m/s
③ 0.3m/s   ④ 3m/s

해설 관의 평균유속
① 도·송수관의 평균유속의 최대한도 : 자연유하식인 경우에는 허용 최대한도를 3.0m/s로 하고, 펌프가압식인 경우에는 경제적인 관경에 대한 유속으로 한다.
② 도수관의 평균유속의 최소한도 : 원수를 수송하므로 모래입자 등의 침전을 방지하기 위하여 0.3m/sec 이상으로 한다.
③ 송수관의 평균유속의 최소한도 : 도수관의 유속에 준한다.

해답 ③

102 완속여과지의 구조와 형상의 설명으로 틀린 것은?

① 여과지의 총 깊이는 4.5~5.5m를 표준으로 한다.
② 형상은 직사각형을 표준으로 한다.
③ 배치는 1열이나 2열로 한다.
④ 주위벽 상단은 지반보다 15cm 이상 높인다.

해설 완속여과지의 구조와 형상
① 여과지 깊이는 하부집수장치의 높이에 자갈층과 모래층 두께, 모래면 위의 수심과 여유고를 더하여 2.5~3.5m를 표준으로 한다.
② 여과지의 형상은 직사각형을 표준으로 한다.
③ 배치는 몇 개 여과지를 접속시켜 1열이나 2열로 하고, 그 주위는 유지관리상 필요한 공간을 둔다.
④ 주위벽 상단은 지반보다 15cm 이상 높여 여과지 내로 오염수나 토사 등의 유입을 방지해야 한다.
⑤ 한랭지에서는 여과지의 물이 동결될 우려가 있는 경우나 또한 공중에서 날아드는 오염물질로 물이 오염될 우려가 있는 경우에는 여과지를 복개한다.

해답 ①

103 상수도 계획 설계 단계에서 펌프의 공동현상(cavitation) 대책으로 옳지 않은 것은?

① 펌프의 회전속도를 낮게 한다.
② 흡입쪽 밸브에 의한 손실수두를 크게 한다.
③ 흡입관의 구경은 가능하면 크게 한다.
④ 펌프의 설치 위치를 가능한 한 낮게 한다.

해설 공동현상의 방지법
① 펌프의 설치 위치를 되도록 낮게 하고, 흡입양정을 작게 한다.
② 흡입관은 되도록 짧은 것이 좋으며 부득이할 때는 흡입관을 크게 하여 손실을 감소시킨다.
③ 흡입측에서 펌프의 토출량을 감소시키는 일은 절대로 피한다.
④ 총양정의 규정에 있어서 적합하도록 계획한다.
⑤ 양정 변화가 클 때는 상용의 최저 양정에 대하여도 공동현상이 생기지 않도록 충분히 주의해야 한다.
⑥ 공동현상을 피할 수 없을 때는 임펠러 재질을 cavitation 파손에 강한 것을 사용한다.
⑦ 펌프의 공동현상을 방지하려면 펌프의 회전수를 낮게 해야 한다.
⑧ 가용 유효 흡입수두를 필요 유효 흡입수두 보다 크게하여 손실수두를 줄인다.

해답 ②

104
관거의 보호 및 기초공에 대한 설명으로 옳지 않은 것은?

① 관거의 부등침하는 최악의 경우 관거의 파손을 유발할 수 있다.
② 관거가 철도 밑을 횡단하는 경우 외압에 대한 관거 보호를 고려한다.
③ 경질염화비닐관 등의 연성관거는 콘크리트기초를 원칙으로 한다.
④ 강성관거의 기초공에서는 지반이 양호한 경우 기초를 생략할 수 있다.

해설 경질염화비닐관 등의 연성관거는 자유받침 모래기초를 원칙으로 하며, 조건에 따라 말뚝기초 등을 설치한다.

해답 ③

105
수중의 질소화합물의 질산화 진행과정으로 옳은 것은?

① $NH_3-N \rightarrow NO_2-N \rightarrow NO_3-N$ ② $NH_3-N \rightarrow NO_3-N \rightarrow NO_2-N$
③ $NO_2-N \rightarrow NO_3-N \rightarrow NH_3-N$ ④ $NO_3-N \rightarrow NO_2-N \rightarrow NH_3-N$

해설 **수중의 질소화합물 질산화 진행과정**
단백질 → Amino acid → 암모니아성 질소(NH_3-N) → 아질산성 질소(NO_2-N) → 질산성(NO_3-N)

해답 ①

106
하수관거 설계 시 계획하수량에서 고려하여야 할 사항으로 옳은 것은?

① 오수관거에서는 계획최대오수량으로 한다.
② 우수관거에서는 계획시간최대우수량으로 한다.
③ 합류식 관거에서는 계획시간최대오수량에 계획우수량을 합한 것으로 한다.
④ 지역의 설정에 따른 계획수량의 여유는 고려하지 않는다.

해설 **합류식 하수관거**
① 합류관거 : 계획시간 최대 오수량+계획우수량을 기준으로 계획
② 차집관거 : 우천시 계획오수량(계획 시간 최대오수량의 3배 이상)을 기준으로 계획

해답 ③

107
하천, 수로, 철도 및 이설이 불가능한 지하매설물의 아래에 하수관을 통과시킬 경우 필요한 하수관로 시설은?

① 간선 ② 관정접합
③ 맨홀 ④ 역사이펀

해설 역사이편은 하수관거가 철도, 지하철 등의 지하매설물을 횡단하여야 하는 경우 평면교차로 접합 할 수 없어 그 밑으로 통과해야 하는 하수관로 시설이다.

해답 ④

108 관의 길이가 1000m이고, 직경 20cm인 관을 직경 40cm의 등치관으로 바꿀 때, 등치관의 길이는? (단, Hazen-Williams 공식 사용)

① 2924.2m
② 5924.2m
③ 19242.6m
④ 29242.6m

해설 $L_2 = L_1 \left(\dfrac{D_2}{D_1}\right)^{4.87} = 1000 \times \left(\dfrac{40}{20}\right)^{4.87} = 29,242.6\text{m}$

해답 ④

109 하수관로 내의 유속에 대한 설명으로 옳은 것은?

① 유속은 하류로 갈수록 점차 작아지도록 설계한다.
② 관거의 경사는 하류로 갈수록 점차 커지도록 설계한다.
③ 오수관거는 계획1일최대오수량에 대하여 유속을 최소 1.2m/s로 한다.
④ 우수관거 및 합류관거는 계획우수량에 대하여 유속을 최대 3m/s로 한다.

해설 **유속 및 구배**
① 일반사항
　㉠ 관거 내에 토사 등이 침전, 정체하지 않는 유속일 것
　㉡ 하류 관거의 유속은 상류보다 크게 할 것
　㉢ 구배는 하류에 갈수록 완만하게 할 것
　㉣ 급류는 관거에 손상을 주므로 피할 것
② 하수관의 유속

관거	최소 유속	최대 유속	비 고
오수관거	0.6m/sec	3.0m/sec	이상적인 유속 : 1.0~1.8m/sec
우수관거 및 합류관거	0.8m/sec	3.0m/sec	

해답 ④

110 슬러지의 처분에 관한 일반적인 계통도로 알맞은 것은?

① 생슬러지 – 개량 – 농축 – 소화 – 탈수 – 최종처분
② 생슬러지 – 농축 – 소화 – 개량 – 탈수 – 최종처분
③ 생슬러지 – 농축 – 탈수 – 개량 – 소각 – 최종처분
④ 생슬러지 – 농축 – 탈수 – 소각 – 개량 – 최종처분

해설 슬러지 처리 계통
슬러지 농축 → 소화 → 개량 → 탈수 → 소각(건조) → 최종처분

해답 ②

111
하수 배제방식 중 분류식의 특성에 해당되는 것은?
① 우수를 신속하게 배수하기 위해서 지형조건에 적합한 관거망이 된다.
② 대구경 관거가 되면 좁은 도로에서의 매설에 어려움이 있다.
③ 시공 시 철저한 오접 여부에 대한 검사가 필요하다.
④ 대구경 관거가 되면 1계통으로 건설되어 오수관거와 우수관거의 2계통을 건설하는 것보다는 저렴하지만 오수관거만을 건설하는 것보다는 비싸다.

해설 분류식의 경우 우수와 오수를 구분하여 시공하므로 오접여부에 대한 철저한 검사가 필요하다.

해답 ③

112
하수도의 구성 및 계통도에 관한 설명으로 옳지 않은 것은?
① 하수의 집배수시설은 가압식을 원칙으로 한다.
② 하수처리시설은 물리적, 생물학적, 화학적 시설로 구별된다.
③ 하수의 배제방식은 합류식과 분류식으로 대별된다.
④ 분류식은 합류식보다 방류하천의 수질보전을 위한 이상적 배제방식이다.

해설 매립시설의 차수층위에는 침출수를 집배수시킬 수 있는 유공관 및 집수정과 이를 처리시설로 이송할 수 있는 설비를 설치하여야 하며, 자연유하식이 원칙이다.

해답 ①

113
슬러지의 호기성 소화를 혐기성 소화법과 비교 설명한 것으로 옳지 않을 것은?
① 상징수의 수질이 양호하다.
② 폭기에 드는 동력비가 많이 필요하다.
③ 악취 발생이 감소한다.
④ 가치 있는 부산물이 생성된다.

해설 호기성 소화법은 가치있는 부산물이 생성되지 않는 단점이 있으며, 혐기성 소화에서 부산물로 유용한 메탄가스(이용가치가 있는 부산물)가 생산된다.

해답 ④

114 호수의 부영양화에 대한 설명으로 옳지 않은 것은?

① 조류의 이상증식으로 인하여 물의 투명도가 저하된다.
② 부영양화의 주된 원인물질은 질소와 인이다.
③ 조류의 발생이 과다하면 정수공정에서 여과지를 폐색시킨다.
④ 조류제거 약품으로는 주로 황산알루미늄을 사용한다.

해설 정수시설 내에서 조류를 제거하는 방법
① 약품으로 조류를 산화시켜 침전처리 등으로 제거하는 방법
  염소제나 황산구리 등의 살조제로 처리하는 방법
② 여과로 제거하는 방법
  ㉠ 그물눈이 작은 그물망을 친 마이크로스트레이너로 조류를 기계적으로 여과하여 제거하는 방법
  ㉡ 침전처리수에 응집제를 주입하여 여과층에서 제거하는 방법
  ㉢ 모래여과층의 상부에 안트라사이트를 포설한 다층여과지로 조류를 제거하는 방법

해답 ④

115 하천 및 저수지의 수질해석을 위한 수학적 모형을 구성하고자 할 때 가장 기본이 되는 수학적 방정식은?

① 에너지 보존의 식
② 질량 보존의 식
③ 운동량 보존의 식
④ 난류의 운동 방정식

해설 하천 및 저수지의 수질해석을 위한 수학적 모형을 구성하고자 할 때 가장 기본이 되는 방정식은 질량보존의 식이다.

해답 ②

116 저수시설의 유효저수량 결정방법이 아닌 것은?

① 물수지 계산
② 합리식
③ 유량도표에 의한 방법
④ 유량누가곡선 도표에 의한 방법

해설 저수시설의 유효저수량
① 물수지 계산
② 간편법에 의한 유효저수량 산정
  ㉠ 유량도표에 의한 방법
  ㉡ 유량누가곡선도표에 의한 방법(Ripple법)

해답 ②

117 침전지의 표면부하율이 19.2m³/m² · day이고 체류시간이 5시간일 때 침전지의 유효수심은?

① 2.5m
② 3.0m
③ 3.5m
④ 4.0m

해설
① 체류시간 : $t = \dfrac{V}{Q} = 5\text{hr} \times \dfrac{1\text{day}}{24\text{hr}} = \dfrac{5}{24}\text{day}$
② 표면적 부하율 : $L_s = \dfrac{Qh}{V} = 19.2\text{m}^3/\text{m}^2 \cdot \text{day}$
$h = \dfrac{V}{Q} \times 19.2 = \dfrac{5}{24} \times 19.2 = 4\text{m}$

해답 ④

118 상수도에서 배수지의 용량으로 기준이 되는 것은?

① 계획시간 최대급수량의 12시간분 이상
② 계획시간 최대급수량의 24시간분 이상
③ 계획1일 최대급수량의 12시간분 이상
④ 계획1일 최대급수량의 24시간분 이상

해설 배수지의 유효용량은 1일 최대급수량의 12시간분 이상을 표준으로 하며 지역의 특성과 급수의 안정성을 높이기 위해 가능한 한 크게 잡는 것이 바람직하다.

해답 ③

119 정수처리 시 정수유량이 100m³/day이고, 정수지 용량이 10m³, 잔류 소독제 농도가 0.2mg/L일 때 소독능(CT, mg · min/L) 값은? (단, 장폭비에 따른 환산계수는 1로 함.)

① 28.8
② 34.4
③ 48.8
④ 54.4

해설
① 소독제 접촉시간 = $\dfrac{10\text{m}^3}{100\text{m}^3/\text{day} \times \dfrac{1\text{day}}{24 \times 60}} = 144$분
② 실제(현장) 소독능값(CT계산값)의 산정
CT계산값 = 잔류소독제 농도(mg/L) × 소독제 접촉시간(분)
= 0.2 × 144 = 28.8

해답 ①

120 계획1일 최대급수량을 시설 기준으로 하지 않는 것은?

① 배수시설　　　② 정수시설
③ 취수시설　　　④ 송수시설

해설 계획급수량과 수도시설의 규모계획

계획급수량 종류	연평균 1일 사용 수량에 대한 비율(%)	수도구조물의 명칭
1일 평균급수량	100	수원지, 저수지, 유역면적의 결정
1일 최대급수량	150	취수, 도·송수, 정수(여과지 면적), 배수시설 중 송수관구경이나 배수지의 결정
시간 최대급수량	225	배수본관의 구경결정(배수시설의 기준)

해답 ①

토목기사

2024년 5월 CBT 시행

본 문제는 복원 기출문제입니다. 실제 문제와 다를 수 있으니 양해바랍니다.

제1과목 응용역학

001 아래 그림과 같은 봉에 작용하는 힘들에 의한 봉 전체의 수직처짐의 크기는?

① $\dfrac{PL}{A_1E_1}$

② $\dfrac{2PL}{3A_1E_1}$

③ $\dfrac{4PL}{3A_1E_1}$

④ $\dfrac{3PL}{2A_1E_1}$

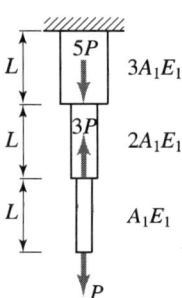

해설 $\Delta L = \sum \dfrac{PL}{AE} = \dfrac{PL}{A_1E_1} + \dfrac{(-2P)L}{2A_1E_1} + \dfrac{3PL}{3A_1E_1} = \dfrac{PL}{A_1E_1}$

해답 ①

002 그림과 같은 양단 고정보에서 지점 B를 반시계방향으로 1rad 만큼 회전시켰을 때 B점에 발생하는 단모멘트의 값이 옳은 것은?

① $\dfrac{2EL}{L^2}$

② $\dfrac{4EI}{L}$

③ $\dfrac{2EI}{L}$

④ $\dfrac{4EI^2}{L}$

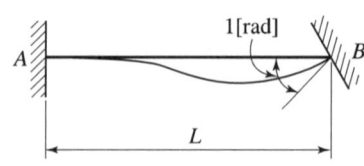

해설 하중항 = 0, $\theta_A = 0$, $\theta_B = 1$

$M_{BA} = \dfrac{4EI\theta_B}{l} = \dfrac{4EI}{l}$

해답 ②

003

다음 그림과 같은 양단고정인 보가 등분포하중 w를 받고 있다. 모멘트가 0이 되는 위치는 지점 A부터 약 얼마 떨어진 곳에 있는가? (단, EI는 일정하다.)

① 0.112L
② 0.212L
③ 0.332L
④ 0.412L

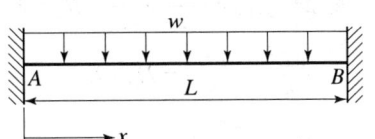

해설

① $R_A = \dfrac{wL}{2}$ (↑)

② $M_A = \dfrac{wL^2}{12}$ (↶)

③ $M_x = \dfrac{wL}{2} \times x - \dfrac{wL^2}{12} - w \times x \times \dfrac{x}{2} = 0$

$M_x = -\dfrac{wx^2}{2} + \dfrac{wL}{2}x - \dfrac{wL^2}{12} = 0$

이 식을 $\left(-\dfrac{w}{2}\right)$로 나누면 $M_x = x^2 - Lx + \dfrac{L^2}{6} = 0$

④ $x = \dfrac{-(-L) \pm \sqrt{(-L)^2 - 4 \times 1 \times \dfrac{L^2}{6}}}{2 \times 1} = \dfrac{L \pm \sqrt{\dfrac{L^2}{3}}}{2} = \dfrac{L \pm \dfrac{L}{\sqrt{3}}}{2}$

$= \dfrac{L}{2}\left(1 \pm \dfrac{1}{\sqrt{3}}\right) = 0.7887L$ 또는 $0.2113L$

[참고] 근의 공식

$y = ax^2 + bx + c = 0$에서 $x = \dfrac{-b \pm \sqrt{b^2 - 4ac}}{2a}$

해답 ②

004

아치축선이 포물선인 3활절아치가 그림과 같이 등분포하중을 받고 있을 때, 지점 A의 수평반력은?

① $\dfrac{wL^2}{8h}$ (←)

② $\dfrac{wh^2}{8L}$ (←)

③ $\dfrac{wL^2}{8h}$ (→)

④ $\dfrac{wh^2}{8L}$ (→)

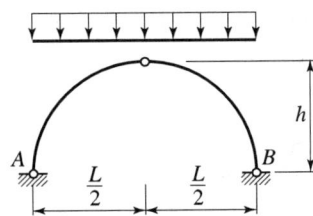

해설 ① 대칭이므로 $V_A = V_B = \dfrac{wL}{2}(\uparrow)$

② $M_{중앙힌지} = \dfrac{wL}{2} \times \dfrac{L}{2} - H_A \times h - w \times \dfrac{L}{2} \times \dfrac{L}{4} = 0$

$\dfrac{wL^2}{4} - \dfrac{wL^2}{8} = H_A \cdot h$

$H_A = \dfrac{wL^2}{8h}(\rightarrow)$

해답 ③

005

아래 그림과 같은 보에서 A점의 휨 모멘트는?

① $\dfrac{PL}{8}$ (시계방향)

② $\dfrac{PL}{2}$ (시계방향)

③ $\dfrac{PL}{2}$ (반시계방향)

④ PL (시계방향)

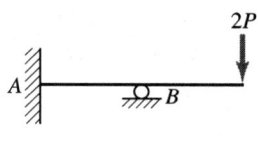

해설 B단에 작용하는 모멘트가 A단으로 1/2 전달된다.
$M_A = PL$ (시계방향)

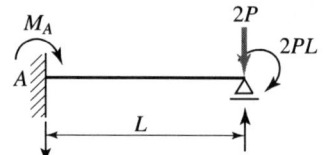

해답 ④

006

그림과 같이 길이 20m인 단순보의 중앙점 아래 1cm 떨어진 곳에 지점 C가 있다. 이 단순보가 등분포하중 $w = 10$kN/m를 받는 경우 지점 C의 수직반력 R_{cy}는? (단, $EI = 2.0 \times 10^{10}$ kN·cm²이다.)

① 2kN
② 3kN
③ 4kN
④ 5kN

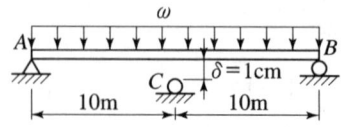

해설 ① C지점이 없다고 봤을 때 처짐은 $\delta_{c1} = \dfrac{5w(2l)^4}{384EI}(\downarrow)$

② 반력 R_C에 의한 상향 처짐은 $\delta_{c2} = -\dfrac{R_C(2l)^3}{48EI}(\uparrow)$

③ $\delta_{c1} + \delta_{c2} = \delta = 1$cm

$\dfrac{80wl^4}{384EI} - \dfrac{8R_c \cdot l^3}{48EI} = 1$cm 에서

$R_C = \left(\dfrac{80w \cdot l^4}{384EI} - 1\right)\dfrac{48EI}{8l^3} = \left(\dfrac{80 \times 0.1 \times 1000^4}{384 \times 2 \times 10^{10}} - 1\right)\left(\dfrac{48 \times 2 \times 10^{10}}{8 \times 1000^3}\right)$

$= (1.0417 - 1)(120) \fallingdotseq 5$kN

해답 ④

007

그림과 같은 사다리꼴의 도심 G의 위치 $\bar{y}$로 옳은 것은?

① $\bar{y} = \dfrac{h}{3}\dfrac{a+b}{a+2b}$

② $\bar{y} = \dfrac{h}{3}\dfrac{a+b}{2a+b}$

③ $\bar{y} = \dfrac{h}{3}\dfrac{a+2b}{a+b}$

④ $\bar{y} = \dfrac{h}{3}\dfrac{2a+b}{a+2b}$

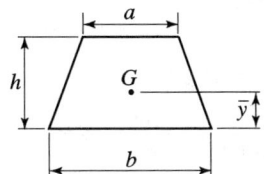

해설 $\bar{y} = \dfrac{h}{3} \times \dfrac{2a+b}{a+b}$

해답 ④

008

그림과 같은 단순보에서 휨모멘트에 의한 탄성 변형에너지는? (단, EI는 일정하다.)

① $\dfrac{w^2L^5}{40EI}$
② $\dfrac{w^2L^5}{96EI}$
③ $\dfrac{w^2L^5}{240EI}$
④ $\dfrac{w^2L^5}{384EI}$

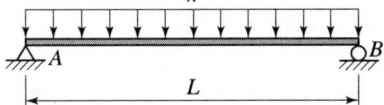

해설 $U = \dfrac{w^2L^5}{240EI}$

해답 ③

009

탄성계수는 2.3×10^5MPa, 푸와송비는 0.35일 때 전단 탄성계수의 값을 구하면?

① 8.1×10^4MPa
② 8.5×10^4MPa
③ 8.9×10^4MPa
④ 9.3×10^4MPa

해설 $G = \dfrac{E}{2(1+\nu)} = \dfrac{2.3 \times 10^5}{2 \times (1+0.35)} = 8.5 \times 10^4 \text{MPa}$

해답 ②

010

다음 그림에서 지점 A와 C에서의 반력을 각각 R_A와 R_C라고 할 때, R_A의 크기는?

① 200kN
② 173.2kN
③ 100kN
④ 86.6kN

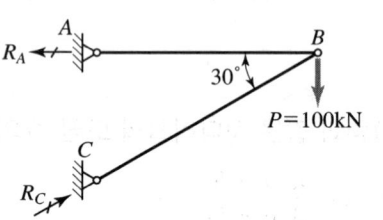

해설 ① $R_A = T_{AB}$

② $\dfrac{T_{AB}}{\sin 60°} = \dfrac{100}{\sin 30°}$ 에서

$T_{AB} = \dfrac{100}{\sin 30°} \times \sin 60° = 173.2 \text{kN}$

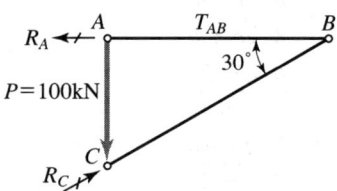

해답 ②

011

그림과 같은 정정 트러스에서 D_1부재($\overline{AC}$)의 부재력은?

① 6.25kN(인장력)
② 6.25kN(압축력)
③ 7.5kN(인장력)
④ 7.5kN(압축력)

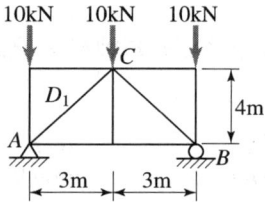

해설 ① 대칭하중이므로

$R_A = \dfrac{10+10+10}{2} = 15 \text{kN}(\uparrow)$

② 자유물체도에서

$\Sigma V = 0 \uparrow +$

$R_A - 10 \mp D_1 \sin\theta = 0$

$15 - 10 + D_1 \times \dfrac{4}{5} = 0$

$D_1 = -6.25 \text{kN} = 6.25 \text{kN}(압축)$

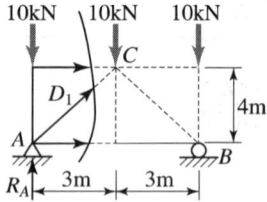

해답 ②

012

그림과 같은 T형 단면을 가진 단순보가 있다. 이 보의 지간은 3m 이고, 지점으로부터 1m 떨어진 곳에 하중 $P=4.5$kN이 작용하고 있다. 이 보에 발생하는 최대 전단응력은?

① 1.48MPa
② 2.48MPa
③ 3.48MPa
④ 4.48MPa

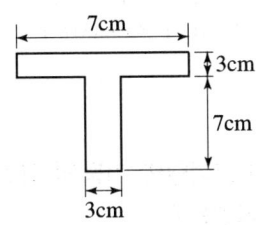

해설

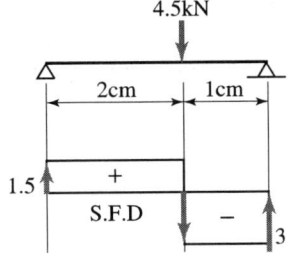
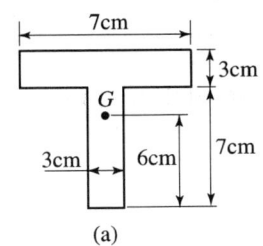
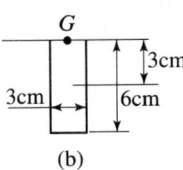

(a)　　(b)

① $\sum M_B = 0$
　$R_A \times 3 - 4.5 \times 1 = 0$
　$\therefore R_A = \dfrac{4.5}{3} = 1.5\,\text{kN}$

② S.F.D에서 $S_{\max} = 3\,\text{kN}$

③ $y = \dfrac{G}{A} = \dfrac{7 \times 3 \times 8.5 + 3 \times 7 \times 3.5}{7 \times 3 + 3 \times 7} = 6\,\text{cm}$

④ $G_G = 3 \times 6 \times 3 = 54\,\text{cm}^3$

⑤ $I = \left(\dfrac{7 \times 4^3 - 4 \times 1^3}{3}\right) + \dfrac{3 \times 6^3}{3} = 364\,\text{cm}^4$

⑥ $\tau_{\max} = \dfrac{S_{\max} G_G}{Ib} = \dfrac{3000 \times 54 \times 10^3}{364 \times 10^4 \times 30} = 1.48\,\text{MPa}$

해답 ①

013

평면응력을 받는 요소가 다음과 같이 응력을 받고 있다. 최대 주응력은?

① 0.64MPa
② 0.36MPa
③ 1.36MPa
④ 1.64MPa

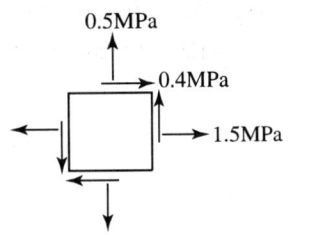

해설 최대 주응력

$$\sigma_{max} = \frac{\sigma_x + \sigma_y}{2} + \sqrt{\left(\frac{\sigma_x - \sigma_y}{2}\right)^2 + \tau_{xy}^2} = \frac{1.5 + 0.5}{2} + \sqrt{\left(\frac{1.5 - 0.5}{2}\right)^2 + 0.4^2}$$
$$= 1 + 0.64 = 1.64 \text{MPa}$$

해답 ④

014
직경 d인 원형단면 기둥의 길이가 4m이다. 세장비가 100이 되도록 하자면 이 기둥의 직경은?

① 9cm
② 13cm
③ 16cm
④ 25cm

해설 $\lambda = \dfrac{l}{r_{min}} = \dfrac{400}{D/4} = 100$에서 $D = 16\text{cm}$

해답 ③

015
그림과 같은 게르버보의 E점(지점 C에서 오른쪽으로 10m떨어진 점)에서의 휨모멘트 값은?

① 600kN·m
② 640kN·m
③ 1000kN·m
④ 1600kN·m

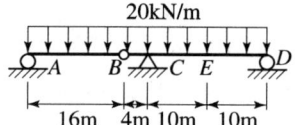

해설 ① 단순보에서 대칭이므로
$$R_B = \frac{w l_{AB}}{2} = \frac{20 \times 16}{2} = 160\text{kN}(\uparrow)$$

② 내민보에서
$\sum M_C = 0$ 우
$-160 \times 4 + 20 \times 24 \times (12-4) - R_D \times 20 = 0$에서
$R_D = 160\text{kN}(\uparrow)$

③ 내민보에서
$M_B = R_D \times 10 - 20 \times 10 \times 5$
$= 160 \times 10 - 20 \times 10 \times 5 = 600\text{kN·m}$

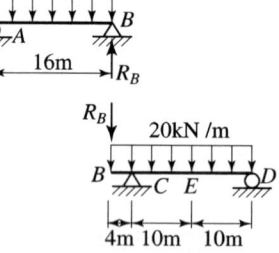

해답 ①

016

그림과 같은 보에서 최대 처짐이 발생하는 위치는? (단, 부재의 EI는 일정하다.)

① A점으로부터 5.00m 떨어진 곳
② A점으로부터 6.18m 떨어진 곳
③ A점으로부터 8.82m 떨어진 곳
④ A점으로부터 10.00m 떨어진 곳

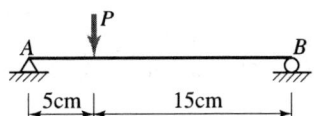

해설

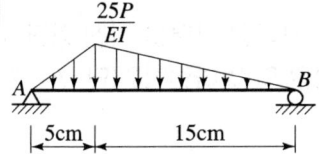

① $M = \dfrac{Pab}{3} = \dfrac{P \times 5 \times 15}{3} = 25P$

② $R_B = \dfrac{\left(\dfrac{1}{2} \times \dfrac{25P}{EI} \times 5\right) \times \left(\dfrac{2 \times 5}{3}\right) + \dfrac{1}{2} \times \dfrac{25P}{EI} \times 15 \times \left(5 + \dfrac{15}{3}\right)}{20} = \dfrac{1,250P}{12EI}$

③ $15 : \dfrac{25P}{EI} = x' : w_x$

$w_x = \dfrac{5Px'}{3EI}$

④ $S = R_B - \dfrac{1}{2} \times w_x \times x' = \dfrac{1,250P}{12EI} - \dfrac{1}{2} \times \dfrac{5Px'}{3EI} \times x' = 0$

$x'^2 = 125$

$x' = 11.18\text{m}\,(B점으로부터\ 좌측)$

⑤ $x = L - x' = 20 - 11.18 = 8.82\text{m}\,(A점으로부터\ 우측)$

해답 ③

017

그림과 같은 단순보의 최대전단응력 $\tau_{\max}$를 구하면? (단, 보의 단면은 지름이 D인 원이다.)

① $\dfrac{WL}{2\pi D^2}$
② $\dfrac{9WL}{4\pi D^2}$
③ $\dfrac{3WL}{2\pi D^2}$
④ $\dfrac{2WL}{\pi D^2}$

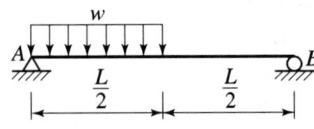

해설

① $S_{max} = R_A = \dfrac{\left(w \times \dfrac{L}{2}\right) \times \dfrac{3L}{4}}{L} = \dfrac{3wL}{8}$

② $\tau_{max} = \dfrac{4}{3} \dfrac{S_{max}}{A} = \dfrac{4}{3} \times \dfrac{\dfrac{3wL}{8}}{\dfrac{\pi \times D^2}{4}} = \dfrac{2wL}{\pi D^2}$

해답 ④

018

길이가 8m이고 단면이 30mm×40mm인 직사각형 단면을 가진 양단 고정인 장주의 중심축에 하중이 작용할 때 좌굴응력은 약 얼마인가? (단, $E = 2 \times 10^5$ MPa이다.)

① 7.47MPa ② 9.25MPa
③ 14.32MPa ④ 19.51MPa

해설 $\sigma_b = \dfrac{n\pi^2 E}{\lambda^2}$

① $P_b = \dfrac{n\pi^2 EI}{l^2} = \dfrac{4 \times \pi^2 \times 2 \times 10^5 \times \dfrac{40 \times 30^3}{12}}{8000^2} = 11{,}103.3\text{N}$

② $\sigma_b = \dfrac{P_b}{A} = \dfrac{11{,}103.3}{30 \times 40} = 9.25\text{MPa}$

해답 ②

019

그림과 같은 구조물에 하중 W가 작용할 때 P의 크기는? (단, $0° < \alpha < 180°$이다.)

① $P = \dfrac{W}{2\cos\dfrac{\alpha}{2}}$

② $P = \dfrac{W}{2\cos\alpha}$

③ $P = \dfrac{W}{\cos\dfrac{\alpha}{2}}$

④ $P = \dfrac{2W}{\cos\dfrac{\alpha}{2}}$

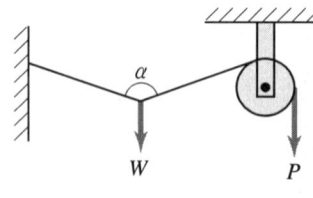

해설 장력을 T라 하면 $T=P$가 되므로
$\Sigma V = 0$
$-w + 2T\cos\dfrac{a}{2} = 0$
$T = P = \dfrac{w}{2\cos\dfrac{a}{2}}$

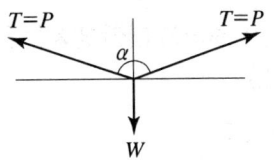

해답 ①

020
그림과 같이 속이 빈 원형단면(빗금친 부분)의 도심에 대한 극관성 모멘트는?
① 460cm^4
② 760cm^4
③ 840cm^4
④ 920cm^4

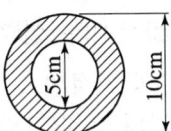

해설 $I_P = \dfrac{\pi(D^4 - d^4)}{32} = \dfrac{\pi(10^4 - 5^4)}{32} = 920\text{cm}^4$

해답 ④

제2과목 측량학

021
사진측량의 입체시에 대한 설명으로 틀린 것은?
① 2매의 사진이 입체감을 나타내기 위해서는 사진축척이 거의 같고 촬영한 카메라의 광축이 거의 동일 평면 내에 있어야 한다.
② 여색입체사진이 오른쪽은 적색, 왼쪽은 청색으로 인쇄되었을 때 오른쪽에 청색, 왼쪽에 적색의 안경으로 보아야 바른 입체시가 된다.
③ 렌즈의 초점거리가 길 때가 짧을 때보다 입체상이 더 높게 보인다.
④ 입체시 관정에서 본래의 고저가 반대가 되는 현상을 역입체시라고 한다.

해설 렌즈의 초점거리가 긴 쪽의 사진이 짧은 쪽의 사진보다 더 낮게 보인다.

해답 ③

022
거리 2.0km에 대한 양차는? (단, 굴절계수 k는 0.14, 지구의 반지름은 6370km 이다.)

① 0.27m
② 0.29m
③ 0.31m
④ 0.33m

해설 $E = \dfrac{D^2}{2R}(1-K) = \dfrac{2^2}{2 \times 6370}(1-0.14) = 0.00027\text{km} = 0.27\text{m}$

해답 ①

023
지오이드(Geoid)에 대한 설명으로 옳은 것은?

① 육지와 해양의 지형면을 말한다.
② 육지 및 해저의 요철(그림)을 평균한 매끈한 곡면이다.
③ 회전타원체와 같은 것으로 지구의 형상이 되는 곡면이다.
④ 평균해수면을 육지내부까지 연장했을 때의 가상적인 곡면이다.

해설 **지오이드** : 평균해수면을 육지 내부까지 연장했을 때의 가상적인 곡면
① 등포텐셜면(중력이 같은점 연결)이다.
② 육지에서는 타원체 위에 존재하고 바다에서는 아래에 존재한다.
③ 지하물질의 밀도에 따라 굴곡이 있다.(불규칙한 지형)
④ 위치에너지($E = m$호$= 0$)가 '0'이다.

해답 ④

024
축척 1:5000의 지형도 제작에서 등고선 위치오차가 ±0.3mm, 높이 관측오차가 ±0.2mm로 하면 등고선 간격은 최소한 얼마 이상으로 하여야 하는가?

① 1.5m
② 2.0m
③ 2.5m
④ 3.0m

해설 $H_{\min} = 0.25M = 0.25 \times 5000 = 1,250\text{mm} = 1.25\text{m}$ 이며,
등고선 위치오차($0.3 \times 5000 = 1,500\text{mm} = 1.5\text{m}$) 이상으로 하여야 한다.

해답 ①

025
직사각형 토지를 줄자로 측정한 결과가 가로 37.8m, 세로 28.9m 이었다. 이 줄자는 표준길이 30m당 4.7cm가 늘어있다면 이 토지의 면적 최대 오차는?

① 0.03m²
② 0.36m²
③ 3.42m²
④ 3.53m²

해설
① 정확한 세로 거리 $(L_o) = L + \left(L \times \dfrac{\delta}{l}\right) = 28.9 + \left(28.9 \times \dfrac{4.7}{3{,}000}\right) = 28.9453\text{m}$

② 정확한 가로 거리 $(B_o) = B + \left(B \times \dfrac{\delta}{l}\right) = 37.8 + \left(37.8 \times \dfrac{4.7}{3{,}000}\right) = 37.8592\text{m}$

③ 실제 면적 $(A_o) = 28.9453 \times 37.8592 = 1{,}095.8459\text{m}^2$

④ 관측 면적 $(A) = 28.9 \times 37.8 = 1{,}092.42\text{m}^2$

⑤ 면적 오차 $= 1{,}095.8459 - 1{,}092.42 = 3.4259\text{m}^2$

해답 ③

026

그림과 같이 2회 관측한 $\angle AOB$의 크기는 21°36′28″, 3회 관측한 $\angle BOC$는 63°18′45″, 6회 관측한 $\angle AOC$는 84°54′37″일 때 $\angle AOC$의 최확값은?

① 84°54′25″
② 84°54′31″
③ 84°54′43″
④ 84°54′49″

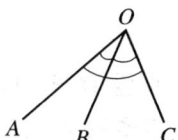

해설
$\angle AOB + \angle BOC - \angle AOC = 0$이어야 한다.
$21°36′28″ + 63°18′45″ - 84°54′37″ = 36″$이므로
$\angle AOB$, $\angle BOC$에는 조정량만큼 ⊖해 주고 $\angle AOC$는 조정량만큼 ⊕해 준다.
여기서, $\dfrac{1}{P_1} : \dfrac{1}{P_2} : \dfrac{1}{P_3} = \dfrac{1}{N_1} : \dfrac{1}{N_2} : \dfrac{1}{N_3} = \dfrac{1}{2} : \dfrac{1}{3} : \dfrac{1}{6} = 15 : 10 : 5$

① 조정량 계산
㉠ $\angle AOB = \dfrac{36}{15+10+5} \times 15 = 18″$
㉡ $\angle BOC = \dfrac{36}{15+10+5} \times 10 = 12″$
㉢ $\angle AOC = \dfrac{36}{15+10+5} \times 5 = 6″$

∴ $\angle AOC$의 최확값은 $\angle AOC = 84°54′37″ + 6 = 84°54′43″$

해답 ③

027

GNESS 위성측량시스템으로 틀린 것은?

① GPS
② GSIS
③ QZSS
④ GALILEO

해설 지형공간정보체계(GSIS ; Geo-Spatial Information System)는 국토계획, 지역계획, 자원개발계획, 공사계획 등 각종 계획의 입안과 추진을 성공적으로 수행하기 위해 토지, 자원, 환경 또는 이와 관련된 사회, 경제적 현황에 대한 방대한 양의 정보를 수집하기 위하여 이와 관련된 각종 정보 등을 전산기(computer)에 의해 종합적, 연계적으로 처리하는 방식이다.

해답 ②

028

수준측량에서 전·후시의 거리를 같게 취해도 제거되지 않는 오차는?

① 지구곡률오차　　② 대기굴절오차
③ 시준선오차　　　④ 표적눈금오차

해설 전시와 후시 거리를 같게 함으로써 제거되는 오차
① 시준축 오차 소거 : 기포관축 ≠ 시준선(레벨조정의 불안정으로 생기는 오차 소거) 전시와 후시거리를 같게 취하는 가장 중요한 이유이다.
② 자연적 오차 소거 : 구차(지구의 곡률에 의한 오차), 기차(광선의 굴절에 의한 오차), 양차(구차와 기차의 합)
③ 조준나사 작동에 의한 오차 소거

해답 ④

029

수면으로부터 수심(H)의 $0.2H$, $0.4H$, $0.6H$, $0.8H$ 지점의 유속($V_{0.2}$, $V_{0.4}$, $V_{0.6}$, $V_{0.8}$)을 관측하여 평균유속을 구하는 공식으로 옳지 않은 것은?

① $V = V_{0.6}$
② $V = \frac{1}{2}(V_{0.2} + V_{0.8})$
③ $V = \frac{1}{3}(V_{0.2} + V_{0.6} + V_{0.8})$
④ $V = \frac{1}{4}(V_{0.2} + 2V_{0.6} + V_{0.8})$

해설 평균유속계산 방법
① 1점법 : $V_m = V_{0.6}$
② 2점법 : $V = \frac{1}{2}(V_{0.2} + V_{0.8})$
③ 3점법 : $V_m = \frac{1}{4}(V_{0.2} + 2V_{0.6} + V_{0.8})$
④ 4점법 : $V_m = \frac{1}{5}\left[(V_{0.2} + V_{0.4} + V_{0.6} + V_{0.8}) + \frac{1}{2}\left(V_{0.2} + \frac{V_{0.8}}{2}\right)\right]$

해답 ③

030

그림과 같은 반지름 = 50m인 원곡선을 설치하고자 할 때 접선거리 $\overline{AI}$ 상에 있는 $\overline{HC}$의 거리는? (단, 교각 = 60°, α = 20°, ∠AHC = 90°)

① 0.19m
② 1.98m
③ 3.02m
④ 3.24m

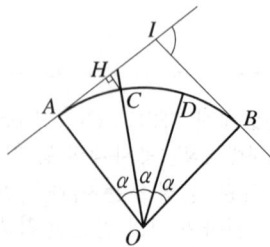

해설 $\overline{HC} = R - R\cos\alpha = 50 - 50\cos 20° = 3.02\text{m}$

해답 ③

031
삼각측량에서 시간과 경비가 많이 소요되나 가장 정밀한 측량성과를 얻을 수 있는 삼각망은?

① 유심망
② 단삼각형
③ 단열삼각망
④ 사변형망

해설 사변형 삼각망은 조건식의 수가 가장 많아, 시간과 비용이 많이 들며 가장 정밀도가 높아 시가지와 같은 정밀을 요하는 골조측량에 주로 이용한다.

해답 ④

032
지형도의 이용법에 해당되지 않는 것은?

① 저수량 및 토공량 산정
② 유역면적의 도상 측정
③ 간접적긴 지적도 작성
④ 등경사선 관측

해설 **지형도의 이용**
① 저수량 및 토공량 산정
② 유역면적의 도상 측정
③ 등경사선 관측

해답 ③

033
다음 설명 중 틀린 것은?

① 측지학이란 지구 내부의 특성, 지구의 형상 및 운동을 결정하는 측량과 지구표면상 모든 점들 간의 상호위치 관계를 산정하는 측량을 위한 학문이다.
② 측지측량은 지구의 곡률을 고려한 정밀측량이다.
③ 지각변동의 관측, 항로 등의 측량은 평면측량으로 한다.
④ 측지학의 구분은 물리측지학과 기하측지학으로 크게 나눌 수 있다.

해설 ① 평면측량은 하천에서 삼각측량과 평판측량을 하여 평면도 작성하기 위한 측량이다.
② 거리가 먼 경우 거리관측이 각관측에 비해 굴절오차가 작기 때문에 전자기파거리측량기가 등장한 후 일등삼각망 또는 지각변동측량에 주로 이용되고 있다.

해답 ③

034
다각측량에서 토털스테이션의 구심오차에 관한 설명으로 옳은 것은?
① 도상의 측점과 지상의 측점이 동일연직선상에 있지 않음으로써 발생한다.
② 시준선이 수평분도원의 중심을 통과하지 않음으로써 발생한다.
③ 편심량의 크기에 반비례한다.
④ 정반관측으로 소거된다.

해설 구심오차(중심맞추기 오차)는 도상의 점과 지상의 점이 일치하지 않기 때문에 생기는 오차를 말한다.

해답 ①

035
표고 $h=326.42$인 지대에 설치한 기선의 길이가 $L=500\text{m}$일 때 평균해면상의 보정량은? (단, 지구 반지름 $R=6367\text{km}$이다.)
① -0.0156m
② -0.0256m
③ -0.0356m
④ -0.0456m

해설 $C = -\dfrac{LH}{R} = -\dfrac{500 \times 326.42}{6,367,000} = -0.0256\text{m}$

해답 ②

036
클로소이드곡선에 관한 설명으로 옳은 것은?
① 곡선반지름 R, 곡선길이 L, 매개변수 A와의 관계식은 $RL-A$이다.
② 곡선반지름에 비례하여 곡선길이가 증가하는 곡선이다.
③ 곡선길이가 일정할 때 곡선반지름이 커지면 접선각은 작아진다.
④ 곡선반지름과 곡선길이가 매개변수 A의 1/2인 점 $\left(R-L-\dfrac{A}{2}\right)$을 클로소이드 특성점이라 한다.

해설 클로소이드는 곡률이 곡선상에 비례하여 일정하게 증대하는 곡선이다.

해답 ③

037
GPS 구성 부문 중 위성의 신호 상태를 점검하고, 궤도 위치에 대한 정보를 모니터링하는 임무를 수행하는 부문은?
① 우주부문
② 제어부문
③ 사용자부문
④ 개발부문

해설 ① 우주부문(Space Segment) 주임무 : 전파신호 발사
② 제어부문(Control Segment) 주임무
  ㉠ 궤도와 시각결정을 위한 위성의 추적
  ㉡ 위성의 작동상태 감독
  ㉢ 전리층 및 대류층의 주기적 모형화
  ㉣ 위성시간의 동일화 및 위성으로의 자료전송
  ㉤ SA(Selective Availability)의 ON/OFF 책임.
③ 사용자부문(User Segment) 주임무 : 위성으로부터 전파를 수신받아 수신기의 위치, 속도, 시간, 거리 등을 계산

해답 ②

038
수평 및 수직거리를 동일한 정확도로 관측하여 육면체의 체적을 3000m³로 구하였다. 체적계산의 오차를 0.6m³ 이하로 하기 위한 수평 및 수직거리 관측의 최대 허용 정확도는?

① $\dfrac{1}{15000}$
② $\dfrac{1}{20000}$
③ $\dfrac{1}{25000}$
④ $\dfrac{1}{30000}$

해설 $\dfrac{\Delta V}{V} = 3\dfrac{\Delta L}{L}$ 에서

$\dfrac{\Delta L}{L} = \dfrac{\Delta V}{3V} = \dfrac{0.6}{3 \times 3,000} = \dfrac{1}{15,000}$

해답 ①

039
노선에 곡선반지름 $R = 600$m인 곡선을 설치할 때, 현의 길이 $L = 20$m에 대한 편각은?

① 54′18″
② 55′18″
③ 56′18″
④ 57′18″

해설 $\delta = \dfrac{l}{2R} \times \dfrac{180°}{\pi} = \dfrac{l}{R} \times \dfrac{90°}{\pi} = 1718.87′$

$\dfrac{l}{R} = 1718.87′ \times \dfrac{20}{600} = 57′18″$

해답 ④

040 항공사진상에 굴뚝의 윗부분이 주점으로부터 80mm 떨어져 나타났으며 굴뚝의 길이는 10mm이었다. 실제 굴뚝의 높이가 70m라면 이 사진의 촬영고도는?
① 490m
② 560m
③ 630m
④ 700m

해설 $\Delta r = \dfrac{h}{H}r$에서 $H = \dfrac{h}{\Delta r}r = \dfrac{70}{10} \times 80 = 560\text{m}$

해답 ②

제3과목 수리학 및 수문학

041 물의 순환과정인 증발에 관한 설명으로 옳지 않은 것은?
① 증발량은 물수지방정식에 의하여 산정될 수 있다.
② 증발은 자유수면 뿐만 아니라 식물의 엽면등을 통하여 기화되는 모든 현상을 의미한다.
③ 증발접시계수는 저수지 증발량의 증발접시 증발량에 대한 비이다.
④ 증발량은 수면온도에 대한 공기의 포화증기압과 수면에서 일정 높이에서의 증기압의 차이에 비례한다.

해설 식물의 엽면을 통해 대기 중으로 수분이 방출되는 현상을 증산이라 한다.

해답 ②

042 개수로에서 일정한 단면적에 대하여 최대 유량이 흐르는 조건은?
① 수심이 최대이거나 수로 폭이 최소일 때
② 수심이 최소이거나 수로 폭이 최대일 때
③ 윤변이 최소이거나 경심이 최대일 때
④ 윤변이 최대이거나 경심이 최소일 때

해설 **수리학적으로 유리한 단면의 특성**
① 일정한 단면적에 대하여 최대유량이 흐르는 수로의 단면을 수리상 유리한 단면이라 한다.(주어진 유량에 대하여 단면적을 최소로 하는 단면)
② 반원에 외접하는 단면(반원에 내접하는 단면)이 수리상 가장 유리한 단면이다.
③ 최대유량이 흐르는 조건
④ 경심(동수반경)이 최대이거나, 윤변이 최소일 때 성립한다.

해답 ③

043
강수량 자료를 해석하기 위한 DAD해석 시 필요한 자료는?

① 강우량, 단면적, 최대수심
② 적설량, 분포면적, 적설일수
③ 강우량, 집수면적, 강우기간
④ 수심, 유속단면적, 홍수기간

해설 DAD 해석이란 평균우량깊이, 유역면적, 강우지속 기간의 관계를 수립하는 것이다. **해답** ③

044
원형관의 중앙에 피토관(Pitot tube)을 넣고 관벽의 정수압을 측정하기 위하여 정압관과의 수면차를 측정하였더니 10.7m 이었다. 이때의 유속은? (단, 피토관 상수 $C=1$이다.)

① 8.4m/s
② 11.7m/s
③ 13.1m/s
④ 14.5m/s

해설 $V = \sqrt{2gh_1} = \sqrt{2 \times 9.8 \times 10.7} = 14.5\text{m/s}$ **해답** ④

045
단위무게 5.88kN/m³, 단면 40cm×40cm, 길이 4m인 물체를 물속에 완전히 가라앉히려 할 때 필요한 최소 힘은?

① 2.51kN
② 3.76kN
③ 5.88kN
④ 6.27kN

해설
① $1\text{kgf} = 9.8\text{N}$ $1\text{t/m}^3 = 1,000\text{kg/m}^3 = 9,800\text{N/m}^3 = 9.8\text{kN/m}^3$
② $B = F + W$ $9.8 \times 0.4^2 \times 4 = F + 5.88 \times 0.4^2 \times 4$
   $F = 2.51\text{kN}$ **해답** ①

046
다음 설명 중 기저유출에 해당되는 것은?

- 유출은 유수의 생기원천에 따라 (A)지표면 유출, (B)지표하(중간)유출, (C)지하수 유출로 분류되며, 지표하 유출은 (B_1)조기 지표하 유출(prompt subsurface runoff), (B_2)지연 지표하 유출(delayed subsurface runoff)로 구성된다.
- 또한 실용적인 유출해석을 위해 하천수로를 통한 총 유출은 직접유출과 기저유출로 분류된다.

① (A)+(B)+(C)
② (B)+(C)
③ (A)+(B_1)
④ (C)+(B_2)

해설 기저유출의 구성
① 지하수 유출수 : C
② 지표하 유출수 중에서 시간적으로 지연되어 하천으로 유출되는 지연 지표하 유출 : B_2

해답 ④

047 단위유량도에 대한 설명 중 틀린 것은?

① 일정기저시간가정, 비례가정, 중첩가정은 단위도의 3대 기본가정이다.
② 단위도의 정의에서 특정 단위시간은 1시간을 의미한다.
③ 단위도의 정의에서 단위 유효우량은 유역전 면적상의 등가우량 깊이로 측정되는 특정량의 우량을 의미한다.
④ 단위 유효우량은 유출량의 형태로 단위도상에 표시되며, 단위도 아래의 면적은 부피의 차원을 가진다.

해설 **단위유량도**(unit hydrograph)란 특정 지속기간 동안 유역에 균등하게 발생한 단위 유효우량에 의해 나타나는 직접유출 수문곡선을 말하며 단위도라고도 한다.

해답 ②

048 그림과 같은 수로의 단위폭당 유량은? (단, 유출계수 $C=1$이며 이외 손실은 무시함)

① $2.5\text{m}^3/\text{s/m}$
② $1.6\text{m}^3/\text{s/m}$
③ $2.0\text{m}^3/\text{s/m}$
④ $1.2\text{m}^3/\text{s/m}$

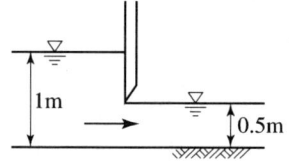

해설 $Q = Av = A\sqrt{2gh} = 1 \times 0.5 \times \sqrt{2 \times 9.8 \times (1-0.5)} = 1.6\text{m}^3/\text{s/m}$

해답 ②

049 강우 강도 $I = \dfrac{5000}{t+40}$ [mm/hr]로 표시되는 어느 도시에 있어서 20분간의 강우량 R_{20}은? (단, t의 단위는 분이다.)

① 17.8mm   ② 27.8mm
③ 37.8mm   ④ 47.8mm

해설 ① $I = \dfrac{5,000}{t+40} = \dfrac{5,000}{20+40} = 83.333\text{mm/hr}$

② $R_{20} = 83.333 \times \dfrac{20}{60} = 27.8\text{mm}$

해답 ②

050 그림과 같이 물속에 수직으로 설치된 2m×3m 넓이의 수문을 올리는데 필요한 힘은? (단, 수문의 물속 무게는 1960N이고, 수문과 벽면 사이의 마찰계수는 0.25이다.)

① 5.45kN
② 53.4kN
③ 126.7kN
④ 271.2kN

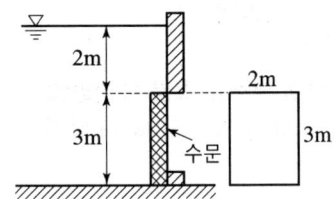

해설
① $P = wh_G A = 1.0 \times \left(2 + \dfrac{3}{2}\right) \times (3 \times 2) = 21\text{ton}$

② 수문을 올리는데 필요한 힘
$F = P\mu + W = 21 \times 0.25 \times 9.8 + 1.96 = 53.41\text{kN}$

해답 ②

---

051 관망(pipe network) 계산에 대한 설명으로 옳지 않은 것은?

① 관내 흐름은 연속 방정식을 만족한다.
② 가정 유량에 대한 보정을 통한 시산법(trial and error method)으로 계산한다.
③ 관애에서는 Darcy-Weisbach공식을 만족한다.
④ 임의 두 점간의 압력강하량은 연결하는 경로에 따라 다를 수 있다.

해설 관망상의 임의 두 교차점 사이에서 발생되는 손실수두의 크기는 두 교차점을 연결하는 경로에 관계없이 일정하다. 따라서 어떤 폐합관에서 발생하는 손실수두의 합은 0이다.

해답 ④

---

052 위어(weir)에 관한 설명으로 옳지 않은 것은?

① 위어를 월류하는 흐름은 일반적으로 상류에서 사류로 변한다.
② 위어를 월류하는 흐름이 사류일 경우 (완전월류) 유량은 하류 수위의 영향을 받는다.
③ 위어는 개수로의 유량 측정, 취수를 위한 수위증가 등의 목적으로 설치된다.
④ 작은 유량을 측정할 경우 삼각위어가 효과적이다.

해설 월류하는 흐름이 사류일 경우 유량은 하류의 영향을 받지 않는 완전 월류가 된다.

해답 ②

053 다음 중 부정류 흐름의 지하수를 해석하는 방법은?

① Theis방법　　② Dupuit방법
③ Thiem방법　　④ Laplace방법

해설 지하수 부정류 흐름 해석방법
① theis방법　② jacop방법　③ chow방법

해답 ①

054 경심이 5m이고 동수경사가 1/200 인 관로에서 Reynolds 수가 1000인 흐름의 평균유속은?

① 0.70m/s　　② 2.24m/s
③ 5.00m/s　　④ 5.53m/s

해설
① $f = \dfrac{64}{Re} = \dfrac{64}{1,000} = 0.064$

② $f = 124.5n^2 D^{-\frac{1}{3}}$

$0.064 = 124.5n^2 \times (4 \times 5)^{-\frac{1}{3}}$ 에서 $n = 0.03735$

③ 유속 $V = \dfrac{1}{n} R^{\frac{2}{3}} I^{\frac{1}{2}} = \dfrac{1}{0.03735} \times 5^{\frac{2}{3}} \times \left(\dfrac{1}{200}\right)^{\frac{1}{2}} = 5.5357 \text{m/sec}$

해답 ④

055 흐르는 유체 속에 물체가 있을 때, 물체가 유체로부터 받는 힘은?

① 장력(張力)　　② 충력(衝力)
③ 항력(抗力)　　④ 소류력(掃流力)

해설 유체의 전저항력(항력)이란 흐르는 유체 속에 있는 물체가 유체로부터 받는 힘을 말한다.

해답 ③

056 폭이 1m인 직사각형 개수로에서 0.5m³/sec의 유량이 80cm의 수심으로 흐르는 경우, 이 흐름을 가장 잘 나타낸 것은? (단, 동점성계수는 0.012cm²/sec, 한계수심은 29.5cm이다.)

① 층류이며 상류　　② 층류이며 사류
③ 난류이며 상류　　④ 난류이며 사류

해설 ① 폭이 넓은 직사각형 단면의 경심
$R = h = 80\text{cm}$
② $v = \dfrac{Q}{A} = \dfrac{0.5}{1 \times 0.8} = 0.625 \text{m/sec}$
③ $R_e = \dfrac{vR}{\nu} = \dfrac{62.5\text{cm/sec} \times 80\text{cm}}{0.012}$
$= 416667 > 500$ 이므로 난류이다.
④ $h_c = 29.5\text{cm} < h = 80\text{cm}$ 이므로 상류이다.

해답 ③

057 다음의 손실계수 중 특별한 형상이 아닌 경우, 일반적으로 그 값이 가장 큰 것은?

① 입구 손실계수(f_e)
② 단면 급확대 손실계수(f_{se})
③ 단면 급축소 손실계수(f_{sc})
④ 출구 손실계수(f_o)

해설 유출(출구)손실계수가 미소손실계수 중 값이 가장 크다.

해답 ④

058 유선(streamline)에 대한 설명으로 옳지 않은 것은?

① 유선이란 유체입자가 움직인 경로를 말한다.
② 비정상류에서는 시간에 따라 유선이 달라진다.
③ 정상류에서는 유적선(pathline)과 일치한다.
④ 하나의 유선은 다른 유선과 교차하지 않는다.

해설 유선(stream line)이란 어느 순간에 있어서 각 입자의 속도 벡터가 접선이 되는 가상의 곡선을 말한다.

해답 ①

059 직각 삼각형 위어에서 월류수심의 측정에 1%의 오차가 있다고 하면 유량에 발생하는 오차는?

① 0.4%
② 0.8%
③ 1.5%
④ 2.5%

해설 삼각형 위어 이므로
$\dfrac{dQ}{Q} = \dfrac{5}{2} \dfrac{dh}{h} = \dfrac{5}{2} \times 1\% = 2.5\%$

해답 ④

060
Darcy의 법칙에 대한 설명으로 옳은 것은?

① 지하수 흐름이 층류일 경우 적용된다.
② 투수계수는 무차원의 계수이다.
③ 유속이 클 때에만 적용된다.
④ 유속이 동수경사에 반비례하는 경우에만 적용된다.

해설 Darcy의 법칙이란 지하수의 유속(V)은 동수경사($i = \dfrac{\Delta h}{\Delta l}$)에 비례한다는 법칙으로 지하수에 적용시킬 때는 유속과 손실수두가 비례하는 층류 흐름에서 가장 잘 일치한다.

해답 ①

제4과목 철근콘크리트 및 강구조

061
인장응력 검토를 위한 L-150×90×12인 형강(angle)의 전개 총폭 b_g는 얼마인가?

① 228mm
② 232mm
③ 240mm
④ 252mm

해설 $b_g = 150 + 90 - 12 = 228\text{mm}$

해답 ①

062
직사각형 단면의 보에서 계수 전단력 $V_u = 40\text{kN}$을 콘크리트만으로 지지하고자 할 때 필요한 최소 유효깊이(d)는? (단, $f_{ck} = 25\text{MPa}$이고, $b_w = 300\text{mm}$이다.)

① 320mm
② 348mm
③ 348mm
④ 427mm

해설 최소전단철근 및 전단 철근 없이 지지할 수 있는 최대 길이

$V_u \leq \dfrac{1}{2}\phi V_c = \dfrac{1}{2}\phi \dfrac{1}{6}\lambda\sqrt{f_{ck}}\,b_w d$ 에서

$d = \dfrac{12\,V_u}{\phi\lambda\sqrt{f_{ck}}\,b_w} = \dfrac{12 \times 40{,}000}{0.75 \times 1.0 \times \sqrt{25} \times 300} = 427\text{mm}$

해답 ④

063

경간 25m인 PS콘크리트 보에 계수하중 40kN/m이 작용하고, $P=2500$kN의 프리스트레스가 주어질 때 등부포 상향력 u를 하중평형(Balanced Load)개념에 의해 계산하여 이 보에 작용하는 순수하향 분포하중을 구하면?

① 26.5kN/m
② 27.3kN/m
③ 28.8kN/m
④ 29.6kN/m

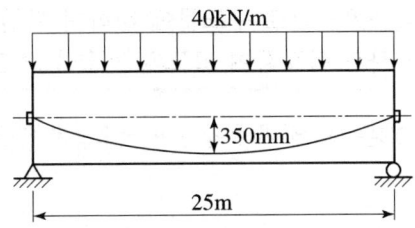

해설
① $u = \dfrac{8Ps}{l^2} = \dfrac{8 \times 2,500 \times 0.35}{25^2} = 11.2$kN/m
② 순수 하향 분포하중 $= w - u = 40 - 11.2 = 28.8$kN/m

해답 ③

064

그림과 같은 원형철근기둥에서 콘크리트구조설계기준에서 요구하는 최대 나선철근의 간격은 약 얼마인가? (단, $f_{ck}=24$MPa, $f_{yt}=400$MPa, D10철근의 공정단면적은 71.3mm²이다.)

① 35mm
② 38mm
③ 42mm
④ 45mm

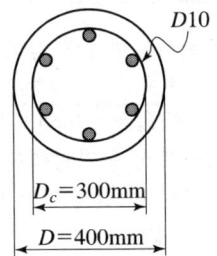

해설
① $\dfrac{\pi d_b^2}{4} = 71.3$mm²에서 $d_b = 9.53$mm

② $\rho_s = \dfrac{\pi d_b^2}{D_c \cdot s} \geq 0.45\left(\dfrac{A_g}{A_c} - 1\right)\dfrac{f_{ck}}{f_{yt}}$ 에서

$$s \leq \dfrac{\pi d_b^2}{0.45\left(\dfrac{A_g}{A_c}-1\right)\dfrac{f_{ck}}{f_{yt}} D_c} = \dfrac{\pi d_b^2}{0.45\left(\dfrac{D^2}{D_c^2}-1\right)\dfrac{f_{ck}}{f_{yt}} D_c} = \dfrac{\dfrac{400 \times 300}{\pi \times 9.53^2}}{0.45 \times \left(\dfrac{400^2}{300^2}-1\right) \times 24}$$
$= 45$mm

해답 ④

065 프리스트레스트 콘크리트 구조물의 특징에 대한 설명으로 틀린 것은?

① 철근콘크리트의 구조물에 비해 진동에 대한 저항성이 우수하다.
② 설계하중하에서 균열이 생기지 않으므로 내구성이 크다.
③ 철근콘크리트 구조물에 비하여 복원성이 우수하다.
④ 공사가 복잡하여 고도의 기술을 요한다.

해설 PSC는 RC에 비해 강성이 작으므로 진동하기 쉽고 변형되기 쉽다.

해답 ①

066 아래 그림과 같은 단철근 직사각형 보에서 설계휨강도 계산을 위한 강도감소계수(ϕ)는? (단, $f_{ck}=35$MPa, $f_y=400$MPa, $A_s=3500$mm^2)

① 0.806
② 0.813
③ 0.827
④ 0.839

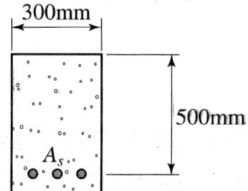

해설 ① 등가직사각형응력 깊이

$$a = \frac{A_s f_y}{0.85 f_{ck} b} = \frac{3,500 \times 400}{0.85 \times 35 \times 300} = 156.86\text{mm}$$

② 콘크리트의 등가압축응력깊이의 비

$$\beta_1 = 0.85 - (f_{ck}-28)0.007 = 0.85 - (35-28) \times 0.007 = 0.801 \geq 0.65$$

③ 중립축 깊이

$$c = \frac{a}{\beta_1} = \frac{156.86}{0.801} = 195.83\text{mm}$$

④ 최 외단 인장철근 순인장변형률

$0.003 : \epsilon_t = c : d-c$에서

$$\epsilon_t = 0.003 \frac{d-c}{c} = 0.003 \times \frac{500-195.83}{195.83} = 0.00466$$

⑤ 지배단면

$\epsilon_t = 0.00466 < 0.005$이므로 변화구간단면

⑥ 압축지배 변형률 한계

$f_y = 400$MPa이므로 $\epsilon_y = 0.002$

⑦ 강도감소계수

$$\frac{\phi-0.65}{0.85-0.65} = \frac{0.00466-0.002}{0.005-0.002}$$에서

$$\phi = 0.65 + \frac{0.00466-0.002}{0.005-0.002} \times (0.85-0.65) = 0.827$$

해답 ③

067

인장 이형철근의 정착길이 산정 시 필요한 보정계수에 대한 설명으로 틀린 것은? (단, f_{sp}는 콘크리트의 쪼갬인장강도)

① 상부철근(정착길이 또는 겹침이음부 아래 300mm를 초과되게 굳지 않은 콘크리트를 친 수평철근 0인 경우, 철근배근 위치에 따른 보정계수 1.3을 사용한다.
② 에폭시 도막철근인 경우, 피복두께 및 순간격에 따라 1.2나 2.0의 보정계수를 사용한다.
③ f_{sp}가 주어지지 않은 전경량콘크리트인 경우, 보정계수(λ)는 0.75를 사용한다.
④ 에폭시 도막철근이 상부철근이 경우에 상부철근의 위치계와 철근 도막계수의 곱이 1.7보다 클 필요는 없다.

해설 에폭시 도막철근 또는 철선의 경우 1.2의 보정계수를 사용한다.

해답 ②

068

아래 그림과 같은 직사각형 단면의 균열 모멘트(M_{cr})는? (단, 보통중량 콘크리트를 사용한 경우로서, $f_{ck}=21\text{MPa}$, $A_s=4800\text{mm}^2$)

① 36.13kN·m
② 31.25kN·m
③ 27.98kN·m
④ 23.65kN·m

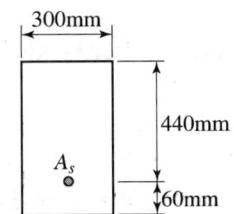

해설 ① 철근을 무시한 총 단면에 대한 2차 모멘트 I_g를 사용한다.

$$I_g = \frac{bh^3}{12} = \frac{300 \times 500^3}{12} = 3.125 \times 10^9 \text{mm}^4$$

② 균열 모멘트

$$f = \frac{M_{cr}}{I_g} y_t = 0.63\lambda\sqrt{f_{ck}} \text{ 에서}$$

$$M_{cr} = \frac{0.63\lambda\sqrt{f_{ck}} I_g}{y_t} = \frac{0.63 \times 1 \times \sqrt{21} \times 3.125 \times 10^9}{250}$$

$$= 36.09 \times 10^6 \text{N} \cdot \text{mm} = 36.09 \text{kN} \cdot \text{m}$$

해답 ①

069 아래 그림과 같은 복철근 직사각형 보의 공칭 휨모멘트 강도 M_n은? (단, $f_{ck}=$ 27MPa, $f_y=350$MPa, $A_s=4500$mm², $A_s{'}=1800$mm²이며, 압축, 인장 철근 모두 항복한다고 가정한다.)

① 724.3kN · m
② 765.9kN · m
③ 792.5kN · m
④ 831.8kN · m

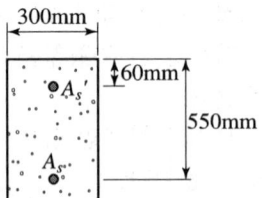

해설 ① 등가 직사각형응력 깊이

$$a = \frac{(A_S - A_S{'})f_y}{0.85f_{ck}b} = \frac{(4,500-1,800) \times 350}{0.85 \times 28 \times 300} = 132.353\text{mm}$$

② 공칭 휨모멘트 강도

$$M_n = (A_s - A_s{'})f_y\left(d-\frac{a}{2}\right) + A_s{'}f_y(d-d')$$

$$= (4,500-1,800) \times 350 \times \left(550-\frac{132.353}{2}\right) + 1,800 \times 350 \times (550-60)$$

$$= 765,913,207.5\text{N} \cdot \text{mm} ≒ 765.9\text{kN} \cdot \text{m}$$

해답 ②

070 아래 표와 같은 조건에서 처짐을 계산하지 않는 경우의 보의 최소 두께는 약 얼마인가?

[조건]
- 경간 12m인 단순지지보
- 보통 중량콘크리트($m_c=2300$kg/m³)을 사용
- 설계기준항복강도 350MPa 철근을 사용

① 680mm ② 700mm
③ 720mm ④ 750mm

해설 처짐을 계산하지 않는 경우의 단순지지 보의 최소 두께

$$\frac{l}{16} \times \left(0.43 + \frac{f_y}{700}\right) = \frac{12,000}{16} \times \left(0.43 + \frac{350}{700}\right) = 697.5\text{mm} ≒ 700\text{mm}$$

해답 ②

071 다음 그림과 같이 $W=40$kN/m일 때 PS 강재가 단면 중심에서 긴장되며 인장측의 콘크리트 응력 "0"이 되려면 PS 강재에 얼마의 긴장력이 작용하여야 하는가?

① 4605kN
② 5000kN
③ 5200kN
④ 5625kN

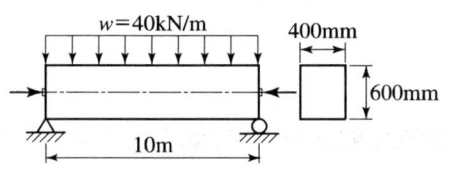

해설 ① $M = \dfrac{wl^2}{8} = \dfrac{40 \times 10^2}{8} = 500$kN · m

② $f_c = \dfrac{P}{A} - \dfrac{M}{I}y = 0$에서 $P = \dfrac{M}{I}yA = \dfrac{500 \times \dfrac{0.6}{2} \times (0.4 \times 0.6)}{\dfrac{0.4 \times 0.6^3}{12}} = 5,000$kN

해답 ②

072 직접 설계법에 의한 슬래브 설계에서 전체 정적계수 휨모멘트 $M_0 = 340$kN · m로 계산되었을 때, 내부 경간의 부계수 휨모멘트는 얼마인가?

① 102kN · m
② 119kN · m
③ 204kN · m
④ 221kN · m

해설 부 계수 휨 모멘트 $= 0.65M_o = 0.65 \times 340 = 221$kN · m

※ 내부 경간에서의 분배율
전체 정적 계수휨모멘트 M_o를 다음과 같은 비율로 분배하여야 한다.
① 부 계수 휨 모멘트 : 0.65
② 정 계수 휨 모멘트 : 0.35

해답 ④

073 압축철근비가 0.01이고, 인장철근비가 0.003인 철근콘크리트보에서 장기 추가처짐에 대한 계수(λ_Δ)의 값은? (단, 하중재하기간은 5년 6개월이다.)

① 0.80
② 0.933
③ 2.80
④ 1.333

해설 ① 지속 하중 재하 기간에 따른 계수
5년 이상이므로 $\xi = 2.0$

구 분	3개월	6개월	12개월	5년 이상
ξ	1.0	1.2	1.4	2.0

② 장기 처짐 계수
$$\lambda_\Delta = \frac{\xi}{1+50\rho'} = \frac{2.0}{1+50\times 0.01} = 1.333$$

해답 ④

074
강도설계법에서 인장철근 D29(공칭 직경 $d_b=28.6\text{mm}$)을 정착시키는 데 소요되는 기본 정착길이는? (단, $f_{ck}=24\text{MPa}$, $f_y=300\text{MPa}$으로 한다.)

① 682mm
② 785mm
③ 827mm
④ 1051mm

해설 인장 이형철근 및 이형철선의 기본정착길이 : l_{ab}
$$l_{db} = \frac{0.6\ d_b f_y}{\lambda \sqrt{f_{ck}}} = \frac{0.6\times 28.6\times 300}{1\times \sqrt{24}} = 1,051\text{mm}$$

해답 ④

075
아래와 같은 맞대기 이음부에 발생하는 응력의 크기는? (단, $P=360\text{kN}$, 강판 두께 12mm)

① 압축응력 $f_c = 14.4\text{MPa}$
② 인장응력 $f_t = 3000\text{MPa}$
③ 전단응력 $\tau = 150\text{MPa}$
④ 압축응력 $f_c = 120\text{MPa}$

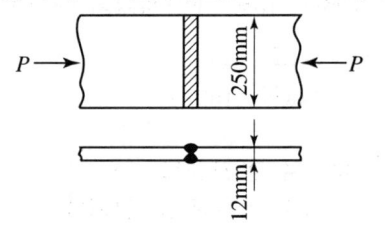

해설 축방향 압축력을 받는 경우이며
$$f = \frac{P}{A} = \frac{P}{\Sigma al} = \frac{360,000}{12\times 250} = 120\text{MPa}$$

해답 ④

076
철근콘크리트 1방향 슬래브의 설계에 대한 설명 중 틀린 것은?

① 1방향 슬래브이 두께는 최소 100mm 이상으로 하여야 한다.
② 4변에 의해 지지되는 2방향 슬래브 중에서 단변에 대한 장변의 비가 1배를 넘으면 1방향 슬래브로 해석한다.
③ 슬래브의 정모멘트 및 부모멘트 철근의 중심간격은 위험단면에서는 슬래브 두께의 3배 이하이어야 하고, 또한 450mm 이하로 하여야 한다.
④ 슬래브의 단변방향 보의 상부에 부모멘트로 인해 발생하는 균열을 방지하기 위하여 슬래브의 장변방향으로 슬래브 상부에 철근을 배치하여야 한다.

해설 슬래브
① 주철근
- 최대 휨모멘트 발생 단면 : 슬래브 두께의 2배 이하, 300mm 이하
- 기타 단면 : 슬래브 두께의 3배 이하, 450mm 이하

② 수축 및 온도철근(배력 철근) : 슬래브 두께의 5배 이하, 450mm 이하

해답 ③

077
PSC 보를 RC 보처럼 생각하여, 콘크리트는 압축력을 받고 긴장재는 인장력을 받게 하여 두 힘의 우력 모멘트로 외력에 의한 휨모멘트에 저항시킨다는 생각은 다음 중 어느 개념과 같은가?

① 응력개념(stress concept)
② 강도개념(strength concept)
③ 하중평형개념(load balancing concept)
④ 균등질 보의 개념(homogeneous beam concept)

해설 **강도개념**(내력모멘트개념, C-선 개념)은 PSC를 RC와 유사한 성질로 취급하여 압축력은 콘크리트가 받고 인장력은 PS강재가 받아 두 힘의 우력이 외력에 의한 모멘트에 저항하는데 서로 결합된다고 봄으로써 극한 강도 이론에 의한 설계가 가능하다는 개념이다.

해답 ②

078
직사각형 단면(300×400mm)인 프리텐션 부재에 550mm²의 단면적을 가진 PS강선을 콘크리트 단면 조심에 일치하도록 배치하였다. 이때 1350MPa의 인장응력이 되도록 긴장한 후 콘크리트에 프리스트레스를 도입한 경우 도입직후 생기는 PS강선의 응력은? (단, $n=6$, 단면적은 총단면적 사용)

① 371MPa ② 398MPa
③ 1313MPa ④ 1321MPa

해설
① $f_c = \dfrac{P}{A}$ 에서 $P = f_c A = 1,350 \times 550 = 742,500\text{N}$

② $\Delta f_{pe} = n \cdot f_c = 6 \times \dfrac{742,500}{300 \times 400} = 37.125\text{MPa}$

③ 프리스트레스 도입 직후 생기는 PS강선의 응력
$f_{pe} = f_\pi - \Delta f_{pe} = 1,350 - 37.125 = 1,312.875\text{MPa} \fallingdotseq 1,313\text{MPa}$

해답 ③

079

그림과 같은 띠철근 단주의 균형상태에서 축방향 공칭하중(P_b)은 얼마인가? (단, $f_{ck}=27\text{MPa}$, $f_y=400\text{MPa}$, $A_{st}=4-D35=380\text{mm}^2$)

① 1360.9kN
② 1520.0kN
③ 3645.2kN
④ 5165.3kN

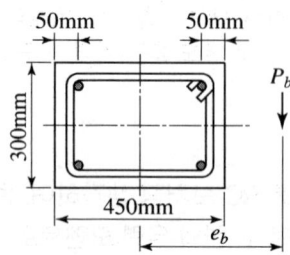

해설 ① 균형상태의 중립축 위치

㉠ $c_b = \left(\dfrac{600}{600+f_y}\right)d = \left(\dfrac{600}{600+400}\right) \times 400 = 240\text{mm}$

㉡ $a_b = \beta_1 c_b = 0.85 \times 240 = 204\text{mm}$

② 압축철근의 응력

$f_s' = E_s \epsilon_s' = E_s \times \left(0.003 \dfrac{c_b - d'}{c_b}\right) = 2.0 \times 10^5 \times \left(0.003 \times \dfrac{240-50}{240}\right)$

$= 475\text{MPa} > f_y$이므로 압축 철근이 항복한 상태이다.

③ 축방향 공칭하중

$P_b = 0.85 f_{ck}(a_b b - A_s') + f_y' A_s - f_y A_s$

$= 0.85 \times 27 \times \left(204 \times 300 - \dfrac{1}{2} \times 3,800\right)$

$+ 400 \times \left(\dfrac{1}{2} \times 3,800\right) - 400 \times \left(\dfrac{1}{2} \times 3,800\right)$

$= 1,360,935\text{N} \fallingdotseq 1,360.9\text{kN}$

해답 ①

080

1방향 철근콘크리트 슬래브이 전체 단면적이 2000000mm² 이고, 사용한 이형 철근의 설계기준항복강도가 500MPa인 경우, 수축 및 온도철근량의 최소값은?

① 1800mm²
② 2400mm²
③ 3200mm²
④ 3800mm²

해설 **수축 및 온도철근**(배력 철근) : 슬래브 두께의 5배 이하, 450mm 이하

① 수축·온도철근의 콘크리트 총 단면적에 대한 철근비 : 0.0014 이상이어야 한다. 철근의 설계기준 항복강도 $f_y = 500\text{MPa} > 400\text{MPa}$인 1방향 슬래브이므로

$\rho = 0.002 \times \dfrac{400}{f_y} = 0.002 \times \dfrac{400}{500} = 0.0016$

※ $f_y \leq 400\text{MPa}$인 이형철근을 사용한 1방향 슬래브 : 0.002 이상
0.0035의 항복 변형률에서 측정한 철근의 설계기준 항복강도 $f_y > 400\text{MPa}$
인 1방향 슬래브 : $0.002 \times \dfrac{400}{f_y}$

② 수축 및 온도철근량
$A = \rho A_g = 0.0016 \times 2{,}000{,}000 = 3{,}200\text{mm}^2$

해답 ③

제5과목 토질 및 기초

081 그림과 같이 흙입자가 크기가 균일한 구(직경 : d)로 배열되어 있을 때 간극비는?

① 0.91
② 0.71
③ 0.51
④ 0.35

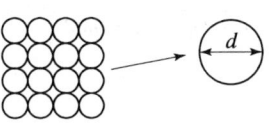

해설 흙입자를 완전 구로 가정한 경우 간극비는 일반적으로 0.35~0.91이며, 흙입자가 크기가 균일한 완전구로 배열되어 있는 경우 간극비는 0.91이다.

해답 ①

[참고] ① 입방형()의 체적 : $V_1 = d^3 = (2r)^3 = 8r^3$

② 구( )의 체적 : $V_2 = V_s = \dfrac{4}{3}\pi r^3$

③ 간극의 체적 : $V_3 = V - v = V - 1 - V_2 = 8r^3 - \dfrac{4}{3}\pi r^3 = \left(8 - \dfrac{4}{3}\pi\right)r^3$

④ 간극비 : $e = \dfrac{V_v}{V_s} = \dfrac{V_3}{V_2} = \dfrac{\left(8 - \dfrac{4}{3}\pi\right)r^3}{\dfrac{4}{3}\pi r^3} = 0.91$

082 흙의 다짐에 있어 램머의 중량이 2.5kg, 낙하고 30cm, 3층으로 각층 다짐횟수가 25회일 때 다짐에너지는? (단, 몰드의 체적은 1000cm³이다.)

① $5.63\text{kg} \cdot \text{cm/cm}^3$
② $5.96\text{kg} \cdot \text{cm/cm}^3$
③ $10.45\text{kg} \cdot \text{cm/cm}^3$
④ $0.66\text{kg} \cdot \text{cm/cm}^3$

해설 $E_c = \dfrac{W_R \cdot H \cdot N_B \cdot N_L}{V} = \dfrac{2.5 \times 30 \times 25 \times 3}{1{,}000} = 5.625\text{kg} \cdot \text{cm/cm}^3$

해답 ①

083

간극률 50%이고, 투수계수가 9×10^{-2}cm/sec인 지반의 모관 상승고는 대략 어느 값에 가장 가까운가? (단, 흙입자의 형상에 관련된 상수 $C=0.3\text{cm}^2$, Hazen공식 : $k = c_1 \times D_{10}^2$에서 $c_1 = 100$으로 가정)

① 1.0cm
② 5.0cm
③ 10.0cm
④ 15.0cm

해설 ① 공극비(e)
$$e = \frac{n}{100-n} = \frac{50}{100-50} = 1$$

② Hazen 공식
$$K = c_1 \cdot D_{10}^2 \text{에서 } D_{10} = \sqrt{\frac{K}{c_1}} = \sqrt{9 \times \frac{10^{-2}}{100}} = 0.03\text{cm}$$

③ Hazen 공식
$$h_c = \frac{C}{e \cdot D_{10}} = \frac{0.3}{1 \times 0.03} = 10\text{cm}$$

해답 ③

084

다음 그림에서 C점의 압력수두 및 전수두 값은 얼마인가?

① 압력수두 3m, 전수두 2m
② 압력수두 7m, 전수두 0m
③ 압력수두 3m, 전수두 3m
④ 압력수두 7m, 전수두 4m

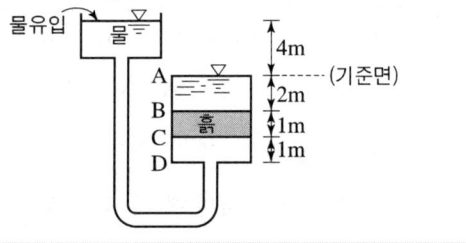

해설 ① C점에서의 전수두(h_t) : 전수두는 전수두차로 구하므로
$h_t = \Delta H = 4\text{m}$

② 위치수두(h_e) : 위치수두는 하류수면을 기준으로 위에 있는 경우 (+)값을 기준선 아래에 위치하는 경우 (−)값을 가진다.
$h_e = -3\text{m}$

③ 압력수두(h_p)
$h_p = h_t - h_e = 4 - (-3) = 7\text{m}$

해답 ④

085 동일한 등분포 하중이 작용하는 그림과 같은 (A)와 (B) 두 개의 구형기초판에서 A와 B점의 수직 Z되는 깊이에서 증가되는 지중응력을 각각 σ_A, σ_B라 할 때 다음 중 옳은 것은? (단, 지반 흙의 성질은 동일함)

① $\sigma_A = \dfrac{1}{2}\sigma_B$

② $\sigma_A = \dfrac{1}{4}\sigma_B$

③ $\sigma_A = 2\sigma_B$

④ $\sigma_A = 4\sigma_B$

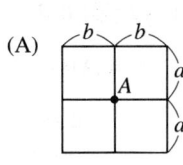

해설 직사각형 단면 내부의 A점 아래의 지중응력

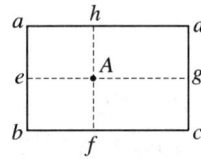

$\Delta\sigma_z = \sigma_z \cdot I(Ahae) + \sigma_z \cdot I(Aebf) + \sigma_z \cdot I(Afcg) + \sigma_z \cdot I(Agdh)$ 이므로
$\sigma_A = 4\sigma_B$

해답 ④

086 최대주응력이 100kN/m^2, 최소주응력이 40kN/m^2일 때 주소주응력 면과 $45°$를 이루는 평면에 일어나는 수직응력은?

① 70kN/m^2 ② 30kN/m^2
③ 60kN/m^2 ④ $40\sqrt{2}\ \text{kN/m}^2$

해설 $\sigma_f = \dfrac{\sigma_1+\sigma_3}{2} + \dfrac{\sigma_1-\sigma_3}{2}\cos 2\theta = \dfrac{100+40}{2} + \dfrac{100-40}{2}\cos(2\times 45°) = 70\text{kN/m}^2$

해답 ①

087 그림과 같은 지층단면에서 지표면에 가해진 5kN/m^2의 상재하중으로 인한 점토층(정규압밀점토)의 1차압밀 최종침하량(S)을 구하고, 침하량이 5cm일 때 평균압밀도(U)를 구하면? (단, $\gamma_w = 9.81\text{kN/m}^3$이다.)

① $S=18.5\text{cm}$, $U=27.3\%$
② $S=14.7\text{cm}$, $U=22.3\%$
③ $S=18.5\text{cm}$, $U=22.3\%$
④ $S=14.7\text{cm}$, $U=27.3\%$

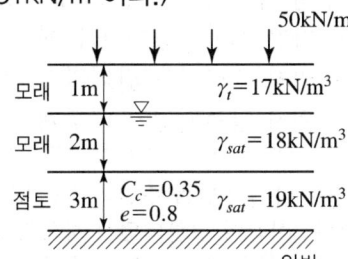

해설 ① 점토층 중앙부 유효응력

$$P_1 = r_1 \cdot h_1 + r = 17 \times 1 + (18-9.81) \times 2 + (19-9.81) \times \frac{3}{2} = 47.165 \, kN/m^2$$

② 압밀침하량

$$S_c = \Delta H = m_v \cdot \Delta\sigma \cdot H = \frac{C_c}{1+e_1} \cdot \log\left(\frac{P_1 + \Delta P}{P_1}\right) \cdot H$$

$$= \frac{0.35}{1+0.8} \times \log\left(\frac{47.165 + 50}{47.165}\right) \times 300 = 18.3 \, cm$$

③ 평균압밀도

$$U = \frac{\text{현재의 압밀량}}{\text{최종 압밀량}} \times 100 = \frac{S_1}{S_c} \times 100(\%) = \frac{5}{18.3} \times 100(\%) = 27.3\%$$

해답 ①

088 다음 중 사면의 안정해석 방법이 아닌 것은?

① 마찰원법
② 비숍(Bishop)의 방법
③ 펠레니우스(Fellenius) 방법
④ 테르자기(Terzaghi)의 방법

해설 사면의 안정 해석 방법
① 질량법(Mass procedure)
  ㉠ $\phi_u = 0$ 해석법
  ㉡ 마찰원법
② 절편법(Slice method, 분할법)
  ㉠ Fellenius의 간편법
  ㉡ Bishop의 간편법
  ㉢ Janbu의 간편법
  ㉣ Spencer 방법

해답 ④

089 말뚝재하시험시 연약점토지반인 경우는 pile의 타입 후 20여 일이 지난 다음 말뚝재하시험을 한다. 그 이유는?

① 주면 마찰력이 너무 크게 작용하기 때문에
② 부마찰력이 생겼기 때문에
③ 타입시 주변이 교란되었기 때문에
④ 주위가 압축되었기 때문에

해설 말뚝 타입시 말뚝 주위의 점토지반은 교란이 되어 강도가 작아지게 된다. 그러나 점토는 시간이 경과되면서 강도가 회복되는 딕소트로피(thixotrophy) 현상이 일어나기 때문에 말뚝 재하시험은 말뚝 타입 후 며칠이 지난 후 실시한다.

해답 ③

090

두께가 4미터인 점토층이 모래층 사이에 끼어있다. 점토층에 3t/m²의 유효응력이 작용하여 최종침하량이 10cm가 발생하였다. 실내압밀시험결과 측정된 압밀계수 $C_v = 2 \times 10^{-4}$ cm²/sec라고 할 때 평균압밀도 50%가 될 때까지 소요일수는?

① 288일　　② 312일
③ 388일　　④ 456일

해설
$C_v = \dfrac{T_{50} \cdot d^2}{t_{50}} = \dfrac{0.197 d^2}{t_{50}}$ 에서

$t_{50} = \dfrac{0.197 d^2}{C_v} = \dfrac{0.197 \times \left(\dfrac{400}{2}\right)^2}{2 \times 10^{-4}} = 39,400,000\,\text{sec} = 456$ 일

해답 ④

091

연약한 점성토의 지반특성을 파악하기 위한 현장조사 시험방법에 대한 설명 중 틀린 것은?

① 현장베인시험은 연약한 점토층에서 비배수 전단강도를 직접 산정할 수 있다.
② 정적콘관입시험(CPT)은 콘지수를 이용하여 비배수 전단강도 추정이 가능하다.
③ 표준관입시험에서의 N값은 연약한 점성토지반특성을 잘 반영해 준다.
④ 정적콘관입시험(CPT)은 연속적인 지층분류 및 전단강도 추정 등 연약점토 특성분석에 매우 효과적이다.

해설 **표준관입시험 특성**
① 표준관입시험의 N값으로 모래지반의 상대밀도를 추정할 수 있다.
② N값으로 점토지반의 연경도에 관한 추정이 가능하다.
③ 지층의 변화를 판단할 수 있는 시료를 얻을 수 있다.
④ 표준관입시험에서의 시료는 교란시료가 채취된다.

해답 ③

092

표준관입시험(S.P.T)결과 N치가 25이었고, 그 때 채취한 교란시료로 입도시험을 한 결과 입자가 둥글고, 입도분포가 불량한 때 Dunham공식에 의해서 구한 내부 마찰각은?

① 32.3°　　② 37.3°
③ 42.3°　　④ 48.3°

해설 토립자가 둥글고 입도가 불량한 경우
$\phi = \sqrt{12N} + 15 = \sqrt{12 \times 25} + 15 = 32.3°$

※ N, ϕ의 관계(Dunham 공식)
① 토립자가 모나고 입도가 양호 : $\phi = \sqrt{12N} + 25$
② 토립자가 모나고 입도가 불량 : $\phi = \sqrt{12N} + 20$
  토립자가 둥글고 입도가 양호 : $\phi = \sqrt{12N} + 20$
③ 토립자가 둥글고 입도가 불량 : $\phi = \sqrt{12N} + 15$

해답 ①

093 흙의 분류에 사용되는 Casagrande 소성도에 대한 설명으로 틀린 것은?

① 세립토를 분류하는데 이용된다.
② U선은 액성한계와 소성지수의 상한선으로 U선 위쪽으로는 측점이 있을 수 없다.
③ 액성한계 50%를 기준으로 저소성(L) 흙과 고소성(H) 흙으로 분류한다.
④ A선 위의 흙은 실트(M) 또는 유기질토(O)이며, A선 아래의 흙은 점토(C)이다.

해설 아터버그한계 시험을 실시하여 A선을 기준으로 점토와 실트를 구분한다.
① A선 위 : 점토
② A선 아래 : 실트 또는 유기질토

해답 ④

094 점착력이 14kN/m², 내부마찰각이 30°, 단위중량이 18.5kN/m²인 흙에서 인장균열 깊이는 얼마인가?

① 1.74m ② 2.62m
③ 3.45m ④ 5.24m

해설 $Z_c = \dfrac{2c}{\gamma} \tan\left(45° + \dfrac{\phi}{2}\right) = \dfrac{2 \times 14}{18.5} \tan\left(45° + \dfrac{30°}{2}\right) = 2.62\,\text{m}$

해답 ②

095 Mohr 응력원에 대한 설명 중 옳지 않은 것은?

① 양의 평면의 응력상태를 나타내는데 매우 편리하다.
② 평면기점(origin of plane)은 최소주응력을 나타내는 원호상에서 최소주응력면과 평행선이 만나는 점을 말한다.
③ δ_1과 δ_2의 차의 벡터를 반지름으로 해서 그린 원이다.
④ 한 면에 응력이 작용하는 경우 전단력이 0이면, 그 연직응력을 주 응력으로 가정한다.

해설 Mohr 응력원의 σ_1과 σ_3 차의 절반을 반지름으로 해서 그린 원이다.

해답 ③

096

그림과 같은 지반에서 유효응력에 대한 점착력 및 마찰각이 각각 $c'=1.0\text{kN/m}^2$, $\phi=20°$일 때, A점에서의 전단강도(kN/m^2)는? (단, $\gamma_w=9.81\text{kN/m}^3$이다.)

① 34kN/m^2
② 45kN/m^2
③ 54kN/m^2
④ 66kN/m^2

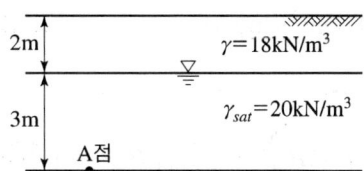

해설
① 유효응력 $\sigma' = \sigma - u = \gamma H_1 + \gamma_{sub} H_2 = 18 \times 2 + (20-9.81) \times 3 = 66.57\text{kN/m}^2$
② 전단강도 $\tau = c + \sigma' \tan\phi = 10 + 66.57 \times \tan 20° = 34.23\text{kN/m}^2$

해답 ①

097

폭 10cm, 두께 3mm인 Paper Drain설계 시 Sand Drain의 직경과 동등한 값(등치환산원의 지름)으로 볼 수 있는 것은?

① 5cm
② 7.5cm
③ 10cm
④ 15cm

해설
① 형상계수 $\alpha = 0.75$
② $D = \alpha \cdot \dfrac{2(t+b)}{\pi} = 0.75 \times \dfrac{2 \times (0.3+10)}{\pi} = 4.92\text{cm}$

해답 ①

098

콘크리트 말뚝을 마찰말뚝으로 보고 설계할 때, 총 연직하중을 2000kN, 말뚝 1개의 극한지지력을 890kN, 말뚝 1개의 극한지지력을 890kN, 안전율을 2.0으로 하면 소요말뚝의 수는?

① 6개
② 5개
③ 3개
④ 2개

해설
① 허용지지력 : $R_a = \dfrac{R_u}{F_s} = \dfrac{890}{2} = 445$
② 소요말뚝의 수 : $n = \dfrac{P}{R_a} = \dfrac{2000}{445} = 4.49 \fallingdotseq 5$개

해답 ②

099
수평방향투수계수가 0.12cm/sec이고, 연직방향 투수계수가 0.03cm/sec 일 때 1일 침투유량은?

① 870m³/day/m
② 1080m³/day/m
③ 1220m³/day/m
④ 1410m³/day/m

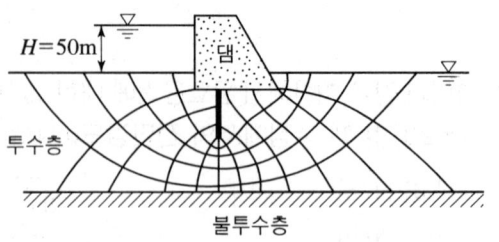

해설 ① $q = kH\dfrac{N_f}{N_d} = \sqrt{k_H k_V}\,H\dfrac{N_f}{N_d} = \sqrt{0.0003 \times 0.0012} \times 50 \times \dfrac{5}{12} = 0.0125\,\text{m}^3/\text{sec}$

② $0.0125\,\text{m}^3/\text{sec} \times (60 \times 60 \times 24) = 1080\,\text{m}^3/\text{day}$

해답 ②

100
흙의 다짐에 대한 설명으로 틀린 것은?

① 다짐에너지가 증가할수록 최대 건조단위중량은 증가한다.
② 최적함수비는 최대 건조단위중량을 나타낼 때의 함수비이며, 이때 포화도는 100% 이다.
③ 흙의 특수성 감소가 요구될 때에는 최적함수비의 습윤측에서 다짐을 실시한다.
④ 다짐에너지가 증가할수록 최적함수비는 감소한다.

해설 최적함수비(Optimum Moisture Content, OMC)는 건조단위중량이 최대가 될 때의 함수비로서 흙이 가장 잘 다져지는 함수비이며, 이 때 포화도는 100%가 아니다.

해답 ②

제6과목 상하수도공학

101
상수도 계통의 도수시설에 관한 설명으로 옳은 것은?

① 적당한 수질의 물을 수원지에서 모아서 취하는 시설을 말한다.
② 수원에서 취한 물을 정수장까지 운반하는 시설을 말한다.
③ 정수 처리된 물을 수용가에서 공급하는 시설을 말한다.
④ 정수장에서 정수 처리된 물을 배수지까지 보내는 시설을 말한다.

해설 도수시설이란 수원에서 취수한 원수를 정수하기 위해 정수장의 착수정 전까지 운반하는 시설을 말한다.

해답 ②

102
급수용 저수지의 필요수량을 결정하기 위한 유량누가곡선도에 대한 설명으로 틀린 것은?

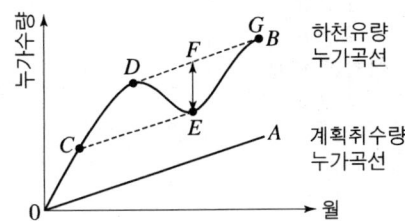

① 필요(유효)저수량은 $\overline{EF}$ 이다.
② 저수시작점은 C 이다.
③ $\overline{DE}$ 구간에서는 저수지의 수위가 상승한다.
④ 이론적 산출방법으로 Ripple's method라 한다.

해설 DE 구간은 OB 곡선과 OA 직선이 서로 접근하려는 구간으로 유출량이 소요량 보다 적은 시기(저수지 수위가 낮아짐)를 나타내며, E에 다다르면 저수지가 바닥을 드러내게 된다.

해답 ③

103
관로시설의 설계시 계획하수량으로 옳지 않은 것은?

① 우수관거 : 계획우수량
② 오수관거 : 계획1일최대오수량
③ 차집관거 : 우천시 계획오수량
④ 합류식 관거 : 계획시간최대오수량+계획우수량

해설 오수관거의 계획하수량은 계획시간 최대 오수량을 기준으로 한다.

해답 ②

104
막여과시설의 약품세척에서 무기물질 제거에 사용되는 약품이 아닌 것은?

① 염산
② 차아염소산나트륨
③ 구연산
④ 황산

해설 약품세척에 사용되는 주된 약품과 제거가능 물질

약품		제거가능한 물질	
		유기물	무기물
수산화나트륨		○	
무기산	염산		○
	황산		○
산화제	차아염소산나트륨	○	
유기산	구연산		○
	옥살산		○
세제	알칼리 세제	○	
	산 세제		○

해답 ②

105

배수관을 다른 지하매설물과 교차 또는 인접하여 부설할 경우에는 최소 몇 cm 이상의 간격을 두어야 하는가?

① 10cm ② 30cm
③ 80cm ④ 100cm

해설 배수관을 다른 지하매설물과 교차 또는 인접하여 부설할 때에는 적어도 30cm 이상의 간격을 두어야 한다.

해답 ②

106

BOD 250mg/L의 폐수 30,000m³/day를 활성슬러지법으로 처리하고자 한다. 반응조내의 MLSS 농도가 2,500 mg/L, F/M비가 0.5kg/BOD/kg MLSS·day로 처리하고자 하면 BOD 용적부하는?

① $0.5 kgBOD/m^3/day$ ② $0.75 kgBOD/m^3/day$
③ $1.0 kgBOD/m^3/day$ ④ $1.25 kgBOD/m^3/day$

해설 BOD 용적부하 $[kgBOD/m^3 \cdot day]$

$= \dfrac{1일\ BOD\ 유입량[kgBOD/day]}{폭기조\ 용적[m^3]}$

$= \dfrac{BOD\ 농도[kg/m^3] \times 유입하수량[m^3/day]}{폭기조\ 용적[m^3]}$

$= F/M \times MLVSS$

$= 0.5 kgBOD/kgMLss \cdot day \times 2,500 mg/L \times \dfrac{1}{10^6} \dfrac{kg}{mg} \times \dfrac{10^3}{1} \dfrac{m^3}{L}$

$= 1.25 kgBOD/m^3 \cdot day$

해답 ④

107 그림은 펌프특성곡선이다. 펌프의 양정을 나타내는 곡선 형태는?
① A
② B
③ C
④ D

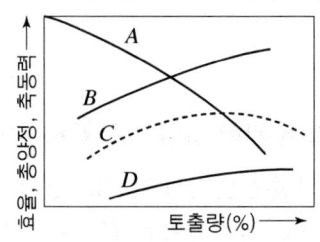

해설 펌프의 특성 곡선

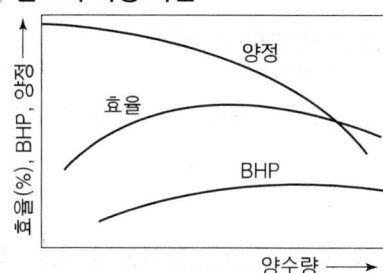

해답 ①

108 합류식 하수도의 시설에 해당되지 않는 것은?
① 오수받이
② 연결관
③ 우수토실
④ 오수관거

해설 오수관과 우수관으로 각각 분리하여 배제하는 방식은 분류식 하수도이다.

해답 ④

109 BOD_5가 155mg/L인 폐수에서 탈산소계수(K_1)가 0.2/day일 때 4일 후에 남아 있는 BOD는? (단, 탈산소계수는 상용대수 기준)
① 27.3mg/L
② 56.4mg/L
③ 127.5mg/L
④ 172.2mg/L

해설 ① 최초 BOD 또는 최종 BOD
$Y = L_a(1 - 10^{-k_1 \times t})$ 에서
$L_a = \dfrac{Y}{1 - e^{-k_1 \times t}} = \dfrac{155}{1 - 10^{-0.2 \times 5}} = 172.22\,\text{mg/L}$

② BOD 소모량
$Y = L_a - L_t = L_a(1 - 10^{-K_1 t}) = 172.22 \times (1 - 10^{-0.2 \times 4}) = 144.92\,\text{mg/L}$

③ 4일 후에 남아있는 BOD
172.22 − 144.92 = 27.3mg/L

해답 ①

110. 하수도시설에 관한 설명으로 옳지 않은 것은?

① 하수도시설은 관거시설, 펌프장시설 및 처리장시설로 크게 구별할 수 있다.
② 하수배제는 자연유하를 원칙으로 하고 있으며 펌프시설도 사용할 수 있다.
③ 하수처리장시설은 물리적 처리시설을 제외한 생물학적, 화학적 처리시설을 의미한다.
④ 하수 배제방식은 합류식과 분류식으로 대별할 수 있다.

해설 하수처리의 단위공법으로는 물리적 처리, 화학적 처리, 생물학적 처리가 있다.

해답 ③

111. 금속이온 및 염소이온(염화나트륨 제거율 93% 이상)을 제거할 수 있는 막여과 공법은?

① 역삼투법
② 정밀여과법
③ 한외여과법
④ 나노여과법

해설 수도용 막의 종류 및 특징

사용 막	여과법	분리경	제거가능 물질
정밀여과막(MF)	정밀여과법	공칭공경 0.1μm 이상	부유물질, 콜로이드, 세균, 조류, 바이러스, 크립토스포리디움, 난포낭, 지아디아 난포낭 등
한외여과막(UF)	한외여과법	분획 분자량 100,000Dalton 이하	부유물질, 콜로이드, 세균, 조류, 바이러스, 크립토스포리디움, 난포낭, 지아디아 난포낭, 부식산 등
나노여과막(NF)	나노여과법	염화나트륨 제거율 5~93% 미만	유기물, 농약, 맛·냄새물질, 합성세제, 칼륨이온, 마그네슘이온, 황산이온, 질산성질소 등
역삼투막(RO)	역삼투법	염화나트륨 제거율 93% 이상	금속이온, 염소이온 등
해수담수화 역삼투막 (해수담수화RO)	역삼투법	염화나트륨 제거율 99% 이상	해수 중의 염분

해답 ①

112 맨홀에 인버트(invert)를 설치하지 않았을 때의 문제점이 아닌 것은?

① 맨홀 내에 퇴적물이 쌓이게 된다.
② 맨홀 내에 물기가 있어 작업이 불편하다.
③ 환기가 되지 않아 냄새가 발생한다.
④ 퇴적물이 부패되어 악취가 발생한다.

해설 유지관리를 위해 작업원이 작업을 할 때 맨홀 내에 퇴적물이 쌓이게 되면 상당히 불편하고 하수가 원활하게 흐르지 못하며 부패시 악취를 발생시킨다. 이를 방지하기 위해서는 바닥에 인버트를 설치하여 하수의 흐름을 원활히 하고 유지관리가 편리하도록 하는 것이 필요하다.

해답 ③

113 장기 폭기법에 관한 설명으로 옳은 것은?

① F/M비가 크다.
② 슬러지 발생량이 적다.
③ 부지가 적게 소요된다.
④ 대규모 처리장에 많이 이용된다.

해설 **장기포기법**은 활성슬러지법의 변법으로 플러그흐름 형태의 반응조에 HRT와 SRT를 길게 유지하고 동시에 MLSS농도를 높게 유지하면서 오수를 처리하는 방법으로 특징은 다음과 같다.
 ① 활성슬러지가 자산화되기 때문에 잉여슬러지의 발생량은 표준활성슬러지법에 비해 적다.
 ② 과잉 포기로 인하여 슬러지의 분산이 야기되거나 슬러지의 활성도가 저하되는 경우가 있다.
 ③ 질산화가 진행되면서 pH의 저하가 발생한다.

해답 ②

114 하수관거의 단면에 대한 설명으로 옳지 않은 것은?

① 계란형은 유량이 적은 경우 원형거에 비해 수리학적으로 유리하다.
② 말굽형은 상반부의 아치작용에 의해 역학적으로 유리하다.
③ 원형, 직사각형은 역학계산이 비교적 간단하다.
④ 원형 주로 공장제품이므로 지하수의 침투를 최소화할 수 있다.

해설 원형 관거는 공장제품이므로 접합부가 많아져 지하수의 침투량이 많아질 염려가 있다.

해답 ④

115

합류식 하수도는 강우시에 처리되지 않은 오수의 일부가 하천 등의 공공수역에 방류되는 문제점을 갖고 있다. 이에 대한 대책으로 적합하지 않은 것은?

① 차집관거의 축소
② 실시간 제어방법
③ 스월조절조(swirl regulator) 설치
④ 우수저류지 설치

해설 우천시 방류부하량 저감대책

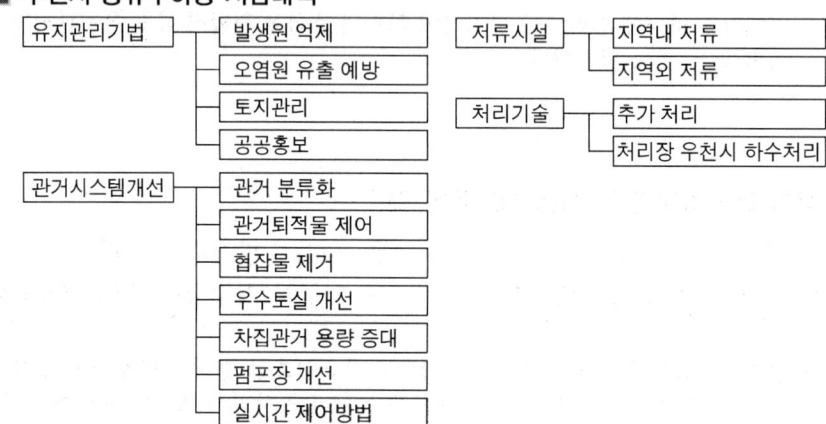

해답 ①

116

분말활성탄과 입상활성탄의 비교 설명으로 틀린 것은?

① 분말활성탄은 재생사용이 용이하다.
② 분말활성탄은 기존시설을 사용하여 처리할 수 있다.
③ 입상활성탄은 누출에 의한 흑수현상(검은물 발생) 우려가 거의 없다.
④ 입상활성탄은 비교적 장기간 처리하는 경우에 유리하다.

해설 분말활성탄처리와 입상활성탄처리의 장단점

항 목	분말활성탄	입상활성탄
처리시설	○기존시설을 사용하여 처리할 수 있다.	△여과지를 만들 필요가 있다.
단기간 처리하는 경우	○필요량만 구입하므로 경제적이다.	△비경제적이다.
장기간 처리하는 경우	△경제성이 없으며, 재생되지 않는다.	○탄층을 두껍게 할 수 있으며 재생하여 사용할 수 있으므로 경제적이다.
미생물의 번식	○사용하고 버리므로 번식이 없다.	△원생동물이 번식할 우려가 있다.

항목	분말활성탄	입상활성탄
폐기시의 애로	△탄분을 포함한 흑색슬러지는 공해의 원인이다.	○재생사용할 수 있어서 문제가 없다.
누출에 의한 흑수현상	△특히 겨울철에 일어나기 쉽다.	○거의 염려가 없다.
처리관리의 난이	△주입작업을 수반한다.	○특별한 문제가 없다.

○ : 유리, △ : 불리

해답 ①

117
계획인구 150,000명인 도시의 수도계획에서 계획급수인구가 142,500명일 때 1인 1일의 최대급수량을 450L로 하면 1일 최대급수량은?

① 6,750,000m³/day
② 67,500m³/day
③ 333,333m³/day
④ 64,125m³/day

해설 계획 1일 최대급수량 = 계획 1인 1일 최대급수량 × 계획급수인구

$$= 450 \times \frac{1}{1,000} \frac{m^3}{L} \times 142,500 = 64,125 m^3/day$$

해답 ④

118
상수 원수에 포함된 색도 제거를 위한 단위조작으로 거리가 먼 것은?

① 폭기처리
② 응집침전처리
③ 활성탄처리
④ 오존처리

해설 색도가 높을 경우에는 색도를 제거하기 위하여 응집침전처리, 활성탄처리 또는 오존처리를 한다.

해답 ①

119
혐기성 소화 공정의 영향인자가 아닌 것은?

① 체류시간
② 메탄함량
③ 독성물질
④ 알칼리도

해설 혐기성 소화의 공정 영향인자에는 체류시간, 온도, 영양염류, pH, 독성물질, 알칼리도 등이 있다.

해답 ②

120 상수의 완속여과방식 정수과정으로 옳은 것은?

① 여과 → 침전 → 살균
② 살균 → 침전 → 여과
③ 침전 → 여과 → 살균
④ 침전 → 살균 → 여과

해설 정수 : 원수의 수질을 사용목적에 적합하게 개선하는 과정(가장 핵심 공정)

① 급속여과 : 착수정 ▶ 혼화지 ▶ 응집지 ▶ 약품침전 ▶ 급속여과 ▶ 소독 ▶ 정수지

② 완속여과 : 착수정 ▶ 보통침전 ▶ 완속여과 ▶ 소독 ▶ 정수지

해답 ③

2024년 7월 CBT 시행

본 문제는 복원 기출문제입니다. 실제 문제와 다를 수 있으니 양해바랍니다.

제1과목 응용역학

001 반지름이 r인 중실축(中實軸)과, 바깥 반지름이 r이고 안쪽 반지름이 $0.6r$인 중공축(中空軸)이 동일 크기의 비틀림 모멘트를 받고 있다면 중실축(中實軸) : 중공측(中空軸)의 최대 전단 응력비는?

① 1 : 1.28
② 1 : 1.24
③ 1 : 1.20
④ 1 : 1.15

해설
① 중실축인 경우의 J_1 $J_1 = \dfrac{\pi d^4}{32} = \dfrac{\pi (2r)^4}{32} = \dfrac{\pi r^4}{2}$

② 중공축인 경우의 J_2 $J_2 = \dfrac{\pi(d_1{}^4 - d_1{}^4)}{32} = \dfrac{\pi[(2r)^4 - (1.2r)^4]}{32} = \dfrac{13.92}{32}\pi r^4$

③ $\dfrac{\tau_{\max 1}}{\tau_{\max 2}} = \dfrac{T \cdot r / J_1}{T \cdot r / J_2} = \dfrac{J_2}{J_1} = \dfrac{13.92/32}{1/2} = \dfrac{27.84}{32}$

∴ $\tau_{\max 1} : \tau_{\max 2} = 1 : 1.15$

해답 ④

002 그림과 같은 캔틸레버보에서 자유단 A의 처짐은? (단, EI는 일정함)

① $\dfrac{3ML^2}{8EI}(\downarrow)$

② $\dfrac{13ML^2}{32EI}(\downarrow)$

③ $\dfrac{7ML^2}{16EI}(\downarrow)$

④ $\dfrac{15ML^2}{32EI}(\downarrow)$

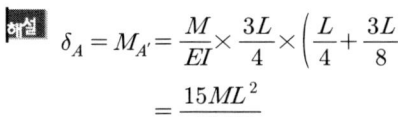

해설 $\delta_A = M_{A'} = \dfrac{M}{EI} \times \dfrac{3L}{4} \times \left(\dfrac{L}{4} + \dfrac{3L}{8}\right)$

$= \dfrac{15ML^2}{32EI}$

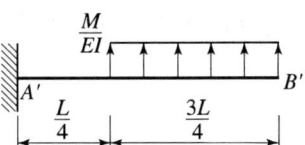

해답 ④

003
그림에서 직사각형의 도심축에 대한 단면상승 모멘트 I_{xy}의 크기는?

① $576\,cm^4$
② $256\,cm^4$
③ $142\,cm^4$
④ $0\,cm^4$

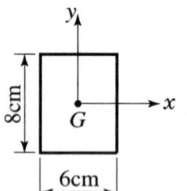

해설 대칭축이므로 $I_{xy} = 0$

해답 ④

004
길이가 3m이고 가로 20cm, 세로 30cm인 직사각형 단면의 기둥이 있다. 좌굴응력을 구하기 위한 이 기둥의 세장비는?

① 34.6
② 43.3
③ 52.0
④ 60.7

해설 $\lambda = \dfrac{l}{r_{\min}} = \dfrac{\sqrt{12}\,l}{h} = \dfrac{\sqrt{12}\times 300}{20} = 52$

해답 ③

005
다음의 단순보에서 A점의 반력이 B점의 반력의 3배가 되기 위한 거리 x는 얼마인가?

① 3.75m
② 5.04m
③ 6.06m
④ 6.66m

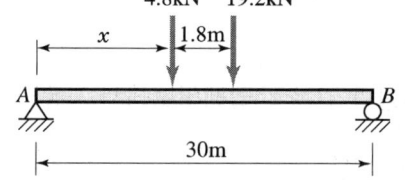

해설
① $\sum M_A = 0$
$-V_B \times 30 + 19.2 \times (x+1.8) + 4.8 \times x = 0$
$V_B = 0.8x + 1.152$
② $\sum V = 0$
$V_A + V_B - 4.8 - 19.2 = 0 \qquad 3V_B + V_B - 4.8 - 19.2 = 0$
$V_B = 6\,kN$
③ $V_B = 0.8x + 1.152 = 6\,kN$에서 $x = 6.06\,cm$

해답 ③

006

아래 그림과 같은 라멘구조물에서 A점의 반력 R_A는?

① 30kN
② 45kN
③ 60kN
④ 90kN

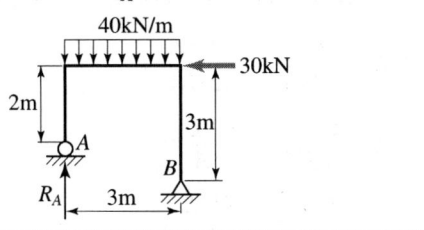

해설 $\sum M_B = 0$

$R_A \times 3 - 40 \times 3 \times 1.5 - 30 \times 3 = 0$

$R_A = 90\text{kN}~(\uparrow)$

해답 ④

007

그림과 같은 트러스에서 A점에 연직 하중 P가 작용할 때 A점의 연직 처짐은? (단, 부재의 축 강도는 모두 EA이고, 부재의 길이는 $AB = 3l$, $AC = 5l$이며 $\overline{BC} = 4l$이다.)

① $8.0 \dfrac{Pl}{AE}$

② $8.5 \dfrac{Pl}{AE}$

③ $9.0 \dfrac{Pl}{AE}$

④ $9.5 \dfrac{Pl}{AE}$

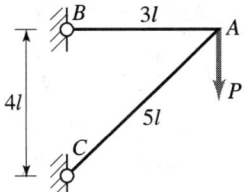

해설
① $\overline{AB} = \dfrac{5}{4}P(\text{압축})$, $\overline{AB} = \dfrac{3}{4}P(\text{인장})$

② **연직처짐**(가상일의 방법 이용)

$y = \sum \dfrac{l}{AE}(N \cdot \overline{N})$

$= \dfrac{\dfrac{3P}{4} + \dfrac{3}{4}}{EA} 3l + \dfrac{\left(-\dfrac{5P}{4}\right) \times \left(-\dfrac{5}{4}\right)}{EA} 5l$

$= \dfrac{27Pl}{16EA} + \dfrac{125Pl}{16AE} = \dfrac{152Pl}{16EA}$

$= 9.5 \dfrac{Pl}{AE}$

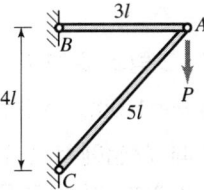
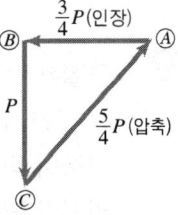
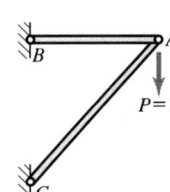
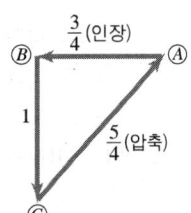

해답 ④

008

다음 구조물의 변형에너지의 크기는? (단, E, I, A는 일정하다.)

① $\dfrac{2P^2L^3}{3EI} + \dfrac{P^2L}{2EA}$

② $\dfrac{P^2L^3}{3EI} + \dfrac{P^2L}{EA}$

③ $\dfrac{P^2L^3}{3EI} + \dfrac{P^2L}{2EA}$

④ $\dfrac{2P^2L^3}{3EI} + \dfrac{P^2L}{EA}$

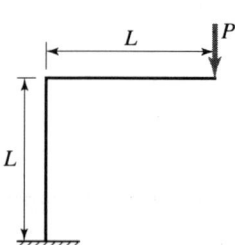

해설
① 수직력 P에 의한 변형에너지
$$U_P = \dfrac{P^2 \cdot l}{2EA}$$
② 휨모멘트에 의한 변형에너지
$$U_{m1} = \int_0^l \dfrac{M^2}{2EI}dx = \int_0^l \dfrac{(P \cdot x)^2}{2EI}dx = \int_0^l \dfrac{P^2 x^2}{2EI}dx$$
$$= \dfrac{P^2}{2EI}\left[\dfrac{x^3}{3}\right]_0^l = \dfrac{P^2}{2EI}\dfrac{l^3}{3} = \dfrac{P^2 \cdot l^3}{6EI}$$
$$U_{m2} = \int_0^l \dfrac{M^2}{2E \cdot I}dx = \int_0^l \dfrac{(P \cdot l)^2}{2EI}dx = \dfrac{P^2 \cdot l^2}{2EI}[x]_0^l = \dfrac{P^2 \cdot l^3}{2EI}$$
$$\therefore U_m = \dfrac{P^2 \cdot l^3}{6EI} + \dfrac{P^2 \cdot l^3}{2EI} = \dfrac{4P^2 \cdot l^3}{6EI} = \dfrac{2P^2 \cdot l^3}{3EI}$$
③ 총변형에너지 $= \dfrac{2P^2 \cdot l^3}{3E \cdot I} + \dfrac{P^2 \cdot l}{2EA}$
(전단력에 의한 변형에너지 무시하고 계산한 값임)

해답 ①

009

균질한 단면봉이 그림과 같이 P_1, P_2, P_3의 하중을 B, C, D점에서 받고 있다. 각 구간의 거리 $a=1.0m$, $b=0.5m$, $c=0.5m$이고 $P_2=100kN$, $P_3=40kN$의 하중이 작용할 때 D점에서의 수직방향 변위가 일어나지 않기 위한 하중 P_1은?

① 210kN
② 220kN
③ 230kN
④ 240kN

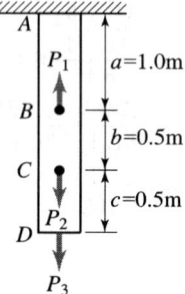

해설 $\Delta l = \Sigma \dfrac{Pl}{AE}$ 에서

$\Delta l = \Delta l_{AB} + \Delta l_{BC} + \Delta l_{CD} = 0$

$= \dfrac{(40+100-P_1) \times 1 + (40+100) \times 0.5 + 40 \times 0.5}{EA} = \dfrac{230-P_1}{EA} = 0$ 에서

$230 - P_1 = 0$

$P_1 = 230 \text{kN}$

해답 ③

010

그림의 보에서 지점 B의 휨모멘트는? (단, EI는 일정하다.)

① $-67.5 \text{kN} \cdot \text{m}$
② $-97.5 \text{kN} \cdot \text{m}$
③ $-120 \text{kN} \cdot \text{m}$
④ $-165 \text{kN} \cdot \text{m}$

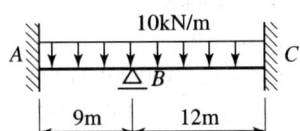

해설 ① 강비

$k_{BA} = \dfrac{I}{9}$ $k_{BC} = \dfrac{I}{12}$

$k_{BA} : k_{BC} = 4 : 3$

② 분배율

$DF_{BA} = \dfrac{k_{BA}}{(k_{BA}+k_{BC})} = \dfrac{4}{(4+3)} = \dfrac{4}{7}$

$DF_{BC} = \dfrac{k_{BC}}{(k_{BA}+k_{BC})} = \dfrac{3}{(4+3)} = \dfrac{3}{7}$

③ 고정단 모멘트

$C_{BA} = \dfrac{10 \times 9^2}{12} = 67.5 \,(\text{시계})$

$C_{BA} = \dfrac{10 \times 12^2}{12} = 120 \,(\text{반시계})$

④ 중앙 모멘트

$\Sigma M_B = C_{BA} + C_{BC} = 67.5 - 120 = -52.5 \text{kN} \cdot \text{m}$

⑤ 분배모멘트

$M_{분배BA} = DF_{BA} \cdot \Sigma M_{B중앙} = \dfrac{4}{7} \times 52.5 (\text{반시계}) = 30 \text{kN} \cdot \text{m} \,(\text{시계})$

$M_{분배BC} = DF_{BC} \cdot \Sigma M_{B중앙} = \dfrac{3}{7} \times 52.5 (\text{반시계}) = 22.5 \text{kN} \cdot \text{m} \,(\text{시계})$

⑥ 지점 B의 휨모멘트

$M_{BA} = M_{분배BA} + C_{BA} = 30 + 67.5 = 97.5 \text{kN} \cdot \text{m}$

$M_{BC} = M_{분배BC} + C_{BC} = 30 + (-120) = -97.5 \text{kN} \cdot \text{m}$

해답 ②

011 그림의 트러스에서 a부재의 부재력은?

① 135kN(인장)
② 175kN(인장)
③ 135kN(압축)
④ 175kN(압축)

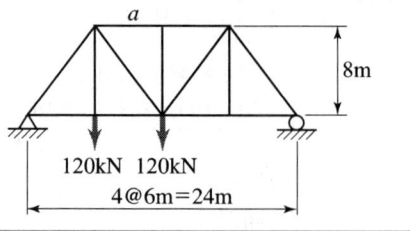

해설
① A지점의 반력
$\sum M_B = 0$
$R_A \times 24 - 120 \times 18 - 120 \times 12 = 0$
$R_A = 150\text{kN}$
② $\sum M_0 = 0$
$150 \times 12 - 120 \times 6 + a \times 8 = 0$
$a = -135\text{kN} = 135\text{kN}(압축)$

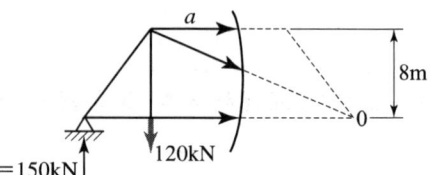

해답 ③

012 다음의 그림에 있는 연속보의 B점에서의 반력을 구하면? (단, $E = 2.1 \times 10^5$MPa, $I = 1.6 \times 10^4$cm^4)

① 63kN
② 75kN
③ 97kN
④ 101kN

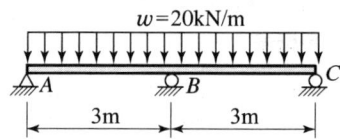

해설
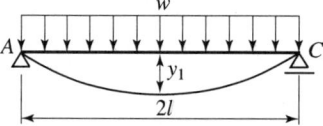 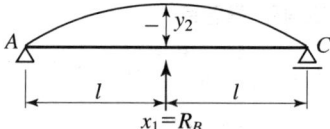

① $y_1 = \dfrac{5w(2l)^4}{384EI} = \dfrac{5wl^4}{24EI}$

② $y_2 = -\dfrac{R_B(2l)^3}{48EI} = -\dfrac{R_B l^3}{6EI}$

③ $y_B = y_1 + y_2 = \dfrac{5wl^4}{24EI} + \left(-\dfrac{R_B l^3}{6EI}\right) = 0$ 에서

$R_B = \dfrac{5wl}{4} = \dfrac{5 \times 20 \times 3}{4} = 75\text{kN}(\uparrow)$

해답 ②

013

다음 단순보의 지점 B에 모멘트 M_B가 작용할 때 지점 A에서의 처짐각(θ_A)은? (단, EI는 일정하다.)

① $\dfrac{M_B l}{2EI}$

② $\dfrac{M_B l}{3EI}$

③ $\dfrac{M_B l}{6EI}$

④ $\dfrac{M_B l}{8EI}$

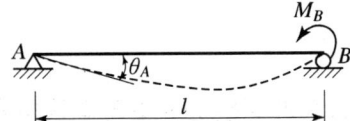

해답 ③

해설
$\theta_A = \dfrac{M_B l}{6EI}$

014

다음 중에서 정(+)과 부(−)의 값을 모두 갖는 것은?
① 단면계수
② 단면 2차모멘트
③ 단면 상승모멘트
④ 단면 회전반지름

해설

| 단면 상승모멘트 | $I_{xy} = \int_A xy dA$ | $I_{xy} = I_{XY} + x_0 y_0 A$ | I_{XY}가 대칭축이면 '0' | +−0 | cm^4 m^4 |

해답 ③

015

그림과 같은 두 개의 나무판이 못으로 조립된 T형보에서 $V = 1550N$이 작용할 때 한 개의 못이 전단력 700N을 전달할 경우 못의 허용 최대 간격은 약 얼마인가? (단, $I = 11,354.0 cm^4$)

① 7.5cm
② 8.2cm
③ 8.9cm
④ 9.7cm

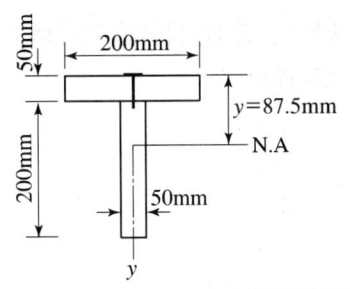

해설 ① 상하 나무판 접촉면의 단면1차모멘트
$G = 200 \times 50 \times \dfrac{50}{2} + 200 \times 50 \times \dfrac{200}{2} = 1,250,000 mm^3 = 1,250 cm^3$

② **못의 최대 간격**
$$s = \frac{2F}{q} = \frac{2FI}{VG} = \frac{2 \times 700 \times 11,354}{1550 \times 1,250} = 8.2 \text{cm}$$
$$q = \frac{VG}{I}$$

해답 ②

016

다음 그림과 같은 단순보에 이동하중이 작용하는 경우 절대 최대 휨모멘트는 얼마인가?

① 176.4kN · m
② 167.2kN · m
③ 162.0kN · m
④ 125.1kN · m

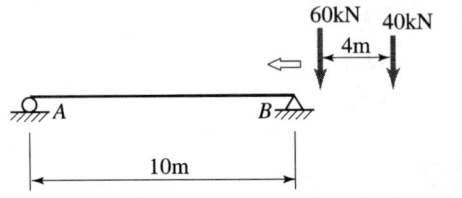

해설 ① 합력 $R = 60 + 40 = 100$kN
② $40 \times 4 = 100 \times x'$ $x' = 1.6$m
③ 선택하중 = 60kN
④ 합력과 선택하중 간의 이등분점
  $\frac{1.6}{2} = 0.8$m
⑤ 하중 재하(보의 중점 = 이등분점)
⑥ 절대최대 휨모멘트 발생위치
  A지점으로부터 $x = 5 - 0.8 = 4.2$m
⑦ 절대최대 휨모멘트의 크기
  $R_A = \frac{60 \times 5.8 + 40 \times 1.8}{10} = 42$kN (↑)
  $M_{absmax} = 42 \times 4.2 = 176.4$kN · m

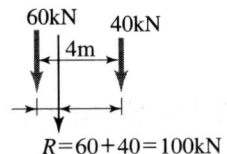

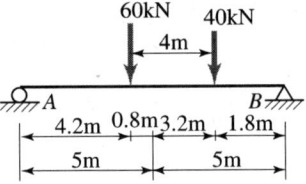

해답 ①

017

바닥은 고정, 상단은 자유로운 기둥의 좌굴 형상이 그림과 같을 때 임계하중은 얼마인가?

① $\frac{\pi^2 EI}{4L}$

② $\frac{9\pi^2 EI}{4L^2}$

③ $\frac{13\pi^2 EI}{4L}$

④ $\frac{25\pi^2 EI}{4L^2}$

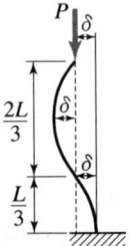

680

해설 ① 좌굴길이 $l_k = \dfrac{2L}{3}$

② 좌굴하중 $P_b = \dfrac{\pi^2 EI}{l_k^2} = \dfrac{\pi^2 EI}{\left(\dfrac{2L}{3}\right)^2} = \dfrac{9\pi^2 EI}{4L^2}$

해답 ②

018 아래의 표에서 설명하는 것은?

• 탄성체에 저장된 변형에너지 U를 변위의 함수로 나타내는 경우에, 임의의 변위 Δ_i에 관한 변형에너지 U의 1차 편도함수는 대응되는 하중 P_i와 같다. 즉, $P_i = \dfrac{\partial U}{\partial \Delta_i}$로 나타낼 수 있다.

① Castigliano의 제1정리
② Castigliano의 제2정리
③ 가상일의 원리
④ 공액보법

해설 ① **카스틸리아노의 제1정리** : 탄성체에 외력 또는 모멘트가 작용할 때 전체 변형에너지 U_i를 하중 작용점에서 힘의 방향의 처짐(처짐각)으로 1차 편미분한 것은 그 점의 힘(모멘트)과 같다.

$P_i = \dfrac{\Delta U_i}{\Delta \delta_i} \quad M_i = \dfrac{\Delta U_i}{\Delta \theta_i}$

여기서, U_i : 전체 변형에너지
$P_i, M_i, \delta_i, \theta_i$: i점의 하중, 모멘트, 처짐, 처짐각

② **카스틸리아노의 제2정리** : 구조물의 탄성변형에너지를 임의의 외력으로 편미분한 값은 그 힘의 작용점의 힘의 작용선 방향의 변위와 같다. 즉 한 구조물이 외력을 받아 변형을 일으켰을 때, 구조물 재료가 탄성적이고 온도 변화나 지점 침하가 없는 경우에 구조물은 변형에너지의 어느 특정한 힘(또는 우력) P_n에 관한 1차편도함수가 그 힘의 작용점에서 작용선 방향의 처짐 또는 처짐각과 같다.

$\theta_n = \dfrac{\Delta W_i}{\Delta M_n} \quad \delta_n = \dfrac{\Delta W_i}{\Delta P_n}$

여기서, θ_n : 처짐각, δ_n : 처짐, M : 휨모멘트, W_i : 변형에너지, P : 하중

해답 ①

019 그림과 같은 $r = 4$m인 3힌지 원호 아치에서 지점 A에서 2m 떨어진 E점의 휨모멘트의 크기는 약 얼마인가?

① 6.13kN·m
② 7.32kN·m
③ 8.27kN·m
④ 9.16kN·m

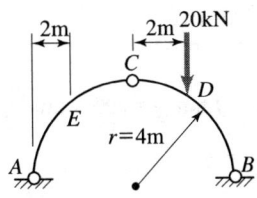

해설 ① $\Sigma M_B = 0 : + V_A \times 8 - 20 \times 2 = 0$
$V_A = +5\text{kN}(\uparrow)$
② $\Sigma M_{C,좌} = 0 : + V_A \times 4 - H_A \times 4 = 0$
$H_A = +5\text{kN}(\rightarrow)$
③ $M_{E,좌} = \left[+5 \times 2 - 5 \times \sqrt{4^2 - 2^2}\right]$
$= -7.32\text{kN} \cdot \text{m}$

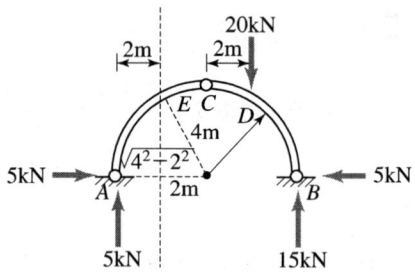

해답 ②

020

그림의 AC, BC에 작용하는 힘 F_{AC}, F_{BC}의 크기는?

① $F_{AC} = 100\text{kN}$, $F_{BC} = 86.6\text{kN}$
② $F_{AC} = 86.6\text{kN}$, $F_{BC} = 50\text{kN}$
③ $F_{AC} = 50\text{kN}$, $F_{BC} = 86.6\text{kN}$
④ $F_{AC} = 50\text{kN}$, $F_{BC} = 173.2\text{kN}$

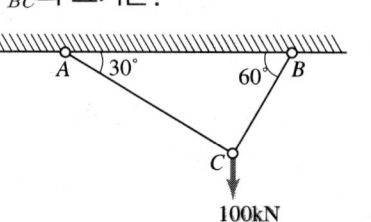

해설 $\dfrac{100\text{kN}}{\sin 90°} = \dfrac{F_{AC}}{\sin 150°} = \dfrac{F_{BC}}{\sin 120°}$ 에서

① $F_{AC} = \dfrac{\sin 150°}{\sin 90°} \cdot 100 = 50\text{kN}$

② $F_{BC} = \dfrac{\sin 120°}{\sin 90°} \cdot 100 = 86.6\text{kN}$

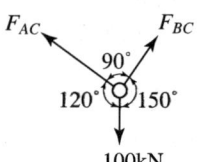

해답 ③

제2과목 측량학

021

초점거리 20cm인 카메라로 경사 30°로 촬영된 사진 상에서 연직점 m과 등각점 j와의 거리는?

① 33.6mm
② 43.6mm
③ 53.6mm
④ 63.6mm

해설 $mj = f \tan \dfrac{i}{2} = 200 \times \tan \dfrac{30°}{2} = 53.6\text{mm}$

해답 ③

022 하천측량에 대한 설명 중 옳지 않은 것은?

① 하천측량시 처음에 할 일은 도상조사로서 유로상황, 지역면적, 지형지물, 토지이용 상황 등을 조사하여야 한다.
② 심천측량은 하천의 수심 및 유수부분의 하저사항을 조사하고 횡단면도를 제작하는 측량을 말한다.
③ 하천측량에서 수준측량을 할 때의 거리표는 하천의 중심에 직각방향으로 설치한다.
④ 수위관측소의 위치는 지천의 합류점 및 분류점으로서 수위의 변화가 일어나기 쉬운 곳이 적당하다.

해설 수위관측소의 위치가 지천의 합류점일 경우는 불규칙한 수위변화가 없는 장소이어야 한다.

해답 ④

023 등고선의 성질에 대한 설명으로 옳지 않은 것은?

① 동일 등고선상의 모든 점은 기준면으로부터 같은 높이에 있다.
② 지표면의 경사가 같을 때는 등고선의 간격은 같고 평행하다.
③ 등고선은 도면 내 또는 밖에서 반드시 폐합한다.
④ 높이가 다른 두 등고선은 절대로 교차하지 않는다.

해설 높이가 다른 등고선은 동굴이나 절벽을 제외하고는 교차하지 않는다.

해답 ④

024 수준측량에 관한 설명으로 옳은 것은?

① 수준측량에서는 빛의 굴절에 의하여 물체가 실제로 위치하고 있는 곳보다 더욱 낮게 보인다.
② 삼각수준측량은 토털스테이션을 사용하여 연직각과 거리를 동시에 관측하므로 레벨측량보다 정확도가 높다.
③ 수평한 시준선을 얻기 위해서는 시준선과 기포관 축은 서로 나란하여야 한다.
④ 수준측량의 시준오차를 줄이기 위하여 기준점과의 구심 작업에 신중을 기울여야 한다.

해설 시준선과 기포관축은 평행해야 한다.

해답 ③

025 수준측량에서 발생할 수 있는 정오차에 해당하는 것은?

① 표척을 잘못 뽑아 발생되는 읽음오차
② 광선의 굴절에 의한 오차
③ 관측자의 시력 불완전에 의한 오차
④ 태양의 광선, 바람, 습도 및 온도의 순간변화에 의해 발생되는 오차

해설 지구 곡률에 의한 오차나 광선의 굴절에 의한 오차등은 공식에 의해 간단히 조정 가능한 정오차에 해당한다.

해답 ②

026 완화곡선에 대한 설명으로 틀린 것은?

① 단위 클로소이드란 매개 변수 A가 1인, 즉 $R \times L = 1$의 관계에 있는 클로소이드이다.
② 완화곡선의 접선은 시점에서 직선에 종점에서 원호에 접한다.
③ 클로소이드의 형식 중 S형은 복심곡선 사이에 클로소이드를 삽입한 것이다.
④ 캔트(Cant)는 원심력 때문에 발생하는 불리한 점을 제거하기 위해 두는 편경사이다.

해설 S형은 반향곡선의 사이에 클로소이드를 삽입한 것이다.

해답 ③

027 다음 그림과 같은 도로 횡단면도에서 단면적은? (단, 0을 원점으로 하는 좌표 (x, y)의 단위 : [m])

① 94m^2
② 98m^2
③ 102m^2
④ 106m^2

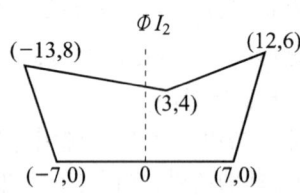

해설
$$\begin{pmatrix} 0 & -7 & -13 & 3 & 12 & 7 & 0 \\ 0 & 0 & 8 & 4 & 6 & 0 & 0 \end{pmatrix}$$

① $2A = \{(-7)(0) + (-13)(0) + (3)(8) + (12)(4) + (7)(6) + (0)(0)\}$
$\quad - \{(0)(0) + (-7)(8) + (-13)(4) + (3)(6) + (12)(0) + (7)(0)\}$
$\quad = 204\text{m}^2$

② $A = \dfrac{204}{2} = 102\text{m}^2$

해답 ③

028 지리정보시스템(GIS) 데이터의 형식 중에서 벡터 형식의 객체자료 유형이 아닌 것은?

① 격자(Cell)
② 점(Point)
③ 선(Line)
④ 면(Polygon)

해설 **공간객체의 구분(표현)** : 지표상의 물체를 공간객체(spatial objects)라 한다.
① 래스터(raster)자료
  ㉠ grid cel ㉡ image
② 벡터(vector)자료
  ㉠ 점(point) ㉡ 선(line, arc) ㉢ 면(area, polygon)

해답 ①

029 평탄지를 1:25000으로 촬영한 수직사진이 있다. 이때의 초점거리 10cm, 사진의 크기 23cm×23cm, 종중복도 60%, 횡중복도 30% 일 때 기선고도비는?

① 0.92
② 1.09
③ 1.21
④ 1.43

해설
① $M = \dfrac{1}{m} = \dfrac{f}{H}$

$\dfrac{1}{25,000} = \dfrac{0.1}{H}$ 에서 $H = 2,500$m

② $B = ma\left(1 - \dfrac{p}{100}\right) = 25,000 \times 0.23 \times \left(1 - \dfrac{60}{100}\right) = 2,300$m

③ 기선고도비 $= \dfrac{B}{H} = \dfrac{2,300}{2,500} = 0.92$

해답 ①

030 대단위 신도시를 건설하기 위한 넓은 지형의 정지공사에서 토량을 계산하고자 할 때 가장 적당한 방법은?

① 점고법
② 비례 중앙법
③ 양단면 평균법
④ 각주공식에 의한 방법

해설 **점고법**은 토지정리나 구획정리에 많이 쓰이는 체적 계산법이다.

해답 ①

031

표준길이보다 5mm가 늘어나 있는 50m 강철줄자로 250m×250m인 정사각형 토지를 측량하였다면 이 토지의 실제면적은?

① 62487.50m² ② 62493.75m²
③ 62506.25m² ④ 62512.50m²

해설 ① 정확한 세로 거리(L_o) = $L + \left(L \times \dfrac{\delta}{l}\right) = 250 + \left(250 \times \dfrac{0.005}{50}\right) = 250.025\text{m}$

② 정확한 가로 거리(B_o) = $B + \left(B \times \dfrac{\delta}{l}\right) = 250 + \left(250 \times \dfrac{0.005}{50}\right) = 250.025\text{m}$

③ 실제 면적(A_o) = $250.025 \times 250.025 = 62,512.5\text{m}^2$

해답 ④

032

정확도 1/5000을 요구하는 50m 거리 측량에서 경사거리를 측정하여도 허용되는 두 점간의 최대 높이차는?

① 1.0m ② 1.5m
③ 2.0m ④ 2.5m

해설 ① 경사 오차

$\dfrac{1}{5,000} = \dfrac{C_h}{50}$ 에서 $C_h = 0.01$

② 경사에 대한 보정

$C_h = \dfrac{h^2}{2L}$ 에서 $h = \sqrt{2LC_h} = \sqrt{2 \times 50 \times 0.01} = 1\text{m}$

해답 ①

033

A와 B의 좌표가 다음과 같을 때 측선 AB의 방위각은?

A점의 좌표 = (179847.1m, 76614.3m)
B점의 좌표 = (179964.5m, 76625.1m)

① 5°23′15″ ② 185°15′23″
③ 185°23′15″ ④ 5°15′22″

해설 ① 방위

$\tan\theta = \dfrac{Y}{X} = \dfrac{Y_B - Y_A}{X_B - X_A}$ 에서

$\theta = \tan^{-1}\dfrac{Y_B - Y_A}{X_B - X_A} = \tan^{-1}\dfrac{76625.1 - 76614.3}{179964.5 - 179847.1} = \tan^{-1}\dfrac{10.8}{117.4} = 5°15′22″$

② 1상한이므로
방위각 = 방위 = 5°15′22″

해답 ④

034

어느 각을 관측한 결과가 다음과 같을 때, 최확값은? (단, 괄호 안의 숫자는 경중률)

$$73°40'12''(2),\ 73°40'10''(1)$$
$$73°40'15''(3),\ 73°40'18''(1)$$
$$73°40'09''(1),\ 73°40'16''(2)$$
$$73°40'14''(4),\ 73°40'13''(3)$$

① 73°40'10.2''
② 73°40'11.6''
③ 73°40'13.7''
④ 73°40'15.1''

해설 최확값

$= 73°40' +$
$\dfrac{12''\times 2 + 15''\times 3 + 09''\times 1 + 14''\times 4 + 10''\times 1 + 18''\times 1 + 16''\times 2 + 13''\times 3}{2+3+1+4+1+1+2+3}$

$= 73°40'13.7''$

해답 ③

035

단곡선 설치에 있어서 교각 $I=60°$, 반지름 $R=200m$, 곡선의 시점 $B.C.=$ No.8+15m일 때 종단현에 대한 편각은? (단, 중심말뚝의 간격은 20m이다.)

① 0°38'10''
② 0°42'58''
③ 1°16'20''
④ 0°51'53''

해설
① $BC = 8\times 20 + 15 = 175m$
② $CL = \dfrac{\pi}{180°}\cdot R\cdot I = \dfrac{\pi}{180°}\times 200\times 60° = 209.44m$
③ $EC = BC + CL = 175 + 209.44 = 384.44 = NO.19 + 4.44$
④ $l_2 = 4.44m$
⑤ $\delta_2 = \dfrac{l_2}{R}\times\dfrac{90°}{\pi} = \dfrac{4.44}{200}\times\dfrac{90°}{\pi} = 0°38'9.5''$

해답 ①

036

지형을 표시하는 방법 중에서 짧은 선으로 지표의 기복을 나타내는 방법은?

① 점고법
② 영선법
③ 단채법
④ 등고선법

해설 우모법(게바법, 영선법)
① 선의 굵기, 길이 및 방향 등으로 땅의 모양을 표시하는 방법
② 경사가 급하면 선이 굵고 짧은 선, 완만하면 가늘고 긴 선으로 표시
③ 소의 털 모양으로 지형을 표시

해답 ②

037
수심이 H인 하천의 유속을 3점법에 의해 관측할 때, 관측 위치로 옳은 것은?

① 수면에서 $0.1H$, $0.5H$, $0.9H$가 되는 지점
② 수면에서 $0.2H$, $0.6H$, $0.8H$가 되는 지점
③ 수면에서 $0.3H$, $0.5H$, $0.7H$가 되는 지점
④ 수면에서 0.4H, 0.5H, 0.6H가 되는 지점

해설 3점법 : $V_m = \dfrac{1}{4}(V_{0.2} + 2V_{0.6} + V_{0.8})$

여기서, V_m : 평균유속
$V_{0.2}$: 수심 $0.2H$ 되는 곳의 유속
$V_{0.6}$: 수심 $0.6H$ 되는 곳의 유속
$V_{0.8}$: 수심 $0.8H$ 되는 곳의 유속

해답 ②

038
GNSS 측량에 대한 설명으로 옳지 않은 것은?

① 3차원 공간 계측이 가능하다.
② 기상의 영향을 거의 받지 않으며 야간에도 측량이 가능하다.
③ Bessel 타원체를 기준으로 경위도 좌표를 수집하기 때문에 좌표정밀도가 높다.
④ 기선 결정이 경우 두 측점 간의 시통에 관계가 없다.

해설 각각의 위성은 루비듐(Rb) 또는 세슘(Cs) 원자시계를 탑재하여 시각 정보를 이용하여 거리를 측정하는 GNSS의 원리상 관측치의 정확도를 가능한 높일 수 있도록 구성되어 있다.

해답 ③

039
완화곡선 중 클로소이드에 대한 설명으로 틀린 것은?

① 클로소이드는 나선의 일종이다.
② 매개변수를 바꾸면 다른 무수한 클로소이드를 만들 수 있다.
③ 모든 클로소이드는 닮은 꼴이다.
④ 클로소이드 요소는 모두 길이의 단위를 갖는다.

해설 클로소이드는 단위가 있는 것도 있고 없는 것도 있다.

해답 ④

040 삼각측량을 위한 기준점성과표에 기록되는 내용이 아닌 것은?

① 점번호 ② 천문경위도
③ 평면직각좌표 및 표고 ④ 도엽명칭

해설 삼각측량 성과표 내용
① 삼각점 등급 및 점의 종류, 부호 및 명칭
② 경도, 위도
③ 평면직각좌표(원점4개에 기준한 좌표)
④ 삼각점의 표고
　㉠ 대부분 삼각 측량에 의하여 구한 값
　㉡ 정확하지 않음
⑤ 방향각
⑥ 진북 방향각

해답 ②

제3과목 수리학 및 수문학

041 직경 10cm인 연직관 속에 높이 1m만큼 모래가 들어있다. 모래면 위의 수위를 10cm로 일정하게 유지시켰더니 투수량 $Q=4$L/hr 이었다. 이때 모래의 투수계수 k는?

① 0.4m/hr ② 0.5m/hr
③ 3.8m/hr ④ 5.1m/hr

해설 $Q = kiA$에서

$$k = \frac{Q}{iA} = \frac{4\text{L/hr} \times 10^{-3}\text{m}^3/\text{L}}{\dfrac{0.1}{1} \times \dfrac{\pi \times 0.1^2}{4}} = 5.1\text{m/hr}$$

해답 ④

042 개수로의 흐름에 대한 설명으로 옳지 않은 것은?

① 사류(supercritical flow)에서는 수면변동이 일어날 때 상류(上流)로 전파될 수 없다.
② 상류(subcritical flow)일 때 Froude 수가 1보다 크다.
③ 수로경사가 한계경사보다 클 때 사류(supercritical flow)가 된다.
④ Reynolds 수가 500보다 커지면 난류(, turbulent flow)가 된다.

해설 ① $F_r < 1$: 상류
② $F_r = 1$: 한계류(한계수심, 한계유속)
③ $F_r > 1$: 사류

해답 ②

043

반지름 $(\overline{OP})$이 6m이고, $\theta' = 30°$인 수문이 그림과 같이 설치되었을 때, 수문에 작용하는 전수압(저항력)은?

① 185.5kN/m
② 179.5kN/m
③ 169.5kN/m
④ 159.5kN/m

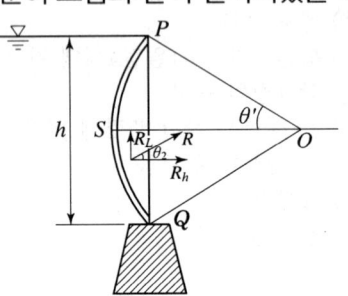

해설 ① **수평분력**

$$P_H = wh_G A = 1 \times \frac{h}{2} \times (h \times 1) = 1 \times \frac{2 \times 6\sin 30°}{2} \times (2 \times 6\sin 30° \times 1)$$

$$= 18 \text{ton/m}$$

$$= 18000 \text{kg/m} \times 9.8 \text{N/kg} \times \frac{1}{1000} \frac{\text{kN}}{\text{N}} = 176.4 \text{kN/m}$$

여기서, A : 연직투영면적($A'B' \times b$)
h_G : 연직투영면적의 도심까지 거리

② **수직방향분력** : 중복된 부분을 제외한 물 기둥의 무게와 같으므로 반원의 무게가 된다.

$$P_V = wV = 1 \times \left[\left(\pi \times 6^2 \times \frac{60°}{360°} - \frac{1}{2} \times 6\cos 30° \times (2 \times 6\sin 30°) \right) \times 1 \right]$$

$$= 3.261 \text{ton/m} = 3261 \text{kg/m} \times 9.8 \text{N/kg} \times \frac{1}{1000} \frac{\text{kN}}{\text{N}} = 31.96 \text{kN/m}$$

③ **곡면에 작용하는 전수압**

$$P = \sqrt{P_H^2 + P_V^2} = \sqrt{176.4^2 + 31.96^2} = 179.3 \text{kN/m}$$

해답 ②

044

유효 강수량과 가장 관계가 깊은 유출량은?

① 지표하 유출량
② 직접 유출량
③ 지표면 유출량
④ 기저 유출량

해설 직접 유출(direct runoff)은 강수 후 비교적 단시간 내에 하천으로 흘러 들어가는 유효강우가 직접 유출량의 원인이 된다.

해답 ②

045

강우강도 공식에 관한 설명으로 틀린 것은?

① 강두강도(I)와 강우지속시간(D)과의 관계로서 Talbot, Sherman, Japanese형의 경험공식에 의해 표현될 수 있다.
② 강우강도공식은 강우량계의 우량자료로부터 결정되며, 지역에 무관하게 적용 가능하다.
③ 도시지역의 우수거, 고속도로 암거 등의 설계시에 기본자료로서 널리 이용된다.
④ 강우강도가 커질수록 강우가 계속되는 시간은 일반적으로 작아지는 반비례 관계이다.

해설 강우강도와 지속기간 간의 관계는 지역에 따라 다르다.
① Talbot형 : 광주 지역에 적합
② Sherman형 : 서울, 목포, 부산 지역에 적합
③ Japanese형 : 대구, 인천, 여수, 강릉 지역에 적합
④ Monobe(物部) 식

해답 ②

046

하천의 임의 단면에 교량의 설치하고자 한다. 원통형 교각 상류(전면)에 2m/s의 유속으로 물이 흘러간다면 교각에 가해지는 항력은? (단, 수심은 4m, 교각의 직경은 2m, 항력계수는 1.5이다.)

① 16kN
② 24kN
③ 43kN
④ 62kN

해설 $D = C_D A \dfrac{1}{2} \dfrac{w}{g} V^2 = 1.5 \times (2 \times 4) \times \dfrac{1}{2} \times \dfrac{1}{9.8} \times 2^2$
$= 2.449\text{t} = 2,449\text{kg} \times 9.8 = 24,000\text{N} = 24\text{kN}$

해답 ②

047

원형 단면의 수맥이 그림과 같이 곡면을 따라 유량 0.018m³/sec가 흐를 때 x방향의 분력은? (단, 관 내의 유속은 9.8m/sec, 마찰은 무시한다.)

① −18.25N
② 37.83N
③ −64.56N
④ 17.64N

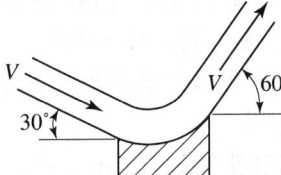

해설 $F_x = \dfrac{w}{g}Q(V_2 - V_1)$ 에서

$V_1 = V\cos\theta_1 = 9.8 \times \cos 30° = 8.49 \text{m/sec}$

$V_2 = V\cos\theta_2 = 9.8 \times \cos 60° = 4.90 \text{m/sec}$

$F_x = \dfrac{1}{9.8} \times 0.018 \times (4.90 - 8.49) = -6.59 \times 10^{-3}\text{t} = -6.59\text{kg}$

$-6.59\text{kg} \times 9.8 = -64.58\text{N}$

해답 ③

048
강수량 자료를 분석하는 방법 중 이중누가해석(double mass analysis)에 대한 설명으로 옳은 것은?

① 강수량 자료의 일관성을 검증하기 위하여 이용한다.
② 강수의 지속기간을 알기 위하여 이용한다.
③ 평균 강수량을 계산하기 위하여 이용한다.
④ 결측자료를 보완하기 위하여 이용한다.

해설 이중 누가우량 분석은 장기간 동안의 강수 자료를 일관성(consistency)에 대한 검증을 하기 위한 방법이다.

해답 ①

049
지름 D인 원관에 물이 반만 차서 흐를 때 경심은?

① $\dfrac{D}{4}$
② $\dfrac{D}{3}$
③ $\dfrac{D}{2}$
④ $\dfrac{D}{5}$

해설 원형 단면 수로의 경심 $R = \dfrac{D}{4}$

해답 ①

050
SCS방법(NRCS 유출곡선 번호방법)으로 초과강우량을 산정하여 유출량을 계산할 때에 대한 설명으로 옳지 않은 것은?

① 유역의 토지이용형태는 유효우량의 크기에 영향을 미친다.
② 유출곡선지수(runoff curve number)는 총우량으로부터 유효우량의 잠재력을 표시하는 지수이다.
③ 투수성 지역의 유출곡선지수는 불투수성 지역의 유출곡선지수보다 큰 값을 갖는다.
④ 선행토양함수조건(antecedent soil moisture condition)은 1년을 성수기와 비성수기로 나누어 각 경우에 대하여 3가지 조건으로 구분하고 있다.

해설 투수성 지역의 유출곡선지수는 불투수성 지역의 유출곡선지수보다 작은 값을 갖는다. **해답 ③**

051
그림에서 A와 B의 압력차는? (단, 수은의 비중은 13.5이다.)

① 32.85kN/m^2
② 57.50kN/m^2
③ 61.25kN/m^2
④ 78.94kN/m^2

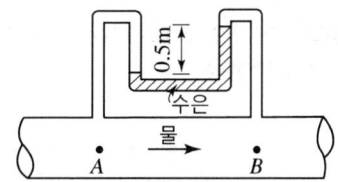

해설 $P_A + 1\text{t/m}^3 \times 0.5\text{m} = P_B + 13.5\text{t/m}^3 \times 0.5\text{m}$ 이므로
압력차 $P_A - P_B = 0.5 \times (13.5 - 1.0) = 6.25 \text{t/m}^2 \times 9.8 = 61.25 \text{kN/m}^2$ **해답 ③**

052
xy평면이 수면에 나란하고, 질량력의 x, y, z축 방향성분을 X, Y, Z라 할 때, 정지평형상태에 있는 액체내부에 미소 육면체의 부피를 dx, dy, dz라 하면 등압면(等壓面)의 방정식은?

① $Xdx + Ydy + Zdz = 0$
② $\dfrac{X}{dx} + \dfrac{Y}{dy} + \dfrac{Z}{dz} = 0$
③ $\dfrac{dx}{X} + \dfrac{dy}{Y} + \dfrac{dz}{Z} = 0$
④ $\dfrac{X}{x}dx + \dfrac{Y}{y}dy + \dfrac{Z}{z}dz = 0$

해설 깊이가 같은 임의 점에 대한 수압이 항상 같은 등압면의 방정식
$X \cdot dx + Y \cdot dy + Z \cdot dz = 0$ **해답 ①**

053
오리피스에서 C_C를 수축계수, C_V를 유속계수라 할 때 실제유량과 이론유량과의 비(C)는?

① $C = C_C$
② $C = C_V$
③ $C = C_C / C_V$
④ $C = C_C \cdot C_V$

해설 오리피스 유량
① 유량계수(C) : $C = C_c \cdot C_v$
② 실제유량 : $Q = CAV_r = C_c C_v A\sqrt{2gh} = CA\sqrt{2gh}$
　　여기서, A : 오리피스 단면적
③ 실제유량과 이론유량과의 비는 유량계수 C를 말한다.
$C = \dfrac{Q}{AV_r}$ **해답 ④**

054
유격내의 DAD해석과 관련된 항목으로 옳게 짝지어진 것은?

① 우량, 유역면적, 강우지속시간
② 우량, 유출계수, 유역면적
③ 유량, 유역면적, 강우강도
④ 우량, 수위, 유량

해설 DAD 해석이란 강우량(Depth), 유역 면적(Area), 강우 지속 시간(Duration) 과의 관계 해석을 말한다.

해답 ①

055
사각형 개수로 단면에서 한계수심(hc)과 비에너지(he)의 관계로 옳은 것은?

① $hc = \dfrac{2}{3}he$
② $hc = he$
③ $hc = \dfrac{3}{2}he$
④ $hc = 2he$

해설 $h_c = \dfrac{2}{3}h_e$

해답 ①

056
매끈한 원관 속으로 완전발달 상태의 물이 흐를 때 단면의 전단응력은?

① 관의 중심에서 0 이고 관 벽에서 가장 크다.
② 관 벽에서 변화가 없고 관의 중심에서 가장 큰 직선 변화를 한다.
③ 단면의 어디서나 일정하다.
④ 유속분포와 동일하게 포물선형으로 변화한다.

해설 관수로의 전단력은 관의 중심에서 0이며 관벽에서 가장 큰 직선 변화를 하며, 유속분포는 관벽에서 0이고 관의 중심에서 가장 큰 포물선 변화를 한다.

해답 ①

057
폭 9m의 직사각형수로에 16.2m³/s의 유량이 92cm의 수심으로 흐르고 있다. 장파의 전파속도 C와 비에너지 E는? (단, 에너지보정계수 $\alpha = 1.0$)

① $C = 2.0$m/s, $E = 1.015$m
② $C = 2.0$m/s, $E = 1.115$m
③ $C = 3.0$m/s, $E = 1.015$m
④ $C = 3.0$m/s, $E = 1.115$m

해설 ① 장파의 전달(전파)속도
$\sqrt{gh} = \sqrt{9.8 \times 0.92} = 3.0$m/sec

② $V = \dfrac{Q}{A} = \dfrac{16.2}{0.92 \times 9} = 1.9565 \text{m/sec}$

③ $E = h + \alpha \dfrac{V^2}{2g} = 0.92 + 1 \times \dfrac{1.9565^2}{2 \times 9.8} = 1.115 \text{m}$

해답 ④

058
폭 35cm인 직사각형 위어(weir)의 유량을 측정하였더니 0.03m³/s 이었다. 월류수심의 측정에 1mm의 오차가 생겼다면, 유량에 발생하는 오차는(%)는? (단, 유량 계산은 프란시스(Francis) 공식을 사용하되 월류 시 단면수축은 없는 것으로 가정한다.)

① 1.84%　　② 1.67%
③ 1.50%　　④ 1.16%

해설 ① 프란시스(Francis) 공식에 의해

$Q = 1.84 b_o h^{\frac{3}{2}} = 1.84 \times 0.35 \times h^{\frac{3}{2}} = 0.03 \text{m}^3/\text{s}$ 에서 $h = 0.13 \text{m}$

② 수심에 발생하는 오차는 $\dfrac{dh}{h} = \dfrac{0.001}{0.13} = 0.0077 = 0.77\%$

③ 유량에 발생하는 오차는 $\dfrac{dQ}{Q} = \dfrac{3}{2}\dfrac{dh}{h} = \dfrac{3}{2} \times 0.77 = 1.155\%$

해답 ④

059
관수로에서의 미소 손실(Minor Loss)은?

① 위치수두에 비례한다.　　② 압력수두에 비례한다.
③ 속도수두에 비례한다.　　④ 레이놀드수의 제곱에 반비례한다.

해설 $h_f = \Sigma f_f \dfrac{V^2}{2g}$ 에서 $h_f \propto \dfrac{V^2}{2g}$ (속도수두)

해답 ③

060
동해의 일본 측으로부터 300km 파장의 지진해일이 발생하여 수심 3000m의 동해를 가로질러 2000km 떨어진 우리나라 동해안으로 도달한다고 할 때, 걸리는 시간은? (단, 파속 $C = \sqrt{gh}$, 중력가속도는 9.8m/s²이고 수심은 일정한 것으로 가정)

① 약 150분　　② 약 194분
③ 약 274분　　④ 약 332분

해설 ① 파속

$$C = \sqrt{gh} = \sqrt{9.8 \times 3,000} \times \frac{60 \sec}{1 \min} = 10,287.857 \text{m/min}$$

② $t = \dfrac{L}{C} = \dfrac{2,000,000}{10,287.857} = 194.4 \min$

해답 ②

제4과목 철근콘크리트 및 강구조

061
그림과 같은 복철근 직사각형 단면에서 응력 사각형의 깊이 a의 값은 얼마인가? (단, $f_{ck}=24$MPa, $f_y=350$MPa, $A_s=5730\text{mm}^2$, $A_s'=1980\text{mm}^2$)

① 227.2mm
② 199.6mm
③ 217.4mm
④ 183.8mm

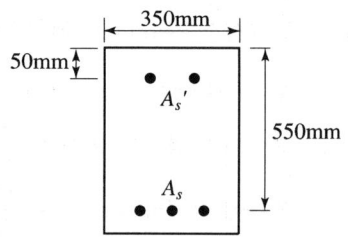

해설 등가응력 직사각형 깊이

$$a = \frac{f_y(A_s - A_s')}{0.85 f_{ck} \cdot b} = \frac{350 \times (5,730 - 1,980)}{0.85 \times 24 \times 350} = 183.8\text{mm}$$

해답 ④

062
연속보 또는 1방향 슬래브의 철근콘크리트 구조를 해석하고자 할 때 근사해법을 적용할 수 있는 조건에 대한 설명으로 틀린 것은?

① 부재의 단면 크기가 일정한 경우
② 인접 2경간 2경간의 차이가 짧은 경간의 50% 이하인 경우
③ 등분포 하중이 작용하는 경우
④ 활하중이 고정하중의 3배를 초과하지 않는 경우

해설 근사해법 적용 조건
① 2경간 이상인 경우
② 인접 2경간의 차이가 짧은 경간의 20% 이하인 경우
③ 등분포 하중이 작용하는 경우
④ 활하중이 고정하중의 3배를 초과하지 않는 경우
⑤ 부재의 단면 크기가 일정한 경우

해답 ②

063 압축 이형철근의 겹침이음길이에 대한 다음 설명으로 틀린 것은? (단, d_b는 철근의 공칭지름)

① 겹침이음길이는 300mm 이상이어야 한다.
② 철근의 항복강도(f_y)가 400MPa 이하인 경우의 겹침이음길이는 $0.072 f_y d_b$ 보다 길 필요는 없다.
③ 서로 다른 크기의 철근을 압축부에서 겹침이음하는 경우, 이음길이는 크기가 큰 철근의 정착길이와 크기가 작은 철근의 겹침이음길이 중 큰 값 이상이어야 한다.
④ 압축철근의 겹침이음길이는 인장철근의 겹침이음길이보다 길어야 한다.

해설 압축철근의 겹침이음길이는 인장철근의 겹침이음길이 보다 길 필요는 없다.

해답 ④

064 옹벽의 구조해석에 대한 설명으로 잘못된 것은?

① 부벽식 옹벽 저판은 정밀한 해석이 사용되지 않는 한, 부벽 간의 거리를 경간으로 가정한 고정보 또는 연속보로 설계할 수 있다.
② 저판의 뒷굽판은 정확한 방법이 사용되지 않는 한, 뒷굽판 상부에 재하되는 모든 하중을 지지하도록 설계하여야 한다.
③ 캔틸레버식 옹벽의 전면벽은 저판에 지지된 캔틸레버로 설계할 수 있다.
④ 뒷부벽식 옹벽의 뒷부벽은 직사각형보로 설계하여야 한다.

해설 뒷부벽식 옹벽의 뒷부벽은 T형보의 복부로 보고 설계한다.

해답 ④

065 그림과 같은 캔틸레버보에 활하중 $w_L=25$kN/m이 작용할 때 위험단면에서 전단철근이 부담해야 할 전단력은? (단, 콘크리트의 단위무게=25kN/m³, $f_{ck}=$ 24MPa, $f_y=$300MPa이고, 하중계수와 하중조합을 고려하시오.)

① 69.5kN
② 73.7kN
③ 84.8kN
④ 92.7kN

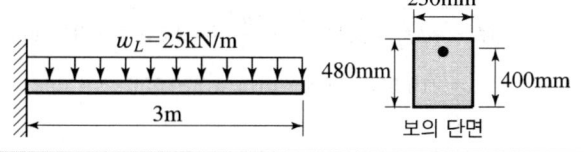
보의 단면

해설 ① $w_u = 1.2w_D + 1.6w_L = 1.2 \times (25 \times 0.25 \times 0.48) + 1.6 \times 25 = 43.6$kN/m
$w_u = 1.4w_D = 1.4 \times (25 \times 0.25 \times 0.48) = 4.2$kN/m
둘 중 큰 값 $w_u = 43.6$kN/m

② 계수 전단력
$$V_u = w_u(l-d) = 43.6 \times (3-0.4) = 113.36 \text{kN}$$
③ 콘크리트가 부담하는 전단강도
$$V_c = \frac{1}{6}\lambda\sqrt{f_{ck}}b_w d(\text{N}) = \frac{1}{6} \times 1 \times \sqrt{24} \times 250 \times 400 = 81,649.66\text{N} = 81.6\text{kN}$$
④ $V_d = \phi V_n = \phi(V_c + V_s) \geq V_u$
$0.75 \times (81.6 + V_s) \geq 113.36$ 에서 $V_s = 69.5\text{kN}$

해답 ①

066 그림과 같은 용접 이음에서 이음부의 응력은 얼마인가?

① 140MPa
② 152MPa
③ 168MPa
④ 180MPa

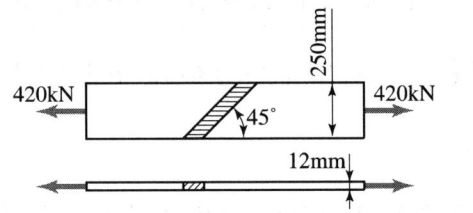

해설 $f = \dfrac{P}{\Sigma al} = \dfrac{420,000N}{12 \times 250} = 140\text{MPa}$

해답 ①

067 b=300mm, d=450mm, A_s=3-D25=1520mm²가 1열로 배치된 단철근 직사각형 보의 설계 휨강도(ϕM_n)은 약 얼마인가? (단, f_{ck}=28MPa, f_y=400MPa이고, 과소철근보이다.)

① 192.4kN·m
② 198.2kN·m
③ 204.7kN·m
④ 210.5kN·m

해설 ① 등가직사각형 응력 깊이
$$a = \frac{A_s f_y}{0.85 f_{ck} b} = \frac{1,520 \times 400}{0.85 \times 28 \times 300} = 85.154\text{mm}$$
② 설계 휨강도
$$M_d = \phi M_n = \phi A_s f_y\left(d - \frac{a}{2}\right) = 0.85 \times 1,520 \times 400 \times \left(450 - \frac{85.154}{2}\right)$$
$$= 210,556,206\text{N}\cdot\text{mm} = 210.556\text{kN}\cdot\text{m}$$

해답 ④

068 강도설계법에 의해서 전단 철근을 사용하지 않고 계수 하중에 의한 전단력 $V_u=50kN$을 지지하려면 직사각형 단면보의 최소 면적($b_w d$)은 약 얼마인가? (단, $f_{ck}=28MPa$, 최소 전단철근도 사용하지 않는 경우)

① 151190mm² ② 123530mm²
③ 97840mm²   ④ 49320mm²

해설
$\frac{1}{2}\phi V_c \geq V_u$

$\frac{1}{2}\phi \frac{1}{6}\sqrt{f_{ck}} b_w d \geq V_u$ 에서

$b_w d = \frac{V_u \times 2 \times 6}{\phi \sqrt{f_{ck}}} = \frac{50000 \times 2 \times 6}{0.75 \times \sqrt{28}} = 151186 mm^2$

해답 ①

069 프리스트레스트 콘크리트에 대한 설명 중 잘못된 것은?

① 프리스트레스트 콘크리트는 외력에 의하여 일어나는 응력을 소정의 한도까지 상쇄할 수 있도록 미리 인공적으로 내력을 가한 콘크리트를 말한다.
② 프리스트레스트 콘크리트는 부재는 설계하중 이상으로 약간의 균열이 발생하더라도 하중을 제거하면 균열이 폐합되는 복원성이 우수하다.
③ 프리스트레스트를 가하는 방법으로 프리텐션방식과 포스트텐션 방식이 있다.
④ 프리스트레스트 콘크리트 부재는 균열이 발생하지 않도록 설계되기 때문에 내구성(耐久性) 및 수밀성(水密性)이 좋으며 내화성(耐火性)도 우수하다.

해설 PSC는 RC에 비해 강성이 작으므로 진동하기 쉽고 변형되기 쉬우며, PS강재는 고강도 강재로서 고온하에서 강도가 급격히 감소하므로 내화성이 적다.

해답 ④

070 지름 450mm인 원형 단면을 갖는 중심축하중을 받는 나선 철근 기둥에서 강도설계법에 의한 축방향 설계강도(ϕP_n)는 얼마인가? (단, 이 기둥은 단주이고, $f_{ck}=27MPa$, $f_y=350MPa$, $A_{st}=8-D22=3,096mm^2$, 압축지배단면이다.)

① 1,166kN ② 1,299kN
③ 2,425kN ④ 2,774kN

해설 $\alpha\phi P_n = \alpha\phi[0.85f_{ck}(A_g - A_{st}) + f_y A_{st}]$
$= 0.85 \times 0.7 \times \left[0.85 \times 27 \times \left(\frac{\pi \times 450^2}{4} - 3,096\right) + 350 \times 3,096\right]$
$= 2,774,239\text{N} = 2,774\text{kN}$

해답 ④

071

처짐을 계산하지 않는 경우 단순지지된 보의 최소 두께(h)로 옳은 것은? (단, 보통콘크리트($m_c = 2300\text{kg/m}^3$) 및 $f_y = 300\text{MPa}$인 철근을 사용한 부재의 길이가 10m인 보)

① 429mm
② 500mm
③ 537mm
④ 625mm

해설 f_y가 400MPa 이외인 경우이므로
$h = \frac{l}{16}\left(0.43 + \frac{f_y}{700}\right) = \frac{10000}{16} \times \left(0.43 + \frac{300}{700}\right) = 536.6\text{mm}$

해답 ③

072

전단철근이 부담하는 전단력 $V_s = 150\text{kN}$일 때, 수직스터럽으로 전단보강을 하는 경우 최대 배치간격은 얼마 이하인가? (단, $f_{ck} = 28\text{MPa}$, 전단철근 1개 단면적=125mm², 횡방향 철근의 설계기준항복강도(f_{yt})=400MPa, $b_w = 300\text{mm}$, $d = 500\text{mm}$)

① 600mm
② 333mm
③ 250mm
④ 167mm

해설 $\frac{1}{3}\sqrt{f_{ck}}\,b_w d = \frac{1}{3}\sqrt{28} \times 300 \times 500 = 264\text{kN} > 150\text{kN}$이므로
① 0.5d 이하=250mm 이하
② 600mm 이하
둘 중 작은 250mm 이하로 한다.

해답 ③

073

그림과 같은 단면의 균열모멘트 M_{cr}은? (단, $f_{ck} = 24\text{MPa}$, $f_y = 400\text{MPa}$)

① 30.8kN·m
② 38.6kN·m
③ 28.2kN·m
④ 22.4kN·m

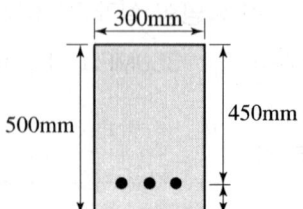

해설 휨인장강도(할렬인장강도=파괴계수 ; f_{ru})

$$f_{ru} = 0.63\lambda\sqrt{f_{ck}} = \frac{M_{cr}}{I_g}y 에서$$

$$M_{cr} = \frac{0.63\lambda\sqrt{f_{ck}}I_g}{y} = \frac{0.63 \times 1 \times \sqrt{24} \times \frac{300 \times 500^3}{12}}{250}$$
$$= 38,579,463.45\,N \cdot mm = 38.6\,kN \cdot m$$

해답 ②

074

주어진 T형 단면에서 전단에 대해 위험 단면에서 $V_u d/M_u = 0.28$이었다. 휨철근 인장 강도의 40% 이상의 유효 프리스트레스트 힘이 작용할 때 콘크리트의 공칭 전단 강도(V_c)는 얼마인가? (단, $f_{ck}=45MPa$, V_u : 계수 전단력, M_u : 계수 휨모멘트, d : 압축측 표면에서 긴장재 도심까지의 거리)

① 185.7kN
② 230.5kN
③ 321.7kN
④ 462.7kN

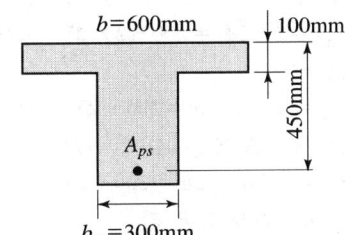

해설
$$V_c = \left(0.05\sqrt{f_{ck}} + 4.9\frac{V_u d}{M_u}\right)b_w d$$
$$= (0.05\sqrt{45} + 4.9 \times 0.28) \times 300 \times 450 = 230,500\,N = 230.5\,kN$$

해답 ②

075

설계기준 항복강도가 400MPa인 이형철근을 사용한 철근콘크리트 구조물에서 피로에 대한 안전성을 검토하지 않아도 되는 철근 응력범위로 옳은 것은? (단, 충격을 포함한 사용 활하중에 의한 철근의 응력범위)

① 150MPa
② 170MPa
③ 180MPa
④ 200MPa

해설 피로를 고려하지 않아도 되는 철근과 프리스트레싱 긴장재의 응력 범위[MPa]

강재의 종류와 위치		철근의 인장 및 압축응력 범위 또는 프리스트레싱 긴장재의 인장응력 변동 범위
이형철근	300MPa	130
	350MPa	140
	400MPa	150
긴장재	연결부 또는 정착부	140
	기타 부위	160

해답 ①

076

다음 그림과 같이 직경 25mm의 구멍이 있는 판(plate)에서 인장응력 검토를 위한 순폭은 약 얼마인가?

① 160.4mm
② 150mm
③ 145.8mm
④ 130mm

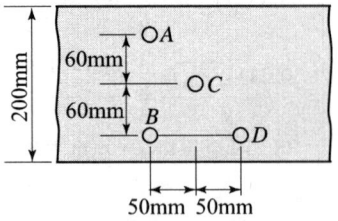

해설 ① 리벳구멍직경
$$d_h = \phi + 3 = 25\,\text{mm}$$
$$w = d_h - \frac{p^2}{4g} = 25 - \frac{50^2}{4 \times 60} = 14.58\,\text{mm}$$

② $A - B$
$$b_{AB} = b - 2d_h = 200 - 2 \times 25 = 150\,\text{mm}$$

③ $A - C$
$$b_{n3} = b - d_h - w = 200 - 25 - 14.58 = 160.42\,\text{mm}$$

④ $A - C - B$ 또는 $A - C - D$
$$b_{n3} = b - d_h - 2w = 200 - 25 - 2 \times 14.58 = 145.84\,\text{mm}$$

⑤ 순폭 : 가장 작은 값
$$b_n = 145.84\,\text{mm}$$

해답 ③

077

아래 그림과 같은 PSC보에 활하중(w_l) 18kN/m이 작용하고 있을 때 보의 중앙단면 상연에서 콘크리트 응력은? (단, 프리스트레스 힘(P)은 3375kN이고, 콘크리트의 단위중량은 25kN/m³을 적용하여 자중을 산정하며 하중계수와 하중조합은 고려하지 않는다.)

① 18.75MPa
② 23.63MPa
③ 27.25MPa
④ 32.42MPa

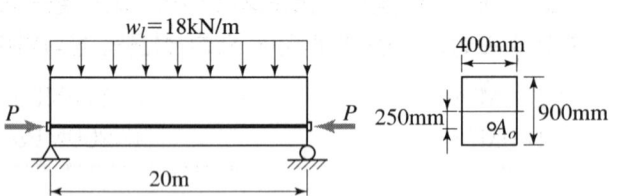

해설 ① $w_u = w_d + w_l = 0.4 \times 0.90 \times 25 + 18 = 27\,\text{kN/m}$

② $M_{\max} = \dfrac{w \cdot l^2}{8} = \dfrac{27 \times 20^2}{8} = 1{,}350\,\text{kN} \cdot \text{m}$

③ $I = \dfrac{b \cdot h^3}{12} = \dfrac{0.4 \times 0.9^3}{12} = 0.0243\,\text{m}^2$

④ $A = 0.4 \times 0.9 = 0.36\,\text{m}^2$

⑤ $y = 0.45\text{m}$
⑥ 상연응력 $f = \dfrac{P}{A} - \dfrac{P \cdot e}{I}y + \dfrac{M_{\max}}{I}y$
$= \dfrac{3,375}{0.36} - \dfrac{3,375 \times 0.25}{0.0243} \times 0.45 + \dfrac{1,350}{0.0243} \times 0.45$
$= 18,750/1,000 = 18.75\text{MPa}$

해답 ①

078
그림의 단면을 갖는 저보강 PSC의 설계휨강도(ϕM_n)는 얼마인가? (단, 긴장재 단면적 $A_p = 600\text{mm}^2$, 긴장재 인장응력 $f_{pe} = 1500\text{MPa}$, 콘크리트 설계기준강도 $f_{ck} = 35\text{MPa}$)

① 187.5kN·m
② 225.3kN·m
③ 267.4kN·m
④ 293.1kN·m

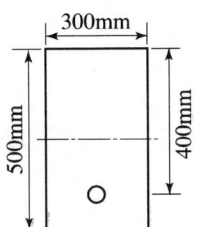

해설 ① 등가직사각형 응력 깊이
$a = \dfrac{A_s f_y}{0.85 f_{ck} b} = \dfrac{600 \times 1500}{0.85 \times 35 \times 300} = 100.84\text{mm}$

② $M_d = \phi M_n = \phi A_s f_y \left(d - \dfrac{a}{2}\right)$
$= 0.85 \times 600 \times 1500 \times \left(400 - \dfrac{100.84}{2}\right)$
$= 267,428,700\text{N}\cdot\text{mm} = 267.4\text{kN}\cdot\text{m}$

해답 ③

079
철근콘크리트보에 배치하는 복부철근에 대한 설명으로 틀린 것은?

① 복부철근은 사인장응력에 대하여 배치하는 철근이다.
② 복부철근은 휨 모멘트가 가장 크게 작용하는 곳에 배치하는 철근이다.
③ 굽힘철근은 복부철근의 한 종류이다.
④ 스트럽은 복부철근의 한 종류이다.

해설 복부철근은 사인장응력에 저항하기 위하여 사용한다.

해답 ②

080

강도설계법에서 휨부재의 등가직사각형 압축응력분포의 깊이 $a = \beta_1 c$ 로서 구할 수 있다. 이때 f_{ck}가 60MPa인 고강도 콘크리트에서 β_1의 값은?

① 0.85
② 0.734
③ 0.65
④ 0.626

해설 콘크리트의 등가압축응력깊이의 비
$\beta_1 = 0.85 - (f_{ck} - 28)0.007 = 0.85 - (60 - 28) \times 0.007 = 0.626 \geqq 0.65$ 이므로
$\beta_1 = 0.65$

해답 ③

제5과목 토질 및 기초

081

다음은 정규압밀점토의 삼축압축 시험결과를 나타낸 것이다. 파괴시의 전단응력 τ와 수직응력 σ를 구하면?

① $\tau = 17.3 \text{kN/m}^2$, $\sigma = 25.0 \text{kN/m}^2$
② $\tau = 14.1 \text{kN/m}^2$, $\sigma = 30.0 \text{kN/m}^2$
③ $\tau = 14.1 \text{kN/m}^2$, $\sigma = 25.0 \text{kN/m}^2$
④ $\tau = 17.3 \text{kN/m}^2$, $\sigma = 30.0 \text{kN/m}^2$

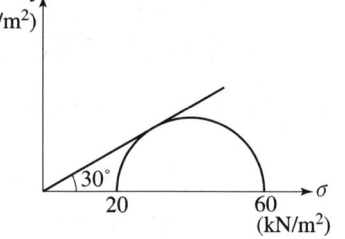

해설
① $\phi = \sin^{-1}\dfrac{\sigma_1 - \sigma_3}{\sigma_1 + \sigma_3} = \sin^{-1}\dfrac{60 - 20}{60 + 20} = 30°$

② $\theta = 45° + \dfrac{\phi}{2} = 45° + \dfrac{30°}{2} = 60°$

③ $\tau = \dfrac{\sigma_1 - \sigma_3}{2}\sin 2\theta = \dfrac{60 - 20}{2}\sin(2 \times 60°) = 17.3 \text{kN/m}^2$

④ $\sigma = \dfrac{\sigma_1 + \sigma_3}{2} + \dfrac{\sigma_1 - \sigma_3}{2}\cos 2\theta = \dfrac{60 + 20}{2} + \dfrac{60 - 20}{2}\cos(2 \times 60°) = 30 \text{kN/m}^2$

해답 ④

082

그림과 같은 조건에서 분사현상에 대한 안전율을 구하면? (단, 모래의 $\gamma_{sat}=$ 20kN/m³, $\gamma_w=$9.81kN/m³이다.)

① 1.1
② 2.1
③ 2.6
④ 3.1

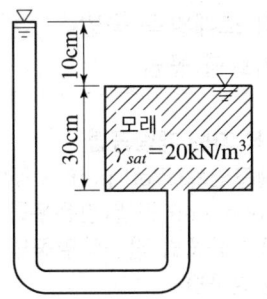

[해설]

$$F_s = \frac{i_c}{i} = \frac{\frac{G_s-1}{1+e}}{\frac{h}{L}} = \frac{r_{sub}/r_w}{h/L} = \frac{(20-9.81)/9.81}{0.1/0.3} = 3.1$$

해답 ④

083

3층 구조로 구조결합 사이에 치환성 양이온이 있어서 활성이 크고 시트 사이에 물이 들어가 팽창 수축이 크고 공학적 안정성은 약한 점토 광물은?

① kaolinite
② illite
③ montmorillonite
④ Sand

[해설] 입자 모형이 판상인 점토광물의 종류와 특징
① 카올리나이트(kaolimite)
  ㉠ 가장 안전하다.
  ㉡ 활성이 작다.
  ㉢ 크기가 가장 크다.
② 일라이트(illite)
  ㉠ 두 개의 규소판 사이에 한 개의 알루미늄판이 결합된 3층 구조가 무수히 많이 연결되어 형성된 점토광물이다.
  ㉡ 각 3층 구조 사이에는 칼륨이온(K^+)으로 결합되어 있다.
③ 몬모릴로나이트(montmorillonite)
  ㉠ 가장 불안전하다.
  ㉡ 활성도 크다.
  ㉢ 점토함유율 높다.
  ㉣ 소성지수가 크다.

해답 ③

084 다음 중 일시적인 지반 공법에 속하는 것은?

① 다짐 모래말뚝 공법 ② 약액주입 공법
③ 프리로딩 공법 ④ 동결 공법

해설 일시적 지반 개량공법
① 웰포인트(Well point) 공법
② deep well 공법(깊은우물 공법)
③ 대기압공법(진공압밀공법)
④ 동결공법

해답 ④

085 강도정수가 $c=0$, $\phi=40°$인 사질토 지반에서 Rankine 이론에 의한 수동토압계수는 주동토압계수의 몇 배인가?

① 4.6 ② 9.0
③ 12.3 ④ 21.1

해설 ① 수동토압계수
$$K_p = \frac{1+\sin\phi}{1-\sin\phi} = \tan^2\left(45° + \frac{\phi}{2}\right) = \tan^2\left(45° + \frac{40°}{2}\right) = 4.5989$$
② 주동토압계수
$$K_a = \frac{1-\sin\phi}{1+\sin\phi} = \tan^2\left(45° - \frac{\phi}{2}\right) = \tan^2\left(45° - \frac{40°}{2}\right) = 0.217$$
③ $\frac{K_p}{K_A} = \frac{4.5989}{0.217} = 21.19$ 배

해답 ④

086 그림과 같이 6m 두께의 모래층 밑에 2m 두께의 점토층이 존재한다. 지하수면은 지표아래 2m지점에 존재한다. 이때, 지표면에 $\Delta P = 50 \text{kN/m}^2$의 등분포하중이 작용하여 상당한 시간이 경과한 후, 점토층의 중간높이 A점에 피에조미터를 세워 수두를 측정한 결과, $h=4.0$m로 나타났다면 A점의 압밀도는? (단, $\gamma_w = 9.81\text{kN/m}^3$이다.)

① 21.5%
② 31.5%
③ 51.5%
④ 81.5%

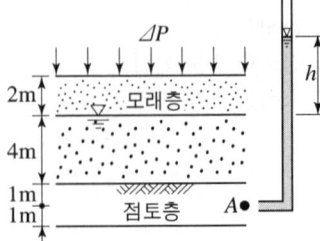

해설
① 초기과잉간극수압　　$u_i = 50\text{kN/m}^2$
② 현재의 과잉간극수압　$u_e = \gamma_w \cdot h = 9.81 \times 4.0 = 39.24\text{kN/m}^2$
③ 압밀도　　$U = \dfrac{u_i - u_e}{u_i} \times 100 = \dfrac{50 - 39.24}{50} \times 100 = 21.52\%$

해답 ①

087 다짐에 대한 다음 설명 중 옳지 않은 것은?

① 세립토의 비율이 클수록 최적함수비는 증가한다.
② 세립토의 비율이 클수록 최대건조 단위중량은 증가한다.
③ 다짐에너지가 클수록 최적함수비는 감소한다.
④ 최대건조 단위중량은 사질토에서 크고 점성토에서 작다.

해설

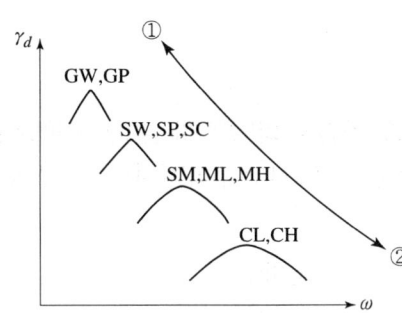

① 방향 일수록	조립토 양입도	다짐에너지가 커진다. 다짐곡선의 기울기가 급해진다. 최대건조단위중량이 증가한다. 최적함수비가 감소한다.
② 방향 일수록	세립토 빈입도	다짐에너지가 작아진다. 다짐곡선의 기울기가 완만해진다. 최대건조단위중량이 감소한다. 최적함수비가 증가한다.

해답 ②

088 어느 지반에 30cm×30cm 재하판을 이용하여 평판재하시험을 한 결과, 항복하중이 50kN, 극한하중이 90kN이었다. 이 지반의 허용지지력은?

① 556kN/m^2
② 278kN/m^2
③ 1000kN/m^2
④ 333kN/m^2

해설
① $\dfrac{q_y}{2} = \dfrac{\frac{50}{0.3 \times 0.3}}{2} = 277.78\text{kN/m}^2$

② $\dfrac{q_u}{3} = \dfrac{\frac{90}{0.3 \times 0.3}}{3} = 333.33\text{kN/m}^2$

③ $\dfrac{q_y}{2}$, $\dfrac{q_u}{3}$ 중에서 작은 값이 q_a이므로 $q_a = 277.78\text{kN/m}^2$

해답 ②

089 암반층 위에 5m 두께의 토층이 경사 15°의 자연사면으로 되어 있다. 이 토층은 $c=15kN/m^2$, $\phi=30°$, $\gamma_{sat}=18kN/m^3$이고, 지하수면은 토층의 지표면과 일치하고 침투는 경사면과 대략 평행이다. 이때의 안전율은? (단, $\gamma_w=9.81kN/m^3$이다.)

① 0.8
② 1.1
③ 1.6
④ 2.0

해설
① 전응력 $\sigma = r_{sat} \cdot Z \cdot \cos^2 i = 18 \times 5 \times \cos^2 15° = 83.97kN/m^2$
② 간극수압 $u = r_w \cdot Z \cdot \cos^2 i = 9.81 \times 5 \times \cos^2 15° = 45.76kN/m^2$
③ 유효응력 $\sigma' = \sigma - u = 83.97 - 45.76 = 38.21kN/m^2$
④ 전단강도 $S = c + \sigma' \tan\phi = 15 + 38.21 \times \tan 30° = 37.06kN/m^2$
⑤ 전단응력 $\tau = r_{sat} Z \sin i \cos i = 18 \times 5 \times \sin 15° \times \cos 15° = 22.5kN/m^2$
⑥ 안전율 $F = \dfrac{S}{\tau} = \dfrac{37.06}{22.5} = 1.6$

해답 ③

090 연약 점토층을 관통하여 철근콘크리트 파일을 박았을 때 부마찰력(Negative friction)은? (단, 지반의 일축압축강도 $q_u=20kN/m^2$, 파일직경 $D=50cm$, 관입깊이 $l=10m$이다.)

① 157.1kN
② 185.3kN
③ 208.2kN
④ 242.4kN

해설
① $f_{ns} = \dfrac{q_u}{2} = \dfrac{20}{2} = 10kN/m^2$
② $R_{ns} = f_{ns} A_s = f_{ns} \pi Dl = 10 \times \pi \times 0.5 \times 10 = 157.1kN$

해답 ①

091 4m×4m인 정사각형 기초를 내부마찰각 $\phi=20°$, 점착력 $c=30kN/m^2$인 지반에 설치하였다. 흙의 단위중량 $\gamma=19kN/m^3$이고 안전율을 3으로 할 때 기초의 허용하중을 Terzaghi 지지력 공식으로 구하면? (단, 기초의 깊이는 1m이고, 전반전단파괴가 발생한다고 가정하며, $N_c=17.69$, $N_q=7.44$, $N_\gamma=4.97$이다.)

① 4780kN
② 5240kN
③ 5670kN
④ 6210kN

해설 Terzaghi의 수정지지력 공식

① α, β : 기초 모양에 따른 형상계수(shape factor)

구분	연속	정사각형	직사각형	원형
α	1.0	1.3	$1+0.3\dfrac{B}{L}$	1.3
β	0.5	0.4	$0.5-0.1\dfrac{B}{L}$	0.3

② $q_{ult} = \alpha c N_c + \beta \gamma_1 B N_\gamma + \gamma_2 D_f N_q$
  $= 1.3 \times 30 \times 17.69 + 0.4 \times 19 \times 4 \times 4.97 + 19 \times 1 \times 7.44 = 982.358 \text{kN/m}^2$

③ $q_a = \dfrac{q_{ult}}{F_s} = \dfrac{982.358}{3} = 327.45 \text{kN/m}^2$

④ $Q_a = q_a \cdot A = 327.45 \times 4 \times 4 = 5239.2 \text{kN}$

해답 ②

092

어떤 퇴적층에 수평방향의 투수계수는 4.0×10^{-4}cm/sec이고, 수직방향의 투수계수는 3.0×10^{-4}cm/sec이다. 이 흙을 등방성으로 생각할 때 등가의 평균투수계수는 얼마인가?

① 3.46×10^{-4}cm/sec
② 5.0×10^{-4}cm/sec
③ 6.0×10^{-4}cm/sec
④ 6.93×10^{-4}cm/sec

해설 등가등방성 투수계수

$K' = \sqrt{K_h \cdot K_z} = \sqrt{4.0 \times 10^{-4} \times 3.0 \times 10^{-4}} = 3.464 \times 10^{-4} \text{m/sec}$

해답 ①

093

직접전단시험을 한 결과 수직응력이 1.2MPa일 때 전단저항이 0.5MPa, 또 수직응력이 2.4MPa일 때 전단저항이 0.7MPa이었다. 수직응력이 3MPa일 때의 전단저항은 약 얼마인가?

① 0.6MPa
② 0.8MPa
③ 1.0MPa
④ 1.2MPa

해설 ① 강도정수(c, ϕ)결정

$0.5 = c + 1.2 \tan\phi$ ········ (1)식
$0.7 = c + 2.4 \tan\phi$ ········ (2)식
(1)식과 (2)식을 연립방정식으로 풀면
$c = 0.3 \text{MPa}, \phi = 9.46°$

② 전단저항
$\tau_f = c + \sigma' \tan\phi = 0.3 + 3 \tan 9.46° = 0.8 \text{MPa}$

해답 ②

094 크기가 1m×2m인 기초에 100kN/m²의 등분포 하중이 작용할 때 기초 아래 4m인 점의 압력 증가는 얼마인가? (단, 2 : 1 분포법을 이용한다.)
① 6.7kN/m² ② 3.3kN/m²
③ 2.2kN/m² ④ 1.1kN/m²

해설 $\Delta \sigma_z = \dfrac{Q}{(B+z) \cdot (L+z)} = \dfrac{q_s \cdot B \cdot L}{(B+z) \cdot (L+z)} = \dfrac{100 \times 1 \times 2}{(1+4) \cdot (2+4)} = 6.7 \text{kN/m}^2$

해답 ①

095 두께 5m의 점토층을 90% 압밀하는데 50일이 걸렸다. 같은 조건하에서 10m의 점토층을 90% 압밀하는데 걸리는 시간은?
① 100일 ② 160일
③ 200일 ④ 240일

해설 $C_v = \dfrac{T_{90} \cdot d^2}{t_{90}} = \dfrac{0.848 d^2}{t_{90}}$ 에서 $t_{90} \propto d^2$ 이므로

$t_1 : t_2 = d_1^2 : d_2^2$

$t_2 = \dfrac{d_2^2}{d_1^2} t_1 = \dfrac{10^2}{5^2} \times 50 = 200$일

여기서, T_{90} : 압밀도 90%에 해당되는 시간계수($T_{90} = 0.848$)
t_{90} : 압밀도 90%에 소요되는 압밀시간
d : 배수거리

해답 ③

096 흙의 내부마찰각(ϕ)은 20°, 점착력(C)이 24kN/m²이고, 단위중량(γ_t)은 19.3kN/m³ 인 사면의 경사각이 45°일 때 임계높이는 약 얼마인가? (단, 안정수 $m = 0.06$)
① 15m ② 18m
③ 21m ④ 24m

해설 ① 안정계수 $N_s = \dfrac{1}{m} = \dfrac{1}{0.06} = 16.67$

② 한계고 $H_c = \dfrac{C}{\gamma_t} \cdot N_s = \dfrac{24}{19.3} \times 16.67 = 20.73 \text{m}$

해답 ③

097

다음 현장시험 중 Sounding의 종류가 아닌 것은?

① Vane 시험
② 표준관입 시험
③ 동적 원추관입 시험
④ 평판재하 시험

해설 사운딩(Sounding) 종류
① 정적 사운딩 : 일반적으로 점성토에 유효하다.
  ㉠ 휴대용 원추관입시험   ㉡ 화란식 원추관입시험
  ㉢ 스웨덴식 관입시험   ㉣ 이스키미터 시험
  ㉤ 베인전단시험
② 동적 사운딩 : 일반적으로 조립토에 유효하다.
  ㉠ 동적 원추관입시험   ㉡ 표준관입시험(SPT)

해답 ④

098

Paper Drain설계시 Drain Paper의 폭이 10cm, 두께가 0.3cm일 때 드레인 페이퍼의 등치환산원의 직경이 얼마이면 Sand Drain과 동등한 값으로 볼 수 있는가? (단, 형상계수 : 0.75)

① 5cm
② 7.5cm
③ 10cm
④ 15cm

해설 등치환산원

$$D = \alpha \frac{2A+2B}{\pi} = 0.75 \times \frac{2 \times 0.3 + 2 \times 10}{\pi} = 4.92\,\text{cm}$$

해답 ①

099

흙의 연경도(Consistency)에 관한 설명으로 틀린 것은?

① 소성지수는 점성이 클수록 크다.
② 터프니스지수는 Colloid가 많은 흙일수록 값이 작다.
③ 액성한계시험에서 얻어지는 유동곡선의 기울기를 유동지수라 한다.
④ 액성지수와 컨시스턴시지수는 흙지반의 무르고 단단한 상태를 판정하는 데 이용된다.

해설 터프니스지수는 콜로이드가 많은 흙일수록 값이 크고, 값이 크면 활성도도 크다.

해답 ②

100 암질을 나타내는 항목과 직접관계가 없는 것은?

① N치　　② RQD값
③ 탄성파속도　　④ 균열의 간격

해설 ① 암반평점에 의한 분류방법(Rock Mass Rating)의 분류기준
　㉠ 암석의 강도(일축압축강도)
　㉡ 암질지수(RQD)
　㉢ 절리의 상태
　㉣ 절리의 간격
　㉤ 지하수
② 탄성파 전파 속도는 지질의 종류, 풍화의 정도 등의 지하 지질 구조를 추정하는 방법이므로 암질을 나타낸다.

해답 ①

제6과목 상하수도공학

101 다음 하수량 산정에 관한 설명 중 틀린 것은?

① 계획오수량은 생활오수량, 공장폐수량 및 지하수량으로 구분된다.
② 계획오수량 중 지하수량은 1인 1일 최대오수량의 10~20% 정도로 산정한다.
③ 우수량의 산정공식 중 합리식($Q = CIA$)에서 I는 동수경사이다.
④ 계획 1일 최대오수량은 처리시설의 용량을 결정하는 데 기초가 된다.

해설 우수량의 산정공식 중 합리식($Q = CIA$)에서 I는 유달 시간 내의 평균 강우강도이다.

102 정수시설 중 급속여과지에서 여과모래의 유효경이 0.45~0.7mm의 범위에 있는 경우에 대한 모래층의 표준 두께는?

① 60~70cm　　② 70~90cm
③ 150~200cm　　④ 300~450cm

해설 급속여과지의 여과층 두께와 여과모래는 다음 각 항에 따른다.
① 여과모래는 입도분포가 적절하고 협잡물이 적으며 마모되지 않고 위생상 지장이

없는 것으로 안정적이고 효율적으로 여과하고 세척할 수 있는 것이어야 한다.
② 모래층의 두께는 여과모래의 유효경이 0.45~0.7mm의 범위인 경우에는 60~70cm를 표준으로 한다. 다만, 유효경이 그 이상으로 크게 되는 경우에는 실험 등에 의하여 합리적으로 여과층의 두께를 증가시킬 수 있다.

해답 ①

103 합류식 하수도에 대한 설명으로 옳은 것은?

① 관거 내의 퇴적이 적다.
② 강우시 오수의 일부가 우수와 희석되어 공공용수의 수질보전에 유리하다
③ 합류식 방류부하량 대책은 폐쇄성수역에서 특히 요구된다.
④ 관거오점의 철저한 감시가 요구된다.

해설 ① 우천시에 처리장으로 다량의 토사가 유입하여 장기간에 걸쳐 수로바닥, 침전시 및 슬러지 소화조 등에 퇴적한다.
② 강우시 계획오수량의 일정배율 이상의 것은 우수토실 또는 펌프장으로부터 하천 등 공공수역에 직접 방류된다.
③ 합류식하수도의 우천시 오염 방류부하량 문제는 간단히 우수토실과 병행한 펌프장의 월류수(CSOs) 대책뿐만 아니라 하수처리시설의 우천시 하수 처리 대책 등 합류식하수도 시스템 전체의 종합 수질오염대책의 일환으로서 검토할 필요가 있다.
④ 궁극적인 우천시 오염 방류부하량의 저감목표는 인근 수계에 악영향을 미치지 않아 주민의 쾌적한 생활환경이 확보되고 수생태계가 건강하게 유지되는 수준을 확보하는 것이다.
⑤ 이는 지역 특성에 따라 다양한 목표 수준이 결정되어질 수 있는데 지역의 특성을 고려한 수질보전계획을 실시할 필요가 있으며, 폐쇄성수역(閉鎖性水域)으로 부영양화가 염려되는 수역 및 관광 레크레이션 등 물이용 관점에서 보다 높은 수질 보전목표를 달성하기 위한 계획을 토할 필요가 있다.

해답 ③

104 정수처리 시 생성되는 발암물질인 트리할로메탄(THM)에 대한 대책으로 적합하지 않은 것은?

① 오존, 이산화염소 등의 대체 소독제 사용
② 염소소독의 강화
③ 중간염소처리
④ 활성탄흡착

해설 트리할로메탄은 염소소독시 발생하는 발암물질로 원천적으로 차단할 수 없어 총량으로 규제하고 있다.

해답 ②

105
다음 중 일반적으로 적용하는 펌프의 특성곡선에 포함되지 않는 것은?

① 토출량-양정 곡선
② 토출량-효율 곡선
③ 토출량-축동력 곡선
④ 토출량-회전도 곡선

해설 펌프 특성 곡선(펌프 성능 곡선)이란 펌프의 회전속도를 일정하게 고정하고 토출관의 밸브를 조절하여 펌프 용량을 변화시킬 때 나타나는 양정(H), 효율(η), 축동력(p)이 펌프용량(Q)의 변화에 따라 변하는 관계(축동력 요구량)를 각기의 최대 효율점에 대한 비율로 나타낸(입력과 출력) 곡선을 말한다.

해답 ④

106
반송슬러지 SS농도가 6000mg/L이다. MLSS농도를 2500m/L로 유지하기 위한 슬러지 반송비는?

① 25%
② 55%
③ 71%
④ 100%

해설 슬러지 반송비
$$r = \frac{X}{X_r - X} = \frac{2,500}{6,000 - 2,500} = 0.714 = 71.4\%$$

해답 ③

107
상수도 취수시설 중 침사지에 관한 시설기준으로 틀린 것은?

① 침사지의 체류기간은 계획취수량의 10~20분을 표준으로 한다.
② 침사지의 유효수심은 3~4m를 표준으로 한다.
③ 길이는 폭의 3~8배를 표준으로 한다.
④ 침사지 내의 평균유속은 20~30cm/s로 유지한다.

해설 침사지 구조
① 원칙적으로 철근콘크리트구조로 하며 부력에 대해서도 안전한 구조로 한다.
② 표면부하율은 200~500mm/min을 표준으로 한다.
③ 지내평균유속은 2~7cm/s를 표준으로 한다.
④ 지의 길이는 폭의 3~8배를 표준으로 한다.
⑤ 지의 고수위는 계획취수량이 유입될 수 있도록 취수구의 계획최저수위 이하로 정한다.
⑥ 지의 상단높이는 고수위보다 0.6~1m의 여유고를 둔다.
⑦ 지의 유효수심은 3~4m를 표준으로 하고, 퇴사심도를 0.5~1m로 한다.
⑧ 박닥은 모래배출을 위하여 중앙에 배수로(pitt)를 설치하고, 길이방향에는 배수구로 향하여 1/100, 가로방향은 중앙배수로를 향하여 1/50 정도의 경사를 둔다.
⑨ 한랭지에서 저온으로 지의 수면이 결빙되거나 강설로 수중에 눈얼음 등이 보이는 곳에서는 기능장애를 방지하기 위하여 지붕을 설치한다.

해답 ④

108
활성슬러지 공법의 설계인자가 아닌 것은?
① 먹이/미생물 비
② 고형물체류시간
③ 비회전도
④ 유기물질 부하

해설 활성슬러지법 반응조의 설계인자와 조작인자

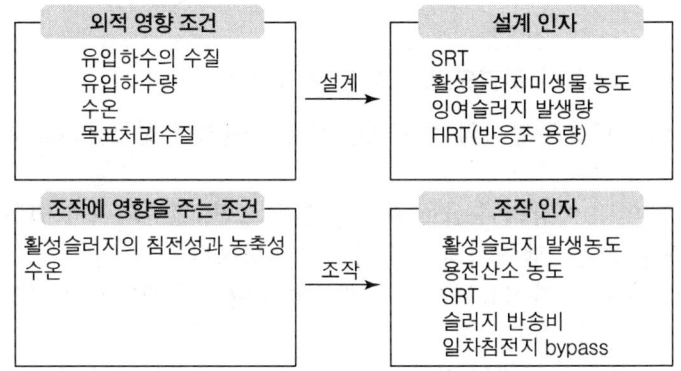

해답 ③

109
하수량 1000m³/day, BOD 200mg/L인 하수 250m³ 유효용량의 포기조로 처리할 경우 BOD용적부하는?
① 0.8kgBOD/m³day
② 1.25kgBOD/m³day
③ 8kgBOD/m³day
④ 12.5kgBOD/m³day

해설 BOD 용적부하[kgBOD/m³ · day]

$= \dfrac{1일\ BOD\ 유입량[kgBOD/day]}{폭기조\ 용적[m^3]}$

$= \dfrac{BOD\ 농도[kg/m^3] \times 유입하수량[m^3/day]}{폭기조\ 용적[m^3]}$

$= \dfrac{200mg/L \times \dfrac{1}{10^6}\dfrac{kg}{mg} \times \dfrac{10^3}{1}\dfrac{L}{m^3} \times 1{,}000m^3/day}{250m^3} = 0.8kgBOD/m^3 \cdot day$

해답 ①

110
배수 및 급수시설에 관한 설명으로 틀린 것은?
① 배수지의 건설에는 토압, 벽체의 균열, 지하수의 부상, 환기 등을 고려한다.
② 배수본관은 시설의 신뢰성을 높이기 위해 2개열 이상으로 한다.
③ 급수관 분기지점에서 배수관의 최대정수압은 1000kPa 이상으로 한다.
④ 관로공사가 끝나면 시공의 적합성 여부를 확인하기 위하여 수압 시험 후 통수한다.

해설 배수관의 수압은 다음 각 항에 따른다.
① 급수관을 분기하는 지점에서 배수관내의 최소동수압은 150kPa(약 1.53kgf/cm²) 이상을 확보한다.
② 급수관을 분기하는 지점에서 배수관내의 최대정수압은 700kPa(약 7.1kgf/cm²)를 초과하지 않아야 한다.

해답 ③

111 취수탑(intake tower) 의 설명으로 옳지 않은 것은?

① 일반적으로 다단수문형식의 취수구를 적당히 배치한 철근콘크리트 구조이다.
② 강수시에도 일정 이상의 수심을 확보할 수 있으면, 연간의 수위변화가 크더라도 하천, 호수, 댐에서의 취수시설로 적합하다.
③ 제내지에의 도수는 자연유하식으로 제한되기 때문에 제내지의 지형에 제약을 받는 단점이 있다.
④ 특히 수심이 깊은 경우에는 철골구조의 부자(float)식의 취수탑이 사용되기도 한다.

해설 제내지에의 도수는 자연유하 외에 펌프에 의하여 압송할 수 있기 때문에 제내지의 지형에 제약을 받지 않는 이점도 있다.

해답 ③

112 하수처리 재이용 기본계획에 대한 설명으로 틀린 것은?

① 하수처리 재이용수는 용도별 요구되는 수질기준을 만족하여야 한다.
② 하수처리수 재이용지역은 가급적 해당지역 내의 소규모 지역 범위로 한정하여 계획한다.
③ 하수처리수 재이용량은 해당지역 하수도정비 기본계획의 물순환이용계획에서 제시된 재이용량 이상으로 계획하여야 한다.
④ 하수처리, 재이용수의 용도는 생활용수, 공업용수, 농업용수, 유지용수를 기본으로 계획한다.

해설 하수처리수의 재이용은 다음사항을 기본으로 하여 계획한다.
① 하수처리 재이용수의 용도는 생활용수, 공업용수, 농업용수, 유지용수를 기본으로 계획하며, 용도별 요구되는 수질기준을 만족하여야 한다.
② 하수처리수 재이용량은 해당지역 하수도정비기본계획의 물순환이용 계획에서 제시된 재이용량 이상으로 계획하여야 한다.
③ 하수처리수 재이용지역은 해당지역 뿐만 아니라 인근지역을 포함하는 광역적 범위로 검토·계획한다.

해답 ②

113 착수정의 체류시간 및 수심에 대한 표준으로 옳은 것은?

① 체류시간 : 1분 이상, 수심 3~5m
② 체류시간 : 1분 이상, 수심 10~12m
③ 체류시간 : 1.5분 이상, 수심 3~5m
④ 체류시간 : 1.5분 이상, 수심 10~12m

해설 착수정의 용량은 체류시간을 1.5분 이상으로 하고 수심은 3~5m 정도로 한다.　**해답 ③**

114 상수도의 배수관 직경을 2배로 증가시키면 유량은 몇 배로 증가되는가? (단, 관은 가득차서 흐른다고 가정한다.)

① 1.4배　　② 1.7배
③ 2배　　　④ 4배

해설 $Q = Av = \dfrac{\pi d^2}{4} v$ 에서

$Q \propto d^2$ 이므로 직경 d를 2배로 증가시키면 유량 Q는 $2^2 = 4$배로 된다.　**해답 ④**

115 부영양화로 인한 수질변화에 대한 설명으로 옳지 않은 것은?

① COD가 증가한다.　　② 탁도가 증가한다.
③ 투명도가 증가한다.　④ 물에 맛과 냄새를 발생시킨다.

해설 일반적으로 호소나 댐은 생물의 사체나 토사의 퇴적 등에 의하여 질소, 인 등 영양염류가 축적되며 소위 빈영양호에서 부영양호로 변화한다. 그 과정에서 이들 영양염류에 기인한 호소나 댐의 생물생산량이 증대되며 그 결과로 물의 빛깔이 나빠지고 투명도가 저하되며 조류의 발생, 물고기 종의 변화 등의 현상이 나타난다.　**해답 ③**

116 다음 중 하수도 시설의 목적과 가장 거리가 먼 것은?

① 하수도 배제와 이에 따른 생활환경의 개선
② 슬러지의 처리 및 자원화
③ 침수방지
④ 지속발전 가능한 도시구축에 기여

2024년도 출제문제

[해설] 하수도 시설의 목적
① 하수의 배제와 이에 따른 생활환경의 개선
② 침수방지
③ 공공수역의 수질보전과 건전한 물순환의 회복
④ 지속발전 가능한 도시구축에 기여

해답 ②

117 펌프의 분류 중 원심펌프의 특징에 대한 설명을 옳은 것은?

① 일반적으로 효율이 높고, 적용 범위가 넓으며, 적은 유량을 가감하는 경우 소요동력이 적어도 운전에 지장이 없다.
② 양정변화에 대하여 수량의 변동이 적고 또 수량변동에 대해 동력의 변화도 적으므로 우수용 펌프 등 수위변동이 큰 곳에 적합하다.
③ 회전수를 높게 할 수 있으므로, 소형으로 되며 전양정이 4m 이하인 경우에 경제적으로 유리하다.
④ 펌프와 전동기를 일체로 펌프흡입실 내에 설치하며, 유입수량이 적은 경우 및 펌프장의 크기에 제한을 받는 경우 등에 사용한다.

[해설] 원심 펌프
① 전양정이 4m 이상인 경우 적합
② 상하수도용으로 많이 사용
③ 일반적으로 효율이 높고 적용 범위가 넓다.
④ 고양정이며 토출유량이 작다. : 송수, 배수 펌프

해답 ①

118 급수량에 관한 설명으로 옳은 것은?

① 계획1일최대급수량은 계획1일평균급수량에 계획첨두율을 곱해 산정한다.
② 계획1일평균급수량은 시간최대급수량에 부하율을 곱해 산정한다.
③ 시간최대급수량은 일최대급수량보다 작게 나타난다.
④ 소화용수는 일최대급수량에 포함되므로 별도로 산정하지 않는다.

[해설] 계획급수량의 산정
① 계획 1일 평균급수량
  ㉠ 계획 1일 평균급수량 = $\dfrac{1년간 총급수량}{365}$
  ㉡ 재정계획(財政計劃)에 필요한 수량 : 약품, 전력사용량의 산정, 유지관리비, 상수도요금의 산정 등
  ㉢ 계획 1일 최대급수량의 70~85%를 표준

    ㉣ 계획 1일 평균급수량 = 계획 1일 최대급수량 × [0.7(중소도시), 0.8 (대도시, 공업도시)]
    ㉤ 계획1일 평균사용수량을 기반으로 산출된다.
  ② 계획 1일 최대급수량
    ㉠ 1년 365일 중 가장 많이 쓰는 날의 급수량
    ㉡ 상수도시설 규모 결정의 기준가 되는 수량
    ㉢ 계획 1일 최대급수량 = 계획 1인 1일 최대급수량 × 계획 급수인구
         = 계획 1일 평균급수량 × [1.3(대도시, 공업도시), 1.5(중소도시)]
  ③ 계획시간 최대급수량
    ㉠ 1일 중에 사용수량이 최대가 될 때의 1시간당의 급수량
    ㉡ 아침과 저녁시간이 최대이고, 활동이 없는 오전(1시에서 4시)에 최소
    ㉢ 계획시간 최대급수량 = $\dfrac{계획1일최대급수량}{24}$ × $\begin{matrix}1.3(대도시,공업도시)\\1.5(중소도시)\\2.0(농촌,주택단지)\end{matrix}$

해답 ①

119
우수유출량이 크고 하류시설의 유하능력이 부족한 경우에 필요한 우수저류형 시설은?

① 우수받이 ② 우수조정지
③ 우수침투트랜치 ④ 합류식하수관거월류수 처리장치

해설 우수조정지의 위치
① 하수관거의 유하능력이 부족한 곳
② 하류지역의 펌프장능력이 부족한 곳
③ 방류수역의 유하능력이 부족한 곳

해답 ②

120
인구 15만의 도시에 급수계획을 하려고 한다. 계획1인1일 최대급수량이 400L/인·day이고, 보급률이 95%라면 계획1일 최대급수량은?

① 57000m³/day ② 59000m³/day
③ 61000m³/day ④ 63000m³/day

해설 계획1일최대급수량 = 계획1인1일최대급수량 × 계획급수인구 × 급수보급률
= 400L/인·day × 150000인 × 0.95 = 57,000,000L/day
= 57,000,000L/day × $\dfrac{1}{1,000}$ m³/L
= 57,000m³/day (1L = 1000cm³ = 0.001m³)

해답 ①

약력

- 현) ENG엔지니어링(대한토목연구회 협약사) 토목대표강사
- 현) 광주대학교 산업인력교육원 교수요원
- 현) 광주대학교 특강강사, 목포해양대학교 특강강사
- 현) 대한토목학회 광주전남지회 간사
- 현) 신한국건축토목학원 대표강사
- 현) 한솔아카데미 동영상 강사
- 현) 성안당 동영상 강사
- 현) 라카데미 동영상강사
- 현) 광주서울고시학원 토목전담강사
- 전) 광주건축토목학원 토목원장
- 전) 대광건축토목기술학원 대표강사
- 전) 연합고시학원 토목전담강사 외

저서

- 손에 잡히는 토목설계(한솔아카데미, 2007, 2008, 2009, 2011)
- 손에 잡히는 응용역학(한솔아카데미, 2007, 2008, 2009, 2010, 2011)
- Zero선언 응용역학(성안당, 2009, 2010, 2011)
- Zero선언 측량학(성안당, 2009, 2010, 2011)
- Zero선언 수리학(성안당, 2009, 2010, 2011)
- Zero선언 철근콘크리트 및 강구조(성안당, 2009, 2010, 2011)
- Zero선언 상하수도공학(성안당, 2009, 2010, 2011)
- Zero선언 콘크리트 기사·산업기사(성안당, 2009)
- Zero선언 토목기사 실기(성안당, 2009)
- 재건축 재개발 시대적 트렌드(성안당, 2009, 2010)
- 총정리 응용역학(기공사, 1990)

토목기사 필기 최근 기출문제

초판 발행	2011년 2월 15일
개정2판 발행	2012년 3월 5일
개정3판 발행	2013년 1월 15일
개정4판 발행	2014년 1월 25일
개정5판 발행	2015년 2월 15일
개정6판 발행	2016년 4월 5일
개정7판 발행	2017년 1월 25일
개정8판 발행	2018년 1월 30일
개정9판 발행	2024년 1월 30일
개정10판 발행	2025년 2월 20일

지은이 ▪ 손영선
펴낸이 ▪ 홍세진
펴낸곳 ▪ 세진북스

주소 ▪ (우)10207 경기도 고양시 일산서구 산율길 56(구산동 145-1)
전화 ▪ 031-924-3092
팩스 ▪ 031-924-3093
홈페이지 ▪ http://www.sejinbooks.kr

출판등록 ▪ 제 315-2008-042호(2008.12.9)
ISBN ▪ 979-11-5745-703-8 13530

값 ▪ **30,000원**

- 이 책의 출판권은 도서출판 세진북스가 가지고 있습니다.
- 이 책의 일부 또는 전체에 대한 무단 복제와 전제를 금합니다.

세진북스에는 당신과 나 그리고 우리의 미래가 있습니다.